现代导航、制导与测控技术

刘兴堂　周自全　李为民　等　著
孙德建　何广军　刘　力

U0249418

科学出版社

北京

内 容 简 介

  本书以全新的角度论述导航、制导与测控技术及其应用，重点总结并深入研究推动现代导航、制导与测控技术(系统)进步和工程应用的主要关键技术，诸如先进总体设计与实现技术，目标探测、识别与隐身技术，综合导航、惯性导航及组合导航技术，精确制导与复合/融合制导技术，现代测控技术与动能杀伤(KKV)技术，现代数据分析与信息融合技术，计算机网络与"数据链"通信技术，指挥控制与综合电子信息技术，复杂战场环境与信息对抗技术，地面、海上及空天试验技术，以及系统建模与仿真技术等。本书是作者长期从事导航、制导与测控科学研究和教学的成果总结，同时汲取了相关重要参考文献的营养，力求反映当今该领域的新思想、新观点、新动态和新的技术学术水平。

  本书主要作为航空、航天、航海、兵器、信息、仿真等领域科学工作者和工程技术人员的重要参考书，也可作为高等院校特别是军事、军工院校相关学科专业高年级学生和研究生的高新技术教材。

图书在版编目(CIP)数据

现代导航、制导与测控技术/刘兴堂等著. —北京:科学出版社,2010
 ISBN 978-7-03-026798-6

 Ⅰ.①现… Ⅱ.①刘… Ⅲ.①导航②制导③预测控制 Ⅳ.①TN96
②V448③TP273

中国版本图书馆 CIP 数据核字(2010)第 024937 号

责任编辑:刘宝莉 陈 婕 / 责任校对:林青梅
责任印制:吴兆东 / 封面设计:鑫联必升

科 学 出 版 社 出版
北京东黄城根北街 16 号
邮政编码:100717
http://www.sciencep.com

北京中石油彩色印刷有限责任公司 印刷
科学出版社发行 各地新华书店经销
*

2010 年 3 月第 一 版 开本:B5 (720×1000)
2024 年 1 月第七次印刷 印张:33
字数:633 000
定价:228.00元
(如有印装质量问题,我社负责调换)

主要作者简介

刘兴堂 男,1942年2月出生于陕西省三原县,硕士、空军级专家、文职将军。现任空军防空导弹精确制导与控制技术研究中心主任;空军工程大学教授、"控制科学与工程"学科博士生导师。兼任中国系统仿真学会常务理事、中国航空学会飞行力学及飞行试验分会委员、中国自动化学会仿真专业委员会副主任、中国计算机用户协会仿真应用分会理事、陕西省系统仿真学会副理事长。

1965年8月西北工业大学飞机设计与制造专业获学士学位;

1968年3月西北工业大学非线性振动理论专业获硕士学位;

1968～1982年在中国飞行试验研究院从事飞机控制系统试飞和模拟研究,曾任专业组长、大型飞行模拟器工程和航空重点仿真实验室建设主管工程师;

1982年特招入伍,在空军工程大学导弹学院从教至今,长期从事飞行器导航、制导与控制及复杂系统建模与仿真领域的教学和科研工作。

工作期间,获国家科技进步奖2项、省部级科技成果奖2项、军队科技进步奖7项,并荣获"全军优秀教师"称号;出版专著、译著和大型工具书16部:《机动飞机实用空气动力学》、《飞机舵面的传动装置》、《物理量传感器》、《现代系统建模与仿真技术》、《现代飞行模拟技术》、《空中飞行模拟器》、《精确制导、控制与仿真技术》、《导弹制导控制系统分析、设计与仿真》、《现代辨识工程》、《应用自适应控制》、《新俄汉科技综合词典》、《俄汉航空航天航海科技大词典》、《复杂系统建模理论、方法与技术》、《信息化战争与高技术兵器》、《精确制导武器与精确制导控制技术》及《现代导航、制导与测控技术》;发表学术论文百篇以上。

周自全 男,1940年出生于湖北省武汉市,本科,中国飞行试验研究院研究员,现任国家某重点型号飞机试飞总师、中航某重点实验室主任、《飞行力学》杂志社社长;曾任中国飞行试验研究院副院长、048工程专家组成员。

1964年8月西北工业大学飞机力学和控制专业获学士学位;

1968年9月至今在中国飞行试验研究院从事飞行试验与仿真研究。

工作期间,获省部级以上科技进步奖14项,其中包括国家科技进步成果特等奖、一等奖、二等奖各一项;荣立部级以上一等功5次、二等功1次;被授予全国国防科技工业系统劳动模范、国家级有突出贡献专家;荣获航空金奖、航空工业杰出贡献奖等 7 项;出版专著 3 部;发表学术论文 60 余篇。

李为民 男,1964 年 10 月生,甘肃民勤人,博士、空军级专家、国务院学位委员会评议组成员、国家"863"计划航空航天领域专家组成员。现任空军工程大学导弹学院教授、博士生导师、副院长,兼任中国宇航学会无人机学会常务理事、中国系统仿真学会理事、中国军事运筹学会常务理事、中国军事系统工程委员会委员。

1983 年 7 月空军导弹学院测控专业获学士学位;

1990 年 5 月电子科技大学信号电路与系统专业获硕士学位;

1992 年 12 月电子科技大学电子与通信专业获博士学位。

1983 年执教以来,获国家科技成果进步奖 1 项,军队(省部)级科技进步奖 15 项,主持完成国家"863"计划课题、国家社科基金课题、国防预研基金课题多项,荣获"全军优秀教师"称号、军队院校育才金奖;主编和参编专著(教材)6 部,发表学术论文 60 余篇。

孙德建 男,1965 年 9 月出生于山东省招远市,硕士,现任空军航空大学教授、硕士生导师、图书馆馆长,空军高层次科技人才,中国国防科学技术信息学会理事。

1983 年 7 月空军工程学院航空机械专业获学士学位;

1999 年 6 月吉林大学计算机应用专业获硕士学位;

1987 年 7 月在空军航空大学任教至今,从事信息管理和计算机应用教学与科研工作。

工作期间,获军队科技进步奖二等奖 3 项。

何广军 男,1965 年 10 月生,陕西宝鸡人,博士,空军高层次科技人才。现任空军工程大学导弹学院控制与测试教研室主任、副教授、硕士生导师。

1988 年 7 月空军导弹学院控制与测试专业获学士学位;

1991 年 3 月空军导弹学院引信技术专业获硕士学位;

2001 年 4 月~2002 年 4 月俄罗斯莫斯科航空学院访问学者;

2002 年 5 月任空军工程大学导弹学院控制与测试教研室主任;

2009 年 8 月空军工程大学导弹学院导航、制导与测控专业获博士学位。

工作期间,出版专著和教材 10 部;主持和参与国家及军队科研项目 15 项,其中"863"项目 2 项、军队重点项目 8 项,获军队科技进步奖三等奖 2 项,全军教学银奖 1 项;发表学术论文 30 余篇。

刘力 男,1972 年 12 月出生于陕西省三原县,博士。现任空军航空兵某师工程师,中校军衔。

1994 年 8 月空军工程学院航空电子专业获学士学位;

1994 年 8 月~1999 年 8 月在空军第一试验训练基地从事航空机务保障工作;

1999 年 8 月~2001 年 8 月在空军航空兵某师从事航空机务保障工作;

2004 年 3 月空军工程大学导弹学院管理科学与工程专业获硕士学位;

2008 年 4 月空军工程大学导弹学院军事装备学专业获博士学位。

工作期间,获军队科技进步三等奖 1 项;出版著作、教材和工具书 6 部;发表学术论文 20 余篇。

前　言

现代导航、制导与测控技术是最具代表性的高新技术之一,紧系国计民生和社会文明,直接推动着四个现代化(工业、农业、科技和国防现代化)建设,并不断影响着现代战争形态演变和高技术兵器特别是军事航天器和精确制导武器的发展。

理论和实践证明,导航、制导与测控系统设计与实现从一开始就是航空航天飞行器、海上(水下)航行体和先进武器装备发展的关键环节,也一直是应用高新技术最快、最多的领域。

当前,人类社会正在向信息时代过渡,信息化战争已成为反映该时代特征的全新基本战争形态。信息化战争的最典型特点之一就是实现陆、海、空、天、信息一体化联合/协同作战,大量使用高技术兵器,实施基于效果的精确打击。防空、防天导弹武器及反导系统已成为国家和区域极为重要的防御力量。对此,现代导航、制导与测控技术(系统)起着十分重要的支撑作用,并在很大程度上决定着联合/协同作战效能和高技术兵器及反导系统的战技性能。

航天工程是当今社会发展最快的尖端科技领域之一,从第一颗人造卫星飞向太空至今,虽然只过去了五十多年的时间,却给人类带来了翻天覆地的变化。它不仅对现代科技、社会经济发展起到了巨大的推动作用,而且在军事上获得了广泛的应用,也必将对未来世界产生更加广阔而深远的影响。现代导航、制导与测控技术从来就是航天工程发展的核心技术之一,它涉及航天工程方案论证、设计制造和使用运行等方面。

综上所述,现代导航、制导与测控技术(系统)在现代科学技术、国民经济和国防建设发展中的重要地位和战略意义是显而易见的。因此,为了进一步发挥现代导航、制导与测控技术的巨大作用,认真总结和深入研究推动该技术发展的关键技术是十分必要的。

众所周知,虽然影响和推动现代导航、制导与测控技术(系统)进步的因素是多方面的,但笔者认为,其本质因素可归为两大方面,即实现精确导航、制导与测控的信息化及智能化程度和保证被控对象(如航天器、飞机、导弹、舰船、鱼雷等)的机动性水平高低。为了解决这两方面的问题,不少专家、学者付出了艰辛努力和极大代价,攻克了一个又一个关键技术。总结起来,这些关键技术主要包括:先进总体设计与实现技术,目标探测、识别与隐身技术,综合导航、惯性导航及组合导航技术,精确制导与复合/融合制导技术,现代测控技术与KKV(动能杀伤)技术,现代数据分析与信息融合技术,计算机网络与"数据链"通信技术,指挥控制与综合电子信息技术,复杂战场环境与信息对抗技术,地面、海上及空天试验技术,以及系统建模与仿真技术等。

本书旨在从全新的角度论述现代导航、制导与测控技术及其应用,重点探讨和研究推动现代导航、制导与测控技术(系统)进步和工程应用的上述关键技术,使其成为该领域科学工作者和工程技术人员的重要参考书,以及高等院校、军事和军工院校高年级学生和研究生的必备高技术知识教科书,以促进我国科学技术进步和国民经济发展,加速军队和武器装备的现代化建设。

全书共分 13 章。第 1 章阐明导航、制导与测控技术的一般概念,综述现代导航、制导与测控技术及系统,从精确导航、制导与测控技术及系统的需求角度,提出推动它们进步的主要关键技术;第 2 章论述导航、制导与测控技术的理论基础,综述各类导航、制导与测控的方法、技术及其应用,提出并探讨现代导航、制导与测控学科体系;第 3 章论述现代导航、制导与测控系统的先进总体设计方法和工程实现,主要包括计算机辅助设计、优化设计、虚拟设计、虚拟样机和并行设计工程等;第 4 章研究各类目标探测方法与技术,深入讨论目标识别技术和隐身技术;第 5 章在进一步论述惯性导航技术和系统的基础上,深入研究新型组合导航技术(系统)及其应用;第 6 章论述现代制导体制和精确制导技术,特别是复合/融合技术,讨论先进导引律设计与实现;第 7 章论述先进测控手段和控制策略及其应用,研究现代控制律设计与实现,并讨论超精确控制技术和 KKV 技术;第 8 章论述现代数据分析方法与技术及其在精确制导与控制中的应用,研究多传感器信息融合方法、算法及其在导航、制导、跟踪和识别等方面的应用;第 9 章论述计算机网络技术和战术数据链技术,研究其结构、特点及其在导航、制导与测控中的典型应用;第 10 章论述现代战场的复杂性,研究导航、制导与测控系统应对现代复杂战场环境的各类信息对抗技术;第 11 章论述新军事变革中的指挥控制特点,讨论现代指挥控制方式及综合电子信息技术应用;第 12 章论述地面、海上及空天试验对现代导航、制导与测控技术(系统)进步的重大推动作用,研究现代导航、制导与测控系统的典型试验设计与实现;第 13 章论述系统建模与仿真技术对现代导航、制导与测控技术(系统)发展的巨大支撑作用,讨论导航、制导与测控系统的全生命周期建模与仿真,以及虚拟环境和协同仿真技术的工程应用。

本书由刘兴堂教授主笔,撰写第 1、2、5~7 章,并进行统稿;孙德建教授撰写第 3、9 章;何广军副教授撰写第 4 章;李为民教授撰写第 8、11 章;刘力工程师撰写第 10 章;周自全研究员撰写第 12、13 章。参加部分章节撰写和校对工作的还有吴晓燕、李刚教授,赵玉芹、李小兵、刘宏、柳世考、赵敏荣、张君副教授,胡小明、牛中兴、董守贵高工,曾华、李保全讲师,以及宋坤、王超、李威等硕士和博士生;张双选讲师(在读博士生)完成了全文的绘图及打印工作。

本书的出版受到空军工程大学及导弹学院领导、机关和同仁们的热情鼓励和帮助,得到了中国科学院科学出版基金资助,以及科学出版社领导和责任编辑的大力支持,特别是深受哈尔滨工业大学王子才院士、西北工业大学马元良院士和第二炮兵工程学院黄先祥院士的精心指导,这里一并衷心致谢。同时,对参考文献的作者深表敬意。

　　由于现代导航、制导与测控技术(系统)涉及知识面既广又深,而作者水平有限,书中难免存在不妥之处,诚请广大读者批评指正。

作　者

2009 年 11 月于空军工程大学导弹学院

目　　录

第1章 绪　　论

本章将阐明导航、制导与测控技术的一般概念；综述现代导航、制导与测控技术及系统；提出现代导航、制导与测控问题和推动现代导航、制导与测控技术（系统）进步和工程应用的主要关键技术。

1.1　一般概念

1.1.1　导航概念

导航，顾名思义就是引导航行。进一步讲，导航是导引航行的简称，是指将航行载体（如航空、航天飞行器，陆地、海上和水下航行体）从一个位置（当时位置）引导到另一个位置（目的地）的过程。还可以理解为：导航是正确地引导航行载体沿着预定的航线，以要求的精度，在指定的时间内到达目的地的技术。由于被导航的航行载体通常包括飞机、导弹、制导弹药、运载火箭、人造卫星、宇宙飞船、舰船、潜艇、鱼雷、坦克、装甲车辆等，于是也就有航空导航、航天导航、舰船导航、水下导航和陆地导航之分。

导航概念可追溯到远古，早在 17000 年前的古石器时代，人们为了打猎就利用简单的恒星定位方法，这就是最早的目视天文导航方法；同样，导航技术装置概念可追溯到 4000 多年前，我们祖先的四大发明之一——指南针，它是最早用于指示船舶航行、人们陆上出行和车辆行驶方位的导航装置；后来出现的磁罗盘、陀螺半罗盘、陀螺磁罗盘和航向姿态系统等也都是相继发明的重要导航技术装备。当然，这些导航技术、装置或仪器都只能以磁定向来确定飞机、船舶或车辆等航行体的航行方向，而不能直接确定其具体航行体的空间位置和速度，因此也就无法确定航行体行驶过的距离。

按照近代导航概念，其导航功能已不断扩展为确定载体的即时位置（坐标）、航行速度、航行方位（航向）和通过距离等；主要导航工作（或任务）包括：定位、定向、授时和测速等。例如，一架飞机从一个机场起飞，希望定时准确地飞到另一个机场，除了要知道起始机场的位置和起飞时间外，更重要的是需要即时了解飞机空中实时位置、航向和速度等参数，只有这样才能借助机上和地面的导航设备或人工目视协同，正确地引导飞机完成航班任务。又如，在航海中，为了在一定时间内顺利地以最节省能量的方法按照预先的途径到达目的地，必须通过导航技术随时测量船舶的运动参数,并通过航行机构不断改变船舶的运动状态。由此可见,导航问题对于飞行和航海来说是极为重要的。

为了进一步满足航空、航天、航海和先进武器装备对导航的广泛需求和新要求,从而出现了精度高、用途广泛和适应性强的现代导航技术及导航仪器(系统)。

1.1.2　制导概念

制导概念是近代出现的,且由导航发展延伸而来。它与导航有许多共同之处,但在某些方面存在明显的各自特点。

所谓制导就是控制引导的意思,即使航行载体按照一定的运动轨迹或根据所给予的指令运动,以达到预定的目的地或攻击预定的目标。例如,为了将航天器(人造卫星、飞船、宇宙探测器等)送上一定的空间轨道,就必须根据探测仪器获得的信息,通过制导技术和制导系统使运载器(通常为运载火箭)准确、按时地飞向预定轨迹;又如,一枚导弹从发射到命中目标,也必须借助制导技术,利用制导系统,以一定的准确度引导和控制导弹按照预定路线(弹道)飞行,才能最终对目标实施有效攻击。因此,制导与导航的最大区别在于它兼备"导引"和"控制"两大功能,而导航只提供导航(参数)信息。

制导是高技术兵器和空间技术发展的必然结果,是伴随着航天器、运载火箭和制导武器(导弹、制导弹药、制导火炮等)的出现应运而生的。第二次世界大战末期,出现了由纳粹德国研制并运用的初级型制导武器——V-1 和 V-2 导弹。前者是最早的飞航式导弹;后者是最初的弹道式导弹。当时,这两种所谓的远程导弹都采用了无人驾驶的制导技术,在飞行中能够自动地修正导弹偏离预定轨道的误差,以保证弹体始终对准目标飞行,并在必要时依靠控制指令机动飞行,甚至施放干扰躲避敌方攻击。这种制导武器的亮相曾引起了整个欧洲的巨大震动,并对后来精确制导武器的迅猛发展产生了直接推动。20 世纪 70 年代初,美军在越南战场上首次使用了激光制导炸弹和电视制导炸弹,创造了一个个战绩。自此之后,各种精确制导武器层出不穷,从而"开创了战争的新时代"。制导技术也从此进入了精确制导控制时期,并逐渐形成了较完善的先进制导体制和制导控制系统。

1.1.3　测控概念

测控的一般含义为测试与控制。

测试是指对象的性能、功能及现象进行检测和故障诊断及定位等。它通常是利用传统的测试仪器仪表在现场进行的。但是,在有些场合下,对所研究和使用的对象(如飞机、运载火箭、卫星、飞船、舰艇、潜艇及放射性物体等)中的各种物理现象或参数进行测量时,不能用一般的测试设备在被测点附近直接测量,而只能进行远距离间接测量,即遥测。完成遥测任务所有设备的总体统称为遥测系统。

控制是人们最常见的科学术语之一,通常是指自动控制。所谓自动控制,就是在无人直接参与下,利用控制器或控制装置使被控对象(如机器、设备、生产过程或参量等)在某个工作状态或参数(即被控量)自动地按照预定的规律运行,以完成既定的社会、生产和国防任务。上述控制器或控制装置是对被控对象起自动控制作用的设备的总体,也是自动控制的核心部分,它一般由许多硬、软件组成,包括这样那样的自动控制元件及各种算法等;能够对被控对象工作状态及参量进行自动控制的系统被称为自动控制系统,主要由控制器(或控制装置)和被控对象构成。实际上,自动控制系统结构是十分复杂的,如导弹控制系统、飞机综合控制系统、舰船舰桥控制系统、运载火箭控制系统等。可见,控制具有很深的内涵和十分宽广的应用领域,而并非仅局限于导航、制导与测控范畴。前述导航系统或制导系统无非是一种专门的特殊自动控制系统。

世界上第一个自动控制系统诞生于 1770 年,这就是众所周知的瓦特调速器,它被最早应用于火车的蒸汽机调速控制。从此,人们开始了对自动控制系统的设计、制造及广泛应用。为了正确设计、合理制造和有效地使用自动控制系统,逐渐形成了完整的控制理论、方法与技术,并产生了各类控制元件、设备和系统等。

测试技术与控制技术相结合产生了后来的测控技术及系统。随着计算机科学技术的进步和广泛应用,许多传统的测试仪器仪表和控制装置被计算机所取代,出现了计算机测控技术和多种多样的计算机自动测试和控制系统。进而,计算机测控技术与遥测、遥控技术及网络技术相结合,便产生了最新的测控概念与技术,这就是遥测、跟踪和控制(telemetry tracking and control,TT&C)。TT&C 实质上是一种基于计算机测控技术的先进网络化系统,如航天测控网及系统。可见,现代测控技术是以计算机技术、自动化技术和网络技术为基础,以遥测、遥控和网络化为主要特征的综合性高新技术,已被广泛用于航空、航天、航海、兵器、核科学、生物医学研究及工农业生产的各个部门,并侧重于对航天器和某些高技术兵器进行跟踪、测量、监视、控制与管理。

1.2　导航、制导与测控技术及系统

1.2.1　导航技术及系统

导航技术是随着电子、计算机、信息处理和兵器等科学技术的进步而发展

的。空间技术和高技术兵器的新的导航需求为之注入了新的活力,从而在传统导航的基础上产生了众多的现代导航技术,如仪表导航、无线电导航、多普勒雷达导航、电视导航、自动地图导航、惯性导航、相对导航、卫星导航及组合导航等。与此同时,实现导航技术的导航传感器(装置)不断增加。现有的导航传感器包括六分仪、磁(无线电)罗盘、空速表、气压高度表、陀螺仪、加速度计、雷达、星体跟踪器、信号收发机、电光系统等,已被广泛用于各类飞行器、航行体、制导武器、自主式机器人和石油钻井等领域,用于提供航行方向、高度、速度、姿态、位置、时间、图像等方面的导航信息。

按照所采用的导航技术和传感器(装置)不同,目前已形成各种不同门类的导航系统,如无线电导航系统、天文导航系统、多普勒导航系统、惯性导航系统、卫星导航系统,以及多传感器组合导航系统等。惯性/多传感器组合导航系统是现代导航系统发展的重要方向。

1.2.2　制导技术及系统

制导技术是指设计与实现制导方式、引导规律、制导控制系统所采用的一系列综合性技术。例如,制导体制研制与选择技术、导引律设计与实现技术、系统分析与设计技术、信息处理及融合技术、计算机技术等。制导技术及应用是空间技术和高技术兵器,特别是制导武器发展的必然结果,是伴随着它们的出现应运而生的。目前,制导体制已形成较完善的体系,大体包括如下五大类:自主式制导、遥控制导、寻的制导、复合/融合制导和数据链制导等。各类制导体制各有特点,每类又有多种制导方式。例如,自主式制导可分为惯性制导、程序制导、卫星制导、天文制导、多普勒雷达制导及地图匹配辅助制导等;又如,寻的制导包括雷达制导、微波制导、毫米波制导、红外制导、紫外制导、激光制导、电视图像制导等。

导引律是制导技术的重要组成部分,是用以解决航行载体(如导弹)如何接近目标的运动几何关系规律的技术,目前也已形成多种类型,但可归结为古典导引律和现代导引律两大类。

实现制导任务的设备或仪器、仪表系统统称为制导系统。从本质上讲,制导系统是一个以航行体为控制对象的自动控制系统,通常由导引系统和控制系统两部分组成,兼有"制导"和"控制"两大功能,因此又称制导控制系统。导引系统包括探测设备和导引指令形成装置,主要担负"制导"功能;控制系统又称为稳定控制系统或自动驾驶仪系统,由敏感设备、综合设备、放大变换设备、舵系统伺服执行机构和控制对象等构成,主要对运动中的航行体起稳定与控制作用。

应该强调指出,在航天工程和制导武器发展的需求牵引下,出现了许多精确制导技术及系统。精确制导技术及系统是航天活动和精确制导武器的核心技术之一。在精确制导技术的支撑下,人类空间活动(航天试验、科学研究、空间探测、军事航天等)不断增强。截至目前,人们已将数以万计的航天器送入太空轨道,包括各类人造卫星、空间探测器、各种飞船、空间站、航天飞机、空天飞机及太空武器等;在精确制导技术的推动下,传统的制导武器产生了质的飞跃,各种精确制导武器,如精确制导导弹、精确制导炸弹、精确制导新概念武器等层出不穷,为信息化战争实现基于作战效果的远程精确打击创造了最理想的条件。

1.2.3 测控技术及系统

如前所述,测控技术涵盖了测试和控制两大部分。测试的基本任务是获取有用的信息(如物理量、参数等)并将其结果提供给观测者或其他信息处理装置、控制装置等。通常,人们借助专门的测试设备、仪器和系统,通过适当的实验方法及必需的信号进行数据处理和分析,由测得的信号来求取与研究对象有关的信息量值,并将其结果显示或输出。

传统的测试技术多是电量参数测量与非电量参数测量。随着传感技术的发展及测试技术领域不断扩大,各种传感器技术已成为现代测试的主体,包括硅微传感测量、光与光纤传感测量、热红外传感测量、化学传感测量、生物传感测量及智能传感测量等。微电子技术和计算机技术的进步使测试技术产生了飞跃,现代测试技术朝自动化、智能化的方向发展。例如,自动选择和适时地更换量程、数据记录、结果计算、自动校准、误差修正、自动故障检验、自动排除故障等。同时,现代测试技术具备了对各种复杂对象的分析、统计、判断和自检查、自诊断和自修复的能力,并可获得极高的测试精度。通常,人们将能自动进行性能测量、数据处理、传输,并以适当方式显示或输出测试结果的系统统称为自动测试系统(automatic test system,ATS)或称为计算机辅助测试(computer aided test,CAT)系统。这类系统一般由输入通道、控制设备、输出通道、总线与接口和测试软件等五大部分组成,整个测试工作都是在预先编程的统一指挥管理下自动完成的。

控制的范畴十分广阔,从理论基础和技术的角度可分为经典控制和现代控制、参数控制和非参数控制、线性控制和非线性控制、单变量控制和多变量控制,以及一般简单系统控制和复杂系统递阶控制等。应该说,基本的控制方式和技术是开环控制、闭环控制和复合控制,它们是一切更复杂控制方式和技术的基础。实现上述各种控制技术的装置或系统被称为控制系统,通常主要由控制器(或控制装置)和被控对象构成。再复杂的控制无非是这种基本控制方式和技术的扩展。例如,为了消除内在和外来干扰因素或未建模因素的影响,使控制系统始终处于期望的工作状态,即最优或次最优的工作状态,从而出现了基于可调控制器和系统辨识技术的自适应控制技术与系统,这种控制技术及系统已在工作环境变化范围很大的飞行器(飞机、导弹、火箭等)控制中获得广泛应用。除此之外,还有神经网络控制、模糊控制、变结构滑模控制、跟踪控制、鲁棒控制、多模控制等控制系统。当然,对于这些复杂控制系统来说,在结构上除包括检测元件、综合元件、校正元件和控制器外,还将包括自适应机构,甚至软件及网络系统等。计算机数字控制系统是目前控制系统的主流,智能化与网络化控制是控制系统发展的重要方向。

测控技术是上述测试技术和控制技术相结合的产物,也是两者相互应用、相互促进共同发展的结果。现代测控技术已成为光、电、自动控制、计算机与信息技术多学科相互融合的一门高新综合技术,微型化、集成化、智能化、虚拟化和网络化是其以计算机控制为核心的现代测控技术(系统)的重要发展趋势。

1.2.4　综合技术及系统

上述导航、制导与测控技术(系统)在许多场合下(如飞行器制导与控制、水面舰艇和水下兵器作战、航天测控、空中模拟、飞行试验、海上网络战等)总是相互紧密配合,共同完成某一既定任务,从而构成一个复杂的综合导航、制导与测控技术(系统),这里简称综合技术及系统。这种综合技术及系统的一个很重要的特征是,它往往包含着先进的遥测、遥控技术及系统。所谓"遥测"就是将一定距离外被测对象的参数,经过感受、采集、调制等,通过传输介质送到接受地点并进行解调、记录、处理的一种现代测量过程。完成上述功能的设备组合称为遥测系统。在航空、航天和高技术兵器需求下,出现的遥测技术及系统同样是现代测控技术和系统的主要组成部分,实现遥测技术的遥测系统一般由输入设备、传输设备和终端设备等组成。目前,常采用的遥测系统有时分制的脉冲编码调制(PCM)系统和脉冲幅度调制(PAN)系统,以及频分制(FM)系统。由于 PCM 系统是数字化遥测系统,故应用最为广泛,并代表新一代遥测系统的发展方向。例如,美国新推出的基于分布式计算机遥测系统就是属于这种类型。

"遥控"是对目标实施远距离的控制。完成这一功能的设备组合称为遥控系统,又称指令控制系统。遥控系统的任务就是在主控端将控制命令变换成指令发向被控端,其主要工作过程包括:指令形成、传输与译出。当利用无线信道传输时,称为无线(电)遥控,现代遥控系统一般均采用无线电遥控。

上述遥测、遥控系统的原理如图 1.1 所示。

在航空航天和高技术兵器的需求牵引下,近年来遥测、遥控系统技术有了长足进步,主要体现在:CCSDS、FQPSK、SOQPSK、Multi-h、CPM、GMSK 等体制和改进的主字母体制(MHA)的应用,综合基带设备、外弹道测量、多目标综合测量、记载遥测遥控系统、数字化检前记录、FM 遥测性能增强技术的研究和应用等。

先进的飞机飞行试验系统就是上述遥测、遥控系统的典型代表(见图 1.2)它被用于新机试飞中的飞机导航、跟踪、数据采集、处理、显示和指挥控制。

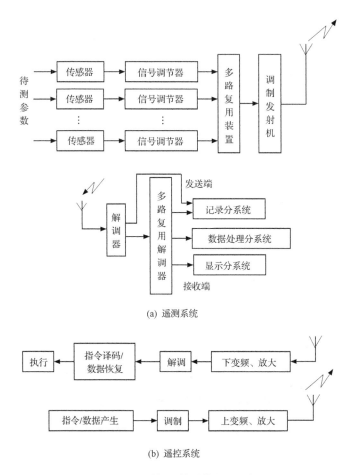

(a) 遥测系统

(b) 遥控系统

图 1.1　遥测与遥控系统的原理框图

　　航天测控系统是目前最复杂而又先进的综合系统之一,对航天器及其有效载荷(包括科学仪器、探测设备、宇航员及支持保障系统等)进行跟踪、测量、监视与控制,主要由无线电测控系统、光学测量系统、通信系统、数据处理与监视显示系统、时间同一系统和辅助支持系统等部分组成。整个系统实际上是一个以计算机为核心的遥测、遥控网络化系统。仅遥控部分就包括遥控台、遥控信号收发装置、引导、自动跟踪设备及星上接受译码设备等。

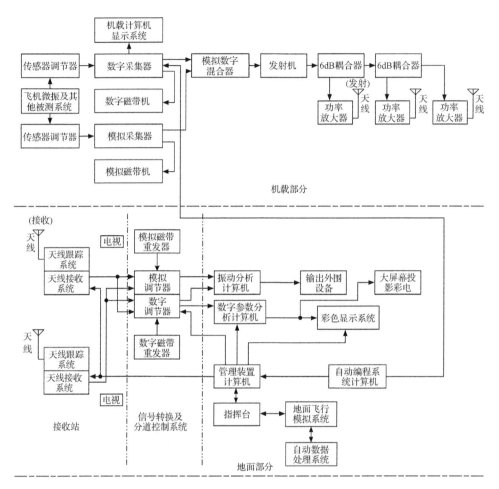

图 1.2 某飞行试验测控及数据自动采集处理系统

1.3 现代导航、制导与测控技术

1.3.1 引言

自古以来,人们总是将先进的科学技术首先用于军事目的,以获得新的军事实力,谋求战争胜利,导航、制导与测控技术也不例外。随着科学技术的发展,人类经历了徒手战争、冷兵器战争、热兵器战争、机械化战争后,加速进入现阶段的信息化战争。信息化战争是在核威慑条件下,以信息技术为主导的高技术战争。为了适应信息化战争,无论是高技术兵器的研制和使用或是军事力量的指挥与控制都大量采用了现代导航、制导与测控技术,而且更加突出了这种技术的精确化。精确化是现代导航、制导与测控技术的显著特征,也是该技术工程应用的最主要需求,如空中与海上精确导航、高技术兵器精确制导、航天活动精确测控及军事行动的精确指挥与控制等。

由 20 世纪 80 年开始,人类逐渐拉开了信息时代的序幕。信息时代的主要标志是信息产业为社会结构的主要基础,信息技术渗透于各个领域。进入 21 世纪,知识的产生、传输及应用明显加快,信息产品在我国国民经济中的比重迅速上升并逐步占据主导地位,信息化的大潮剧烈地冲击着社会各个层面,包括政治、教育、工业、农业、医疗、卫生、军事等。现代导航、制导与测控技术既是信息化的主要内容,也是信息化应用开发的重要手段,极大地改变了人们的生产、生活方式和社会文明。同时,为了推动现代导航、制导与测控进步而广泛应用的各项高新技术,其技术效应是十分明显的,不仅给社会带来了举世瞩目的巨大影响和效益,而且也大大加速了实现国家四个现代化的进程。

1.3.2 地面、空中、海上精确导航

精确导航是现代地面、空中和海上活动的重要需求。例如,随着信息化战争的出现和发展,产生了应对复杂战场环境的“数字化士兵”,这是一个集通信和观瞄、指挥控制和火力控制强大功能于一体的单兵作战平台。为了适应随时变化的作战区域,要求数字化士兵能够实施获得所在地区的地理信息,并实现精确移动定位。基于网络的移动地理信息系统担负着此任务,动态(实时)精确导航是该系统的重要组成部分,导航定位系统能够全天候地在全球范围内提供精确的 PVT(位置、速度、时间)信息,它主要依据 GPS、栅格和移动通信进行准确、快速地确定人和物在地球表面的位置,从而引导兵士做出正确的作战反应。又如,联合作战是信息化战争的主要特征之一,为此需要陆军的直升机和无人机与联合部队作战飞机实施协同,以便在防区外识别和攻击时间敏感目标,完成这一重任的技术手段是采用计算机网络和先进战术数据链(如 Link-16 等)。这种数据链的重要功能之一就是通过数据通信手段实现直升机、无人机与战机的精确相对导航,保证完成在联合作战环境下进行“从传感器到射手”的无缝链接目标攻击任务。再如,舰船导航发展至今,已有上百年的历程,从早期单靠磁罗盘跑天下,到如今达 20 余种先进导航设备。为了实现海上和水下高精度、实时、连续导航定位的目标,已广泛采用了卫星导航定位系统及先进的组合导航技术,并由海上网络战引发了一场导航战。所谓导航战主要是 GPS 高精度卫星导航的介入,给海上的舰船、潜艇、导弹、舰载机等移动平台提供精确的三维位置、速度和时间等重要信息,使得依赖 GPS 的巡航导弹等远程武器对目标的命中率大幅度提高,为保证这种星导航不受影响,又同时阻止敌方利用星导航而展开 GPS 对抗与反对抗的斗争。

1.3.3 高技术兵器精确制导

战争需求和科技进步始终是各种高技术兵器发展的不竭动力源。事实上，伴随着不断战争的腥风血雨和多次军事变革的汹涌浪潮，传统武器由冷兵器、热兵器、自动武器和热核武器逐渐演变为现代高技术兵器，包括精确制导武器、高度电子化武器、人工智能化武器、新概念武器及各类综合多武器平台(如军机、坦克、舰艇、潜艇、综合电子信息系统、反导系统等)。现代高技术兵器的突出特征是综合体现决定战争胜败的四大关键特性——信息、速度、精确性和杀伤力，并作为网络中心战的重要组成部分，采用精确制导控制技术和数据链网络通信技术，实现制导控制信息化、制导控制信息获取的多样化，并实施先进的超精确控制，通过一体化指挥、控制、通信、计算机、情报、监视和侦察(即 C^4ISR)实时地掌握战争态势，快速优化决策，以最小代价和最低风险达成基于效果的精确打击和有效毁伤，以赢得战争胜利。

精确制导武器是高技术兵器的杰出代表。近几次高技术局部战争表明，精确制导武器总是"首当其用，首当其冲"，扮演着现代战场上武器的主角，它不仅改变着战争形态和作战方式，而且直接影响甚至决定着战争的进程与结局，成为一个国家军事实力的重要标志。

所谓精确制导武器是指命中精度很高(直接命中概率高于 50%)的导弹、制导炮弹、制导炸弹、制导鱼雷、制导水雷、空中拦截器及太空制导武器等。它们的显著技术特点表现为：其一，战斗部载体具有精确制导功能；其二，不仅有爆炸杀伤目标的弹头，而且有自动捕获、跟踪和识别目标的能力；其三，具有相当高的作战效费比(比传统常规武器高出几十倍，甚至成百上千倍)和巨大的发展潜力。可见，高技术兵器对精确制导控制技术的迫切需求是不言而喻的。

1.3.4 航天工程精确测控

人类借助高技术群探索宇宙并加以利用的航行活动称为宇航。航天是宇航的第一阶段，是指利用人造航天器在太阳系内部范围的航行活动，或者说航天是人类进入、开发和利用太空的科学探索活动。此概念是由我国著名科学家钱学森提出来的，是他从"航海"、"航空"类推出来的。人类从事同航天有关的工程项目和计划叫做航天工程，包括空间探索和空间利用。完成航天工程的主要手段和工具是运载火箭和航天器(包括人造地球卫星、航天飞机、载人飞船、空间站等)。航天工程的种类繁多，按其功能和特点大致分为人造地球卫星工程、载人航天工程和深空探测工程等。整个航天工程是一个庞大而复杂的综合性技术系统，是多领域、多学科科学技术的高度综合集成。航天工程一般由航天器系统、运载系统、发射场系统、测控系统、回收系统、着陆系统、应用系统、航天员系统等组成。如前所述，测控系统担负着对航天器及其有效载荷进行跟踪测量、监视与控制的重要任务,是航天工程最重要的组成部分之一。其重要性主要表现在,该系统作为天地联系的唯一通道和综合技术分析及信息交换中枢,直接关系到航天器的发射与回收、轨道确定与控制、姿态确定与控制、航天员医学监督与保障,以及航天环境控制和空间探测与科学试验等航天工程。因此,实现精确测控是对该系统的基本要求。在此,测量精度设计、测控精度分析与分配是至关重要的,且要求很高。例如,通常对航天器的弹道分速度测量要达到厘米级每秒,对外测定时误差不得大于 $1\mu s$;控制精度主要体现在姿态、轨控和天地时间比对等三个方面,且与测量精度相互影响,具有高精度要求;对航天员逃逸检测的测控精度要求就更高了。可见,精确测控从来就是航天工程的重要需求和核心技术之一,也是航天工程发展中的技术难题之一。为了实现航天工程精确测控,必须通过正确的总体设计方案,以及实现该方案的完善硬件和应用软件来保证,其中先进的遥测、遥控及航天测控网起到了至关重要的作用。

1.4　现代导航、制导与测控的关键技术

现代导航、制导与测控技术紧系国计民生和社会文明,对科学进步、国民经济和国防建设起着极其重要的作用,尤其是:它在航空和航空武器发展中始终作为必不可少的关键支撑技术;它从来就是战略武器发展的核心技术,在包括弹道导弹、远程轰炸机和核潜艇的战略武器上应用了几代,都起到了极其关键的作用,在很大程度上决定着这些战略武器的战技性能和作战效能;它对于舰船和水下兵器的设计、制造及运用是十分重要的,无论是水面舰艇或是水下潜艇和鱼雷、水雷武器,如果没有这门高新技术的支撑,就没有它们的进步和应用;面对当今和未来陆、海、空、天、信息等多维一体化联合/协同作战,现代导航、制导与测控技术(系统)的信息主导作用将更加明显。同时,如何进一步发挥现代导航、制导与测控技术(系统)对军队和武器装备现代化的核心支撑作用更加迫切。

综上所述,为了适应国计民生、社会文明、科技进步、国民经济和国防建设的迫切需求,使现代导航、制导与测控技术(系统)朝着网络化、信息化、精确化和智能化的方向加速发展,全面总结和深入研究推动现代导航、制导与测控技术及系统发展的关键技术是十分必要的。

现代导航、制导与测控技术是涉及多领域、多学科的综合性高新技术,影响其发展的因素是多方面的,但是决定性的本质因素可归为两大方面:其一是实现导航、制导与测控的信息化和智能化程度;其二是保证导航、制导与测控的精确性及相对于对象的机动性水平高低。围绕解决这两方面问题的关键技术,即推动现代导航、制导与测控技术(系统)进步和发展的主要关键技术应包括:先进总体设计与

实现技术;目标探测、识别与隐身技术;综合导航、惯性导航与组合导航技术;精确制导与复合/融合技术;现代测控与动能杀伤(KKV)技术;现代数据分析与信息融合技术;计算机网络及数据链通信技术;指挥控制与综合电子信息技术;复杂战术环境与信息对抗技术;地面、海上及空天试验技术以及系统建模与仿真技术等。

第 2 章 基础理论、方法与技术

导航、制导与测控技术是随着电子、计算机、信息、航空、航天、航海、工业制造及试验工程等科学技术的进步而发展起来的,已形成一门独立的综合性学科,有其多方面的基础理论、方法和技术,并在国民经济、科学技术、国防建设及军事作战等各个领域广泛应用,产生了举世瞩目的影响和巨大效益。

本章将概括论述导航、制导与测控的基本理论、方法与技术,重点阐明其各类导航、制导与测控系统的原理及应用,并简要讨论现代导航、制导与测控技术的学科体系。

2.1 导航理论、方法与技术

2.1.1 基本理论、方法与技术综述

导航的主要任务是测量并利用载体的即时位置、航行速度、航行方位和通过距离等基本信息,通过物理学和数学技术手段,借助导航传感器(装置)将载体从一个位置正确地引导到预定的位置。而根据所采用的导航理论和导航装置(仪器、仪表)各异,有各种不同的导航方法与技术,诸如无线电导航、多普勒雷达导航、惯性导航、卫星定位导航、天文导航、地图匹配导航、相对导航、综合导航及组合导航等。

支撑各种导航方法的基本理论和技术是多方面的,但主要是物理学、数学、电子学、无线电理论与技术、惯性理论与技术、计算机技术、信息处理与融合技术、滤波技术、图形/图像技术、传感技术等。这些理论与技术将在下述各种导航方法原理及其应用中得到具体体现。

2.1.2 无线电导航原理及应用

无线电导航是利用无线电电波在均匀介质和自由空间传播及恒速(即光速)两大特性,进行引导航行的一种方法。通常通过设置在航行载体(如飞机、导弹、舰船等)上的无线电收发设备,测量航行体相对地面台站的距离、距离差或相位差来定位;也可通过航行载体上的接收系统,接受地面台站发射的无线电信号,测量其航行体相对于已知地面台站的方位角来定位。无线电导航系统分陆基无线电导航系统和星基无线电导航系统两类。例如,地美依测距导航系统、罗兰 C 双曲线导航系统、奥米加双曲线导航系统、伏尔加测向导航系统和测距与测向共用的塔康导航

系统等。

塔康导航系统常用于航空;奥米加双曲线导航系统工作在很低频段,是最早出现的可全球、全天候连续使用的无线电导航系统,也是唯一能为潜艇提供服务的无线电导航系统;罗兰 C 系统是一种低频段中远程无线电导航系统,由多个台链构成,每个台链都包括一个主台和两个以上的副台,兼顾了脉冲、相位两种体制的优点,被广泛应用于舰船导航定位。

为了进一步了解无线电导航原理,下面以罗兰 C 双曲线定位和塔康导航系统为例。双曲线导航定位原理如图 2.1 所示。由图 2.1 可见,该系统由 A,B,C 三个岸台构成。若 A 和 B 到舰船 P 的距离分别为 R_A 和 R_B,其距离差 $\Delta R = R_A$ 和 R_B 为一定时的船位轨迹,是以 A 和 B 为焦点的双曲线。不同的 ΔR 则对应不同的双曲线。舰船 P 的位置在 ΔR_2 这条双曲线上,如 A 和 C 岸台组成双曲线。A 与 C 的距离差为 $\Delta R'$,又可确定一个以 A、C 为焦点的双曲线(虚线所示)。于是,以 A、B 为焦点,以 ΔR_2 为距离差的双曲线与以 A、C 为焦点 $\Delta R'$ 为距离差的双曲线焦点 P,就是舰船的位置 P。实际上,测定距离差即为测定无线电电波传播的时间差。可见,这种无线电导航方法与技术是建立在无线电技术和数学基础上的。

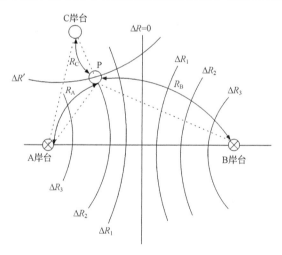

图 2.1　罗兰 C 双曲线定位原理图

塔康导航是一种近距测向-测距系统,包括测位(方位)和测距(距离)两个方面的功能。通常塔康导航有两种形式:一种是 VOR 测位和 DME 测距有机组合而成的测向-测距系统;另一种是由地面塔康台和机载塔康台组成的战术空中导航系统(TACAN)。

测向-测距系统由 VOR 测向系统和 DME 测距系统组成。其中,VOR 测向系统是一种连续波相位式全向测向系统,主要由机载全信标接口和地面全向方位导航台构成,其原理是通过比相来测定飞机相对于地面台的方位角;DEM 测距系统主要由机载询问器、地面台回应器及测量设备构成。在导航中,询问器发射机与回应器接收机的下、上行线分别形成两个通道:测距询问信号通道和测距应答信号通道,通过测量机载询问脉冲与地面应答脉冲之间的时差,来确定导航距离,即测出的时差取其一半乘以电波传播的速度,即得到导航距离。为了提高 VOR 系统定位精度,通常 VOR 测向系统多与 DME 测距系统配合使用。

TACAN 导航系统由地面塔康台与机载塔康设备两部分组成,可同时完成测位和测距工作(见图 2.2)。在这种系统中,机载设备和地面台同时都包含有发射机和接收机。工作时,地面台始终处于"收、发"状态,机载设备有两种状态,即一种是"收"状态,仅能测位,另一种是"发、收"状态,能同时测位与测距。其测位原理与 VOR 相近,测距原理与 DEM 相同,但又不同于 VOR/DEM 组合,不但使用简便,而且精度有所提高。

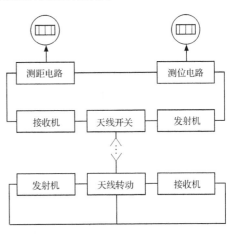

图 2.2　TACAN 系统框图

无线电导航是一种历史较悠久的、广为应用的导航方法,目前已广泛用于飞机和某些制导武器(如空-地导弹等)上,在航天器上也有应用。这种导航方法主要随着无线电技术的进步而不断发展,有着设备简单、导航精度不受使用时间和气候条件限制,且可靠度较高的优点。但由于本质上属被动式导航方式,必须有地面配合,因此,电波易受到人工干扰,也容易暴露自己,且工作范围受地面台站覆盖区域的限制,显然在军事上应用存在严重不足,特别是系统生存性较差,需要采取安全措施。

2.1.3　多普勒雷达导航原理及应用

多普勒雷达导航是利用航行体速度变化,在发射波和反射波之间产生的频率差——多普勒频移的大小,来测量航行体相对地面的速度,进而完成导航任务的一种方法。从原理上讲,它将通过设置在航行体上的雷达发射和接收装置测出地速大小,再借助航行体上的航向系统输出航向角,将地速分解成沿地理北向和东向的速度分量,进而确定出两个方向的距离变化及经、纬度大小,最终确定出航行体的位置。下面是这种导航的具体原理及应用。

设无线电发射机发射频率为 f_0,在 t_0 时刻位于 A 点,以速度 V 向固定点 B 的接收机运动,t_1 时刻到达 A_1 点;A 至 B 点的距离为 d,c 为光速[见图 2.3(a)],则考虑传输延迟下的发射信号从 A 点达到 B 点的时间 $T_0 = t_0 + \dfrac{d}{c}$,而从 A_1 点达到 B 点的时间 $T_1 = t_1 + \dfrac{d - \boldsymbol{V}(t_1 - t_0)}{c}$。显然,在 $[t_0, t_1]$ 时段内,发射机发出的信号波动因数 $n = (t_1 - t_0)f_0$。若接收到的信号频率为 f_r,则接收到的信号波动周数 $N = \dfrac{c - \boldsymbol{V}}{c}(t_1 - t_0)f_r$。由于信号波动是连续的,所以在该时段内,接收机接收到的信号波数 N 应与发射机发出的信号波数相等,即 $(t_1 - t_0)f_0 = \dfrac{c - \boldsymbol{V}}{c}(t_1 - t_0)f_r$,故有 $f_r = \dfrac{c}{c - \boldsymbol{V}}f_0$。于是,多普勒频移 $f_d = f_r - f_0 = \dfrac{c}{c - \boldsymbol{V}}f_0 \approx \dfrac{\boldsymbol{V}}{c}f_0$。当发射机与接收机安装在同一载体上时,反射 B 固定不动,载体以速度 $\boldsymbol{V}$ 向 B 点运动[见图 2.3(b)],可按上述相同原理推导出 $f_d = f_r - f_0 = \dfrac{2c\boldsymbol{V} - \boldsymbol{V}^2}{c^2 - 2c\boldsymbol{V} + \boldsymbol{V}^2}f_0 \approx \dfrac{2\boldsymbol{V}}{c}f_0$。这就是多普勒频移测速原理。

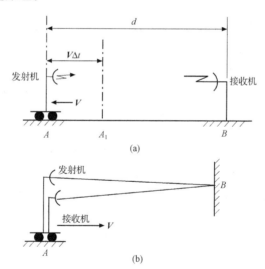

图 2.3　多普勒频移测速原理示意图

　　实现这种导航方法与技术的设备主要是多普勒雷达。传统的多普勒雷达可发出连续的固定频率电波,利用上述测量发射波与反射波的频率差来确定目标运动速度,但不能测定目标的距离。脉冲多普勒雷达具有同时获得目标位置和相对速度等功能,且它的频率鉴别性能好,抑制地物干扰的能力强,因此在现代导航中得以广泛应用。

　　值得指出的是,多普勒雷达导航是一个自主式导航方法,无须地面台,从而具有自主性强和抗干扰能力较强的优势,故被广泛应用于飞机、导弹和舰船等导航方面。但是,由于它工作时必须发射电波,因此容易暴露自己,工作性能也易受地理环境、反射面形状和雷达天线姿态的影响,甚至会在某些情况下(如水平面或沙漠上工作时)完全丧失工作能力。

2.1.4　惯性导航原理及应用

惯性导航是一种典型的自主式导航方法,也是最重要、最主要的现代导航方法之一。目前几乎所有先进组合导航方法都是以惯性导航为基础的。

惯性导航基于惯性原理,即利用牛顿运动第二定律 $F = Ma$。在导航中,它通过惯性测量元件加速度计和陀螺仪自主地测量载体相对于惯性空间的加速度和角速度参数,并在给定载体运动初始条件及选定的导航坐标系(可以是人工建立的"物理平台",也可以是计算机存储的"数学平台")下,由导航计算机计算出载体的速度、距离、位置(经、纬度)和姿态与航向。也就是利用一组加速度计连续测量加速度信息,通过一次积分运算可得到载体瞬时 (t_k) 速度信息

$$\boldsymbol{V}(t_k) = \boldsymbol{V}(t_0) + \int_{t_0}^{t_k} a(t)\,\mathrm{d}t \tag{2.1}$$

式中:$\boldsymbol{V}(t_0)$ 为载体初始运动速度向量。

瞬时位置信息等于对速度的再次积分,即

$$\boldsymbol{r}(t_k) = \boldsymbol{r}(t_0) + \int_{t_0}^{t_k} \boldsymbol{V}(t)\,\mathrm{d}t \tag{2.2}$$

式中:$\boldsymbol{r}(t_0)$ 为载体初始位置向量。

通常,加速度计为一组三轴加速度计,被安置在稳定平台上,保证三轴始终指向东、北、天方向,分别测得东向加速度 a_e、北向加速度 a_n 和垂直加速度 a_u。对 a_e、a_n 和 a_u 进行积分,便得到载体沿此三轴的三个速度分量为

$$\left.\begin{aligned}
V_e(t_k) &= V_e(t_0) + \int_{t_0}^{t_k} a_e \mathrm{d}t \\
V_n(t_k) &= V_n(t_0) + \int_{t_0}^{t_k} a_n \mathrm{d}t \\
V_u(t_k) &= V_u(t_0) + \int_{t_0}^{t_k} a_u \mathrm{d}t
\end{aligned}\right\} \tag{2.3}$$

一般的,载体在地球上的位置通过经、纬度和高程表 (λ、q 和 h) 表示,也可经过对速度积分得到,即

$$\left.\begin{aligned}
\lambda &= \lambda_0 + \int_{t_0}^{t_k} \dot{\lambda}\,\mathrm{d}t \\
\varphi &= \varphi_0 + \int_{t_0}^{t_k} \dot{\varphi}\,\mathrm{d}t \\
h &= h_0 + \int_{t_0}^{t_k} \dot{h}\,\mathrm{d}t
\end{aligned}\right\} \tag{2.4}$$

式中：λ_0、φ_0、h_0 分别为载体的初始经、纬度及高程；$\dot{\lambda}$、$\dot{\varphi}$、$\dot{h}$ 分别为经、纬度和高程的时间变化率。这里，

$$\left.\begin{aligned} \dot{\lambda} &= \frac{V_e}{(R_N + h)\cos\varphi} \\ \dot{\varphi} &= \frac{V_n}{R_M + h} \\ \dot{h} &= V_n \end{aligned}\right\} \tag{2.5}$$

将式(2.5)代入式(2.4)便可得到以经、纬度和高程表示的瞬时位置为

$$\left.\begin{aligned} \lambda &= \lambda_0 + \int_{t_0}^{t_k} \frac{V_e}{(R_N + h)\cos\varphi}\mathrm{d}t \\ \varphi &= \varphi_0 + \int_{t_0}^{t_k} \frac{V_n}{R_M + h}\mathrm{d}t \\ h &= h_0 + \int_{t_0}^{t_k} V_n\mathrm{d}t \end{aligned}\right\} \tag{2.6}$$

式中：R_M、R_N 分别为地球椭球的子午线圈、卯酉圈曲率半径。若视地球近似为半径为 R 的球体，则 $R_M = R_N = R$。这就是惯性导航的基本原理。

应该指出的是，按照所采用的惯性稳定平台形式不同，惯性导航系统可分为平台式惯性导航系统和捷联式惯性导航系统。前者为机械式平台，主要由加速度计、陀螺稳定平台(即陀螺仪)、导航计算机及控制显示器组成，它们分别具有测量载体三向加速度、航向姿态，计算速度、距离，并向计算机输入初始运动参数和位置参数，以及进行导航运行操作和显示导航信息等功能。与平台式惯性导航系统相比，捷联式惯性导航系统的最大区别是以数学平台取代了机械平台，将惯性测量元件(加速度计和陀螺仪等)直接安装在载体上，而用计算机来完成导航平台的功能(见图 2.4)。惯性导航系统是第二次世界大战时首次用在德国 V-2 导弹上的。当时，仅由两个二自由度位置陀螺仪控制导弹姿态和航向，利用一个陀螺加速度计测量沿弹体纵轴方向的加速度，而并没有三轴陀螺平台，故导航和制导精度较低。真正意义上的惯性导航系统出现在 20 世纪 50 年代初，这就是美国奥特奈蒂克斯公司为美国空军研制的 XN-1 型惯性导航系统。它被首先用于军用飞机，后来逐渐改进被用于核潜艇、航空母舰和制导武器。与此同时，苏联、英国、法国等军事强国都研制和应用了自己的惯性导航系统。我国由 1958 年起步，经过几十年的艰苦努力，不仅实现了这方面零的突破，而且研制出了高水平的三轴平台式和捷联式惯性导航系统，为民用和国防做出了贡献。

虽然采用无线电导航技术、多普勒雷达导航技术，甚至卫星导航技术、天文(地文)导航技术都能构成导航设备，实现导航功能，但是由于它们都依赖外部的光、电、磁、地形、地物、天体等，故使用均受到限制和人为干扰，甚至有时无法完成导航任务。唯有惯性导航，可在空中、太空、地面、地下、海面、水下得到全天候应用，而

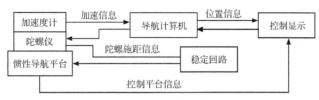

(a) 平台式惯性导航系统

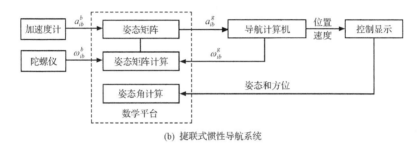

(b) 捷联式惯性导航系统

图 2.4　惯性导航系统的两种基本结构

不受任何制约,成为任何其他导航方法不可替代的一种绝对保密且不受干扰的自主式导航手段。因此,惯性导航不仅在民用领域获得了广泛的应用,而且对于军机、导弹、舰艇和其他高技术兵器,特别是远程战略武器(战略轰炸机、战略导弹核潜艇、战略弹道导弹等)的作用和意义十分重大。就此而言,惯性导航技术及其应用早就受到发达国家的极大重视。近年来,无论是惯性导航装置或是系统都得以长足发展,尤其是以惯性导航为基础的双重和多重组合导航技术和系统进步更是迅猛异常,并获得非常广泛的应用。

2.1.5　卫星定位导航原理及应用

　　卫星定位导航简称卫星导航,是大家熟知的近年来发展最迅速的一种先进导航方法,也是继惯性导航之后现代导航技术的又一重大进步。

　　从本质上讲,卫星导航是一种无线电导航与多普勒雷达导航相结合的崭新的导航方法,即利用无线电电波传播的直线性和等速性实现测距、定位,并借助航行载体与卫星之间的多普勒频移进行测速,以完成整个导航任务。

　　卫星导航所使用的导航设备(系统)为 GPS(全球定位系统)、GLONASS(全球导航系统)或其他与之类似的卫星定位系统(如北斗卫星定位系统等)。其中,以 GPS 导航应用最为普遍。GPS 全称导航星全球定位系统,由导航卫星、地面监控系统和用户接收机等三大部分组成。导航卫星主要功能是接受地面监控系统发送来的各种控制指令和导航信息,向用户(GPS 接收机)不断发送所需要的导航定位信号,产生基准信号,提供精确时间标准,进行必要的数据处理。为了有利于全球范围内实时、高精度定位,美国的导航卫星经最佳选星确定,在空间分布 21 颗工作卫星和 3 颗备份卫星。由于 GPS 定位采用测时、测距原理,测时成为 GPS 高精度定位的关键,故导航卫星上使用了极高精度的铷原子钟(30 万年误差仅 1s);地面监控系统主要由主控站、注入站和监测站构成,其主要功能是进行数据处理、误差计算和指令形成等;用户设备一般包括 GPS 天线、GPS 接收机和控制显示设备,其主要功能为选择捕获、跟踪卫星、测量伪距,并进行导航定位计算和修正等。

应着重指出的是,GPS 定位基于精密测距,通过测距来确定载体的位置坐标,而测距或测距差都是利用无线电电波在空间传播的恒速性和直接性,借助测量电波的传播时间(延时)来实现的。因此,测距的问题实质上变成了测时的问题。目前,在 GPS 测距中,测量传播延时有两种方式可供选择,即有源方式和无源方式。

(1)有源方式,由用户发射信号,卫星接收并转发,再由用户接收回波信号。其间用户由发到收的时间延迟即所测传播延时。如用户和卫星之间的距离为 r,测得的传播延时为 τ,若卫星接收与转发之间无时间延迟,则有

$$r = \frac{1}{2}c\tau \tag{2.7}$$

式中:c 为电波传播速度。

(2)无源方式,由卫星发射信号,而用户接收信号,用户直接从所接收的信号中测得传播延时。用户钟与卫星钟有钟差 Δt,则用户测量的传播延时 τ' 并不等于真正的传播延时 τ,所测距离也必然不是真正的距离,把 τ' 对应的测量距离称为伪距离,简称伪距,以符号 r^* 表示

$$r^* = c\tau' = c(\tau + \Delta\tau) = r + c\Delta t \tag{2.8}$$

目前,GPS 卫星上的钟多为日稳定度为 10^{-13} 的铷原子钟,依靠地面监控系统的监控控制,可以保证各卫星上的原子钟相互同步。而各种用户接收机上的时钟,可以是精度较低的石英钟。这时用户测量到第 i 颗卫星的伪距为

$$r_i^* = r_i + c\Delta t \tag{2.9}$$

设地球系 $Ox_e y_e z_e$,用户 U 在地球一点上的三维坐标为 (x_e, y_e, z_e),第 i 颗卫星 S_i 在地球系上一点的三维坐标为 (x^i, y^i, z^i),则用户 U 到第 i 颗卫星之间的距离可以表示为

$$r_i = \sqrt{(x_e - x^i)^2 + (y_e - y^i)^2 + (z_e - z^i)^2} \quad (i = 1, 2, 3) \tag{2.10}$$

可见,通过 3 颗卫星的距离 r_i 及解出 3 颗卫星的坐标 x^i、y^i、z^i 之后即可得到用户坐标。

由于实际中测得的不是 r_i,而是伪距 r_i^*。将式(2.10)代入式(2.9),有

$$r_i^* = \sqrt{(x_e - x^i)^2 + (y_e - y^i)^2 + (z_e - z^i)^2} + c\Delta t \quad (i = 1, 2, 3) \tag{2.11}$$

解式(2.11)这样的方程,除了 x_e、y_e、z_e 已知外,用户钟与卫星钟的钟差 Δt 是一个未知量。因此,只要测量到 4 颗这样的伪距 r_i^*,就可以解出用户位置坐标。

利用 GPS 除可测量用户位置外,还可以测量移动用户的运动速度,GPS 测量运动速度的基本原理,是通过测量用户和卫星之间相对运动而产生的多普勒频移来进行的,它与前述多普勒雷达测速原理相同,即根据已知的多普勒频率 f_D,即可求出卫星相对用户运动的速度 V

$$V = \frac{f_D}{f}c \qquad (2.12)$$

如果卫星运动的速度方向与卫星和用户之间连线有夹角 θ,此时对应的多普勒频率为

$$V = f\frac{V\cos\theta}{c} = f\frac{V_u}{c} \qquad (2.13)$$

相应测得卫星与用户间相对运动速度大小为

$$V = f\frac{V\cos\theta}{c} = f\frac{V_u}{c} \qquad (2.14)$$

应指出的是,这个相对运动速度 V_u 实际上也是卫星与用户间的距离变化率 $\dot r$。由于受钟差的影响,伪距变化率为

$$\dot r^* = \dot r + c\Delta \dot t_u \qquad (2.15)$$

由于测量过程很短,钟差变化率极小,通常取 $\Delta \dot t_u = 0$。

在 GPS 测距和测速中,时间是最基本、最重要的参数。没有高精度的时间基准,就不可能有高精度的测距、定位和测速。

在建立式(2.11)时,曾考虑到用户钟与 GPS 时(即卫星上原子钟)之间的钟差 Δt,并将其作为未知量进行求解。只要得到 Δt 值,也就得到了 GPS 时,根据 GPS 时与协调世界时 UTC 的关系式即可求出准确的用户时间(UTC)。目前用 GPS 时推算出来的 UTC 可以达到优于 100ns 的精度。

卫星导航(系统)具有导航精度高、用户设备简单、经济性好的突出优点,也同样是许多先进组合导航的重要组成部分,因此,已被广泛采用于航空、航天、航海和高技术兵器等各个领域。但是,由于卫星导航本质上是一种被动式导航方法,容易受干扰和敌方控制,故用作军事目的时,必须十分谨慎,并采取相应的安全技术措施。

2.1.6　天文导航原理及应用

天文导航是一种既古老又崭新的导航方法。传统的天文导航可追溯到 2000 多年前,当时我国船舶漂洋过海早已使用了天文方法,通过目视或简单的天文仪器观察星体,以确定载体具体位置。直到 15 世纪欧洲的天文航海才处于萌芽状态,但发展得很快。18 世纪他们相继发明了六分仪、天文钟;19 世纪 30 年代后又发现了高等线法,提出了高度差法原理,为现代天文导航奠定了理论和实践基础。目前,现代天文导航技术已发展到一个相当高的水平,可借助星体跟踪器自动跟踪两

个星体,以随时测出星体相对载体基准参考面的高低角和方位角,并经计算得到载体位置和航向,而载体基准面通常是由陀螺稳定平台来确定的。天文导航正朝着全天候、高精度和自动化的方向发展。

天文导航的根本原理是,利用天空星体在一定时刻与地球具有相对固定关系的自然运行规律,来测定航行体的位置、测定罗经的误差,计算航行体所需要的各种时间。

天文定位与地文两标距离定位原理基本相似。在地文标距定位中[见图 2.5 (a)],设已知两目标的位置 A 和 B,若测得航行体 M 到两目标的距离 D_A、D_B,则分别以目标 A、B 为圆心,以 D_A、D_B 为半径,作两圆弧,其焦点 M 就是被观测的航行体位置。在天文定位时[见图 2.5(b)],设 A、B 是天上的两个天体,天体 A、B 和地心的边线地表面的交点 a、b 称为天体投影点。若能知其投影点的地理位置,并测得航行体到投影点的距离 Z_a、Z_b,则以 a、b 为圆心,以 Z_a、Z_b 为半径,在航行体附近作两段圆弧,其交点 M 就应该是天文航行体的位置点。但由于天文定位利用的目标是天体,天体在不停地运动,地面天体投影点既看不见又随时不断变化,因此必须求出天体投影点的位置,以确定天体圆的圆心;求出航行体到天体投影点的距离,以确定天文航行体圆的半径;并在图上作出航行体点位,得到航行体所在经、纬度。或者说,要通过天文观测获得航行体的定位,必须经过如下步骤:①测量两个或更多天体的高度或顶距;②得到观测时刻的每个天体投影点的位置;③按照天体高度或顶距和天体投影点求得航行体的位置。可见,获得高精度的天体高度或顶距和确定天体投影点是天文导航的关键,精确天体高度主要通过六分仪或经纬仪测量,并经过标定误差修正、地平俯角修正、视差修正、视半径修正和大气折射修正等来获得;对于一个给定的天体高度,有无数位置点到天体投影点的距离相等。于是,这些点在地球表面便形成一个等高圆(又称位置圆),当观测者沿着等高圆移动时,所测得的相应天体的高度和顶距保持不变,而天体方位取决于观测者在等高圆上的位置,范围为 0°～360°。同样,继续观测第二、三个天体,就可得到另两个等高圆。理论上讲,三个等高圆相交只有一个交点,这就是航行体的真位置。但事实上是不可行的,原因是在一般情况下,等高圆的直径大于几千海里,这就需求一个非常大的地球仪。然而,画位置线(等高圆的割线和切线)的方法解决了此难题,这是因为这些位置线的交点就是观测者的位置。综上所述,这就是天文导航的基本原理。

航天器天文导航是利用天体敏感器测得的天体(月球、地球、其他行星和恒星)方位信息进行航天器位置计算的一种定位导航方法。这种导航是现代天文导航进步的重要标志。天体敏感器又称星敏感器,主要由 CMOS APS 器件、外围电路、信号处理电路、导航计算机和光学镜夹等部分组成。星敏感器按照成像测量原理进行测姿,可提供精确的载体姿态信息,且误差不随时间积累。同时,利用星敏感

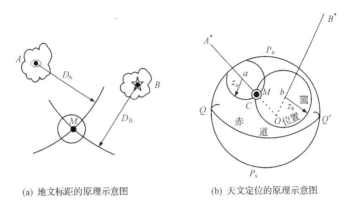

(a) 地文标距的原理示意图   (b) 天文定位的原理示意图

图 2.5 地文标距与天文定位的原理示意图

器和星模拟器可构成天文导航子系统(见图 2.6),作为一种辅助导航系统,能够准确地模拟量测信息及其误差特性,可精确地验证天文导航方法的性能以及工程样机的特性。因此,这具有广泛的应用前景。

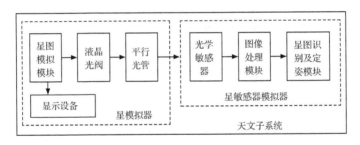

图 2.6 天文导航子系统结构示意图

由于天文导航具有自主性强、隐蔽性好,且定向和定位精度不随时间的增长而降低,尤其是它与其他导航方法和技术(如惯性导航、滤波技术等)相组合可进一步提高其导航功能和性能,但存在受气象条件影响较大的严重缺陷。这种导航方法和技术已被广泛应用舰船航海导航、空间飞行器导航、飞机导航和弹道导弹导航等领域,且多用于地面和海上远程导航,同时主要作为现代辅助导航手段,与其他导航方法一起使用。

现代天文导航方法、技术和设备(系统)发展得很快,有关天文导航的天体敏感器、系统滤波方法、地球卫星直接(间接)敏感地平导航方法,以及惯性/天文组合导航技术和应用等方面的知识读者可详细参阅有关专业技术文献。

2.1.7 地图匹配导航原理及应用

地图匹配导航是数字地球技术、计算机技术和图像/图形技术发展的产物,通常分地形匹配导航和景象匹配导航,它们统称为数字化地图导航。无论是地形匹配导航或是景象匹配导航,均具有非常重要的军事应用价值,因此近年来发展相当迅速,主要被用于辅助惯性导航。

所谓地形辅助,就是将其载体路径区域地形分成多个小网格,把其主要特征(如平均标高等)输入计算机,构成一个数字化地图。地形辅助导航技术,则是利用机载(或弹载)数字地图和无线电高度表作为辅助手段来修正惯性导航系统误差。景象匹配又称景象相关或地面二维图像相关。与地形匹配导航原理所不同的是,在景象辅助导航时,预先输入计算机的存储信息是通过摄像并经数字化处理后的数字化景象,这种信息具有很好的可观测性。飞行中,通过载机(或载弹)"数字景象匹配区域相关器"获取飞行路径中的实际景象,再同预存的信息进行相关比较,以确定飞机(或导弹、制导炸弹等)的位置。

美国桑迪亚惯性地形导航系统就是一种典型地形辅助导航系统(见图 2.7),它不仅采用地形匹配技术和惯性技术相结合的组合导航方法,而且采用了推广的递推卡尔曼滤波算法,提高了该系统导航精度和实时性,更适于高速飞机和战术导弹使用。由于地图匹配导航与地图匹配制导如出一辙,且应用领域基本相同,因此详细工作原理及应用将在后面的地图匹配制导中讲述。

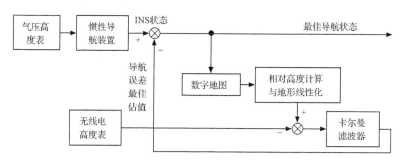

图 2.7　美国桑迪亚地形辅助导航原理简图

2.1.8　相对导航原理及应用

相对导航是一种利用战术数据链实现导航的新方法,因此又称数据链导航。所谓数据链就是采用无线电网络通信技术和应用协议,实现机(弹)载、陆基、天基和舰载战术数据系统之间的数据信息交换,从而最大限度地发挥战术系统效能的系统。联合战术信息分发系统(JTIDS)是该系统的核心组成部分,是一个集通信、导航和识别为一体的多个成员随机组合的资源共享系统。多个成员都带有各自接收机、发射机及终端处理机,并通过网络进行信息交互。交互中,所有成员将按给定时间例行地向网络分发自己的信息源,以便构成整个系统的共同信息;同时每个成员可从公共信息源内随时提取所需要的信息,包括跟踪、识别、导航信息等,这就为相对导航打下了基础,并使这种导航方法具有很强的抗干扰性和可靠的安全性。联合战术信息分发系统采用时分多址通信工作方式,保证了各成员入网同步、时间同步并在时间同步过程中获得时间间隔的测量值(TOA 值),从而形成了成员之间进行精密测距的基础,加之又能完成成员间相互位置数据交换,通过解算即可实现相对导航功能。

所谓相对导航定位,就是在 JTIDS 系统内建立起的相对坐标系下,确定出系统网内各成员的相对位置。为此,必须首先选定一个位置基准成员作为相对坐标系原点,然后使基准成员用自己的导航设备(如惯性导航、多普勒导航雷达等),不断地测算出本身在相对坐标系的位置参数和地理位置参数,并将其格式化后发送出去。与此同时,欲定位的成员则利用自己的推测导航手段,获取本身在相对坐标系中的位置变化,再收到基准成员或其他已定位成员的相对坐标位置参数,便可计算出本身与它们之间的距离。这里,只要已知网内的其他四个成员的坐标 X_i、Y_i、$Z_i(i=1,2,3,4)$,在设定欲定位成员与已定位成员之间的时钟差 Δt 后,则可按方程(2.16)实现导航定位:

$$\rho_i = C \cdot \mathrm{TOA}$$
$$= [(X-X_i)^2 + (Y-Y_i)^2 + (Z-Z_i)^2]^{\frac{1}{2}} + \Delta t C \quad (i=1,2,3,4)$$
$$(2.16)$$

式中:C 为电波传播速度;TOA 为两成员间电波传播时间(即消息到达时间或时间间隔测量值)。

应当强调指出的是,相对导航具有明显的现代信息优势,这不仅反映在相对导航功能是某些战术数据链系统(如多用途保密抗干扰数据链 Link-16、增强型定位报告系统 EPLRS 等)的一体化结构的重要组成部分,更重要的是只有在数据链技术支持下的导航才能在信息化战争中发挥具有真正的协同作战能力(CEC)的联合作战作用。因此,这种导航方法与技术具有十分重要的军事应用前景,已广泛用于战机、导弹、舰艇、坦克、预警机,甚至反导系统等军事领域。

2.1.9　组合导航原理及应用

组合导航系统是指通过两种或多种不同导航方法与技术相结合共同完成统一导航任务的导航方式。这种导航新思路是基于上述各种单一导航方法与技术都存在各自优缺点而提出来的。例如,惯性导航虽然具有自主性高、隐蔽性好、抗干扰能力强等突出优势,但也有其陀螺漂移误差大、初始对准时间长等致命弱点。又如,天文导航虽然具有自主性强、隐蔽性好,且定向和定位精度不随时间降低的显著特点,但却存在受气候、气象条件影响的较大严重缺陷。相反,组合导航则具有优势互补、扬长避短的最佳特点。

目前,组合导航已形成多种实用的技术方案和系统,如惯性/速度组合导航、惯性/位置组合导航、惯性/天文组合导航、惯性/雷达组合导航、惯性/卡尔曼滤波组合导航、惯性/塔康组合导航、惯性/卫星组合导航、惯性/地形/景象/GPS组合导航等。不难看出,几乎所有组合导航都是以惯性导航方法与技术为基础实现的,且发展的总趋势将是构建和广泛应用惯性/多传感器组合导航系统,并实现其智能化。例如,多传感器INS/GPS/SAR组和导航技术(系统)就是根据INS/GPS组合导航系统定位精度高、误差与时间无关,且能实现全球导航定位的优点,以及GPS易受别人控制,又容易受外界环境影响的弱点,利用机载数字地图和合成孔径雷达(SAR)的图像辅导作用及修正能力克服其上述缺陷而提出来的一种高精度、高容错、完全自主、全天候、全方位的全球多功能导航系统。实现该系统的关键是需要对来自三种传感器和机载计算机的十多维信息进行融合和实时处理。其中包括:来自惯性导航系统(INS)提供的载体实时姿态位置、速度等信息,GPS提供的时间、速度、位置等信息,通过SAR提供的地图实时测量信息,以及机载导航计算机中存储的基准地图信息等。因此,这种组合导航的原理实质上就是充分利用三种传感器(装置)和计算机资源,通过对其观测与存储信息的合理支配和使用,将其多传感器在空间或时间上冗余或互补的信息依据某种优化准则进行融合,以获得更多、更有效的信息,达成更优的系统性能。为了达到此目标,实际的INS/GPS/SAR组合导航系统采用了分散融合估计结构(见图2.8)和卡尔曼滤波算法。

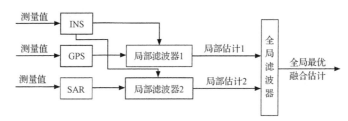

图2.8　INS/GPS/SAR组合导航系统结构框图

　　显然,多传感器信息融合技术、滤波技术、计算机技术和网络技术等是实现组合导航的重要技术支撑。

2.2　制导理论、方法与技术

2.2.1　基本理论、方法与技术

　　如前所述,制导是控制引导的意思,它与导航的根本区别在于,制导系统不仅能够提供各种制导参数,而且直接参与对航行载体的控制,因此它是一个典型的闭环自动控制系统。该系统通常由导引系统和控制系统(自动驾驶仪)构成。它通过类似导航系统的导引系统提供制导信息,再经过转换装置(即导引指令形成装置)

将制导信息转换成对航行载体的控制信息(即控制指令),并馈入自动驾驶仪系统,借助自动驾驶仪系统自动地控制航行体按一定的航迹运动,以准确地达到预定的目的地或攻击预定的目标。这就是制导的基本原理。例如,导弹之所以能够准确地攻击目标,是由于导弹制导系统可按照一定的导引规律和控制规律对导弹实施准确导引和有效控制。导弹制导系统实质上是一个以弹体为控制对象的多回路闭环自动控制系统(见图 2.9)。由图 2.9 可见,该系统由导引系统和控制系统两大部分组成。前者主要担负"制导"功能,主要包括探测设备和导引指令形成装置。探测设备用于目标和导弹运动状态(位置、速度、加速度等)测量;导引指令形成装置是导引信息计算、变换和处理设备。后者又称稳定控制系统是制导系统的内回路。通常有敏感设备、综合设备、放大变换设备、伺服执行机构和弹体(被控对象)组成,起"稳定控制"作用。在导弹飞向目标的整个过程中,正是由于制导系统能够不断地测量导弹的实际飞行弹道相对于规定(理想)飞行弹道之间的偏差,或测量导弹与目标的相对位置及其偏差,并按照一定制导规律(简称导引律),计算出导弹击中目标所必需的控制指令,从而自动地控制弹体运动,连续修正偏差,使导弹准确地飞向目标;也正是由于制导系统能够按导引律所要求的控制指令,驱动伺服机构操纵导弹控制舵面和发动机,产生控制力与力矩,用以改变导弹飞行姿态和路线,并能消除飞行中的干扰,以保证导弹按照所需要的规定弹道稳定地飞向目标,直至命中目标。

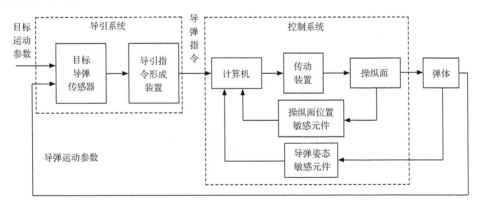

图 2.9　导弹制导系统原理框图

类似导航,制导已形成各种不同的制导方法和方式,被统称为制导体制。目前可供各种航行载体运用的制导体制大体可分为五类,即自主式制导、遥控制导、寻的制导、复合/融合制导和数据链制导。其中,常见的自主式制导有程序(方案)制导、惯性制导、天文(地文)制导、地图匹配制导、多普勒雷达制导、卫星制导等;典型的遥控制导有波束(或驾束)制导、指令制导和 TVM 制导;寻的制导又称自动导引制导,可根据能源所处位置不同,分为主动式、半主动式和被动式三种,也可按照能源的物理特性分为微波和毫米波（雷达）的、红外的、紫外的、激光的和电视的几种；复合制导是在中、远程制导过程（初制导＋中制导＋末制导）中，采用两种或多种制导方式相互衔接、协调配合共同完成某一制导任务的新型制导方式，也是扬不同单一制导体制之长而避其所短的组合制导体制；双（多）模融合制导主要是应对复杂战场环境在末制导中采用两种或多种模式寻的导引头参与制导，依靠信息融合技术共同完成末制导任务的一种先进制导方式；数据链制导类似前述相对导航，通常由某些战术数据链来实现。

　　综上所述，制导技术及系统的基础理论仍然主要是物理学、电子学、无线（有线）电技术、通信技术、信息技术、网络技术、计算机技术和应用数学等。同样，它们将在下述各种制导原理及应用中得到具体体现。

2.2.2　自主式制导原理及应用

　　自主式制导是一种完全依靠航行体上设备进行的制导，在这种制导体制下的最常用的典型制导方法为程序（方案）制导、惯性制导、地图匹配制导、卫星制导和多普勒制导等。原则上，这些制导方式与相应的导航方法原理基本相同，但由于制导与导航毕竟存在控制意义上的主要区别，即制导为控制导引，而导航仅提供导引参数，因此需要做如下补充说明。

　　1）方案制导原理及应用

　　方案制导是按照预先拟定好的飞行方案，控制导弹飞行的一种自主式制导技术。因为方案制导系统为程序控制系统，因此这种制导方式又称为程序制导。方案制导的典型形式如图 2.10 所示。

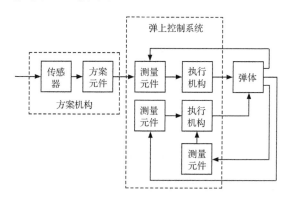

图 2.10　典型的方案制导系统

　　由图 2.10 可见，该系统由方案机构和弹上控制系统组成。方案机构按一定程序产生控制信号，送入弹上控制系统，并与弹上自动驾驶仪的稳定信号综合，操纵执行机构，使导弹按照预定方案确定的弹道稳定地飞行，直至命中目标。

2）惯性制导原理及应用

所谓惯性制导是指利用航行载体上惯性测量设备测量载体相对惯性空间的运动参数，并在给定初始运动条件下，通过计算机计算出载体的速度、位置及姿态等参数（计算方法与前述惯性导航相同），形成制导控制指令，实施控制导引的一种制导方式。执行该制导方式的装置和系统称之为惯性制导系统，它实质是一个自主式的空间基准保持系统，主要由陀螺仪、加速度计、制导计算机和控制系统等组成，它们被全部安装在航行载体上。在惯性制导中，由加速度计测量载体质心运动的三个线加速度分量，利用陀螺仪测量载体绕质心转动的三个角速度分量，制导计算机则根据所测得的数据和给定的载体运动初始条件，计算出载体线速度、距离和位置（经、纬度），并经转换和进行综合处理后得到既定导引律所要求的制导控制指令，由载体上的控制系统按照控制指令引导载体飞向目的地或被攻击目标。与惯性导航一样，按照惯性测量装置在弹上的安装方式，惯性制导可分为平台式惯性制导和捷联式惯性制导。以导弹惯性制导为例，图 2.11(a)、(b)分别给出了这两种惯性制导的工作原理。

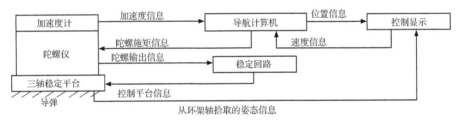

(a) 平台式惯性制导

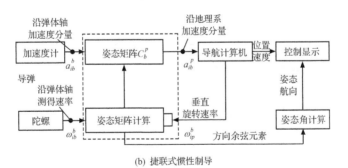

(b) 捷联式惯性制导

图 2.11　惯性制导基本工作原理框图

3）地图匹配制导

地图匹配制导是一种基于数字地图技术的自主式制导方式。地图匹配通常分为地形匹配和景象匹配。其原理基本相同，都是利用载体上（弹载或机载、舰载）计算机预先储存的航行路线的某些地区特征数据，与实际航行过程中实测的相关数据进行不断比较,从而确定载体当前位置偏差,形成制导控制指令,将航行载体引向预定区域或目标。两者主要区别在于,前者利用的是地形信息,而后者则利用景象信息。

地形匹配也称地形高度相关,故而地形匹配制导又叫做地形等高线匹配制导。大家知道,地球陆地表面上任何地点的地理坐标,均可以根据其周围地域的等高线地图或地貌单值确定。据此,可事先通过侦察照相获取预定沿途航线上的地形地貌情报信息,并做出专门的标准地貌图。例如,在某区域内,可以将划成许多(甚至成千上万个)小方格,在每个小方格内都标上通过遥测遥感手段得到的该处地面的平均标高,如此计算处理便获得一张该区域的数字化地图(或称高程数字模型地图),并将其存入航行载体上计算机。在制导过程中,当航行体飞行至这些地区时,机载或弹载雷达高度表和气压高度表测出地面相对高度和海拔高度数据,计算机将其同预存的数字化地图相比较,若一致,则匹配,表明航行体按预定航迹运动;若不一致,则不匹配,表明航行体已偏离预定航迹。这时,制导计算机便自动地计算出实际航迹与预定(理想)航迹的偏差,并形成修正航迹偏差的制导控制指令,同时控制系统将随即按照该指令调整航行体姿态和运动方向将其引导向目的地或目标。这样,航行体就好似长出眼睛能迂回起伏、翻山越岭,准确地航行至预定地区点或目标。图 2.12 为上述原理的示意图。

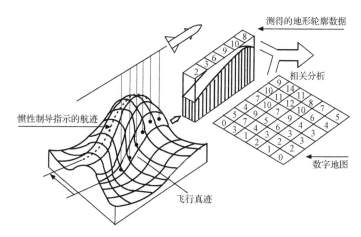

图 2.12　地形匹配制导原理示意图

地形匹配制导往往与惯性制导组合使用,以减小惯性制导的误差,其算法原理如图 2.13 所示。

景象匹配有景象相关或地面二维图像相关,故景象匹配制导又叫做数字景象匹配区域相关器制导。它利用机载或弹载"景象匹配区域相关器"来获取航行区域景物图像数字地图(也称灰度数字模型图),将其与计算机预存的参考图像(也称灰

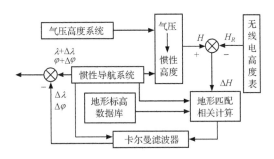

图 2.13 地形匹配与惯性制导相组合的算法原理

度数字地图)进行相关处理和比较,从而确定出载体相对于预定地点或目标的位置。

由于地图制导所采用的制导信息具有很好的可观测性和高的制导精度,因此已被广泛用于精确制导武器。例如,美国"战斧"式巡航导弹在末制导前段就采用了地形匹配制导,而攻击手段则采用了景象匹配制导,可使制导精度达到米级。若将地图制导与惯性制导或 GPS 制导相组合,还可进一步提高制导精度和作战效能。

4)卫星制导

卫星制导基于卫星测距和定位。实质上是一种采用卫星作为制导平台的无线电制导方式。它主要以卫星为空间基准点,通过前述测量站的接收设备,测定测量站至卫星的距离或多普勒频移等观测量来确定测定站的位置、速度等。为了确定测定站(即用户)的位置,必须求得它的三个坐标 (x,y,z)。这时,制导定位参量的对应位置面便可用下列方程式表示。

$$f(x,y,z) = 0 \tag{2.17}$$

显然,若能得到相应某三个位置面的三个独立方程式,并将其联立求解

$$\left. \begin{array}{l} f_1(x,y,z) = 0 \\ f_2(x,y,z) = 0 \\ f_3(x,y,z) = 0 \end{array} \right\} \tag{2.18}$$

即可确定用户位置,该位置实际上就是这三个位置面的交点,这就是卫星定位制导的数学基础。

进一步讲,如图 2.14 所示,卫星制导系统的地面中心站通过卫星 S_1 和 S_2 向用户发射返回信号,用户接收并转发应答信号使之返回地面中心站,这时地面中心站测定距离为 $r_{S_1} + r_1 + r_u$ 及 $r_{S_2} + r_2 + r_u$,由于 r_{S_1} 和 r_{S_2} 为已知量,故用户可得到两个距离参量 $r_1 + r_u$ 和 $r_2 + r_u$。这两个参量是以卫星 S_1 和地面中心站、卫星 S_2 和地面中心站为焦点的两个旋转椭球面,若用户以同样方法获得第三个参量,即可按照上述原理实现定位。

由于上述两颗卫星测距定位只能提供两个定位参量,第三个参量需要用户用其他手段获得,且要求用户必须始终位于卫星覆盖区域内,这对大多数用户是难以实现的,因此,在卫星制导中常采用多颗卫星(至少 4 颗)测距定位。为了实现全球、高精度、连续、实时的三维制导,可将地球同步轨道上的更多的卫星组网构成覆盖全球的星座,以保证全球任何地区的用户在任何时刻都能同时观测到星座中 4 颗以上的卫星。美国 GPS 和俄罗斯 GLONASS 卫星系统都采用了这种方法。例如,美国 GPS 经过选星确定,在地球三个同步轨道平面内空间均匀分布 24 颗卫星(包括 21 颗工作卫星和 3 颗在轨备用卫星,见图 2.15),卫星高度为 19 100km,轨道倾角为 64.8°,卫星运行周期为 11 小时 15 分。俄罗斯 GLONASS 与 GPS 极为相似,主要区别在于,前者采用频分制,后者采用码分制。在军事上,为了改善卫星制导的安全性,避免受某一国家控制,还出现了后来的多元系统 GNSS 制导。它可以是基于 GPS 和 GLONASS 的融合型卫星制导,也可以是从现有星座到未来星座的综合与扩展而自成体系的新型卫星制导。

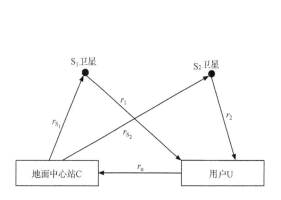

图 2.14　两颗卫星测距和定位示意图

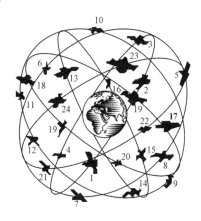

图 2.15　GPS 制导卫星分布示意图

目前,卫星制导技术(系统)已获得十分广泛的应用,如车辆行驶、民航和船舶运输、海洋地理物理勘探、大地测量、地震监测、海事服务等。卫星制导对于国防和军事具有更重要的意义和作用,空中(空间)防御、导弹、航天器特别是精确制导武器等几乎都离不开先进的卫星制导技术(系统)。

应强调指出的是,卫星制导不仅是一种自成体系可单独应用的自主式制导方式,而且对于其他制导方式,如惯性制导、复合制导、多模融合制导等都有极重要的辅助作用;在解决现代制导的实时性和精度方面起着决定性的作用。

除此之外,自主式制导还有多普勒雷达制导,其原理及应用基本上与前述多普勒雷达导航类似,虽然它在现代制导技术中也占有重要的地位,但因篇幅有限,这里不再赘述。

2.2.3　遥控制导原理及应用

遥控制导以无线电技术和遥控技术为基础,是从远距离的制导站向航行体(如飞机、导弹等)发射无线电信号,将航行体引向目标或预定地域的一种遥控技术。因此,遥控制导又被称为无线电遥控制导。按照控制信号形成的场所和制导机理的不同,遥控制导可分为波束制导、指令制导和导弹跟踪(target via missile,TVM)制导三类。

下面分别阐明它们的工作原理及应用。为方便起见,现以导弹遥控制导为例。

1) 波束制导

波束制导又称第一类遥控制导。在这种制导中,地面、飞机或舰艇上设有制导站。制导站一旦发现目标后,便通过雷达波束或激光波束自动跟踪目标。当导弹发射后飞入波束,导弹上的控制设备能自动识别导弹偏离波束中心的方向及距离,根据该偏差计算出操纵导弹飞行的控制指令,使导弹纠正偏离,始终沿着波束中心附近飞行。由于天线轴线始终对准目标,故能够导引导弹飞向目标,并最终命中目标。这种制导方式简单、易操作,且可保证一定的制导精度,因此,被较早地用于防空导弹上。

但是这种制导方式有一个严重缺点,这就是线偏差随着射程的增大而增加(见图 2.16)。

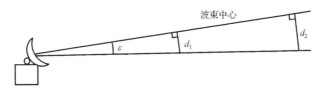

图 2.16　波束制导线偏差随射程增大而增加的示意图

由图 2.16 可见,为了减小制导线偏差,必须减小角误差,于是需要减小波束宽度。但采用窄波束又会增大导弹射入窄波束的困难。为了解决此矛盾,制导站需要采用捕获波束和制导波束分离的技术,即用宽捕获波束对导弹进行捕获和初制导,而用窄制导波束瞄准目标,实际上,这两种照射波束轴线往往是重合的(见图 2.17)。

这种制导方式的另一个缺陷是,在导弹向目标接近的过程中,波束必须始终连续不断地指向目标,这样既暴露了自己同时又限制了导弹自身的机动性,还会在跟踪快速目标及大机动目标时容易丢失目标,或把导弹甩出制导波束。因此,采用这样的制导方式使导弹射程受到了严重限制。

2) 指令制导

指令制导又称第二类遥控制导。在这种制导方式下,遥控指令由弹外制导站

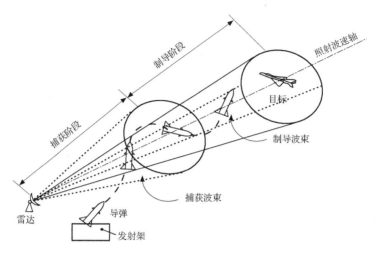

图 2.17　两种照射波束制导示意图

产生,并将指令通过有线或无线的形式传输到导弹上,控制导弹飞行轨迹,直至命中目标。因此,指令制导又可分为有线指令制导与无线指令制导。有线指令制导依靠导线向导弹传输指令,而且多是"光纤制导"。无线指令制导的指令依靠无线方式传输给导弹,通常有两种制导形式,即雷达波遥控制导和电视遥控制导。

　　在雷达波遥控制导中,由目标跟踪雷达和制导雷达分别测出目标和导弹的相对位置及速度,并经计算机形成控制指令,然后用无线电发射机发送出无线电遥控指令,纠正导弹飞行,直到命中目标(见图 2.18)。这种制导方式的优点是作用距离远,弹上设备少,但是易受到外界电磁干扰,且制导距离越远则制导精度越低,故一般只作中制导使用。

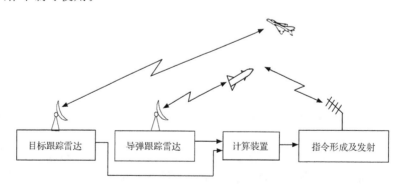

图 2.18　雷达波遥控指令制导示意图

　　在电视遥控指令制导中,由导弹头部安装的摄像机将目标和背景的图像通过发射机用微波发送到制导站(如载机),在制导站里形成控制指令再通过无线电传输给导弹,从而引导导弹击中目标。这种制导方式的优点是在多目标情况下,操作人员可以选择最主要的目标进行攻击。其缺点是指令易受电子干扰,且受气象条件影响较大。总之,指令制导是一种较早运用的制导方式,但目前仍在广泛使用,如美国、俄罗斯等发达国家的某些空地导弹、防空导弹和制导炸弹,甚至先进的航空布撒器上就装有这类制导控制系统。

3) TVM 制导

TVM 制导属第三类遥控制导。它利用导弹上的半主动导引头测量导弹相对于目标的位置及速度,并将测量结果和弹上其他内弹道参数,通过下行传输线一并传至制导站。制导站的计算机将制导站测量到的目标与导弹信息(包括外弹道参数)以及下行线送来的信息一起进行综合处理和状态估计,并根据既定导引律要求形成控制指令,然后通过上行传输线由制导站传送到导弹上,控制导弹飞向目标,直至与目标遭遇(见图 2.19)。

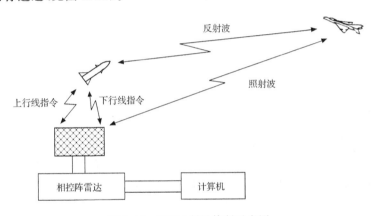

图 2.19　TVM 制导体制示意图

这种制导方式的优点在于:①由于利用了弹上半主动导引头来测量,因此随着弹-目距离的接近,其测量精度越来越高,这样便大大地扩大了导弹武器的杀伤范围;②利用制导站计算机的巨大数据处理和计算能力,可对测量信息进行精确数据处理和状态估计,从而可能利用最优导引律去形成控制指令,使导弹命中精度大幅度提高;③把弹上测量和制导站测量相结合,可提供引信和战斗部需要的参数,达到最佳引战配合,以及为控制系统的某些参数(如天线罩折射补偿参数)提供了较有利的条件。正因为如此,发达国家对于发展 TVM 制导技术给予高度重视。美国研制的 SAM-D 导弹武器系统就采用了这种制导技术。当然也应指出,这种制导方式的弱点也是明显的,这就是由于增加了下行传输通道,易被敌方干扰。

除此之外,表 2.1 给出了上述遥控制导体制在部分精确制导武器系统中的应用。

表 2.1　遥控制导技术及其应用

类　　别	应　　用
指令制导、有线指令制导	用于按直线轨道、瞄准线轨道飞行的短程导弹
导线(电缆)传输	苏 AT-1"甲鱼"反坦克导弹,采用目视瞄准、三点导引、有线传输指令制导方式,射程 500~2300m
光纤(电缆)传输	法"独眼巨人"反坦克导弹,尾部安装光纤传输指令,射程 10~25km
无线指令制导	苏 SA-8"萨姆-8"全天候近程低空地空导弹,采用雷达或光学跟踪和无线电指令制导,射程 1.5~12km,射高 45~6100m
电视遥控制导	美 AGM-53"秃鹰"空地导弹,头部装有电视摄像机,摄取的目标与背景图像通过发射机用微波传送给制导站,制导站形成指令再发送给导弹,引导其命中目标
波束制导(驾束制导)	按瞄准线轨道飞行的制导武器使用
雷达波束制导	瑞士"米康"全天候、中近程、中高空地空导弹,射程 3~35km,最大射高 22km
激光驾束制导	美"打击者"反坦克导弹,射程 50~5000m,激光波长 1.06μm

2.2.4　寻的制导原理及应用

寻的制导是利用目标辐射或反射特征能量(如无线电波、红外线、紫外线、激光、可见光、声音等)实现对航行体导引的一种制导方式,在军事上有着极其重要的意义和作用,主要被用于制导武器或精确制导武器上,如导弹、制导炸弹、潜艇、鱼雷、水雷等。其中,以导弹和鱼类制导最为典型。

现代导弹多数运用了寻的制导。寻的制导是指导弹能够自主地搜索、捕捉、识别、跟踪和攻击目标的制导。寻的装置是实现寻的制导的专用核心部件,由于寻的装置通常被安装在精确制导武器的头部,故取名"导引头"。

寻的制导体制又称为自动导引制导体制。它是利用导引头接收目标辐射或反射的某种特征能量(电磁、红外、可见光、激光等)识别目标,并确定导弹和目标的相对位置,在导弹上形成控制指令,自动将导弹导向目标。

寻的制导体制根据能源所在位置的不同,可分为主动式、半主动式和被动式三种,按照能源的物理特征可分为微波与毫米波(雷达的)、红外的、激光的、电视的及水声的等几种。下面分别简要讨论它们的工作原理及应用。

1) 微波寻的制导

微波寻的制导装置主要工作在 3cm 以上频段,一般是 λ 为 3cm、2cm 两个波段上。分微波主动寻的制导,微波半主动寻的制导和微波被动寻的制导。

图 2.20 给出了微波主动寻的制导、微波半主动寻的制导和微波被动寻的制导

间的不同。图 2.21 给出了采用微波半主动寻的制导的某防空导弹武器系统示意图。这实际上是俄罗斯 C-300 和美国"爱国者"导弹采用的制导体制。图 2.22(a)、(b)分别给出了图 2.20 系统所采用的跟踪照射雷达框图和雷达半主动导引头框图。

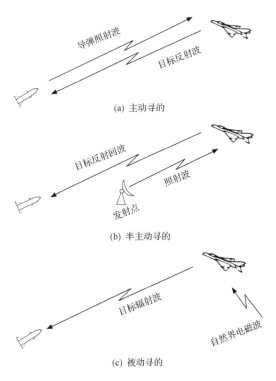

图 2.20　微波寻的制导体制示意图

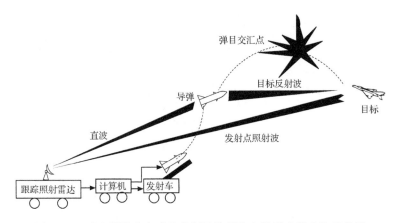

图 2.21　雷达微波半主动寻的制导体制防空导弹武器系统示意图

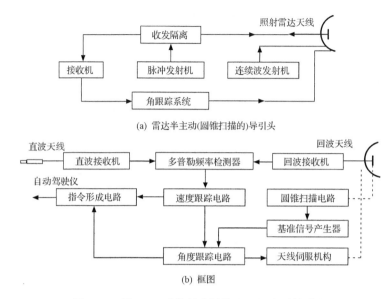

(a) 雷达半主动(圆锥扫描的)导引头

(b) 框图

图 2.22　图 2.20 系统所采用的地面跟踪照射雷达

　　在上述微波寻的制导中,常采用模拟式制导控制回路和数字式制导控制回路,它们的方框图分别如图 2.23(a)、(b)所示。

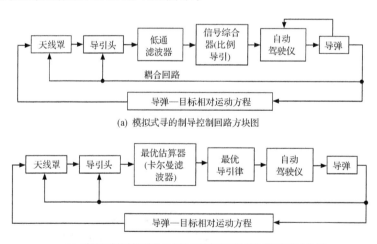

(a) 模拟式寻的制导控制回路方块图

(b) 采用现代控制理论设计方法的数字式寻的制导控制回路方块图

图 2.23　微波寻的制导的典型制导控制回路

2) 毫米波寻的制导

　　毫米波寻的制导与微波寻的制导从体制到原理都基本相同。所不同的是它的工作波长在毫米波段,$\lambda=10\sim1\text{mm}$。而微波频段一般是 λ 为 3cm、2cm。

　　毫米波寻的制导的突出优点是既避免了电视、红外制导全天候工作能力差的弱点,又较微波寻的制导的精度高、抗干扰能力强。再者,它体积小、质量轻、很适合小型精确制导武器使用。但由于目标辐射的毫米波能量很微弱,所以探测距离较近,加之目前毫米波元器件发展尚未成熟,因此限制了毫米波寻的制导的广泛应用。不过,毫米波寻的制导已经开始用于一些导弹中,如美国"黄蜂"空地导弹就采用了毫米波主动寻的与被动寻的的双模复合寻的制导。

3）红外寻的制导

红外寻的制导是一种利用目标辐射的红外线作为信息源的被动式寻的制导方式,已广泛用于各种类型的导弹武器系统上。它是借助装在弹上的红外探测器(红外导引头)捕获和跟踪目标辐射的红外能量实现寻的制导的。

红外寻的制导分为红外非成像制导(或称红外点源制导)和红外成像制导两大类。目前,红外制导多为红外点源制导,红外成像制导越来越得到广泛采用。

红外点源寻的制导的原理如图 2.24 所示。严格地讲,图 2.24 仅为红外导引头部分,而并未包括寻的控制系统。红外导引头用来接收目标辐射的红外能量,确定目标位置和角运动特性,并利用获得的目标误差信号形成相应的跟踪和导引指令,然后通过导弹控制系统来控制导弹飞向目标。

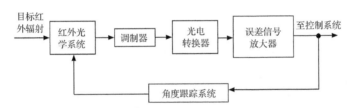

图 2.24　红外点源寻的器的原理方块图

红外成像制导是发展中的新型红外寻的制导方式(见图 2.25)。图 2.25 主要给出了红外成像导引头部分。在红外制导中,摄像头摄取目标的红外图像,并进行处理,得到数字化目标图像,经过图像识别,区分出目标、背景信号,辨识出真假目标。跟踪系统按预定的跟踪方式跟踪目标,同时输出摄像头瞄准指令和制导系统的导引指令,通过控制系统控制导弹飞向目标。目前,红外成像寻的制导已进入实

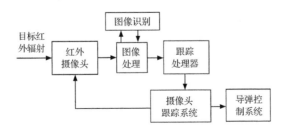

图 2.25　红外成像寻的制导系统的基本组成

战应用阶段,如美国"小牛"AGM-65D 和 AGM-65F 空地导弹、"响尾蛇"AIM-9L
和 AIM-9M 空空格斗导弹以及"斯拉姆"AGM-86E 远程空地导弹等都采用了这种
制导方式。

　　4) 激光寻的制导

　　激光寻的制导是利用激光作为探测、跟踪和传输信息的手段,由弹外(制导站)
或弹上的激光束照射在目标上,弹上的激光寻的器利用目标漫反射的激光信息,经
计算机(或计算电路)计算后,得出导弹偏离目标位置的角误差量,进而形成导引控
制指令,实现对目标跟踪和导弹控制,通过自动驾驶仪不断适时地修正导弹的飞行
弹道,使导弹飞向目标,直至命中目标的一种寻的制导方式。按照激光源所在位置
的不同,激光寻的制导有主动和半主动式之分。目前,激光半主动寻的制导系统已
得到实际应用,它主要由弹外激光目标指示器和弹上激光寻的器组成(见图2.26)。

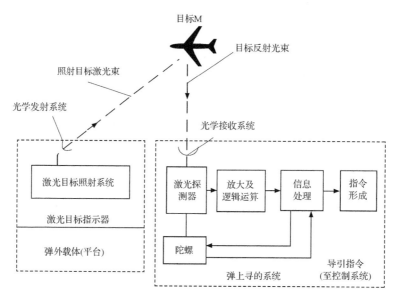

图 2.26　激光半主动寻的制导系统组成及工作原理

　　在寻的制导中,弹外激光目标指示器(系统)照射目标,弹上激光寻的器(系统)
接受目标返回的激光波束能量作为制导信息,形成导引控制指令,并馈入弹上控制
系统,以调整导弹飞行弹道,使导弹实时对准目标,直至命中目标。这就是激光半
主动寻的制导的基本工作原理。激光半主动寻的制导具备其他制导方式无可比拟
的制导精度,从而已广泛用于导弹、制导炸弹和制导炮弹。

　　5) 光学寻的制导

　　光学寻的制导主要是电视寻的制导。简而言之,电视寻的制导是通过装在导
弹头部的电视导引头,利用目标反射的可见光信息,形成导引控制指令,并借助弹

上控制系统(自动驾驶仪),实现对目标跟踪和对导弹控制的一种被动式寻的制导技术。

　　进一步讲,电视寻的制导由导引头的电视摄像机拍摄目标和周围环境,利用电视摄像管通过光电转换和电子束扫描获得表征外界景物灰度特征的视频信号,然后经进一步放大整形等视频处理,从有一定反差的背景中自动提取目标信息,并借助跟踪波门对目标实施跟踪,产生偏差信号。当目标偏离波门中心时,形成修正偏差的导引控制指令,随即驱动弹上控制系统进行自动控制,使导弹稳定地飞向目标,直至命中目标。电视导引头是电视寻的制导技术(系统)的核心部分,一般由电视摄像机、电视通道组合、自动组合、控制组合及陀螺平台五部分组成。前四者用于对可见目标探测、截获和跟踪(亮度对比跟踪),同时把导引控制信号传送到自动驾驶仪,以便将导弹引向目标;陀螺平台又称导引头定位仪,是电视寻的制导系统的关键部件之一。通常采用形心跟踪、边缘跟踪和相关跟踪等方法,构成相应的电视图像跟踪器,并通过计算来确定目标位置。图 2.27(a)、(b)分别给出了电视寻的导引头跟踪和定位系统的组成及工作原理图。

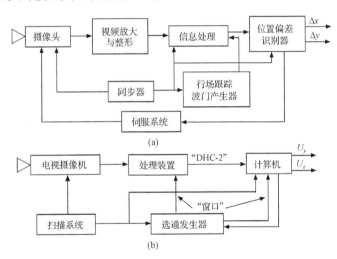

图 2.27　电视寻的制导导引头跟踪和定位系统组成及原理

Δx、Δy. 导引头对准目标的航迹角偏差和方位角偏差;

U_y、U_z. 定位仪输出电压,与目标形心的坐标成比例;

"DHC-2". 双值标准信号("1"或"0")

　　电视寻的制导是较早投入实战的精确制导方式之一,曾在越南战争和近几次高技术局部战争中立过赫赫战功,目前仍广泛用于某些战术导弹和制导炸弹上。这是因为它具有制导精度高,可对付超低空目标(如巡航导弹)或低辐射能的目标(如隐形飞机),抗无线电干扰能力强和体积小、质量轻、能耗低等优势。但也存在作战距离短、隐蔽性较差、对气象条件要求高的严重缺陷。因此,进一步发展必须考虑与其他寻的制导方式的组合(融合)问题,如法国新一代"响尾蛇"防空导弹就采用了雷达/电视/红外组合的寻的制导体制。

　　6)声自导和尾流自导

　　水下兵器自导是寻的制导的重要领域之一。就其制导方式而言,主要为声自导和尾流自导。实现自导的系统称为自导系统,其任务是在复杂海战环境下,使水下兵器(如潜艇、鱼雷、水雷等)发现、跟踪和命中目标,从而摧毁目标。为方便起见,以鱼雷武器为例。

　　(1)水声自导。

　　通常鱼雷水声自导分为主动声自导和被动声自导,并由相应的系统来实现。图2.28(a)、(b)分别给出了它们的基本组成及工作原理。

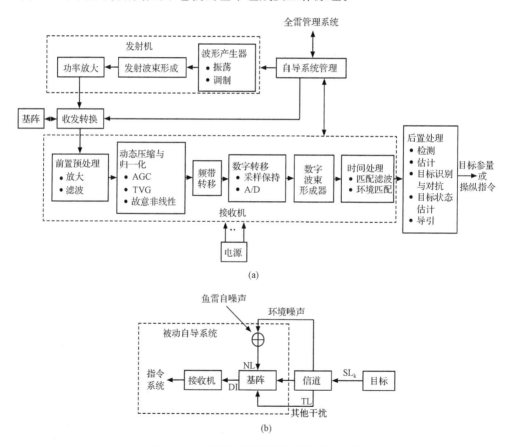

(a)

(b)

图2.28　鱼雷声自导系统组成及工作原理

　　主动声自导时,鱼雷主动声自导系统的发射机(通常为收发共用)通过声学基阵周期地向水中发射某种形式的声波,一旦遇到目标,则部分能量就被反射回来,形成目标反射信号(即回波信号),接收机同时接收到该信号和叠加在其上的背景干扰信号,对它们进行处理,从而发现目标,并进行目标参量估计和识别,指令装置根据接收机所提供的有关信息,输出鱼雷自导控制指令,跟踪目标。这里背景干扰包括混响和噪声,混响是信道中非均匀体或水下产生的杂乱散射波形成的干扰;噪声包括鱼雷自噪声和环境噪声,有时还存在人为干扰(如诱饵)。

　　声纳是主动声自导系统的最主要设备。在一定程度上讲,鱼雷主动声自导系统实际是以鱼雷为载体的声纳系统。

　　被动声自导时,被动声自导系统本身不发射信号,接受机仅接收目标辐射噪声和叠加在其上的背景干扰,对它们进行处理,从而发现目标,并进行目标参量估计,指令系统根据接收机提供的有关信息,输出操纵鱼雷的导引控制指令,跟踪目标。因此,除接收机和接收信号类型有较大差别外,其他处理环节均与主动声自导系统相同。另外,它的最佳监测器为能量检测器。

　　(2) 尾流自导。

　　由于各种舰船和潜艇都具有很强而独特的尾流特性,既不易消除难以模拟,从而产生了难以被干扰和诱骗的尾流自导新方式。所谓尾流自导就是利用检测舰船(或潜艇)尾流信号,探测目标、跟踪目标的自导方式。尾流特性是尾流自导工作的基础。根据不同的尾流特征可有声尾流、热尾流、磁尾流、涡流尾流、化学尾流和放射性尾流等尾流自导。

　　同水声自导类似,尾流自导按工作原理也可以分为被动尾流自导和主动尾流自导,其自导工作将通过相应的尾流自导系统来实现。图 2.29(a)、(b)分别为鱼雷被动尾流自导系统和主动尾流自导系统的组成及原理简化框图。

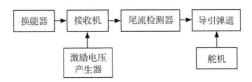

(a) 鱼雷被动尾流自导系统的组成及原理

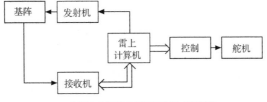

(b) 鱼雷主动尾流自导系统的组成及原理

图 2.29　鱼雷尾流自导系统组成及原理简化框图

　　例如，被动声尾流自导时，系统［见图 2.29(a)］中安装在雷顶的换能器将感知水下声阻变化，接收机处理接收电压和由激励电压产生的激励电压，使海水中两者的合成电压为零。当换能器接触尾流时，其阻抗发生变化，这时合成电压不再为零，尾流检测器将此电压与门限比较，发现尾流，导引对弹道进行解算，发出操纵指令，控制鱼雷舵机，使鱼雷沿尾流跟踪目标，并对目标实施攻击。在此，尾流检测器为关键部件，主要用于依据尾流的声阻抗特性相对于海水介质声阻抗特性的变化检测尾流。

　　又如，主动声尾流自导时，发射机周期地向水中辐射信号，并通过基阵和接收机对尾流反射波束或散射信号进行数据处理，当波束输出的尾流混响超过门限的时间间隔大于某一数值后，则发现尾流，接收机的输出送入雷上计算机进行解算，发出操纵指令，通过控制系统操纵鱼类沿尾流跟踪目标和实施攻击。这里，收发机和基阵是关键部件，主要用于尾流探测和进行声电转换/电声转换。

　　尾流自导具有制导精度高、抗干扰能力强、使用简便的突出优势，并十分适于高速鱼雷自导，故较早受到发达国家的高度重视。20 世纪 50 年代美军就有了尾流自导鱼雷，70 年代又研制及应用了新型尾流自导鱼雷。俄罗斯海军也早就装备了尾流自导鱼雷。应指出的是，目前应用最多的是声尾流自导，同时涡流自导具有很好的应用前景。另外，由于尾流随深度的增大存在时间急剧减小，因此，尾流自导鱼雷只适于反舰而不适于反潜。

　　综上所述，寻的制导体制是最有发展前途的导弹和鱼雷制导体制，在整个导弹和鱼雷制导体制中占有相当重要的地位，且已获得越来越广泛的使用。表 2.2 给出了它的类型、主要特点和应用实例。

表 2.2　（自）寻的制导技术及其应用实例

类型	主要特点	应用实例
微波雷达寻的制导	雷达工作波长：1m～1cm（频率 0.3～30kHz）	短距离制导武器
主动雷达寻的制导	雷达发射机、接收机都装在弹上	法国 AM39"飞鱼"空舰导弹的末制导寻的头
半主动雷达寻的制导	雷达接收机装在弹上，发射机装在制导站（地面、舰面、机载、卫星载）	前苏联 SA-6 地空导弹
被动雷达寻的制导	不发射雷达波，弹载接收机探测和接收目标发射的雷达波，引导制导武器攻击	反雷达导弹，如美国 AGM-88"哈姆"高速反辐射导弹
毫米波雷达寻的制导	毫米波雷达或毫米波辐射计的工作波长：10～1mm（频率 30～300kHz），介于微波和红外之间	作用距离近，一般用作末端制导或末敏弹药寻的头

续表

类　型	主要特点	应用实例
主动毫米波寻的制导	毫米波发射机和接收机都装在弹上	美 XM943 主动攻顶装甲灵巧炮弹寻的头
半主动毫米波寻的制导	发射机装在制导站,弹上只装毫米波接收机	目前毫米波雷达装备量很少,毫米波干扰机尚未装备
被动毫米波寻的制导	弹载毫米波辐射计(接收机),探测目标自然辐射的毫米波,借以导引制导武器	美国"萨达姆"反装甲子弹药寻的头
自动(被动)红外寻的制导	工作波长(μm):0.7～2.5(近红外)、3～5(中红外)、8～14(远红外)、14～100(长波红外)	—
红外非成像制导(红外点源制导)	以目标的高温部分(如飞机发动机喷气口、军舰的烟囱)的红外辐射作为信息源	用于尾追攻击的空空导弹等,如美国 AIM-9L"响尾蛇"空空导弹
红外成像制导	利用红外探测器探测目标和背景的红外辐射,如实地显示两者的热图像,对目标进行捕获和跟踪 A. 多元红外探测器线阵扫描(光机扫描)成像系统 B. 多元红外探测面阵凝视成像系统	美国 AGM-65D/F/G"小牛"空地导弹的导引头(光机扫描);美国"标枪"便携式反坦克导弹寻的头(凝视式)
电视寻的制导	依靠目标反射的可见光信息,利用电视(摄像)捕获和跟踪目标	空地导弹、制导炸弹,如美国 AGM-62A"白星眼-1"电视制导炸弹、美国 AGM-53A"秃鹰"末制导空地导弹
激光半主动寻的制导	制导站发射激光照射目标,弹上激光接收机接收目标反射的激光,导引制导武器攻击	法国 AS-30L 空地导弹寻的头,美国 M712"铜斑蛇"制导炮弹寻的头
激光主动寻的制导	美国正在发展主动激光制导炮弹,即激光雷达(发射机)和激光接收机都装在弹上,不需要制导站发射激光束	此项目已纳入"先进技术激光雷达导引头计划"(即阿特拉斯计划)

2.2.5　复合/融合制导原理及应用

1. 复合制导

仍以导弹为例。所谓复合制导是指在导弹飞向目标的过程中,采用两种或多种制导方式,相互衔接、协调配合共同完成制导的一种新型制导方式。从本质上讲,复合制导是一种集不同单一制导体制之长而避其所短的制导体制。它通常把导弹的整个飞行过程分为初制导＋中制导＋末制导阶段。初制导段主要完成导弹起飞、转弯和进入制导空域,常采用程序控制方式或直接射入截获区域。而中制导段和末制导段为制导飞行阶段,适用于中制导段的制导方式主要有指令制导和惯性制导,而用于末制导段的主要有主动、半主动和被动寻的制导,地形及景象匹配制导,TVM 制导和多模/融合制导等。图 2.30 给出了典型的复合式制导系统框图。其系统模式转换逻辑如图 2.31 所示。

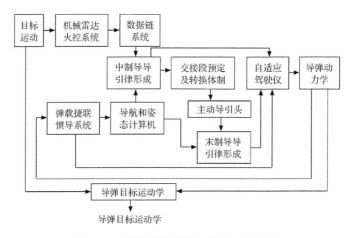

图 2.30　复合制导系统组成原理方框图

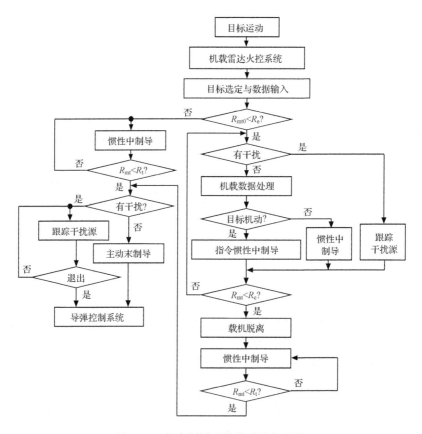

图 2.31　复合制导系统模式转换逻辑

复合制导是现代导弹制导的重要发展方向。目前复合制导已经进入了使用阶段。表 2.3 给出了复合制导在部分导弹武器系统中的应用。

表 2.3　复合制导技术应用

复合制导类型	制导武器名称及主要性能
惯性＋地形匹配＋景象匹配末制导	美国 BGM-109C 海射对地攻击型"战斧"巡航导弹，射程 1200km，CEP 9m
惯性＋地形匹配＋GPS	美国 ACM 先进空射巡航导弹，射程 2750～4200km，CEP＜16m
惯性＋星光制导（利用几颗恒星定位）	美国 VGM-96A "三叉戟-I、-II"潜地导弹，射程 11000km，CEP130～185m
惯性＋主动雷达寻的末制导	美国 AGM-84A"捕鲸叉"（鱼叉）空舰导弹，射程 110km
惯性＋红外寻的末制导	挪威"企鹅 3"空舰，导弹射程 7～50km
惯性＋无线电指令＋主动雷达寻的末制导	法国 SA-90 地空导弹，最大作战半径 30km，最大作战高度 20km
惯性＋无线电指令＋半主动雷达寻的末制导	美国"宙斯盾"舰空导弹，最大作战半径 74km，作战高度 24km
红外成像/毫米波双模寻的制导	美国 M270 型 12 管火箭炮发射的末制导子弹药寻的头
主动雷达＋红外寻的末制导	法国"哈德斯"战术导弹，射程 120～350km。CEP 100m
无线电指令＋主动雷达寻的末制导	前苏联 SA-12 地空导弹，射高 0.1～30km
雷达波速＋半主动雷达寻的末制导	美国"黄铜骑士"舰空导弹，作战半径 3～120km，作战高度 3～26.5km

2. 多模融合寻的制导

所谓多模融合寻的制导是指由多种模式的寻的导引头参与制导共同完成导弹的寻的制导任务。多模融合寻的制导实质上是多模融合探测、信息融合处理及最优化导引控制等技术在导弹制导控制系统中的最新应用。它利用多传感器（multisensors fusion）探测手段获取目标信息，经计算机综合处理，得出目标与背景的混合信息，然后进行目标识别、捕捉和跟踪，再借助最优化导引律和相应实时控制，在末制导阶段导引导弹飞行，最终实现高精度命中目标。

多模融合寻的制导是一种极具发展前景的新型制导技术，越来越广泛地应用于各类精确制导武器。

由表 2.4 可见，目前多模融合寻的制导多为双模融合制导体制。而且最典型常见的有双模（双色）光学融合制导、微波/红外双模融合制导、毫米波/红外融合制导及惯性/卫星定位融合制导等。

表 2.4　部分双模寻的制导导弹

弹型	类别	融合方式	国家或地区
尾刺	地空	红外/紫外	美国
地域之火	空地	毫米波/红外	
黄蜂	空地	毫米波/被动	
长剑	空地	电视跟踪/指令制导	英国
海狼	地空	雷达/红外	
ABS-90	地空	激光/红外	瑞典
ADAR	地空	毫米波/红外	日本
XAAM-3/4	空空	主动雷达/红外	
ASM-1/2	空地	主动雷达/红外	
凯科	地空	电视/红外	
TACED	制导炸弹	毫米波/双色红外	法国
TLVS	—	主动雷达/红外	德国
SA-13	地空	红外双色	俄罗斯
马斯基特	反舰	雷达主/被动	
Kb-31	空空	雷达主/被动	
雄风 II	反舰	被动雷达/红外	中国台湾
Sprint	—	被动雷达/红外	法国、德国

图 2.32 给出了一种雷达/红外双模融合寻的制导的原理框图。

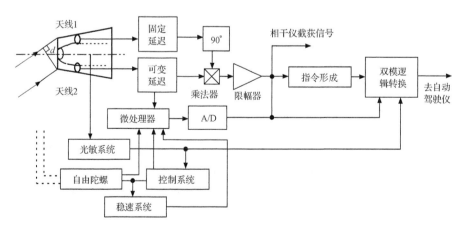

图 2.32　雷达/红外双模融合寻的制导的原理框图

2.2.6　数据链制导原理及应用

数据链制导与相对导航原理基本相似,其主要区别仍在于"控制导引"。例如,美国战斧巡航导弹上装备的 Link-16 数据链,可从预警机、高空侦察机及卫星等空中监视平台实时接收目标数据,从而在飞行中能够实时地接收导航修正数据并修正航迹,实时进行到达时间控制,实时选择目标,并对攻击效果完成评估。又如,联合直接攻击弹药(JDAM)加装 Link-16 数据链后,可从 E-8 联合监视与目标攻击雷达系统(JSTARS)直接传送的飞行瞄准修正(IFTU)数据,实时修改航迹(弹道),精确打击机动目标。除此之外,数据链制导还具有一种特殊的"转交"能力,即拦截弹发射后需要进行制导,但该拦截弹的攻击范围可能会超出本地作战单元的某种制导作用范围,这时可将其制导任务通过优化算法转交给数据链网络内的其他合适作战单元,继续对拦截弹实施制导控制,以便连续精确跟踪目标,直至命中目标。这是因为战术数据链可将探测与跟踪、指挥与控制、拦截与打击紧密联系在一起,相互交织构成联合作战整体。例如,在数字化战场上,各种传感器获取的数据图像,由数据链网络传给信息处理中心,信息处理中心把这些图像与侦察卫星的档案图像进行相关处理,确定出目标的精确坐标,并把它与各种参战武器系统的弹着半径相匹配,然后把处理好的最终信息通过数据链传送给相应的攻击武器系统,攻击武器系统立即向目标发起攻击,使发现与攻击过程只需数分钟甚至数十秒钟,识别目标与攻击目标几乎同时完成。

应该指出的是,数据链制导技术是实现精确打击的重要手段,目前一些主要的战术数据链,如 Link-11、Link-16、Link-22、LOCAAS-DL、NLOS-LS 等均具备数据链制导能力。除此之外,还有专用于精确制导武器和防空导弹武器的数据链 AN/AXQ-14 和 AN/AWW-13 以及 AN/WW-7、AN/WW-9、AN/AWW-12、AN/AWW-14 等。

2.3　测控理论、方法与技术

2.3.1　基本理论、方法与技术

测控是包含测试和控制的统一整体,二者既相互独立又相互利用。不言而喻,其基本理论、方法与技术也是如此。

对于测试而言,由于它涵盖测量与实验两大部分,因此物理学、化学、应用数学、电子学、测量学、无线电技术传感器理论与技术、信号处理与磁波技术及计算机技术等是其重要基础。对于控制来说,无论是理论或方法与技术它都已形成完整的体系。理论上,测控经历了两个重要发展阶段,产生了经典控制理论和现代控制

两个领域;方法上,其已形成多种分析和综合方法,包括时域法、频域法、根轨法及各种校正方法等;技术上,在三种基本控制方式(开环、闭环和复合控制)的基础上,同其他新理论、新技术(如模糊理论、人工智能技术、变结构滑模理论、H_∞技术等)相结合出现了许多先进控制技术,如神经网络控制、鲁棒控制、自适应控制、模糊控制、变结构控制、人工智能控制以及KKV技术等。对于测控,不仅包括上述测试和控制的基本理论、方法和技术,还将包括网络技术、遥测遥控技术及集成技术,以及大系统理论等。

2.3.2　测试原理及应用

测试一般是利用上述原理与技术,在实验的基础上通过将被测量与同种(类)特征性质的标准量进行比较,确定被测试量对标准量的倍数,也可以将测量结果以某种图形、曲线或表格的方式显示。目前,测试已形成多种方法,但最基本的方法为直接测试法(即仪器仪表测试法)和比较测量法(如替代法、差值法与微分法、零值法、重合法等)。从技术手段上讲,传统的测试多是电量参数测试技术和非电量参数测试技术。各种传感器的出现及应用为测试技术开辟更广阔的空间;计算机技术的发展及应用为测试信号处理、滤波及自动化创造了优越条件;虚拟测试标志着传统测试仪器和技术手段的重大飞跃。

总之,现代测试是通过传感器的测量仪器和装置来实现的。图2.33给出了现代测试系统基本原理及核心组成。

图 2.33　现代测试系统基本原理及核心组成

2.3.3　控制原理及应用

如前所述,控制范围相当广阔,并不限于控测领域。整个控制均以经典控制理论和现代控制理论为基础。前者建立在传递函数基础上,主要研究单输入-单输出、线性定常控制系统的分析和设计问题;后者以状态空间法为基础,主要研究复杂系统(包括非线性系统、多变量系统等)的最优控制、自适应控制和系统辨识等问题。应该强调指出的是,至今经典控制理论仍广泛地应用于工农业生产、国民经济和国防建设等各个领域,且是某些领域的基本控制手段。现代控制理论是在经典控制理论基础上,由空间技术和计算机技术进步推动下迅速发展起来的崭新控制理论。还应指出的是,任何一种先进或更复杂的控制技术(系统)都是以图2.34所示的基本控制方式为基础设计与制造的,只不过是它们的应用范围更广、要求更高而已。

由图 2.34(a)可见,开环控制是一种仅有顺向联系而没有反向联系的最简单控制过程,即输出量不影响控制作用的控制过程。图 2.34(b)表示了控制器与被控对象不仅有顺向联系,而且有反向联系的控制过程,或者说输出量对控制作用有直接影响的控制过程,这种控制方式称为闭环控制。闭环控制的实质是一种按照偏差的控制,即利用偏差消除偏差的控制过程。偏差是通过反馈与参考输入地比较、综合而形成的。为了消除偏差,其反馈通常为负反馈,因此这种控制又叫做负反馈控制。为了提高控制品质,往往需要在系统中加入校正装置(包括串联或并联校正装置)。复合控制是上述开环控制与闭环控制相结合的产物,实质上是在基本闭环回路中附加一个按输入信号或扰动作用的顺馈通道,以提高系统的稳定性和控制精度。基本控制方式与现代先进理论及先进技术(如系统辨识理论、变结构理论、模糊理论、神经网络技术、计算机技术等)相结合产生了以计算机为核心的现代控制技术及系统。

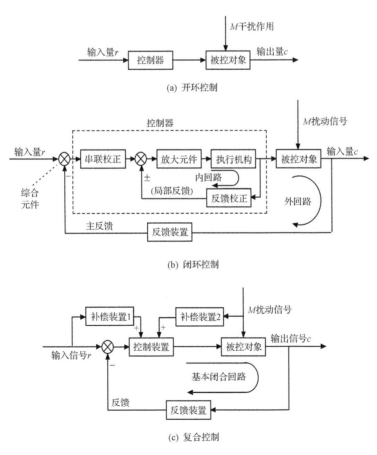

图 2.34　基本控制方式的原理框图

　　这些控制系统通常被称为高级控制系统,已广泛用于四个现代化建设,并成为复杂工程系统[如大型石化系统、交通运输系统、先进民用(军用)飞机、人造地球卫星、载人宇宙飞船等]、社会科学系统(如经济系统、金融系统、教育系统等)/生物生态系统(如生态环境、医疗卫生、生命信息系统等),特别是军事作战系统和高技术兵器(如太空武器、精确制导武器、战略武器、反导系统等)的关键支撑技术。例如,自适应控制技术和系统就是为了排除控制系统内部结构或参数变化和外部扰动而设计与制造的。它是在闭环控制的基础上增加了外回路和可调节控制器,通过适应技术(通常有模糊跟踪技术、模型参考自适应技术、自校正技术、变结构技术等)达到始终保持系统性能为最优或次最优。实现这种适应的技术很多,但一般采用模型参考自适应技术或在线系统辨识技术。它们的控制原理分别如图 2.35(a)、(b)所示。

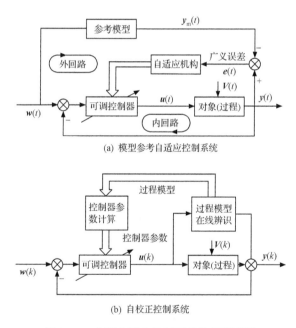

(a) 模型参考自适应控制系统

(b) 自校正控制系统

图 2.35　典型自适应控制系统控制原理图

　　这种高级控制技术和系统已广泛用于飞行环境变化范围很大的飞行器(如飞机、导弹、空中飞行模拟器等)上。

2.3.4　测控原理及应用

　　真正意义上的现代测控是遥测、遥控通过网络技术的有机结合,目前已形成光电、自动控制、计算机及信息技术多学科相互融合的高新综合技术(系统)。计算机测控技术(系统)是现代测控的基本手段和工具,它采用数据采集与传感器相结合的方式,同时实现对信号的检测和分析处理,以最大限度地求得有用信息。图2.36 为该系统的基本形式。其中,传感器用于信号检测和被测参量转换;信号调理的作用为放大和预滤波;数据采集卡(板)用于自动变程、分时采样和进行 A/D转换;计算机是整个系统的神经中枢,通过软件按预定程序自动地进行信号采集、存储、数据运算、分析处理,并以适当形式输出、显示或记录测试结果。现代计算机测控系统通常为模块式结构,借助标准通用接口(如 GPIB 总线和 VXI 总线)相互连接。除此之外,现代计算机测控系统常以闭环形式实施对关键参数的实时在线检测和控制,一般包括三个环节,即实时数据采集、实时判断决策和实时决策。值得指出的是,虚拟仪器是计算机测控技术(系统)发展的重要产物,也是计算机测控自动化的重要工具。这是因为依靠计算机技术将具有多种测试功能的仪器(如程控信号源、数字万能表、智能示波、逻辑分析仪、频谱分析仪)卡插在主机系统总线槽口上,通过专用仪器软件即可实现多种相应自动化测试工作,这将相当于一个新组建的自动测控系统。从本质上讲,虚拟仪器是实际仪器使用操作信息的软件与计算机结合构成的仪器,也是一种由一系列功能化硬件模块和控制软件组成的具有虚拟仪器面板的计算机仪器,因此是对传统仪器领域的重大突破。除此之外,计算机网络技术的迅速发展和广泛应用对计算机测控领域产生巨大影响,带来了质的飞跃,以网络为核心的网络化测控技术(系统)应运而生,已成为现代测控技术(系统)的主要特征和发展的方向。

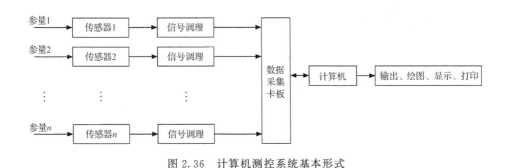

图 2.36 计算机测控系统基本形式

网络化测控系统将测控系统中地域分散的计算机、测控仪器、测控模块或传感器等测控基本单元,通过网络相互连成一个新型分布式测控系统。该系统主要包含测控基本单元和通信网络两大部分,经过四个阶段的发展,实现了测控领域上的又一次大飞跃,已成为现代测控发展的最新方向,其意义是十分重大的。它利用遍布全球 Internet 进行网络化精密测控,大大降低了测控成本;进行网上测量和数据采集,实现了远距离测控和资源共享;通过网络采集和访问手段实现了测控设备的远距诊断与维护,从而提高了设备使用寿命和使用效率。更重要的是网络化测控进一步扩大了现代测控技术(系统)的应用空间,对于航空、航天测控具有特殊的重要意义。网络化测控的基本原理可由图 2.37(a)~(d)来共同说明。

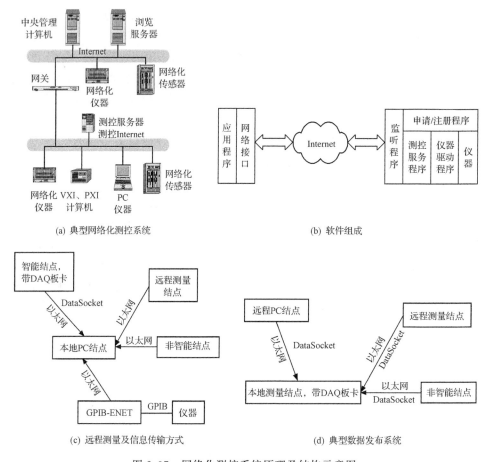

(a) 典型网络化测控系统　　　　　　　　(b) 软件组成

(c) 远程测量及信息传输方式　　　　　　(d) 典型数据发布系统

图 2.37　网络化测控系统原理及结构示意图

由图 2.37 中(a)可见,典型的网络化测控系统由测控服务器、中央管理计算机、浏览服务器、网络化仪器、网络化传感器、网络化测控模块、网关等组成。测控服务器属该系统的核心部分,主要用于进行测控功能分配,并对采集数据完成计算、综合处理、数据存储和打印报表,以及系统故障诊断及报警等;中央管理计算机是系统的关键部分,其主要功能与测控服务器类似;浏览服务器是一台具有浏览功能的计算机,用以观察测量点或测控服务器的测量结果或分析后的数据。网络化仪器包括上述虚拟仪器、测控模块和 GPIB、VXI、PNI 总线系统等,具有测控数据采集与处理、数据交换、监控和信息存储及故障诊断等功能;网络化传感器主要担任检测任务,同时通过 TCP/IP 协议进行远程控制和信息共享。PC 仪器是由计算机和应用软件组成的虚拟仪器,可实现数据采集、数据分析和图形化显示。图2.37(b)为系统软件组成,包括客户端和服务器两部分,前者由应用程序和网络接口构成,后者主要由监听程序、申请/注册程序、测控服务程序、仪表驱动程序、仪器应用程序等组成。图 2.37(c)为远程测量关系和信息传输方式,用于从一个或多个远端测量点采集数据并将测量结果发送到本地计算机仿真。以太网 DataSocket和 GPIB 系统是其关键部分。图 2.37(d)为典型的数据发布系统,用于将测量节点所采集的数据通过 DataSocket 技术发布到一个或多个远程节点。

现代测控技术(系统)已成为航空、航天、航海和综合多武器平台(包括反导系统)的重要支撑,同时被广泛用于石油钻井、大型化工和自主式机器人等领域。

2.4　现代导航、制导与测控学科体系

2.4.1　引言

从学术角度讲,导航是一门专门研究导航原理、方法和导航技术装置的学科;制导则是在导航基础上的进一步扩展,其主要方面是增进了控制引导方法和技术,从而扩大了应用范围;测控由测试与控制两部分构成,并互相渗透、相互支撑及彼此利用形成了一门崭新的综合性边缘学科;随着科学技术的发展三者逐渐发展成为一门研究导航、制导与测控理论、方法和技术装置的新学科。该学科既有坚实的理论基础,又有一套完善的方法和技术,同时形成了极为广阔的应用领域。研究并建立该学科的体系结构,对现代导航、制导与测控技术(系统)的发展和工程应用以及学科自身建设具有重要的意义。

2.4.2　理论体系

理论体系是指支撑该学科的坚实理论基础。对于现代导航、制导与测控学科来说,除依靠广泛的专业理论,如导航理论、制导理论、测量学和控制理论等主体理论外,物理学、电子学、信息论、系统论、惯性理论、无线电理论、计算机系统及软件理论、辨识理论、应用数学、模糊数学等已构成它的骨干理论基础。

2.4.3　方法体系

方法体系是指该学科研究所采用的方法学,包括自身研究和发展的支持方法和用于对象的科学研究方法。现代导航、制导与测控的研究方法十分广泛,它不

仅集成了传统的理论研究方法和实验方法,而且形成了独树一帜的现代导航、制导及测控的方法体系。

目前,现代导航、制导与测控学科已形成了以理论研究方法、数学方法、实验方法和模型研究方法(建模与仿真)为核心,包括辨识方法、虚拟方法、计算机辅助方法、数值计算方法、概率统计方法、图形与图解方法、成像方法、信息融合方法、滤波方法、直接法、间接法等为主干的方法体系。

2.4.4　技术体系

技术体系是指支撑该学科的技术群和本学科产生的新技术。现代导航、制导与测控是在多学科技术支撑下的高新科学技术,其关键技术包括:总体设计与实现技术,目标探测、识别与隐身技术,惯性导航与组合导航技术,精确制导与复合/融合制导技术,现代测控与 KKV 技术,现代数据分析与信息融合技术,计算机网络数据链通信技术、指挥控制与综合电子信息技术,复杂战场环境与信息对抗技术,地面、海上及空天试验技术,以及系统建模与仿真技术等。每项关键技术又都会辐射出若干相关技术,如精确制导技术就包括自主式制导技术、遥控制导技术、寻的制导技术、复合/融合多传感器制导技术和数据链制导技术等。

2.4.5　应用体系

广泛而重要的应用范畴和旺盛的社会及军事需求是学科自身生存的前提和进步的动力源。现代导航、制导与测控技术时至今天已发展成为广泛应用于许多领域(如社会系统、经济系统、复杂工程系统、生物与生态系统、人工生命系统等)的共用科学技术和战略性科学技术,特别是在航空、航天、航海和高技术兵器,以及信息化作战中一直被作为核心技术。因此,导航、制导与测控技术历来深受各国尤其是发达国家的高度重视。美国一直视其为重点国防发展项目,我国也将其列重要的信息类导航、制导与测控技术学科。

为了使读者对现代导航、制导与测控学科体系有更清晰而深刻地理解。图 2.38给出了该学科的体系结构框架。

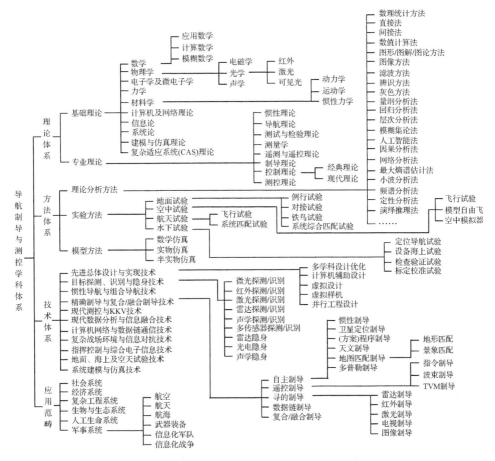

图 2.38　导航、制导与测控科学体系结构框架

第3章　先进总体设计与实现技术

总体设计与实现技术是导航、制导与测控技术(系统)首先遇到并必须解决的关键技术,通常包括两大方面:其一是总体优化方法与技术;其二是先进的设计与实现环境及软件。

众所周知,任何一个现代导航、制导与测控系统都是一个非常复杂的综合技术系统,由许多分系统、子系统等构成。从系统需求分析、方案论证、各部分设计、制造到系统综合集成、实验验证、鉴定定型,以及实际使用和效能(或效益、效率)评估等,总体技术都起着极其重要的统领作用,且关键在于基于模块化并行工程的多学科设计优化(MDO),并采用先进的设计软件实现自动化设计,以提高系统性能、缩短研制周期、降低研制费用。为此,本章将重点论述现代导航、制导与测控系统的先进总体设计方法和工程实现,主要包括多学科设计优化、智能化设计、多目标优化设计、计算机辅助设计、虚拟设计及并行工程设计等的技术与软件。

3.1　系统总体技术及设计过程

从根本上讲,导航、制导与测控系统总体技术是一个系统工程问题。它利用相关基础理论(物理、数学、材料学、力学等)、学科领域专业知识(导航、制导、测试控制等)和计算机与软件工程等工具,主要从系统总体功能与性能及总体协调两个方面,将该系统的各分系统、子系统等综合集成为一个有机整体,达到使导航、制导与测控性能最优,费用最低,研制周期最短,效能(效益、效率)最高。以导弹制导控制系统为例,在解决总体技术时,首先进行军事需求分析,并依据所提出的导弹武器系统战术技术指标(包括目标特性、发射环境、导弹特性、杀伤概率、工作环境、使用特性、质量和体积、成本费用、可靠性及可维修性与重构性等)确定对制导控制系统的基本要求(包括制导精度、杀伤区、反应时间等);然后设计系统方案并进行方案论证(包括制导体制研制或选取,导引律研制或选择,论证选择的稳定控制系统方案,控制方式、控制策略及系统构成,提出计算装置要求,确定制导控制系统框图,制导精度初步估算,并提出相关设备的精度要求等);系统方案初步确定后将进行原理设计,这是方案的具体化,也是通过与其他工作同时、交叉、反复进行逐步完善方案的过程。这里包括:制导控制系统建模及结构图绘制、理论弹道计算、制导控制回路和控制装置的设计(如回路各环节数学模型建立、导引律参数和算法确定、设计控制环节和抗干扰装置,协调和优化系统参数等)、控制弹道方式推导及控制弹道计算、考虑干扰和误差下的脱靶量计算,完成闭合回路导弹飞行试验和制导控制系统验证和设计参数修改等。除此之外,在上述总体技术中还将考虑进行有关建模与仿真试验,其目的在于辅助验证及修改总体设计,以获得最优工程效果。

总之,导弹制导控制系统的总体设计是一个相当复杂的系统工程,需要考虑到方方面面的问题应该严格按照上述程序进行设计,同时还必须在技术上具有瞻前性,依据导弹制导与控制技术的发展趋势和未来战争可能需求,在系统硬件和软件上采用新技术,如先进雷达技术、成像技术、微电子与计算机技术、网络技术、快速反应技术、抗干扰技术、先进控制技术和智能技术等。

3.2　多学科设计优化技术及应用

3.2.1　多学科设计优化(MDO)技术的提出

传统的系统总体设计过程通常分概念设计、初步设计和详细设计三个主要阶段。概念设计主要集中在制定系统发展战略和原理性论证,并确定总体性能;初步设计主要包括系统结构布局和分析;详细设计将主要进行各种子系统和零、部件设计及各部分集成。这种设计模式实质上具有序列性,是串行完成的,并没有针对现代系统越来越复杂的特点,充分利用各学科(子系统)之间的相互影响可产生的协同效应,从而很可能失去系统的整体最优性。针对传统总体设计方法的这种严重缺点,近年来美国、俄罗斯、北欧共同体等发达国家提出了一种新的总体设计方法,这就是多学科设计优化(multidisciplinary design optimization,MDO)。

MDO 是一种全新的优化设计方法与技术,其基本思想是:在复杂系统设计过程中集成相关多学科知识,并充分考虑它们之间的相互影响和耦合作用所产生的协同效应来把握系统总体性能,通过设计优化策略和分布式计算网络系统管理,以达到被设计系统的整体最优解。利用这种方法的最大优点是:可通过各学科的模块化并行设计缩短设计周期,提高系统总体性能和实现复杂系统的自动化设计能力。

3.2.2　MDO 体系组成

MDO 视总体设计为一个大系统,该系统包括多个学科,且各学科间存在耦合与交互作用。因此,多学科设计优化要比单学科优化问题复杂得多、困难得多,其主要表现为组织管理复杂和计算求解困难。为了解决这两大难题,人们经过多年努力已形成了多学科设计优化体系,其主要组成包括:设计问题描述和求解、科学分析能力和近似,以及信息管理和处理。这里,研究多学科问题的分解和组织形式是 MDO 体系的主要内容,寻求合理的优化机制是 MDO 系统的核心,并由此产生了需要重点解决的若干关键技术。

3.2.3　MDO 的主要关键技术

　　MDO 是针对复杂系统总体设计的共用技术,在研究和应用过程中存在许多关键技术,诸如建模技术、数据分析与耦合技术、数据交换与管理技术、设计环境技术、优化方法流程技术及可视化技术等。下面就此做简要讨论。

　　(1)建模是进行多学科设计优化的首要步骤,根据 MDO 的复杂性和多样性特点,必须采用面向 MDO 的多种建模方法,常用的方法有过程建模、可变复杂度建模、不确定性建模和参数化建模等。

　　对于 MDO 来说,建模的主要内容是构造代理模型。所谓代理模型是指计算量小,但其计算结果与高精度模型的计算结果相近的分析模型。通常,代理模型可分为局部代理模型和全局代理模型。局部代理模型往往具有较好的拟合优良度;在全局代理模型中,Kriging 模型一般经四次迭代后便具有很好的精度。

　　(2)针对多学科之间的复杂耦合所导致的多学科设计优化时的计算复杂性、组织复杂性、模型复杂性和信息交换的复杂性等,必须采用实用的近似方法。常用的近似方法很多,但用于 MDO 的主要是函数近似、模型近似和组合近似等方法。它们在本质上是通过构造便于计算的近似函数,将复杂的学科分析从优化过程中分离出来,并耦合到优化算法中,进行序列优化,通过多次迭代运算以获得近似最优解。

　　(3)灵敏度分析(SA)方法被用于系统的 MDO 称为系统灵敏度分析(SSA),是一种处理大系统的重要方法,也是 MDO 的关键技术之一。常用的 SSA 方法有最优灵敏度分析(OSA)法、全局灵敏度方程(GSE)法和滞后耦合伴随(LCA)灵敏度分析法等。前者被用于层次系统,后两者主要用于耦合系统,它们均是 MDO 系统灵敏度分析的有力工具,三种工具有各自特点,可视具体情况选用。例如,OSA 对于系统的各种分解方案及优化结果评定非常有用;GSE 和 LCA 是处理耦合灵敏度分析较好的工具。GSE 适用于设计变量个数大于目标函数和约束函数个数的场合,而 LCA 则相反。

　　(4)设计空间的搜索策略研制或选取是 MDO 问题求解的重要方法。由于直接系统的优化方法是不适合的,因此一般采取与试验设计技术、近似方法等相结合的方法。常用的搜索策略包括:经典优化法、全局优化法、现代优化算法、混合优化策略以及多方法协作策略等。值得指出的是,我国罗文彩博士提出来的多方法协作优化方法(MCOA),在求解复杂优化问题方面具有明显的优势,并对 MDO 问题求解有很好的应用前景。这种优化策略流程如图 3.1 所示。

　　(5)MDO 算法是 MDO 的核心,又被称为优化过程。MDO 算法可分为两大类,即单级优化方法和多级优化算法。目前 MDO 系统常用多级优化过程,主要包

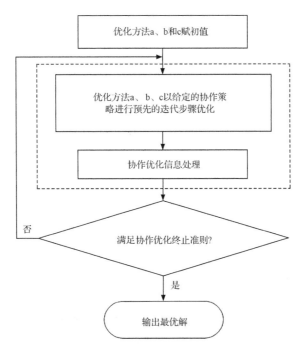

图 3.1　多级方法协作优化方法(MCOA)流程图

括递阶优化(MO)过程、并行子空间优化(CSSO)过程、协作优化(CO)过程,以及二级系统一体化合成优化(BLLSS)过程等。其中,递阶优化过程来源于大系统的分解协调方法,其理论和应用研究均已成熟,主要用于飞行器总体设计领域;并行子空间优化过程可分为两类,即一类是基于灵敏度分析的 CSSO,另一类是基于响应面的 CSSO。一种改进的基于灵敏度分析的 CSSO 过程(CSSO-GSE)及一种改进的基于响应面的 CSSO 过程(CSSO-RS)和 CSD 方法对于解决复杂的多学科系统优化很有潜力,并已得到实际工程应用。

(6)从根本上讲,MDO 属于基于数值计算的设计方法,并存在系统响应面近似构造、灵敏度分析数据存储,大量并行计算和大量的优化迭代等问题。因此,建立集成计算环境是十分关键的。MDO 计算环境要求范围很大而又非常苛刻。例如,要求快速、便捷;支持分散建模;具有参数学习能力;提供各种优化搜索;可应用各种模型近似技术;提供多目标优化方法,能描述和构造 MDO 问题;可量化各种设计可变性(不确定性);支持并行计算;具有可视化,以及进行有效地数据库管理等。

(7)目前,已经开发出支持上述要求的 MDO 计算框架软件,如 FIDO、CJOPT、DAKOTA、iSIGHT、ModelCenter、AML 等;分布式应用支持平台,如NET、J2EE、VisiBroker 等;并行计算支持环境(包括并行计算机系统、并行算法和并行程序设计),其中并行计算机系统包括并行向量机(PVP)、对称多处理机(SMP)、大规模并行处理机(DSM);数据库系统,如产品生命周期管理系统(PLM),可有效地进行文档管理、元数据管理和模型管理等;MDO 框架,如 iS-GHT、AML 和 ModelCenter 等。其中,iSGHT 被称为"软件机器人"。它提供了一个具有不同层次优化技术的 MDO 系统优化工具包及优化过程管理能力,通过 GUI 功能设计者可实现设计问题的过程集成、问题表述、优化方案选择及求解监控等;iSGHT 已广泛应用于航天领域,如美国的 EEVL 计划、NASA 的飞行器多学科设计环境等;AML 是利用基于知识的并行工程的自适应建模语言开发的 AML 框架,提供了独特的交互式设计环境。已广泛应用于导弹设计、新机试飞和复合材料设计与制造等方面,新近开发的交互式导弹设计系统(IMD/WDE)和 X-43A 飞机试飞成功就是 AML 的设计成果;ModelCenter 是一种可用于复杂系统分布式建模与仿真分析的软件框架,其体系结构如图 3.2 所示。由图 3.2 可见,ModelCenter 软件框架是一种特殊结构的框架,可封装设计分析工具和集成仿真程序、数据和几何特性等。ModelCenter 程序和 AnalysisSerrer 辅助程序是其核心部分,它们可以同时无缝运行,并允许用户快速集成不同平台运行的模型组件和提供集成其他分析工具的应用程序接口,实现跨平台科学分析。显然,界面友好、操作简便、集成和设计能力强是该软件框架的突出特点。

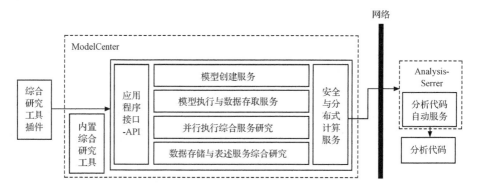

图 3.2　ModelCenter 框架的体系结构

(8)设计分析工具是 MDO 的重要组成部分,主要用于组建复杂的优化模型和优化系统优化流程。通常,设计分析工具可分为两类,即自编程序和商业软件。自编程序一般采用 XML 语言编写,这样做既可满足参数自解析的要求,又可方便地进行不同应用程序间的集成和数据交互,同时也适合多学科设计框架及数据库系统。广泛运用的商业软件有 CAD、CAE、CAM、CAO、VPT、SC 等多种类型。这些软件相对独立,关键在于集成和连接。通常存在三种集成模式:①通过专用数据格式;②通过标准数据格式;③通过统一的模型。其中第②种集成方式较为理想,而第③种集成方式具有较好的应用前景,目前正在研究有关主模型技术。

（9）为了进行 MDO 系统综合设计和优化采用现代可视化手段是十分必要的。MDO 对于空间设计可视化有着特殊要求,这主要是必须考虑参数相容性和复杂计算需要;更注重可视化中数据之间的关联;实现高维数据显示和三维数据战场显示的人机交互能力、智能化和自动化等。为了满足这些特殊需求,在一般可视化技术的基础上,在数据预处理、映射、绘制及显示等方面均作了专门设计,形成了MDO 系统可视化软件。

3.2.4　MDO 技术应用实例

MDO 技术较早地在航空、航天飞行器（如火箭、导弹、飞机等）的总体设计中获得应用,后来迅速扩展到汽车、通信、运输、机械、医疗、建筑等领域。这是因为上述飞行器是最具典型的基于多学科技术的复杂工程系统,包括气动、结构、推进、导航、制导、控制、测试等多个学科。其传统设计一般分为前述三个串行阶段。在概念设计阶段重点考虑气动和推进（动力等）学科,确定初步外形和总体参数;初步设计阶段主要考虑结构学科,确定结构形式和参数;详细设计阶段则重点考虑导航、制导与控制,以及测量与试验学科,确定其详细参数。可见,在这些飞行器的各个设计阶段中,考虑学科分布极不平衡,且忽略了学科之间的耦合与交互作用,从而导致随着设计的进展学科设计的自由度越来越小,难以利用各学科协同效应来把握整个系统性能,甚至造成设计失败的严重后果。为此,对于这类复杂工程系统在每个设计阶段采用多学科设计优化（MDO）技术是极为重要的。下面以某巡航导弹总体一体化设计为例,简要讨论 MDO 技术的实际应用。

1）设计任务描述

根据现代战争需求和导弹发展趋势,提出研制某远射程、高速度和小体积的战术巡航导弹。经初步论证,该导弹采用整体式液体冲压发动机、两侧进气、全动式X 型尾翼和超声速气动外形,类似于法国中程空对地导弹 ASMP。

本设计任务是进行该导弹的一体化设计,设计中采用先进的 MDO 技术。

2）一体化设计步骤

该导弹总体一体化的设计是在 MDO 框架中按照图 3.3 所示的流程进行的:

（1）选择进气道类型和布局。通过四种方案比较,主要考虑气动阻力最小,并满足导弹机动性要求,选择其有两个二维矩形进气道。

（2）选择目标函数。主要从导弹与发动机合理匹配出发,以使导弹总体性能最佳。采用对质点弹道进行总体优化,选择导弹质量一定前提下的射程最大作为目标函数。

（3）选择设计变量。根据导弹主战战技指标及目标函数,可取下述量作为设计变量:进气道轴向位置 X_1、进气口面积 A_1、进气口宽度 w_1、巡航马赫数 Ma_1、

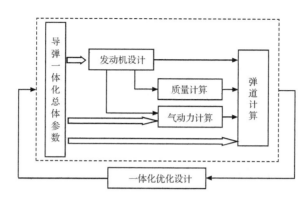

图 3.3　导弹一体化优化设计流程图

助推段额定时间 t_0、加速段余气因数 α_0 及发动机喷管喉部直径 D_{kp} 等。

（4）确定约束条件。主要根据保证弹上仪器正常工作、满足弹道要求、发动机和助推器的可靠性等，确定出最大轴向过载、最大法向过载、助推器工作时间、攻角、冲压发动机的接力马赫数、工作时间等限制，以及冲压发动机流动协调要求等作为约束条件。

（5）建立数学模型。主要包括动力模型、弹道计算模型、质量计算模型、气动模型等。

（6）选择优化方法与计算结果显示。由于该导弹总体一体化设计是有约束条件的优化问题，并涉及气动、动力、弹道、控制等多个学科，因此可采用前述 MDO 技术进行优化。这时，目标函数将为上述目标函数加上若干约束条件的惩罚项得到的综合目标函数：

$$L_{\mathrm{obj}} = L - \sum_{i=1}^{7} D_i \tag{3.1}$$

$$D_i = K \left[1 + \left(\left| \frac{C_i}{u_i} \right| - 1 \right)^2 \right] \tag{3.2}$$

式中：L_{obj} 为综合目标函数；L 为目标函数；D_i 为第 i 个约束项的罚函数；C_i 为该方案能达到的第 i 项指标；u_i 为对第 i 项性能指标的约束条件；K 为罚因子。

优化器可选用修正单纯形算法或模式搜索算法进行寻优计算，优化结果通常采用表格表示，以便分析比较。王振国等还建议在导弹总体一体化设计中采用组合优化方法：MIGA-LSGR2、MIGA-SLP、HJ-EP、HJ-NLPQL 等。

（7）参数分析。为了掌握各变量对最优目标函数值的影响，必须进行参数分析。参数分析方法一般是在得到（6）中的一组最优设计参数后，有规律的改变其中一个参数而暂时固定其余参数，分析其改变参数偏离最优值 0.0278 对目标函数 $L_{\max}$ 及有关性能的影响下进行的，以便在设计中对该参数实施有效控制，并为总体方案的决策提供科学依据。

3.3　多目标优化设计方法与技术

多目标优化又称为多目标规划,是在实际工程设计中遇到的同时追求多个目标的优化问题,或者说是期望两个或多个以上设计指标同时达到最优值的多目标函数的优化问题。其一般数学表达式为

$$\text{s. t.}\begin{cases}\min f_k(X) & (k=1,2,\cdots,k) \\ h_i(X)=0 & (i=1,2,\cdots,m) \\ g_j(X)\leqslant 0 & (j=1,2,\cdots,p) \\ X=(x_1,\cdots,x_m) & (X\in E^n)\end{cases} \tag{3.3}$$

通常,多目标优化很难得到精确求解,而是寻求实际设计中可能接受的相对优化解。于是,一般是选择一个主要目标,而将其他目标转化为对其主要目标的约束,或按指标的重要程度,排出先后顺序,逐次求出最"优"解。还有一种办法是把变量空间中的约束区域映射到多目标空间,得到所谓"像集" $f(R)$,并构造出评价函数 $\varphi(\boldsymbol{F}(X))$,这里 $\boldsymbol{F}(X)=\begin{bmatrix} f_1(X) & f_2(X) & \cdots & f_k(X)\end{bmatrix}^{\mathrm{T}}$,然后求出 $\varphi(\boldsymbol{F}(X))$ 在 $f(R)$ 上的最优解,从而得到多目标函数的"优"解。

基于上述思想,实际工程中产生了用于多目标优化设计的多种寻求方法,包括主要目标函数法、加权求和法和理想点法等。对于飞行器结构优化设计来说,多目标优化的基本解法主要有加权目标法、分级优化法、折中法、总体准则法、目标规划法等。

应当提醒的是,在应用这些多目标函数寻求方法时,得事先将目标函数转化成规范化的无量纲目标函数,其形式为

$$f_k(X)=\frac{\overline{f}_k(X)}{f_k^0} \quad (k=1,2,\cdots,k) \tag{3.4}$$

式中: $\overline{f}_k(X)$ 为规范化前带量纲的目标函数; f_k^0 为单目标优化的最优目标函数值, $f_k^0=\min\overline{f}_k(X)$。

有关这些方法的原理及应用读者可详见谷良贤和温柄恒编著的《导弹总体设计原理》。除此之外,李为吉等在《飞行器结构优化设计》里还给出了两种用于飞行器多目标优化设计的多目标遗传算法,即基于分支联赛选择机制的遗传算法和基于"支配度"的分级策略及竞争排挤选择机制的遗传算法。它们采用了不同选择机制和 Pareto 过滤算子,极大地提高了非劣解的搜索能力,成为求解多目标优化问题的有效手段。

3.4　智能优化设计技术及应用

3.4.1　问题提出

工程设计的目标是寻求经济而有效的优化设计,上述多学科设计优化和多目标优化技术为之作出了重大贡献,但仍有不尽如人意之处。例如,求解设计问题效率低、人为因素干扰大、求解过程收敛速度慢等。对于大型复杂系统(如航天导航、制导与测控系统等)的设计,这些问题更为突出。

智能化设计技术提供了解决上述问题的有效手段。所谓智能化设计技术就是专家系统和现代优化设计方法相结合的综合设计技术。它结合了知识级推理机制,充分利用领域专家的经验,以及前述优化设计知识等,控制优化进程,既可提高设计效率,又能保证设计结果的正确性和合理性。

3.4.2　系统构成及功能

现代优化设计方法与技术包括了前述多学科设计优化、多目标优化设计和后面将讲到的计算机辅助优化设计及并行设计工程等。智能优化设计系统实质上是对这些方法与技术的改进和集成,在设计过程中为有效地应用优化技术提供了一种必要的理想支持。图 3.4 给出了一个典型的智能优化系统的结构形式。显然,该系统融入了优化知识和专家知识,必然具有领域专家的设计水平。在实际智能化系统中,知识基系统和集成环境是其至关重要的部分。知识基系统是实现智能优化设计时知识基推理机制的技术手段,其一般结构如图 3.5 所示。该系统不仅可扩展传统软件,而且在用户和软件间创造了一个友好界面,从而使用渐进式推断知识可明显地改善其优化过程;集成环境为智能化设计系统提供了以高水平设计人员处理信息的工具。例如,以符号形式清晰表达设计问题、推理策略选择、辨别

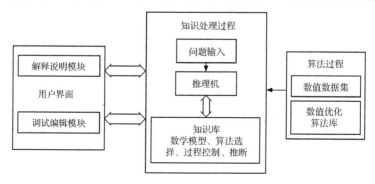

图 3.4　典型智能优化系统结构图

优化表达式,并从优化算法库中提取正确算法以及系统调试等。图 3.6 给出智能化系统集成环境的一般构成部分。

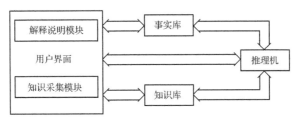

图 3.5 知识基系统结构示意图

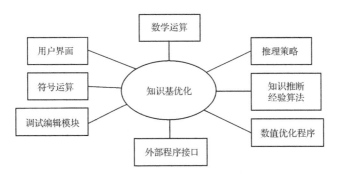

图 3.6 智能化系统的集成环境构成

应指出的是,数值优化算法库和用户界面设计在上述集成环境中具有相当重要的地位。目前,数值优化算法已非常丰富,包括经典和现代算法两大部分。经典算法有序列二次规划、共轭梯度法、拟牛顿法、Powell 直接搜索法等;现代算法包括遗传算法、模拟退化算法、粒子群优化算法、禁异算法、罚函数法和乘子法等。每种算法都有其各自优缺点,智能化设计系统可将这些数值优化程序融入知识基系统环境,通过推理机自动提取所需要的理想算法;智能优化设计系统的用户界面一般包括知识库的调试编辑、问题输入、解释说明和其他辅助功能等。通常采用图形用户界面,以便灵活地控制装载时间、装载文件、并快速形象地评估设计结果。

3.4.3 工程应用实例

针对航天飞行器优化设计问题,李为吉等给出了一个在 VC 环境下开发出的智能化设计系统,如图 3.7 所示。

由图 3.7 可见,该系统由优化算法库、用户模型组件接口(硬件)、知识处理机制、推理机制和图形用户界面(软、硬件)等五部分组成。其中,知识处理机制提供了一个知识编辑环境;推理机制是该系统的核心,通过经验"规则"自动选取优化算

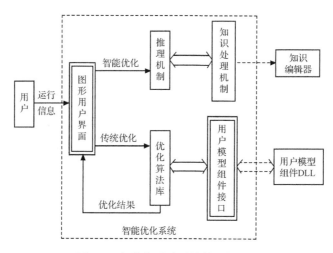

图 3.7　智能化设计系统简化结构图

法库中的理想算法进行优化设计;图形用户界面采用标准的 Windows 窗口,主要由标题栏、菜单栏、工具栏、客户视图区和状态栏等部分组成;优化算法库集成了各种经典和现代优化算法,并可进行扩充。各种算法一般运用面向对象思想,采用 C++语言编制而成。

　　该系统研制旨在通过一定的领域专家知识进行航天器的优化设计,提高其设计效率和可靠性。整个优化问题采用知识基优化和数值优化相结合的原则,即通过专家知识获得近似最优设计,然后利用数值优化方法进一步求得最优解。系统已成功用于宇航员输送舱(CTV)气动布局优化,获得了良好试验效果。

3.5　计算机辅助设计技术及应用

3.5.1　引言

　　计算机辅助设计(CAD)是随着计算机及其外围设备发展而迅速形成的一种现代先进设计方法,是计算机软硬件技术、微电子技术、数字化技术及图形/图像等技术进步的必然结果。对于传统设计来说,CAD 技术及其系统可称得上是一次革命。

　　利用 CAD 技术及系统,设计人员可将设计方案通过计算机形象地显示出三维立体,对多种设计方案进行比较,对其经比较后选定的方案进行分析、计算、协调及反复修改,完成整体优化,并最终绘制出高质量的设计图纸。经过 30 余年的努力,CAD 技术及系统已广泛应用于几乎所有领域的设计场合,特别是航空、航天飞行器和高技术兵器及其系统的优化设计,成为工程技术人员进行创造性设计活动中不可缺少的工程技术手段。

随着图形显示终端、智能绘图机、数字化仪和软件工程等技术(装置)的发展，CAD 技术及系统进步很快，在 20 世纪 80 年代就出现了 CAD/CAM 一体化系统，即计算机辅助设计与制造系统，对于提高系统设计效率、产品质量及缩短设计与制造周期起到至关重要的作用。目前，CAD 技术及系统正在朝着大规模、多功能和超三维全息显示的方向发展，标志着机器智能化和脑力劳动自动化的新开端，它将对包括现代导航、制导与测控系统等在内的复杂工程系统的整个设计(包括概念设计、初步设计和详细设计)与制造革命起到巨大的推动作用，使得人们彻底从繁重的手工计算和绘图及传统制造中解放出来。

3.5.2　CAD 系统及其组成

计算机技术的发展在许多领域中引起了变革。在控制系统的分析与设计方面也不例外。20 世纪 50 年代末，由于航空航天技术的发展，复杂的多变量控制系统需要进行研究与设计，于是促进了以计算机为主要工具和以现代控制理论为依据的新兴学科分支——计算机辅助设计(CAD)应运而生。

CAD 是指利用计算机及其外围设备和图形输入、输出设备解决设计问题的一种先进方法，也是一门处于控制系统理论、计算机技术和工程设计边缘的应用学科。最早被用于绘制奈奎斯特图和伯德图时的辅助计算，后来很快发展到辅助整个控制系统的主要设计过程(见图 3.8)，从而形成了计算机辅助设计系统(简称 CAD 系统)。但是，20 世纪 70 年代末，构成 CAD 系统的硬、软件部分仍然是很有限的，如硬件主要包括计算机及当时的一些计算机外围设备：图形显示器、显示屏幕复印机、X-Y 记录仪、电传打印机、磁带机、软盘、硬盘及接口等。CAD 系统的软件也多是一些软件包，如美国的 LINPACK、EISPACK 及我国的 CCSCAD 等。80 年代以后 CAD 有了长足进步，90 年代以来，它的作用已扩展到设计过程的各个专业、各个阶段及各个设计环节(包括综合、分析、优化设计、修改、评估、绘图及

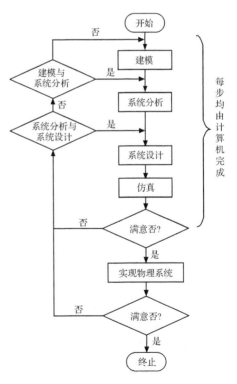

图 3.8　控制系统设计过程中的
计算机辅助作用

开发等)。这时,CAD 系统已由完成特定用户设计功能的硬、软件系统组成。硬件系统包括计算机主机及各类外部设计和图形输入、输出设备,如图 3.9 所示。软件系统可分为三个层次,即系统软件、通用支撑软件和应用软件。其中,系统软件包括:操作系统、编译系统、数据库管理系统、通信软件;通用支撑软件已有很多商品化种类,如 UGS、i-deas、GKS、PHIGS 等;应用软件随不同专业领域有不同内容,大都由各专业单位自行开发。

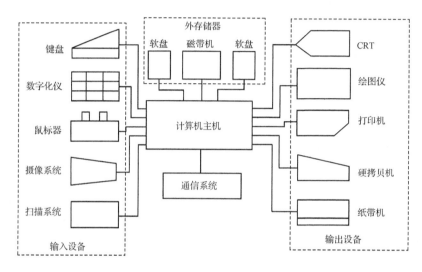

图 3.9　CAD 系统硬件配置

近年来,各国都在积极开发具有各种功能的 CAD 系统,常见的 CAD 系统类型有信息检索型 CAD 系统、综合多功能 CAD 系统、人机交互型 CAD 系统和智能型 CAD 系统等。其中,智能型 CAD 系统的一个重要发展方向是将专家系统引入 CAD 系统,成为一种具有大量专门知识与经验的智能系统,其功能不仅是辅助设计,而且可根据工程人员输入要求,自动做出推理判断,给出合理的设计方案。

在 CAD 领域内,特别值得提出的是 MATLAB 软件。它是美国 Mathworks 公司研制的,已相继推出了多个版本,其 CAD 界面越来越友好、内容越来越丰富、功能越来越强大。目前,MATLAB 产品组可用于:数据分析,数值和符号计算,工程与科学绘图,控制系统设计,数字图像信号处理,财务工作,建模、仿真、原型开发,应用开发,图形用户界面设计等。因此,MATLAB 被称为是第四代计算机语言,不仅使人们从烦琐的程序代码中解放出来,而且已成为计算机辅助设计的典范。

RTW(real-time workshop)是 MATLAB 的功能扩展,可进行实时系统的设计测试、快速原型化、嵌入式软件开发及半实物仿真等,从而使 MATLAB 系列软件成为实现 CAD 与实时仿真一体化的最佳技术途径之一;XPC Target 是一种基于 RTW 体系框架和 PC 机的实时目标环境,可用于控制系统或 DSP 系统的快速原型化开发,硬件在回路中的实时系统测试和半实物仿真等;Control Desr 是新一代综合实验和测试软件工具,主要用于实时系统在快速原型化和半实物仿真的过程控制与可视化管理,以及模型信号的动态显示及记录、创建虚拟仪表面板、模型参数的在线调制和存储等。

3.5.3　CAD 技术及系统的应用

CAD 是随着电子技术和计算机技术的发展而逐渐发展起来的,时至今天它已具有相当强大的多方面功能,包括工程及产品的分析计算、几何造型、系统建模与仿真、图像绘制、工程数据库管理、生成设计文件,以及与智能技术和专家系统联手等。

CAD 的应用范围是十分广阔的,但应用最广泛的是:机械产品设计与制造中的三维几何造型,飞行器设计与制造中的 CAD/CAM 技术应用(包括气动特性计算、外形设计、结构有限元分析、数控加工等),以及信息数据的可视化等。导航、制导与测控系统是 CAD 技术应用最早、最多的领域之一。

利用 CAD 进行三维几何造型的方法很多,常见的有线框模型、表面模型和实体模型等。但无论哪一种几何造型,通常都将采用计算机曲面生成方法[包括孔斯曲面、参数样条曲面、弗格森曲面、贝塞尔曲面、B 样条曲面和非均匀 B 样条(NUBBS)曲面等]。其中 NUBBS 曲面可得到不同阶次组合(或融合)的曲面,因此已被广泛用于目前各种 CAD 造型软件上。利用 NUBBS 造型的矩形进气口到圆截面矩形进气口再到圆截面 S 形通道的光滑融合曲面进气道构形就是最好的例证。

在先进的飞机工业中,已广泛采用 CAD/CAM 技术开发出波音客机的外形设计程序和交互式计算机绘图系统。该系统可独立地完成飞机的 CAD 模型,并将其模型数据存储在计算机中,直接传送给制造部门,再利用 CAM 技术,实现无图纸制造过程。

CFD 技术是在计算机辅助下采用数值计算方法求解流体力学问题的重要工具。它不仅改变了气动试验和气动计算在飞行器设计中的相对对位,减少了大量昂贵的风洞试验(吹风时速减少约 80%),而且便于在飞机设计中的大量选型设计分析和优化,从而提高了设计质量,大大缩短了设计周期。

有限元法原是求解数理方程的一种数值计算方法,较早地被用于飞机结构中的应力分析。后来它与弹性理论、计算数学和计算软件相结合,迅速发展成为一种应用极广的数值计算方法——结构有限元法。目前结构有限元法已广泛应用于飞行器设计中,并被开发出国际通用的有限元程序,包括 SAP5～SAP9、SuperSAP、ADINA、ANSYS、MSC/N ASTRAN、ASKA 等。

数据可视化技术是 CAD 的重要组成部分,其基本思想是,利用计算机图形学技术来观察和显示数据,通过可视化算法实现。这些算法的步骤一般为:数据获取、数据理解、数据重建、视觉化建模、图像合成及动画处理等。视觉化建模是其最关键的部分,常见的可视化建模方法有几何空间映射法、颜色映射法、光学透射法及它们的混合方法等。数据可视化技术得到广泛应用是显而易见的。它在飞行器设计中就应用得十分普遍,如飞行器外形网格显示、计算流体力学特性显示、结构有限元计算可视化、飞行器飞行力学动态仿真、飞行模拟器显示、飞行器系统协调可视化检查、飞行器作战效能模拟显示、飞行器隐身性能计算仿真、飞行器结构和内部布置显示等,数据可视化更是现代导航、制导与测控系统必不可少的部分。

应强调指出的是,计算机辅助设计对于导航、制导与测控系统的设计、建模与仿真的作用是最为明显的。人们为此研制、开发出许多计算机辅助设计软件、建模工具和仿真可视化软件,如美国的 AutoCAD/MDT、Pro/Engineer、IDEAS Master Series、Unigraphics、Solidworks;法国的 CATIA、EUCLID 等。图 3.10 为计算机辅助建模过程的简化框图。实际上,计算机辅助建模是一个反复不断迭代的人工智能建模过程。目前,该过程已经实现计算机建模运行自动化。建模中,只需要根据建模对象选择合适的建模软件或工具,通过简单地设置或修改对象属性值函数,便可方便地获得所需要的数学模型。例如,MATLAB 的 Simulink 工具箱是计算机辅助建模与仿真的重要软件之一,它具有数学建模、模型转换和模型简化的强大功能。

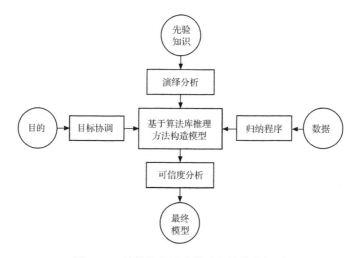

图 3.10　计算机辅助建模过程的简化框图

有关仿真可视化软件,目前更为丰富,最具代表性的有 OpenGL/Vega、MutiGen/Greator 等。

dsPACE/Targetlink 是由德国 dsPACE 公司开发的一套基于 MATLAB/

RTW 的控制系统及测试工作平台,主要由硬件系统和软件环境两大部分组成,可与 MATLAB/Simulink/RTW 完全兼容并实现无缝连接。它具有多种功能:可很好地完成控制算法设计、测试与实现,并为并行工程提供良好的开发环境。dsPACE 专长控制器快速建模和硬件在回路中的控制器测试,Targetlink 软件用于将控制器的数学模型自动转换成定点运算的 C 程序,从而大大缩短控制器开发周期。该平台已广泛用于航空、航天、汽车、电力机车、机器人等领域。

AD RTS/rtx/SIL 是美国 ADI 公司研发的实时仿真平台,为用户提供了通用、开放的实时仿真硬件平台和友好的仿真软件环境。其中,AD RTS 基于 VME 总线;rtx 基于 PCI 总线或 PCI/PXI/CPCI 混合总线;SIL 适于系统集成测试的多节点分布式实时仿真系统。该平台用于进行快速原理样机和嵌入系统的设计及仿真,以及大型系统集成测试,已在航空、航天、航海、兵器、车辆等领域获得广泛应用。

UG 是 CAD/CAM/CAE 集成软件系统,UG/Open 为 UG 的二次开发工具,可提供理想的可视化虚拟环境、参数化建模、干涉检测动态仿真等。该软件系统已广泛用于航空、航天、航海、汽车和通用机械制造等领域。

VTR 是一种可视化应用程序构造和运行的支撑环境,也是一个集计算机图形、图像处理和可视化处理于一体的软件系统,不仅具有强大的三维图形功能(上百种图形/图像算法),而且可采用面向对象技术开发,跨平台使用,已广泛应用于产品设计、军事作战等领域,且随着 Web 和 Internet 技术的发展,将会有更好的发展及应用前景。

3.6　虚拟样机与虚拟设计技术及应用

3.6.1　引言

虚拟样机(virtual protyping,VP)技术是指产品设计开发过程中,将分散零部件的计算机辅助设计和分析技术(即 CAD 和 FEA 技术)相结合,在计算机上建造出产品的整体模型,并针对该产品投入使用后的各种工况进行仿真分析,预测产品整体性能,进而改进产品设计,提高产品性能的一种新技术。应用这种技术,工程技术人员可直接通过 CAD 系统所提供的产品零部件物理信息和几何信息,在计算机上定义零部件间的连接关系对其系统进行虚拟装配,从而获得虚拟样机,并据此为基础使用系统的仿真软件在各种虚拟环境中真实地模拟系统及其组成部件的运动、受力情况等,以便在计算机上快速、方便地修改设计缺陷,直至获得最优设计方案后,再做物理样机。通常,虚拟样机技术贯穿产品或系统的整个过程,设计师可以把自己的经验和想象结合在计算机内的虚拟样机里,从而充分发挥工程技术人员的智慧,提高设计质量和效率,大幅度地缩短产品开发周期。因此,虚拟样机技术的出现和应用,同样是设计领域的一场革命,美国能够成功实现火星探测器在火星上软着陆,就是因为采用这项新技术的结果。

　　虚拟设计以虚拟现实(virtual reality,VR)理论为基础,是计算机图形学、人工智能、计算机网络、信息处理、机械设计与制造等技术综合发展的产物。其应用十分广泛,包括虚拟布局、虚拟实验、虚拟装配、产品原型快速生成、虚拟制造等。分布式虚拟设计从根本上改变了人们的传统设计方式,提供了不同地方的设计人员沉浸在同一虚拟环境下的实时同步的协同工作,大大提高了复杂系统的设计质量和效率。

3.6.2　虚拟样机技术的关键技术

　　虚拟样机是一种基于仿真设计,包括几何外形、传动和连接关系、物理特性和动力学特性的建模与仿真,是由分布的、不同工具开发的,甚至异构的子模型组成的模型联合体,也是不同领域 CAX/DFX 模型、仿真模型与 VR/可视化模型的有效集成。

　　虚拟样机的关键技术包括:系统总体技术、支撑环境技术、虚拟现实技术、多领域协同仿真技术、一体化建模和信息/过程管理技术等。实现虚拟样机的核心技术是如何对上述模型进行一致、有效地描述、组织、管理和协同运行。

　　目前,支持虚拟样机的软件有 ADAMS、Plug&Sim、Statemate、OVF 和 DA-KOTA。

　　美国波音 777 飞机采用虚拟样机技术获得了无图纸设计和生产的成功,是建模与仿真应用的重大突破,它在一定程度上改变了传统习惯,使设计与制造技术发生了质的飞跃,被看成是未来产品设计的发展趋势。

　　目前,虚拟样机技术已获得越来越广泛的应用,特别是在航空、航天、航海、兵器、汽车、机械制造等领域中。军事领域中的武器装备样机系统是典型的大型虚拟样机系统,其模型由作战模型、实体模型、环境模型和评估模型等四类模型组成。

　　虚拟样机是一项综合性高新技术,需要多学科的技术支撑。其核心部分是:多体系统运动学与动力学建模理论及其技术实现;数值算法及时提供了求解这种问题的有效快速算法;计算机可视化技术及动画技术为其提供了友好的用户界面;CAD/FEA 和软件工程等技术为虚拟样机技术应用创造了理想的开发环境。

3.6.3　虚拟样机技术的工程应用

　　虚拟样机技术是设计与制造领域的重大革新,在一定程度上改变了人们的传统观念和习惯,虚拟样机可实现用几十万甚至成百万零部件高性能飞机的设计与制造而不用图纸,这在过去是不可想象的。

　　虚拟样机技术在工程中的应用是通过商品化的虚拟样机软件实现的。目前世界上的商品化虚拟样机软件已有数十种,但较有影响的产品有美国的 ADAMS、比利时的 DADS 及德国的 SIMPACK,其中以 ADAMS 的国际市场占有率最高(约达 50%)。

ADAMS 是目前世界上应用最广泛、最具权威性的机械系统动力学分析和设计与制造软件,用以建造和测试虚拟样机,实现在计算机上分析复杂机械系统的动力学与运动学性能,为柔性制造提供工程工具。表 3.1 给出了该软件在多个领域内的部分应用。下面是基于 ADAMS 的运载火箭减振系统建模与仿真,以及高级轿车防抱制动系统(ABS)的建模与仿真实例。

表 3.1　ADAMS 软件的部分工程应用

工程领域	应用	工程领域	应用
航空航天	发射系统动力学研究,制导系统设计与研究,弹道和姿态动力学,模拟零重量和微重量环境	工业机械	涡轮机和发动机设计,传送带和电梯仿真,卷扬机和起重机设计,机器人仿真,包装机械工作过程模拟,压缩机设计,洗衣机振动模拟,动力传动装置模拟
汽车工程	悬架设计,汽车动力学仿真,发动机仿真,动力传动系统仿真,噪声、振动和冲击特性预测,操纵舒适性和乘坐舒适性,控制系统设计,驾驶员行为仿真,轮胎道路相互作用仿真	工程机械	履带式或轮式车辆动力学分析,车辆稳定性分析,重型工程机械的动态性能预测,工程效率预测,振动载荷谱分析,部件和发动机载荷预测,部件和发动机尺寸确定,耐久性研究,挖掘功率预测,研究萤石碰撞效应
铁路车辆及装备	悬挂系统设计,磨耗预测,轨道载荷预测,货物加固效果仿真,物料运输设备设计,事故再现,车辆稳定性分析,临界车速预测,乘员舒适性研究		

【例 3.1】　基于 ADAMS 的运载火箭减振系统 M&S。

(1) 概述。采用减振方式减小运载火箭在发射状态对空间飞行器(如卫星、飞船等)产生的过载是一种较理想的技术途径。为了研究减振方法的有效性和进行减振系统参数优化设计,可采用 ADAMS 建立该系统的三维实体模型,并在此基础上进行仿真与优化以大大简化减振系统的设计与分析过程。

(2) 方法、工具及流程。采用虚拟样机技术通过 ADAMS 建立减振系统三维实体模型,以 ADAMS/Vibration 进行线性振动分析,然后借助 ADAMS/Post Processor 进一步做出因果分析与设计目标设置分析。其整个流程为:①数据输入;②数据检查;③机构装配及过约束的消除;④运动方程的自动形成;⑤积分迭代运算过程;⑥出错检查和信息输出;⑦结果输出。

(3) 系统 M&S。系统主要包括卫星、适配器和运载火箭,通过在适配器和卫星之间加装一层振动隔离材料,以减小振动对卫星的影响。利用 ADAMS 建立的系统三维实体模型如图 3.11 所示。在此模型下,对系统输入 x 方向正弦扫频信号(频率 1~1000Hz)来模拟运载火箭发射状态下的振动输入,于是可得到卫星的输入-输出仿真结果。结果分析表明,当系统输入大于 6Hz 时该减振系统可以有效地削弱发射状态下振动对卫星的影响。

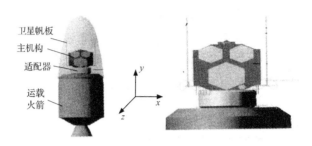

卫星帆板
主机构
适配器
运载火箭

图 3.11　减振系统三维实体模型

（4）参数优化。为进一步提高系统减振效果,参数优化是必要的。即需要通过调整设计变量值,使模型的特定方面性能最大或最小化。这里,优化变量为减振系统的阻尼比 ξ;决定特定方面性能的目标函数为

$$\min F_0(x) = \sqrt{\alpha_1 \sigma_x^2 + \alpha_2 \sigma_y^2 + \alpha_3 \sigma_z^2}$$

式中：σ_x、σ_y、σ_z 分别为卫星 x、y、z 方向的响应;α_1、α_2、α_3 分别为 σ_1、σ_2、σ_3 的系数。在 ADAMS 环境下,可选取遗传优化算法。优化结果表明,当系统阻尼比 ξ 取 0.05 时,系统在 5Hz 以上的减振效果十分明显;当 ξ 取 0.15 时,低频时的峰值相应最小,但高频的减振效果最差。可见,在实际工程中应参照 ADAMS 仿真结果去比较合适的阻尼比 ξ。

（5）结论。利用 ADAMS 软件建立振动系统三维实体模型和通过 ADAMS/Vibration 工具进行优化仿真达到了研究效果。结果表明,采用添加振动隔离措施的方式来减小运载火箭发射状态下的振动响应,进而减小卫星的设计刚度与强度是完全可行的;同时证明,ADAMS 软件具有速度快、分析方便、便于实施和结果准确等特点,是一种理想的分析、设计与仿真软件。

【例 3.2】　高级轿车防抱制动系统（ABS）的 M&S。

（1）问题提出。为了减少车辆控制系统的开发周期和费用,需要在设计阶段采用 M&S 手段来验证控制算法对车辆性能的影响。为此,提出一种通过建立 ADAMS 和 Simulink 联合仿真模型,在各种工况下对 ABS 的逻辑门限控制方法进行验证。

（2）方法与工具。利用基于 ADAMS 和 Simulink 联合仿真方法对 ABS 控制

算法进行验证。即在 ADAMS 中建立车辆模型,在 MATLAB/Simulink 中建立逻辑门限值方法的 ABS 控制模型,将两者通过控制接口集成起来进行联合仿真,以验证各种工况下的 ABS 控制算法。

　　(3) 构造 ADAMS 样机模型。在 ADAMS/CAR 中对某轿车进行建模。整车模型包括八个主要部分,如图 3.12 所示。

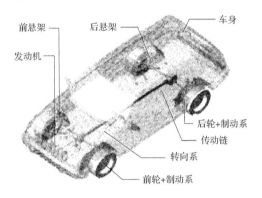

图 3.12　利用 ADAMS 构造的某轿车样机模型

　　(4) 控制系统设计。选用 MATLAB/Simulink 来完成控制系统设计。为了同实车匹配保持一致和完成逻辑门限值方法中的较多状态转换,需要拟制逻辑门限值方法的 ABS 控制策略,并采用有限状态机工具 Stateflow。

　　(5) ADAMS 与 Simulink 联合仿真。联合仿真前,需要在 ADAMS 中设置模型的输入和输出;车辆模型与控制器之间的输入-输出关系如图 3.13 所示;AD-AMS 与 MATLAB 之间通过 ADAMS/Control 实现数据交互,从而进行联合仿真。

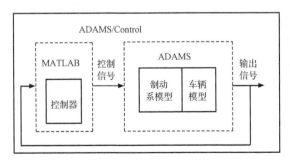

图 3.13　车辆模型和控制器的输入/输出信号

　　应强调指出的是,联合仿真中必须使 Simulink 和 ADAMS 的输出步长一致,这里同时设为 1ms。同时需任意改变车辆的各部分参数、控制器各参数及各种路面条件,以便涵盖 ABS 的所有工况。

　　(6) 仿真结果及结论。仿真结果表明:①车轮转动惯量对轮加速度的变化影响非常明显;②采用门限值降低策略能大大提高控制效果,不会使车轮抱死;③在不平度较大的路面上,轮速波动大,车身速度下降慢,使制动距离增大;④仿真与实车试验的结果基本相同,利用该方法建立的整车模型和控制模型是准确的,能够可信地用于模拟真实系统。

　　除此之外,在导航、制导与测控系统设计中,采用 ADAMS 与 MATLAB/Simulink 联合应用也是最有效的技术手段之一。

3.6.4　虚拟设计技术及工程应用

　　1. 虚拟现实技术及系统

　　虚拟现实(VR)是一种模拟人类视觉、听觉、嗅觉、触觉、力觉等感知行为的高度逼真的人机交互技术,是 20 世纪末兴起的一门崭新的综合性信息技术。它集数字图像处理、计算机图形学、多媒体技术、人-机接口技术、传感器技术、人工智能、网络技术及并行技术等为一体,以三维空间表现能力给人们带来了身临其境的感觉和超越现实的虚拟性追求,极大地推动了计算机技术的发展,并使系统 M&S 环境发生了质的飞跃。

　　虚拟现实理论和技术已在军事、航空、航天、航海、教育、医疗、商业设计、制造、艺术、娱乐、考古等诸多领域获得了广泛应用,并带来巨大的社会、经济、军事效益。许多权威专家认为:20 世纪 80 年代是个人计算机的时代,90 年代是网络、多媒体的时代,而 21 世纪初是 VR 技术年代,VR 是潜力巨大、前景诱人和放大智慧的新工具。

　　利用 VR 技术实现具有特定应用(如虚拟战场、虚拟试飞、虚拟制造等)的计算机系统称为 VR 系统。

　　VR 系统通常由许多系统模块构成,主要模块包括:虚拟环境、计算机环境、虚拟现实技术和交互作用方式。虚拟环境包括建模、动态特征引入、物理约束、光照及碰撞检测等;计算机环境包括图像处理器、I/O 通道、虚拟环境数据库及实时操作系统等;虚拟现实技术包括头部跟踪、图像显示、声音、触觉和手部跟踪等;交互作用方式包括手势、三维界面和多方式参与系统等。图 3.14 给出了一般虚拟现实系统的构成。

　　VR 系统通常可分为两类,即封闭式 VR 系统和开放式 VR 系统。封闭式 VR 系统(见图 3.15)的任何操作都不与现实世界产生直接交互作用,而开放时则可以通过传感器与现实世界构成反馈闭环,从而达到利用虚拟环境对现实世界进行直接操作或遥控操作的目的。

　　2. 虚拟设计及应用

　　实物虚化、虚物实化和高效的计算机信息处理是 VR 技术的三个主要方面。实

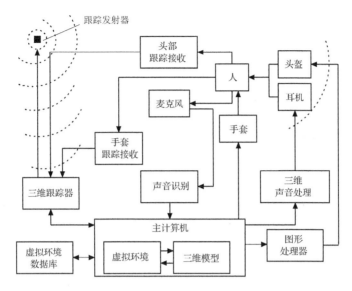

图 3.14　一般虚拟现实系统的构成

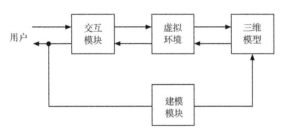

图 3.15　封闭式 VR 系统

物虚化是将现实世界的多维信息映射到计算机的数字空间生成相应的虚拟世界,主要包括:基本模型构建、空间跟踪、声音定位、视觉跟踪和视点感应等关键技术。

　　虚物实化是使计算机生成的虚拟世界中的事物所产生的对人的感官的多种刺激尽可能逼真地反馈给用户,从而使人产生沉浸感。虚物实化的关键技术是上述 VR 硬件设备和软件系统在虚拟环境中获得视觉、听觉、嗅觉、触觉和力觉等感官认知。

　　高效计算机信息处理是实现虚拟现实的核心技术,包括信息获取、传输、识别、转换的理论、方法、交互工具和开发环境,具体地讲有服务于实物虚化和虚物实化的数据转换技术,实时、逼真图形/图像生成技术,声音合成与空间化技术,数据管理技术,模式识别、人工智能技术,分布式和并行计算技术和高速、大规模远程网络技术等。

　　总之,虚拟现实技术是一种"面向应用的技术",其应用范围极为广泛,包括虚拟试飞、虚拟战场、虚拟样机、虚拟制造、虚拟设计等。其中,虚拟设计是人们最为关注的应用之一。

虚拟设计是充分利用 VR 技术的多感知和沉浸感两个主要特征,构造当前不存在的环境甚至人类不可能达到的环境和耗费巨大的环境,从而提升设计水平的一种全新设计理念,也是在计算机上实现产品设计、开发与加工的数字化过程。与传统设计相比较,它具有高度集成、快速形成和分布合作(协同)等突出特征。

虚拟设计主要包括两个关键技术部分,即建模技术和硬件支撑技术。建模技术包括:CAD 和 CAM 系统的几何建模;基于图像的虚拟环境建模;图像及几何相结合的建模;基于特征的建模;基于特征的参数化建模等。截至目前,这些建模技术已都有相应的建模软件平台。视觉系统的分布式显示技术是虚拟设计的主要硬件支撑技术,它以多台高分辨率、高带宽的投影机或显示设备为基础,提供高质量三维影像,各显示通道之间可根据不同需要以不同方式进行组合,构成各种不同类型的虚拟环境。

虚拟设计的工程应用实例很多,其中最普遍的是飞机设计、汽车设计、风洞设计、电机设计及虚拟战场环境设计等,如虚拟战场环境设计就有很大的军事价值。虚拟战场(virtual battle spaces),即利用 VR 技术生成虚拟作战自然环境、人工干扰环境和战争态势,并在保持其一致性的基础上,通过计算机网络将分布在不同地域的虚拟武器仿真平台连入这些环境中,进行战略、战役、战术演练的仿真应用环境。典型的虚拟战场系统主要由核心子系统、辅助支撑环境、管理与维护环境构成,如图 3.16 所示。

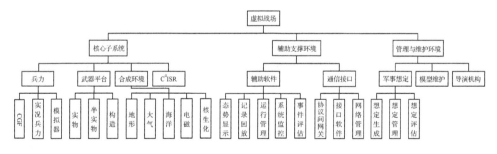

图 3.16　虚拟战场系统的组成

虚拟战场作为一种新的建模与仿真技术手段,目前已广泛应用于武器装备发展、军事作战研究和模拟训练的各个层面(见图 3.17)。典型的虚拟战场有美国的 JMASS、JSIMS、JWARS 、SIMNET、NPSNET、STOW、DVENET 等。其中,JMASS、JSIMS、JWARS 是美国国防部正在实施的三个基于国防信息基本设施(DII)。

最后应指出的是,在虚拟设计中虚拟环境是至关重要的,它通常由硬件、软件和用户界面三部分组成,其软件环境尤其关键。虚拟环境中采用的软件一般有以

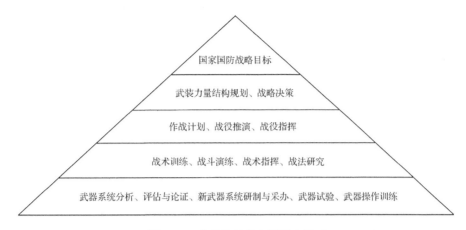

图 3.17 虚拟战场的应用研究层面

下四类:

(1) 语言类。如 C++、OpenGL、VRML 等。

(2) 建模类。如 AutoCAD、Solidworks、Pro/Engineer、I-DEAS、CATTA 等。

(3) 应用类。按需求选择或开发。

(4) 通用软件包。如 WTK、OpenGL、Java3D、VRML 等。

应强调指出的是,VRML 软件对于虚拟设计具有特殊的作用。VRML(Virtual Reality Markup Language)为虚拟造型语言,又称虚拟现实建模语言,是一种可以发布 3D 网页的跨平台语言,可以提供一种更自然的体验方式,包括交互性、动态效果、连续性以及用户的参与探索,是目前两类分布式虚拟现实网络平台的支撑软件之一,被广泛用于虚拟仿真和远程虚拟购物等领域。

3.7 并行工程设计技术及应用

3.7.1 引言

并行工程设计技术同前述多学科优化技术有着极为密切的关系,是 MDO 的重要组成部分。并行工程(CE)又称同步工程(SE)、生命周期工程(LCE)或并行产品与过程设计(CPPD)等。所谓并行工程就是集成地、并行地设计产品及其相关的各种过程(包括制造过程与支持过程)的系统化方法。这种设计的系统化方法要求设计一开始就考虑产品全生命周期中从方案形成到产品报废处理的所有因素,包括质量、成本、进度、计划和用户要求等。

并行工程是通过设计与制造活动的集成以及实际中的尽可能并行来达到缩短产品开发周期,提高产品质量,降低成本的目的。它强调设计过程的并行作业和协同工作。为适用现代战争和市场竞争的需要,国内外军工产品在研制优化设计中广泛采用了这项高新技术。

3.7.2　并行工程设计的关键技术

并行工程是一种针对设计的系统化方法,它综合利用了许多技术和方法,其关键技术如下。

1) 建模技术

并行工程设计首先必须建立一个能够表达和处理有关产品生命周期各阶段所有信息的统一产品模型。这种模型可以是多种形式的,如清华大学彭毅、吴祚宝等提出的 CEPOP 的集成多视图模型;熊光楞等提出的产品开发过程关系模型;上海交大虞晓林、张申生提出的产品装配模型等。国际标准化组织(ISO)提出的产品数据模型 STEP 及产品数据交换规范 PDES 是并行工程设计建模的重要工具,也是实现自动化制造系统产品开发与过程设计集成的基础。

2) 面向产品生命周期设计 DFX 技术

DFX 是并行工程中最重要的核心技术,全名为 Design For X。X 是指产品生命周期或其中某一环节,如装配、加工、使用、维修、回收、报废等,同时包括产品竞争力因素:时间、成本、质量等。其中最受重视的是 DFM 和 DFA。

DFM 为面向制造的设计,指的是要在设计过程中考虑设计出来的产品应具有良好的可制造性;DFA 为面向装配的设计,是一种针对装配环节的统筹兼顾的设计思想和方法,也是在产品设计过程中采用的各种技术手段,如分析、评价、规划、仿真等应充分考虑产品装配环节影响的技术。

3) 决策支持技术

实施并行工程除有正确概念和科学方法外,还需要有效工具的支持。对此,全局决策管理模型起着十分关键的作用。该模型一般包括三大部分:①用户需求定义与保证;②产品开发过程协调管理与控制;③群组协同工作支持技术。在飞航导弹研制中实施并行工程的群组协同工作体系结构如图 3.18 所示。

4) 自适应并行设计技术

任何一个动态系统,通常都具有不同程度的不确定性,并行工程设计系统也不例外,如在设计过程中存在由于迭代与反复现象造成设计任务总量和设计过程的不确定性,设计人员数量和组成的可能变化也会引起群组协同工作的不确定性。因此,这就需要有一种适合并行设计过程动态不确定性的新的设计方法。众所周知,自适应控制是解决此类问题最有效的工程技术手段之一,于是一种全新的并行工程设计思想方法——自适应并行设计(SACO)便应运而生了。从技术实现上,通常有模型参考自适应并行设计和自校正并行设计,其原理分别如图 3.19(a)、(b)所示。图 3.20 还给出了一种可操作的自校正并行工程设计方案。

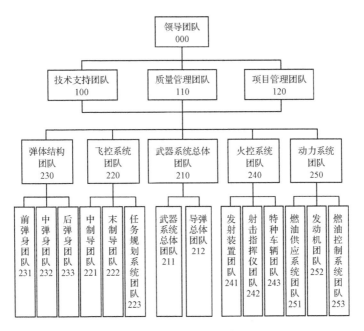

图 3.18　飞航导弹并行工程的群组协同工作体系结构

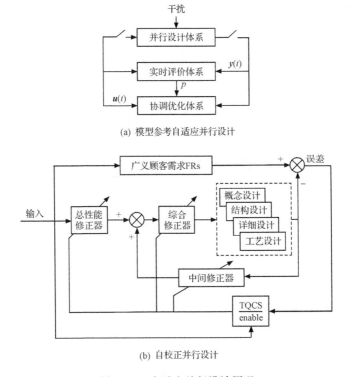

(a) 模型参考自适应并行设计

(b) 自校正并行设计

图 3.19　自适应并行设计原理

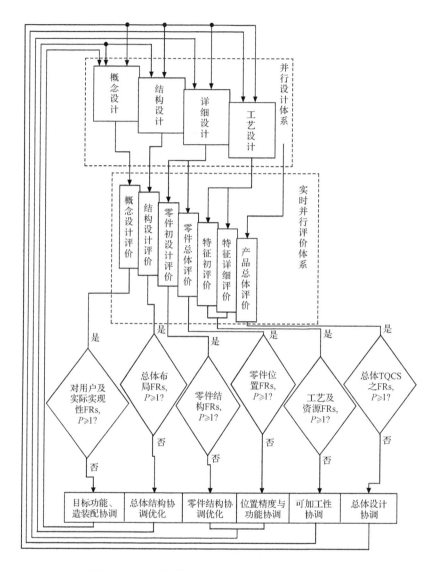

图 3.20　产品设计过程的自校正并行设计结构图

3.7.3　并行工程设计技术应用实例

在国际化竞争中,迫切需要采用最新的技术手段以提高产品质量、降低成本和缩短开发周期,并行工程设计就是其中重要的一种技术手段。并行工程设计技术主要用于飞机、火箭、导弹等的设计中,因为它们都是多学科、综合性、高技术的大型复杂工程系统。下面以导弹仪器舱设计实例作简要说明。

　　导弹仪器舱是导弹结构中的一个重要部段,不仅把弹头和发动机连成一个整体,而且装载着制导控制系统和其他重要仪器设备。根据其很高的设计要求宜采用自适应并行设计方法与技术。整个设计包括如下主要部分:舱体材料及制造工艺的选取;舱体壁厚的静强度设计;口盖及口框设计;部件支架与肋条设计。

　　并行工程设计中,需要在基本结构设计中和完成后,进行舱体结构性能分析,以便对所设计的结构做出综合评价和修改完善,其重点为舱体结构固有特效(如固有频率、主振型等)。采用传递矩阵法和有限元法分析所建立模型,进行舱体强度、刚度分析,分析中应用了 I-Deas 软件。通过上述分析,可初步做出结构设计是否合理、各项指标是否都满足设计要求的重要结论。当然,设计中通过自适应并行设计方法与技术也同时考虑了零部件的可制造性、可装配性、可检测性等各方面的要求,从而使设计结果更趋合理、更具有工程实用价值。

第4章 目标探测、识别与隐身技术

4.1 概　　述

为了保证精确导航、制导与测控,首先必须通过惯性感知和各种物理探测手段为整个导航、制导与测控系统提供足够准确、可靠的载体和目标的位置、速度、姿态及它们之间的相对距离等重要信息。这些信息的获取取决于采用的导航、制导方式,并由相应的惯性敏感和探测技术设备(装置)来确定。以导弹为例,例如采用遥控指令制导时,一般由雷达制导系统来确定弹-目相对位置、速度和姿态信息,通过无线电下行传输至地面(或机上、舰上)导引系统,形成制导控制指令,再上行至弹上,利用弹上自动驾驶仪控制,实现导弹武器命中目标的飞行运动。又如,采用寻的制导时,通常由导引头来确定弹-目相对位置、速度和姿态信息。导引头是导弹最主要的敏感探测部件,按照其接收或反射的物理特征能量不同而不同,有雷达的、红外的、紫外的、激光的、电视的及其相互复合的;按照能源所在位置各异,还可分为主动的、半主动的或被动的。再如,采用惯性制导时,则利用弹上惯性测量设备(机械惯性导航平台或捷联惯性导航系统)来测量导弹武器相对惯性空间的位置、速度及姿态等;当采用卫星导航定位系统制导时,通常由 GPS、GLONASS、GNSS 或北斗系统定位;若采用地形匹配或景象匹配制导时,一般通过遥测遥感或航空摄影等手段,预先获取导弹将要沿途飞掠地域的地形、地貌情报信息,并将其数字化后存入弹载计算机,再在匹配相关计算的基础上自动给出实际弹道与预定弹道的偏差,形成控制指令,不断调整弹体运动姿态,将导弹准确地引向被攻击目标。

除此之外,目标识别也是至关重要的。这是因为大多数目标往往被混杂在背景之中,要想从杂乱背景下提取和确认目标,必须根据目标特征(或特性)选择合适的辨识准则,并通过一定的识别技术和设备才能完成。另外,这种识别又常常受到系统分辨率、灵敏度等条件的限制,因此,目标识别既重要又困难。

隐身技术实际上是一种反探测技术,是伴随探测技术的发展而发展的。近年来,各种探测技术尤其是电子探测和导弹技术的发展对军用飞行器构成了十分严重的威胁,为使军用飞行器在信息化战争环境中具有良好的生存力和作战能力,隐身技术已成为现代军用飞行器和其他大型武器装备(如舰艇、潜艇等)的关键支撑技术。

本章将在综述 Johnson 判则和目标传递概率函数的基础上,重点研究各类目标探测方法、技术及设备,并在论述目标识别和确认技术的基础上,深入讨论自动目标识别技术和隐身技术及其应用。

4.2　目标探测、识别和确认基础

4.2.1　概念及术语

从概念上讲,目标获取过程包括搜索过程与辨别过程。

搜索过程或称搜寻是指通过人体视觉或者利用器件显示发现含有潜在的目标的景物(背景),以定位捕获目标的过程。

目标捕获或称截获是将位置不确定的目标图像定位,并按照所期望的水平辨别它的整个过程;定位乃是通过搜寻过程确定出目标的位置。

所谓目标是指一个待辨别和定位的物体。背景是指反射目标的任意辐射分布,背景随应用而变化。辨别中一个很重要的问题是获得正确的目标特性,而目标特征是把目标从背景中区分出来的空间、光谱和强度的形貌。目标特性往往是很复杂的,这是因为一个目标在各种运作和环境条件下可以有许多不同的特征。

辨别过程是指目标在被观察者所察觉的细节量的基础上确定看得清楚的程度。其程度的高低可通过探测、识别、确认划分出不同等级。探测是辨别的最低等级,通常被分为纯探测和辨别探测两种;前者是在局部均匀的背景下观察一个物体(目标);后者则是将目标从背景中的杂乱物体中区分出来。识别是比探测高而比确认低的辨别中间等级,可辨别出目标属哪一类(如人、车辆、飞行器等);确认则是辨别的最高等级,能够认出目标,并能够清晰地确定其具体类型(如装甲车辆、巡航导弹、轰炸机、核潜艇等)。

4.2.2　Johnson 判则

Johnson 提出的辨别方法或判则(见表 4.1)是目前目标识别与确认的重要基础,它可提供确定出目标最小尺寸上的周数,代表了二维图像的一维观察。

表 4.1　Johnson 判则(一维目标)

辨别	含义	最小尺寸上的周数
探测	存在一个目标,把目标从背景中区别出来	1.0 ± 0.025
取向	目标是近似的对称或不对称,其取向可以认得出来(侧面或正面)	1.4 ± 0.35
识别	识别出目标属于哪一类别(如坦克、车辆、人)	4.0 ± 0.8
确认	认出目标,并能足够清晰地确认其类型(如 T52 坦克、友方的吉普车)	6.4 ± 1.5

在目标识别中,目标面积较之最小尺寸更为重要。考虑目标面积时,一般还可

按一维处理。不过,这时将采用基于最小尺寸概念下的临界尺寸,即 $h_{临界} = \sqrt{W_目 H_目}$(这里 W 为长度;H 为宽度)。例如,在二维前视红外(FLIRG)模型中就应用了临界尺寸,具体做法是在表 4.1 判则中乘以 0.75。这样,一维和二维模型可判定同样的距离。但是,为了获得更高的分辨率,可采用二维辨别方法。这种方法常用于自动目标识别和机器视觉系统中。对于大纵横比的目标,辨别中通常选择目标的可分辨单元数。所谓可分辨单元数是指一个成像系统能分辨的最小单元,即目标的可分辨的水平数乘以垂直数。

4.2.3　目标传递概率函数

目标传递概率函数(TTPF),即辨别的累积概率。实验表明,可用于对所有的目标识别任务,且只需要在完成此任务的 50% 概率上乘以 TTPF 因子(见表 4.2)。

表 4.2　目标传递概率函数

辨识概率	1.0	0.95	0.8	0.5	0.3	0.1	0.02	0
TTPF 因子	3.0	2.0	1.5	1.0	0.75	0.5	0.25	0

通常,每一个 50% 的识别概率被称为 N_{50}。对于探测、识别和确认而言,它相应为 1,4,8。例如,由表 4.2 可知,95% 识别的概率是 $2N_{50} = 2(4) = 8$ 周/目标最小尺寸。这里,识别概率的经验公式为

$$P(N) = \frac{\left(\dfrac{N}{N_{50}}\right)^{E}}{1 + \left(\dfrac{N}{N_{50}}\right)^{E}} \tag{4.1}$$

其中

$$E = 2.7 + 0.7\frac{N}{N_{50}} \tag{4.2}$$

依据式(4.1)、式(4.2)和表 4.2 的数据还可以作出 TTPF 曲线,即由 Johnson 确定的辨别三个等级的 TTPF 曲线(包括探测、识别和确认曲线),如图 4.1 所示。

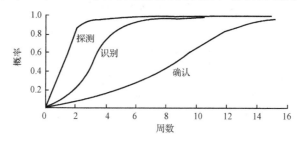

图 4.1　探测、识别、确认的目标传递概率函数曲线

4.2.4　目标纯探测与辨别预测

如上所述,纯探测是在局部均匀背景情况下察觉一个物体(目标)。它是目标捕获的基本机制。研究表明,在一个特定的目标距离上,对于光电纯探测的概率 P_D 可按如下方法计算:

(1) 计算目标面积和在距离 R 处目标投影的张角;按经验取目标固有温差 ΔT,利用大气透射率计算在距离 R 处的目标固有温差 $\Delta T_{固有}$,利用大气投射率计算在距离 R 处的目标表观温差 $\Delta T_{表观}$(由于大气信号衰减是距离的函数)。

(2) 计算最小可探测温差(MDTD),并利用上述张角和 MDTD,确定探测目标所需的阈值 $\Delta T_{阈值}$。

(3) 计算观察者所见到的目标信噪比 SNR 为

$$\mathrm{SNR} = \frac{\Delta T_{表观}}{\Delta T_{阈值}}\mathrm{SNR}_{阈值} \tag{4.3}$$

(4) 通过实验建立 SNR_D 与 P_D 之间的经验关系曲线,并以此确定 P_D。

同样,辨识预测也可以通过下列方法进行计算:

(1) 确定目标的临界尺寸、距离和 $\Delta T_{固有}$,计算 $\Delta T_{表观}$。

(2) 计算或测量最小可分辨温差(MRTD),并由 $\Delta T_{表观}$ 和 MRTD 确定出传感器的最大可分辨频率 f_x(周数)。

(3) 利用式(4.4)计算在目标上最大可分辨的周数

$$N = f_x \frac{H_{目标}}{R} \tag{4.4}$$

式中: $H_{目标}/R$ 为目标的临界尺寸的张角。

(4) 由 TTPF 曲线确定辨别的预测概率,即识别概率。

4.2.5　距离探测及判定

距离探测与判定距离是目标辨别的重要内容之一。它取决于多种因素,如视场、大气投射率、光学透射率、光学参数、目标尺寸、目标强度和视线稳定度等。距离通常可表示成这些因素的函数,同时改进距离性能需要在系统灵敏度和分辨率之间进行折中。

Johnson 判则提供了在 MRTD 图上目标对应角与空间频率比例尺之间的关系,即由 MRTD 曲线,其横坐标可通过目标辨别值被转换为距离的比例尺。这时跨越目标的周数 N 为

$$N = \frac{h}{R}f \tag{4.5}$$

式中: h 为临界尺寸。对一维辨别 h 取最小尺寸;而对于二维辨别 $h = h_c = (HW)^{1/2}$。h/R 为在距离 R 处的目标张角。R 为系统离目标的距离,即光程。f 为临

界频率。对于一维辨别 $f = f_x$；对于二维辨识 $f = f_{2D}$。

通常，按照 MRTD 曲线和 $\Delta T_{表观}$ 曲线的交点便可按辨别等级认出目标的距离。这里，

$$\Delta T_{表观} \approx \tau R \Delta T \qquad (4.6)$$

式中：τ 为光谱大气透射率。

前述目标传递概率函数（TTPF）是可用来判定距离性能的概率。若距离已选定，$\Delta T_{表观}$ 已计算得到，则此值与 MRTD 曲线的相交处应是临界频率。该临界频率乘以对应角便是覆盖目标的周数 N。在 TTPF 图上，对于某一特定距离，由距离-概率曲线可求得此距离的概率。这样选择另一个新距离，如此重复上述过程，便可确定出整个概率的距离。

4.3　目标探测方法、技术及设备

4.3.1　引言

目标探测可分为主动探测和被动探测两大类。主动探测是利用载体自带的辐射源（如雷达、激光探测器、红外探测器等），产生（或增强）目标与背景的特征差异，从而提高目标的探测性。被动探测不需要配备辐射源，而是利用物体的自然特性进行探测，如可见光电视探测、被动热红外成像探测、被动声纳探测等。目前，目标探测已有多种方法与技术，并产生了实现这些方法与技术的许多相应设备或系统。

另外，对于不同类型的目标，应采用不同的探测设备识别算法及技术，如采用热像仪探测目标时，识别算法最关键的是目标特征提取，包括目标的物理特性、运动特征和图像序列特征等。为此，可采用相关法、矩阵不变法或投影法。在自动目标识别（ATR）技术方面，目前，国内外主要采用统计模式识别、基于知识的自动目标识别、基于模型的自动目标识别、基于多传感器信息融合的自动目标识别和基于人工神经网络与专家系统混合的自动目标识别等技术。又如采用激光目标探测时，其目标识别和无线电雷达一样，属于主动目标识别。通常是通过发射激光光束照射未知目标，借助检测目标回波信号的强度、频率变化量、相位移动值、偏振态改变情况、目标反射光谱与吸收光谱的特征或外形图像来判别目标的种类和属性。如果目标的特征属性具有唯一性，则可通过与数据库中的数据相对照来鉴别该目标。为了避免伪目标欺骗，目前一般采用多重特征、多种传感器进行数据融合处理的综合目标识别模式。例如，可采用成像激光雷达与红外成像仪、电视摄像机组成多传感器数据融合识别系统来提高 ATR 的准确性。这时，为了提高图像识别能

力,可采用三种融合级别:①像素级融合;②特征级融合;③分类或报告级融合。目标判别算法也有很多,代表性的有 Maximal Clique 算法、Alignment 算法、Relaxation Labeling 算法、归一化 Hough 变换算法和 Indexing 算法等。

4.3.2　微光夜视探测

由于人类的大部分自然信息是凭视觉和听音感测得到的,而人眼天生只能在有限的光谱($0.38\sim0.76\mu m$)、有限的照度($10\sim10^3$Lx)和有限的时间($0.1\sim0.2$s)范围内响应,因此,为了认识自然和改造自然,借助光学和光电仪器设备克服视力障碍是非常重要的。其中,微光技术就是由此产生的。所谓微光技术就是对夜间或黑暗处微弱光的探测与成像技术。利用这一高新技术研制的各种微光器件、仪器和系统已被广泛用于航空、航天、天文、航海、生物、医学、核物理、卫星监测、高速摄影、公路运输等各个领域,特别是在军事领域中的夜间作战、侦察、指挥、炮瞄、制导、预警、光电对抗等方面发挥了巨大作用。微光夜视技术同样也是目标探测的关键技术之一,在导航、制导与探测技术(系统)中有着极其重要的作用。

微光夜视技术研究始于 20 世纪 30 年代,至今已经历了四代,其器件和系统的灵光已达 $3000\mu A/Im$ 以上,分辨率大于 90IP/mm。

微光像增强器或助视器是主要的微光夜视器件和设备,包括微光夜视仪、微光电视、热成像仪、激光成像雷达和主动红外夜视仪等。微光像增强器一般由光阴极面、电子透镜和荧光屏三部分组成。除此之外,还包括光纤面板、微通道板、高压电源等关键部件。光阴极面将输入的光学像转换成光电子像;电子透镜将光电子像加速并成像在荧光屏上;荧光屏将光电子像转换成光学像。电子透镜是微光像增强器的核心部分,实质上是一个微光成像电子光学系统。它通过电子加速等方法增强光电子能量,使荧光屏输出的光学像亮度大大增强,从而起到助视作用。该系统常采用优化设计方法,利用数值计算方法求解具有约束的多变量、多目标函数。目前,我国在此方面已取得突破,可达到满足预定设计要求的良好效果。

微光夜视系统主要有微光直视系统和微光电视系统,系统功能和性能的优劣主要取决于所应用的像增强器、光学和电子系统的设计与实现。典型的微光直视系统和微光电视系统分别如图 4.2(a)、(b)所示。

值得指出的是,微光夜视仪在军事上有着广泛的应用,是当前一些发达国家军事装备的主要夜视器材。图 4.3 给出用于空军的伞兵微光夜视仪结构示意图。

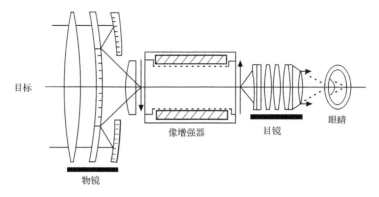

(a) 微光直视系统

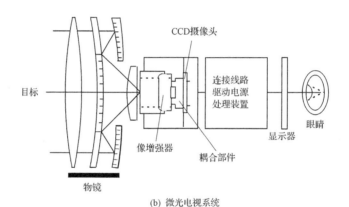

(b) 微光电视系统

图 4.2　典型微光夜视系统示意图

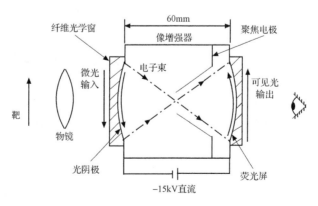

图 4.3　伞兵微光夜视仪结构示意图

4.3.3　红外探测

由物理学可知,任何物体都反射与其温度和表面特性相关的热辐射,即红外波段的电磁辐射,称之为红外辐射。它的波长范围为 $0.76\sim1000\mu m$,处于可见光和无线电波的毫米波之间,太阳光谱(可见光)红色光的外端,故有红外线之称。红外线占整个电磁波谱相对较宽的一部分,这给工程和技术人员利用红外线提供了很大的空间。

由于各种物体的特性和温度不同,所发射的红外线波长也各不相同,人们习惯地把红外线分为:近红外($0.76\sim3\mu m$)、中红外($3\sim6\mu m$)、远红外($6\sim15\mu m$)和极红外($15\sim1000\mu m$)等四个波段。研究表明,物体辐射红外的能力与其温度的四次方成正比,且温度越高,辐射波长越短。太阳能量中 70% 左右是红外线,这是自然红外的主要来源。除自然界的红外辐射外,还可以用人工方式产生红外线,如利用电磁振荡、受激辐射等。同时,红外辐射更容易被物质吸收。据测定,中红外线大部分能被人体吸收;红外线的穿透性一般同可见光相反,如可见光在浓雾里会严重衰减,而长红外却可以自由穿过。又如,黑色纸对可见光是不透明物质,但长红外却能透过它。最主要的是,红外辐射热效应易于被光敏电阻等敏感器件测到。所有这些现象和事实就是红外探测、红外干扰、红外隐身及红外制导的物理基础。

研究红外探测,首先得了解军事目标的红外特性。军事红外目标是多种多样,如飞机尾喷管及其热射流、军舰烟筒和甲板、坦克发动机、导弹弹体和发动机喷口等。据测量,这些重要军事目标的热辐射波长多集中在 $3\sim5\mu m$ 的中红外线区和 $8\sim10\mu m$ 的远红外内,这一重要信息为研制和选用目标红外传感器提供了重要科学依据。因此,目标红外传感器一般选用适于 $3\sim5\mu m$ 红外大气窗口的锑化铟及适于 $8\sim14\mu m$ 红外大气窗口的锑镉汞。

红外探测利用红外系统来实现。红外系统通常由光学镜头、红外探测器、电子线路(信号处理系统)、机械传动装置、制冷器和记录或显示设备(装置)等构成(见图 4.4)。目前,红外系统有多种多样,而最常见的红外系统是热成像系统,如红外行扫仪、平台用热像仪、便携式热像仪、热成像制导系统、测辐射计、搜索与跟踪系统等。这些系统为红外探测、红外干扰、红外对抗、红外隐身及红外制导提供了良

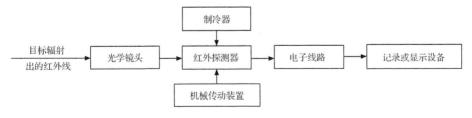

图 4.4　红外系统原理示意图

好的平台。

红外探测器是红外系统的核心部件,所有的红外系统都是围绕红外探测器来设计的,它的性能决定了红外系统的水平。

红外探测器是一种光-电或热-电转换器件,能使入射到它上面的红外信号转换成微弱的电信号。按照功能和原理不同,红外探测器可分为点源式探测器和成像探测器两大类。其中,点源式探测器只能够探测红外线的有无和强弱,而不反映目标的结构和形状。根据对红外辐射响应方式的不同可分为光子探测器和红外热探测器两类。利用光电效应制成的红外探测器称光子探测器。光电子探测器包括光电导探测器、光生伏特探测器、光磁电探测器,光电子探测器和肖特基势垒探测器等。量子阱探测器是最新发展的光电探测器。通过吸波材料的温度变化来测量红外辐射的探测器统称为红外热探测器。红外热探测器包括热电偶探测器、热电阻辐射计、气动探测器和热释电探测器等。用于实战的红外探测器通常为红外成像探测器,它不仅能探测到红外辐射信号的强弱,而且能够获得红外目标的图像。根据成像方式的不同,这种探测器又可分红外光学机械扫描成像探测器和红外凝视焦平面阵列式成像探测器两种。图 4.5(a)、(b)分别为这两种探测器的原理示意图。

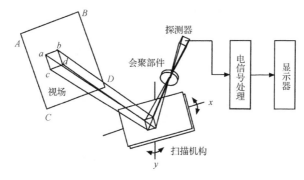

(a) 红外光学机械扫描成像探测器

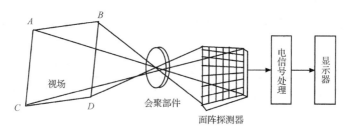

(b) 红外凝视焦平面阵列式成像探测器

图 4.5　红外成像探测器原理示意图

微弱辐射计 UFPA 和热释电 UFPA 是热成像技术的最新发展。例如,微测辐射热计 UFPA 采用硅集成电路工艺,具有制造成本低、线性度好、$1/f$ 噪声低、像之间热绝缘好、帧频高和热灵敏度高(理论 NETD 可达 0.01K)等优点;热释电 UFPA 采用新材料钛酸锶钡(BST)和钛酸钪铅(PST)和硅集成工艺,可实现 1000×1000 像素的热成像,且噪声等效温差(NETD)优于 0.1K。

红外探测器的性能主要取决于如下参数:响应率、探测率、噪声等效功率、光谱响应、频率响应和调节时间、光(电)串音、噪声等效温差及调制传递函数等。红外探测器对维持低温(即制冷)有着极严格的要求。为此,通常将探测器芯片封装在杜瓦中,用制冷剂(器)进行制冷,红外探测器能否工程应用,杜瓦和制冷机起着关键的作用。在此方面,我国都已达到国际水平。

4.3.4　激光探测

激光技术是 20 世纪的重大科学技术发明之一,可与热核、微电子、计算机及航天技术相媲美,被广泛应用于工业、农业、医疗、通信、科研和军事等各个领域。激光技术研究及应用出自激光具有方向性好、单色性好、亮度高、速度快和抗干扰性好等重要特点。由于激光的指向性参数 α 几乎为零,接近于平行光,因此激光是最理想的瞄准和测距信息源。激光是现代最亮的光源,其亮度可比太阳表面亮度高 10^{10} 倍,因此,若聚焦并转换高亮度激光束,就会产生几千摄氏度至上万摄氏度的高温。激光是一种相干光,为全息照相创造了极好的条件,此外,它是世界上最好的单色光源,可用来精确计量长度和速度,并在通信中提高其信噪比。总之,激光的这些宝贵特性决定了它的广泛应用和重大军事价值。例如,激光可用于精确测距、测速、精确打孔、焊接和切割,控制核聚变、全息照相、模拟核爆炸、制造远程雷达和各种激光武器等。在导航、制导与探测技术(系统)中,激光又是重要的探测手段。

人们通常利用上述激光特性,通过研制和使用不同特点的激光器来达到各种应用目的,包括激光探测、激光制导等。所谓激光器就是能够产生激光的系统。目前激光器的种类已相当繁多,一般可分为四类,即固体激光器、气体激光器、液体激光器和半导体激光器。它们的工作原理和基本结构都大致相同。探测器主要由工作物质、泵浦源和光谐振腔三部分组成(见图 4.6)。工作物质是指发射激光的材料。材料的选择是苛刻的,必须采用那些具有亚稳态级的工作介质,这种介质中包含有能够形成粒子数反转的发光粒子,即激活粒子,如 CO_2 分子、Ne 原子、Ar 离子等。处于高能态的原子、分子或离子可以自发地从较高能态跃迁到较低能态,并释放出光子或以其他方式释放能量。自发释放光子的跃迁称为自发辐射跃迁。此外,处于高能级的原子、分子或粒子在相应频率的外界光子诱导下,可释放出与诱导光同频率、相位、偏振态、传输方向的光子回到基态时的跃迁,这种跃迁称为受激辐射跃迁,这就是激光产生的物理基础。由于受激辐射非常微弱,难以形成人们所需要的激光,故必须采用光学偏振腔来实现激光振荡及放大。这是因为介质中的受激辐射会在光学共振腔内产生光放大,其受激光子数以雪崩形式增加,并形成相应的激光发射;激励作用产生光子数反转器的条件,总是要通过消耗一定的能量能来实现的,其激励能源就是泵浦源。因此,泵浦源是激光器很关键的部分。当然,上述谐振腔也相当重要。

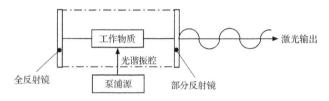

图 4.6　激光器的基本结构示意图

　　激光探测器的发展很快,用途也十分广泛:在民用方面主要用于医疗、科研、通信、扫描、显示、印刷、测量、分色、准直与控制等;在军事上主要用于武器、模拟器、防撞系统、机器人、光纤通信、雷达、引信等方面。

　　在导航、制导与测控系统中,激光器被作为主要探测手段,用于测距、测速、指向和识别。测距/测速可分为脉冲测距/测速、连续波调幅-调频测距/测速和连续波测距/测速。其中,脉冲测距/测速应用最为广泛,其原理是通过测定脉冲激光由测点射向目标,并经目标反射回来的激光脉冲的飞行时间来确定目标与测点间的距离或速度。例如,所测定的速度 $r = ct/2$(这里,c 为光速,t 为光脉冲飞行时间)。

　　上述测距/测速常采用激光测距机和激光雷达来实现。激光测距机实质上是一种激光雷达,被广泛用于各种坦克、高炮、舰炮、机载武器、弹道导弹等领域。根据工作体制不同,激光测距机可分为相位激光测距机和脉冲激光测距机。其中以后者应用得较为广泛。激光测距机是通过检测激光窄脉冲到达目标并由目标返回到测距机的往返传播时间来进行测距的。光脉冲往返传播时间是通过计数器计数从光脉冲发射,往目标反射,再返回到测距机的全过程,进入计数器的时钟脉冲个数来测量的。若在测距过程中,有 N 个时钟脉冲进入计数器,则目标距离为 $R = cN/2f$(这里,f 为时钟振荡频率)。脉冲激光测距机主要由激光发射光源、激光接收系统、计数显示系统等部分组成,其示意图如图 4.7 所示。

　　目标指向常采用激光雷达或激光导引头进行测角来实现。目标识别将主要借助激光目标探测系统发射激光束照射未知目标,通过检测目标回波信号的强度、频率变化量、相位移动值、偏振态改变情况、目标反射光谱与吸收光谱特征或外形图像来判断其种类和属性,其关键是通过图像信号处理技术从复杂的目标背景中提取有用的真实目标信号。在此,采用简化模型和多传感器数据融合识别系统(如红

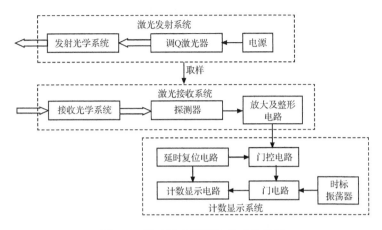

图 4.7 脉冲激光测距机组成示意图

外热像仪、电视摄像机、激光雷达等组合)是至关重要的。目前,成像激光雷达和前视红外组合系统已用于自动目标识别(ATR)系统。一种典型的三维激光雷达结构原理如图 4.8 所示。

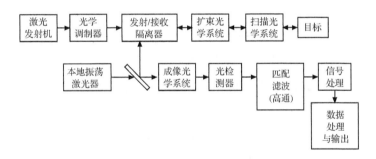

图 4.8 典型成像激光雷达原理示意图

4.3.5 雷达探测

雷达意为"无线电探测与定位",即利用不同物体对电磁波的反射或辐射能力的差异性来发现目标和测定目标位置。

雷达问世已有大半个世纪的历史,其发展速度经久不衰。从早期主要用于飞机定位进而扩展到探测空中、太空、地面、水面和地下(水下)的各种目标,其工作频带由早期的短波扩展到由几兆赫到几百兆赫,功能和新的工作体制不断增加,测量精度不断提高,合成孔径雷达、新型相控阵雷达和近代激光雷达就是最杰出的代表。

雷达探测其所以备受人们的青睐,是因为它具有相当多的独特优点,如探测精度高、作用距离远、分辨率高、几乎不受气候、气象条件影响,具有同时探测多目标和透过障碍物(如植被、土壤、墙壁等)观测的能力等。

　　工作体制、目标特性、作用距离、测量精度及功能、体积和质量等是衡量雷达性能的主要技术指标。雷达的体制是多种多样的,其中最常见的是脉冲雷达,其典型基本结构如图4.9所示;雷达目标特性由雷达截面积(RCS)和杂波雷达截面积来描述。前者反映了各种被探测目标(如飞机、导弹、炮弹、坦克、战车、舰船等)对电磁波散射特性,主要取决于目标的尺寸、形状、姿态、材料及电磁波的频率、极化和雷达对目标的视角等;后者反映了各种环境(如地面、海面、气象微粒、建筑物、漂浮物等)对电磁波的反映特性。目标雷达截面积通常以σ表示,即

$$\sigma = 4\pi \lim_{k \to \infty} R^2 \frac{\text{反回雷达的每单位立体角的反射功率}}{\text{入射功率密度}} \tag{4.7}$$

式中:R为目标至雷达的距离,且规定在平面波的照射条件下。

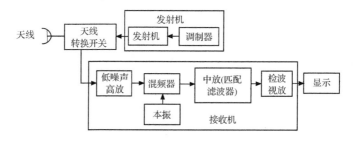

图4.9　典型脉冲雷达结构示意图

　　σ越小,说明目标越不易被雷达发现。表4.3给出了典型飞行器和水上目标的雷达截面积(RCS)。

表4.3　典型飞行器和水上目标的雷达截面积

飞行目标	截面积/m²	水上目标	截面积/m²
歼击机	3～5	快艇	100
中型轰炸机	7～10	潜艇(水面上)	37～140
远程轰炸机	15～20	中型运输舰	7500
运输机	50	巡洋舰	14000

　　杂波雷达截面积主要包括地杂波、海杂波和气象杂波的雷达截面积。它们可分别表示如下:

$$\sigma = \sigma_0 \cdot \frac{1}{2} c\tau R\theta \sec\varphi \tag{4.8}$$

$$\sum \overline{\sigma_k} = \sigma_0 \cdot \frac{1}{2} c\tau\theta \sec\varphi \tag{4.9}$$

$$\sigma = v\eta, \quad \eta = \sum_k \sigma_k \tag{4.10}$$

式中：σ_0 为单元面积上杂波的截面积；c 为电磁波速度；τ 为脉冲宽度；R 为天线至被照射区域的距离；θ 为天线水平波束宽度；φ 为波束的俯仰角；σ_k 为每个散射单元的平均雷达截面积；η 为单位体积内总截面积；v 为雷达分辨元的体积。

雷达作用距离表示一定观测条件下及所要求的检测概率 p_d 和虚警概率 p_{fa} 条件下，雷达能检测到目标的距离。通常以雷达最大作用距离 R_{max} 表示：

$$R_{max} = \frac{P_t P_r G_r \lambda^2 \sigma F^4}{(4\pi)^3 S_{min}} \tag{4.11}$$

式中：P_t 为雷达发射功率；P_r 为接受天线处收到的目标回波功率；G_r 为雷达接收天线增益；λ 为发射信号波长；F 为方向图传播因子；S_{min} 为最小可检测信号。

雷达测量的理论精度包括测距精度、测速精度和测角精度，通常分别以下列理论误差来表示。

雷达测距可通过延时 T_R 的测量来实现，其延时测量误差为

$$\delta T_R = \frac{1}{\beta (2E/N_0)^{1/2}} \tag{4.12}$$

式中：β 为信号等效带宽；T_R 为延时，$T_R = 2R/C$；N_0 为热噪声谱密度；E 为有用信号能量。

雷达测速可通过多普勒频率 $f_d = 2V/\lambda$（这里，λ 为发射信号波长；V 为目标速度）的测量来实现，其最小均方根误差为

$$\delta f_d = \frac{1}{\alpha (2E/N_0)^{1/2}} \tag{4.13}$$

式中：α 为等效时宽。

雷达测角可通过回波信号等相位波到达的方向来实现，其均方根误差为

$$\delta \theta = \frac{\lambda}{r (2E/N_0)^{1/2}} \tag{4.14}$$

式中：r 为雷达等效口径宽度。

应强调指出的是，雷达是导航、制导与探测技术（系统）中最常用、最主要的探测器和位标器。它利用目标辐射或反射的电磁波（微波或毫米波）探测目标，并从电磁波中提取最精确的目标位置信息（如距离、角度、形状及几何结构等），通过精确控制，自动地把精确制导武器引向目标，直接命中和摧毁目标。

传统的雷达为微波雷达，其优点是覆盖范围大、作用距离远、穿透烟雾能力强，但易被发现和干扰，且分辨率低，易受反辐射导弹攻击。毫米波雷达是继微波雷达后出现的一种新型雷达，与微波雷达相比，具有体积小、质量轻和空间分辨率高的优点；而与光电（如可见光及红外）雷达相比，具有可穿透云、雾等优势。因此，目前已被广泛用于精确制导武器上。

上述雷达和控制装置通常被安装在武器系统的头部，故被称为雷达导引头。

虽然雷达导引头具有探测距离远、能全天候、全天时使用,并适合大范围搜索、捕获和跟踪目标的优点,但传统雷达惯性大、快速性差、制导精度不高、抗电磁干扰能力差等缺陷一直是它发展及应用中的难题,特别是反辐射导弹等精确制导武器已构成了对雷达的严重威胁。目前,相控阵天线的广泛应用和毫米波雷达的采用,从根本上克服了大惯性,提高了快速性,实现了多目标识别和跟踪,并明显增强了雷达抗干扰能力,但仍然难以彻底对抗反辐射导弹的威胁,因此,有效的抗干扰是今后雷达发展的重要方向。

相控阵天线的波束形成和转动是依靠计算机控制改变各个元辐射信号间的相移和功率实现的。以带有三个元相控阵天线为例,其控制原理如图 4.10 所示。

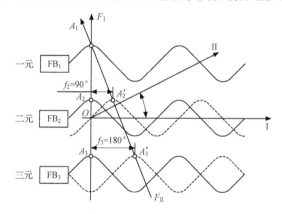

图 4.10　相控阵天线波束方向控制原理示意图

当移相器 ϕ_{B_1}、ϕ_{B_2}、ϕ_{B_3} 辐射等相位信号时,辐射功率极大值相应为 A_1、A_2 和 A_3 点。这时,辐射阵面的波前 ϕ_{I} 将是一个平面,功率极大值方向将指向相控阵天线表面的法线 OI 方向。在第二种情况下,移相器 ϕ_{B_2} 来的信号相对 ϕ_{B_1} 移动了 90°,而移相器 ϕ_{B_3} 来的信号移动了 180°,其信号极大点相应为 A_1、A_2' 和 A_3' 点,辐射阵面的波前 ϕ_{II} 将通过这些点,极大值方向将由 OII 向量来确定,该向量相对相控阵天线对称轴偏移了一个 θ 角:

$$\theta = \arcsin \frac{2\pi\varphi}{d\lambda} \tag{4.15}$$

式中:φ 为相邻移相器间的相移角;d 为相邻移相器间的距离;λ 为辐射(接收)信号波长。

由式(4.15)可见,相控阵天线辐射的主波束位置不但可以通过改变信号相位,也可借助改变辐射器间的距离和信号波长来控制,且减小波长会使相控阵天线元布置密度增加,从而减小天线的尺寸和质量,扩大扫描视场。因此,相控阵天线的采用可大大扩展雷达位标器能力。例如,美国"爱国者"防空导弹制导控制系统中采用的相控阵天线,在 1m² 天线上可同时跟踪多达 20 个目标。

随着复杂战场环境中对目标信息熵的要求越来越高,不仅需要雷达探测目标的运动参量(位置、速度、方位、俯仰等),而且还要求获得目标类型、形状以及对己方的威胁程度等,这样便促使雷达系统在技术上发生新的突破,相控阵雷达和合成孔径雷达(SAR)就是典型代表。例如,SAR 可逼真地显示目标的形状、尺寸、运动状态及姿态,使得精确制导与控制中的雷达探测技术进入了一个新阶段。

4.3.6　惯性感测

惯性感测以牛顿力学定律为基础,通过加速度计测出载体的运动加速度,并采用陀螺装置提供基准坐标系,从而推算出所需要的导航参数。

惯性感测技术具有不和外界任何光电联系、隐蔽性好,且工作不受气象条件限制的独特优势。因此,它被作为导航、制导与测控技术(系统)中导航的最主要技术手段。传统的感测技术与新概念测量方法、新型惯性器件、先进制造工艺及计算机和计算技术相结合,产生了惯性技术的新飞跃,主要反映在如下方面:

1) 采用一组高精度加速度计作为线运动测量元件

加速度计用来感测载体的线运动信息(位置、速度和加速度),是构造惯性导航系统的核心器件。从原理上讲,惯性导航必须采用加速度计来测量载体的加速度,再经过两次积分运算才能求得载体的位置。通常,在不加任何调整下,加速度计的测量误差将会造成随时间平方增长的位置误差。这样,就必须对加速度提出很高的精度要求,一般要求加速度计测量加速度的稳态偏差为 $10^{-6} \sim 10^{-5} g$ (这里,g 为重力加速度)的量级。为此,在精确制导武器特别是中、远程精确制导武器中,常采用陀螺积分加速度计和扰性摆式加速度计,而对于技术综合武器平台,一般多采用液浮摆式加速度计。

应指出的是,石英挠性摆式加速度计由于不存在支撑摩擦、温度影响小、灵敏度高,且误差容易修正,故目前在惯性导航系统中应用最为广泛。图 4.11 给出了这种加速度计的结构示意图。

2) 利用一组高性能陀螺仪作为测量元件和模拟导航坐标系

陀螺仪用以感测运动载体的角运动信息,或在控制角运动的伺服回路中作为控制环节。因此,它同样是构造惯性导航系统的核心器件。另外,由于载体加速度、速度和空间位置均为向量,且向量运算需要分解为三个坐标分量,所以必须在载体内部建立一个稳定的导航坐标系,这种导航坐标系可以是惯性坐标系、地理坐标系或其他坐标系。显然,要在运动载体上实现独立而稳定的导航坐标系,最合理的应为陀螺稳定平台。然而,陀螺平台总会发生不希望的漂移转动,从而给整个导航计算带来严重误差。于是,必须对陀螺仪提出很高的精度要求。一般要求陀螺仪漂移的稳态偏差应在 0.01rad/h 的量级。

传统的陀螺仪为机械转子陀螺仪,它难以满足上述精度要求,从而出现了基于

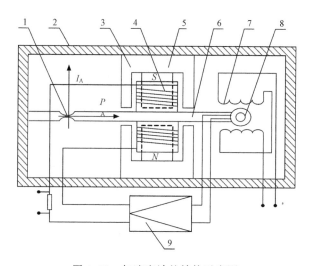

图 4.11　加速度计的结构示意图

1. 挠性支撑；2. 壳体；3. 轭杆；4. 力矩器动圈；5. 永久磁铁；6. 摆件；

7. 信号器激磁线圈；8. 信号器动圈；9. 放大器

新概念测量原理的光学陀螺仪。目前,广泛采用的光学陀螺仪有激光陀螺和光纤陀螺。图 4.12(a)、(b)分别给出了这两种光学陀螺的工作原理简图。

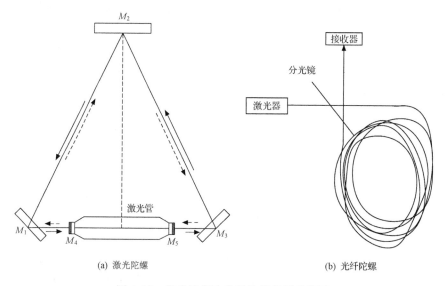

(a) 激光陀螺　　　　　　　　　　　　(b) 光纤陀螺

图 4.12　激光陀螺和光纤陀螺的原理简图

3) 将运动加速度和重力加速度分离,并补偿掉不需要的加速度分量

由于加速度计不能区别所测的运动加速度和重力加速度,因此在获得和计算载体所处的纬度、经度及高度时,总是混杂着不需要的重力加速度分量,严重影响

位置测量精度。为此,必须把运动加速度和重力加速度有效地分离开。通常解决途径有:①通过计算机进行直接补偿;②用陀螺平台跟踪当地水平系,实现间接补偿。前者计算工作量很大,需要高速计算机;后者要求平台初始方位必须严格对准。

4) 建立计算和补偿网络,采用精度高和运算速度快的计算装置

导航计算十分复杂,通常包括加速度信息的两次积分运算、提取信息的补偿计算、线量至角量的转换计算、方向余弦矩阵计算和随机误差统计等。可见,为了有效地完成这些复杂的计算任务,必须正确地设计导航计算和补偿网络,即所谓惯性导航系统的编排,并采用相应的高精度、高速计算装置。

4.3.7　声(学)探测

声(学)探测通常利用声纳装置,通过声学基阵周期地向海水中发射某种形式的声波,当所发射的声信号在传播中遇到目标时,一部分能量被反射回来,形成目标反射信号,接收机接收到这个信号和叠加在该信号上的背景干扰,对其进行处理,从而发现目标,并进行目标参量估计和识别,便可得到有用的目标信息。这种探测原理大致与雷达类似。因此,仿照雷达可建立声纳探测的物理和数学模型,由此展开对声(学)探测的研究及应用。

在声(学)探测中,除发射信号和反射(回波)信号在信道中传播外,还将遇到由信道中的非均匀体或海面、水下起伏界面产生的杂乱散射声波叠加而成的干扰,称混响;以及声纳载体白噪声和环境形成的干扰,称为噪声;当然,有时还存在人为干扰,如诱饵。复杂的混响、噪声及人为干扰是声学探测的巨大障碍,因此,声(学)探测技术的发展主要是围绕着如何实时地获得有用探测信号和有效剔除混响、噪声和人为干扰进行的;通过硬软件设计与制造及信号处理技术,以提高探测精度和效率,实现探测智能化和自动化,也扩大应用领域是声(学)探测技术(系统)追求的主要目标。

为了达到上述目标,声(学)探测技术(系统)在如下关键技术方面获得长足进步。

1) 水声设备与声纳网络

水声设备是侦察、探测与跟踪海上和水中目标的主要装置和系统,包括声纳装备、水声监视系统、水下观测系统、水声探测系统及锚系监视浮标等。固定式水下监视系统是完成对目标听测跟踪、实施严密监视的最重要和最基本的声纳装备。当今的声纳装备已不是传统简单的单个声纳,而是一个包括多个声纳在内的庞大水下侦察系统。主要由一系列深水听器阵、连接电缆、岸上水声观察站和大功率低频声源组成;水下观测系统同样是一个庞大的水声系统,仅每个水声站就由水声接收阵列、电缆和岸上信号处理站构成。水声接收阵列是通过缆线连接的水听器阵,

通常被布防在数千米深海底,长达数千米;电缆是传输接收信号至信号处理站的光纤电缆,被置于深海海底或埋于浅海地槽内;岸上信号处理站由专用声学信号处理机、信号显示器和存储器等组成,能有效地处理和分析水声干扰下的微弱信号,探测到数百千米外的目标。岸上信号处理站的处理结果可通过电缆、无线电和卫星通信系统传送到指挥中心,以便指挥控制海上和水中各种作战力量(舰艇、航母、潜艇、鱼雷等);水声探测系统是主要的舰载电子装备,由拖曳水听器线性阵列、处理系统(包括信号处理器和专用水声处理器)及卫星通信系统组成;锚系监视浮标通常被作为固定式和移动式水声监视系统的一种辅助手段,可用来录制目标的噪声谱,也可监视目标活动,提供目标信息。应当指出的是,不断发展、更新和完善的水声警戒网,由相对独立的 FDS(固定的分布系统)和 ADS(先进的可布放系统)组成。FDS 是一种被动固定式水声探测系统,采用了光学传输技术和局域网,装备了极高灵敏度的水声器及最新的计算机技术和数字信号处理技术,可获得水下三维图像,识别水下目标,并确定目标坐标和运动数据。ADS 的探测阵列装备了探测目标(包括潜艇、鱼类等)的声传感器,也装备了非声传感器。整个系统的最大特点是,可根据任务特点改变配置和迅速拆除,并可将水听器部署到其他海域。

几年来,不断采用新技术和新器件,新型声纳层出不穷,新一代吊放声纳已开始装备部队;声纳浮标由被动全向声纳浮标发展成为主动式多波束声纳浮标,可实现自动增益控制和多功能自动选择,在恶劣的声环境进行高精度探测;新的发射机/接收机模块化,信号处理设备可同时处理吊放声纳和声纳浮标(的信息)及系统综合。美国的 AN/BQQ-6 代表了最先进的主动式声纳,这是一种多站综合声纳,已被装备在战略导弹核潜艇上,攻击核潜艇上装备的最先进声纳为美国的 AN/BQQ-5,它也是一种多部声纳构成的综合声纳。除此之外,还出现了一些新型专用声纳,如通讯声纳、目标识别声纳、被动测距声纳等。拖曳线阵声纳是近代声纳技术的重大突破,它已具备许多超常的探测能力,如"盲区"探测,大幅度提高作用距离,拖曳深度可变和超视距探测水下目标的能力等。典型的拖曳线阵声纳有美国的 AN/SQR-19、AN/SQS-53C,美国 203 乙和法国的 DSBV-61 等。

声纳网络是适应网络中心战新作战理念,特别是为网络反潜战而产生的。声纳探测网络由定向战略反潜和区域反潜的固定水下监视系统及辅助机监视系统,完成后编队反潜的航空声纳、潜艇声纳和水面声纳等组成,其拓扑结构分集中式、分布式和中继式。声纳探测网络的最大优点是通过网络中心取得信息优势,然后将其转化为水下作战真实战斗力。

2) 现代声纳关键技术

现代声纳主要包括拖曳线阵声纳、舷侧声纳、声纳浮标、吊放声纳及综合声纳系统等。其发展中的关键技术可归纳如下:新型畸变(变向、弯曲、上浮、下沉及扭转等)处理技术;左右舷模糊分辨技术;拖曳线阵的收放和存储系统设计技术;高速拖曳和深水拖曳技术;舷侧阵降噪技术;声纳浮标的三维立体超大径设计技术;浮标位置测定系统设计技术;新型功率源设计及应用技术;吊放声纳探测自动稳定方法及装置;高分辨率定向方法及装置;扩展阵使用技术;综合声纳高速数据通信链技术;综合声纳系统传感器布阵和数据融合技术;综合声纳显示技术;声纳信号并行处理技术;大型系统并发实施软件设计技术;宽孔径、高密度基阵处理技术;实施环境自适应技术;声纳信号处理设备的小型化、可靠性和可维修性技术等。

3) 目标信号检测与参量估计技术

目标信号检测是判断观测数据中是否有目标信号存在的关键技术,一般由检测系统来实现。在实际应用中,信号检测通常采用奈曼-皮里逊准则,即在虚警概率一定的条件下,使检测概率最大。

被检测的信号是淹没在载体白噪声、混响和人工干扰噪声中的目标辐射或反射信号,若将这些噪声和信号都可视为高斯分布的平稳随机过程,则要处理的信号模型是高斯噪声背景下,高斯信号的最佳检测问题,从而可采用能量检测器和匹配滤波器实现最佳检测,这就是目标信号检测的理论基础。

目标参量一般是指目标相对载体(如武器)的距离、速度和方位。目标参量估计将为目标跟踪、精确导引和反对抗提供依据。

方位估计,或称目标定向,都是建立在测量目标信号到达基阵上各阵元之间的时间差(声程差)或者是相应的相位差基础之上的。距离估计常用脉冲法,通过测量目标反射回波相对于发射信号的延时来实现;速度估计通常采用多普勒方法,通过匹配滤波器组来实现。

当然,实际的目标检测和参量估计远不至此,需要进行相当复杂的信号处理和采用完善的工程设备来实现。例如,基于多 DSP 的实时、并行处理系统和高分辨率波束成像声纳就是其中之一。DSP 为高速数字信号处理器,是并行处理的核心部件,可扩展的并行处理系统采用多个通用可编程数字信号处理器,通过互联拓扑结构构成通用的多处理机系统,算法(如动态延时聚焦算法等)通过运行在并行处理机系统上的软件来实现;高分辨率多波束成像声纳采用了由多个换能器基元组成的指向性发射基阵和由多个换能器基元组成的指向性接收基阵,大大改善了基阵在所期望方向上的响应,从而提高了信噪比。设计中,为了获得小的基阵体积,在频率 f、基阵个数 N 和阵之间距 d 三个参数间进行了设计优化。为了获得高的分辨率,采用多波束成像技术,且具有很小的主波束开角,针对多波束采用了数字波束形成技术等。

4.3.8　多传感器探测

理论和实践证明,使用几个同类传感器,综合这些观测能够提高对目标位置和速度的估计精度(通常会使估计精度提高 $N^{1/2}$,这里 N 为传感器数目);利用多个传感器的相对位置运动可改善观测过程,增强观测能力;更主要的是,应用多个传感器是越来越复杂战场环境的必然选择。例如,为了应对复杂现代战场环境,选择组合导航、复合制导和多模融合制导就必须采用多传感器技术。总之,它们都自然离不开多传感器探测技术和系统。

现代传感器种类繁多,也有多种分类。通常按物理原理可分为电参量式(包括电阻式、电感式、电容式等)、磁电式(包括磁电感应式、霍尔式、磁栅式等)、压电式、光电式(包括光栅式、激光式、光电码盘式、光导纤维式、红外式、摄像式和一般光电式等)、气电式、热电式、波式(包括超声波式、雷达波式等)、射线式、半导体式及其他物理原理式等。除此之外,还有化学型、生物型传感器及综合智能传感器等。这些传感器大都可提供多传感器探测选用。当然,在一些复杂的军事应用场合,多传感器探测还需要一些专门的传感器(装置),如惯性平台、卫星定位系统、水声基阵等。

多传感器探测的关键技术将包括传感器的合理选择、多传感器的布置、传感器网络设计、多传感器数据融合等。

现代传感器探测中的应用将首先是传感器合理选择,其选择原则主要是根据探测任务和探测精度和传感器之间的优化匹配,另外还应考虑其系统的经济性等。例如,在组合惯性导航中,将以惯性平台为基础,主要考虑同 GPS、合成孔径雷达的组合。在多传感器探测技术的工程应用中,其次遇到的是各种传感器的合理布局,尤其是对于一些大型军用系统。例如,水面舰艇声纳(传感器)在舰艇编队反潜作战中的合理布站。通常,水面舰艇反潜声纳可分为三种:舰壳声纳(HMS)、变深声纳(VDS)和拖曳线阵列声纳(TACTASS)。三者各有所长又有所短,应根据不同需要组成合适的配系。现代反潜水面舰上一般装有战术拖曳线阵声纳和舰壳声纳,可分别确保充分发挥内层舰载反潜武器的威力和中程舰载反潜武器的威力,为了满足远程反潜要求,特意研制了综合反潜系统,如美国的 AN/SQQ-89 被装载在水面舰艇的反潜直升机上,反潜直升机在拖曳线阵声纳对潜远程探测的初始数据引导下,迅速接近目标潜艇,进行对潜精确定位后,由机载武器实施对潜攻击,从而弥补了中层未配置攻击型核潜艇方向的反潜空缺。

多传感器网络化设计是发挥多传感器探测优势的关键技术和重要技术手段,主要依靠战术数据链实现,其实例比比皆是,如防空作战中的雷达组网等。理论和实践表明,组网雷达的探测、定位、跟踪、识别、威胁判断等性能得到了大幅度改善,同时在抗干扰、抗隐身、抗反辐射和抗低空突防能力方面也发生了本质变化。图 4.13(a)、(b)分别给出了防空导弹武器系统利用数据链技术进行组网雷达所构成的分布式网络化作战平台拓扑结构及外部系统的链接关系。图 4.14 还给出了组网雷达抗低空突防部署示意图。

多传感器数据融合是多传感器探测的核心技术,只有进行数据融合才能真正

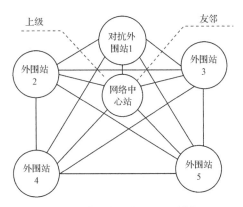

(a) 基于"数据链"的雷达组网拓扑结构

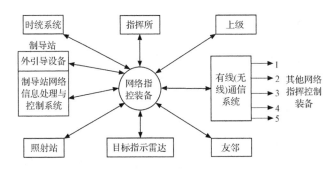

(b) 外部系统链接关系

图 4.13　防空导弹武器雷达组网系统

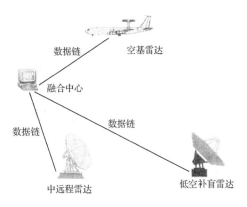

图 4.14　防空导弹武器系统组网雷达抗低空突防部署示意图

发挥多传感器探测的优势。它被广泛应用于综合电子信息系统和精确制导武器
上。多模融合制导就是最典型的实例。在多模融合末制导中,采用了多种模式的
传感器,如红外的、雷达的和可见光的等。这些传感信息的转换及融合可根据复杂

战场环境的需要进行，从而提高精确制导武器的作战效能。

4.4　目标识别与确认技术

4.4.1　引言

目标识别是对目标属性的判断，包括真伪、敌我、运动、空间、类别、型号及数量属性等。目标识别以前述 Johnson 判则和目标传递概率函数为基础，并以此寻求出目标和背景的特征差异，进行特征提取，通过比较完成决策分类处理，并选取最佳结果特征。其中，目标特征提取是识别的核心部分。为了提高信噪比，对来自探测器的信号预处理也是十分重要的，一般包括信号的阻抗匹配、幅度调整、模数转换、图像滤波、分割、增强等。这里，关键是图像的数字化、滤波和分割。

目标确认是目标辨识的最高等级，它将最终提供出目标信号的明确型别和数量，作为导航制导与测控的基础，以便进一步产生目标定位、测速、测距和确定姿态等信息。下面重点讨论几种主要识别与确认的方法、技术及应用。

4.4.2　雷达目标识别与确认

雷达是目标探测、识别与确认的现代重要技术手段。雷达目标识别方法主要分为两类，即基于特征量的目标识别方法和基于成像的目标识别方法。前者以回波中的特征向量表示目标，并按其模式识别描述贴近度及相关性度量设计目标的分类判决器；后者是基于雷达（包括 SAR 及 ISAR）图像的目标识别技术，其核心是各种成像算法及对表征图像的理解。

为了方便进行雷达目标识别与确认，图 4.15 给出了雷达目标分类。

对于基于特征量的雷达目标识别，通常包括如下重要步骤：从已知回波中提取特征；建立目标特征数据库；采用雷达信号处理器提取未知目标的特征；将未知目标特征在数据库中进行比较，判决其目标类型与性质。从雷达回波信号提取目标特征主要依据对雷达回波信号是平稳、非平稳、非高斯的假设，采用不同的现代信号处理方法。这些方法如图 4.16 所示。

目前，雷达目标识别的方法有多种，如根据发射信号的不同，可有窄带信号识别、多频信号识别、宽带信号识别和超宽信号识别；根据雷达回波特征信号的不同，可有 RCS 特征识别、谱特征识别、极化特征识别、系统响应特征识别、成像特征识别、轨道特征识别等；根据所使用的方法与技术的不同，有近邻或最近邻识别、统计模式识别、模糊模式识别、双频算法识别、模糊逻辑识别、神经网络模式识别、遗传算法识别、多传感器信息融合识别等。应指出的是，在实际应用中，一般需要采用几种方法组合，即目标综合识别，以便得到更好的识别效果。例如，美国"爱国者"

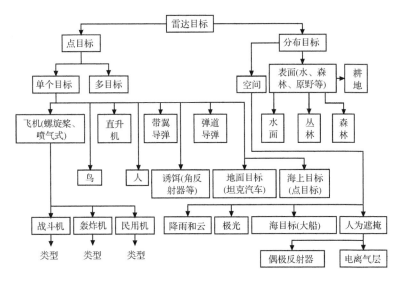

图 4.15　雷达目标分类

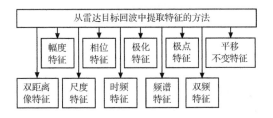

图 4.16　基于雷达回波信号的特征提取法

防空导弹、法国"空中卫士"防空导弹都采用了目标综合识别方法与技术。前者采用两级,即初级分类识别和目标高级识别的综合识别过程;后者采用人工识别和自动识别相结合的综合识别系统。又如,美国海军采用了基于宽带/窄带相结合的综合识别方法。除此之外,针对现代战场的综合电子干扰,采用了有源/无源一体化的雷达综合识别技术(系统)。

基于信息融合技术的目标识别方法已被广泛采用,并在不断发展。在此,融合识别算法的研制及应用是主要关键。这些算法可归纳为:基于统计和估计的融合识别算法、基于信息论的融合识别算法及基于认识模型的融合识别算法,其中第三类中的专家系统是重要的发展方向。

最后,在雷达目标识别与确认中,目前由几个领域值得高度关注,这就是合成孔径雷达(SAR)、目标图像识别和毫米波雷达目标识别。SAR 图像目标识别过程包括图像滤波、分割、特征提取和目标分类。在该领域,开始多采用 SAR 图像的噪声抑制、目标分割,从 SAR 图像中提取有意义的特征。目前,利用小波变换,基于

MRF 和贝叶斯估计及最大熵的图像分割技术引起学者和工程和技术人员的重视，图像中的目标匹配识别的自然纹理特征的分类识别方法也成为可能；毫米波雷达目标识别与确认通常可采用研制的硬件和先进的软件来实现，如基于高速数字信号处理器 TMS320F2812 硬件电路和 CCS(Code Compuoset Studio)开发环境。在海空复杂背景条件下的目标识别技术时，为了获取高质量的海空目标信息，可采用微软(Microsoft)成熟的 DirectShow 技术等。

4.4.3　红外目标识别与确认

　　红外目标识别与确认是具有战略地位的红外技术的重要内容之一，热成像识别已成为最关键的方面。其本质仍属于图像处理范畴，一般图像处理的各种算法，如点处理方法、区处理方法、帧处理方法及几何处理方法等，都可在热图像目标识别中得到应用。热图像处理过程主要包括两个方面，即视频信号预处理和目标识别算法研制及应用。预处理技术和与雷达目标识别中的预处理基本相同，也包括信号的阻抗匹配、幅度调整、模数转换、图像滤波、分割、增强等。图像分割是预处理中最主要的一环，通常可按各种方法来实现。同其他识别目标一样，首先要找出目标和背景的差异，对目标进行特征提取，其次是比较、选取最佳结果特征，并进行决策分类处理。在目标识别算法中，最关键的仍是目标特征的提取。可供提取的目标物理特征主要有：①目标温差和灰度的分布特征；②目标运动特征；③目标形状特征；④目标统计分布特征；⑤图像序列特征及变化特征等。对于远距离目标识别，一般只能使用统计监测方法，如使用 t 检验：

$$t = \frac{A - \overline{A}}{\sqrt{\dfrac{1}{n(n-1)} \displaystyle\sum_{i=1}^{n} (A_i - \overline{A})^2}}$$

式中：A 为被检测像元的灰度；A_i 为被检点的邻域中第 i 个像元的灰度；$\overline{A}$ 为邻域中的平均灰度；n 为像元个数。若时间允许，可用多帧图像检测。这时，可采用灰度相关算法或位置相关算法。目标大小识别通常可判别其真伪，主要是用于"被动测距"时。这时，将通过成像器上的像元数和水平及垂直方向各占多少像元，利用简单几何关系推算出目标的真实大小。这种识别自然精度不高。目标形状识别有两层意思：一是指目标灰度的空间分布；二是指目标的外形轮廓。为此，前者常采用模板法和投影法，而后者一般利用句法模式和傅里叶展开方法。另外还有矩不变法、跟踪法、差分法和直方图识别算法等。这些方法与智能技术相结合，便产生了自动目标识别(ATR)技术。

　　除此之外，在热图像识别算法中，还常用到曲线拟合的方法对红外热像的每一像素进行处理，从而得到整个环境背景的热力学性质。这样，通过测定每个像素的回归参数，就能得到景物的热红外图像。上述算法和方法已能通过专门的软件来实现,已被应用于如今的导弹红外导引头上。

4.4.4 激光目标识别与确认

激光目标识别是通过发射激光光束照射未知的目标,利用检测目标回波信号的强度、频率变化量、相位移、偏振态变化、发射光谱及吸收光谱的特征或红外图像来判别目标的种类和属性的。因此,激光目标识别与雷达目标识别方法与技术基本类似,最根本的方法是通过探测结果同事先建立的激光目标识别数据库谱目标特征及类型进行比较,其处理算法也基本类同,这里不再赘述。

4.4.5 水声目标识别与确认

水声目标识别与确认以成像识别最为直观与准确,是水下目标识别的新领域。用于水声目标识别与确认的声成像包括相控阵声成像、合成孔径成像、全息声成像和综合声成像等。

相控阵声成像是一种通过电子方法进行近场聚焦波束成像的。这时,声成像信号到达接收阵元的相位差除了与各水听器至阵中心距离有关的线性项外,还有二次项。该二次项相移不能用单频率的参考信号补偿,而要用频率随时间变化的 Chirp 信号作为参考信号来补偿,通过调节 Chirp 信号的频率随时间的变化来实现波束聚焦。这样,采用全数字化相控阵波束并引入匹配滤波器,就可以实现和变焦的成像系统。在这种相控阵声成像中,动态聚焦十分关键,为此可采用流水线采样延迟聚焦(PSDF)方案。

合成孔径声成像是一种基于合成孔径声纳(SAS)的声成像方法。它通过声阵匀速直线运动,将沿航迹方向的回波数据相干累加,形成较大的虚拟孔径,以提高目标的方位分辨率。SAS 需要解决的关键技术与 SAR(合成孔径雷达)基本相同,唯一的区别是天线对安装有特殊要求,最理想的办法是将其安装在拖在船后下水的短舱内。

全息声成像是利用相位敏感技术,通过水听器在空间上对窄带信号场采样,接收阵各单元的信号与相同频率的参考信号混合产生包含幅度和相位的直流分量,最后借助重建图像法显示图像。全息声成像通常用于深水目标识别,目前安装在深潜器上的美国全息成像系统,其工作深度可达 3700m,方位分辨率为 0.25°,成像速率为 0.5 帧/s。

上述全息成像通常与合成孔径声成像一起使用,被称为全息合成孔径成像技术。它是在合成孔径成像中,采用全息技术,通过两者的频谱合成相技术获得超高分辨率的图像。相控阵与合成孔径也可结合成实时数字成像系统,兼备二者的目标识别优势。

目前,一些新技术,如神经网络、分析递散射、高阶谱特征及亮点结构等技术都在水声识别中得到实际应用,发挥了很大作用。

应强调指出的是,在水声目标识别与确认技术中,无论是声纳系统还是鱼类武器,为了实现探测、识别和进攻,都必须对敌方实施的水声反诱骗进行有效检测,并辨别其真假目标。在此,水声信号检测技术至关重要。对于水声对抗来说,被动水声信号检测和水声瞬态检测显得尤为重要。

通常,被动水声信号的检测方法包括宽带检测、窄带检测、时域检测和频域检测等。这里,将特别提醒大家关注水声瞬态信号的检测对于目标探测、识别和分类的极端重要性。这是因为,空投鱼类冲击入水和点火启动、吊放声纳和实施浮标入水、火箭助飞深弹如水、舰艇航行和潜艇发射武器等瞬间都将产生瞬态信号,甚至它们又会招致海洋生物(如鲸、海豚等)鸣叫声及冰噪声等其他瞬态信号产生,而这些瞬态信号通常都带有很强能量和具备的特征,从而可为目标探测、识别和分类等提供相当有用的信息。因此,瞬态信号检测已成为水声对抗领域的一项关键技术。瞬态信号一般可分用人耳检测和分类,或采用阈值检测器来检测,而不是通过与背景信号的对比强度方法来实现。目前,水声瞬态检测已有多种方法及算法,如短时相关法、Power-Law检测法、Page Test检测法、高阶统计量检测法、Cabor变换检测法和ARMA模型检测法等。除此之外,还产生了多种不同检测方法的相组合的复合检测方法,如小波-Power-Law(Wt-Power-Law)复合检测法、小波-Page-Test(Wt-Power-Test)检测法,以及基于高阶统计量和小波去噪的检测法和基于随机信号的高阶谱(HOS)的Power-Law检测器等。

4.4.6　自动目标识别技术

自动目标识别技术是自动识别技术最重要的军事应用方向之一。近几十年来,在全球范围自动识别技术发展十分迅速,已成为以计算机技术为核心,集光电、机械、图像和通信技术为一体的综合性高新技术。实现自动识别技术的方法是多种多样的,目前,已形成较为完整的方法体系,如图4.17所示。

自动识别技术是以计算机技术和通信技术为基础的综合性科学技术,它将数据自动识别、自动采集均自动输入计算机进行处理。按照应用领域和具体特征,自动识别技术将包括条码技术、射频识别、生物识别、语言识别、图形识别、图像识别、磁识别和光学字符识别等。为了提高各种高技术兵器,特别是精确制导武器在复杂战场环境下的识别能力,在导航、制导与测控技术中广泛采用了自动识别方法,从而产生了自动目标识别(ATR)技术和系统。20世纪中叶,雷达首次用于ATR,后经数十年发展,已发展成为很有活力的领域,横跨多个学科,采用了最先进的技术和最新的理论成果,如雷达目标识别、红外目标识别、可见光目标识别、人工智能、数据融合、最优化理论等。

除美国和俄罗斯外,其他发达国家在ATR方面都投入了较多人力和物力,获

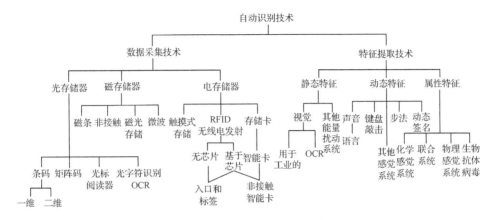

图 4.17　自动识别技术的方法体系

得了许多重大成果,国内在此方面也高度重视,进行了深入研究,取得了一些实用化的科研成果。

　　常见的 ATR 方法很多,可归纳为两大类:提取目标特征的 ATR 方法和基于目标模板匹配的 ATR 方法。其识别技术主要包括利用回波时域的特征或经处理后的时域特征进行目标识别技术、利用目标回波频域内的信息进行识别的技术、波形综合目标识别技术、极化域目标识别技术、红外目标识别技术和融合目标识别技术等。就雷达目标识别而言,有前述多种识别方法与技术,如基于目标响应时域信息的识别方法与技术、基于目标响应频域信息的识别方法与技术、基于波形综合的目标识别方法与技术等。

　　总之,自动目标识别技术是采用计算机处理和一个或多个传感器信息识别及跟踪特定目标的高新技术,对于导弹和其他精确制导武器的精确打击目标、智能化攻击目标和提高发射平台生存能力,具有很重要的意义。目前,ATR 系统的传感器主要由红外成像传感器、激光雷达、毫米波雷达和合成孔径雷达等。前视红外(FLIR)成像装置一直是 ATR 系统的首选传感器。红外 ATR 技术是目前 ATR 技术的主流。激光成像 ATR 技术已投入使用,被用于美国低成本自主攻击系统(Lo CAAS)导弹和巡逻攻击导弹(LAM)。ATR 技术及系统在空地制导武器上的应用最为广泛,如美国 SLAM-ER 空地导弹、JASSM 空地导弹。美国的 JSOW-C 联合防区外武器、风暴前兆空地导弹,德国的 KEPD-350 空地导弹,以及以色列的 SPICE 空地导弹等安装了 ATR 系统。

　　ATR 技术和系统的关键技术包括成像传感器技术、高速 DSP 芯片和 FPGA 芯片、微处理器技术和相关存储器技术与器件、目标区域数字基准图像(包括可见光图像、红外图像、激光图像等)数据库、ATR 相关算法和软件系统等。

4.4.7　作战识别技术及系统

作战识别是以作战部队为对象的识别技术,即在较短时间内和一定距离之外精确地区分敌军、友军和中立部队,为交战决策和武器射击提供依据。

作战识别涉及空地、地地、地空和空空等作战识别。目前采用的作战识别技术主要有合作识别和非合作识别两类。采用雷达问答式合作识别已广泛用于空空和地空作战的友军识别;采用毫米波问答、毫米波信标、激光询问-无线电应答式合作识别技术已逐步用于地地、空地作战的友军识别。

随着信息化战争的到来,发达国家对于作战识别技术及应用尤其重视,合作型作战识别系统不断出现并投入使用。例如,美国研制的 BCIS 战场作战识别系统,该系统是基于 K 波段应答器的询问-应答装置;法国的 BIFF 战场敌我识别系统,这是一种工作在 K 波段的毫米波问答系统,系统采用了组合式询问应答机和捆绑式应答机,前者用于坦克等武器平台,后者用于非武器平台;德国的 ZEFF 目标敌我识别系统,系统由 D 波段应答器和激光询问机结合而成;英国的敌我识别系统不同于美国、法国、德国的作战识别系统方案,而采用了 M 波段 M-TICE 毫米波目标识别隐蔽发射机和相干高增益定向接收机。除此之外,美国还在研制士兵背负式识别装置,这种装置采用了激光询问-射频应答的激光询问-红外应答技术。

目前,非合作识别技术和系统还处于发展阶段,它主要利用光电装置识别友军作战平台上的标记、探测作战平台发射的电子信号,分析作战平台的雷达反射信号,利用递推合成孔径雷达识别舰艇等。美国在此方面处于领先地位,为了达到对敌、我、友的实时、精确识别,实现合作识别、非合作识别与掌握战场态势的一体化作战识别是今后的重要发展方向。

4.5　目标隐身/反隐身技术

4.5.1　引言

20 世纪 80 年代初,随着美国隐身飞机的秘密研制,人们从此拉开了隐身技术研究的序幕,随着 80 年代末 F-117 隐身战斗机的亮相,渐渐揭开了"隐身"的神秘面纱。由于隐身技术的出现对各种防御系统和防御武器系统提出了严峻挑战,故隐身技术及其应用已成为当今各国军事高技术竞争中的热点与焦点之一。

目前,各国军方已普遍认为采用隐身技术已成为实施信息对抗、提高武器装备突防能力和进攻能力的重要技术途径。正因为如此,目标隐身/反隐身技术发展得很快,各种装置和系统也层出不穷,有雷达的、红外的、激光的、声波的及综合的等。

4.5.2　隐身技术特点及关键技术

隐身技术概念源于古代隐身术,意思是隐蔽自己使人目不能见之术。现代意义上的隐身技术只有短短的 20 多年,纯粹是高新技术的产物。所谓隐身技术是指在一定遥感探测环境中,采用反雷达探测、反电子探测、反红外探测、反可见光探测和反声学探测等技术手段降低飞机、导弹、舰艇、坦克等目标的可探测信号特征,使其在一定范围内不易或难以被敌方各种探测设备发现、识别、跟踪、定位和攻击的综合性技术。隐身技术实际上是一种低可探测性、低可观察性和反探测技术,因为它不仅要隐身,还要求隐光、隐电、隐磁和隐声等。

从技术角度讲,隐身技术的特点主要是低可探测性、反探测和反侦察,是传统伪装技术的应用和扩展。其关键技术包括:隐身外形技术、隐身材料技术、无源干扰技术和有源干扰技术等。为了解决这些关键技术,它广泛涉及现代多个学科和相关技术,如电子学、光学、声学、材料学、计算技术、计算机技术、外形设计技术和信息技术等。

4.5.3　雷达隐身技术

由于雷达是对目标探测和定位的最主要技术手段之一,约占各种探测手段对突防目标威胁的 60%,所以雷达隐身技术显得尤为重要。雷达隐身技术以电磁散射理论为基础。由前述雷达作用距离方程可知,不考虑雷达本身的性能参数,雷达最大作用距离与目标的 RCS(雷达截面积)的 4 次方根成正比,它的大小反映了目标的雷达隐身性能。因此,欲实现雷达目标隐身,最根本、最有效的方法是设法降低目标的 RCS。而 RCS 与目标的形状、大小和结构、入射波的频率和特性,以及目标对吸波材料技术、无源对消技术、有源对消技术、微波传播指示技术及战术技术的应用等。

雷达隐身技术是一项综合性技术,必须通过综合运用上述技术才能获得较理想的雷达隐身效果。其中,最主要的是外形设计技术和吸波材料的研制及应用。实践证明,通过外形设计技术,可是雷达反射降低 5~8dB;采用吸波材料,可使雷达反射降低 4~6dB;而利用其他隐身技术,可使雷达反射降低 4~6dB;综合运用这些技术,可使雷达反射降低大约 20dB。因此,外用外形设计技术和吸波材料技术是最主要的,且通常是二者结合,进行互补。

4.5.4　光电隐身技术

光电隐身技术是随着军用电子技术迅速发展,各种先进的光电侦察设备和光电制导武器不断增多与广泛使用而出现的。所谓光电隐身技术,就是通过降低武器装备的光电信号特征,使其难以被敌方光电侦察和制导系统发现、识别、跟踪和攻击的技术。光电隐身技术主要包括可见光隐身技术、红外线隐身技术及激光隐身技术。

可见光隐身技术又称视频隐身技术,就是降低军事装备本身的目标特征,使敌方可见光相机、电视摄像机等光学探测、跟踪、瞄准系统不易发现目标的可见光信号。从原理上讲,所有的可见光隐身技术都是通过减少目标与背景之间的亮度、色度和运动的对比特征,达到对目标视觉信号的控制,以降低可见光探测系统发现目标的概率;从手段上讲,可见光隐身技术主要采用涂料迷彩、伪装网和遮蔽伪装方法等;从技术上讲,可见光隐身一般采用如下技术措施:①改进目标外形的光反射特征,通常已小水平面的多向散射取代大曲面的反射;②控制目标的亮度和色度,达到使目标与背景的亮度及色度相匹配,起迷彩和伪装作用;③控制目标的主要发光部件(如发动机的喷口)的火焰和烟迹信号;④控制目标照明和信标灯光;⑤控制目标的运动构件的闪光信号等。

红外隐身是光电隐身的最主要技术之一,仅次于雷达目标隐身技术,也是提高作战武器系统生存性和突防能力的关键技术之一。所谓的红外隐身技术,就是利用屏蔽、低发射率涂料、热抑制等手段,降低或改变目标的红外辐射特征(即红外辐射强度与特性),从而实现目标低可探测性的综合技术。红外隐身将主要通过目标结构设计、红外辐射强度衰减和吸收红外辐射能量等技术来实现。各种红外隐身技术均以目标红外辐射特性分析为基础,辐射特性包括:辐射源、辐射源分布和辐射强度等。例如,飞机的主要红外辐射源是发动机喷气流、机身气动加热、其他热部件引起的热辐射、阳光直射后反射和散射等;飞机的辐射源分布可用模型来表示,该模型可通过理论计算和实验共同得到,也可以进行数值求解;飞机的红外辐射强度包括各部分的强度和总强度,经大气衰减后方被探测器接收。上述三部分便构成了整架飞机的红外辐射特性。在实现红外目标隐身时,改变红外辐射特性,调节红外辐射特性传输过程和降低红外辐射强度是至关重要的。为此,采用了可变红外辐射波长的异型喷管,在燃料中加入改变红外辐射波长的添加剂,设计改变红外辐射方向的结构,降低辐射体温度,使用隔热、吸热、散热材料,进行气溶胶对红外屏蔽以及应用红外隐身复合材料等。除此之外,还运用光谱转换技术来改变红外辐射的传播途径。F-117A飞机的成功设计就是采用红外隐身的最典型实例。

激光隐身就是使目标的激光回波信号尽可能衰减,从而降低被探测发现的概率,缩短被探测发现的距离。它与雷达隐身在原理上有很多相似之处,都是主要通过采用外形设计和材料技术来降低目标的散射面积及散射波强度,从而达到隐身目的。在外形设计技术上,目前主要是:消除可产生角反射器效应的外形组合,变后向散射为非后向散射,用边缘衍射代替镜面反射,用平板外形代替曲面外形,减少散射源数量,尽量减小整个目标的外形尺寸等;在材料技术上,主要是采用对激光雷达隐身效果好的材料,如吸波材料、投射材料、导光材料、光改变材料等。除此之外,还有其他的激光隐身技术,如施放激光烟幕等,改变反射激光回波的偏振度,利用激光的散斑效应等。

4.5.5 声学隐身技术

声学隐身技术称声波隐身,就是控制目标声波辐射特性,降低目标自身的噪声,减小声波探测系统探测概率的技术。其中,降低噪声对于舰艇隐身具有特别重要的意义。试验证明,舰艇辐射噪声降低 6dB 时,可使敌方被动声纳的作用距离增加 1 倍多。声波隐身的重要性对于军用飞机也是如此,美国 F-117A 隐身飞机由于采用了全新隔热发动机 F404,可使距跑道 30m 处发动机的声音低于蜜蜂声。

为达到声波隐身效果,目前所采用的技术措施包括采用降低振动噪声技术、减小螺旋桨空泡噪声技术、降低水动力噪声技术、吸声材料技术、消声瓦技术。值得指出的是,消声瓦技术,所谓消声瓦就是舰艇外壳防声合成橡胶涂层,随着现代合成材料技术的发展已逐渐成为一种新型潜艇隐身装备。消声瓦的材料以黏性合成橡胶为主,合成物内加进了微型金属粒子,金属粒子可在合成体内形成大量小形空洞,并随着合成体变形产生一定热量,将敌方主动声纳发出的声能转换成热能耗散掉,从而达到如下声波隐身效果:①消声瓦通常可使核潜艇噪声降低约 10dB,从而达到减小敌方主动声纳的探测距离;②降低本艇内机械噪声;③减小潜艇航行阻力,有利提高航速。

4.5.6 反隐身技术

科学技术总是不断发展的,事物也总是相生相克的。隐身技术的产生,必然导致反隐身技术的出现。由于隐身技术措施具有较大的局限性,隐身兵器机动性差、费用昂贵、再战能力差,且受天气或环境影响大等缺陷,因此,这就给反隐身技术发展提供了一定的空间和机遇。反隐身技术也总是利用这些缺陷而发展。概括地说,反隐身正在朝着全方位、综合运用、系统集成的方向发展。目前主要有如下四项主要技术措施。

1) 反雷达技术

针对雷达隐身技术所采用的吸波材料和隐身结构的局限性,反雷达隐身采用了如下技术措施:扩大雷达工作波段范围(如战术超视距雷达和超视距反隐身雷达已工作在米波段上);提高雷达的探测能力(如相控阵雷达探测半径达 3600km 以上,可探测到 1500km 以内的雷达散射截面只有 $0.1m^2$ 的隐身目标;雷达组网后的探测能力还将大幅度提高);采用了空中和天基探测系统,改进机载预警系统(如利用全球卫星定位、导航系统、侦察卫星、飞艇等,将各种光、电探测设备安装在卫星、飞艇等太空平台上);采用特殊体制的雷达[如双(多)基雷达、宽频带或超宽带雷达、多频信号雷达、谐波雷达、无源雷达、无载波雷达、超视距雷达、激光雷达等]。

2）采用光电探测设备

研究表明,红外探测器(尤其是红外成像设备)、紫外探测器、激光探测器(激光雷达)、微光电视等光电探测设备均具有反隐身能力。

3）研制反隐身武器

反隐身武器包括能摧毁隐身飞行器或航行体的精确制导导弹和微波武器等。

4）综合运用各种反隐身技术

为了获得最佳的反隐身效果,必须针对隐身武器的综合性特点,综合运用各种反隐身技术,包括综合雷达反隐身技术、综合红外反隐身技术和综合水声反隐身技术等。

综上所述,隐身技术日趋成熟,已发展到了相当高的水平,新型隐身武器装备层出不穷;反隐身技术相对落后,反隐身武器装备正在不断发展,只能说它们已具有一定反隐身能力,但历史告诉我们,没有任何一种武器能长期无敌于天下,反隐身技术经过一个较长时期以后,一定能够成为隐身技术真正意义上的"克星"。当然,反隐身武器最终也会有相似命运,所谓"终极武器"是永远不会有的。

第 5 章 综合导航、惯性导航及组合导航

5.1 概 述

随着科学技术的发展,尤其是现代战争的需求,对导航系统的精度和可靠性要求越来越高,如要求导航系统在提供全面、高精度定位信息的同时,应不受气候条件影响、全天候工作、隐蔽性好,不辐射雷达可探测的电磁波、自主性和抗干扰性强等。但截至目前,还没有哪一种导航设备(系统)单独使用可完全满足这些要求。综合导航系统和组合导航系统就是为了弥补单一导航系统的不足而发展起来的。虽然它们有一定的区别,如综合导航是指导航的综合多功能而言的,组合导航则从技术角度注重不同导航方式组合后导航性能的提高,但是它们有一个很重要的共同特点,就是都以惯性导航为基础。因此,在现代导航技术(系统)中,惯性导航仍占有绝对重要的地位。

本章将在简述航空导航综合系统和海上综合舰桥系统等综合导航系统的基础上,重点讨论惯性导航系统的关键技术,以及典型组合导航系统。其主要内容包括导航综合系统与综合舰桥系统、惯性导航系统及其主要设备、惯性导航系统的关键技术、INS/SAR 组合导航系统、SINS/GPS 组合导航系统、智能融合组合导航技术及系统等。

5.2 导航综合系统与综合舰桥系统

5.2.1 导航综合系统

对于一个复杂航行体(如军用飞机、航空综合体等)的导航往往是通过导航综合系统实现的。航空综合体又称为战斗航空综合体,其概念几乎是与第三代作战飞机同时出现的。第三代战斗机出现于 20 世纪 70 年代末,它同二代机的显著区别是装备了先进的机载设备和武器系统,包括用于导航和瞄准的机载计算机。由于机载计算机的使用,导航系统、瞄准系统、自动飞行控制系统和其他系统组合成机载设备综合体和武器综合体。它们相互联系、互相支援,共同完成在复杂战场环境下全天候、全天时的作战任务,被视为航空综合体。航空导航综合系统是航空综合体的重要组成部分,用于实施导航并为作战提供必需的导航参数。典型的航空导航综合系统通常由惯性系统、导航计算机、无线电导航系统、无线电罗盘、转接器、数码转换器等六部分组成。除此之外,还包括导航控制台、飞行操纵控制台、指

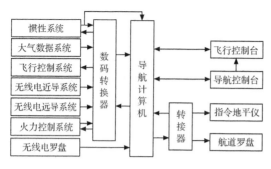

图 5.1　典型导航综合系统结构示意图

令地平仪和航道罗盘等,其结构和各部分关系如图 5.1 所示。其中,惯性系统用于主导航惯性计算的信息传感器;导航计算机是该导航综合系统的信息处理中心;无线电导航系统与地面信标相配合实现飞机着陆和空中机群编队,并进行惯性系统位置误差修正,是导航综合系统的辅助导航手段;无线电罗盘可自动测定和显示无线电方位角,并根据地面无线电导航台的信号来完成飞机进场和着陆;数码转换器和转接器用于信号转换;导航控制台用来设置惯性系统初始状态和监控及显示航线与操纵状态;飞行操纵控制台用于飞行员空中更改航线和切换操作方式等。

该导航综合系统可依据惯性系统的数据连续地自动确定飞机位置,进行惯性导航;当惯性系统出现应急故障时,能进行惯性-大气数据备份辅助导航;能够根据无线电导航系统的数据自动地校正导航系统计算的位置坐标,还能够按飞行员给定的指令用火控系统的数据目视校正导航系统计算的位置坐标;可连续自动地确定飞机的三轴姿态及在机群中的相对位置;提供自动及半自动操纵所需的信息等。可见,这种导航综合系统从功能上讲,已大大超出了导航任务的范围。但是,惯性导航在导航综合系统中却始终起着主导地位和作用。

5.2.2　综合舰桥系统

为了海上定位和指向,并保证航行安全,人们开发出的各种导航仪表和航海设备(或系统)大都安装在舰桥上。早期舰(船)桥上的仪表和设备采用独立安装,分别显示,这样既费人力又易发生事故,从而提出了合理、集中布置和实现功能上的综合问题,并出现了综合导航系统(INS)。随着系统技术、计算机和自动化技术的发展逐渐产生了综合舰桥系统(IBS)。

综合舰桥系统是一种海上导航、通信、雷达、航行控制、监控为一体的集成系统,类似上述的航空导航综合系统。它采用了系统设计方法,将舰艇上的各种信息源、操作控制和避碰等设备有机地组合,利用计算机、现代控制、信息处理等技术自动完成作战和训练时舰艇各种信号的获取与控制,具有综合导航、自动操舰、轮机监控、自动检测、自动报警、自动避碰、电子海图、通信和航行管理控制自动化等多种功能。综合舰桥系统由 1969 年挪威开发出世界上第一套 IBS 至今,经历了三个历史阶段,已发展成为一个典型的自动化系统,包括美国和日本最新开发的具有通信功能和人工智能的 IBS。在此方面,我国于 20 世纪 90 年代初开始研究和研制舰船综合驾驶台系统,至今在 IBS 方面尚与发达国家存在较大差距,但已引进国外的一些 IBS 产品并装船使用。

综合舰桥系统主要由航行管理与决策支持系统(VMS)、舰船控制系统(SCS)、雷达自动标绘辅助系统(ARPA)和综合状态评估系统等组成。航行管理系统是以计算机为核心的导航、计划和监控系统,它利用获取的航向、位置、环境和导航信息操纵舰船沿着既定航线航行。在电子海图显示与信息系统、卫星导航系统、数据处理显示中心及惯性导航系统的共同支持下,IBS 将发挥其自动导航功能;舰船控制系统是一个典型的现代自动驾驶仪和检控系统,其功能包括自动驾驶、航迹控制、动态自适应舰船操纵特性、舰控/泵控、推进控制、转向控制及警报指示等;雷达自动标绘辅助系统由多种硬软件组成,能够实时地进行目标动态检测、滤波跟踪、碰危判断、报警、航行操纵及自测试等;综合状态评估系统用以评估航行态势、环境威胁,并提供智能决策。

目前,发达国家的舰船(包括核动力航母、核潜艇、护卫舰、猎雷艇、两栖运输舰等)都采用了 IBS。其中,Sperry 公司新近推出的军用 VISION2100 型 IBS 是最为先进的 IBS,其系统构成如图 5.2 所示。由图 5.2 可见,该 IBS 系统主要由如下子

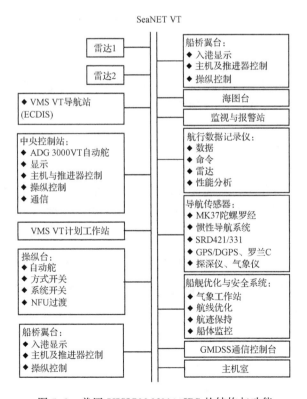

图 5.2　美国 VISION N2100IBS 的结构与功能

系统组成:组合导航系统、机械与自动化系统、信息技术系统、管理系统、雷达与传感器、导航与控制系统、惯性导航系统、航海网络支持系统。同样不难看出,惯性导航系统仍然被作为主要的导航手段,在 IBS 中占有相当重要的地位。

5.3　惯性导航系统及其主要设备

5.3.1　引言

惯性导航技术及系统以其自主性高、抗干扰性强、输出信息全面和全天候工作,而位居导航领域之首。目前,空、海、天、地导航系统无不使用这一技术和系统。正因为如此,深入研究导航系统及其关键技术,必须首先讨论惯性导航系统及其主要设备。

5.3.2　惯性导航系统

惯性导航系统以牛顿惯性定律为基础,通过在载体(如导弹、飞机、舰船等)上测量载体运动加速度,经过积分运算得到载体运动速度和位置坐标等导航信息。

如上所述,惯性导航系统按照所采用的惯性平台形式不同可分为平台式惯性导航系统和捷联式惯性导航系统。

1) 平台式惯性导航系统

平台式惯性导航系统为机械式平台,按其模拟的导航坐标系不同,又被分为当地水平惯性导航系统和空间稳定惯性导航系统。图 5.3 给出了其中的当地水平惯性导航系统原理结构图。

下面就以此为例讨论有关平台式惯性导航系统的设计问题。

(1) 平台伺服回路性能指标设计。

为了保证惯性导航系统既能准确地稳定在惯性空间,又能精确地跟踪导航坐标系在空间的转动,通常对平台伺服回路提出如下设计指标:

① 闭环力矩刚度。闭环力矩刚度描述了平台系统的抗干扰力矩能力,以 $S(s) = \dfrac{M_d(s)}{\varphi_p(s)}$ 表示,其中,M_d 为干扰力矩,φ_p 为平台偏角。对该刚度的静态要求(即 $S = 0$ 时)是在 10^8 g·cm/rad 量级,而动态要求则通过对闭环通频带 ω_b 达到,一般取 ω_b 50～200Hz。

② 振荡度。振荡度以闭环谐振峰值表示,即 $M_r = \left| \dfrac{y(j\omega_M)}{1 + y(j\omega)} \right|$。通常要求 $M_r = 1.1 \sim 1.5$。这时,相应相位裕度 $\lambda = 38° \sim 54°$。

(2) 三轴平台伺服回路解耦。

当载体有滚动、俯仰和偏航时,会出现三轴平台伺服回路耦合现象。设计中必

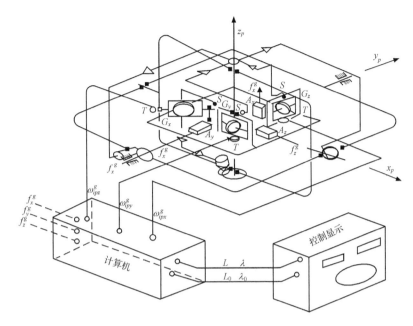

图 5.3 当地水平惯性导航系统原理结构图

须考虑实现解耦。其实现解耦原理如图 5.4 所示。

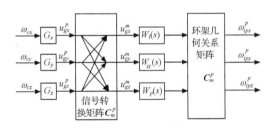

图 5.4 三轴平台伺服回路解耦原理图

C_m^p. m 系列 p 系的转换矩阵

$$C_m^p = \begin{bmatrix} \cos\theta_p\cos\theta_\alpha & \sin\theta_p & 0 \\ -\sin\theta_p\cos\theta_\alpha & \cos\theta_p & 0 \\ 0 & 0 & 1 \end{bmatrix}$$

（3）滚动方位惯导系统的力学编排。

力学编排又叫机械编排，是指惯性导航系统的机械实体布局、坐标系选用及计算方法的总和。力学编排的实质是建立系统的力学编排方程，也就是从惯性导航系统感测的加速度信息，转换成弹体速度和位置变化及对平台的控制规律。

① 位置计算。位置计算是指游动方位坐标系 w 到地球坐标系 e 的转换，其转换矩阵（或位置矩阵）

$$\boldsymbol{C}_w^e = \begin{bmatrix} c_{11} & c_{12} & c_{13} \\ c_{21} & c_{22} & c_{23} \\ c_{31} & c_{32} & c_{33} \end{bmatrix} \tag{5.1}$$

$\boldsymbol{C}_w^e$ 的元素可通过求解矩阵微分方程(5.2)得到

$$\dot{\boldsymbol{C}}_w^e = \boldsymbol{C}_w^e [\omega_{ew}^w x] \tag{5.2}$$

式中：$[\omega_{ew}^w x]$ 为反对称阵。

求解式(5.2)的初始条件由 L_0、λ_0、α_0 确定。考虑到游动方位坐标系 $\omega_{ewx}^w = 0$，可得

$$\left. \begin{aligned}
\dot{c}_{11} &= -c_{13}\omega_{ewy}^w \\
\dot{c}_{12} &= c_{13}\omega_{ewy}^w \\
\dot{c}_{13} &= c_{11}\omega_{ewy}^w - c_{12}\omega_{ewx}^w \\
\dot{c}_{21} &= -c_{23}\omega_{ewy}^w \\
\dot{c}_{22} &= c_{23}\omega_{ewy}^w \\
\dot{c}_{23} &= c_{21}\omega_{ewy}^w - c_{22}\omega_{ewx}^w \\
\dot{c}_{31} &= -c_{33}\omega_{ewy}^w \\
\dot{c}_{32} &= c_{33}\omega_{ewy}^w \\
\dot{c}_{33} &= c_{13}\omega_{ewy}^w - c_{32}\omega_{ewx}^w
\end{aligned} \right\} \tag{5.3}$$

并有正交条件

$$c_{13} = c_{21}c_{32} - c_{22}c_{31} \tag{5.4}$$

② 角速度 ω_{ew}^w 的计算。经推导，可得到平台相对地球运动角速度方程

$$\begin{bmatrix} \omega_{ewx}^w \\ -\omega_{ewy}^w \end{bmatrix} = \begin{bmatrix} -\dfrac{1}{\tau} & -\dfrac{1}{R_{yw}} \\ \dfrac{1}{R_{xw}} & \dfrac{1}{c} \end{bmatrix} \begin{bmatrix} V_x^w \\ V_y^w \end{bmatrix} = \boldsymbol{C}_a \begin{bmatrix} V_x^w \\ V_y^w \end{bmatrix} \tag{5.6}$$

式中：$\boldsymbol{C}_a$ 为曲率阵，$\boldsymbol{C}_a = \begin{bmatrix} -\dfrac{1}{\tau} & -\dfrac{1}{R_{yw}} \\ \dfrac{1}{R_{xw}} & \dfrac{1}{c} \end{bmatrix}$；$\tau$ 为扭曲曲率；R_{xw}、R_{yw} 分别为游动方位坐标系等效曲率半径。

③ 速度 V_{ew}^w 的计算。经推导，可得

$$\left. \begin{aligned}
\dot{V}_x^w &= f_x^w - (2\omega_{ie}c_{32} + \omega_{ewy}^w)V_z^w + \omega_{ie}c_{33}V_y^w \\
\dot{V}_y^w &= f_y^w - (2\omega_{ie}c_{31} + \omega_{ewy}^w)V_z^w - \omega_{ie}c_{33}V_x^w \\
\dot{V}_z^w &= f_z^w - (2\omega_{ie}c_{32} + \omega_{ewz}^w)V_z^w - (2\omega_{ie}c_{31} + \omega_{ewy}^w)V_y^w - g
\end{aligned} \right\} \tag{5.7}$$

应该指出的是，惯性导航系统的垂直速度不能由式(5.6)直接积分得到，这是因为垂直通道往往不稳定。飞行中，如果弹体垂直速度不很大，特别是相对于水平

速度较小时,可以略去 V_z 不计,故式(5.6)可简化为

$$\left.\begin{array}{l} \dot{V}_x^w = f_x^w + \omega_{ie} c_{33} V_y^w \\ \dot{V}_y^w = f_y^w - \omega_{ie} c_{33} V_x^w \end{array}\right\}$$

④ 施加给平台的指令角速度 ω_{rw}^w 的计算。经推导,平台三个轴的对应指令加速度分量为

$$\left.\begin{array}{l} \omega_{rwx}^w = \omega_{ie} c_{31} + \omega_{ewx}^w \\ \omega_{rwy}^w = \omega_{ie} c_{32} + \omega_{ewy}^w \\ \omega_{rwz}^w = \omega_{ie} c_{33} \end{array}\right\} \tag{5.8}$$

综上所述,基于①～④的计算,若不考虑垂直通道时,可得到游动方位惯性导航系统的力学编排如图 5.5 所示。

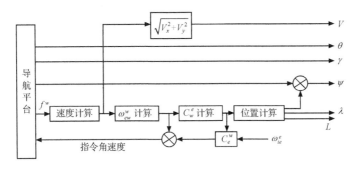

图 5.5　游动方位惯性导航系统力学编排

还应着重指出的是,由于重力加速度 g 随高度的增加而减小,所以惯性高度通道通常是不稳定的。因此,该通道一般需要和外部高度信息进行组合,如和气压高度计、大气数据系统或无线电高度表等组合。这时,可采用二阶或三阶阻尼回路,以避免相互作用。

2) 捷联式惯性导航系统

与平台式惯性导航系统相比,捷联式惯性导航系统的最大特点是以数字平台取代机械平台,把惯性元件(加速度计和陀螺仪等)直接安装在弹体上。这样,捷联式惯性导航系统用计算机将完成导航平台的功能。其工作原理可见第 2 章。因此,设计中的主要关键是:建立惯性元件的数学模型和进行误差补偿,以及惯性导航系统的程序编排。

(1) 惯性元件的数学模型。

① 加速度计的数学模型。加速度计的数学模型分为静态、动态和随机三种模型。静态模型反映了加速度计输出与加速度输入之间的函数关系 $y = f(A)$;动态模型描述了弹体角运动环境下,加速度计与角速度、角加速度之间的函数关系 $y = f(\omega, \dot{\omega})$;随机模型是指加速度计输出与随机误差源之间的关系 $y = f(\Delta)$。

② 陀螺仪的数学模型。陀螺仪的数学模型也可分为静态、动态和随机三种，其模型描述方法与加速度计模型一样。

（2）惯性元件的动态、静态误差补偿。

为了简化问题,我们将惯性元件动、静态误差统称为加速度计误差和陀螺误差。在建立两者模型之后,通过计算机软件（即补偿模型）进行误差补偿（见图5.6）。

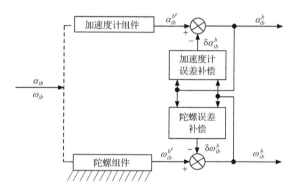

图 5.6　惯性元件误差补偿方法示意图

ω_{ib}、α_{ib}. 弹体相对惯性空间运动的加速度和比力；$\omega_{ib}^{b'}$、$\alpha_{ib}^{b'}$. 陀螺及加速度计输出的原始测量值；

ω_{ib}^{b}、α_{ib}^{b}. 经误差补偿后的陀螺及加速度计的测量值；$\delta\omega_{ib}^{b}$、$\delta\alpha_{ib}^{b}$. 由误差模型计算软件输出的

陀螺及加速度计测量误差的估计值

（3）惯性导航系统的程序编排。

捷联式惯性导航系统的程序编排主要包括导航位置方程和姿态方程。

导航位置方程包括位置矩阵、位置微分方程、位置速率方程及速度方程,而姿态方程由姿态矩阵、姿态微分方程、姿态速率方程及四元素求解算法等构成。图5.7给出了基于上述导航位置方程和姿态方程下的捷联式惯性导航系统编排。

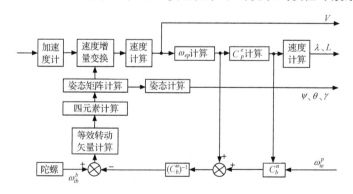

图 5.7　捷联式惯性导航系统程序编排

3）惯性导航系统误差分析

惯性导航系统误差是影响惯性制导精度的主要因素。因此,研究的目的在于分析确定各误差环节对系统性能的影响及对关键元器件提出合理精度要求,同时采取有效补偿措施,也可提高惯性导航输出参数的精度。

（1）误差源。影响惯性导航系统性能的误差因素称为误差源。误差源按其误差生成原因和性质可分为:元件误差、安装误差、初始条件误差、计算误差、原理误差、外扰误差等。理论和实践证明,主要误差源是前三者。

① 元件误差。无论是陀螺还是加速度计,造成元件误差的主要因素是刻度误差、零位偏差和漂移。

② 安装误差。主要是指各轴间垂直度偏差及平行偏差造成的误差。

③ 初始条件误差。主要是指惯性导航系统开始以导航状态工作前,给计算机引入初始经、纬度所具有的操作误差 $\Delta\lambda_0$ 及 ΔL。

（2）惯性导航系统的误差方程。

惯性导航系统误差分析主要是推导该系统的误差方程,包括速度误差方程、位置误差方程和姿态误差方程。

① 速度误差方程。速度误差方程是指导航计算机计算的导弹飞行速度与真实速度之差,而描述其变化的微分方程称为速度误差方程。

经推导知,其加速度误差向量方程为

$$\delta\dot{V}^n = f^n + \varphi^n + \Delta^p - (2\delta\omega_{ie}^n + \delta\omega_{en}^n)V^n - (2\omega_{ie}^n + \omega_{en}^n)\delta V^n \tag{5.9}$$

将式(5.9)展开成分量形式,则有

$$
\begin{aligned}
\delta\dot{V}_x &= f_y\dot{\varphi}_z - f_z\varphi_y + \left(\frac{V_y}{R}\tan L - \frac{V_z}{R}\right)\delta V_x + \left(2\omega_{ie}\sin L + \frac{V_x}{R}\tan L\right)\delta V_y \\
&\quad - \left(2\omega_{ie}\cos L + \frac{V_x}{R}\right)\delta V_z + \left(2\omega_{ie}V_y\cos L + \frac{V_xV_y}{R}\sec^2 L + 2\omega_{ie}V_x\sin L\right)\delta L + \nabla_x \\
\delta\dot{V}_y &= f_z\dot{\varphi}_x - f_x\varphi_z + \left(2\omega_{ie}\sin L + \frac{V_x}{R}\tan L\right)\delta V_x - \frac{V_z}{R}\delta V_y - \frac{V_y}{R}\delta V_z \\
&\quad - \left(2\omega_{ie}\cos L + \frac{V_x}{R}\sec^2 L\right)V_x\delta L + \nabla_y \\
\delta\dot{V}_z &= f_x\dot{\varphi}_y - f_y\varphi_x + 2\left(\omega_{ie}\cos L + \frac{V_x}{R}\right)\delta V_x + 2\frac{V_y}{R}\delta V_y \\
&\quad - 2\omega_{ie}V_x\delta L\sin L + \nabla_z
\end{aligned}
\tag{5.10}
$$

② 位置误差方程。由 $\dot{L} = \dfrac{V_y}{R}, \dot{\lambda} = \dfrac{V_x}{R}\sec L$ 可得

$$
\left.
\begin{aligned}
\delta \dot{L} &= \frac{\delta V_y}{R} \\
\delta \dot{\lambda} &= \frac{\delta V_x}{R}\sec L + \frac{V_x}{R}\sec L \tan L \delta L \\
\delta \dot{h} &= \delta V_D
\end{aligned}
\right\}
\tag{5.11}
$$

式中：δV_D 为垂直速度。

③ 姿态误差方程。姿态误差方程又叫平台姿态误差方程。所谓平台姿态误差是指平台坐标系（p 系）和导航坐标系（n 系）之间存在的误差角向量 $\boldsymbol{\varphi}^n$。描述其变化的微分方程就是姿态误差方程。经推导可得姿态误差方程为

$$
\left.
\begin{aligned}
\dot{\varphi}_x &= -\frac{\delta V_y}{R} + \left(\omega_{ie}\sin L - \frac{V_x}{R}\tan L\right)\varphi_y - \left(\omega_{ie}\cos L + \frac{V_x}{R}\right)\varphi_x + \varepsilon_x \\
\dot{\varphi}_y &= -\frac{\delta V_x}{R} - \omega_{ie}\sin\delta L - \left(\omega_{ie}\sin L + \frac{V_x}{R}\tan L\right)\varphi_x - \frac{V_y}{R}\varphi_x + \varepsilon_y \\
\dot{\varphi}_z &= -\frac{\delta V_x}{R}\tan L + \left(\omega_{ie}\cos L - \frac{V_x}{R}\sec^2 L\right)\delta L - \left(\omega_{ie}\cos L - \frac{V_x}{R}\right)\varphi_x - \frac{V_y}{R}\varphi_y + \varepsilon_z
\end{aligned}
\right\}
$$

$$\tag{5.12}$$

5.3.3　主要惯性导航设备

惯性导航系统的主要设备（或元部件）包括惯性导航加速度计、惯性导航陀螺仪、惯性平台等。

1）惯性导航加速度计

加速度计是用以感受输出与载体运动加速度（或比力）成一定函数关系的电信号测量装置，是惯性导航系统回路中确定载体速度、位置及超过距离等导航参数的基本元件，也是实现平台初始对准不可缺少的部分。其工作原理以牛顿经典力学为基础，所以加速度计也叫惯性元件。

目前，加速度计种类已相当繁多，可以有多种分类方法。通常按其原理和工作方式可分为：宝石轴承摆式加速度计、液浮摆式加速度计、挠性摆式加速度计、陀螺摆式加速度计、压阻式加速度计、压电式加速度计、振弦式加速度计、石英振梁加速度计、激光加速度计和光纤加速度计等。

惯性导航对加速度计的要求很高，主要是：灵敏限小，必须在 $10^{-5}g$ 以下，有的达到 $10^{-8} \sim 10^{-7}g$；摩擦干扰小，必须保证摩擦力矩小于 $0.98 \times 10^{-9}\,\mathrm{N \cdot m}$；量程大，通常飞机要求测量范围是 $10^{-5}g \sim 20g$，导弹甚至需到上百个 g。

必须强调指出的是，激光加速度计、光纤加速度计、振弦式加速度计、石英振梁加速度计、静电加速度计、压电式加速度计等都是 20 世纪 60 年代后发展的新型加速度计，它们各有优势特点，已被广泛用于航空、航海、航天和武器系统及大地测量等领域。例如，激光加速度计动态范围大（可达 10^7）、分辨率高（可达 10^{-6}）交叉耦

合影响小于 10^{-6}，且容易实现微型化；光纤加速度计同样具有分辨率高、精度高、体积小、动态测量范围宽，并具有成本低和易于采用光学技术的潜在优势。它们已成为军机在惯性导航中和航天、导弹在惯性制导中首选的加速度计类型。

2）惯性导航陀螺仪

从理论上讲，只要有加速度计、计时装置和积分运算，就能实现惯性导航，但实际上远非如此。这是因为载体的运动速度和重力加速度通常是无法区分的，所以如何把加速度计始终保持在水平面内，且不受振动和摇摆的干扰，就成了惯性导航的关键技术之一。人们利用陀螺的定轴性和进动性研制成功了陀螺仪，终于解决了这个工程技术难题。

陀螺仪是惯性导航系统中最重要且技术含量最高的元部件，陀螺仪精度直接决定着惯性导航系统的精度。因此，在惯性导航中对陀螺仪性能要求相当高。例如，在测量精度方面，以 $0.01°/h$ 的漂移率作为航空惯性导航的典型要求，而对于远程战略轰炸机则要求更高，应优于 $0.005°\sim0.0001°/h$；陀螺仪用于航海时（如航母、核潜艇上），陀螺漂移率必须优于 $0.001°\sim0.000\,01°/h$；至于战术导弹和战略导弹对陀螺仪精度要求范围很大又很苛刻，其漂移率为 $0.1°\sim0.000\,01°/h$。当然，在采用 GPS 及组合导航后，对陀螺仪精度可适当降低。除此之外，对陀螺仪的测量范围和指令速率刻度因数稳定性，也都有相应的高要求。

陀螺仪的发展大致经历了四代，从 20 世纪 40 年代的第一代滚珠轴承陀螺仪直到当今第四代新型激光陀螺仪和光纤陀螺仪，已形成多种多样的可供惯性导航应用的陀螺仪，如液浮陀螺仪（包括单轴的、双轴的、动压气浮支撑的、磁力悬浮支撑的、液体悬浮支撑的等）、挠性陀螺仪、动力调谐陀螺仪、激光陀螺仪、光纤陀螺仪、静电陀螺仪、半球谐振陀螺和微机械陀螺仪等。

3）惯性平台

惯性导航系统中的惯性平台又称陀螺稳定平台，是系统的中心部件。其功能是为加速度计提供准确的安装基准和测量基准。简而言之，就是支撑加速度计，使三个加速度计的测量轴稳定在东、北、天方向。一般惯性平台中的陀螺仪可以是单自由度陀螺仪，也可以是二自由度陀螺仪，但作为惯性导航系统的稳定平台，都必须是三轴平台。三轴平台的构成如图 5.3 所示。惯性平台除应有合理的结构形式（包括哑铃形结构、两端支撑的组合结构、悬臂支撑环架结构、方位旋转式结构）外，对其安装性、可维修性、可靠性等都应有严格要求，尤其是对惯性平台系统的温度控制更有很高的要求。这是因为惯性平台中的陀螺仪漂移和加速度计零位偏差是影响惯性导航系统性能的主要因素，而这些因素又受温度的影响很大。为了使这两种误差相对稳定，以便予以补偿，就必须对陀螺仪、加速度计平台系统进行温度控制。为此，设计了专门的温控系统。目前，广泛采用的是数字温控系统（见图 5.8）。

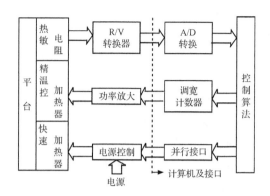

图 5.8　典型平台数字温控系统

5.4　惯性导航系统的关键技术

惯性导航是一门综合了机电、光学、力学、控制及计算机等学科的尖端技术,惯性导航系统的发展主要依赖新概念测量原理和新型惯性设备(器件)、先进制造工艺、计算机技术等技术进步和支撑。在发展过程中,曾出现许多需要解决的关键技术,主要包括:低漂移的高精度陀螺仪技术、系统设计技术、材料技术、误差分析及补偿技术、计算机技术、滤波与校正技术。此外还有需要解决的元器件等。

(1)研制低漂移的高精度陀螺仪是一个始终放在首位的关键技术,这是因为陀螺仪在制造和使用过程中,不可避免地存在某些干扰力矩,由此产生了陀螺漂移,形成影响惯性导航系统精度的最主要误差源。理论和实践表明,欲达到 1n mile[①]/h(CEP)的定位精度,惯性导航系统所使用的陀螺仪,其漂移不得超过 0.01°/h;1kg 的陀螺转子重心,若偏离其对称轴 0.05μm,就会引起射程为 1000km 导弹 100m 纵向误差和 50m 横向偏差。为此,经数十年的不懈努力已使传统的液浮陀螺漂移下降到 0.001°～0.0001°/h 的精度水平。与此同时,许多高精度的新型陀螺仪,如挠性陀螺、激光陀螺、光纤陀螺、静电陀螺及半球谐振陀螺等相继问世,并投入使用。

(2)材料技术主要围绕对材料的质量、加工性、永磁性、稳定性、长寿命和所期望的零膨胀系数等要求的研究方面。例如,对最轻惯性仪表级性能铍金属材料的加工工艺、表面处理和铍尘防护等;研制高稳定性永磁材料的弹性材料和提高稀土永磁材料和新型弹性材料的稳定性、机械性能和加工性能;研究激光陀螺所要求的零膨胀系数的腔体材料等。

————————————

①　1n mile=1.852km,下同。

（3）在系统设计方面，主要是利用计算机辅助设计技术实现惯性导航系统所需要的对称设计、等刚度设计、热设计、减振和防振设计，以及可靠性和可维修性设计等。

（4）误差分析及补偿技术主要用于提高陀螺精度，一般采用陀螺误差模型的理论分析和辨识方法，注重系统校准阶段的误差分析及补偿研究。随着惯性导航系统应用范围的不断扩大，对陀螺精度的要求越来越高，采用传统方法解决误差及补偿的手段来提高精度的难度便越来越困难。为此，人们开辟了一条新的技术途径，这就是在中等精度陀螺下，通过"系统技术"来获得整个惯性导航系统的很高精度，如采用"陀螺监控技术"和"卡尔曼滤波技术"等。

（5）由上述导航综合系统和综合舰桥系统来看，不仅惯性导航系统仍占据着导航领域的首要地位，而且计算机技术已成为系统核心。可以说，目前的整个惯性导航设备设计制造、惯性计算、算法推导、惯性导航校正以及系统综合、操纵、监测和监控等都离不开计算机。计算机技术包括计算机硬件技术和软件技术，导航计算机的软件技术尤为重要。导航软件设计基本上是按功能分为模块，并根据输入一次性有效指令的工作方式形成控制字进行功能实时调用的。例如，典型的飞机导航软件一般被划分为 28 个模块，配置了 8 个子程序，主要包括子系统初始信号的处理、检测、计算机内部自检、导航计算和校正、航迹规划与控制、操纵参数技术与控制等。

（6）惯性导航系统在军事上的可贵优点，使它成为航空、航天和武器装备，特别是精确制导武器上不可替代的主导航装备。但纯惯性导航系统的固有积累误差总是不可避免的，它将严重影响导航精度。为了提高导航精度，可采用三种方法与技术：一是提高单个系统（如惯性导航系统）的精度；二是采用卡尔曼滤波技术将两个或多个导航系统相组合，构成组合导航系统；三是采用一种新精确修正系统误差的辅助手段对主导航系统（惯性导航系统）实施直接校正。实践证明，使用第三种方法与技术成本最低、风险最小且精度可以接受。例如，飞机惯性导航系统就较多地采用了直接校正方法与技术，一般采取利用无线电返程导航系统校正和借助光电火控系统校正。

5.5　组合导航技术基础

5.5.1　引言

任何一个单一类型的导航系统都无法满足对现代导航系统越来越高的要求，或是因它们功能单一，或是由于它们的性能有其重要缺陷，特别是在导航精度方面。为了弥补单一类型导航系统的不足，于是组合导航技术和系统便应运而生了。通常，组合导航系统是在一种中等精度惯性导航系统的基础上，通过卡尔曼滤波器结合引进一个或多个其他辅助导航传感器,这些传感器可为惯性导航系统提供有用信息,从而最终构成一种对短期和长期稳定性以及系统精度都是最佳的综合系统。

另外,在导航领域越来越多地出现了各种功能的导航传感器模块和各类集成数据库等,导航资源如何针对不同的运载体与导航系统,充分利用这些导航资源与新技术,以提高导航系统性能及减少研制费用,是摆在导航、制导与测控技术工作者前面的一个重要任务。对此,构成组合导航系统同样是极其重要的选择。

研制和运用组合导航系统所使用的各种技术统称为组合导航技术,主要包括各类导航技术、系统集成技术、多传感器融合技术、系统误差分析与补偿技术、卡尔曼滤波技术、建模与仿真技术和各种试验技术等。

5.5.2　组合导航系统构建技术

组合导航系统根据现代战争需求和导航对象的要求,将两种或两种以上的导航系统组合起来,形成一个有机的整体,兼备各系统的优点而弥补缺点,从而使新的组合系统具有任何单独导航系统所不具备的优良性能。因此,系统构建是组合导航系统首先需要解决的技术问题。这里,没有固定的程式,只能视具体情况而定,即针对不同的运载体与导航要求,利用现有导航资源,构成不同的组合导航系统,再通过理论分析和仿真试验,进行综合比较,取其最优的方案。严格地讲,还必须经过其他地面试验和飞行(水中)试验验证,甚至实战考验,才能确定该方案是否最优而实用。以惯性/卫星/天文(INS/GNSS/CNS)组合导航系统为例,惯性导航、卫星导航与天文导航是典型的现代导航方式,各有优缺点。若将其有机组合,充分发挥它们的各自优势,弥补其所短,便可实现精确制导与控制,无疑是理想的组合导航系统之一。该组合方案的示意图如图 5.9 所示。其中信息融合可在导航

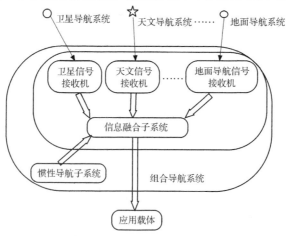

图 5.9　INS/GNSS/CNS 组合导航系统的构成示意图

计算机中完成,它将对参与组合的各导航系统输出信息进行统一处理融合、协调和管理等,并输出最优或次优的导航参数估计。

5.5.3　组合系统工作模式

所谓工作模式是指在考虑各种因素下组合系统能够高效利用各子系统导航信息的工作体制和方法。通常,组合导航系统可有多种工作模式,如重调模式、深耦合模式、浅耦合模式和浅-深耦合混合模式等。

重调模式较为简单,是一种早期的组合导航模式,它总是以较高精度的导航系统(如卫星导航系统)输出参数代替较低精度导航系统(如惯性导航系统)的输出参数,从而使组合导航系统精度限制在较高精度导航系统的导航误差范围内,并在下一次获得导航参数前,可对较低精度的导航系统进行误差修正,该系统被修正后,将按固有规律继续工作和输出导航参数,同时,也继续产生新的误差积累,直至被下一次修正。

深耦合模式是在组合导航系统中,利用各导航传感器的观测信息获得导航参数的最优估计或次优估计,通滤波技术在传感器之间进行相互辅助、相互修正,以减小传感器各自的系统误差与量测误差,提高导航精度。

浅耦合模式是指各传感器之间并不相互辅助与修正,只是利用各传感器的观测信息,通过状态估计得到导航参数的最优或次优估计。

深耦合与浅耦合工作模式各有优缺点。前者可减小各传感器的误差值,使量测信息更精确,从而提高组合导航系统的精度及稳定性,但技术难度很大;后者因无须各传感器之间的相互辅助与修正,故容易实现,但精度的提高有一定限制。由此,产生了浅-深耦合混合型工作模式。仍以 INS/GNSS/CNS 组合导航为例,其实现原理如图 5.10 所示。

在此混合型工作模式下,INS/GNSS 组合导航系统采用了浅耦合模式,即将 INS 输出量与 GNSS 的观测量直接进行组合,得到关于位置与速度参数的估计,并将子滤波器的输出送入主滤波器中。而对于 INS/CNS 采用深耦合模式,即在 INS/CNS 子滤波器中,将 INS 的输出量与 GNSS 的观测量组合后,得到关于平台漂移参数的估计,并将子滤波器输出的平台漂移信息反馈到惯性平台控制系统中,通过惯性平台框架轴的力矩电机校正平台漂移,从而可大幅度提高惯性平台的导航精度。

5.5.4　组合系统状态估计方法

基于如下两个方面的原因,组合系统状态估计显得格外重要:其一是所有导航系统都存在系统噪声和测量噪声;其二是组合系统为多源信息,各系统的观测信息均有差异。为了从含有噪声和多个差异的观测信息中获得真实的导航信息,一般

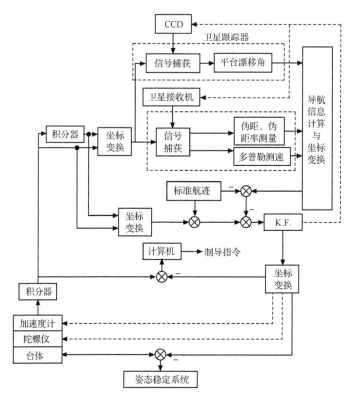

图 5.10 INS/GNSS/CNS 浅-深耦合混合型工作模式

采用基于卡尔曼滤波理论的状态估计方法。这是因为卡尔曼滤波可将惯性导航产生的位置输出与卫星位置输出相比较并得出差值,同时由这种差值估算出惯性导航的各种主要误差因素的大小,从而对惯性导航进行校正,以提高其导航精度。不仅如此,在惯性导航与卫星导航的深耦合组合中,组合系统还将通过卡尔曼滤波实现两者的相互辅助:一方面来自惯性导航的速度信息辅助卫星导航提高其抗干扰能力,另一方面利用卫星导航帮助惯性导航实现空中对准,大大加快了系统的反应时间。

利用卡尔曼滤波进行组合系统状态估计和校正可有直接法和间接法,它们各有特点,在实际应用中,往往采用混合方式。

5.5.5 组合系统误差修正与容错技术

导航参数是导航精度的最终影响因素。卡尔曼滤波的输出是考虑了各种干扰在内的导航参数误差估计,因此,将此估计值加入到组合系统的位置与速度方程中,便会减小甚至消除位置与速度误差量,从而提高导航精度。

对于组合系统,在提高导航精度的同时,正确地提取各个导航系统的信息和对系统故障进行有效检测,乃至在线实时重构控制系统也是极其重要的。为此,要求在卡尔曼滤波信息融合过程中,应具有故障检测与容错的功能。为了保证组合系统具有高度的稳定性和容错,一般应采用联邦式卡尔曼滤波,并针对具体导航子系统设计相应的滤波器结构与算法。

5.5.6 组合系统降阶方法

目前,组合系统的状态估计一般采用卡尔曼滤波实现。然而,卡尔曼滤波器的计算开销与其系统阶数的三次方成比例,这样对于大型复杂系统,由于阶数很高,势必给导航计算机带来沉重的计算负担,从而限制系统的采样速率,直接影响滤波精度。因此,在保证导航精度的前提下,合理降低组合系统的阶次既是必要的又是很重要的。分析可知,组合系统的高维数主要来自惯性导航系统。可见,所谓组合系统降阶主要是指合理降低惯性导航系统的阶次。通常,控制系统的降阶有奇异摄动降阶和集结法降阶,以及由此而演化的许多其他降阶方法。除此之外,适用于组合系统卡尔曼滤波的降阶方法还有状态删除法。同时,还可以采用稀疏矩阵进行卡尔曼滤波,以减小滤波过程的计算量。

5.6 INS/SAR 组合导航系统

5.6.1 引言

如上所述,在现代导航技术及系统中,INS 是目前任何一个导航系统都无法代替的自主式导航系统,各种组合导航系统几乎均以 INS 为基础,且 INS 始终占主导地位。雷达在飞行器组合导航系统中的应用一直被人们高度关注。其中,合成孔径雷达是一种分辨率很高的新型雷达,已成为军事侦察和微波遥感的有力工具,被广泛用于飞机、导弹、人造卫星及宇宙飞船等,作为重要的侦测和控制手段。可见,INS 与 SAR 是构成组合导航系统的理想技术途径之一。

5.6.2 合成孔径雷达

合成孔径雷达(SAR)出现于 20 世纪 50 年代,60 年代中期随着反导系统提出高精度、远距离、高分辨率和多目标测量的要求使 SAR 进入快速发展时期,70 年代中期 SAR 的计算机成像技术被突破,从此,高分辨率 SAR 移植到民用,在航空、航海上获得广泛应用,并进入空间飞行器领域。

合成孔径雷达具有全天候、全天时成像、高的方位分辨率和距离分辨率(方位分辨率可达分米级)、可远距离测绘、具有多种模式和多功能等显著优点。目前,SAR 正朝着多波段、多极化、可变视角、宽测绘带、多观测模式和更高分辨率的方向发展。

图像处理和数据处理是 SAR 的核心技术,SAR 的图像或数据处理方法可有多种,如光学处理、数字处理、声(电)处理及混合处理等。SAR 可有多种工作体制,故而产生了多种形式和不同用途的 SAR,如带状成像雷达、小区域成像雷达、对旋转目标成像雷达、逆合成孔径雷达、微波全息雷达、全息摄影矩阵雷达、机载前视 SAR、SAR 干涉仪、三次谐波合成孔径金属探测雷达、多极化多通道合成孔径侧视雷达等。

近年来,SAR 在地形测量、军事侦察、飞行导航与制导方面越来越显示其重要作用,同时进一步推动着如下 SAR 技术的迅速发展:高分辨率 SAR 技术,三维成像技术,SAR 的地面运动目标探测(GMTI)技术,多频、多极化 SAR 技术,相干斑噪声消除技术,超宽带合成孔径及米波孔径成像技术,以及高速实时数字信号处理技术等。

SAR 的上述特点、多种工作体制和多种功能及潜在技术力量决定了它是组合导航系统的理想辅助传感器(系统)。INS/SAR 和 INS/GNSS/SAR 组合导航就是典型例证。

5.6.3　INS/SAR 组合导航系统

INS/SAR 组合导航系统是利用 SAR 的图像辅助作用对 INS 进行修正,以实现高精度导航定位的一种新型组合导航系统。该系统的原理可简述如下:

由于 SAR 是一种基于距离和方位二维分辨率原理的成像雷达,可全天候、全天时地提供高分辨率图像,因此把即时获得的 SAR 图像信息与从数字地图数据库中查询到的相应于 SAR 测绘区的地图进行图像匹配,便可得到 INS 的位置和方位的偏差,再将其作为观测量经卡尔曼滤波可计算出 INS 的误差估计,用来校正 INS,从而获得当前精确的导航信息,然后利用该信息对 SAR 进行主动补偿和视区定位参数计算。这样,通过 INS 与 SAR 的相互作用,便可达到它们之间的取长补短,实现高精度、完全自主的导航定位。为了清晰地理解上述系统原理,图 5.11 给出了 INS/SAR 组合导航定位系统的原理框图。

该系统具有精度高,自主性强,可全天候、全天时工作,快速反应能力好,适用区域广,INS 与 SAR 互补可充分发挥各自优良性能等优点。除此之外,系统还具有目标识别功能,可用于执行侦察、瞄准、捕获目标等任务。当然,该系统仍存在一定缺点,如尺寸和质量大,稳定和跟踪能力有限;载体做非匀速直线运动时,图像易产生畸变;载体做大机动运动时显得修正能力不够;SAR 存在致使系统隐蔽性下降等。但具体来说,该系统利大于弊,故已成功用于军机、精确制导武器和精密武器投掷系统等方面。

实现 INS/SAR 组合系统的关键技术可归纳如下:

(1) SAR 图像中的地形特征提取技术。

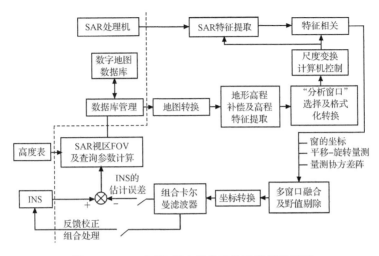

图 5.11　INS/SAR 组合导航定位系统原理框图

（2）数字地图中图像形成技术。

（3）鲁棒的地形特征偏差估计及融合技术。

（4）自动初始捕获、匹配技术。

（5）SAR 的运动补偿技术。

（6）系统的计算机仿真技术等。

应指出的是，计算机仿真对于 INS/SAR 组合导航系统分析、设计、制造及应用是至关重要的，它已贯穿于系统全生命周期。图 5.12 为 INS/SAR 组合系统的计算机仿真软件的设计框图。

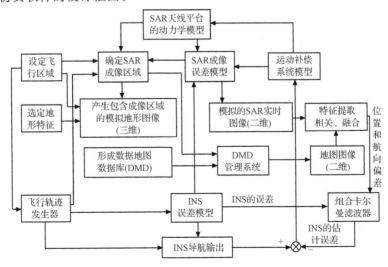

图 5.12　INS/SAR 组合系统的计算机仿真软件的设计框图

5.7　SINS/GPS 组合导航系统

5.7.1　引言

如下三个主要因素推动着组合导航技术的蓬勃发展:①远程/长航时及武器投放、侦察/反潜及变轨控制等军事需求对导航系统提出了更高要求,尤其是在高导航精度方面;②卡尔曼滤波技术的发展和不断进步,为组合导航提供了理论基础和信息处理手段;③数字计算机特别是嵌入式技术的蓬勃发展为应用卡尔曼滤波方法解决组合导航问题创造了现实可行的条件。目前,虽然组合导航方式很多,如GPS/INS、GPS/DNS、GPS/CNS、GPS/GLONASS、GPS/TRN、INS/GPS/TRN,但它们大都以 SINS 和 GPS 为基本手段,用 GPS 作为外部信息源对 SINS 性能进行增强和改善的组合导航系统已成为一个重要的发展方向。

我国惯性技术近年来取得了长足进步,液浮陀螺平台惯性导航系统、动力调谐陀螺回轴平台系统已相继应用于长征系列火箭。其他各类小型化捷联式惯性导航、光纤陀螺惯性导航、激光陀螺惯性导航及匹配 GPS 修正惯性导航测量装置也已广泛用于飞机、舰船、运载火箭、宇宙飞船和各种制导武器,特别是 GPS 技术及其应用已相当成熟,因此,研究 SINS/GPS 组合导航技术和系统具有重要的现实意义,尤其是对于促进组合导航系统的小型化关系重大。

5.7.2　SINS/GPS 组合导航原理及组合方式

捷联式惯性导航系统(SINS)是现代惯性导航最常见的系统,它不依赖外界信息、隐蔽性好、抗辐射性强、短时间内稳定性高,能在任何介质和环境下连续为载体提供多种导航参数或跟踪载体的任何机动运动,是一种全天候、自主式导航系统。GPS 系统是目前世界上功能最为完善、性能最为优良的全天候、能覆盖全球的精确三维非自主导航系统。二者优势非常明显,但也各有缺陷。前者导航精度随时间的延长而不断降低,不宜长时间、远距离导航;后者易受电磁干扰,不能提供载体姿态等导航参数,且关键时受别人控制。因此,SINS/GPS 组合导航互补性很大,系统体积小、质量轻、功能强,具有十分重要的军事和民用价值。

SINS/GPS 组合导航与上述 INS/GPS 综合导航的原理及组合方式大体相同,同样是以 SINS 作为基本导航手段,由 GPS 对其进行补充修正,通过卡尔曼滤波器将它们构成一体化组合系统。即将 GPS 观测数据与经过力学编排得到的 SINS 数据进行同步后送往联合卡尔曼滤波器,滤波器给出一组状态变量(如位置、速度、姿态角、陀螺漂移、加速度计零漂、时钟差等)的最优估计,再将这些参数误差的估计反馈至 SINS,并重新校正 SINS(如陀螺漂移、零漂及刻度因子)等。经过组合滤波器校正后,即使当 GPS 不能正常工作时,SINS 编排模块也可以作精确导航。这是因为在系统设计中已经考虑到,当 GPS 或 SINS 某一系统不能正常工作时系统应能自动重构转换成纯 SINS 或 GPS 数据处理器。

上述 SINS/GPS 组合导航系统的硬件一体化组合原理示意图如图 5.13 所示。在这种组合方式下,除 GPS 对 SINS 导航精度进行补偿修正外,各子系统的互补性还将主要体现在如下两方面:①SINS 辅助 GPS 接收机快速捕获卫星信号。由图 5.13 可见,SINS 信息可以精确预报出接收机天线的位置和速度,据此可以预报伪距、伪速率及频率搜索窗口,从而提高 GPS 接收机的捕获速度。研究表明,由 $0.1°/h$ 陀螺及 $1×10^{-3}g$ 加速度计所构成的 SINS 与 C/A 码接收机相结合,可使卫星信号捕获时间从 2min 减小到 5s。②SINS 辅助 GPS 接收机跟踪信号。利用 SINS 测出载体的短周期运动信息,并将其作为辅助信号传递给跟踪回路,可大大减小由载体运动产生的跟踪误差。在动态情况下,为了减小载波环的跟踪误差,要求 SINS 高频度(至少每 10ms)提供速度辅助信息,并且必须考虑信号的传递延迟。分析结果表明,经惯性导航速度信息辅助后,鉴相器的误差输出仅为无辅助时的千分之一(对于导航精度为 1nm/h 的导航系统)。除此之外,还可利用 SINS 提供的姿态信息辅助并控制 GPS 接收天线(对定向型),在载体做机动运动是始终指向卫星。

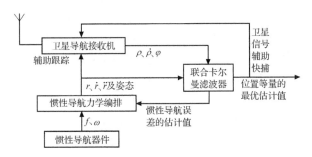

图 5.13　SINS/GPS 组合导航系统的硬件一体化组合原理示意图

SINS 与 GPS 软件组合方式示意图如图 5.14 所示。由图 5.14 可见,GPS 数据通过 RS-232 串口输入到计算机,GPS 接收机的每秒脉冲信息 PPS 通过并口输入到计算机,供 GPS 与 SINS 数据同步使用,而 SINS 数据利用一专用接口(如 ARIN 429 卡)转送至计算机中。在计算机上对两套数据先做时间、空间同步,再按照设计的滤波算法进行组合处理,再按照相应的理论及算法提取所需要的信息。这种组合方式可实现组合导航系统的小型化。

综合图 5.13 和图 5.14,可给出整个 SINS/GPS 组合系统的简化原理图如图 5.15所示。

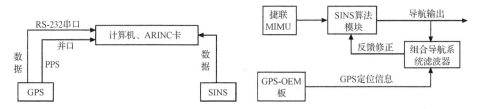

图 5.14　GPS 与 SIN 软件组合方式示意图　　图 5.15　SINS/GPS 组合系统的简化原理图

5.7.3　SINS/GPS 组合导航关键技术

实现 SINS/GPS 组合导航的关键技术包含,除与惯性导航相同的陀螺平台精度技术、系统设计技术、材料技术、误差分析技术等以外,主要是滤波器设计技术和嵌入式硬、软件设计技术。

SINS/GPS 组合导航系统被一致公认为是运载体最理想的组合导航系统之一。在此系统中,滤波算子设计(或研制)是其信息处理的关键。SINS 和 GPS 数据融合算法中作常用的工具是卡尔曼滤波器。针对导航系统滤波模型大都具有非线性的特点,宜采用基于线性卡尔曼滤波的 EKF、UKF 和粒子滤波技术,且实践表明,UKF 滤波算法是最为理想的。在 SINS/GPS 组合导航系统 UKF 滤波算法设计中,一般通过选取适当的 Sigma 点,利用真正的非线性函数计算这些点的值,进行非线性变换并完成滤波处理,为了提高计算效率,人们研制出了一种平方根形式的 SR-UKF,它利用矩阵的 QR 分解和更新 Cholesky 分解因数及最小二乘等强有力的线性代数技术,及 Cholesky 分解因数形式直接转换及更新状态协方差矩阵的平方根。该算法在快速性、实时性和高精度等方面相对于标准 UKF 算法有着明显优势,其算法主要步骤为:①初始化;②对于 $K \in \{1, \cdots, \infty\}$ Sigma 点的计算及时更新;③量测更新等。算法中的 Sigma 点选取尤为重要,采用了 SSUT 变换,可使 Sigma 点的个数由 $(2n+1)$ 个降至 $(n+2)$ 个。

随着电子信息技术的发展,嵌入式技术得到越来越广泛的应用,尤其是在导航领域,它正好满足其小型化、微型化、高精度和实时性的需求。因此,设计一种小型的高速、高精度嵌入式导航系统是至关重要的。该系统主要包括三个部分:导航解算(包括初始对抗、误差补偿、滤波等);数据采集(包括惯性传感器、GPS-OEM 板输出信息的接口电路等的信息);导航信息显示。此外还有电源模块及一些辅助电路等。该系统总体框图如图 5.16 所示。该系统设计包括硬件与软件设计两大部分。硬件设计包括:微处理器选型、惯性传感器选取和配置、电源与电路设计及各种接口设计等;软件设计包括:软件结构模型的建立和结构选取、应用程序设计、图形液晶显示的实现、按键处理等。

应强调指出的是,随着组合传感器数目的增多,系统设计难度便越来越大,系

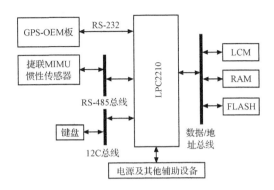

图 5.16　嵌入式 SINS/GPS 组合导航系统总体框图

统实时性也越来越难以保证。因此,适度地降低系统的复杂性是至关重要的。在此,降阶设计是一条有效的技术途径。针对 SINS/SAR 组合导航系统,可从惯性系统和卡尔曼滤波两个方面着手降阶。原因是,该系统的高维数主要来自惯性系统;卡尔曼滤波器的实时性是系统实时性的决定性方面,可通过硬、软方法予以提高。因此,在保证滤波精度的前提下,采用合理降阶,可降低卡尔曼滤波的计算工作量。

惯性系统降阶常采用奇异摄动降阶与集结法降阶。卡尔曼滤波降阶可采用状态解耦和删除部分状态的方法,也可采用奇异降阶与集结降阶的方法。

5.7.4　SINS/GPS 组合导航的应用实例

20 世纪 90 年代以来,一些发达国家从海湾战争得到启示,应用高新技术加紧研制新一代、跨世纪的机载对地攻击武器——机载防区外发射武器。该武器主要分空地导弹和制导航空炸弹两大类,其中制导航空炸弹类包括单弹头炸弹和子母炸弹(布撒武器)两种。它们的共同、显著特点是:采用精确制导技术,大幅度提高了命中精度;加装动力系统,显著提高了射程。随着卫星导航定位系统的应用,使机载对地攻击武器发生了全新变革,实现了精确制导和防区外发射。在研究和使用新一代制导滑翔布撒器中,较典型的是美国的 AGM-154 型联合防区外发射武器(JSOW)和德国的金牛座/KEPD-350 型滑翔布撒器。

应该指出的是,航空布撒器的核心部分是制导航空炸弹及其制导控制系统。表 5.1 给出了美国用于航空布撒器上的主要制导航空炸弹。这些制导航空炸弹的制导控制系统一般由舵系统、弹载计算机、指令产生装置、自动驾驶仪及其配套设备等部分组成。其简化结构如图 5.17 所示。

表 5.1　美国主要制导航空炸弹简表

类别	武器型号、代号	制导体制	子弹药型号	子弹药类型/数量
点杀伤	JSOW AGM-154A	惯性制导＋GPS	BLU-97A/B	综合效应/145
	JSOW AGM-154B		BLU-108/B	末敏弹/6
	JSOW AGM-154C		BLU-111	单一引爆
	JDAM GBU-29		MK-84	单一爆破
			BLU-109	单一穿爆
	JDAM GBU-30		MK-83	单一爆破
	宝石路 GBU-24	激光	MK-84	单一爆破
	宝石路 GBU-27		BLU-109	单一穿爆
	宝石路 GBU-28		BLU-113	单一穿爆

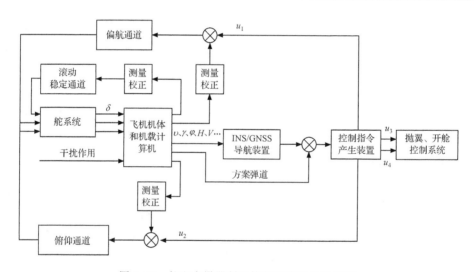

图 5.17　航空布撒器制导控制系统简化结构图

由表 5.1 可见,许多航空布撒器(如 JSOW AGM-154、JDAM GBU-29 等)都采用了 SINS/GPS 组合制导系统。同时,由图 5.17 可见,为了提高制导控制系统的可靠性和实战能力,其他国家已将 GPS 导航改为 GPS 和 GLONASS 联合组成的 GNSS 导航。

另外还应提到 SINS/GPS/SAR 组合导航系统,这是一种利用多传感器融合技术,保证高精度导航信息实现全天候、全方位定位导航的新型组合导航系统。它克服了上述两组合系统的缺点,保留了其优点,高精度、高容错、高自主性及多功能是该系统的突出优点。

5.8　智能融合组合导航技术及系统

5.8.1　引言

智能是知识和智力的总和。智能理论和技术的研究及应用通常主要反映在如下三个方面：一是模糊技术；二是神经网络技术；三是专家系统。智能化是人类各项应用技术发展的方向，也是新一代导航系统发展的方向。因此，如何应用智能化信息融合、智能化导航信息源管理和智能化故障检测隔离等新理论、新技术改善组合导航系统性能及存在的问题具有重要的现实意义和深远意义。本节将重点讨论组合导航系统的智能化、导航信息管理技术、智能滤波技术和智能融合技术等。

5.8.2　智能化导航信息源管理技术

随着组合导航系统子系统和设备的不断增多，系统结构变得越来越复杂，系统管理和监控的难度也越来越大。为了有效利用各子系统为组合系统服务，解决众多设备的实时监控和系统各部分的协调/协同工作问题，必须对导航信息源（各类子系统及相关设备）进行适用性管理。

鉴于模糊逻辑方法可以有效地处理不确定性、非线性问题，神经网络方法具备自适应学习能力和容错能力，因此，将两者相结合是进行上述适用性管理的理想技术途径。模糊逻辑与神经网络相结合的方式可有多种，但其基本方式为：以模糊算子代替神经网络中的神经元的传递函数；采用模糊参数作为神经网络的权值；采用模糊变量作为神经网络的输入信号等。当然，这些基本方法还可以组合使用。一种可用于导航信息源管理的基于标准模糊模型的模糊神经网络如图 5.18 所示。该网络共五层：第一层为输入层；第二层为变量模糊集层；第三层为匹配模糊规则层；第四层为归一化层；第五层数输出层。

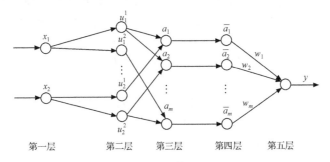

图 5.18　一种用于导航信息源管理的模糊神经网络

仿真试验表明，上述模糊神经网络可有效地应用于地形辅助导航系统的适用性管理、GNSS 及多普勒雷达系统的适用性管理。

组合系统导航信息源管理的另一个重要方面是系统的故障检测与分离。现有的故障检测与隔离方法一般可分为三大类：①基于硬件余度的方法；②基于解析余度的方法；③基于人工智能的方法。常用的具体方法有 χ^2 检测方法（包括状态 χ^2 检测和残差 χ^2 检测）、贝叶斯分类方法和小波变换方法等。

在组合系统导航信息源管理中，进行数据预处理同样是十分重要的，这一工作通常安排在子系统输出参数组合之前，其中包括导航参数的时间同步和空间同步。因为只有实现了时间和空间同步，组合系统的导航参数才能进行组合滤波或参数融合处理。

在组合系统导航信息源管理中，应用专家系统是一个重要的发展方向。专家系统对于上述子系统故障检测与隔离乃至系统重构具有特殊的作用。图 5.19 为该专家系统的简化结构示意图。

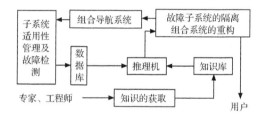

图 5.19　组合系统故障隔离与系统重构专家系统的简化结构示意图

5.8.3　智能滤波技术

如上所述，滤波是组合导航系统的主要技术手段和十分关键的技术，通常采用卡尔曼滤波方法。这种方法要求建立系统较精确的数学模型和噪声统计特性，然而像组合导航系统这样的复杂非线性大动态系统，要给出其完整、准确的数学模型及系统噪声、测量噪声的统计特性是相当困难的。另外，若采用简化数学模型，往往会严重影响导航精度。为此，采用神经网络来构造组合导航系统的滤波器，利用神经网络分布式信息存储并行处理特点，可避开模式识别方法中的建模与特征提取过程，减小由于模型不精确导致的误差和滤波发散，并能提高状态估计的实时性，从而提高系统性能。

仿真研究表明，针对组合导航系统的智能滤波可采用基于迟滞函数的三层 BP 神经网络，经网络训练后用于组合系统的滤波运算，也可以采用神经网络直接滤波方法，这时，迟滞 Hopfield 神经网络是较理想的选择。值得指出的是，Hopfield 神经网络是一种典型的单层反馈神经网络。这种网络的最大特点在于平衡状态就是其输出结果，若网络是稳定的，则能保证该网络从任意初始状态收敛到附近的极大点。另外，在采用神经网络直接滤波时，智能滤波器的性能分析是至关重要的，这里包括滤波运算速度、滤波过程的鲁棒性等。

5.8.4　智能融合技术

智能化信息融合技术对于多子系统组合导航系统在进行参数融合,特别是融合其他辅助信息源时,可起到更好的组织和管理作用。这时系统参数融合可有多种方案,如状态融合(采用联邦滤波器时)、测量融合(采用卡尔曼滤波或神经网络滤波时)和智能参数融合等。

用于状态融合过程依赖于状态估计方差矩阵的递推,当估计方差足够小时,方差矩阵往往会变为奇异矩阵,无法正常计算其递矩阵,而测量融合是一种先融合后滤波的方法,需建立测量模型,采用线性均方估计或极大似然估计算法,都会存在因模型不准确或系统参数变化而导致融合过程可能失败的问题,因此,应用神经网络技术完成组合导航系统中的参数融合是一种较理想的选择。在此,仍然可采用迟滞 BP 神经网络进行参数融合,但只有完成该神经网络训练后的融合才是组合导航系统参数的最终融合。

最后应强调指出的是,无论是神经网络滤波还是神经网络参数融合,其神经网络的设计与实现技术是至关重要的。尤其是实现技术。就目前而言,神经网络的实现可有虚拟实现和全硬件实现两种方法。前者主要包括带加速度板的电子神经计算机和并行多级系统两大类,而后者主要有 VLSI(超大规模集成电路)实现、光学实现、分子/化学实现等。

5.9　组合导航的其他技术问题

5.9.1　引言

扬长避短的组合导航多以 INS(或 SINS)为基本系统,通常采用 GPS(或GNSS)、SAR、地图匹配等作为辅助手段,通过卡尔曼滤波技术来完成各种现代导航任务。它们无论是在提高导航精度方面还是在扩大导航功能方面,都起到相当大的作用,但各自仍有不尽如人意之处,而惯性/星光组合导航或许在很大程度上能给以补缺。

对于航空、航天和高技术制导武器系统等复杂大系统,可靠性、可维修性和有效性显得越来越重要,要求也越来越高。因此,在组合导航系统中引入故障诊断和容错技术绝对不可忽视。同时,组合导航系统在工程应用之前的试验验证技术也是很重要的。由于受诸多条件限制,人们较多地采用地面车载试验方法与技术。

5.9.2　惯性/星光组合导航技术及系统

惯性/星光组合导航是由天文导航同惯性导航组合而成的组合导航系统,这种系统的构思是十分明确的,这就是 INS 系统具有高的数据率,但由于陀螺漂移误差的存在,使系统误差积累,失调角随时间的增长而增加;天文导航数据率虽然较低,但其误差并不随时间而增加。这样,两者结合,利用恒星作为固定参考信息源,通过星体跟踪器观测星体方位来校正惯性基准随时间而增加的漂移,以提高导航精度是再好不过的。实际上,在这种组合导航系统中,星光跟踪器就相当于没有漂移的陀螺仪。因此,将确定的星体相对理想的参考坐标系的高低角和方位角的计算值同实际星体跟踪器测量值进行比较,取其差值作为对系统误差的观测值,并以此对系统进行修正,应该是很理想的。时至今天,上述观测、计算和比较等技术均很好实现,所以,惯性/星光组合导航技术及系统应予以高度重视。

5.9.3 容错滤波设计技术

为了保证组合导航系统的可靠性和可维修性,必须在系统中引入故障诊断和容错技术。故障诊断通常包括特征提取、故障分离与估计和故障评价与决策等。故障诊断技术一般有基于硬件冗余的和基于解析冗余的故障诊断方法。后者又可分为基于状态估计的和基于参数估计的故障诊断两大类。受篇幅限制,这里仅就容错滤波设计技术做简要讨论。

组合导航系统的故障可能是突变型或渐变型的。前者是指系统的观测值突然出现很大偏差,事前不可监测和预测的故障;后者则是观测值的误差随时间的推移和环境的变化而缓慢变化的故障。研究表明,针对突变型故障宜采用联邦型滤波算法;对于渐变型故障则可采用基于观测品质的滤波算法,其观测品质通过模糊评估方法来获得。按照上述滤波设计思路,可以给出一种惯性/卫星/星光组合导航的容错滤波结构方案,如图 5.20 所示。

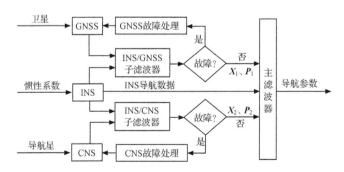

图 5.20 INS/GNSS/CNS 容错滤波结构方案

5.9.4 组合导航系统的车载试验技术

组合导航系统是一种新型导航系统,由于系统结构复杂、涉及技术问题较多,所以必须进行试验验证。现代导航制导与测控系统的试验技术将在本书第 12 章专门讲述,这里仅简要讨论组合导航系统的车载试验系统及技术,且以 INS/GNSS/DR 组合导航系统为例。

这种车载试验技术的总体思想是,试验中以机动车辆为基本运动基座,将组合导航系统视为一个整体固连在该运动基座上,以机动车辆沿特定线路运动过程为基本考察对象,在机动车辆运动过程中进行卫星导航(GNSS)信号和惯性(INS)导航信号的采集、同步和处理,并结合航位推算(DR)系统,以实现对 INS/GNSS/DR 组合系统动态过程的半实物仿真。

该系统由机动车辆、惯性系统、GNNS 接收机、航位推算系统、数据采集卡、导航计算机和电源等部分组成,如图 5.21 所示。

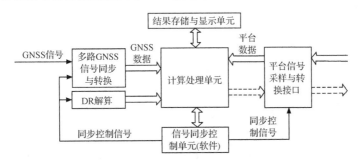

图 5.21　车载 INS/GNSS/DR 组合导航试验系统结构示意图

实现车辆组合导航试验的主要技术包括硬、软件组成及接口设计,系统工作模式构建(即半实物模拟系统构建),标称轨迹选择,导航子系统(INS、GNSS、DR)选择,航位推算,系统工作流程设计,系统集成与调试,系统实验室试验,系统公路试验,试验数据获取与处理,以及试验结果显示与分析等。

第6章 精确制导与复合/融合制导技术

6.1 概　　述

精确制导概念主要来自航天器和精确制导武器对其制导精度的高标准(指标)要求,如载人飞船的制导方法有多种,通常有预测制导和标准轨道制导等。在飞船入轨和确定返回轨道时,均需进行精密的制导计算,并由船上控制系统自主完成,以确保其精确入轨和确定返回轨道。又如,精确制导武器是指直接命中概率高于50%的制导武器,而直接命中的含义是指制导武器对射程内的点目标(如坦克、装甲车、飞机、舰艇、雷达、桥梁、电站、油库、指挥中心等)的射击圆概率误差(CEP)小于该武器弹头的杀伤半径。显然,CEP越小,武器命中精度越高,所要求的制导精度也就越高。再如,水下精确制导与定位。一方面,由于现代水下战场的需求,对核潜艇、水下导弹、鱼雷/水雷武器等的制导与定位要求越来越高;另一方面,为了开发水下的丰富矿产、石油、天然气等海洋资源,需要对海底地形、地貌进行精确测量,以及对水下人工建造物进行精确定位。所有这些,采用水下精确制导与定位技术及系统是必不可少的。

对于精确制导武器来说,精确制导与控制技术主要是围绕获得尽可能小的CEP提出并展开研究的。研究的技术途径很多,除探测与识别技术、信息处理技术、仿真与试验技术、信息对抗技术及控制策略与控制律外,关键是所采用的制导体制、导引律,以及实现这些技术的制导控制系统。本章将在阐述制导体制、导引律及制导控制系统的基础上,重点研究复合/融合制导技术及其应用。

6.2 制导体制及其分析与选取

6.2.1 常用制导体制体系

制导体制又称制导方式,制导体制的研制或选取是制导控制系统分析与设计的顶级内容之一,在很大程度上决定着制导精度和武器的性能。以导弹为例,目前,可供导弹武器系统运用的制导体制主要有五大类:自主式制导、遥控制导、寻的制导、复合/融合制导和数据链制导。这些制导体制已形成了一个较完整的体系,如图6.1所示。

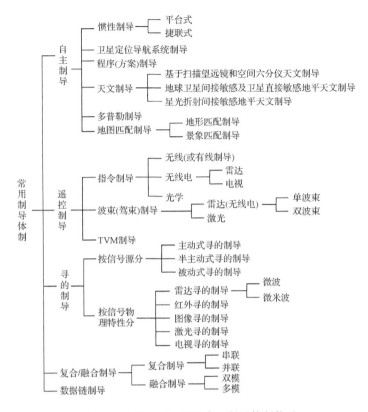

图 6.1　导弹武器系统的常用制导体制体系

6.2.2　制导体制分析与选择

制导体制分析与选择是制导控制系统设计的关键和首要任务。它主要取决于对前述各种制导体制的对比分析和导弹武器系统对制导回路的基本要求,以及导弹武器系统本身的限制条件等。

下面仅就制导体制选择中对制导控制系统的要求和对武器系统本身的限制条件的依赖性归纳几点。

1) 拦截距离

拦截距离是决定采用单一制导体制或复合制导体制的主要依据。一般情况下,当单一制导体制的拦截距离和制导精度能够满足系统的最大拦截距离和战斗部威力半径等主要指标要求时,为避免复合制导体制给系统带来复杂性及提高造价,应尽量采用单一制导体制。这时,可供选择的单一制导体制有:①全程指令制导(微波、毫米波及光学);②全程半主动寻的制导(微波、毫米波及激光);③全程主动寻的制导(微波、毫米波及激光);④全程被动寻的制导(微波、毫米波、红外、紫外等)。但当导弹武器系统要求的最大拦截距离较远且制导精度很高,而单一制导体制又难以满足时,应该考虑采用复合制导体制。这时,可供选择的复合制导体制有:①程序制导+寻的制导(主动、半主动和被动);②程序制导+指令制导;③程序制导+指令制导+寻的制导;④程序制导+捷联式惯性制导/低速指令修正+寻的制导;⑤全球卫星定位导航系统(GPS、GNSS、GLONASS)+寻的复合制导等。至于究竟采用哪种复合制导体制将根据具体情况而定。但应该指出的是,随着科学技术的发展上述复合制导体制④和⑤的应用越来越广泛。

2)制导精度

从满足制导精度要求出发,对于自主式制导体制,由于无法实时测知目标和导弹的位置关系,因而不能对付机动目标或预知未来航迹的活动目标,只能作为导弹飞行引导段的制导体制,完成将导弹引入预定弹道的任务。

对于遥控指令制导体制,通常采用三点法、前置点法导引。理论分析表明,这些导引方法的导引误差随着导弹斜距的增加而加大,造成制导精度随之下降。因此,对于中近程战术导弹,可以采用全程指令制导体制,而对于远程战术导弹必须采用复合制导体制。通常,初制导采用程序制导,中制导采用捷联式惯性制导+低速指令修正,或采用卫星导航(GPS、GNSS、GLONASS)系统进行中制导。目前末制导已广泛采用寻的制导或多模寻的制导。对于寻的制导,由于弹上制导探测设备能直接测得弹-目的视线角速度,故通常采用比例导引方法。

3)拦截多目标能力

理论上讲,寻的制导体制具有拦截多目标不受限制的能力。但实际上,系统拦截多目标的能力将主要受到制导站最大精确跟踪目标数目的限制。多功能相控阵雷达的出现,使导弹拦截多目标的能力提高到几十个至上百个。因为这种雷达除了集成目标的搜索、监视、跟踪和导弹制导外,还可以承担半主动寻的制导体制中的照射器照射目标,以及指令制导体制中跟踪测量导弹并向导弹发送指令信息的任务。

4)抗干扰能力

对于自主式制导体制,由于具有抗所有电磁干扰的能力,因此被广泛用作导弹引入段和中制导段的制导体制。对于寻的制导体制可采用诱偏系统,设置导引头和制导雷达工作在不同波段,以及跟踪干扰源等方式提高抗干扰能力,实现对干扰源目标的拦截。对于主动、半主动和指令制导体制,由于导弹本身、照射装置和指令发送与接收装置,均有电磁波辐射而易受到对方干扰,所以很难对干扰目标实施有效拦截。应该说,在诸种制导体制中,除自主式制导体制外,在抗干扰能力上都不令人满意。为此,有必要采用复合制导,特别是多模融合制导体制,以充分发挥各自在抗干扰方面的优势,实现在多种干扰条件下的系统的有效作战。

5)反隐身能力

随着现代战争环境的不断变化并趋于复杂化,特别是目标雷达散射面积的显著减小,对导弹制导系统设计提出了严峻挑战。制导体制选择考虑反隐身能力成为令人注目的问题。从这点出发,希望采用双基地系统下的半主动寻的制导体制。因为这种体制可以形成大双基地角照射。这时,目标前向散射截面积较大,能保证获得较大截获距离,从而提高对隐身目标的探测跟踪能力。同时可采用微波、毫米波、电视、红外等各种跟踪制导方式,形成双波段获双色制导体制,作为借助多模探测跟踪手段提高系统的反隐身能力。

应该强调指出的是,对于主动寻的制导体制由于种种限制,目前不具有良好的反隐身能力。

除此之外,对制导体制的选择还将受到武器系统机动能力、导弹成本、可实现性及可靠性等因素的影响,设计中应予以不同程度的考虑。

总之,制导体制的选择是一项综合性很强的系统工程问题,应抓住制导精度,拦截距离等主要矛盾,全面考虑和分析众多制约因素,权衡利弊,以最终做出优化选择。为了帮助读者合理选择制导体制(系统),表 6.1 和表 6.2 给出了有关参考数据和评价。

表 6.1 攻击面目标的制导体制(系统)

特性＼类型	无线电制导系统	天文制导系统	惯性制导系统	混合制导系统		
				(一)惯性制导+多普勒制导(二)惯性制导+天文制导	惯性制导+地图匹配制导	惯性制导+地图匹配制导+图像识别末制导
作用距离(D)	数千公里	无限制	无限制	无限制	无限制	无限制
误差	双曲线:$0.2\%D$ 多普勒:$1.5\%\sim2\%D$	$5\sim8$km	1.85km	—	<200m	<30m
抗干扰能力	很差	好	好	(一)较好 (二)好	好	好
质量(不含自动驾驶仪)	$\sim$100kg	$200\sim300$kg	15kg	$70\sim100$kg	45kg	—

表 6.2 攻击点目标的制导体制(系统)

特性＼类型	三点法无线电波束或指令式制导系统	主动寻的制导系统	半主动寻的制导系统	被动红外寻的制导系统
作用距离(不含辅助设备)	$30\sim40$km	$10\sim20$km	>20km	<25km
作用距离(含辅助设备)	—	$400\sim600$km	—	>100km
质量(不含自动驾驶仪和能源质量)	$10\sim20$kg	—	15kg($D=8$km) 50kg($D=20$km)	$10\sim15$kg
准确度	随 D 的增加而降低	高	高	很高
抗干扰性	好	满意	满意	好
使用条件	无线电波束制导系统对可见目标指令式任何时刻都可使用	任何条件	任何条件	晴朗的白天或黑夜

6.3　导引律设计与选取技术

6.3.1　引言

导引规律是影响导弹综合性能最重要、最直接的因素之一,它不仅影响导弹制导控制系统的制导精度,同时还决定着上述制导体制的采用。因此,人们一直致力于导引律的研制和合理使用。

导引规律简称导引律,是通过运用合理的导引方法来确定导弹质心运动轨迹应该遵循的准则,也就是制导导弹飞行并命中目标的运动学规律。它的任务是解决导弹接近目标过程中弹-目运动关系。不同的导引方法会产生不同的导引律,从而引导导弹按不同的弹道接近目标。可见,导引方法和导引律的优劣将直接影响导弹的命中精度和作战效能。

导弹的导引方法很多,但可归结为两大类,即古典导引方法和现代导引方法。基于导弹质心运动的导引方法称为古典导引方法,诸如三点法、寻的法、追踪法、平行接近法和比例引导法等;以现代最优控制理论为基础推导出的导引方法称为现代导引方法,如改进的各种比例导引法、微分对策导引法、变结构比例导引法及LQG 最优导引法等。

6.3.2　古典导引方法与导引律

应该指出的是,古典导引律需要的信息量少、结构简单、容易实现,因此大多数现役导弹仍然使用古典导引律或其改进形式。图6.2 给出了常见的古典导引方法及其导引律分类。所有古典导引律都是在特定条件下,按导弹快速接近目标的原则推导出来的。

图 6.2　古典制导方法及其导引律分类

以速度导引方法中的比例接近法为例。比例接近法或称比例导航法,简称比例导引,是自动寻的导引律中最重要的制导方法。比例导引的实质是抑制目标视线的旋转,使导弹在制导飞行过程中,速度向量的转动角速度与目标视线旋转速率保持给定的比例关系。图6.3 给出了比例导引中导弹与目标的几何关系。

可见,比例导引法在于控制导弹速度 V_m 的方向变化,使其与目标视线旋转速率 $\dot{q}$ 成比例。显然,比例导引法方程为

$$\frac{\mathrm{d}\theta_m}{\mathrm{d}t} = N\frac{\mathrm{d}q}{\mathrm{d}t} \qquad (6.1)$$

或

$$\frac{\mathrm{d}\theta_m}{\mathrm{d}t} = N\left(\frac{\mathrm{d}\theta_t}{\mathrm{d}t} + \frac{\mathrm{d}\varphi_t}{\mathrm{d}t}\right) \qquad (6.2)$$

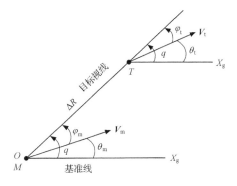

图 6.3　比例导引法示意图

式中:θ_m、θ_t 分别为导弹速度向量、目标速度向量与基准线的夹角;φ_t 为目标速度向量与目标视线的夹角;q 为目标视线与基准线的夹角;N 为比例导引系数,俗称导航比,可以是常数或常量。

由式(6.1)和式(6.2)可知,比例导引在性能上介于追踪法和平行接近法之间,但其实现比平行接近法容易。因此,在寻的制导中得到广泛应用。

由比例导引的几何关系及式(6.1)和式(6.2)可得到比例导引法的速度前置角及其变化率:

$$\left.\begin{array}{l} \varphi_m = \theta_t + \varphi_t - \theta_m \\ \dot{\varphi}_m = \dfrac{(1-N)\dot{\theta}_m}{N} \end{array}\right\} \qquad (6.3)$$

式中:φ_m 为导弹速度向量与目标视线的夹角。

根据式(6.3)可知,可由比例导引演变出其他各种导引方法,如追踪法、平行接近法及前置角法等。可见,比例导引法是它们的综合描述。事实上,①当取 $N=1$,$\dot{\varphi}_m=0$ 且 φ_m 为常值时,其导引法被称之为常前置角法;② 当取 $N=1$,且 φ_m 的初值为零,显然,这是追踪法;③ 当取 N 趋于无穷大时,$\dot{\varphi}_m$ 将趋于 $-\dot{\theta}_m$,故而目标视线转率 $\dot{q}$ 将趋于零。这意味着在 N 趋于无穷大的极限情况下,比例导引将演变为平行接近法;④ 一般的,比例导引中 N 的取值为 $1 < N < \infty$。根据经验,N 值通常选为 $N = 3 \sim 5$ 或 $N = 2 \sim 6$;⑤ 当 $N=0$ 时,为前置角法。前置角法是追踪法的推广,导弹在飞行中其轴(或速度向量)与弹-目连线具有一个角度。

因此,比例导引方法及其导引律在寻的制导中应用最为广泛。

6.3.3　典型比例导引及工程实现

比例导引(PN)是现代导弹应用最普遍的导引方式。它可分为纯比例导引(PPN)和改进比例导引。

从本质上讲,纯比例导引是保证导弹速度向量转动角速度与目标视线转动角速度成比例的导引方式。其导引方程为

$$\dot{\theta} = K\dot{q} \tag{6.4}$$

或

$$\dot{\theta} = K_R \,|\, \Delta\dot{R} \,|\, \dot{q} \tag{6.5}$$

式中：K、K_R 分别为比例系数；$\Delta\dot{R}$ 为导弹接近目标的速度；$\dot{\theta}$、$\dot{q}$ 分别为导弹速度向量和目标视线向量与基准线之间的夹角。

考虑到图 6.3，经推导可得

$$\ddot{q} + \frac{|\Delta\dot{R}|}{\Delta R}(N-2)\dot{q}$$

$$= \frac{1}{\Delta R}[-\dot{V}_m \sin(\theta - q) + \dot{V}_t \sin(\theta_t - q) + \boldsymbol{V}_t \dot{\theta}_t \cos(\theta_t - q)] \tag{6.6}$$

其中

$$N = \frac{K\boldsymbol{V}_m \cos(\theta - q)}{|\Delta\dot{R}|} \tag{6.7}$$

由于 N 值大小对比例导引弹道需用过载影响很大，故称之为有效导航比。分析表明，上述比例导引中的谱因素（$\dot{V}_m$、$\dot{V}_t$、$\dot{\theta}_t$ 及 $\dot{q}_0$）均对弹道特性有明显的影响，除初始误差 $\dot{q}_0$ 所引起的需用过载随时间的增长而衰减外，其他因素所引起的需用过载都将随时间的增长而增大，到命中时达到最大值。显然，这样的过载分布是不合理的。事实上，现代导弹多采用被动段攻击，而导弹速度和可用过载随着被动段飞行时间加长而越来越小。这就是纯比例导引的严加缺陷。为了对付大机动目标和改善导弹攻击目标的弹道特性，必须对纯比例导引进行修正。修正后的比例导引统称为改进型比例导引，其导引方程一般为

$$\dot{\theta} = K_R \,|\, \Delta\dot{R} \,|\, \dot{q} + y \tag{6.8}$$

式中：y 为修正量。

由此出发，可研制出多种适合现代导弹作战需要的改进比例导引律。例如，广义比例导引律（GPN）；在广义比例导引律上附加目标机动加速度项的扩展比例导引律（APN）；在测量视角速率上叠加一常值偏置量的偏置比例导引律（BPN）；引入视线角速率微分和积分项的修正 PID 型比例导引律（PID-PN）；引入视线角速率符号变量的变结构比例导引律（VPN）；引入导弹纵向加速度修正项的补偿比例导引律（CPN）；引入目标机动加速度和导弹纵向加速度修正项的双修正比例导引律（DPN）及理想比例导引律（IPN）等。实际中，具体采用哪种修正形式的比例导引，要综合考虑导弹的飞行性能、作战空域、制导设备、制导精度等方面来优化选择。例如，美国的"爱国者"和俄罗斯的"C-300"地空导弹就采用了扩展比例导引律（APN）。

图 6.4 所示的比例导引系统以其技术实现简便，对各类干扰噪声误差漂移具有较强的抑制能力，而得到广泛应用。

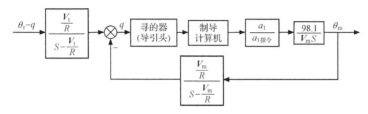

(a) 典型比例导引系统

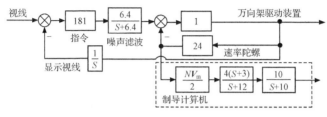

(b) 相应导引头结构

图 6.4　典型比例导引系统及相应导引头结构图

6.3.4　现代导引方法与导引律

随着现代控制理论的不断进步和未来导弹发展趋势,现代制导方法与导引律在近 30 年来受到普遍重视。其主要原因是当今导弹制导中最常用的纯比例导引在对付高机动目标时已显得无能为力,现代导弹的发展给导引律提出了更高要求。

20 世纪 70 年代以来,普遍采用线性(化)模型来推导导引律,出现的现代导引律有线性二次型最优制导规律、自适应制导规律、微分对策制导规律等。后来,对非线性模型下的制导问题更为重视,由此产生了奇异摄动制导、预测制导、弹道形成制导和极大极小制导等形式的最优制导规律。最优制导规律的优点是它可以考虑弹-目动力学问题,并可考虑起始或终点约束条件等,根据给出的性能泛函寻求最优导引律。这些性能泛函一般为最小脱靶量、最小控制能量或最短时间等。

从设计原理上讲,现代导引律可归为两类:一类是基于单边的最优控制理论的最优控制导引律;另一类是基于双边的最优控制理论的微分对策导引律。最优控制导引律又可分为线性最优控制导引律和非线性最优控制导引律。它们是以最优控制理论为基础推导出来的,下面以线性二次型高斯(LQG)最优导引律为例,给予简要说明。

1. LQG 最优导引律的形成

由于机动性战斗机对应用上述古典导引技术的现代导弹拦截性能提出了严峻挑战,人们开始采用最优控制、最优估计和计算机控制来研究导弹的最优导引问题,从而进入了现代导引律研究的新阶段。其中主要是应用线性二次型高斯

(LQG)理论形成最优导引律。下面研究一种最小化末端脱靶量和拦截周期内控制能量消耗的 LQG 最优导引律。

在推导 LQG 最优导引律时,首先建立导弹制导控制系统的数学模型(状态方程)。在惯性坐标系中,导弹和目标运动的状态方程为

$$\dot{\bar{X}} = \bar{A}\,\bar{X} + \bar{B}u + w \tag{6.9}$$

式中：$\bar{X}$ 为系统状态向量;$\bar{A}$ 为状态系数阵;u 为控制向量;$\bar{B}$ 为控制系数阵;w 为过程噪声。

它们的分量表达式分别为

$$\bar{X} = [x_D, y_D, z_D, V_{Dx}, V_{Dy}, V_{Dz}, a_{tx}, a_{ty}, a_{tz}, a_{mx}, a_{my}, a_{mz}]$$

$$\bar{A} = \begin{bmatrix} 0 & I_3 & 0 & 0 \\ 0 & 0 & I_3 & -I_3 \\ 0 & 0 & -\lambda_T & 0 \\ 0 & 0 & 0 & -\omega_A \end{bmatrix}, \quad \bar{B} = [0 \quad 0 \quad 0 \quad \omega_A], \quad u^T = [u_x \quad u_y \quad u_z]$$

$$\lambda_t = \begin{bmatrix} \lambda_x & 0 & 0 \\ 0 & \lambda_y & 0 \\ 0 & 0 & \lambda_z \end{bmatrix}, \quad \omega_a = \begin{bmatrix} \omega_{ax} & 0 & 0 \\ 0 & \omega_{ay} & 0 \\ 0 & 0 & \omega_{az} \end{bmatrix}, \quad w^T = [0 \quad 0 \quad w_t \quad 0]$$

式中：下标 m、t 分别表示导弹和目标;x_D、y_D、z_D 分别为弹 - 目相对距离 D 在 x、y 和 z 轴的分量;V_{Dx}、V_{Dy}、V_{Dz}、a_{tx}、a_{ty}、a_{tz} 和 a_{mx}、a_{my}、a_{mz} 分别表示相对速度、目标加速度及导弹加速度在 x、y 和 z 轴的分量;λ_t 为目标机动频率;ω_a 为导弹和自动驾驶仪系统的宽带。

然后,根据制导目的使终端脱靶量和拦截期间的控制能量消耗最小化,且导弹在制导飞行过程中的有关变量(如导弹过载等)受限制等约束条件,可采用二次型性能指标函数

$$J = \frac{1}{2}\bar{X}^t(t_f)C\bar{X}(t_f) + \frac{1}{2}\int_0^{t_f}(\bar{X}^tQ\bar{X} + \bar{u}^TR\bar{u})\mathrm{d}t \tag{6.10}$$

式中：C、Q、R 分别为加权阵。若将控制向量 u 和终端相对位置 D_f 作为罚值,则有

$$C = \begin{bmatrix} C_1 I_3 & 0 & 0 & 0 \\ 0 & 0 & 0 & 0 \\ 0 & 0 & 0 & 0 \\ 0 & 0 & 0 & 0 \end{bmatrix}, \quad Q = 0$$

最后,求解方程(6.9)和式(6.10),便可得到 LQG 最优导引律。

然而,由于式(6.9)为十二阶(系统)方程,求解相当困难,因此根据现代导弹的结构特点,一般将其分为三个互相独立的控制通道,每个控制通道就降为四阶系统,且制导控制原理是相同的。下面以纵向通道为例。这时,导弹和目标的运动方

程为

$$\left. \begin{aligned} \dot{y}_D &= V_{Dy} \\ \dot{u}_{Dy} &= a_{ty} - a_{my} \\ \dot{a}_{ty} &= -\lambda_y a_{ty} + w_{ty} \\ \dot{a}_{my} &= -\omega a_{my} + \omega_{ay} u_y \end{aligned} \right\} \tag{6.11}$$

式中：w_{ty} 为作用于目标的白噪声；u_y 为给导弹的指令加速度控制信号。

式(6.11)的矩阵形式为

$$\dot{Y} = AY + Bu_y + \boldsymbol{w}_T \tag{6.12}$$

其中

$$Y = \begin{bmatrix} y_D \\ V_{Dy} \\ a_{ty} \\ a_{my} \end{bmatrix}, \quad A = \begin{bmatrix} 0 & 1 & 0 & 0 \\ 0 & 0 & 1 & -1 \\ 0 & 0 & -\lambda_y & 0 \\ 0 & 0 & 0 & -\omega_{ay} \end{bmatrix}, \quad B = \begin{bmatrix} 0 \\ 0 \\ 0 \\ \omega_{ay} \end{bmatrix}, \quad \boldsymbol{w}_T = \begin{bmatrix} 0 \\ 0 \\ w_{ty} \\ 0 \end{bmatrix}$$

导引系统的二次型性能指标函数为

$$J = \frac{1}{2} Y^T(t_f) C Y(t_f) + \frac{1}{2} \int_0^{t_f} [Y^T(t) Q Y(t) + u_y^T(t) R u_y(t)] dt \tag{6.13}$$

其中

$$C = \begin{bmatrix} c_{11} & 0 & 0 & 0 \\ 0 & 0 & 0 & 0 \\ 0 & 0 & 0 & 0 \\ 0 & 0 & 0 & 0 \end{bmatrix}, \quad Q = 0$$

利用极大值原理，通过构筑哈密顿函数

$$H = \frac{1}{2}(Y^T Q Y + u^T R u) + \lambda^T (AY + Bu) \tag{6.14}$$

和求解里卡提(Riccati)矩阵微分方程

$$\dot{P} + PA + A^T P - PBR^{-1}B^T P + Q \tag{6.15}$$

此处，

$$\lambda(t) = P(t) Y(t) \tag{6.16}$$

可得到最优控制 $u(t)$，即导弹纵向通道的 LQG 最优导引律：

$$u(t) = \frac{T^2(e^{-T} - 1 + T)[1, t_{go}, D(t_{go}, \lambda_y), -D(t_{go}, \omega_{ay})]}{t_{go}^2 \left(\frac{1}{2} e^{-2T} - 2Te^{-T} + \frac{1}{3} T^3 - T^2 + T + \frac{1}{2} \right)} \hat{Y} \tag{6.17}$$

或

$$u(t) = \frac{\Lambda}{t_{go}^2} [1, t_{go}, D(t_{go}, \lambda_y), -D(t_{go}, \omega_{ay})] \hat{Y} \tag{6.18}$$

式中：$t_{go} = (t_f - t)$ 为剩余飞行时间；e 为反拉氏变换中引入的数学符号，这里 $g(t) = \mathcal{L}^{-1}[G(s)] = \dfrac{1}{T} e^{-\frac{1}{T}t}$。

$$\boldsymbol{D}(t_{go}, \lambda_y) = \frac{1}{\lambda_y^2}(e^{-T_t} - 1 + T_t) \tag{6.19}$$

$$\boldsymbol{D}(t_{go}, \omega_{ay}) = \frac{1}{\omega_{ay}^2}(e^{-T} - 1 + T) \tag{6.20}$$

$$T_t = \lambda_y t_{go}, \quad T = \omega_{ay} t_{go}$$

$$\boldsymbol{\Lambda} = T^2(e^{-T} - 1 + T)\left(-\frac{1}{2}e^{-2T} - 2e^{-T} + \frac{1}{3}T^3 - T^2 + T + \frac{1}{2}\right)^{-1} \tag{6.21}$$

2. LQG 最优导引律的推广

由于导弹空间运动的三个通道是相互独立的，因此将三个通道的方程联合在一起即为三维空间运动最优导引方程：

$$\boldsymbol{U} = \frac{\bar{\boldsymbol{\Lambda}}}{t_{go}^2}[\boldsymbol{I}_3, t_{go}\boldsymbol{I}_3, \bar{\boldsymbol{D}}(t_{go}, \lambda_T) - \bar{\boldsymbol{D}}(t_{go}, \omega_a)]\dot{\bar{\boldsymbol{X}}} \tag{6.22}$$

式中：$\boldsymbol{I}_3$ 为 3×3 单位矩阵。

$$\bar{\boldsymbol{D}}(t_{go}, \lambda_T) = \begin{bmatrix} \lambda_x^{\frac{1}{2}}(e^{-\lambda_x t_{go}} - 1 + \lambda_x t_{go}) & 0 & 0 \\ 0 & \lambda_y^{\frac{1}{2}}(e^{-\lambda_y t_{go}} - 1 + \lambda_y t_{go}) & 0 \\ 0 & 0 & \lambda_z^{\frac{1}{2}}(e^{-\lambda_z t_{go}} - 1 + \lambda_z t_{go}) \end{bmatrix} \tag{6.23}$$

$$\bar{\boldsymbol{D}}(t_{go}, \omega_a) = \begin{bmatrix} \omega_{ax}^{\frac{1}{2}}(e^{-\omega_{ax} t_{go}} - 1 + \omega_{ax} t_{go}) & 0 & 0 \\ 0 & \omega_{ay}^{\frac{1}{2}}(e^{-\omega_{ay} t_{go}} - 1 + \omega_{ay} t_{go}) & 0 \\ 0 & 0 & \omega_{az}^{\frac{1}{2}}(e^{-\omega_{az} t_{go}} - 1 + \omega_{az} t_{go}) \end{bmatrix} \tag{6.24}$$

$$\bar{\boldsymbol{\Lambda}} = \bar{\boldsymbol{T}}^2(e^{-\bar{T}} - \boldsymbol{I}_3 + \bar{\boldsymbol{T}})\left(-\frac{1}{2}e^{-2\bar{T}} - 2\bar{\boldsymbol{T}}e^{-\bar{T}} + \frac{1}{3}\bar{\boldsymbol{T}}^3 - \bar{\boldsymbol{T}} + \frac{1}{2}\boldsymbol{I}_3\right)^{-1} \tag{6.25}$$

$$\bar{\boldsymbol{T}} = \begin{bmatrix} \omega_{ax} t_{go} & 0 & 0 \\ 0 & \omega_{ay} t_{go} & 0 \\ 0 & 0 & \omega_{az} t_{go} \end{bmatrix} \tag{6.26}$$

$$e^{-\bar{T}} = \begin{bmatrix} e^{-\omega_{ax} t_{go}} & 0 & 0 \\ 0 & e^{-\omega_{ay} t_{go}} & 0 \\ 0 & 0 & e^{-\omega_{az} t_{go}} \end{bmatrix} \tag{6.27}$$

3. LQG 最优导引律在导弹上的应用

目前，新研制的 LQG 最优导引律已进入实用阶段。图 6.5(a)、(b)分别给出了这类现代导引律在战术导弹上两种实现形式。

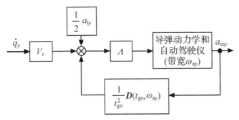

(a) 具有目标机动加速度项的LQG最优制导规律实现框图

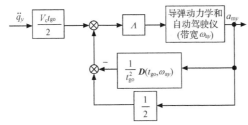

(b) 具有视线角速率微分选项的LQG最优制导规律实现框图

图 6.5　LQG 最优导引律的两种工程实现形式

$\dot{q}_y$. 视线角速度；$\ddot{q}_y$. 视线角加速度；a_{ty}. 目标机动加速度；Λ. 可变有效导航比；
t_{go}. 剩余飞行时间；ω_{ay}. 导弹飞控系统带宽；D. 三阶对角线矩阵；
a_{my}. 导弹机动加速度；V_c. 弹-目相对速度

图 6.6 还给出了实现这类现代导引律的控制器。在此，目标的机动加速度 a_{ty} 可通过卡尔曼滤波器得到。

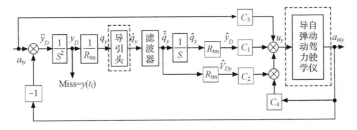

图 6.6　最优导引律控制器

4. LQG 最优导引律与比例导引律的比较

为了对 LQG 最优导引律与古典比例导引（PN）律的制导效果进行比较，可利用简化的制导系统数学模型在图 6.7 所示的伴随系统上完成制导性能仿真，并将两者仿真结果反映在同一曲线图上[见图 6.8(a)、(b)]。

由仿真结果可见，LQG 最优导引律在攻击大机动目标时，其控制精度要比 PN

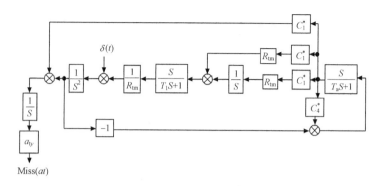

图 6.7 LQG 最优导引控制器伴随系统

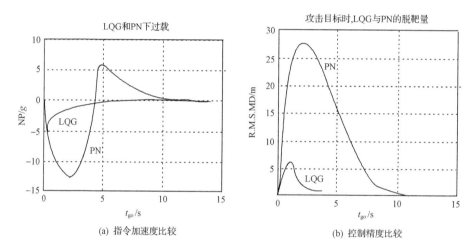

(a) 指令加速度比较   (b) 控制精度比较

图 6.8 现代导引律与古典导引律制导效果比较

LQG. LQG 最优导引律;PN. 比例导引律;NP. 指令加速度;t_{go}. 剩余飞行时间;

R. M. S. MD. 均值脱靶量

导引律控制精度高得多,对于所有拦截时间的脱靶量都较小。同时,LQG 最优导引律对指令加速度过载要求也比 PN 导引律的过载要求小得多。这就是越来越多研制和使用现代导引律的理由。但是,当导弹具有充足的机动时间时,两种导引律都有良好的制导效果,这也是至今 PN 导引律还在广泛使用的原因。

6.3.5 导引律分析与选择

如上所述,导引律(或导引方法)是描述导弹在向目标接近的整个过程中应遵循的运动规律。它对导弹的速度、机动过载、制导精度和杀伤概率均有直接影响,因此在制导系统设计中占有相当重要的地位。

同制导体制的选择与分析一样,在各种各样导引律的选择中应首先遵循如下基本原则：

（1）理想弹道应通过目标，满足所规定的制导精度要求。

（2）保证导弹可用过载和需用过载满足下列条件，

$$n_u = n_{y2} + \Delta n_1 + \Delta n_2 \tag{6.28}$$

式中：n_u 为导弹的可用过载；n_{y2} 为导弹的弹道需用过载；Δn_1 为导弹为消除随机干扰所需的过载；Δn_2 为消除系统误差所需的过载。

（3）弹道横向需用过载变化应光滑（平稳）。

（4）对付机动目标的机动过载要小。

（5）有强的抗干扰能力。

（6）作战空域大。

（7）导引律所需要的参数具有可观测性。

根据上述原则，现代战术导弹采用的遥控导引律和自动寻的导引律主要是追踪法、前量角法、平行接近法与比例导引法等。它们都属于古典导引律范畴。

追踪法是保证导弹拦截目标最直截了当的方法，可分为姿态追踪法和速度追踪法。前者的特点是导弹的纵轴直接指向目标，导弹机动时做有攻角飞行，速度向量总是迟后于弹轴的指向。这种导引律很容易实现，只要使敏感轴指向目标即可，但一般要求导引头固定于弹体上，且具有宽视场角。后者在制导过程中导弹速度向量与弹-目连线重合。实现这种导引律通常有两种方案：一种是借助具有随动系统的导引头，使敏感轴与导弹速度指向一致；另一种是采用三自由度陀螺和攻角传感器分别测量弹体姿态角和攻角，间接实现导引头敏感轴沿风标稳定，即使敏感轴方向与导弹速度指向一致。

前置角法是追踪法的扩展，飞行中导弹速度向量与弹-目连线具有一个角度，即前量角。

平行接近法要求制导中弹-目连线不应有转动角速率，即该连线始终平行初始位置。

如上所述，比例导引法是上述三种导引律的综合描述。它们仅是比例导引律的特例。例如，当比例导引法的导航比取 1 时，它就是追踪法；若导航比取 0，则是前置角法；而当导航比趋近于无穷时，它就变成了平行接近法。比例导引法的特点是：导弹跟踪目标时，发现目标线的任何旋转，总是使导弹向着减小视线角的角速度方向运动，抑制视线旋转，使导弹的相对速度对准目标，力图使导弹以直线弹道飞行目标，从而对付机动目标和拦截低空飞行的目标。可见，比例导引法是自动寻的导引中最重要的一种导引律。

导引律的分析与选择对于制导控制系统设计的初始计算是十分必要的。其中，导弹最大需用加速度和可以达到的脱靶量是两个最重要的参数。而影响脱靶量的参数有传感器的偏差角、噪声、目标航向、目标加速度、目标速度及阵风等。表

6.3给出了防空导弹导引律选取中几种导引律的比较。由表 6.3 可见,在所有情况下选择比例导引法是最合适的。

表 6.3　防空导弹导引律选取比较

项目	效果	目标航向	目标速度	目标加速度	传感器偏差	噪声	阵风
三点法	良好		√			√	
	一般				√		√
	差	√		√			
追踪法	良好		√			√	√
	一般				√		
	差	√		√			
比例引导	良好	√	√	√	√		√
	一般						
	差					√	

应该指出的是,基于现代控制理论和微分对策理论的最优导引律已开始在现代导弹中应用,且有强劲的发展趋势。这些现代导引律目前主要有线性最优导引律、自适应显式导引律、非线性导引律、模糊导引律、变结构导引律及微分对策导引律等。

这些最优导引律的形式之所以不同,主要是在推导中所采用的系统线性化模型各异(包括阶次、参量)、选用的性能准则不同及求解方法不同。例如,在线性最优导引律推导中,一般采用二阶线性模型、线性二次型指标函数和极大值原理求解方法;而在非线性最优导引律推导中,通常采用线性状态空间模型、取基本指标 $\lim_{t \to t_f} Z_3(t) = 0$ (这里,t_f 为制导结束时刻)及微分几何求解方法;在变结构导引律推导中,主要是构造滑动模态(滑动面函数),其次是选择控制,是使系统按照某规律进入滑动模态。这是因为在滑动模态上系统将具有理想性能。

当然,现在导引律的推导关键在于性能准则(指标)的合理选择。对于导弹而言,常用的性能指标主要是:导弹在飞行中付出的总需用横向过载最小、终端脱靶量最小,以及导弹与目标交会角具有特定要求等。

6.3.6　向状态制导的最优导引律研究

向状态制导概念及其最优导引律研究是试图从理论上消除"盲区"和"盲视"现象对导引精度的影响,以实现精确制导的角度提出来的。

众所周知,脱靶量是指导弹与目标交会过程中,导弹绕过目标的最小距离。产生脱靶的原因很多,对于自寻的导弹来说,除因导弹能量损耗使目标处于攻击区之外，或因导弹机动加速度受到限制使目标处于攻击区之外，主要由制导"盲区"和导引头的"盲视"造成脱靶。

当导弹接近目标时，导引头将丧失对目标信号的辨识能力，称之为"盲视"。寻的制导控制回路在弹目距离很近时，工作中断，使导弹失控，此距离被称为"盲区"。盲区的距离取决于导引头的性能，通常为 50～500m 不等。

理论计算得知，因为盲区的存在，脱靶量的大小完全由失控时刻系统的状态决定。那么，只要使系统满足某状态，就可以实现零脱靶。这个理想状态为

$$\frac{1}{2}(a_{tb} - a_{mb})t_{go}^2 - V_b t_{go} = 0 \tag{6.29}$$

或

$$-\dot{q}_b - \frac{V_{mb}\dot{\theta}_{mb}}{2\dot{R}_b} + \frac{V_{tb}\dot{\theta}_{mb}}{2\dot{R}_b} = 0 \tag{6.30}$$

式中：a_{tb}、a_{mb} 分别为目标和导弹的横向加速度；t_{go} 为失控时的剩余飞行时间；$\dot{\theta}_{mb}$ 为失控时导弹速度向量角速度；V_b 为失控时目标视线切线速度；$\dot{q}_b$ 为失控时视线角速度；$\dot{R}_b$ 为弹目接近速度。

显然，若使系统在失控时达到式(6.29)和式(6.30)的状态，并在失控后使导弹保持失控时的过载继续飞行，便可从理论上解决盲区对导引精度的影响问题，可得到更高的导引精度。

变结构控制的设计思想和"向零控拦截曲面制导"的思想给我们提供了思路：可以把式(6.29)和式(6.30)作为代表系统理想特性的滑动模态，设计出向该滑模滑动的最优趋近律。这样，无论失控在什么时刻发生，都可精确地保证零脱靶量。基于此思想的导引律，称为"向状态制导"的最优导引律。

由此出发，可以推导出具有不同意义的四种状态制导的最优导引律，即向预测命中状态制导的最优导引律、向预测零脱靶量状态制导的最优导引律、向零控预测零脱靶量状态制导的最优导引律及向零控预测命中状态制导的最优导引律。

仿真试验结果和分析表明，这些向状态制导的最优导引律对盲区距离、目标机动和导弹延迟等因素影响制导精度具有很强的鲁棒性，并具有很好的弹道特性，对解决高速、大机动目标精确制导问题和导引律的选择与使用具有重要的参考价值。

6.4　导弹制导控制系统

6.4.1　引言

导弹制导又称导弹飞行控制。制导回路(系统)以导弹为控制对象，包括导引系统和稳定控制系统两部分。制导系统的任务是导引和控制导弹沿着预定的弹道，用尽可能高的精度接近目标，在良好的引战配合下，以要求的杀伤概率摧毁目标。

6.4.2　制导过程及系统基本结构

在导弹发射后的飞行过程中,制导系统将不断地测量导弹的实际运动与理想运动之间的偏差,据此偏差的大小和方向形成控制指令,在此指令作用下,通过稳定控制系统控制导弹改变运动状态以消除偏差。同时还将随时克服各种干扰因素的影响,使导弹始终保持所需要的运动姿态和轨迹。一般将姿态稳定控制系统称为稳定回路或"小回路"而把轨迹导引系统叫做制导回路或"大回路"。

制导回路是决定导弹命中精度的最重要环节之一,一般由探测(测量)装置、导引计算机及目标组成。图 6.9 给出了导弹的典型制导系统结构框图。由图 6.9 可清楚地看出制导回路的重要作用。

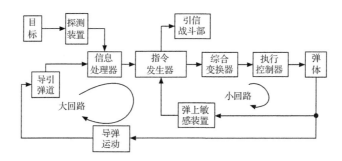

图 6.9　导弹的典型制导系统结构框图

现代导弹制导控制系统种类繁多,按其工作原理和指令传输方式大体可分为:自主式制导控制系统、遥控制导控制系统、寻的制导控制系统和复合/融合制导控制系统四大类。图 6.10 给出了一种典型寻的制导控制系统的简化结构图。

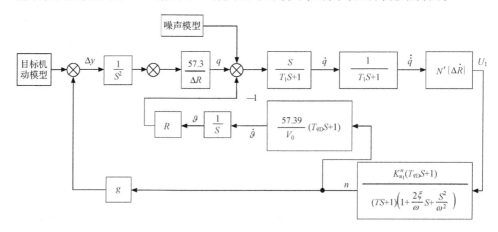

图 6.10　某寻的制导控制系统的简化结构图

6.4.3　未来制导控制系统

　　未来导弹及其制导控制系统的概貌是由其对抗兵器(各类精确制导武器及可能的运载器,如飞机、直升机、装甲车辆、舰艇等)的下一步发展预测决定的。这些对抗目标的典型特点是:高速和高机动性、不断降低的雷达可探测性、产生各类干扰的能力、与运载器分离距离的增大(如载机不需要进入防区等)、抗战斗装药爆炸的高强度和高稳定性等。由此出发,未来导弹制导控制系统的发展趋势将主要是:

　　(1)提高通道数,以适应攻击多个目标或反击对抗目标从各方向而来的大规模空袭。

　　(2)采用垂直起飞,保证快速、全方位进攻或反击全向的空袭。

　　(3)采用复合制导,在大部分弹道段上采用惯性制导系统,而末制导采用主动雷达寻的制导(可能还加红外导引头作备份),这样既可免去雷达站在寻的制导段的跟踪和照射目标的功能,又可扩大雷达跟踪目标的能力。

　　(4)为了使导弹具有超机动性,保证对目标的超精度制导和导弹战斗装备对目标的高效率杀伤,未来导弹必须在寻的末制导段采用燃气动力方法产生控制力和力矩。

　　除此之外,未来导弹的制导控制系统还应该为导弹武器系统提供从行军到展开在极短时间范围内(几分钟甚至更短)具有实际上沿任何地形转移的能力,以及长期(达 10 年或更长)无检测储存和在任何气候及其他使用条件下经常处于作战可用状态的能力。

　　为了进一步说明未来导弹及其制导控制系统的概貌,图 6.11 给出了其中未来中程陆基防空导弹制导控制系统作战过程示意图。

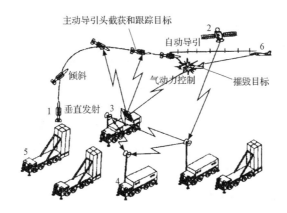

图 6.11　未来防空导弹制导控制系统作战过程示意图

1. 防空导弹;2. 空间预警和指示系统;3. 多功能雷达站;4. 指控车;5. 移动发射装置;6. 目标

该系统所有的组成部件均装在几辆自行底盘上,使其具有很高的机动性和战备可用度。防空导弹 1 被封装在运输发射筒内,保证其导弹长期免检储存并经常处于发射准备好状态。当从空间预警和指示系统 2 处获得空袭武器出现的一次信息后,此信息随即送给防空导弹火力单元的多功能雷达站 3 和指控车 4。按外部目标指示数据,多功能雷达站搜索发现、截获和跟踪目标,确定其坐标和速度。这些信息均集中到火力单元的指控车中,在此,数字计算机系统能保证向火力单元各分系统引入统一的空间和时间坐标,处理来自多功能雷达站的有关目标初始数据(目标指示数据),确定导弹发射的时间和地点,以及形成必要的控制指令。导弹是按指控车的指令车的指令从火力单元的一个移动发射装置 5 发射的。导弹的起飞是靠运输发射筒中弹射装置来抛射,然后再点燃导弹发动机来实现的。导弹飞行过程分成几段:第一段为垂直起飞和向发射前计算好的前置遭遇点方向转弯。前置遭遇点的信息在射前时期和整个导弹飞行时间内,均随所跟踪目标运动参数而不断修正。第二段是惯性制导段,在此段油松修正后的遭遇点、目标坐标和速度的信息由多功能雷达站沿无线电修正通道向导弹发送。控制指令实在弹上计算机形成的。当与目标接近到相对距离达到主动雷达导引头能发现和截获目标时,多功能雷达站向导引头发送角度和接近速度目标指示信息。主动雷达导引头对目标 6 进行搜索、截获并自动跟踪。从此开始第三段,即寻的飞行段。在寻的段的最终段,当导弹与目标非常接近时,导弹的燃气动力控制系统投入工作,实施急剧的机动来消除脱靶。对目标的杀伤是靠碰撞方法(即动能杀伤),或者按非触发引信指令起爆战斗部靠其杀伤破片的作用。

6.5　水下制导定位技术及系统

6.5.1　引言

除了惯性制导定位技术和系统外,上述自主式制导、无线电制导和光电寻的制导等均难以用于水下精确制导定位。这是因为无线电波和光波进入海水,基本上呈"短路"状态,这样一来,利用光学原理的海上天文导航、陆标导航手段已无法使用;电磁波能量在海水中传播随距离增加的巨大损失(约为 $1400f^{1/2}\,\text{dB/km}$)根本无法进行无线电定位导航。因此,当载体(如潜艇、鱼雷、水雷等)潜入海水下时,就必须寻求其他精确制导定位技术及系统。

6.5.2　声纳系统及其声纳方程

1. 声纳系统组成及功能原理

用于进行水下声探测、识别、定位、导航和通信的系统被称为声纳系统。声纳设备是该系统的核心部分。声纳的功能类似雷达,故也称为"水下雷达"。声纳的种类很多,通常主要按照工作方式、用途、装备对象和基阵安装方式进行分类。例如,按照工作方式可分为主动声纳和被动声纳。而按照用途或功能可分为:警戒声纳、测向声纳、导航声纳、探雷声纳、攻击声纳、识别声纳和对抗声纳等。同时还包括声学测速、测向和计程设备,以用于海底地形地貌测量的设备(如单波束回波测深仪、多波束回波测深仪、测扫或旁视声纳和综合地形地貌设备等)。又如,按照装备对象可分为:潜用声纳、舰船声纳、海岸声纳和机载声纳。而按照基阵安装方式可分为:舰(船)壳声纳、拖曳声纳、吊放声纳和浮标声纳等。

典型声纳一般由换能器基阵、发射机、发射控制器、控制系统、显示器、扬声器等部分构成。换能器基阵由许多按一定规律排列的换能器构成,用以实现电能与声能的互相转换;发射机用于为换能器基阵提供大功率交流电信号;接收机接收来自换能器基阵的信号,经处理后送往显示器和扬声器;发射控制器用来控制发射机发射和显示器记时;控制系统用以控制换能器发射和接收时声波的方向,并指示其方向,显示器用以显示声纳获得的目标位置、运动情况及目标的各种特征参数,作为声纳员的判决依据;扬声器发出回波或目标噪声,供判断目标性质。上述部分构成一个有机整体,共同来完成水声探测及水下制导定位任务。

测速、计程、测向海底地形地貌测量(包括等高线图和地貌图等)是声纳的基本功能。声纳测速主要有两种:①利用测速声纳(又称多普勒速度计程仪,DVL),其机理是众所熟知的多普勒效应,即当载体的发生换能器向海底斜下方发射声信号时,接收的海底回波频率随载体的不同而不同,通过接收频率的不同而变化,便可以推算出载体的速度向量。②相关测速声纳(或称声相关计程仪,ACL),其机理是载体上的发射换能器向正下方发射波束较宽的声信号,并采用多个水听器接收海底回波,由各接收器接收信号的相关特性推算出载体速度;有了上述测得的速度,便可通过速度积分容易地获得载体的累计航程,在载体运动距离;海底地形地貌测量实质上是利用回波探深仪和侧扫(或旁视)声纳进行测深。回波探深仪有单波束的和多波束的。前者利用垂直向下发射一个声脉冲信号,测量该信号经海底反射回到换能器的双程传播时间,根据已知声速得到海底深度;后者采用较宽的发射波束,利用以完成波束技术形成多个指向海底不同位置的接受波束,以获得海底多个点的深度数据,获得的数据可绘制成三维地形图,还可以制成等高线图,从而使海底地形测量效率大大提高;侧扫声纳采用单波束进行收发,信号发出之后可连续采集回波数据,利用各次发射信号所采集的回波数据构成海底图像,获得海底地貌图;综合地形测量设备结合了地貌和地形测量双功能,有两种形式,即一种以多波束测深为主,兼顾地貌测量,另一种以地貌测量为主,兼顾地形测量。

2. 声纳方程及用途

声纳方程是将介质、目标和水声设备相互作用联系在一起的数学关系式。根据辐射水声信号所在位置不同,可分为主动声纳方程和被动声纳方程。

通常,把设备本身发射信号并利用目标回波检测信号有无的声纳称为主动声纳。根据主动声纳的工作过程,可建立主动声纳方程。

对于以噪声为主要背景干扰的主动声纳方程为

$$(SL - 2TL + TS) - (NL - DI) = DT \qquad (6.31)$$

式中：SL 为辐射声源级,$SL = 10 \lg\left(\dfrac{声源强度}{参考强度}\right) \mathrm{dB}$;$TL$ 为传播损失,$TL = 10K\lg r + ar$(这里,K 为常数;α 为海底吸收系数;r 为传播距离);TS 为目标强度;NL 为噪声级,$NL = NL_0 - NL_s + 10 \lg w$(这里,$NL_0$、$NL_s$ 分别为海洋噪声和自噪声在声纳中心频率处的谱级;w 为声纳接收机的带宽,Hz);DI 为接收指向性指数,$DI = 10 \lg\left(\dfrac{无指向性水听器输出的噪声功率}{实际有指向性水听器输出的噪声功率}\right)$;$DT$ 为检测阀,即接收机输入端需要的信噪比门限。

对于以介质中散射体的散射或混响为主要背景干扰的主动声纳方程为

$$SL - 2TL + TS - RL = DT \qquad (6.32)$$

式中：RL 为水听器接收的混响级,$RL = ST - 2TL + TS_r$(这里,TS_r 为形成混响的散射体的等效平板波混响级)。

被动声纳的信息流程比主动声纳简单,这是因为它承受单程传播损失,且没有混响。通常,被动声纳方程为

$$SL - TL - (NL - DI) = DT \qquad (6.33)$$

上述声纳方程可用于声纳设计,并能够对已有或正在设计的声纳设备进行性能预报,即对声纳设备的某些重要参数(如检测概率、搜索概率及"优质因数"等)进行估计。因此,声纳方程被认为是声纳性能预报和声纳设计的有力工具。

6.5.3　水声精确定位导航系统

水声精确定位导航系统简称水声定位系统,是一种可用于局部区域精确定位导航系统的系统。由于当前获取水下信息最有效的传播载体仍然是水波,因此该系统采用了水声技术。

水声定位系统按照基线的长度可分为长基线系统、短基线系统和超基线系统。这三种系统分别简称 LBL、SBL 和 USBL(或 SSBL),它们都有多个基元(接收器或应答器)。基元之间的连线称为基线,其相应基线长度分别为 100~6000m、1~50m 和小于 1m。三种系统既可以单独使用,也可以组合使用。

以长基线(LBL)深水应答器水声导航系统为例。该系统由 3～5 个水声应答器、问答机、计算机和显示器构成。其中,应答机由接收水听器、转发发射换能器、浮球、水密电子罐及沉块等部分组成。图 6.12 为应答器结构和定位的示意图。

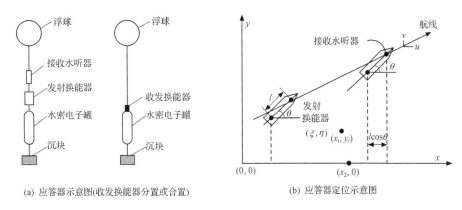

(a) 应答器示意图(收发换能器分置或合置) (b) 应答器定位示意图

图 6.12 LBL 系统应答器结构及定位示意图

6.6 复合制导技术及应用

6.6.1 引言

所谓复合制导是指中、远程导弹在飞向目标的过程中,采用两种或多种制导方式,相互衔接,协调配合,共同完成制导任务的一种新型制导方式。从本质上讲,复合制导是一种集不同单一制导体制之长,而避其所短的制导体制。它通常把导弹整个飞行过程分为初制导＋中制导＋末制导三个阶段。

以导弹为例,随着目标飞行高度向高空和低空发展、机动性和干扰能力不断提高,以及导弹作战空域日趋加大,复合制导已成为中、远射程导弹主要和必需的制导方式,其技术发展很快,应用越来越广泛。鉴于复合制导很复杂,本节仅讨论复合制导体制的选择,系统基本组成及运行、导弹截获跟踪系统及目标交接班技术。

6.6.2 复合制导体制的选择

目前,大多数中、远程导弹的航迹大致分为初始段、中段和末段。从简化制导控制系统、提高系统可靠性和减轻质量的角度讲,应尽量避免采用多种制导系统组成的复合制导。在非采用这种制导方式不可的情况下,必须进行充分论证,并严格按照如下依据和原则,合理地选择其复合制导体制。

1. 选择依据

复合制导体制选择的主要依据是导弹武器系统对制导系统的要求及武器系统本身的某些限制条件,可大致归结如下:

(1) 武器系统最大拦截距离的要求。

(2) 武器系统对制导精度的要求。

(3) 战斗部种类、装药或威力半径的限制。

(4) 弹上体积、质量的限制。

(5) 导弹武器系统的全天候能力、多目标能力、抗干扰能力和 ARM 能力、对目标的分辨、识别及反隐身能力。

(6) 导弹的作战空域、低空性能和速度特性。

(7) 导弹成本及武器系统的效费比。

(8) 系统可靠性及可维修性等。

应该指出的是,(1)、(2)、(3)是作为是否选择复合制导体制的决定性依据。

2. 选择原则

复合制导体制选择的根本原则是,只要单一制导体制能够实现导弹武器系统的战术技术性能指标,应尽量不选用复合制导体制,因为它会使系统复杂而造价高。

一旦决定选择复合制导后,就必须从上述 8 条依据出发,参照目前可能采用的多种复合制导体制的优缺点,权衡利弊,做出优化选择。

选择中,为了合理地利用单一制导系统的良好特性,达到精确制导与控制导弹杀伤目标的目的,建议掌握下列原则。

1) 初段制导选择原则

初段制导即发射段制导,是从发射导弹瞬时至导弹达到一定的速度,进入中制导前的制导。通常,发射段弹道散布很大,为了保证射程,使导弹准确地进入中制导段,多采用程序或惯性等自主式制导方式。但是,如果导弹发射控制能保证初始段结束时导弹进入中制导作用范围,可不用初制导。

2) 中制导选择原则

中制导是从初制导结束至末制导开始前的制导段,这是导弹弹道的主要制导段,一般制导时间和航程较长,因此很重要。

中制导系统是导弹的主要制导系统,其任务是控制导弹弹道,将导弹引向目标过程中,使其处于有利位置,以便使末制导系统能够始终"锁住"目标。也就是说,中制导一般不以脱靶量作为性能指标,而根本任务在于把导弹制导至导引头能够"锁住"目标的一定"栏框"内。因此,中制导没有很准确的终点位置。

应该指出的是,中制导结束时的制导精度可决定导弹接近目标时是否还需要采用末制导。当不再采用末制导时,通常称为全程中制导。中制导一般采用自主式制导(如惯性制导、GPS 制导等)或遥控制导,捷联式惯性制导＋指令修正技术是中高空防空导弹和中远程巡航导弹普遍采用的中制导方式。

3) 末制导选择原则

末制导是在中制导结束后至与目标遭遇或在目标附近爆炸时的制导段。末制导的根本任务是保证导弹最终制导精度,使导弹以最小脱靶量来杀伤目标要害部位。因此,末制导常采用作用距离不远但制导精度很高的各种自寻的制导和融合制导方式。

是否采用末制导,取决于中制导误差是否能保证命中目标的要求。但在如下条件下必须考虑采用末制导:①对于反舰导弹和反坦克导弹,要求制导误差小于目标的最小横向尺寸时,即 $\sigma \leqslant b/2$(这里,σ 为圆概率误差;b 为舰船或坦克的高度);② 对于反飞机导弹要求制导误差小于导弹战斗部的有效杀伤半径时,即 $\sigma \leqslant R/3$(这里,R 为战斗部的有效杀伤半径)。

末制导通常采用寻的制导和双模融合制导或相关制导(如景象匹配制导),且越来越多地采用红外成像制导、毫米波成像制导、电视自动寻的制导,以及红外/雷达、主/被动雷达、红外/紫外、毫米波/红外成像制导等。

6.6.3　复合制导系统的组成及运行

复合制导系统的组成取决于导弹所要完成的任务。大多数导弹的初始段采用自主式制导,而后采用其他制导方式。因此,复合制导系统通常采用:自主式＋寻的制导、指令制导＋寻的制导、波束制导＋寻的制导、捷联式惯性制导＋寻的制导、自主式制导＋TVM 制导等各种复合制导体制。以美国"爱国者"导弹的复合制导系统为例,该系统采用了自主式＋指令＋TVM 复合制导体制。在这种体制下,初制导采用自主式程序制导,即在导弹从发射到相控阵雷达截获之前这段时间内,利用弹上预置的程序进行预置导航,使导弹稳定飞行并完成初转弯。当相控阵雷达截获跟踪导弹,初制导结束,中制导开始。中制导采用指令制导,即在中制导段,相控阵雷达既跟踪测量目标又跟踪导弹,地面制导计算机比较目标与导弹的位置,形成导弹控制指令,控制导弹按期望的弹道飞向适当位置,以便实施中、末制导交班。中制导段还将形成导引头天线的预定控制指令,控制导引头天线指向目标。与此同时,导引头开始截获目标的照射回波信号,一旦导引头截获导回波信号,就通过导引头上的发射机转发到地面,地面作战指挥系统将其转上末段制导。末制导段采用 TVM 制导,即在末制导段,相控阵雷达仍然跟踪测量导弹和目标,但此时相控阵雷达采用线性调频宽脉冲对目标实施跟踪照射。另外,在形成控制指令时,使用了由导引头测量的目标信号。由于导引头测量精度比雷达高,因此从根本上克服了指令制导精度低的弱点。

6.6.4　导弹截获跟踪系统

1. 跟踪导弹的必要性

对于一般指令制导,跟踪导弹是必要的,且通常采用应答方式。对于中、高空导弹或采用其他制导方式的导弹是否跟踪导弹主要取决于是否需要导弹位置信息及这些信息是否有其他来源。例如,全程半主动寻的制导就可以不跟踪导弹,原因是可以采用宽波束天线或利用照射天线副瓣向弹上发送直波信号,可不必知其导弹空间位置。

应该指出的是,对于复合制导获取导弹位置信息是十分重要的。如在复合制导系统的地面跟踪雷达中,它主要用于:①形成中制导指令;②形成中-末制导交班指令;③用于控制指令波束(或天线)指向导弹发送控制指令或修正指令。但是,在是否跟踪导弹问题上,仍然取决于具体制导体制和是否有更好的方法获取导弹位置信息。一般来讲,针对如下几种典型复合制导体制,其初步结论是:①对于半主动寻的＋主动寻的(或被动寻的),原则上可以不跟踪导弹。②对于指令＋寻的(包括主动、半主动、被动、TVM),为了形成中制导指令和交班指令,地面必须跟踪导弹。③对于惯性制导＋修正指令＋寻的(包括主动、半主动、被动),如果弹上将测得的导弹位置信息发回地面跟踪制导雷达,则地面可以不跟踪导弹;如果弹上不发回导弹位置信息,一般需要地面跟踪导弹。尤其是当末制导作用距离十分紧张的情况下,为了获得较高的相对坐标测量精度,必须跟踪导弹。

2. 跟弹方案的选取

采用指令制导的导弹大都采用应答式跟弹方案。但对于复合制导导弹必须选择既满足要求又简便的跟弹方案。例如,可采用反射式跟弹方案。所谓反射式跟弹是指,把导弹视为一个目标,依靠导弹受雷达照射后反射回波信号对导弹实现跟踪。当然,能否实行反射式跟弹,将主要取决于最大跟踪距离和导弹的 RCS 大小方面的要求。如对于 RCS 明显小的无翼导弹,一般不能采用反射式跟弹方案。

3. 导弹截获设计

可靠截获导弹是对制导系统的基本要求,它将依靠合理设计导弹截获方案来保证。实际上,是要求通过设计解决导弹初始无控段至制导段的可靠过渡问题。其设计问题包括:导弹截获要求、截获方案选择和防止假截获的技术措施等。

下面以相控阵跟踪雷达为例,讨论上述导弹截获设计问题。

1) 导弹截获要求

导弹截获要求包括:截获空域的确定、多发截获空域的确定、同时截获导弹数、截获时间要求等。

截获空域是指在各种拦截弹道下,截获时导弹可能所处的空间位置的总范围。分单发与多发截获空域。单发截获空域大小主要由导弹初始段飞行位置散布决定,影响散布的因素主要是导弹本身飞行偏差、瞄准误差和坐标标定误差。多发截获空域是同时拦截多目标,是多枚导弹的截获空域合成的总截获空域。设计中,可通过布站方式、参数调整及截获时机的选择,使多发截获空域选得尽可能小。

同时截获导弹数与同时拦截目标数有关,且后者与来袭目标流强度、武器射击效率、杀伤区纵深等因素有关。当然,同时截获导弹数还取决于雷达能力等。

导弹截获时间主要受最小拦截距离(即杀伤区近界)的限制,它要求导弹截获时间尽可能短。一般对多功能相控阵雷达来说,截获时间应不大于 2s,最小截获时间要求小于 1s。

2) 截获方案选择

在多目标拦截情况下,通常由两种搜索拦截方案可供选择:主阵窄波束搜索截获方案和主阵宽波束搜索截获方案。前者适用于拦截空域较小、雷达多功能、多目标能力要求较低的场合;后者适用于截获空域较大且对多目标要求较高的情况下。除此之外,还有基于上述两种方案而派生的其他截获方案,如辅助阵截获方案、多个辅助小天线配合主阵截获方案等。究竟选用哪一种截获方案除考虑上述导弹截获要求外,还需要考虑其他因素和进行效费比分析。

3) 防止假截获的方案

对于相控阵跟踪雷达,所谓假截获就是副瓣截获。这是因为导弹发射后为了尽早截获目标或拦截低空目标时,飞行高度一般较低,截获导弹的仰角都较小,而在低仰角拦截时,雷达易受来自副瓣的地物反射信号影响。当地物反射信号很强时,会造成雷达对副瓣信号的截获,即所谓假截获。为了有效地防止假截获,通常在设计上采取如下技术措施:①低副瓣技术;②高门限截获;③设计辅助天线;④设计红外辅助跟踪器等。

6.6.5　目标交接班技术

1. 目标交接班概念

所谓目标交接班是指敏感器 1 将所跟踪测量的目标多维坐标信息传送给敏感器 2,敏感器 2 利用所提供的目标信息指向目标所在方向,在相应坐标上等待或搜索,发现和拦截目标并转入跟踪的整个过程。目标交接班可简称为目标指示或引导。

目标交接班技术在航空航天技术领域有着广泛应用。例如,防御武器系统、火力单元内搜索指示雷达与跟踪制导雷达间的目标交接班,防空体系中前方警戒雷达与飞机引导指示雷达间的目标交接班,靶场测量系统中上、下靶场跟踪测量雷达间,跟踪测量雷达与光学经纬仪间,电影经纬仪间的目标交接班等。

在复合制导系统中,因为有多个探测、跟踪器和不同制导段的衔接,也必然存在目标交接班问题。

目标交接班是复合制导的特殊问题。这是因为导弹采用串联复合制导时,飞行弹道各段上采用不同的制导体制。不同的制导体制利用不同的导引方法导引导弹。当制导体制转换时,两个制导阶段(如中制导与末制导)的弹道衔接是一个重要问题。为了做到不丢失目标、信息连续、控制平稳、弹道平滑过渡以及丢失目标后的再截获,必须从设计上解决目标的交接班问题,尤其是保证中制导段到末制导段的可靠转接,使末制导导引头在进入末制导段时能有效地截获目标(包括对目标的距离截获、速度截获和角度截获)。

2. 目标交接班方式及其选择

目标交接班方式可分为两大类:直接交接班和间接交接班。前者是利用敏感器 1 对目标的实体测量信息与敏感器 2 进行的交接班。也就是说,敏感器 2 转入对目标跟踪前的整个交接班过程中,敏感器 1 始终跟踪、测量目标,并向敏感器 2 提供目标的实时测量参数。后者是利用对目标的实时预报(外推)位置作为目标指示信息,使敏感器 2 转入对目标的截获跟踪。当然,实时预报信息一般来源于敏感器 1 在交接班前对目标的测量。

目标交接班方式的选择是交接班方案设计的第 1 步。方式选择中,一般应考虑如下方面:

(1) 当敏感器 1 与敏感器 2 的工作空域互不交叠时,只能采用间接交接班方式。

(2) 当两敏感器工作空域有交叠,且交叠区的纵深 ΔR 满足 $\Delta R > V_{max} t_{10}$(这里,$V_{max}$ 为所对付目标的最大速度;t_{10} 为完成交接班所需的时间)时,则可采用直接交接班方式。

(3) 当拦截近界目标时,为了使弹上导引头尽早截获目标,可采用间接交接班方式。

(4) 当战术单位目标指示雷达与 TBM 预警雷达分别与复合制导系统中的主雷达进行交接班时,前者主雷达应工作在直接交接班方式,而后者主雷达应按间接交接班方式工作。

3. 顺利交接班条件

理论分析和实践表明,在复合制导中,保证中、末制导段的顺利交接班是最为重要的。为此,必须满足如下基本条件:

(1) 目标应处在导引头作用距离和天线波束宽度范围之内。

(2) 导弹与目标之间的相对速度的多普勒频率必须在导引头接收机等待波门的频率搜索范围内。

可见,必须对导引头天线指向和接收机等待波门的频率进行预定,导引头天线指向预定过程时,由弹上惯性制导系统量测并计算出导弹位置、速度和姿态角,通过机载(或制导站)雷达将实时获得的目标位置和速度信息经数据链系统发送给弹上接收机,并在解码处理后传输给弹上计算机。弹上计算机解算出弹目相对运动关系及参数。根据相对运动参数和弹体姿态角,可求得导弹与目标的视线方向相当于导弹纵轴的高低角

$$\varphi = q - \theta \tag{6.34}$$

进而计算得到控制导引头天线转动的方位角

$$\Delta\varepsilon_L = \varphi - \varphi_0 \tag{6.35}$$

导引头接收机等待波门的频率中心位置可按弹目相对速度的多普勒频率 f_d 设置。f_d 可简化计算得到,即

$$f_d = \frac{2\dot{R}}{\lambda} \tag{6.36}$$

式中:λ 为导引头接收机所用天线波长。

另外,若能在中制导段和末制导段选用同样的导引律,则可避免两种制导段衔接处的弹道参数瞬间跳动,以有利于末制导开始时制导控制性能和弹道特性,以及减小交接班过渡时间。为此,还可以考虑设计一种交接班段的过渡导引律 U_{ch}

$$U_{ch} = \begin{cases} U_{cm} & (t < t_h) \\ aU_{ch} + (1-a)U_{cm} & (t_h \leqslant t \leqslant t_h + 2.5) \\ U_{ch} & (t > t_h + 2.5) \end{cases} \tag{6.37}$$

$$a = \frac{t - t_h}{2.5}$$

式中:a 为权值系数;t_h 为交接班开始时间,并设定交接班过渡时间为 2.5s;U_{cm} 为中制导导引律。

4. 目标交接班系统模型

目标交接班系统是指从交班设备给出目标指示开始到接班设备截获跟踪目标为止,参与目标交接班过程的所有设备的总体。为了分析交接班问题和设计交接

班系统,必须建立该系统的模型。通常,交接班系统的基本模型可有多种形式。图 6.13 给出了交接班系统的三种典型基本模型。

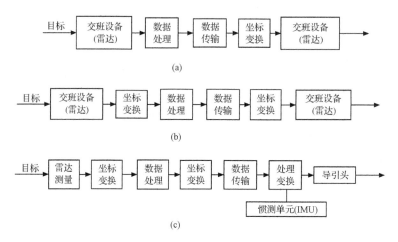

图 6.13　交接班系统的典型基本模型

5. 交接班成功概率及其计算

交接班成功概率是指从交班到接班整个事件被完成的概率。为了方便计算这种概率,可将交接班过程分为三个分事件:①目标落入;②目标发现;③目标锁定。

理论分析和推导表明,单次交接班成功概率为

$$P_{1s} = P_V P_D P_L P_{R_e}(t_1 + T_1) \tag{6.38}$$

式中:P_V 为目标指示成功概率(或目标落入概率);P_D 为平均检测概率;P_L 为已发现目标被锁定(转跟踪)的概率;$P_{R_e}(t_1 + T_1)$ 为交接班设备的可靠度;t_1 为设备已工作时间;T_1 为一次交接班时间。

6. 目标交接班精度计算

下面以图 6.12(a) 为例讨论目标交接班精度计算。当图 6.12(a) 中各环节引入系统误差 Δ_i 和随机误差 σ_i 后,原图将变为如图 6.14 所示形式。这时,精度计算将转化为按照图 6.13 进行的交接班误差计算。

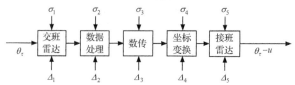

图 6.14　交接班精度计算模型

6.7　多模融合制导技术

6.7.1　引言

上述任何单一模式寻的制导都既有优点又有缺点,为了克服采用单一模式导引头的缺点,提高导弹武器在复杂战场环境中的制导性能和可靠性,可以把两种或两种以上的寻的制导技术融合起来,取长补短,以形成高性能的寻的制导系统,这是精确制导技术发展的重要方向。雷达制导,尤其是毫米波雷达制导与光电制导的融合体制是最常见的多模融合寻的制导方式。目前,主要采用的是双模融合形式,如被动式雷达/红外、主动式毫米波/红外成像和毫米波主/被动等双模融合寻的制导已得到广泛应用。

为有效发挥多模融合寻的制导的作用,在设计多模融合寻的导引头时,应着重考虑如下方面:

(1) 多模融合是一种多频谱融合探测。由于参与融合的寻的模式工作频率在频谱上距离越大,敌方的干扰手段欲占这么宽的频谱就越困难,因此,各模式的工作频率相距越远越好。从此角度讲,合理的融合有微波雷达/红外、紫外融合、毫米波雷达(动或被动)红外(色或双色)合和微波雷达/毫米波雷达融合。

(2) 参与融合的制导方式应尽量不同,尤其是当探测的能量为一种形式时更应注意选用不同的制导方式融合。例如,主动/被动、主动/半主动、被动/半主动融合等。

(3) 参与融合模式间的探测口径应能兼容,以便实现共孔径融合结构,避免采用分离式结构。如毫米波/红外融合导引头的共孔径融合结构有卡塞格伦光学系统/抛物面天线融合系统、卡塞格伦光学系统/卡塞格伦天线融合系统、卡塞格伦光学系统/单脉冲阵列天线融合系统和卡塞格伦光学系统/相控阵天线融合系统等。

(4) 参与融合的模式在探测功能和抗干扰能力上应互补。这是多模融合寻的制导的根本目标,只有如此才能提高探测能力、抗干扰能力和突防能力,产生融合的综合效益。

(5) 参与融合的各模式的器件、组件、电路应实现固态化、小型化和集成化。由此出发,最适宜参与融合的模式有 2cm 波长主、被动寻的雷达,毫米波主、被动寻的雷达,红外、激光、紫外光探测系统等。

6.7.2　被动雷达/红外融合寻的制导

雷达 / 红外双模融合导引头原理如图 2.27 所示。应用中,雷达导引头主要解决红外成像制导作用距离短的问题,先用被动雷达制导方式工作一段,直到红外导引头能够工作的距离时,再转入红外制导,从而最终解决导弹制导精度问题和对付辐射源突然关机问题。这种制导方式使红外和雷达结合,优势互补,构成一种高性能寻的制导系统,主要用于反舰导弹和反辐射导弹等。

6.7.3　主动式毫米波/红外成像融合寻的制导

这种融合制导方式早已引起发达国家的重视,20 世纪 80 年代即开展了这方面的研究。应用中,在末制导初段主要利用毫米波制导。这是因为它的作用距离比红外远,可穿透云雾和烟尘,波束比红外宽,在转入末制导时可很快进行大范围搜索,迅速截获目标,且可利用高距离分辨技术成功实现目标检测与目标初始跟踪。在近距离时将主要利用红外制导,这时可发挥红外分辨率高的优势,实现对目标的精确定位、精确跟踪及对目标的精确打击,克服毫米波雷达近距离情况下的角闪烁效应。除此之外,毫米波与红外融合可在目标识别阶段,充分利用毫米波雷达与红外探测器提供的目标特征,以提高目标识别性能。同时可根据不同战场或目标属性,选择红外或毫米波中的一种来实现不同的制导功能,提高反隐身和抗干扰能力。

6.7.4　毫米波主/被动融合寻的制导

毫米波主动式寻的雷达可采用脉冲调制或调频体制。因为探测远距离目标时,脉冲探测器的杂波雷达截面积比调频连续波探测器的杂波雷达截面积小得多,所以,主动寻的雷达先开机时,应选用脉冲调制体制。被动式毫米波系统是直接接收目标的毫米波辐射能量,与主动式毫米波系统融合后,不但具有很高的制导精度,而且具有抗干扰和反涂层隐身的能力,是精确制导性能最好的方式之一。

除了上述三种最常见的双模融合制导系统外,近年来还出现了多模选择融合制导系统。这种制导系统是指导弹在飞行中段采用被动探测的反辐射探测器,而末段寻的探测可根据需要从微波制导寻的或被动红外等探测器中选择一种的制导控制系统。这种把两种探测器合并使用的方法,保证了末段探测器始终指向目标并保证目标始终处于它的搜索范围之内。这样,末制导探测器便不必进入搜索模式就可以完成中段制导模式向末段选择制导模式的转换。

第7章　现代测控技术与 KKV 技术

7.1　概　　述

现代测控技术在科学研究、工业生产和国防建设等领域中应用十分广泛,被称为是当今社会主义文明的明显标志和现代化的重要条件,对于导弹特别是弹道导弹与航天器尤为重要。

导弹在研制、生产和使用过程中,必须利用测量控制设备(系统)进行一系列测试,以便对系统功能、性能做出评定,为鉴定、定型或故障分析提供准确依据;导弹作为一类可控飞行器和战斗体,必须利用包括自动驾驶仪在内的控制系统按照制导控制指令操纵其运动,直至命中目标。除此之外,弹道导弹还有对遥测和安控的重要要求,航天活动更是离不开测控技术和系统。这是因为航天测控既是航天工程的重要组成部分,又是天地联系的唯一通道和信息交互中心。无论是无人航天器还是载人航天系统,都必须依赖测控系统支持,航天测控系统担负着任何航天器(系统)的跟踪、测轨、遥测、天地通信、数据传输、信息处理和全程监控等重任。

现代测控技术是光、电、自动控制、计算机、网络与信息技术多学科相互融合和渗透而形成的一门高新技术,已广泛应用于工业过程检测与控制、航空遥测与遥控、航天测控网和导弹测控系统等方面。它所涉及的技术虽然很多、很宽,但若站在其前沿来看,最主要的应该是计算机测控技术、智能化测控技术、遥测与遥控技术和网络化测控等四个重要方面。

除常见的精确制导武器,如精确制导导弹、精确制导炸弹、精确制导炮弹、精确制导鱼雷等外,近年来,还出现了一些新型精确制导武器和正在研制的精确制导武器,主要包括新概念精确制导武器、临近空间精确制导武器、天基精确制导武器,以及防空、防天导弹武器等。这些武器一般都对命中精度有很高的要求,甚至是特殊的要求。如用于导弹防御系统的动能拦截弹和用于空天防御的族化拦截导弹等,就有"脱靶量为零"或"超机动性"的超常要求。为了满足这些要求,必须采用动能碰撞杀伤技术(即 KKV 技术)或直接侧向力控制技术(即超精确制导控制技术)。

本章将在进一步论述现代测控技术和系统的基础上;研究用于精确制导控制的先进控制策略和控制律;并深入讨论超精确控制技术和 KKV 技术及其应用。

7.2　计算机测控技术及系统

计算机测控是现代测控技术的基础、核心和主流。它以计算机为中心,采用数据采集和传感器相结合的方式,既能实现对信号的检测,又能进行有效的信号处理与分析,还能实施信息或系统工况的监控等。实现计算机测控技术的系统称为计算机测控系统,目前已形成三类实用的结构形式,即基本型、标准通用接口型与闭环控制型。计算机测控系统主要由硬、软件组成,典型硬件结构如图 7.1 所示;软件包括系统软件和应用软件。计算机测控系统通常通过总线技术将计算机内部各部分资源联系在一起进行彼此信息交换,可采用的典型标准总线有 S-100 总线、STD 总线、MultiBus 总线、VMESCSI 总线、IBM PC-XT 总线、PC/AT/ISA 总线及 PCI 总线等。除此之外,目前国内外航空、航天和舰船领域还广泛地应用着如ARINC-429、MIL-STD-1553B、LTPB、FDDI、FC 和 AFDX 机载数据总线技术,这些军用机载数据总线已成为该领域导航、制导与控制系统、测控系统和综合电子信息系统的"中枢神经";接口是计算机测控系统各部分与总线的联系,同时 CPU 通过接口对外设进行控制和实现信息传输。接口可分为元件级接口、插板级接口和系统级接口;在计算机测控系统中,计算机配置、A/D 转换、硬软件设计、系统误差分析及校准、漂移自动校准、故障检测和诊断、抗干扰等,需要在设计时应给予重点考虑,以保证其系统的工程测控精度和实时性,因此说计算机测控系统的总体设计是极其重要的,目前已基本采用了虚拟设计优化设计方法;计算机测控技术的发展为虚拟仪器创造了条件,同时又增强了自身的自动化能力,从而出现了自动化测控系统。自动化测试系统(ATS)是指对那些自动完成激励、测量、数据处理并显示或输出测试结果的一系列系统的统称。自动测试系统一般由自动测试设备(ATE)、测试程序集(TPS)和 TPS 软件开发工具等部分组成,以国防和电子信息领域应用得最多。目前,已形成许多领域性的自动测试系统,如飞机自动测试系统、导弹自动测试系统、火箭自动测试系统、发动机自动测试系统、雷达自动测试系统、印刷电路板自动测试系统、大规模集成电路自动测试系统等。先进的自动测试系统多是基于 XXI、PXI 总线的模块化仪器/设备系统,硬件集成技术和软件开发技术及安全性设计是其最重要的关键技术。计算机、传感器、控制器、开关系统及接口装置是这些系统的主要硬件,应用软件开发工具通常有 LabVIEW、MeasurementStudio、LabWindows/CVI、TestStand、PAWS、TeseBase、VITE、DAS 及ATLAS等。

虚拟仪器及虚拟测试技术是计算机测控技术及系统的重要支撑。如上所述,虚拟仪器就是具有虚拟仪器面板的 PC 机仪器,通常由 PC 机、功能化测试硬件模块和控制软件及接口组成,与优良的总线系统(如 VXI、PXI 等)相配合,为实现测控实时性和自动化提供了理想的平台,并大大增强了计算机测控系统的应用范围,特别是在工业生产过程的应用。作为计算机测控技术及系统的实际应用,图 7.2 给出了一个饲料加工生产线的计算机测控系统。

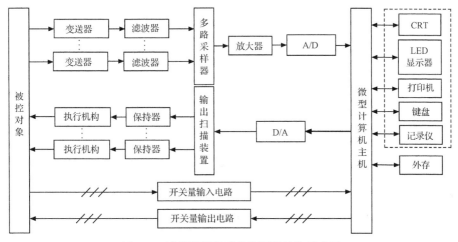

图 7.1　计算机测控系统的硬件结构示意图

由图 7.2 可见,本系统是一个闭环控制系统。硬件部分主要由模拟输入通道、数字 I/O 通道、混合机定时控制电路、电源故障检测电路、变频调速器群控电路等

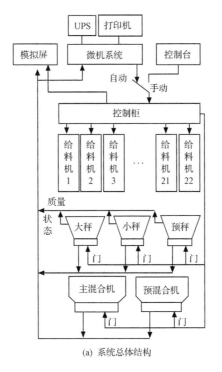

(a) 系统总体结构

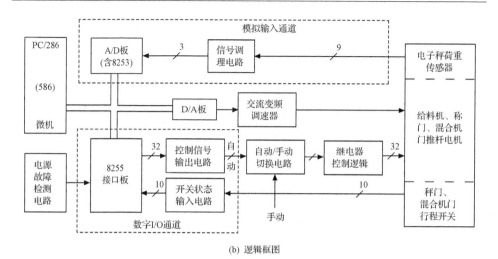

(b) 逻辑框图

图 7.2　通用配料过程计算机测控系统

组成。系统软件采用模块化结构,包括正常配料生产软件、故障检测和处理及复电后再入生产软件、I/O 通道检测软件、电子秤的重量采集系统的校准与标定软件、管理与优化配方软件等组成。全部软件采用 Turbo-C 语言编程并采用模块化结构,如正常配料生产软件有数据采集和信号处理模块、称门和混合机门的状态检测与控制模块等。该系统的最大优点就是具有通用性,即稍加修改就可适用于冶金、水泥、食品、医药等一切具有配料工艺的工业生产过程的测控。可见,计算机测控技术是一定范围内的多领域共用技术。当然,它对于航空、航天、航海和高技术兵器的测控技术及系统将更为重要,导弹测控系统(见图 7.3)就是以计算机测控技术为核心的典型现代测控系统。

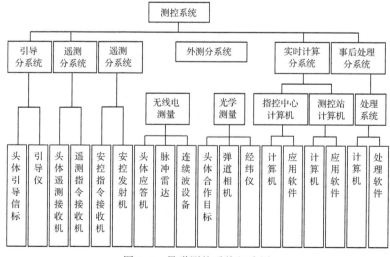

图 7.3　导弹测控系统组成图

7.3　智能化测控技术及系统

7.3.1　引言

智能化测控技术是一门新兴的综合性应用技术。它以计算机为核心,通过智能检测与智能控制自动获取信息,并利用有关知识和策略,采用实时动态建模、在线识别、人工智能、专家系统等技术,对被测控对象(过程)实现检测、控制、监控、自诊断和自修复等;智能化测控主要涉及的多学科知识和技术有传感器技术、微电子技术、自动控制技术、信号检测技术、信号分析与处理技术、数据通信技术、模式识别技术、可靠性技术、抗干扰技术、计算机仪器仪表,以及人工智能技术等;所谓智能检测就是利用计算机及相关仪器,实现检测过程的智能化和自动化,主要包括智能化的测量、处理、性能测试、故障诊断和决策输出等。智能控制则是"拟人智能"的控制,即模拟、延伸、扩展人的智能的人工智能控制。或者说,智能控制就是能在适应环境变化的过程中模仿人和动物所表现出来的优秀控制能力(动觉智能)的控制。按照控制论的观点,还可以把具有智能信息处理、智能反馈和智能控制决策的控制方式称为智能控制。应该讲,智能控制的应用范围很广,但如果以测试或检测作为控制对象,便可纳入智能化测控技术的范畴。它可以是局部或整体上的智能特征。例如,智能化检测仪表,就能够在被测参数变化时,自动选择测量方案、测量量程、自检测、自诊断等,以获得最佳测试结果。作为测试系统,为了提高其性能和功能,往往还需要提供一些系统分析、处理与控制功能,如采用动态建模技术、在线辨识技术、智能控制器及专家系统等,以便使系统获得最优控制和自适应控制能力。

7.3.2　智能化测控系统及其关键技术

实现上述智能检测与控制的系统称为智能化测控系统。其一般结构大致如图 7.4 所示。

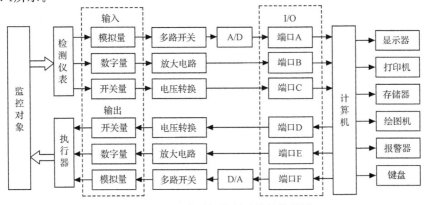

图 7.4　智能检测与控制系统的结构图

　　由图 7.4 可见,这类系统通常由检测、输入、接口、计算机及外围设备、输出和执行器等部分组成,计算机是其核心,而具有智能化决策控制模式和策略及最优检测功能是它的显著特征。

　　智能化测控技术及系统有着极为广泛的需求和工程应用,如电机转速智能检测与控制、空气压缩机组智能化检测与控制、发动机滑油系统智能检测与控制、转子碰摩智能检测与控制、管道液化气智能检测与控制、车辆尾气智能检测与控制、炼钢炉造渣智能检测与控制、液压泵智能检测与控制,以及噪声智能检测与控制等。应该指出的是,智能化测控技术及系统有着很重要的军事应用需求和空间。例如,现代陆、海、空军广泛装备的无人机(unmanned aerial vehicle,CAV)发射前、后均需要对其整机及系统进行充分检测、模拟和监控。由于无人机是一个典型的复杂大系统,因此,对于这种检测与控制实现智能化更具有现实意义。一种适用于 UAV 智能检测与控制的系统硬件配置和软件结构方案如图 7.5 所示。

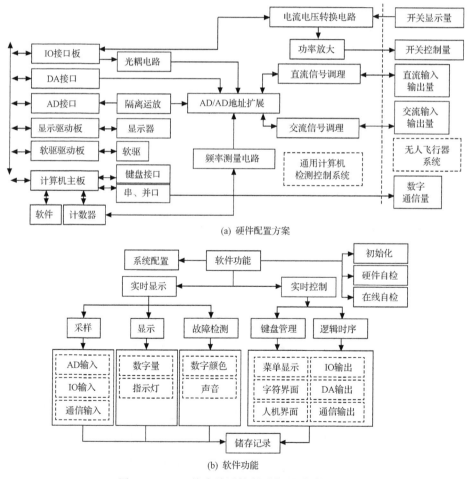

图 7.5　UAV 综合检测控制系统硬、软件配置

图 7.5(a)主要描述了通用方案的硬件设计内容。实际上,构成通用方案的软件也具有同等重要和复杂的研究内容。实时显示和控制是检测控制软件需要解决的两项重要内容。与 UAV 的接口关系必须根据实际要求进行硬件配置,对于检测结果的显示则通过软件进行设置。为了实现计算机对 D/A 和 A/D 接口硬件的自检功能,采用一路 D/A 地址输出到 A/D 口,形成闭合回路,通过输出量与输入量的比较做出判断。由于输出开关控制量一般有相应的返回指示值,可以形成闭合回路,容易判断大部分 I/O 口的好坏。

同计算机测控技术及系统类似,智能化测控技术及系统的主要关键技术仍然是:数据采集、处理与融合技术,检测传感器技术,通信技术,抗干扰技术等。除此之外,在这类系统中,虚拟仪器检测、智能检测和人工智能控制(算法)将更为重要。为此,虚拟仪器软件平台开发、数字滤波算法和模糊控制算法研制以及量程自动转换是相当关键的。

7.3.3　智能控件化虚拟仪器

智能化测控技术的一个重要发展方向是利用人工智能技术开发测控仪器,智能控件化虚拟仪器就是测控仪器的智能化最新发展。

智能控件化虚拟仪器是继虚拟仪器之后的又一种新的仪器模式,是由我国秦树人教授提出并实现的。其核心思想是智能虚拟控件,又称秦氏模型。

前述虚拟仪器虽然是对传统硬件仪器概念的一次变革,具备传统硬件化仪器无法拥有的优点和特点,但是它在仪器功能和面板控件的关系上,仍然与传统硬件仪器是一致的,同时在组建虚拟仪器时无法回避用户设计。为了克服现行虚拟仪器的这些不足,秦树人等提出了虚拟仪器拼搭场概念,并形成了智能化虚拟控件和控件化虚拟仪器的完整模式,使虚拟仪器设计与制造进入了一个新阶段。

秦氏模型的基本思想如图 7.6 所示。也就是将一些非智能虚拟控件经“功能赋予”后与仪器功能进行“测试融合”,从而形成“智能仪器单元”,通过“积木式拼搭”可直接在 PC 机内形成各种类型的虚拟仪器并显示在屏幕上供用户使用。在此,非智能化虚拟控件是仅有“连线”的部位集,用以实现“线路通断”而无测试功能的控件,“功能赋予”是使非智能化虚拟仪器演变为智能虚拟仪器控制的最重要方法和过程,而“测试融合”则对于赋予后的控件进行检验、改错、补充、修正等,直至满足设计要求。从根本上讲,功能“赋予”和“融合”过程是通过秦氏模型智能虚拟控件在“结构”上为“连线”部位提供一组接口函数——赋予融合函数(即 E-F 函数)实现的。该 E-F 函数为

$$\{EF\} = \sum_{n=1}^{N} EF_n \sim \sum_{n=1}^{N} f(ITouch_n, OTask_n) \tag{7.1}$$

式中：$ITouch_n$ 为输入触发事件；$OTask_n$ 为输出执行任务。

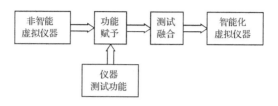

图 7.6　智能虚拟控件形成原理

除此之外，设计与制造一台完整的智能控件化虚拟仪器还需要将所有的智能虚拟控件有机地组合起来，组装所依托的平台为仪器拼搭场。含有仪器拼搭场、智能控件库、系统控制工具箱等的系统称为智能控件化虚拟仪器拼搭系统，该系统相当于柔性装备工厂。在此系统中，用户只需要选用（在智能控件库里）或开发出一些相应的智能虚拟控件，然后在拼搭场中按要求进行随机配置，能组装及拼搭出所需要的测控仪。图 7.7 为智能控件化虚拟仪器的拼搭系统原理示意图。

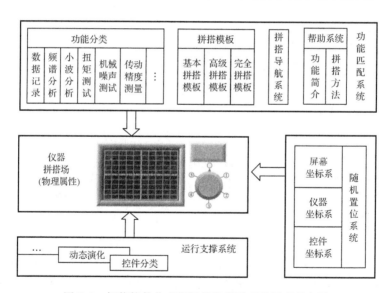

图 7.7　智能控件化虚拟仪器的拼搭系统原理示意图

7.4　遥测、遥控技术及系统

遥测、遥控技术是航空、航天、航海和制导武器等的重要需求，如导弹工程参数和环境参数的测量；又如，潜艇水下发射制导武器需要完整地获取遥测参数，以便实施出水后的有效遥控等；再如，航天器的发射、定轨、入轨、轨道运行及返回地面等基本是在地面测控设备的遥测、遥控方式下实现的。

　　所谓遥测是指将一定距离外被测对象的参数,经过感受、采集、通过传输介质送到接收地点并进行解调、记录、处理的一种测量过程。能够完成上述功能的设备组合称为遥测系统。由于该系统的功能主要包括信息采集、传输及处理三个环节,因此,遥测系统是以现代信息技术为基础的应用技术系统。按照数据传输信道,可分为有线电的和无线电的。航空、航天和制导兵器通常多采用无线电遥测系统。其系统组成及原理如图 7.8 所示。当然,按照遥测信号的多路复用调制技术,还可分为频分制(FDM)、时分制(TDM)、码分制(CDM)和时频混合制遥测系统。随着科学技术的不断进步,遥测技术也在迅速发展,主要体现在:新体制(如 CCSDS 体制)的应用,综合基带设备的采用。多目标综合测量手段的出现、数字化检前记录代替传统的磁带记录、FM 遥测性能增强技术提高功率利用、遥测新调制体制(如 FQPSF、SoQPSK、Multi-h CPM、GMSK 等)的采用,以及新型外弹道测量手段的使用(如 GNSS 系统与地面遥测系统相结合等)等。

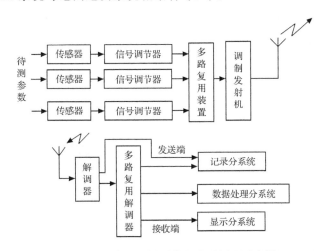

图 7.8　无线电遥测系统组成及原理示意图

　　遥控,顾名思义是对目标实施远距离的控制,完成此功能的设备组合称为遥控系统(又称指令系统)。现代测控系统中的遥控通常利用无线电信道传输来实现,称为无线电遥控系统。指令形成、传输和译出是遥控系统工作的三个主要环节。完整的遥控系统一般由载体(如航天器、导弹等)遥控系统和地面遥控系统组成,如图 7.9 所示。

　　该系统的任务是在主控端将控制命令变换成指令发向被控端,其信号传输过程与一般无线电系统类似,这里不再赘述。

　　在遥控系统中,差错控制与安全控制是非常重要的,尤其是对那些大型航天工程和导航武器系统。由于遥控系统要求极低的传输错误率,因此差错控制是一项

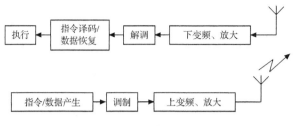

图 7.9　一般遥控系统框图

关键技术。为此,通常包括天地大回路反馈校验和前向纠错两种差错控制体制。前者是将"预令"经验证后,再进入"动令"实施阶段。这种体制不易出错,但控制时间较长;后者则把"预令"和"动令"合二为一,即载体收到可识别的指令就立即动作。这种体制显然控制时间短,但易出错,为了减少错误概率,一般通过编码技术来解决。安全控制是一项复杂的系统工程,包括拟制安全控制方案、确定安全准则与实施方法,并由专门的安控系统来实现。不同的控制对象有不同的安全控制手段,如导弹的安全控制一般采用自主控制和无线电遥控的方法。为了提高安控系统的可靠性,降低安控的虚指令率,美国采用了主字母(HA)体制和改进后的新主字母体制(MHA)作为遥控遥测系统的实际工程应用,图 7.10 为航天器(火箭、卫星、飞船等)测控系统中所使用的地面遥测、遥控系统的组成示意图。

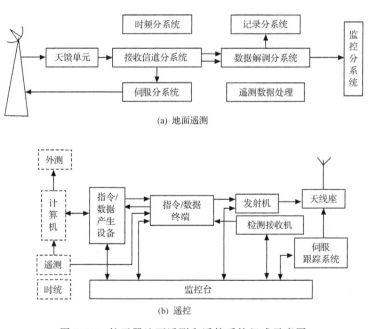

图 7.10　航天器地面遥测和遥控系统组成示意图

7.5 网络化测控技术及系统

7.5.1 引言

计算机网络技术迅猛发展和广泛应用对现代测控技术及系统产生了巨大的影响,使网络化测控技术成为现代测控技术发展的重要方向。

网络化测控系统是基于网络的分布式测控系统,它由分散连接在网络上的现代测控设备组成,通过网络进行数据传输,实现资源和信息共享,协同工作,共同完成大型复杂的测控任务。常见的网络化测控模式主要有三种:C/S 模式、B/S 模式及它们的混合模式。C/S 模式为客户机/服务器模式;B/S 模式为浏览器/Web 服务器/数据库服务器模式;混合模式为多层 C/S 和 B/S 混合模式。在这些模式下的网络化测控系统一般都由硬件(包括服务器、客户机、用户端等部分)、软件(如网络操作系统等)、网络(包括电话通信网、无线局域网、数字数据网、卫星通信网等)以及网络互连设备等构成。图 7.11 给出了一种基于无线局域网的远程测控系统。该系统被认为是目前实现远程测试诊断的最佳选择之一。

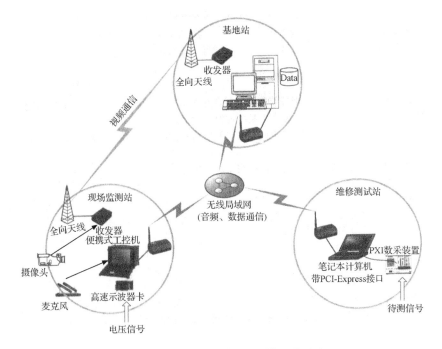

图 7.11 基于无线局域网的测控系统示意图

在网络化测控技术及系统中,网络互连结构、传输协议、系统接口及其中心计算机是至关重要的。除此之外,系统可靠性与冗余技术、实时应用软件、系统同步和中断技术及实时数据处理技术均属于不同发展时期的关键技术。

7.5.2　网络体系结构与网络互连技术

　　网络化测控技术及系统以计算机网络为重要基础,该网络的体系结构和网络互连技术是实现网络化测控的两大支撑。其中,网络体系结构是指计算机网络层次结构模型和各层协议的集合,而网络协议是为了网络数据交换所建立的规则、约定或标准。

　　目前,计算机网络体系结构一般都采用层次结构模型,且为实现互连、互通、互操作并具备可移植性而使用了 OSI 体系结构,即 OSI 参考模型,这是一个具有标准定义的开放系统通信功能的 7 层框架结构,其相似的功能被集中在同一层内。ISO(国际标准化组织)开放系统互连参考模型的 7 层自下而上依次为:物理层、数据链路层、网络层、传输层、会话层、表示层和应用层,如图 7.12 所示。图 7.12 一方面表示了应用进程的数据在各层间的传输过程;另一方面可清楚地看出,同一层次通过对应的协议通信。每层都有自己的定义、功能及独有的协议。例如,数据链路层是 OSI 模型的第 2 层,用以处理两个由物理通道直接相连的邻接节点之间的通信,其主要功能是数据链路的建立、拆除、信息传输、传输差错控制及异常情况处理,所使用的传输协议为高级数据链路控制协议 HDLC。

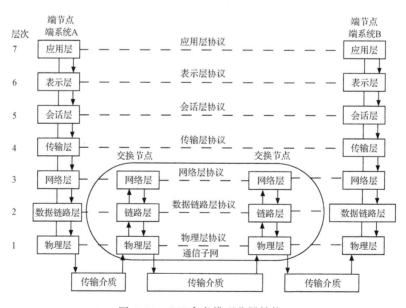

图 7.12　OSI 参考模型分层结构

网络互连技术能实现更大规模、更大范围的网络连接,它将分布在不同地理位置的网络、网络设备连接起来,构成网络系统,以实现互连网络的资源共享。网络互连要求在不改变原网络协议、硬软件的前提下,使连接对原网络的影响减至最小。网络互连的主要类型有局域网与局域网互连、局域网与广域网互连、局域网通过广域网与局域网互联、广域网与广域网互连。实现网络互连的设备主要有中继器、网桥、路由器和网关等,它们分别被用于物理层干线段之间的连接、局域网之间的互连。网络互连必须遵循一定的规范,这就是所谓的网络标准,如 OSI 模型的物理层、数据链路层的局域网国际标准 IEEF-802.1~IEEF-802.6 等。

机载高速数据总线技术实质上也是一种实时网络互连技术,不过主要是指机载设备、子系统直至模块之间的互连技术,与工业过程控制中的现场总线技术相似,目前已广泛应用于舰船、卫星、导弹和坦克等各种机动平台上,用以实现像测控系统这样综合电子信息系统各子系统之间、通用处理模块之间的资源共享,并支持系统过程控制和状态管理。

7.5.3　航天测控网与测控船

航天测控网是航天工程的主要组成部分,也是网络化测控技术及系统高度发展的重要标志。到目前为止,还没有一种航天器在航行的各个阶段能离开航天测控网的支持而自主完成全部航天任务的。从确定航天器的运动状态(轨道、姿态)和工作状况,到对航天器的运动状态进行控制、校正和建立航天器的正常工作状态,以及航天器进行状态下的长期管理等,所有这些都将是航天测控网要支持的基本内容。

所谓航天测控网,是指航天器如果后对航天器进行跟踪、测量和控制以及对航天员进行支援的专用网络。现行的航天测控网有三类:①近地空间航天器测控网;②深空、行星际空间航天器测控网;③星座专用测控网。以近地空间航天器测控网为例。近地空间航天器测控网简称航天测控网,主要由航天测控中心/飞行控制指挥中心、航天测控站/测控船、通信链路、航天器模拟器和测控网仿真器及测控软件等部分构成。

航天测控网通常都采用星形拓扑结构。图 7.13 为我国航天测控网的拓扑结构和计算机网络组成。

测控软件是航天测控网的重要组成部分,可按测控网功能划分为:跟踪测量、上行控制、信息处理、收发信息的显示、数据管理和人机接口等软件。航天测控网是一个复杂的人机系统,测控网对航天器的测控过程就是航天测控网的运行过程,其运行方式基本有三种:①人工调度方式;②自动调度方式;③以自动调度为主、人工调度为辅的混合方式。

为了解决航天测控网对航天器各段轨道的覆盖问题,在航天测控网中布局了多个测控站/测控船,以最大限度地获取测控空间,达到百分之百的覆盖率。在此,

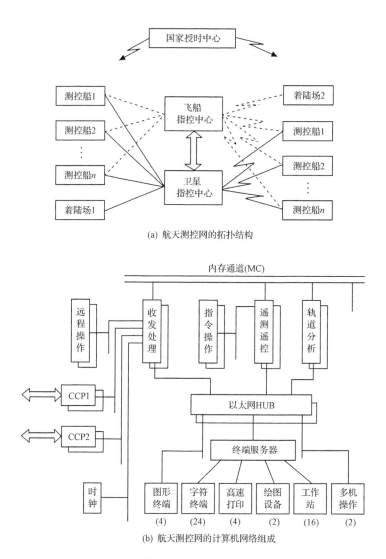

(a) 航天测控网的拓扑结构

(b) 航天测控网的计算机网络组成

图 7.13　我国航天测控网的拓扑结构和计算机网络组成

虚线表示用于载人飞行任务；实线表示由于近地空间卫星飞行任务

测控船是一个测控运动平台，又有本身的测控网络，因此，对于支持航天测控网的作用是至关重要的。20 世纪 80 年代末开始，航天测控船广泛采用计算机网络技术，大幅度地提高了海上测控系统的实时性和测量精度。通常，航天测控船采用以太网为主流的网络拓扑结构，测控设备间的信息传输为组广播方式，传媒介质大部分采用光缆，网络带宽实现了千兆到主干网，百兆到桌面。典型的局域网拓扑结构如图 7.14 所示。

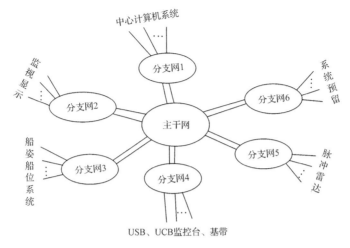

图 7.14　典型测控网拓扑结构图

7.6　导弹武器测控系统

7.6.1　引言

导弹武器系统是一个十分复杂的工程系统,它涉及的因素和环节很多,为了保证系统功能、战技指标和可靠性等,必须在导弹武器系统的全生命周期过程中进行一系列试验,尤其是研制阶段的飞行试验。导弹武器测控系统就是专门为导弹武器飞行试验服务的技术系统,是全面检验与考核导弹武器系统性能的重要技术手段。随着导弹武器系统日趋复杂,技术日趋先进,导弹武器测控系统也日趋完善,并同仿真试验手段结合使用,以提高试验质量和效率,降低试验费用。

7.6.2　系统功能及主要任务

导弹武器测控系统的主要功能和任务在于,在真实飞行条件下,通过飞行试验全面考核武器系统的协调工作性能及拦截目标的实战性能,验证武器系统是否达到主要设计技术指标和作战使用要求,为武器系统性能鉴定与设计定型和装备部队使用提供依据。其主要考核和检验内容包括:

（1）导弹武器系统工作协调性、可靠性、空气动力学与飞行弹道特性及导弹总体性能等。

（2）控制性能、制导精度、引战配合效率及杀伤效果等。

（3）武器系统单发杀伤概率及杀伤区域、电磁兼容性、维修性、抗干扰能力及战术使用性能。

（4）武器系统专用测试设备与数据采集设备、支援维护设备的协调性、工作能力与使用要求等。

整个飞行试验包括模型遥测弹飞行试验、独立回路遥测弹飞行试验、闭合回路遥测弹飞行试验、战斗遥测弹飞行试验和战斗弹飞行试验等。

7.6.3 导弹武器测控系统组成及信息关系

为了满足上述飞行试验要求，圆满完成飞行试验任务，导弹武器测控系统经精心设计，已成为一个由多个分系统组成的具有多功能的现代测控系统。其主要分系统包括外弹道测量分系统（简称外测分系统）、目标特性测量分系统、遥测分系统、实时数据处理分系统、监视显示分系统、安全控制分系统、引导分系统和事后数据处理分系统等。除此之外，还包括支持分系统（如通信、时统、调度指挥、大地测量及大气参数测量等）。各分系统集成后的整个导弹武器测控系统组成示意图如图 7.15 所示。

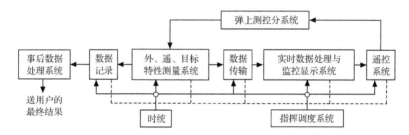

图 7.15　导弹武器测控系统组成示意图

导弹武器测控信息关系示意图如图 7.16 所示。

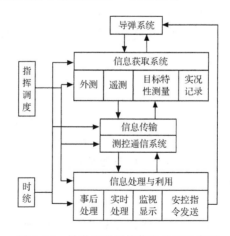

图 7.16　导弹武器测控信息关系示意图

7.6.4　导弹武器测控系统的结构、布局与设备

通常导弹武器测控系统是多层次体系结构,其顶层为测控中心,中层是测控分中心,底层为测控站。测控中心是该系统的中枢,一般位于试验指挥控制中心,负责对测控系统进行全面调度、指挥和决策;测控分中心是该系统部分或区域性的中枢,主要负责测控中心与测控站之间的指挥调度和数据交换,并实现该区域内测控任务的指挥与协调;测控站是测控系统的主要组成单元,用于直接完成跟踪、测量和遥控任务。其类型很多,主要按照功能、形态、位置和站基进行区分(见图 7.17)。

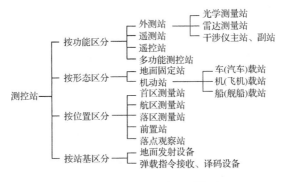

图 7.17　各类导弹武器测控站

用于导弹武器测控系统的设备也很多。图 7.18 给出了它们按照功能的分类。由图 7.18 可见,这些测控设备主要是无线电、光学、计算机等设备。

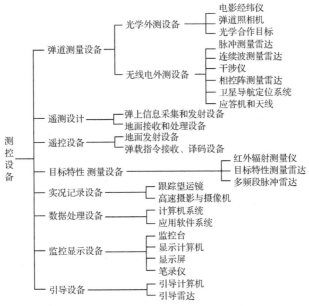

图 7.18　导弹武器测控设备的分类

7.6.5　导弹武器测控支持保障系统

导弹武器测控支持保障系统虽然不直接获取测控信息和处理测控数据,但却是测控系统必不可少的组成部分,包括时统、通信、大气探测和大地测量等。

时统为发射系统和测控系统提供精确的标准频率和标准时间信号,保证这些系统在统一的时间和频率下协调工作,并为测控设备提供各种时间控制信号和所必需的时间标记。时统的主要技术指标为:时间同步精度、频率精确度、漂移率、频率稳定度等。因为测量站、测量设备和指控中心设备所用时间均相对于时统标准时间信息之间的时间差,测量站之间、测量站与指控中心间、测量设备之间也主要依靠时统提供时间信息相互同步,因此,时间同步将直接影响测量任务的完成和测量精度;频率精确度、漂移率和频率稳定度都是针对测量频率漂移和测控设备的输出频率而言的,也是相对于时间频率标准而言的。它们都会影响测量精度和数据综合处理精度,同时也将影响导弹飞行安全控制和事后研究分析。为此,对这些技术指标有明确严格的要求。

通信系统具有精确、可靠、实时地传递测量、引导、控制、监视和显示等信息的重任,因此也是导弹测控系统中必不可少的保障设施。数据通信的质量指标主要是信道保持能力,即稳定性和信息传递的正确率,以及高实时性,且现代数字化通信信道和通信系统的质量指标主要按误码率来衡量,而数据传输误码率与传输设备、传输通道、传输码速率等因素有关。通常,测控系统的允许信息传输误码率是按照安控任务不允许出现连续数秒的错数显示的,以及引导信息不允许在 20 帧/s 数据中有多帧错误等要求而提出的。

大地测量的主要任务是完成测量设备站址和标校量测量。通常采用光学经纬仪、雷达、干涉仪和标校塔进行大地测量。这里,将涉及对测量参数、统一坐标系与高程系统及测量精度的要求。其中,大地测量精度主要取决于外测系统的测量精度、测量站对目标的跟踪几何、测量设备的体制及标校量的精度等。

大气探测主要是完成后发射场区和航区的气象参数测量,用以对光学设备和外测设备的折射误差修正,这部分修正占弹道测量总误差修正的 1/5~1/10。

另外,随着仿真科学与技术的发展,仿真在导弹武器测控工程中的应用越来越广泛。包括导弹武器测控系统的总体设计、设备研制和使用等。所采用的仿真手段有数学仿真和半实物仿真。其中数学仿真主要应用于测控系统的总体设计,而半实物仿真则较多地用于测控站仿真、实时数据处理和控制中心仿真。测控站仿真是通过弹载设备模拟器构成的测控回路,对测控设备进行检查和操作仿真。仿真回路中除弹载设备模拟器外,其他部分均为实物。目前,弹载设备模拟器主要由仿真计算机、合作目标模拟器和仿真软件构成;实时数据处理与控制中心仿真是通过仿真的导弹和测控站,构成中心仿真工作回路,对实时数据处理与控制中心的软件、硬件进行调试、正确性检验和系统指挥与操作训练。在该仿真系统中,除导弹和测控站为仿真模型外,其余的实时数据处理与控制中心皆为实物。图 7.19 为实时数据处理与控制中心的半实物仿真系统原理框图。

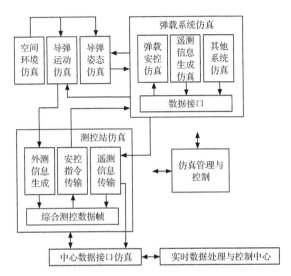

图 7.19　实时数据处理与控制中心的半实物仿真系统原理框图

7.7　航天测控系统

7.7.1　引言

　　目前,最复杂、最先进的测控系统莫过于航天测控系统,它是航天工程的重要组成部分,担负着对航天器的跟踪测量、接收航天器发送的遥测数据,以及对航天器实行遥控和数据、话音、图像等信息传输。返回型航天器的测控系统还具有着陆通信与标位功能。

　　航天测控系统按其测控对象不同大体分为三类,即卫星测控系统、载人航天测控系统和深空测控系统;按专业可分为无线电测控系统、光学测控系统、通信系统、数据处理与监视显示系统、时间统一系统、辅助支持系统等。由于航天测控系统非常复杂,不能展开全面论述,因此,这里仅从技术层面上简要讨论如下主要问题:航天测控系统组成及其各部分功能;航天测控中心、航天测控网、航天测控船等。最后,还将涉及弹道导弹的遥测和外测安全系统。

7.7.2　航天测控系统及各部分功能

　　如上所述,航天测控系统可称得上一个复杂大系统,它包括测控中心、测控网、

多个测控站、测量船和各种测控仪器设备等。因此,航天测控系统是一个规模庞大的综合性技术系统,通常由如下各部分组成:

1) 无线电测控系统

无线电测控系统是测轨、遥测和遥控功能于一体的微波统一系统,主要包括无线电外测系统和无线电遥控遥测系统两部分。其中,无线电外测系统为航天测控系统的主要测控设备,它利用无线电信号对目标(如运载火箭、航天器等)进行跟踪测量,以确保其飞行弹道、轨道和目标特性等参数。该系统由地面发射机产生无线电信号,通过天线发向目标,地面设备接收目标发射信号或应答机转发的信号,经接收机处理,最终由终端机给出跟踪测量的目标距离、角度、距离变化率等测量参数;无线电遥控、遥测系统是利用编码信号对目标进行远距离控制和遥测的设备组合。遥控部分包括遥控台、遥控信号发射设备、引导、自动跟踪设备及星上接收译码设备等,其遥控指令由计算机生成并传至遥控主控台,经调制后发向目标,星上遥控接收机接收解调、译码后,送至执行机构执行控制任务;遥控部分通常由输入、传输和终端设备组成。输入设备主要有传感器和信号调节器,担负着将所需测量参数转换成远距离传输的规范化信号;传输设备包括多路组合调制装置、信号发射装置、传输信道信号接收装置、解调与分路装置、计算机、记录与显示设备等。该部分将输入的规范化的各路遥测信号,按照一定程式集合形成群信号,进行编码并对副载波或载波调制,通过有线或无线传输信道传送到接收地点,在经解调、译码和分路,输出各路遥测信号给终端设备;终端设备的主要任务为对各路遥测信号进行处理,并记录和显示处理结果,供用户使用。

2) 光学测量系统

光学测量系统是用于航天器和运载火箭初始段和再入段弹道测量、实况记录的主要测试手段,同时还将用于上述无线电外测系统的精度鉴定中。在航天器发射场则主要用于实时图像、初始段外景记录,为事后故障分析提供依据。在对空间非合作目标的探测中,远距光电设备起着极其重要的作用。

光学测量系统利用光学信号对目标(航天器、运载火箭等)的飞行轨迹参数、飞行状态和物理特性进行测量,其主要设备包括光电经纬仪、光电望远镜、高速摄像机、红外辐射仪、弹道照相机和激光雷达等。

3) 数据处理系统

数据处理系统由高性能计算机、外部设备及应用软件组成。其主要功能是对测量数据按预定方案进行检译和计算分析,加工成可用的信息,并将其显示、打印输出或自动标绘。无论是发射场上的数据处理或是航天器在轨运行中的数据处理,都要求做到快速、实时处理。

4) 监控显示系统

监控显示系统主要由微机显示工作站、图形工作站和记录打印站组成,通过网络与主机相连接,其任务是实时接收和处理测控系统获取的遥测和外测信息及实况监视信息,利用多媒体技术将有关指挥决策信息以曲线、图像、字符、参数等形式进行显示,以辅助指控人员对其运载火箭的飞行状况和航天器轨迹运行作出实时分析和判断。

5) 通信系统

通信系统担负着整个测量系统的信息传输和交互的中枢任务。一般分为场区通信系统、跨场区通信系统和外事通信系统,三者各有其本身的通信设备,通常包括远程交换设备、光缆传输系统、微波传输系统、无线电移动通信系统、调度指挥系统、电视监视系统、数据传输系统、卫星通信系统、短波通信系统、国家军用或民用干线电路、海事卫星通信终端等。为了确保安全,航天测控中的通信系统与其他系统相隔离是至关重要的。

6) 时间统一系统

时间统一系统简称时统系统,其功能是为测控系统提供统一的标准时间信号和标准频率信号。主要由授时系统和时统设备两个部分组成。授时系统就是国家时间频率基准及其授时台;时统设备由定时校频装备、频率标准源和标频放大器、时间码产生和放大分配器、时码信号传输设备及时码用户接口终端等部分组成。有关其他技术问题与上述导弹武器测控系统的时统系统类似,这里不再赘述。

7) 辅助支持系统

辅助支持系统也与上述导弹武器测控系统的辅助支持系统类似,主要包括气象保障、大地测量、供配电、空调,以及海上测量船的船位(经、纬度,航向,航速等)、航姿(纵摇角、横摇角、船体形度)测量和船上跟踪天线波束指向稳定等系统。

总之,航天测控系统是一个高技密集的复杂大系统,上述组成还未包括航天测控网和海上测量船等大型设施。图 7.20 仅给出了运载火箭主动段测控系统的简化框图。

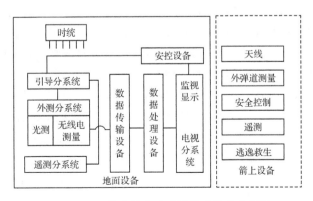

图 7.20　运载火箭主动段测控系统简化框图

7.7.3　航天测控中心

航天测控中心分为指控中心和网管中心。指控中心负责对航天器的发射飞行入轨、在轨运行实施指挥、监视和安全控制,并进行在轨长期管理和回收;网管中心负责测控网的组织调度和操作管理,并对测控资源实施统一管理调度。

航天指挥中心主要由实时任务系统、长期管理系统、轨道计算系统、数据存储与管理系统、加解密系统和信息发布系统等部分组成。其主要设备包括数据处理系统、监视显示系统、通信系统和时统系统等。

按照任务指挥中心被分为发射指挥中心与操控中心。前者负责航天器上升段任务的组织、指挥和决策;实时汇集、处理和显示场区各测控站获取的遥外测信息和电视图像信息;按控制预案向航天器发送遥控指令;实施监视航天器的飞行状况、异常情况下根据实时汇集处理的相关信息做出对飞行的应急决策,必要时发出逃逸控制指令,对故障实施安全控制,采用外测信息计算并提供航天器入轨点参数和初始轨道参数;为控制人员提供工作环境、组织飞行任务的组合技术分析,按照预案对飞行故障进行处理等。后者主要负责航天器的发射入轨、在轨运行、航天器在轨长期管理和返回回收的指挥控制等。其具体任务为:通过通信网与发射指挥中心交换信息,及时计算航天器初始轨道;接收测控站送来的遥测信息;监视航天员各子系统及承载仪器的工作状态、航天员的生理状况并作出预测;根据需要产生并发出相应指令,控制航天器及其仪器,同时保持与航天员双向话音通信;当航天器故障时,组织专家分析研究,设法排除或采取应急措施;航天器再入返回时实施控制和指挥,确保安全着陆;对长期在轨工作的航天器完成管理工作等。

航天网管中心主要包括计划调度系统、远程监控系统、国际联网系统、路由选择与数据分发系统等。其主要职责是:通过远程控制指令对测控站和测控设备进行调度与管理,并设置设备的工作参数;测控设备的现行工作状态和参数,经站内远程监视控制系统收集后,作为远程监视信息传递至中心进行监视和分析处理,以检查和确认测控站设备的正确性,确保设备保持正常的工作状态等。

除此之外,与航天测控中心相关的还有航天器研制试验中心,有效载荷控制中心和有效载荷应用中心等。它们的各种仪器和设备虽说是由本中心来控制,但是许多控制参数却是从航天指控中心获得的,特别是航天器各子系统的控制是由航天指控中心来控制的,三者之间必须密切配合,才能有效地完成航天工程任务。

航天测控中心的明显技术特点集中地体现在数据处理系统和监控显示系统方面,它们是大型计算机、部门级服务器、图像/图形工作站、显示工作站、操作微机、网络设备、大屏幕投影仪、专用外部设备、视频设备和应用软件等构成的综合技术系统(见图 7.21)。该系统具有实时性强、同步操作性好、输入输出容量大、系统可扩展性好、人机接口友好、中断/图形处理能力强、显示/指控手段丰富、软件及开发环境适应性强、可靠性高等技术优势。

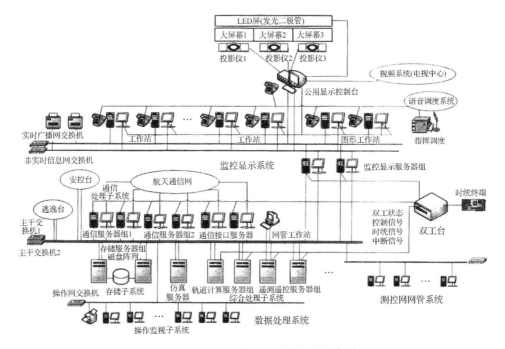

图 7.21　航天测控中心系统组成示意图

7.7.4　航天测控网

在 7.5 节中,已从计算机网络角度对航天测控网进行了简要论述,这里仅就它作为航天测控系统的重要组成部分,做如下补充说明。航天测控网侧重于对航天器平台的控制与管理,载人航天时还将包括对航天员的支援保障。可见,航天测控网具有航天器测量和航天器控制两大功能。前者包括轨道测量、遥测接收和数据传输等;后者包括轨道控制、姿态控制、有效载荷工作所需指令的传输和数据注入等。

当前采用的航天测控网有中、低轨道航天器测控网,同步轨道卫星测控网,深空测控网和地基测控网(又称地面系统)。前三者统称为天基测控网,主要包括数据中继卫星系统和导航卫星系统;地基测控网包括地面测控站、航天测量船、航天测控中心及通信系统。

利用高轨道卫星的高覆盖率、高性能通信转发功能完成对中、低轨道航天器测控与高速信息传输的系统称为数据中继卫星系统(TDRSS),它与地面终端站配合使用。该地面终端站由大口径 K 频段天线、射频收发设备、调制解调设备、测距测速终端、加密解密设备、TDRS(跟踪与数据中继卫星)测控设备、多址用户自适应地面处理设备、纠错解码设备、站用时统、测控网通信接口等组成;导航卫星系统是利用其高精度七维导航能力为运载火箭和航天器发射、运行提供有效服务的。供使用的卫星导航系统有 GPS、GLONASS、"北斗"等。

地面测控站是航天测控网的基本组成部分,其主要任务是测量航天器的运动参数、接收解调航天器的遥测信息、向航天器发送遥控指令以及与航天员通信等。它通常由跟踪测量设备、遥测设备、计算机、通信设备、监控显示设备和时统系统等组成。航天测控站按其航天任务和测控网要求进行数量、类型和地址进行选择。一般为多个测控站,采用机动站或固定测控站。

7.7.5　航天测量船

航天测量船是对航天器及运载火箭进行跟踪、测量、控制和数据传输的专用船舶,也是航天测控网的海上机动测控站。通常由通用船舶平台和试验特装两大部分组成。船舶平台包括船体、动力系统、航海系统和辅助系统;试验特装就是测控系统,包括外测设备、遥测遥控设备、微波统一系统,船姿船位测量设备、计算机系统以及通信系统与气象系统等。其中,船姿船位测量设备又包括惯性导航设备、卫星导航定位设备、光电经纬仪、变形测量系统;通信系统主要包括卫星通信、天地超短波通信、短波和超短波通信、数据传输、调度指挥通信、时间统一、电视通信网络管理和集中监控通信保密等;气象系统包括 GPS 导航测风设备、船用多功能卫星云图接收机、自动填图分析设备等。图 7.22 为某航天测量船的外观照片。

图 7.22　船用"远望"五号测量船外观照片

7.7.6　弹道导弹的遥测、外安系统

1. 弹道导弹遥测系统

弹道导弹的遥测是指利用遥测手段测量弹上各分系统相关参数和导弹的环境参数,故由称为内测。遥测的目的在于,获取地面试验及飞行试验数据,为导弹改

进设计及评定提供依据,为故障分析和判定提供依据;测量导弹内外环境参数,为制定更合理的环境条件提供参考;为安控系统提供重要的反馈信息,并评估作战效果等。

弹道导弹遥测系统基本组成如图 7.23 所示。由图 7.23 可见,该系统主要包括传感器、变换器、中间装置、多路复用装置、编码器或调制器、传输信道、配电器、分路装置、数据记录与处理显示设备、供配电及地面检测子系统、事后数据处理设备等。

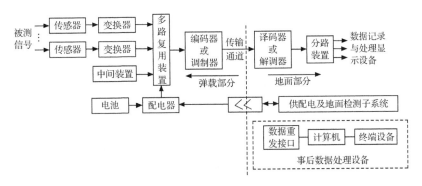

图 7.23 遥测系统基本组成、原理性框图

弹道导弹遥测系统是一种典型的信息系统,并体现多学科相互渗透的专业技术,信息采集、输出与处理是其三大环节,传输系统占核心地位。系统总体设计相当关键,包括方案设计、初样设计和试验设计。通常采用前述设计优化和并行工程技术及方法。在传输系统设计中,需要考虑多种技术因素,其中最重要的是:传输信道、传输体制、系统容量、测量精度和通信距离等;传感器是遥测系统的重要组成部分,是信号采集与变换的主要设备。常用的传感器有压力传感器、湿度传感器、过载传感器、振动传感器、冲击传感器及声传感器等;完成不经过传感器而直接提供测量参数,又需要参数变换的仪器称为中间装置。该装置将起到电信隔离、阻抗匹配、极性变换、电平变换、波形变换、指令变换及程序编排与电磁兼容等重要作用。除此之外,在遥测系统中,地面检测、航区测量、遥测数据处理,以及系统试验设计等都占有至关重要的地位。

2. 弹道导弹外测安全系统

外弹道测量是测量导弹实时飞行大道,简称外测。安控是利用无线电遥控对故障弹实施安全控制。为了简化弹上设备,通常将外测和安控额弹上设备合二为一,简称外测安全系统或外安系统。

外安系统对弹道导弹有着特殊的意义,它是为其导弹飞行试验服务的。该系统设计将主要涉及测量精度估计、测量时段选择、测量数据采样、频率、数据处理、误差修正、测量数据种类、数据记录格式；安控区间、安控要求、系统时延、故障判断、安控信息源、设备配置等方面的技术问题。系统设计仍然包括方案设计、初样设计和试验设计。地面测试与系统时延是系统设计的重要部分，对于新研制的弹道导弹尤其关键。

应该强调指出的是，在弹道导弹遥测系统和外安系统发展中，一体化设计和采用载荷测控体制是重要的发展方向。

7.8　飞机、导弹及航天器的控制

7.8.1　引言

如上所述，控制技术的应用范围非常广泛，无论是地上跑的、天上飞的、水中游的，还是家庭的、社会的、民用的、军工的，凡是人造的设备、装置和系统都无不需要控制，只不过是有的简单、有的复杂而已。现代导航、制导与测控领域的控制应该是真正意义上的复杂大系统控制，而且最具代表性的是飞机、导弹及航天器的控制。它们将涉及先进控制策略选择，新型控制规律采用、各种控制系统方案设计及各部分研制，以及复杂控制系统应用等一系列相关高技术问题。

7.8.2　军用飞机控制

1. 简述

飞机是最主要的、应用最广泛的，由动力装置产生前进推力和固定机翼产生升力，在大气层中飞行的重于空气的航空器。

从美国莱特兄弟设计制造第一架飞机升空至今，飞机已有 100 多年历史。在社会特别是军事需求牵引和科技进步推动下，飞机的结构、性能、功能不断发展，应用范围日趋扩大，目前已成为社会文明和国防实力的重要标志。

如今，飞机已形成一个庞大的家族，按照用途可分为民用飞机和军用飞机两大类。民用飞机泛指一切非军用的飞机，包括旅客机、货机、客货两用机、公务机、农业机、体育运动机、救护机、实验研究机等，其中旅客机、货机和客货两用机又统称为民用运输机；军用飞机是专门军事用途的飞机，主要包括歼击机、截击机、强击机、歼击轰炸机、轰炸机、反潜机、侦察机、预警机、电子战飞机、军用运输机、空中加油机、舰载机、教练机、水上飞机、无人机以及特种用途飞机等。

除此之外，飞机还有多种分类，如按发动机类型可分为螺旋桨飞机和喷气式飞机；按照发动机数量可分为单发、双发、三发和四发，甚至八发飞机；按照飞行速度可分为低速飞机、亚音速飞机、超亚音速飞机、跨音速飞机、超音速飞机和高超声速飞机；按航程可分为近、中、远程飞机；按负载或客座数可分为小、中、大型飞机等。

现代飞机已经是一个相当复杂的、高技术密集的大系统,尤其是军用飞机。军用飞机一般由驾驶舱、机体(包括机身、机翼、尾翼等)、起落装置、动力系统、飞行控制系统、航空电子系统、机载设备及机载武器等部分组成,飞行控制系统是整个军用飞机的中枢。

飞行控制系统是实现安全飞行和完成复杂飞行任务的重要保证。它担负着改善飞行品质、协助航迹控制、全自动航迹控制、监控和任务规划等重任,是飞机设计技术最关键、最重要的环节。

目前,飞行控制技术及系统已经发展到一个相当高的水平,如实现了高级的电传操纵、主动控制和综合控制等;设计中采用了先进的随控布局设计技术、最优二次型设计技术、综合耦合控制律设计技术以及光传飞行控制技术等。

2. 电传飞行控制技术及系统

随着飞机飞行性能的不断提高,特别是增稳与控制技术的运用,传统机械操纵系统已暴露出严重的缺陷,难以满足越来越复杂的飞行控制要求,从而出现了利用反馈控制原理,将飞机空间运动作为受控参数的电子飞行控制系统——电传飞行控制系统,并逐渐取代传统机械操作系统。

采用最优控制方法设计的电传飞行控制系统是将驾驶员操纵装置发出的信号转换成电信号,通过电缆直接传输到自主式舵机的一种系统,实质上是一个全时、全权限的"电信号系统＋控制增稳系统"的飞行操纵系统。它将传统的人工操纵和自动控制在功能上和操作方式上融合为一体。为了保证系统的可靠性和易实现多种逻辑功能,便于实施复杂控制律,并具有极强的综合能力,现代战机(如美国F-16C/D等)和最先进的民用机(如 B-777 飞机)多采用四余度数字式全电传操纵系统。通常,电传操纵系统由主飞行计算机、作动筒控制电子装置、动力控制组件、杆位置传感器、人感系统、配平作动筒、A/P 反驱动伺服器、速度制动作动筒、断开开关、飞行控制总线等组成。主飞行计算机和各种传感器是其核心部件,它们具有信息采集、变换、处理、管理、控制、自检等多种功能。在电传操纵系统中一般有多台相同的主飞行计算机和多余度传感器,共同构成多余度系统,这是由保证控制系统可靠性和重构性的冗余技术所决定的。如美国 AFIT/F-16 战机的电传操纵系统就是一个具有三条电子通路的三余度数字式飞控系统(见图 7.24)。

3. 主动控制技术(ACT)

主动控制技术(ACT)就是在飞机设计初始阶段就考虑到电传飞行控制系统对总体设计的要求,充分发挥飞行控制系统功能的一种飞机设计技术。它将飞机控制系统(电传操纵系统)提升到与气动力、结构和发动机三大因素并驾齐驱的地位(见图 7.25)。它实质是随控布局(CCV)技术在飞机设计中的具体应用。其功能作用是十分显著的,主要包括放宽静稳定性、直接力控制、机动载荷控制、阵风减缓、乘坐品质控制和主动颤振拟制等。例如,放宽静稳定性后,除了飞机升力外,还可提高飞机平飞加速性能,从而提高战机的机动性;又如,直接力控制是直接地只对作用于飞机的力产生影响,可以消除力和力矩之间和飞行轨迹与飞机姿态运动之间的耦合,故也称为"解耦控制"。直接力控制包括直接升力控制和直接侧力控制,可在不改变飞机姿态的条件下,改变飞机的航迹,产生"非常规机动"飞行,从而大大提高战机的机动性,或提高航向跟踪精度和投放空-地武器的命中精度。

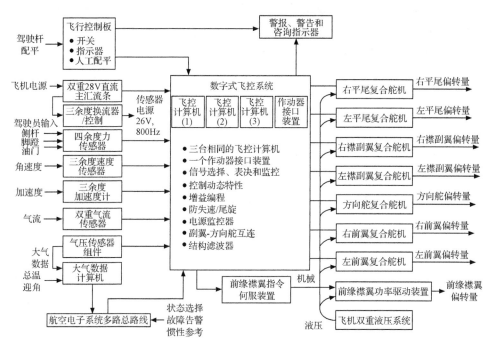

图 7.24　AFIT/F-16 电传飞控系统框图

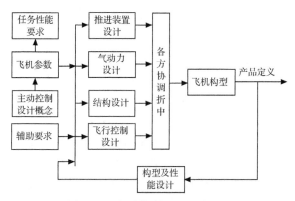

图 7.25　主动控制飞机设计过程

4. 综合飞行控制技术及系统

飞行控制与推力、武器投放、导航系统及航空电子系统的综合谓之综合控制，这种技术及系统为系统优化提供了有效技术途径，从而大大提高了飞机性能。目前，综合控制系统的形式很多，如综合飞行/火力控制（IFFC）系统、综合飞行/推进控制（IFPC）系统及综合飞行/火力/推力控制等。综合控制系统已在先进战机（如AFIT/F-16、YF-22、F-22）上得以实现。图 7.26 为火力/飞行/推力综合控制系统框图。

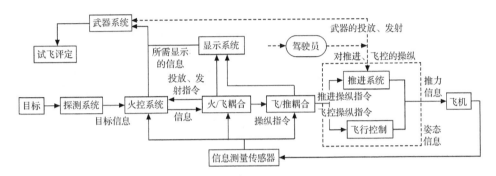

图 7.26　火力/飞行/推力综合控制系统框图

应该指出的是，在应用先进控制技术和研究飞机和其他飞行器（如航天飞机、飞船等）飞行品质方面，变稳定度飞机是很典型的。变稳定度飞机又称空中飞行模拟器，实际上是一种可在空中复现被研究飞行器动态特性和飞行品质的综合性试验飞机。为了实现试验机与被研究飞行器的飞行动力学相似，它采用了自适应控制技术、直接力控制技术、逆控制技术及电传操纵系统等，获得了两机间的等效动态响应和相同的控制规律，从而可达到在实际飞行中模拟新研制战斗机、轰炸机、运输机、直升机及航天飞机的效果。该试验机的应用十分广泛，其主要功能和任务是进行：

（1）飞行品质和航空、航天专题研究。

（2）飞行导航、制导与控制技术及系统研究。

（3）飞行显示技术及仪表系统研究。

（4）综合电子、火控及系统研究。

（5）飞行员、试飞员及空勤人员训练。

（6）地面飞行模拟结果校核等。

试验机的核心技术是通过对本机的自适应控制获得与被模拟对象相匹配的控制律。图 7.27 给出了一种典型的自适应控制律及其实现。

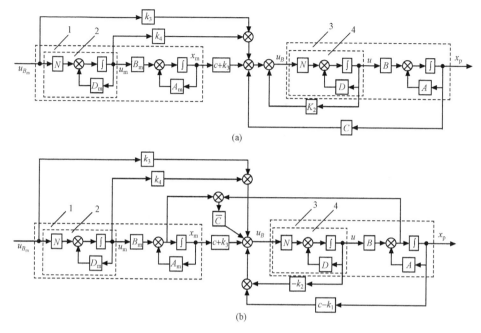

图 7.27　一种典型的自适应控制律及其实现框图
1. 模型飞机(即被模拟对象)；2. 模拟飞机伺服机构模型；
3. 本机(即空中模拟器的基本飞机)；4. 本机伺服机构

5. 其他现代飞行控制技术及系统

精确制导与控制技术是高技术兵器发展的重要趋势。在精确打击过程中,作为机载高技术兵器的发射平台——载机,如何利用现代制导与控制手段,按作战态势调整飞行轨迹和姿态,对尽快满足机载武器发射条件至关重要。为此,载机飞控系统通常与地面或空中指挥系统协同工作,或与本机的火控系统协同工作,构成导引系统,使载机飞向预定空域或追踪/拦截目标。载机导引一般可分为三个阶段,即远距导引、近距导引和机动导引。为了实现各阶段的有效导引、导引策略采用、导引律设计和超机动飞行控制技术研究是十分关键的。

实施超机动突防飞行是现代战争对战机的重要要求,战机的飞控系统也必须具有超低空突防功能。为此,在现代战机上发展和装备了 GPS/MAP 自主式低空突防系统和综合地形跟随/地形回避/威胁回避(TF/TA²)系统。前者是一种基于 GPS 和电子数字地图相结合的地形跟随(GPS/MAP TF)系统,如图 7.28(a)所示。该系统依靠自身的数字地图和被动接受信息的 GPS,获得原前视扫描雷达的测量信息以确定本机的即时位置和所处的环境和地形信息,从而可完全克服前视雷达的不足。后者充分利用飞机的纵、横向机动能力,以地形作掩护进行超低空机动飞行,有效地回避山峰、建筑物及各种威胁,快速通过敌方防御系统盲区,进行突出袭击。这种技术原理及系统如图 7.28(b)所示。

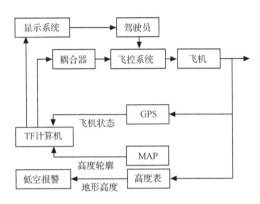

(a) GPS/MAP TF系统

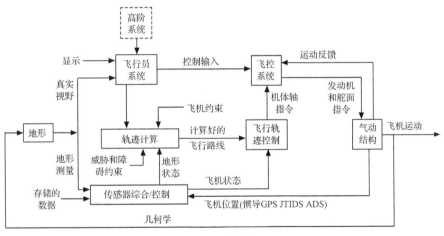

(b) TF/TA^{2}系统

图 7.28　低空突防技术及系统的原理和结构

　　从飞行控制技术的角度讲,舰载机尤其值得关注。这是因为在所有战机中舰载机飞行控制比较特殊而最为困难,主要体现在进场和着舰两个飞行阶段的控制上,它们必须分别由专门的仪表着陆系统和着舰导引系统来完成。图 7.29 为舰载机自动着陆系统。通常,为了实现自动着舰导引系统需要解决如下关键技术:①低动压着舰状态下的飞/推综合控制技术;②舰尾气流扰动抑制技术;③甲板运动补偿及预估技术;④着舰导引跟踪雷达噪声处理技术;⑤复飞决策技术等。

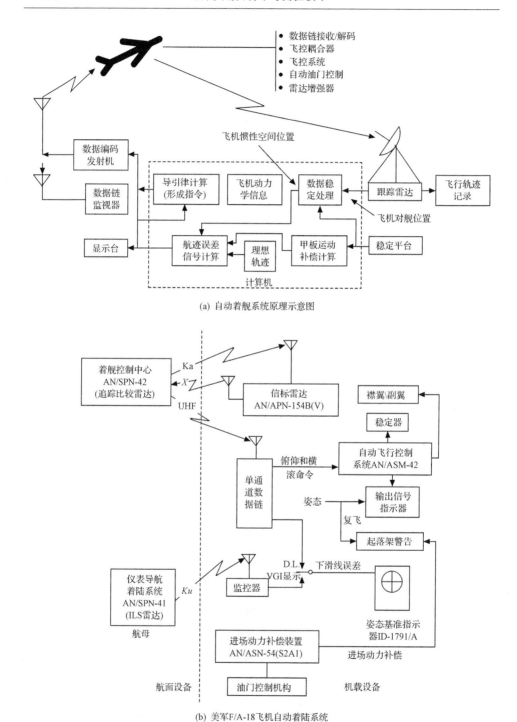

(a) 自动着舰系统原理示意图

(b) 美军F/A-18飞机自动着陆系统

图 7.29　舰载机自动着陆系统

7.8.3 导弹武器系统控制

导弹武器系统控制是指导弹武器系统控制方法和控制装置的总和,其作用是保证导弹按导引轨迹飞行,并减少脱靶量。导弹控制是一项复杂的系统工程,属于导弹动力学、运动学和控制技术领域。设计中,采用理论分析计算与全弹道数字仿真相结合的方法,主要通过控制结构方案设计与参数优化,实现其满足导弹战技指标的控制律。

单独导弹自身存在一系列缺点,如过渡过程振荡性大、某些飞行状态下可能出现静不稳定现象、动态品质不够高、抗干扰能力差和稳态误差难以保证等。为了克服这些缺陷,必须有较完善的制导控制系统。该系统是导弹的中枢指挥机构,包括弹上控制系统和导引系统两大部分。它敏感导弹自身在控制与干扰作用下的运动状态变化,并作出相应反应,操纵导弹按预定弹道方案飞行;它接收来自导引头的目标运动信息,并将其与导弹运动信息相综合形成导引误差,按照预定的导引规律控制导弹跟踪直至命中目标。图 7.30 为导弹制导控制系统的简化原理图。

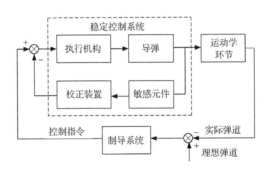

图 7.30 导弹制导控制系统的简化原理图

图 7.30 中虚框表示其中的稳定控制系统。稳定控制系统通常是由自动驾驶仪或惯性控制系统与导弹构成的闭合回路,被称为导弹稳定控制回路,或简称为稳定回路。由图 7.30 可见,它是导弹制导控制系统的主要组成部分。其基本任务是确保导弹在飞行中具有良好的稳定性和可操纵性。

稳定控制系统功能和性能的优劣,首先取决于方案设计的合理性和有效性。其设计依据是导弹总体按战术技术要求所拟定的稳定控制系统设计要求。设计的主要方面包括:系统结构图、调节规律、回路参数选择和系统仿真等。除此之外,设计中还需要把握如下基本要求,即稳定性、反应快速性、精度、适应性及可靠性等。具体地讲:①系统应在导弹作战空域内具有一定的稳定裕度。通常要求:幅值裕度不小于 8dB,而相位裕度不小于 30°。②系统应具有良好的动态特性,即具有一定的阻尼和快速性。一般要求:阻尼比不小于 0.4,时间常数不大于 0.3s,且通频带比制导系统高 0.5～1 个数量级。③系统传递系数变化不应超过 20%。④角稳定性系统的稳态精度应满足制导系统要求。通常要求最大角误差不大于 5°。⑤系统应满足可靠性、可维修性和电磁兼容性要求。

　　稳定控制系统把弹体作为被控对象,当转动控制面(舵面和旋转弹翼等)或改变推力向量时,导弹弹体按照要求俯仰或航向机动。如果导弹上装有加速度计和(或)陀螺仪,它们对导弹伺服机构形成附加反馈,以修正导弹运动。通常,把伺服机构、控制面或推力向量元件、反馈仪表(惯性器件)、控制电路及舵机系统所组成的导弹控制系统称为自动驾驶仪。一般来说,自动驾驶仪若控制导弹在俯仰平面与偏航平面内运动,则称为纵侧向自动驾驶仪;若控制导弹绕纵轴运动,则称为滚动自动驾驶仪。对于"十"字形导弹,俯仰和偏航自动驾驶仪是完全相同的。自动驾驶仪的功能是控制与稳定导弹飞行,即一方面自动驾驶仪按控制指令要求操纵舵面偏转或改变推力向量方向,改变导弹姿态,使导弹沿着方案弹道飞行;另一方面自动驾驶仪消除因干扰引起的导弹姿态变化,使导弹弹道飞行不受扰动影响,保持姿态不变。这两种不同功能下的自动驾驶仪工作状态分别被称为控制工作状态和稳定工作状态。

　　现代导弹广泛采用的是按过载的随动系统结构,这时,舵面控制规律可表示为

$$\delta = kw_k(s)(u-n) \tag{7.2}$$

式中:u 为控制信号;n 为导弹侧向过载;$kw_k(s)$ 为校正装置传递函数。

　　导弹稳定控制回路包括侧向(俯仰、偏航)回路和倾斜回路(又称滚动回路)。常用的侧向回路由速率反馈、线加速度反馈回路组成[见图 7.31(a)],倾斜回路结构如图 7.31(b)所示。

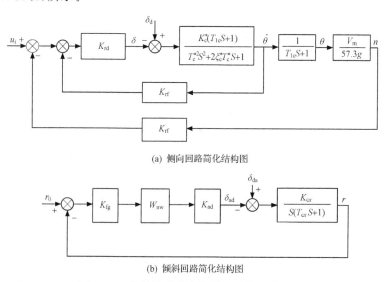

(a) 侧向回路简化结构图

(b) 倾斜回路简化结构图

图 7.31　常用导弹稳定控制回路简化结构图

随着科学技术的发展和现代战争需求的增强,一些新理论、新技术不断出现,并率先用于导弹武器控制,如现代最优控制理论(H_∞控制)、变结构控制理论、自适应控制技术、卡尔曼滤波技术及神经网络技术等。它们不仅提高了古典式控制导弹的性能,而且加速了新型导弹的出现和发展。带倾斜转弯的高性能 BTT 导弹就是最好的例证。

BTT 导弹最显著的特点是在拦截目标时,导弹能够绕速度向量快速地将其最大升力面转到导引律要求的理想机动方向上,这样大大提高了导弹气动效率、可用过载,从而增强了导弹的机动能力和命中精度。通常,BTT 导弹在俯仰方向有很强的过载能力,并限制偏航方向机动,要求侧滑角很小。由于导弹经常处于快速滚动状态,随之带来的是 BTT 导弹动力学特性具有不可忽视的气动、惯性交叉耦合和运动学耦合……所有这些都对 BTT 导弹的稳定控制系统设计提出了严峻挑战。

近年来,BTT 控制技术和设计方法得到了迅速发展。就其设计方法而言,不仅在古典频域法和多变量频域法方面获得实际应用,而且出现了一些现代控制设计方法,如 LQG/LTR(线性二次型高斯/回路传递函数)设计方法、H_∞/混合灵敏度控制设计方法、模型跟踪控制设计方法,以及 μ 综合控制设计方法等。

采用先进理论和技术设计的 BTT 导弹稳定控制系统简化结构图如图 7.32 所示。

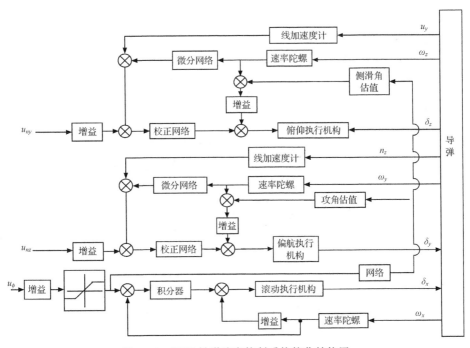

图 7.32　BTT 导弹稳定控制系统简化结构图

　　导弹(尤其是中远程导弹)在全程飞行中,其参数变化很大,且存在随机干扰和系统未建模动态特性,采用一般反馈控制和经典校正方法很难实现理想的受控性能,而利用基于现代控制理论的自适应控制技术是一条极具发展前景的有效途径。

　　自适应稳定控制系统的基本思想是实时测量导弹当前运动状态,在线辨识被控系统模型,根据所估计的导弹特性变化,通过自适应机构来调整控制器结构或参数自动地适应导弹特性变化,以保证导弹在全空域飞行中都具有最优的受控性能。

　　自适应控制,通常可以分为三大类,即自校正控制、模型参考自适应控制和其他自适应控制(如变结构自适应控制、自适应逆控制、H_∞自适应控制等)。目前,这几类自适应控制在导弹上都有实际应用,其中以前两类应用最广泛,变结构自适应控制已开始用于拦截器。

　　图7.33为典型的导弹模型参考自适应稳定控制系统简化结构框图。它是自适应技术与经典控制理论相结合的产物。

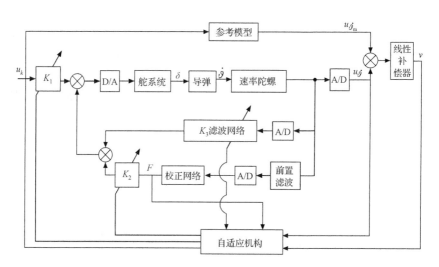

图 7.33　导弹模型参考自适应稳定控制系统简化结构框图

K_1. 正向自适应增益;K_2. 反馈自适应增益

　　一种用于反舰导弹过载控制系统的变结构控制如图 7.34 所示。该系统是利用变结构控制理论和李雅谱诺夫稳定性理论设计的,并对不确定性进行自适应模

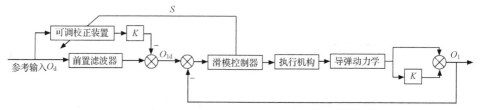

图 7.34　一种用于反舰导弹的过载变结构控制系统原理框图

糊逼近。仿真结果表明,它具有快速跟踪参考输入的能力,鲁棒性好,并对超调量有明显抑制能力,且控制精度高。

7.8.4　航天器控制

航天器的出现和利用是人类的活动范围从地球大气层扩展到广阔无限的宇宙空间,实现了对空间环境的直接探测、近距离观察和取样研究。航天器的种类很多,但可粗分为:人造地球卫星、深空探测器、载人飞船、空间站和航天飞机或空天飞机等。在所有航天器的构成中,控制系统均被作为核心组成部分,主要用于航天器的姿态控制和轨道控制。航天器一般都需要姿态控制,如侦察卫星必须实现姿态控制,以便使可见光照相机镜头始终对准地面;又如,通信卫星的天线也必须进行姿态控制,使其天线始终指向地球上某一特定的区域。轨道控制对于地球同步轨道的航天器、深空探测器和载人飞船尤其重要,无论是它们的入轨、轨道修正、轨道机动、交会机动和轨道保持,还是返回地球等都需要轨道控制。

姿态控制通常采用三轴姿态控制、自转稳定、重力梯度稳定和磁力矩等控制方法,而轨道控制一般通过航天器的程序控制装置和地面航天测控站发出的控制信号,与姿态控制相匹配来实现。

除此之外,航天器还有一类基础控制,包括湿度控制、压力控制、生命保障、供电调节、各种仪器仪表开关机状态调节、工作模式控制、记录/回放控制及工作参数调节等。总之,航天器的控制十分广阔,因此,它们的控制系统也相当复杂。

这里只能就姿态控制和轨道控制技术及系统做简要讨论。

其一,姿态控制与轨道控制相互关联、相互耦合产生了如下制约关系:

(1) 轨道控制前需要精确调姿,以保证轨道控制推力的精确指向。

(2) 精确定姿前又必须测轨和定轨。

(3) 轨道控制期间要选择姿态控制模式和姿态控制系统参数,以克服轨道控制推力对姿态的扰动,从而保证轨道控制的推力方向。

(4) 由于姿态控制力矩不平衡,因此,大的姿态机动会使轨道有所变化。

可见,轨道控制与姿态控制往往是难以分开的。因此,在卫星上通常把轨道控制和姿态控制系统集成为统一的姿态轨道控制系统(AOCS)。

其二,姿态机动受姿态敏感器可见条件和测控天线方向图覆盖条件的制约,在控制前必须反复寻求控制策略、控制路线,并检查是否满足约束条件,以便最终形成飞行过程控制预案。

其三,航天器飞行是一个动态过程,应对动态过程必须预先精确设计,以便准确达到控制目标。然而,航天器的许多模型参数是难以准确估计的,因此,只能采用试探方法逐步准确地掌握控制参数。

除此之外,航天器飞行控制过程是一个随机过程,往往会发生突变和意外的情况,因此,实施动态监视和及时决策是至关重要的。

综上所述,航天器控制时复杂的随机动态过程控制,需要解决许多控制技术问题,如航天器的自主控制技术、星载计算机控制技术、星地大回路控制技术等。

星地大回路控制系统在原理上同一般过程控制系统基本类似,主要区别在于它的时延大,系统结构复杂和人在回路中。图 7.35 为星地大回路控制系统简化框图和控制软件框图。

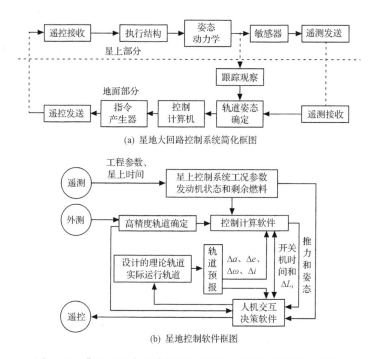

(a) 星地大回路控制系统简化框图

(b) 星地控制软件框图

图 7.35　典型星地大回路控制系统简化框图和控制软件框图

将控制器放在航天器中即可实现自主控制,这是因为系统的测量元件和执行元件都在航天器上。航天器的控制器通常就是星载计算机,同时由于 GPS 等在航天器上的应用,使星上测轨、定轨、轨道控制成为现实,从而使复杂的姿态控制过程也可完全实现自主控制。目前,星上的自主功能已大大扩展,主要包括:

(1) 载人航天器的制导、导航与控制(GNC)。

(2) 航天器姿态敏感器信号处理。

(3) 姿态、轨道测定与控制。

(4) 遥测预处理。

(5) 指令处理。

(6) 程控数据管理。

(7) 数据存储与延时重发。

（8）数据压缩处理。

（9）内务管理。

（10）有效载荷管理。

（11）故障检查、冗余切换等。

随着航天器自主控制程度的不断增强，星载计算机的核心作用日趋凸显，因此，航天器的控制本质就是对星载计算机软件运行的控制操作，这种操作是由遥测、遥控手段实现的，遥测模式分中心遥测模式和测控站遥测模式，其主要工作是：遥控发令、数据注入、指令验证和执行验证等。

7.9 超精确控制与 KKV 技术

7.9.1 引言

理论与实践表明，精确制导与控制历来就是推动精确制导武器发展的核心技术。虽然影响精确制导与控制技术进步的因素很多，但其本质因素可归结于两大方面：其一是实现武器制导与控制的信息化程度；其二是武器拦截目标的机动性水平高低。就其武器的机动性而言，影响因素也是多方面的，如武器气动特性、发动机性能、控制策略，方式与控制规律、战场环境等。其中控制技术占有相当重要的地位，对于武器机动性的提高起着关键性的作用。

仍以导弹武器为例，其传统控制方式是在自动驾驶仪的作用下，依靠操纵气动舵面（即操纵面）产生气动力和力矩变化及改变发动机推力大小来实现的。对于这种控制气动舵面和发动机推力，使之不断改变导弹武器飞行状态，达到跟踪目标，直至命中目标的目的。控制策略及控制律的不断改进曾对提高导弹武器的机动性和控制精度起到了重要作用。但事实上，这种传统控制方式下，无论采用何种先进的控制策略（如模糊控制、自适应控制、自适应逆控制、变结构控制、H_∞控制、神经网络控制等）和精心研制的新型控制律（如最优二次型控制律、多变量非线性控制律等）都无法从根本上改善导弹武器的高机动性（或机敏性），达到脱靶量趋近零的目标。为此，需要研究新的超精确控制方法和直接动能杀伤技术（即 KKV 技术）。

7.9.2 超精确制导控制方法及系统

在新的防空、防天战略需求牵引下，第 4 代防空、防天导弹是历代防空导弹技术进步最大的一代，其最关键的技术进步点是精确制导控制，而实现超精确制导控制的核心是采用直接燃气动力控制技术，即直接侧向力控制技术。它从根本上解决了导弹（在大气层内）脱靶量最小（可达 0.3~0.6m），乃至导弹（在大气层和大气层外）直接命中的问题，从而大幅度地提高了防空导弹的作战效能。

　　利用直接燃气动力控制技术,在第4代防空导弹上采用了气动舵面与反作用力装置复合控制。目前,实现这种技术的方法主要有两种:①利用空气动力与相对质心一定距离火箭发动机系统相结合,以实现"力矩"控制;②利用空气动力与接近导弹质心安置的脉冲发动机系统相结合,以实现"横向"控制。为了获得有效控制,满足导弹对目标所需要的机动性,反作用控制系统(RCS)特别是控制器和复合控制律的设计与实现是至关重要的(见图7.36)。

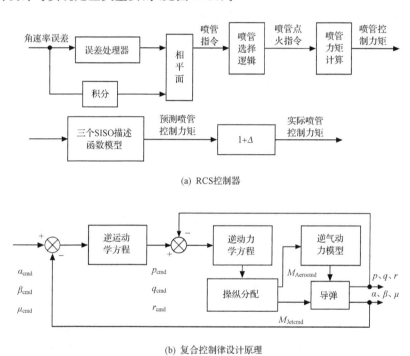

(a) RCS控制器

(b) 复合控制律设计原理

图 7.36　RCS 控制器及复合控制律设计原理

7.9.3　KKV 技术及其应用

　　KKV 技术是从新概念武器中的动能武器引出的。动能武器又称超高速射弹武器或超高速动能导弹。它是一种利用发射超高速弹头的动能直接撞毁目标的新型武器系统,也是一种典型的直接拦截武器,代表了反战术弹道导弹的一个重要发展方向,并构成了弹道导弹、卫星、飞机等高速飞行目标的有力杀手。

　　这里,超高速通常指马赫数为 5 以上的飞行速度。在这样的速度下,只要利用适当碰撞几何条件,动能拦截弹就能够很容易地直接将目标毁伤。因此,实现动能武器的关键是加速与制导控制。

　　动能武器的杀伤机理并不复杂,就是以巨大的动能通过直接碰撞来摧毁目标。

理论和试验表明,当弹头与目标的相对速度大于 1km/s,动能弹头的单位面积有效质量为每平方厘米几克且与目标的相对动量为 100～1000kg·cm/s 时,就足以将任何目标摧毁。对来袭的洲际导弹而言,由于飞行速度一般达到 8km/s 以上,因此只要动能拦截器具有 3～10km/s 的速度,并利用适当的碰撞几何条件,就完全可以将目标摧毁。

　　动能武器的核心技术是智能技术、KKV 技术、精确制导与超精确控制技术。这里,主要包括动力加速技术、KKV 识别技术、导引头技术、直接侧向力控制、组合导航、凝视成像探测、多传感器融合、大推重比、快速响应姿/轨控及高速信息处理等关键技术。其中,KKV 技术是一种超级灵巧、能自主识别真假目标,高度智能化的先进拦截器技术(ATT),截至目前已发展了三代,正在朝着小型化、智能化和通用化的方向迅速发展。美国、俄罗斯等国都曾在此方面获得过技术性突破。

　　在 KKV 技术实际应用中,动能拦截弹可称其为典型代表。动能拦截弹是相对于采用高爆战斗部(弹头)的常规导弹而言的,其显著区别在于它无须引爆战斗部,而是弹体以极高的速度与目标直接碰撞,释放出极大的动能来摧毁任何类型的目标。动能拦截弹是美国星战武器家族里的重要成员。目前已拥有陆基"爱国者先进能力"-3 拦截弹、舰载"标准"-3 拦截弹、地基动能反卫星武器拦截弹和天基"智能卵石"动能拦截弹等,并成功进行了多次拦截试验。例如,用于海军区域导弹防御的 THAAD(战区高空区域防御)拦截弹的 KKV(动能杀伤拦截器)速度可达 4.8km/s,作战高度为 500km,拦截距离约 1200km。总之,就空中拦截弹而言,主要用于弹道导弹的防御和反卫星。美国在这方面已构成较完整的体系,主要包括:用于地基中段防御拦截弹的大气层外拦截器、用于海基中段防御拦截弹的大气层外轻型射弹、用于战区高空防御拦截弹的动能拦截弹、末段防御拦截弹 PAC-3 和反卫星武器系统。

7.9.4　防空反导系统与 KKV 技术

　　防空反导系统就是人们常说的导弹防御系统,其产生和发展是与美国、俄罗斯及其他发达国家的长远太空军事战略分不开的。太空军事战略所追求的战略优势包括天基制地权、天基制天权和天基制星权,而弹道导弹技术和反弹道导弹技术的发展既是太空对抗的必然结果,也是太空战争的具体体现。正因为如此,导弹防御系统是发达国家之间太空争夺和太空对抗的最现实、最重要的表现形式之一,同时也是太空军事战略的重要组成部分。

　　截至目前,反导系统已经发展了四种类型,即防空拓展型、分层拦截型、天基拦截型和防空兼容型。它们各有特点和不同的功能:防空拓展型是防空导弹功能的拓展,具有拦截弹道导弹的能力,但只能对付单个或少量的来袭弹头,而对大规模来袭的核弹头将无能为力;分层拦截型反导系统由多功能远程搜索雷达、场地雷达、高性能计算机系统和高空与低空拦截导弹等部分构成,并采用指挥式指令制导体制和电扫相控阵雷达体制,因此具有分层拦截弹道导弹的明显反导效果,但仍然难以对付大规模、暴风骤雨般的核袭击;天基拦截型反导系统借助天基平台居高临下,并引入超视距探测和临空逼近目标靠前拦截技术,并利用天基综合信息系统(C⁴ISR 系统)和天基激光、粒子束及动能拦截武器,同时与地基相结合,可形成纵深防御、多层拦截配置,以达到能对付敌方战略进攻武器的所有威胁。但由于天基定向武器难度很大,而地基动能拦截器技术已取得突破性进展,故当前此型反导系统仍依地基动能拦截器作为主战武器;由于防空与反导有许多相似之处,因此在研制新一代防空导弹的同时,使其具有反中、近程战术弹道导弹能力成为可能,从而出现了当前的防空兼容型反导系统。无论是哪一种类型的反导系统,采用超精确制导控制和 KKV 技术都是最为关键的,特别是地基拦截器和新型防空防天导弹。地基拦截器包括:三级固体运载火箭和外大气层动能拦截器(EKV)和多杀伤(MKV)组成,速度可达 40 000km/h;防空防天导弹采用惯性+末段主动式寻的复合制导+反作用力燃气气动力控制,并设有杀伤增强装置。

第 8 章　现代数据分析与信息融合技术

在现代导航、制导与测控中,需要对大量的数据(包括采集的数据、先验数据、实验数据等)进行处理和分析,以便将数据资源转换为有用信息,或进行数据分析与聚类、规约与推理、模型化与最优化等。现代数据处理和分析方法及手段很多,如时间序列分析法、遗传算法、异常数据挖掘、支持向量机、数据拟合、数据融合及智能分析方法等。对于像现代导航、制导与测控系统这样的复杂系统,数据智能化分析和多传感器信息融合技术将显得更为重要。

本章将在综述各种现代数据分析方法与技术的基础上,重点讨论和研究数据智能化分析方法与技术,以及多传感器信息融合方法、技术及应用。

8.1　现代数据分析方法与技术

现代数据分析是实现现代导航、制导与测控的重要基础和新的技术途径,特别是对于该领域的先进总体设计、虚拟制造、网络化测控、目标探测、自动目标识别、综合电子信息指挥与控制、信息对抗、组合导航、超精确制导与控制以及系统试验验证等,均需要通过现代数据分析方法与技术,将大量的数据资源转换为有用的信息资源,以帮助工程技术人员利用信息技术,顺利地进行导航、制导与测控系统的方案论证科学计算、优化设计、高效制造和有效运用。

现代数据分析作为信息技术的重要基础和工具,已形成完整的理论、方法与技术体系。

8.1.1　粗糙集理论及其应用

概率论和数理统计方法、模糊集论和模糊数学、粗糙集(rough stet,RS)和数据约简是现代数据分析的基本理论和方法,也是研究和处理自然界和社会活动中不确定性问题的基础。前两者已被人们所熟知,后者称为粗糙集理论,是波兰数学家 Pawlak 于 1982 年首先提出的新数学理论。在该理论中,知识被认为是一种分类能力,对一个知识系统进行约简,其基本方法是使用等价关系将集合中的元素(对象)进行分类,生成集合的某种划分,与等价关系相对应。约简是指知识的本质部分,是知识中遇到的所有基本概念,而核是其最重要的部分,是进行知识约简所不能删除的知识。在实际应用中,相对约简和相对核的概念是非常重要的。所谓相对约简,就是条件属性相对决策层属性的约简;决策表是一类特殊而重要的知识表达系统,多数决策问题都可以用决策表形式来表达。决策表约简是对现有知识做一个过滤操作,在保留基本知识、对象分类的基础上,消除重复、冗余及无用的知识,它在工程应用中相当重要,约简后的决策表与约简前的决策表具有相同的功能,但具有更少的条件属性;分辨矩阵 $M(S)$ 用于决策表的属性约简,每一个分辨矩阵对应有唯一的分辨函数 $f_M(s)$,它实质上是一个布尔函数。根据它们的对应关系,可得到计算信息系统 S 约简(Red(s))的方法:①计算信息系统 S 的分辨矩阵函数 $M(S)$;②计算分辨矩阵 $M(S)$ 对应的分辨函数 $f_M(s)$;③计算分辨函数 $f_M(s)$ 的最小析取范式。其中每个析取分量对应一个约简。

综上所述,在现代数据分析中,对于不同途径获取的原始数据,经离散化处理变成粗糙集理论所识别的数据(如决策表等),再运用粗糙集数据约简决策表,从而提取有用信息,以达成发现知识的目的。在实际运用中,粗糙集理论往往与其他不确定性理论一起融合协作,如粗糙集与概率统计相结合、粗糙集与模糊集相结合、粗糙集与神经网络相结合等。

粗糙集理论的应用在不断迅速扩展,目前已经出现了许多基于 RS 的新系统,如基于 RS 的实例学习系统、基于 RS 的决策支持系统、基于 RS 的数据挖掘系统、基于 RS 的数据分析和知识系统、基于 RS 的图像识别系统等。

8.1.2　支持向量机与数据挖掘技术

支持向量机是由 Vapnik 于 20 世纪 90 年代提出的,近年来在理论和算法上取得了突破性进展,已经形成了理论基础与实现技术途径的基本框架。

数据库技术的发展引发了人们试图通过机器学习的方法分析数据和从大型数据库中提取事先未知的、有用的或潜在有用信息的想法,这就是所谓数据挖掘(data mining)。从而产生了利用支持向量机来挖掘海量数据背后的知识和进行数据分析。

我们把利用机器学习最优化算法研究并解决分类问题或回归问题的这种方法叫做支持向量机。支持向量机包括基本支持向量机和推广支持向量机两大类,并分为支持向量回归机与支持向量分类机。它以最优化理论、核的理论和统计学理论为基础,通过最优化算法实现其实际应用,并借助线性问题求解非线性问题。这就是支持向量机理念。支持向量机能够非常成功地处理时间序列分析中的回归问题和模糊识别的分类问题及判别分析问题,并推广于预测和综合评价等领域。

例如,在现代数据分析中,分类属于一大类问题,对于分类问题可作如下数学描述:

一般的,考虑 n 维空间上的分类问题,可根据给定的训练集

$$T = \{(x_1, y_1), \cdots, (x_l, y_l)\} \in (x \times y)^l \tag{8.1}$$

$$x_i \in X = R^n, y_i \in Y = \{1, -1\} \quad (i = 1, \cdots, l)$$

寻找 $X = R^n$ 上的一个实值函数 $g(x)$,以便用决策函数

$$f(x) = \mathrm{sgn}\{g(x)\} \tag{8.2}$$

推断任意模式 x 相应的值 y。

在机器学习领域内,我们把上述分类问题的方法称为分类学习机,并根据训练集 T 是否线性可分(即 $g(x)$ 为线性或非线性函数)被称为线性分类学习机或非线性分类学习机。

在此基础上,通过从线性规划到二次规划及非线性规划,便构成了处理一般分类(包括数据分类)问题的最常用方法。这种方法实质是一个约束最优化问题的求解,其求解算法被称为支持向量分类机。下面介绍其典型算法。

(1) 设已知训练集 $T = \{(x_1, y_1), \cdots, (x_l, y_l)\} \in (x \times y)^l$,其中,$x_i \in X = R^n, y_i \in Y = \{1, -1\}(i = 1, \cdots, l)$。

(2) 选择核函数 $K = (x, x')$ 和惩罚参数 C,构造并求解最优化问题:

$$\text{s. t.} \begin{cases} \min_a \left[\dfrac{1}{2} \sum_{i=1}^{l} \sum_{i=1}^{l} y_i y_j \alpha_i \alpha_j K(x_i, x_j) - \sum_{j=1}^{l} \alpha_j \right] \\ \sum_{i=1}^{l} y_i \alpha_i \\ 0 \leqslant \alpha_i \leqslant C \quad (i = 1, \cdots, l) \end{cases} \tag{8.3}$$

得最优解 $\alpha^* = (\alpha_1^*, \alpha_2^*, \cdots, \alpha_l^*)^{\mathrm{T}}$。

(3) 选择 α^* 的一个小于 C 的正分量 α_j^*,并据此计算

$$b^* = y_j - \sum_{i=1}^{l} y_i \alpha_i^* K(x_i, x_j)$$

(4) 求得决策函数

$$f(x) = \mathrm{sgn}\left\{ \sum_{i=1}^{l} y_i \alpha_i^* K(x_i, x_j) + b^* \right\}$$

【定理 8.1】 考虑上述算法(支持向量分类机)对于 $x_i(i = 1, \cdots, l)$ 和 x_j 的依赖关系,则其决策函数值仅依赖于

$$K(x_i, y_j), \quad K(x_i, x_j) \qquad (i, j = 1, \cdots, l) \tag{8.4}$$

作为数据分类的大型案例是手写阿拉伯数字识别问题。该问题最先是为美国邮政系统自动分拣手写邮政编码的信函提出来的,作为支持向量机的第一个实际应用。目前已有两个标准数字数据库 USPS 和 NIST 被作为测试多种分类器优劣的标准。

USPS 数据库包括 7291 个训练样本点和 2007 个测试样本点,每个样本点的输入均是手写阿拉伯数字和数学图像,其像素为 16×16 个,每个像素取 $0 \sim 255$ 内的灰度值。这样每个样本点的输入就可用 $16 \times 16 = 256$ 维的一个向量表示,其中每个分量为灰度值。

NIST 数据库包含 60 000 个训练样本点和 10 000 个测试样本点,每个样本点

的输入含有 20×20 个像素。同样,每个样本点的输入就可用 400 维的向量表示,其中每个分量也是在 $0 \sim 255$ 内的灰度值。

针对上述两个数据库,在利用支持向量机处理两类问题的基础上,可构造出解决多类问题的支持向量机,在这些支持向量机算法中,主要采用的是多项式核函数、径向基核函数及 Sigmoid 核函数。如 USPS 数据库就采用了

多项式核函数 $\qquad K(x,x') = \left[\dfrac{(x,x')}{256} \right]^d$ $\qquad$ (8.5)

和径向核函数 $\qquad K(x,x') = \exp \left[-\dfrac{\parallel x - x' \parallel^2 (x,x')}{256\sigma^2} \right]$ $\qquad$ (8.6)

8.1.3　模糊集合及其聚类分析方法

就其事物相互作用、因素、表征、属性和行为而言,广泛存在模糊概念、现象或事件等。凡属这类问题的研究只能通过模糊数学来解决。模糊数学主要涵盖模糊集合和模糊算法两个方面。

在数学上,模糊概念、现象或事件被描述为没有明确"边界"的子集,即模糊子集,记作 $\underset{\sim}{A}$。下面介绍其严格定义如下。

设论域 $E = \{e_1, e_2, \cdots, e_n\}$,$E$ 在闭区间 $[0,1]$ 的任一映射 $\mu_{\underset{\sim}{A}}$ 表示如下:

$$\mu_{\underset{\sim}{A}} : E \rightarrow [0,1], \quad e \rightarrow \mu_{\underset{\sim}{A}}(e)$$

它确定了 E 的一个模糊子集,简称为模糊集合(或 F 集),记作 $\underset{\sim}{A}$。其中 $\mu_{\underset{\sim}{A}}$ 称为模糊集合 $\underset{\sim}{A}$ 的隶属度函数,$\mu_{\underset{\sim}{A}}(e)$ 为元素 e 隶属于 $\underset{\sim}{A}$ 的程度,或简称 $\underset{\sim}{A}(e)$。所有隶属度函数均满足条件:

$$0 \leqslant \mu_{\underset{\sim}{A}}(e_i) \leqslant 1 \qquad (8.7)$$

$\mu_{\underset{\sim}{A}}(e_i)$ 值越大,则 e_i 对于 $\underset{\sim}{A}$ 的隶属度越高。当 $\mu_{\underset{\sim}{A}}(e_i) = 1$ 时,表示 e_i 肯定属于 $\underset{\sim}{A}$;当 $\mu_{\underset{\sim}{A}}(e_i) = 0$ 时,则表明 e_i 不属于 $\underset{\sim}{A}$。

为了在模糊集合中明确一个元素的归属关系,可选取一个"水平"(或称"阈值")$\alpha, \alpha \in [0,1]$。对于模糊集合 $\underset{\sim}{A} = \{e_i | \in E, 0 \leqslant \mu_{\underset{\sim}{A}}(e_i) \leqslant 1\}$ 选定 α 后,可得到一个对应的普通子集 A_α,即

$$A_\alpha = \{e | e \in E, \mu(e) \geqslant \alpha\} = [\underline{e_i}, \overline{e_i}] \qquad (8.8)$$

式中:A_α 被称为 $\underset{\sim}{A}$ 的 α 水平截集,通常又叫做清晰集合。

为方便研究和管理起见,常常需要对系统或数据从不同角度进行分类。其中,把系统按照某些模糊性质实施分类的数学方法称为模糊聚类分析法。

模糊聚类分析法的原理是,依据模糊相似矩阵 $\boldsymbol{R} = (r_{ij})_{n \times m}$ 对于不同的置信水平 $\lambda \in [0,1]$ 得到不同的分类结果,从而形成动态聚类图。其关键在于确定相似系数 r_{ij}。

分析过程大致如下：

（1）获取数据，得到原始数据矩阵 $A=(x_{ij})_{n\times m}(i=1,2,\cdots,n;j=1,2,\cdots,m)$。

（2）进行数据的标准化处理，即通过数据变换和压缩，把原始数据矩阵 A 转化为模糊相似矩阵 $R=(x''_{ij})_{n\times m}$。

（3）建立模糊相似矩阵 $R=(r_{ij})_{n\times m}$，其中 r_{ij} 称为相似系数，它反映了数据矩阵中 x_i 与 x_j 的相似程度，可用如上多种方法来确定。

（4）对于不同置信水平 $\lambda\in[0,1]$，进行聚类并形成动态聚类图。通常，聚类方法有两类，即直接聚类方法和基于模糊等价矩阵的聚类方法。

例如，将测量点 x_1、x_2、x_3、x_4、x_5 的测量统计数据经处理后得到如下模糊关系：

$$R=\begin{bmatrix} 1 & 0.48 & 0.62 & 0.41 & 0.47 \\ 0.48 & 1 & 0.48 & 0.41 & 0.47 \\ 0.62 & 0.48 & 1 & 0.41 & 0.47 \\ 0.41 & 0.41 & 0.41 & 1 & 0.41 \\ 0.47 & 0.47 & 0.47 & 0.41 & 1 \end{bmatrix} \qquad (8.9)$$

据此，可对于不同水平 λ 进行如下分类：

（1）当 $0.62<\lambda<1$ 时，

$$R_\lambda=\begin{bmatrix} 1 & 0 & 0 & 0 & 0 \\ 0 & 1 & 0 & 0 & 0 \\ 0 & 0 & 1 & 0 & 0 \\ 0 & 0 & 0 & 1 & 0 \\ 0 & 0 & 0 & 0 & 1 \end{bmatrix}$$

系统可分为五类：$\{x_1\}$，$\{x_2\}$，$\{x_3\}$，$\{x_4\}$，$\{x_5\}$。

（2）当 $0.48<\lambda\leqslant0.62$ 时，

$$R_\lambda=\begin{bmatrix} 1 & 0 & 1 & 0 & 0 \\ 0 & 1 & 0 & 0 & 0 \\ 1 & 0 & 1 & 0 & 0 \\ 0 & 0 & 0 & 1 & 0 \\ 0 & 0 & 0 & 0 & 1 \end{bmatrix}$$

系统可分为四类：$\{x_1,x_3\}$，$\{x_2\}$，$\{x_4\}$，$\{x_5\}$。

（3）当 $0.47<\lambda\leqslant0$ 时，

$$R_\lambda=\begin{bmatrix} 1 & 1 & 1 & 0 & 0 \\ 1 & 1 & 1 & 0 & 0 \\ 1 & 1 & 1 & 0 & 0 \\ 0 & 0 & 0 & 1 & 0 \\ 0 & 0 & 0 & 0 & 1 \end{bmatrix}$$

系统可分为三类：$\{x_1,x_2,x_3\},\{x_4\},\{x_5\}$。

（4）当 $0.41 < \lambda \leqslant 0.47$ 时，

$$\boldsymbol{R}_\lambda = \begin{bmatrix} 1 & 1 & 1 & 0 & 1 \\ 1 & 1 & 1 & 0 & 1 \\ 1 & 1 & 1 & 0 & 1 \\ 0 & 0 & 0 & 1 & 0 \\ 1 & 1 & 1 & 0 & 1 \end{bmatrix}$$

系统可分为两类：$\{x_1,x_2,x_3,x_5\},\{x_4\}$。

（5）当 $0 \leqslant \lambda < 0.41$ 时，$\boldsymbol{R}$ 的元素将全部为 1，故该系统只能分为一类：$\{x_1,x_2,x_3,x_4,x_5\}$。

综上所述，可得到系统 $\boldsymbol{U} = \{x_1,x_2,x_3,x_4,x_5\}$ 的动态聚类模型如图 8.1 所示

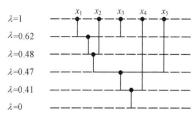

图 8.1　系统 $\boldsymbol{U} = \{x_1,x_2,x_3,x_4,x_5\}$ 的动态聚类模型

8.1.4　神经网络与系统辨识方法

神经网络在生理学范畴内，指的是生物神经网络（BNN）；在信息计算机等领域内，则指的是向生命学习而构造的人工神经网络（ANN），简称神经网络（NN）。神经元是神经网络中接收或产生、传递和处理信息的基本单元。

神经元功能模型，称为 M-P 模型，如图 8.2 所示。

其数学描述为

$$y = f(\sigma) = f\left(\sum_{i=1}^n \omega_i x_i + S - \theta\right) \tag{8.10}$$

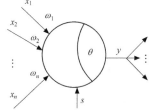

图 8.2　神经元的结构及功能模型

　　神经元的结构及功能十分简单,但是它们的广泛互相连接却能够形成丰富多彩、功能强大的人工神经网络系统。建立人工神经网络的一个重要环节是构造它的拓扑结构,即确定人工神经元之间的互连结构。通常,按照神经元之间连接的拓扑结构,可将神经网络的互连结构分为分层网络和相互连接网络两大类,而分层网络又可以分为单层、双层及多层结构。图 8.3 给出了常见的双层、多层和互连神经网络结构。

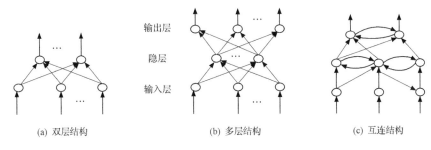

图 8.3　常见人工神经网络结构

　　通过拓扑结构形成的人工神经网络系统在功能和运算上具有下列显著特点:①具有很强的自适应学习能力;②具有联想、概括、类比和推广能力;③具有大规模并行计算能力;④具有容错能力和鲁棒性;⑤具有独特的、强大的信息处理能力且通过硬件实现后可以做到高速、并行和实时。

　　神经网络的多个神经元可表示成向量

$$\boldsymbol{Y} = f(\boldsymbol{X}\boldsymbol{W}^{\mathrm{T}}) \tag{8.11}$$

式中:$\boldsymbol{X}$ 为输入,为 n 维行向量;$\boldsymbol{Y}$ 为输出,为 m 维行向量;$\boldsymbol{W}$ 为权矩阵,为 $m \times n$ 维。

　　在构成神经网络模型时,训练是至关重要的。训练的目的是使得能用一组输入向量 $\boldsymbol{X}$ 产生一组所期望的、能够等价描述建模对象的输出向量 $\boldsymbol{Y}$。训练通常通过预先确定的算法(如辨识算法等)调整网络的权值来实现。而训练算法按照训练规则进行。目前,训练规则主要有赫布和 δ 训练规则。

　　赫布训练规则的一般形式为

$$w_{ij}(t+1) = w_{ij}(t) + \eta[x_i(t) \cdot x_j(t)] \tag{8.12}$$

式中:$w_{ij}(t+1)$ 为修正后的权值;η 为比例因子,表示训练速率;$x_i(t)$、$x_j(t)$ 分别为 t 时刻神经元 i 和神经元 j 的状态。

　　δ 训练规则的一般形式为

$$w_{ij}(t+1) = w_{ij}(t) + \eta[d_i - y_i(t)]x_j(t) \tag{8.13}$$

式中:d_i、$y_i(t)$ 分别表示第 i 个神经元的期望输出与实际输出。

　　系统辨识方法是现代数据分析的重要工具和应用领域。从根本上讲,系统辨识就是根据被识系统的输入、输出观测数据,利用辨识技术和算法,通过计算机迭代运算被识系统数学模型的过程(见图 8.4)。

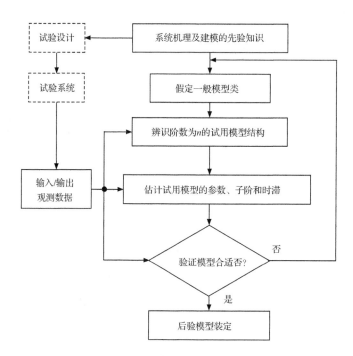

图 8.4　系统辨识框架的一般结构

以某飞机气动系数 $m_{y^y}^{\bar{\omega}}(M,H)$ 的数学模型为例,其辨识过程大体如下:

(1) 进行飞行试验设计,构成试飞系统,完成飞行器操纵性与稳定性研究试飞,并记录 $m_{y^y}^{\bar{\omega}}(M,H)$ 测试曲线。

(2) 整理测试曲线,得到 $m_{y^y}^{\bar{\omega}}(M,H)$ 的试验矩阵,即

$$
\boldsymbol{F} = \begin{bmatrix}
2.5754 \times 10^{-1} & -2.3430 & 2.2813 & -7.4803 \times 10^{-1} \\
-2.6298 \times 10^{-1} & 8.279 \times 10^{-1} & -8.1561 \times 10^{-1} & 2.5777 \times 10^{-1} \\
2.3925 \times 10^{-1} & -7.2538 \times 10^{-2} & 6.8464 \times 10^{-2} & -2.0717 \times 10^{-2} \\
-5.941 \times 10^{-4} & 1.7862 \times 10^{-3} & -1.6687 \times 10^{-2} & 4.9437 \times 10^{-4}
\end{bmatrix}
$$

(3) 选择最小二乘法,并研制得到双变量 (H,M) 函数的数据曲线拟合算法,即

$$
f(x,y) = \boldsymbol{XCY}^{\mathrm{T}}
$$

其中

$$
\boldsymbol{X} = \begin{bmatrix} 1 & x & x^2 & \cdots & x^k \end{bmatrix} = \begin{bmatrix} 1 & M & M^2 & M^3 \end{bmatrix}
$$
$$
\boldsymbol{Y} = \begin{bmatrix} 1 & y & y^2 & \cdots & y^l \end{bmatrix} = \begin{bmatrix} 1 & H & H^2 & H^3 \end{bmatrix}
$$

$$C= [H_2^T H_2]^{-1} H_2^T F H_1 [H_1^T H_1]^{-1} = F$$

（4）利用上述辨识算法可得到 $m_y^{\bar{w}}$ 的数学模型，即

$$m_y^{\bar{w}} = [1 \quad M \quad M^2 \quad M^3] \times F \times [1 \quad H \quad H^2 \quad H^3]^T$$

（5）模型验证。利用图 8.5 双变量函数拟合算法的计算机流程进行 $m_y^{\bar{w}}$ 仿真，并同实际试飞曲线 $m_y^{\bar{w}}(M, H)$ 比较。仿真结果表明，二者数据拟合较好，可满足模型的使用要求。

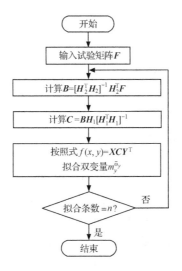

图 8.5　双变量函数拟合算法流程

值得指出的是，利用模糊逻辑与神经网络相结合产生的模糊神经网络具有自适应、自学习、自组织和多种模糊推理功能以及可逼近任意非线性函数的映射能力。在这种技术构成模糊神经网络模型的基础上，进行类似于 T-S 模糊模型的辨识，最终可得到基于模糊神经网络的辨识模型。

这种多种建模方法相结合的数据分析方法尤其适合复杂系统的精确建模。它不仅为复杂系统建模提供了一种新的技术途径，而且使复杂系统智能控制成为可能。

8.1.5　时间序列分析方法

现代时间序列分析方法研究，是以 ARMA 模型为基础开展的。它主要包括三个方面内容：其一是概率统计分析；其二是回归分析；其三是最优滤波分析。

实际系统中，许多系统或过程包含着随机因素和随机事件，其特征可用随机变量来描述，而概率分布是用数值表示的随机事件或因素的函数，它反映了这些随机变量的变化规律。利用概率统计学中的概率分布及其数字特征建立随机系统或过程的数学模型称为概率统计法。这种方法的实质就是通过理论分析和实验研究寻

求适合系统随机特征的概率分布。在概率统计法建模中,贝叶斯(Bayes)定理占有相当重要的地位。其分析方法与过程大致如下:

(1) 先根据先验知识判断建模对象大致属于某一类理论概率分布情况,从而决定应当选择哪种概率分布或必须拒绝哪些概率分布。

(2) 采集实验观测数据,并检验所选概率分布的正确性。

(3) 必要时,可采用实验观测数据获得符合建模目标的经验概率分布或半经验概率分布。

(4) 验模。

回归分析法是从一组实验观测数据出发,来确定随机变量之间的定量函数关系,即回归模型。严格地讲,回归分析法的原理与前述概率统计法相同,同时需要进行显著性和拟合性检验。

回归分析方法及过程大致如下:

(1) 描述系统,提出问题并做出模型假设。

(2) 确定随机变量,建立自变量与因变量之间的函数关系,得到回归模型。

(3) 判断随机变量的显著性,即进行回归模型的显著性检验。

(4) 进行回归模型的拟合性检验,得出模型使用结论。

滤波的最基本含义为滤掉或过滤噪声还原系统状态或信号本来面目,而最优滤波则进一步用于解决系统状态或信号的最优估计问题,即由被噪声污染的观测信号求在某种性能指标(准则)下状态或信号的最优估计值,又称最优滤波器。

解决最优滤波问题一般有三种方法,即维纳滤波、卡尔曼滤波和时序分析滤波。维纳滤波有着在工程上难以实现的缺陷,且和时序分析滤波仅适用于定常系统的稳态最优滤波,而卡尔曼滤波的显著优点是可处理时变系统的最优滤波问题,但其严重缺陷是需要精确已知系统的数学模型和噪声方差阵,对于带有这方面误差的系统,这种滤波将失去最优性,从而导致滤波精度下降,甚至滤波发散。于是,产生了其他更先进的滤波方法,如自校正滤波理论和技术。

自校正滤波是一种基于系统辨识的最优滤波方法。对于带未知模型参数和(或)未知噪声方差阵系统,可在线辨识 ARMA(自回归滑动平均)信息模型(如采用最小二乘法等),进而可得到未知模型参数和(或)未知噪声方差阵的在线估值,并用以在最优滤波中近似代替相应的真实值,便得到自校正滤波器(如自校正卡尔曼滤波器等)。

自校正卡尔曼滤波理论是我国学者邓自立教授提出来的。

考虑带未知噪声方差阵的线性离散定常随机系统

$$X(t+1) = \Phi X(t) + \Gamma W(t)$$
$$Y(t) = HX(t) + V(t)$$

式中:$X(t) \in R^n$、$Y(t) \in R^m$、$W(t) \in R^r$ 和 $V(t) \in R^m$ 分别为状态、观测、输入噪声

和观测噪声；$\boldsymbol{\Phi}$、$\boldsymbol{\Gamma}$、$\boldsymbol{H}$ 分别为已知的适当维数常阵。

自校正滤波器的形成可按如下三步完成：

（1）采用 MA 新息模型 $\boldsymbol{Z}(t) = \boldsymbol{D}(q^{-1})\boldsymbol{\varepsilon}(t)$ 的一种递推辨识器，可得到在时刻 t 的参数估计值 $\hat{\boldsymbol{D}}_j$ 和 $\hat{\boldsymbol{Q}}_\varepsilon$。

（2）由估计值 $\hat{\boldsymbol{D}}_j$ 和 $\hat{\boldsymbol{Q}}_\varepsilon$ 从式 $\hat{\boldsymbol{Q}}_\varepsilon = \dfrac{1}{t}\sum \hat{\boldsymbol{\varepsilon}}(j)\hat{\boldsymbol{\varepsilon}}^{\mathrm{T}}(j)$ 可得到在时刻 t 处估值 $\hat{\boldsymbol{Q}}$ 和 $\hat{\boldsymbol{R}}$，由 $\boldsymbol{M}_i = -\boldsymbol{A}_1\boldsymbol{A}_{i-1} + \cdots - \boldsymbol{A}_{n_a} + \boldsymbol{D}_i$ 可得到在时刻 t 处估值 $\hat{\boldsymbol{M}}_j$，进而由 $\boldsymbol{\psi}_{\mathrm{f}} = \boldsymbol{I}_n - \boldsymbol{K}_{\mathrm{f}}\boldsymbol{H}$ 和 $\boldsymbol{M}_i = -\boldsymbol{A}_1\boldsymbol{A}_{i-1} + \cdots - \boldsymbol{A}_{n_a} + \boldsymbol{D}_i$ 可得到在时刻 t 处的估值 $\hat{\boldsymbol{K}}_{\mathrm{f}}$ 和 $\hat{\boldsymbol{\Psi}}_{\mathrm{f}}$。

（3）由 $\hat{\boldsymbol{X}}_{\mathrm{s}}(t \mid t) = \boldsymbol{\psi}_{\mathrm{f}}\hat{\boldsymbol{X}}_{\mathrm{s}}(t-1 \mid t-1) + \boldsymbol{K}_{\mathrm{f}}\boldsymbol{y}(t)$ 可得到在时刻 t 处的自校正卡尔曼滤波器的值 $\hat{\boldsymbol{X}}_{\mathrm{s}}(t \mid t)$ 为

$$\hat{\boldsymbol{X}}_{\mathrm{s}}(t \mid t) = \hat{\boldsymbol{\Psi}}_{\mathrm{f}}\hat{\boldsymbol{X}}_{\mathrm{s}}(t-1 \mid t-1) + \hat{\boldsymbol{K}}_{\mathrm{f}}\boldsymbol{y}(t) \tag{8.14}$$

上述三步在时刻 t 重复进行。

8.1.6　层次分析法

层次分析法（analytic hierarchy process，AHP）是一种符合人们对复杂问题思维过程层次化的定性与定量相结合的分析方法，其基本思想在于，将复杂问题分解成若干层次，在比原系统简单得多的层次上逐步分析它通过比较若干因素对于同一目标的影响，把决策者的主观判断用数量形式表达和处理，从而确定出它在目标中的比重，最终选择比重最大的系统方案。

层次分析法具体方法步骤如下：

1）明确问题

在分析系统中因素间关系的基础上，建立系统的递阶层次结构模型。由图 8.6 可见，一般层次结构分三层，即目标层、中间层和方案层。

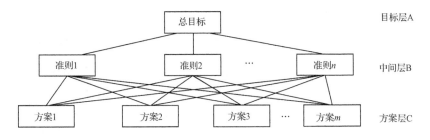

图 8.6　层次结构模型示意图

2）利用成对比较法构造判断矩阵 $\boldsymbol{A}$

成对比较就是针对上一层的某个因素对于本层次所有元素的影响，进行相对重要性的两两比较。在比较中,一般采用能使决策判断定量化的 1~9 及其倒数的标度方法,即判断矩阵 A 元素 a_{ij} 的取值范围可以是 $1,2,\cdots,9$ 及其互倒数 1, $1/2,\cdots,1/9$(见表 8.1)。所得到的判断矩阵 $A = [a_{ij}]_{n\times n}$(见表 8.2),其元素值 a_{ij} 反映了人们对各因素(这里指方案)相对重要性的认识。

表 8.1　1~9 及其倒数标度法

标度	含义
1	表示两个因素相比,具有相同重要性(或相当)
3	表示两个因素相比,一个比另一个因素稍强(或稍微优于)
5	表示两个因素相比,一个比另一个强(或优于)
7	表示两个因素相比,一个比另一个因素很强(或很优于)
9	表示两个因素相比,一个比另一个因素绝对强(或极其优于)
2,4,6,8	上述两相邻判断的中值
倒数	若因素 i 与 j 比较得到判断元素 a_{ij},则 j 与 i 比较得 $a_{ij} = 1/a_{ji}$

表 8.2　判断矩阵 A

A	C_1	C_2	$\cdots$	C_n
C_1	a_{11}	a_{12}	$\cdots$	a_{1n}
C_2	a_{21}	a_{22}	$\cdots$	a_{2n}
$\vdots$	$\vdots$	$\vdots$		$\vdots$
C_n	a_{n1}	a_{n2}	$\cdots$	a_{nn}

3)层次单排序及一致性检验

层次单排序就是依据判断矩阵 A,计算对于上一层某个因素而言的本层次联系因素的重要权值,得到权向量 $W = [w_1, w_2, \cdots, w_n]^T$。

所谓一致性检验,就是衡量判断矩阵 A 中判断质量的标准。一般来讲,若矩阵 A 满足 $a_{ij} = a_{kj}(i,j,k = 1,2,\cdots,n)$,则矩阵 A 具有完全一致性,且满足 $Aw = \lambda_{\max} w = nw$(这里,$\lambda_{\max}$ 为矩阵 A 的最大特征根)。它与其余特征根 λ_i 的关系为 $\sum_{i=2}^{n} \lambda_i = n - \lambda_{\max}$。于是,可将 $\lambda_{\max}$ 以外的其余特征根 $\lambda_i(i = 2,3,\cdots,n)$ 的负平均值作为衡量矩阵 A 偏离一致性的指标,即采用 $CI = \dfrac{\lambda_{\max} - n}{n - 1}$ 来检验一致性。当 CI 接近于零时,则认为矩阵 A 具有满意的一致性。为了度量不同阶数矩阵 A 是否具有满意的一致性,还需要引入矩阵 A 的平均随机一致性指标 RI 值(见表 8.3)。

表 8.3　平均随机一致性指标 RI 值(对于 1~11 阶 A 阵)

阶数 n	1	2	3	4	5	6	7	8	9	10	11
RI 值	0	0	0.58	0.90	1.12	1.24	1.32	1.41	1.45	1.49	1.51

通常,当 $CR = \dfrac{CI}{RI} < 0.01$ 时,则认为矩阵 A 具有满意的一致性;否则,需要重

新调整矩阵 **A** 的元素取值,直到符合一致性要求为止。

4) 层次总排序及其一致性检验

层次总排序是计算同层次所有因素对最高层的相对重要权值。

表 8.4 给出了 F 层次的总排序权值。

表 8.4　F 层次的总排序权值

层次 A / 层次 F	A_1 A_2 $\cdots$ A_m	F 层次总排序权值
	a_1 a_2 $\cdots$ a_m	
F_1	w_1^1 $\quad$ w_1^2 $\quad$ $\cdots$ $\quad$ w_1^m	$\sum\limits_{j=1}^{n} a_j w_1^j$
F_2	w_2^1 $\quad$ w_2^2 $\quad$ $\cdots$ $\quad$ w_2^m	$\sum\limits_{j=1}^{n} a_j w_2^j$
$\vdots$	$\vdots$ $\quad$ $\vdots$ $\quad$ $\quad$ $\vdots$	$\vdots$
F_n	w_n^1 $\quad$ w_n^2 $\quad$ $\cdots$ $\quad$ w_n^m	$\sum\limits_{j=1}^{n} a_j w_n^j$

在一致性检验中,若相应平均一致性指标为 RI_j,则 F 层次总排序的随机一致性比率为

$$CR = \frac{\sum\limits_{j=1}^{n} a_j CI_j}{\sum\limits_{j=1}^{n} a_j RI_j}$$

通常,当 $CR < 0.1$ 时,认为层次总排序结果具有满意的一致性;否则还需要重新调整矩阵 **A** 的元素取值。

8.2　数据智能化分析基础

8.2.1　复杂工程系统与数据智能化分析

现代导航、制导与测控系统是典型的复杂工程系统,其主要特点是:结构复杂、层次多、规模庞大、运行时空广和新技术含量高、具有严格精度要求等。具体体现在:①该系统中一般由若干个子系统和下属分系统,甚至多个子分系统构成;②涉及领域相当广泛,包括力学、声学、热力学、电磁、机械、光学、材料、信息等多学科专业;③所使用的技术既新又多,涵盖先进总体设计技术、先进制造技术、计算机技术、网络技术、图形/图像技术、信息处理和融合技术、多媒体技术、虚拟技术、人工智能技术等高新技术;④功能模块多、模型复杂、数据信息海量、开发周期长、建造费用和风险大等;⑤数据监测与分析对该系统极端重要。

鉴于上述特点,采用一般数据分析方法往往难以奏效,而智能化数据分析方法

是一种有效的新技术途径。

8.2.2　智能数据分析过程

一般来说,智能数据分析过程可用图 8.7 所示流程图表示。

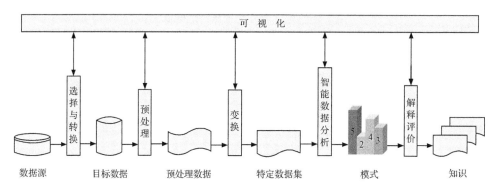

图 8.7　智能数据分析流程

1. 数据采集

数据采集主要包括两个方面:一方面是从多种数据源中去综合数据分析所需要的数据;另一方面就是从现有的数据中衍生出所需要的指标。数据采集中一个重要的方面就是数据源的选取。

2. 数据预处理

数据预处理是从大量的数据属性中提取对目标有重要影响的属性来降低原始数据的维数,处理掉一些不好的数据,从而改善实例数据的质量和提高数据分析的速度。数据预处理包括:数据清理、数据集成、数据变换和数据归约等。

3. 智能数据分析

根据数据及应用的性质,首先选择合适的建模方法,以及该方法的参数,算法选定后,则设计适当的测试方案,接着就是模型的训练了。在训练完毕后,使用测试方案对模型评估。数据分析阶段首先要确定分析的任务或目的是什么,如数据分类、聚类、关联规则发现或序列模式发现等。确定了任务后,就要决定使用什么样的算法。同样的任务可以用不同的算法来实现,选择实现算法有两个考虑因素:一是不同的数据有不同的特点,因此需要采用与之相关的算法;二是用户或实际运行系统的要求,有的用户可能希望获取描述型的或容易理解的知识,而有的用户或系统的目的是获取预测准确度尽可能高的预测型知识。算法是整个知识发现的核心部分,也是目前研究人员的主要努力方向,但要想获得好的效果,必须对各种算法的要求或前提假设有充分的理解,算法的选取直接影响到分析的最终效果。

4. 模型的解释和性能评估

评价一个数据分析模型的指标主要包括模型的准确性,可理解性以及模型的性能等三个方面。模型的性能主要包括模型的构造速度以及获取预测结果的速度。

一般来说,人们更加关注的是数据分析模型的准确性,一般模型产生的结果可以通过时间来检验其有多大程度的准确性,但是这个方法往往是不切合实际的。在数据分析中经常采用的方法是,将样本数据分为训练集和测试集,用训练集作为模型的输入,得到模型输出即知识。再用测试集来验证知识的正确性。当测试集作为模型的输入,得到的输出和测试集中输出的误差在可以接受的范围之内,就认为这样的模型是可行的。误差的大小说明了模型正确性的高低。当误差太大,说明模型的泛化能力很差,应当考虑对模型进行修改。

8.2.3　智能化数据分析的功能及方法

1. 智能数据分析功能

智能数据分析可以实现很多功能,主要有以下几个方面:①数据分类、聚合和预测;②数据拟合与融合;③数据寻优;④数据时序分析;⑤数据挖掘;⑥概念描述;⑦关联规则等。

2. 智能化数据分析方法

传统的数据分析方法以统计法为主,但统计法不适合从海量数据中抽取有用的信息,而需要运用更先进的计算分析方法。联机分析处理(OLAP)等技术可以快速地从数据仓库中检索出数据。许多从数据中抽取信息的先进计算方法采用了神经网络、贝叶斯网络、决策树、遗传算法、模式识别等技术。这些技术为智能数据分析提供了良好的基础。其他的智能数据分析方法还包括基于范例的推理法、模糊和粗糙集、关联规则提取、归纳逻辑编程法、支持向量机,以及可视化技术。

1) 神经网络方法

神经网络建立在有自学习能力的数学模型基础上,可以对大量复杂的数据进行分析,并完成对人脑或其他计算机来说极为复杂的模式抽取及趋势分析。神经网络的典型应用是建立分类模型、进行数据预测和数据寻优等。

2) 决策树

决策树学习是应用最广的归纳推理算法之一。它是一种逼近离散目标函数的方法,在这种方法中学到的知识被表示成一颗决策树。学到的决策树也能表示为多个 IF-THEN 的规则,以提高可读性。决策树已被成功地应用到医疗诊断、评估贷款申请的信用分析等领域。

3）遗传算法

遗传算法是在 20 世纪 70 年代初期由 Holland 教授发展起来的一种软计算方法。它主要用于优化领域。它借鉴了很多生物进化的特征。遗传算法是一种大致基于模拟进化的学习方法,其中个体常被描述为二进位串,称为染色体。搜索合适的个体是从若干初始假设的群体或集合开始的。当前群体的成员通过模仿生物进化的方式来产生下一代群体,比如说随机变异和交叉。每一步,根据给定的适应度评价当前群体中的个体,然后使用概率方法选出适应度最高的个体作为产生下一代的种子。

遗传算法主要处理步骤为:①优化问题编码;②适应函数的构造和应用;③染色体的结合;④变异。遗传算法的主要优点为:①适合数值求解那些带有多参数、多变量、多目标和在多领域,但连通信较差的 NP-hard 优化问题;②在求解很多组合优化问题时,不需要有很强的技巧和对问题有非常深入的了解;③同求解问题的其他启发式算法有较好的兼容性。

4）粗糙集理论方法

粗糙集是近年来提出的对于不完整数据进行分析、学习的方法。该方法与传统的统计分析和模糊集理论不同的是:后者需要依赖先验知识对不确定性的定量描述,如统计分析中先验概率、模糊集理论中的模糊度等;而前者只依赖数据内部的知识,用数据之间的近似来表示知识的不确定性。

5）贝叶斯

贝叶斯分类是统计学方法。它们可以预测类成员关系的可能性,如给定样本属于一个特定类的概率。贝叶斯分类主要是基于贝叶斯定理,通过计算给定样本属于一个特定类的概率来对给定样本进行分类。人们基于贝叶斯方法,提出了朴素贝叶斯方法和贝叶斯网络方法以及其他改进的用于分类的方法。

6）关联规则提取

关联规则就是描述这种在一个事务中物品之间同时出现的规律的知识模式。更确切地说,关联规则通过量化的数字描述物品甲的出现对物品乙的出现有多大的影响。

如果不考虑关联规则的支持度和可信度,那么在事务数据库中存在无穷多的关联规则。事实上,人们一般只对满足一定的支持度和可信度的关联规则感兴趣。一般称满足一定要求的(如较大的支持度和可信度)的规则为强规则。因此,为了发现出有意义的关联规则,需要给定两个阈值,即最小支持度和最小可信度。前者即用户规定的关联规则必须满足的最小支持度,它表示了一组物品集在统计意义上需要满足的最低程度;后者即用户规定的关联规则必须满足的最小可信度,它反映了关联规则的最低可靠度。

7) 可视化方法

可视化方法是数据库中发现模型一种非常有用的方法。感知是人们认识和了解世界的主要方式,人们在正常情况下不会根据数据来思考,通常是受到图像的启发并根据已有的心理图像来思考。人们从这种可视化图像中吸取信息比从文本或表格形式吸取信息要更有效、更快。随着技术的快速发展,人们要处理的数据也迅速发展,存储这些数据的数据库中可能会有几百万种数据对象,而这些数据对象的维度可能达到几十甚至几百。数据是如此的庞大,而有些数据分析技术让决策者感到难以理解和使用,可视化就可以使数据和数据分析结果更容易理解。

8.2.4　神经网络的要素、特性及应用

1. 神经网络的基本要素

(1) 神经元结构模型。神经元是神经网络的基本计算单元,一般是多个输入、一个输出的非线性单元,可以有一个内部反馈和阈值。一般可用特性函数来表示输入和输出之间的关系。

(2) 网络动态特性。神经网络模型中的动态特性主要表现在各神经元改变状态的次序、神经元计算的频率和与时间有关的迭代函数的性质上。

(3) 网络连接模型。这是将神经元按照一定的模式连接起来,并通过神经元之间的连接权值的大小反映信号传递的强弱来组成的模型。

(4) 网络学习算法。大部分现代学习算法都是从赫布训练规则中演变出来的,其后又出现了一些更有名的学习算法,如 Back Propagation 算法及其改进算法、Hopfield 算法等。

2. 神经网络的基本特性

神经网络在功能和运算上具有以下特点:

(1) 很强的自适应学习能力。神经网络可以通过与外界环境的相互作用,进行整个系统的状态及连接权值的调整,将外界环境模式存储于神经网络模型中,以达到从外界环境中获取经验和知识的目的,它在一定程度上类似于人脑的学习功能,也是它优于传统信息处理的地方,这种能力使神经网络具有广泛的应用可能性。

(2) 具有联想、概括、类比和推广的能力。当神经网络通过学习具备了一定的知识后,它在某一输入的影响下,由于神经元之间的相互联系以及神经元本身的动力学性质,这种外界刺激的兴奋模式会迅速地演变而进入平衡状态,这样就完成了某类模式变换或映射功能,从输入态到它邻近的某平衡态的映射关系,这种关系可

以实现联想存储等功能。

（3）大规模并行计算能力。神经网络中的信息处理是在大量处理单元中并行而又有层次地进行的,因此运算速度快,信息处理能力大大超过了采用顺序处理模式的传统冯·诺依曼计算机。

（4）分布式存储能力。信息在神经网络内的存储是按内容分布于大量的神经细胞之中,而且每个神经细胞实际上存储着多种不同信息的部分内容。信息的记忆主要反映在神经元之间的连接权上。

（5）具有较强的容错能力和鲁棒性。神经网络运算还表现在大规模集团运算上,系统的信息处理能力是由整个神经网络决定的,系统的性能会随损坏的处理单元越来越多而逐步降低,但并不会存在系统功能丧失殆尽的临界点。另外,在信息源提供的模式丰富多变,甚至相互矛盾,而判定原则又无理可寻时,系统仍然能给出一个比较满意的答案。

（6）硬件实现。神经网络的真正魅力就在于其硬件实现后的实时、并行、高速等特点。但由于目前硬件水平的限制,神经网络硬件的开发和神经网络计算机的研制仍然处在发展阶段,因此许多神经网络的实现多数是在计算机上仿真实现的。随着大规模集成电路的快速发展,一些神经网络硬件芯片已经问世,而且市场上可以购到。目前所开发的多种神经网络芯片都是针对某些特殊用途的,对这些特殊问题,使用神经网络会具有良好效果。

3. 神经网络的应用领域

神经网络具有独特的信息处理特点和强大的信息处理能力。神经网络的信息处理能力主要用于解决以下问题:数学逼近映射、概率密度函数估计、从二进制数据库中提取相关知识、形成拓扑连续或统计意义上的同构映射、最邻近模式分类、数据聚集、最优化问题的计算。在控制领域,神经网络在系统的建模、辨识、控制和仿真方面已有许多成功的应用。

8.3　基于神经网络的数据分析方法

8.3.1　数据分析方法流程

一般来说,数据分析不存在一个普遍适用的算法,一个算法在某个领域非常有效,但在另一个领域却可能并不合适。因此,在实际应用中,要针对特定的领域,精心选择有效的数据分析模型和算法。

智能数据分析是一种决策支持过程,人工神经网络是其重要的技术基础。人工神经网络通过模拟人类的思维行为,从而高效率地解决预测、模式识别、分类和聚类分析等数据分析问题。由于神经网络方法用于问题求解无须事先建模,因而对于缺乏理论模型和先验知识的数据分析问题具有较好的适应性。基于神经网络的智能数据分析过程主要包括数据选择与预处理、网络训练与剪枝、规则提取与评估等几个阶段,如图 8.8 所示。

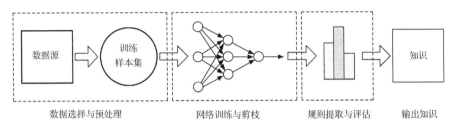

数据选择与预处理　　　　　网络训练与剪枝　　　　规则提取与评估　　　输出知识

图 8.8　基于神经网络的智能数据分析流程图

8.3.2　数据分析神经网络的构建

组织一个人工神经网络时,主要考虑这样几个方面的问题:数据预处理、神经网络样本数据的准备、网络结构的设计、网络的训练方式、网络训练与测试评估。尽管有很多人致力于神经网络的研究工作,但是至今还没有一个通用的理论公式来指导网络的设计,这里只介绍在本书中所研究的可靠性模型识别中 BP 网络的组建方法及其理论依据。

1. **数据预处理**

数据预处理是数据分析过程中的一个重要步骤,尤其是在对包含有噪声、不完整,甚至是不一致数据进行数据分析时,更需要进行数据的预处理,以提高数据分析对象的质量,并最终达到提高数据分析所获模式知识质量的目的。

1) 非数值属性的量化表示

对于一些非数值表示的属性,为方便用神经网络模型处理,要量化成[0,1]或[-1,1]间的数据。例如,某属性的取值有"优"、"良"、"合格"、"不合格"四种非数值的取值,可将它们依次分别量化为四个[0,1]间的数值:0.9,0.6,0.3,0.0。

2) 度变换

尺度变换也称归一化处理或标准化,是指通过变换处理将网络的输入、输出数据限制在[0,1]或[-1,1]区间内。进行尺度变换的主要原因有:

(1) 神经网络的各个输入数据常常具有不同的物理意义和不同的量纲,如某输入分量都在 $0 \sim 1 \times 10^5$ 内变化,而另一输入分量在 $0 \sim 1 \times 10^{-5}$ 内变化;尺度变换可使所有的分量都在 $0 \sim 1$ 或 $-1 \sim 1$ 变化,使网络训练一开始就给各输入分量以同等重要的地位。

（2）神经网络的神经元大多采用 Sigmoid 函数，变换后可防止因净输入绝对值过大而使神经元输出饱和，继而使权值调整进入误差曲面的平坦区。

（3）Sigmoid 转移函数的输出在 0～1 或 −1～1，作为训练信号的输出数据如不加以变换处理，势必使数值大的输出分量绝对误差大，数值小的输出分量绝对误差小，网络训练时只针对输出的总误差调整权值，其结果是在总误差占份额小的输出分量相对误差大，对输出量进行变换后可解决这个问题。此外，当输入或输出向量的各分量量纲不同时，应对不同的分量在其取值范围内分别进行变换；当各分量物理意义相同且为同一量纲时，应在整个数据范围内确定最大值 x_{max} 和最小值 x_{min}，进行统一的变换处理。

将输入/输出数据变换为[0,1]的数值常用以下变换式：

$$\bar{x}_i = \frac{x_i - x_{min}}{x_{max} - x_{min}} \tag{8.15}$$

将输入/输出数据变换为[−1,1]间的值常用以下变换式：

$$x_{mid} = \frac{x_{max} + x_{min}}{2}, \quad \bar{x}_i = \frac{x_i - x_{mid}}{\frac{1}{2}(x_{max} - x_{min})} \tag{8.16}$$

式中：x_{mid} 为数据变化范围的中间值，按上述方法变换后，处于中间值的原始数据转换为 0，而最大值和最小值分别转换为 1 和 −1。当输入或输出向量中的某个分量值过于密集时，对其进行上述处理后可将数据点拉开距离。

2. 训练样本数据准备

训练样本数据选择的科学性及数据表示的合理性，对网络设计具有极为重要的影响。样本数据的准备工作是网络设计与训练的基础。一般来说，网络的训练数据要考虑的首要问题是输入数据的选取及其预处理。输入网络的数据常常都无法直接获得，而是需要从原始数据中提取反映其特征的参数作为网络输入。如果网络输入是数值变量，那么输入变量变化的幅度不能很大。

另外，训练数据样本应该达到一定的遍历性和致密性。神经网络是靠已有的丰富经验来训练的，而且数据样本越全面、越致密，训练网络的性能就越好。训练数据样本是由一个个训练样本对组成的，一个训练样本对是一组输入-输出数据。训练数据集中必须包括全部模式，否则会影响网络的泛化能力。关于样本数量，一般来说训练样本数越多，越能正确反映其训练结果内在规律，但样本的收集整理往往受到客观条件的限制。当样本数多到一定程度时，网络的精度也很难再提高，因此应合理选择样本数。

3. 初始权值的设计

网络权值的初始化决定了网络训练从误差曲面的哪一点开始，因此初始化方法对缩短网络的训练时间至关重要。神经元的激励函数都是关于零点对称的,如果每个节点的净输入均在零点附近,则其输出不仅远离激励函数的两个饱和区,而且是其变化最灵敏的区域,必然使网络的学习速度较快。为了使各节点的初始净输入在零点附近,有两种方法可以采用:一种是使初始权值足够小;另一种是使初始值为+1 和-1 的权值数相等。

4. 学习速率的选择

学习速率决定每一次循环训练中所产生的权值的变化量。过大的学习速率可能导致系统的不稳定,但是过小的学习速率将会导致训练时间较长、收敛速度很慢,但是能够保证网络的误差值不跳出误差表面的低谷而最终趋于最小误差值。因此在一般情况下,倾向于选取较小的学习速率以保证系统的稳定性,学习速率的选取范围一般在 0.01~0.9。

和初始权值的选取过程一样,在一个神经网络的设计中,网络要经过几个不同的学习速率的训练,通过观察每一次训练后的误差平方和的下降速率来判断所选定的学习速率是否合适,如果误差平方和下降得很快,则说明学习速率合适,若出现振荡现象,则说明学习速率过大,对于不同的网络存在的学习速率是不同的。为了减少寻找学习速率的训练次数以及训练时间,比较合适的方法是采用变化的自适应学习速率,使网络的训练在不同阶段自动设置不同学习速率的大小。

5. 网络结构设计

网络的训练样本问题解决以后,网络的输入层节点数和输出层节点数便已确定。因此 BP 网络的结构设计主要是解决隐层及其节点的问题。

1) 隐层数的设计

理论研究证明,多层前馈网最多只需两个隐层。在设计网络结构时,一般先考虑设一个隐层,当一个隐层的隐层节点数很多仍不能改善网络性能时,才考虑再增加一个隐层。

2) 隐层节点数的设计

隐层节点的作用是从样本中提取并存储其内在规律,每个隐层节点有若干个权值,而每个权值都是增强网络映射能力的一个参数。隐层节点数量太少,网络从样本中获取信息的能力就差,不足以概括和体现训练集中的样本规律;隐层节点数量过多,又可能把样本中的噪声数据也学会记牢,从而出现所谓“过度拟和”问题。此外,隐层节点数太多还会增加训练时间。设置多少个隐层节点取决于训练样本数、样本噪声的大小以及样本中蕴含规律的复杂程度。

确定最佳隐层节点的常用方法是试凑法。可先设置较少的节点数训练网络,然后逐渐增加节点数,用同一样本集,然后对结果进行比较并确定最佳的隐层节点

数,这里可用一些经验公式来确定隐层节点数

$$m = \sqrt{n+l} + \alpha, \quad m = \lg 2^n, \quad m = \sqrt{nl} \qquad (8.17)$$

式中：m 为隐层节点数；n 为输入层节点数；l 为输出层节点数；α 为 $1 \sim 10$ 内的常数。也可先设置较多的隐层节点数,然后逐渐减小。

事实上,影响隐层节点数的因素包括训练样本的大小、噪声量的大小,以及有待网络学习的输入/输出函数关系的复杂程度等很多方面。在实际操作中,一般的做法是通过对不同神经元数进行训练对比,然后适当加上一点余量。在设计输入层和输出层时,应尽可能地减少系统的规模,使系统的学习时间和复杂性减少。

6. 网络的修剪

训练网络即使只有一个输出层节点,随着输入单元的增多,网络各层节点之间的连接数也将成倍增长,造成相应的提取规则成指数增长,给规则提取造成很大困难。为此,很有必要对网络进行修剪。网络修剪的目标是在保证网络分类的准确率基本不变或变化很小的前提下,删除多余的连接和节点,构造出一个连接和节点数相对较小的网络,以利于提取简明可理解的规则。

神经网络修剪算法可采用递减的探测算法,该修剪算法从一个很大的网格结构开始,在训练过程中,根据特定问题的需要,逐渐修剪网络的结构,直到找到能解决问题的网络结构为止。递减的探测算法常常以其权值的大小为依据,来判断连接和节点是否重要,去掉小于给定阈值的连接。该算法容易理解、编程简单,但存在连接权阈值难以给定的问题,并且不一定能找到最优的神经网络。递减的探测算法最简单的实现就是从最大的连接权阈值开始,通过反复迭代,逐渐减小连接权的阈值,删除神经网络中小于连接权阈值的连接权和没有任何连接的神经元,直到神经网络的分类准确率小于某个预先指定的阈值为止。

7. 网络训练方式的确定

对于一个给定的训练集,反向传播学习可以有两种方式进行,即串行方式和集中方式。反向传播学习的串行方式也称为在线方式、随机方式。在这种运行方式里在每个训练样本呈现之后进行权值更新,而在反向传播学习的集中方式中,权值更新要在组成一个回合的所有例子呈现后才进行。从在线运行的观点看,训练的串行方式比集中方式要好,因为对每一个突触权值来说需要有更少的局部存储。而且,以随机方式给定网络的训练模式,利用一个模式接一个模式的方法更新权值,使得权值空间的搜索自然具有随机性,这使得方向传播算法陷入局部最小的可能性降低了。但是,串行方式的随机性质使得要得到的算法收敛的理论条件变得困难了。比较而言,训练集中方式的使用为梯度向量提供了一个精确的估计,收敛到局部最小只要简单的条件就可以保证。

8. 网络训练与测试评估

泛化能力是衡量神经网络性能好坏的重要标志。所谓泛化能力,就是指神经网络对训练样本以外的新样本数据的正确反映能力。一个"过度训练"的神经网络可能会对训练样本集达到较高的匹配效果,但对于一个新的输入样本向量却可能产生与目标向量差别较大的输出,即神经网络不具有或具有较差的泛化能力。

学习过程(即神经网络的训练)可以看成是一个"曲线拟合"的问题。网络本身可以被简单地认为是一个非线性输入-输出映射。这个观点允许我们不再把神经网络的泛化看成是它的一个神秘的特性,而是作为相当简单的关于输入数据非线性插值的结果。

网络设计完成后,要运用样本集进行训练。对泛化能力的测试不能用训练集的数据进行,而要用训练集以外的测试数据来进行检测。一般的做法是,将训练集的样本随机的分成两部分:一部分作为训练集;另一部分作为测试集。

8.3.3　基于神经网络的主元分析法

1. 主元分析(PCA)方法

1) 主元分析法

主元分析法(principal components analysis,PCA)的中心思想是减少包含着大量相关变量的数据集的维数,同时尽可能训练数据集中的变量。多重回归鉴别分析应用变量选择程序来减少维数,但可导致一个或更多变量的丢失。而 PCA 方法用所有的原始变量去获得一个新变量的小集合,这样新变量就可以近似为原始变量。原始变量的相关程度越大,所需的新变量个数越小。这些主元都是不相关的、有序的,所以用几个主元便能训练存在于原始数据集合中的大多数变量。

主元分析所关心的问题是通过一组变量的几个线性组合来解释这组变量的方差—协方差结构。它的一般目的是:①数据的压缩;②数据的解释。

虽然要求 n 个元素可以再现全系统的变异性,但大部分变异性常常只用少数 $m(m<n)$ 个主元就可说明。出现这种情况时,这 m 个主元中所包含的信息与 n 个原变量所包含的几乎一样多。于是这 m 个主元就可以取代原始的 n 个变量,并且由对 n 个变量的 N 次测量值所组成的原始数据集压缩成对 m 个主元的 N 次测量值所组成的数据集。

主元在代数学上是 n 个随机变量 $X_1,X_2,X_3,\cdots,X_n$ 的一些特殊的线性组合,而在几何上这些线性组合代表选取一个新坐标系,它是以 $X_1,X_2,X_3,\cdots,X_n$ 为坐标轴的原坐标系旋转后得到的。新坐标轴代表数据变异最大的方向,并且提供了对协方差结构的一个简单但更精炼的刻画。主元只依赖于 $X_1,X_2,X_3,\cdots,X_n$ 的

协方差矩阵 $\boldsymbol{\Sigma}$，并不需要多元正态假设。另外，对由多元正态总体导出的主元可用常态密度椭球来表示。

2）主元分析的数学模型

设随机向量 $\boldsymbol{X}' = [X_1, X_2, X_3, \cdots, X_n]$ 有协方差矩阵 $\boldsymbol{\Sigma}$，其特征值 $\lambda_1 \geqslant \lambda_2 \geqslant \lambda_3 \geqslant \cdots \geqslant \lambda_n \geqslant 0$。考虑线性组合

$$\begin{cases} \boldsymbol{Y}_1 = \boldsymbol{a}'_1 \boldsymbol{X} = a_{11}X_1 + a_{21}X_2 + \cdots + a_{n1}X_n \\ \boldsymbol{Y}_2 = \boldsymbol{a}'_2 \boldsymbol{X} = a_{12}X_1 + a_{22}X_2 + \cdots + a_{n2}X_n \\ \cdots \\ \boldsymbol{Y}_m = \boldsymbol{a}'_m \boldsymbol{X} = a_{1m}X_1 + a_{2m}X_2 + \cdots + a_{mm}X_n \end{cases}$$

$$\text{var}(\boldsymbol{Y}_i) = \boldsymbol{a}'_i \boldsymbol{\Sigma} \boldsymbol{a}_i \quad (i = 1, 2, \cdots, n)$$

$$\text{cov}(\boldsymbol{Y}_i, \boldsymbol{Y}_m) = \boldsymbol{a}'_i \boldsymbol{\Sigma} \boldsymbol{a}'_m \quad (i, m = 1, 2, \cdots, n)$$

主元即为不相关的线性组合 $\boldsymbol{Y}_1, \boldsymbol{Y}_2, \boldsymbol{Y}_3, \cdots, \boldsymbol{Y}_m$。

第一主元是最大方差的线性组合，也即使 $\text{var}(\boldsymbol{Y}_1) = \boldsymbol{a}'_1 \boldsymbol{\Sigma} \boldsymbol{a}_1$ 最大化。显然，$\text{var}(\boldsymbol{Y}_1) = \boldsymbol{a}'_1 \boldsymbol{\Sigma} \boldsymbol{a}_1$ 会因为任何 a_1 乘以某个常数而增大。为了消除这种不确定性，只关注有单位长度的系数向量。因此定义：

第一主元＝线性组合 $\boldsymbol{a}'_1 \boldsymbol{X}$，在 $\boldsymbol{a}'_1 \boldsymbol{a}_1 = 1$ 时，它使 $\text{var}(\boldsymbol{a}'_1 \boldsymbol{X})$ 最大。

第二主元＝线性组合 $\boldsymbol{a}'_2 \boldsymbol{X}$，在 $\boldsymbol{a}'_2 \boldsymbol{a}_2 = 1$ 和 $\text{cov}(\boldsymbol{a}'_2 \boldsymbol{X}, \boldsymbol{a}'_m \boldsymbol{X}) = 0$（$m < 2$）时，它使 $\text{var}(\boldsymbol{a}'_2 \boldsymbol{X})$ 最大。

……

第 i 主元＝线性组合 $\boldsymbol{a}'_i \boldsymbol{X}$，在 $\boldsymbol{a}'_i \boldsymbol{a}_i = 1$ 和 $\text{cov}(\boldsymbol{a}'_1 \boldsymbol{X}, \boldsymbol{a}'_i \boldsymbol{X}) = 0$ 时，它使 $\text{var}(\boldsymbol{a}'_i \boldsymbol{X})$ 最大。

结论：设 $\boldsymbol{\Sigma}$ 是随机向量 $\boldsymbol{X}' = [X_1, X_2, X_3, \cdots, X_n]$ 的协方差矩阵。它有特征值-特征向量对 $(\lambda_1, \boldsymbol{e}_1), (\lambda_2, \boldsymbol{e}_2), \cdots, (\lambda_n, \boldsymbol{e}_n)$，其中 $\lambda_1 \geqslant \lambda_2 \geqslant \lambda_3 \geqslant \cdots \geqslant \lambda_n \geqslant 0$，则第 i 个主元由 $\boldsymbol{Y}_i = \boldsymbol{e}'_i \boldsymbol{X} = e_{i1}X_1 + e_{i2}X_2 + \cdots + a_{in}X_n \quad (i = 1, 2, \cdots, m)$ 给出。

此时，

$$\text{var}(\boldsymbol{Y}_i) = \boldsymbol{e}'_i \boldsymbol{\Sigma} \boldsymbol{e}_i \quad (i = 1, 2, \cdots, m)$$

$$\text{cov}(\boldsymbol{Y}_i, \boldsymbol{Y}_m) = \boldsymbol{e}'_i \boldsymbol{\Sigma} \boldsymbol{e}_m \quad (i \neq m)$$

如果某些 λ_i 相等，则对应的系数向量 $\boldsymbol{e}_i$ 的选取以及 $\boldsymbol{Y}_i$ 的选取都是不唯一的。

3）PCA 算法步骤

（1）数据标准化。

设有一样本集，含有 m 个变量，n 个样本，t 个连续目标量。样本集用自变量矩阵 $\boldsymbol{X}(n \times m)$ 和目标矩阵 $\boldsymbol{Y}(n \times t)$ 表示。

标准化后的自变量为

$$X_{ij} = \frac{X_{ij} - M_j}{S_j}$$

式中：X_{ij} 为等号左边的 X_{ij} 是经标准化的第 i 个样本的第 j 个变量的数据，等号右边 X_{ij} 是原始变量；M_j、S_j 分别为第 j 个变量的算术平均值和标准（偏）差。其中

$$M_j = \frac{1}{n} \sum_i^n X_{ij}$$

为第 j 个变量的算数平均值；

$$S_j = \sqrt{\frac{1}{n-1} \sum_i^n (X_{ij} - M_j)^2}$$

为第 j 个变量的标准差。

（2）求自变量矩阵的协方差矩阵 $\boldsymbol{D}$。

$$\boldsymbol{D} = \boldsymbol{X}^{\mathrm{T}} \boldsymbol{X}$$

（3）求协方差矩阵的特征值和特征向量。

$$\boldsymbol{DP} = \boldsymbol{P\Lambda}$$

式中：$\boldsymbol{P}$ 为特征向量；$\boldsymbol{\Lambda}$ 为特征值。

（4）计算变量的主元贡献率。

（5）计算训练样本的主元得分。

$$\boldsymbol{T} = \boldsymbol{XP}$$

由此可见，主元分析流程如图 8.9 所示。

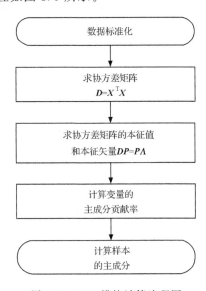

图 8.9　PCA 模块计算流程图

2. 基于神经网络的主元(PCACC)分析方法

1) 数据分布识别方法

在复杂系统中,对输出数据的分布识别的分析有着重要的理论价值和实际意义。传统的基于统计分析的分布识别的基本方法如下:

(1) 对数据进行参数估计,一般使用最大似然估计方法。

(2) 根据数据绘制直方图、概率图,对分布形式进行人为的判断。

(3) 对所判断的分布形式进行假设检验,通常采用 χ^2 检验和 K-S 检验。

这些方法的缺点如下:

(1) 根据直方图、概率图的形状进行人为判断,有很大的随机性和不确定性,受区间选择的影响很大,不同的区间,直方图的形状和平滑程度差异明显。

(2) χ^2 检验,虽然是一种古老的假设检验方法,但是它的最大缺点是区间选择问题。此外,它的有效性和效率直接受样本量的影响。

(3) K-S 检验,虽然克服了 χ^2 检验的区间选择问题,但是它的应用范围比 χ^2 检验更有限,而且极为严格,仅能处理连续分布,且要求假设分布的参数已知。目前仅适应于四类问题。

(4) 在实际使用中非常繁杂,不易应用。正是由于这些缺点,使数据分布识别长期以来一直没有很好解决。

2) 基于 PCANN 数据分布识别流程

当复杂系统的数据维数较高时,对实验数据的分析处理会变得很复杂,需要采用数据降维技术来进行分析和处理。针对复杂系统数据的特点以及主元分析和神经网络技术的优缺点,采用一种基于主元分析的人工神经网络模型(PCANN)。PCANN 模型减少神经网络的输入节点数,同时保留专业知识提出的特征指标信息,从而提高神经网络数据处理过程的效率,并将其用于复杂系统数据处理过程中。PCA 能够有效地解决多变量、高耦合过程数据冗余问题,而人工神经网络算法则很好地逼近了过程中的非线性映射关系。

基于 PCANN 数据分布识别流程如图 8.10 所示。

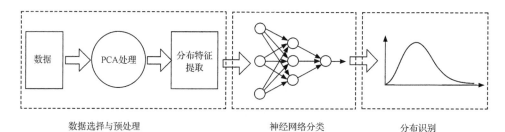

图 8.10　PCANN 数据分布识别流程

其中,数据选择和预处理包括:①数据获取;②数据的 PCA 处理;③数据特征提取。神经网络分类:训练后神经网络用来对数据进行分布识别。

数据 PCA 处理方法不再赘述,特征提取按如下公式进行计算:

$$I_i = \exp\left\{ C\,\frac{1}{N}\sum_{k=1}^{N}\left[G(x_k) - F_i(x_k,\beta^*)\right]^2 \right\} \qquad (i = 1,2,\cdots,L) \quad (8.18)$$

式中:$G(x_k)$ 为经验分布 CDF(设输出数据描述为经验分布);$F_i(x_k,\beta^*)$ 为对应的理论分布 CDF,其参数为 M 维向量 β;L 为标准分布族个数。确定 β 最优解 β^* 按下式进行:

$$J = \min_{\beta}\left\{ \frac{1}{N}\sum_{k=1}^{N}\left[G(x_k) - F(x_k,\beta)\right]^2 \right\} \qquad (8.19)$$

考虑有代表性的分布族,取以下九种分布,分别为:①均匀分布族;②高斯分布族;③三角分布族;④伽马分布族;⑤韦伯分布族;⑥贝塔分布族;⑦二项分布族;⑧几何分布族;⑨泊松分布族。

3) 数据识别 PCANN 模型

设数据维数为 M 维,经 PCA 处理后维数为 N 维($M > N$),分布族为 L 类,则基于 PCANN 的仿真数据分布识别模型如图 8.11 所示。

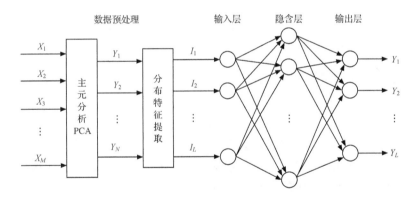

图 8.11 基于 PCANN 的数据分布识别模型

图 8.11 中,神经网络采用三层 BP 网络,I_i 为分布特征量,Y_i 为分布识别输出,$Y_i = 1$ 时 $Y_j = 0(i \neq j, i = 1,2,\cdots,L)$,$L$ 为分布族类数。神经网络隐层神经元数目的选择按本书前面提到的方法和原则进行。神经网络权值修正算法采用了变步长、变学习因子、消除局部极小值等措施。

4) 训练集选取和仿真结果

神经网络训练集从分布已知的各种典型仿真输出数据中抽取的特征量中选取。表 8.5 给出了一组典型特征量组成的训练集。

表 8.5　一组典型特征量组成的训练集

特征量	分布类型								
	均匀分布	高斯分布	三角分布	伽马分布	韦伯分布	贝塔分布	二项分布	几何分布	泊松分布
I_1	0.9465	0.2067	0.4187	0.0570	0.0570	0.2465	0.0000	0.0000	0.0000
I_2	0.8857	0.9373	0.8400	0.7415	0.7145	0.7857	0.0000	0.0000	0.0000
I_3	0.8104	0.8515	0.9408	0.6683	0.6683	0.7104	0.0000	0.0000	0.0000
I_4	0.6303	0.0000	0.7595	0.9512	0.5512	0.3303	0.0000	0.0000	0.0000
I_5	0.2934	0.0000	0.0000	0.5580	0.9580	0.2934	0.0000	0.0000	0.0000
I_6	0.5299	0.0000	0.0000	0.0000	0.0000	0.9229	0.0000	0.0000	0.0000
I_7	0.0000	0.0000	0.0000	0.0000	0.0000	0.0000	0.9645	0.3463	0.3346
I_8	0.0000	0.0000	0.0000	0.0000	0.0000	0.0000	0.5854	0.9185	0.4885
I_9	0.0000	0.0000	0.0000	0.0000	0.0000	0.0000	0.2934	0.2934	0.9234

　　仿真结果表明,使用 PCANN 仿真输出数据分布识别系统,能有效地降低所分析数据的维数,克服了传统方法的局限性,识别结果具有较高的可靠性,为复杂仿真系统的数据处理和分析提供了一种新的分析方法。

8.3.4　基于神经网络的数据层次分析(AHP)法

1. 复杂系统分层结构

　　在复杂仿真系统中,存在许多子系统的节点。如在一种型号的防空导弹仿真模拟器中,有导弹、制导雷达、导弹发射控制系统等。我们称该防空导弹仿真模拟器为复杂大系统,而将其中的各种节点称之为子系统。

　　对复杂仿真系统的仿真可信性进行评估时,首先要对各子系统的仿真可信性进行评估。在对于系统的仿真可信性进行评估时,首先要考虑的是子系统所在的复杂系统这一环境。子系统在这一复杂系统中具有哪些有用的功能,子系统的模型是如何组成的,这是功能性层次分析法的基础。也就是说,功能层次分析法是建立在模型的结构可分解和在分解时将模型模块功能化这两点之上的。

　　由一组 300 个数据经 PCA 处理后,得到 126 个主元,经过 PCANN 系统识别后认定为伽马分布,如表 8.6 所示。

表 8.6　一组仿真数据识别结果

抽取的特征量	识别输出结果
$I_1 = 0.000\ 000$	$Y(1) = 0.000\ 017$
$I_2 = 0.035\ 023$	$Y(2) = 0.161\ 422$
$I_3 = 0.003\ 074$	$Y(3) = 0.000\ 000$
$I_4 = 0.840\ 210$	$Y(4) = 0.998\ 016$
$I_5 = 0.234\ 202$	$Y(5) = 0.006\ 242$
$I_6 = 0.000\ 000$	$Y(6) = 0.000\ 000$
$I_7 = 0.000\ 000$	$Y(7) = 0.001\ 161$
$I_8 = 0.000\ 000$	$Y(8) = 0.002\ 125$
$I_9 = 0.000\ 000$	$Y(9) = 0.011\ 003$

在层次分析法（AHP）中，一般层次结构如图 8.12 所示。其功能分类不能过于详尽，否则会造成两个方面的问题：一是过多的细分模型相反会带来附加误差；二是增加了许多不必要的工作。分类过于简单则会导致过松失误。分层时应注意同层次元素间相互独立，功能互不交叉。底层模块应具有相对独立的数学模型和仿真结果输出。

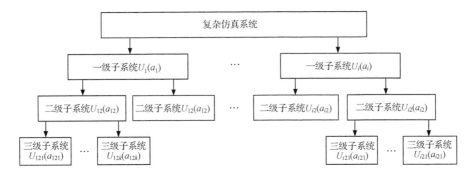

图 8.12　功能性层次分解图

分解时的总层数、每层元素个数取决于具体情况。

2. 复杂系统 AHP 神经网络模型

设复杂仿真系统的第 k 级子系统有 m 个元素，第 $k-1$ 级子系统有 n 个元素。对 k 级仿真子模型，可构建其模糊多级综合评判神经网络如图 8.13 所示。

第一层，输入层，X_i 为第 k 级子系统的输入，其元为 $b_{ij}(i=1,2,\cdots,m;j=1,2,\cdots,5)$ 是第 k 级子系统的模糊评判矩阵的各元素，它构成了输入层的 $m \times 5$ 维输入矩阵。

第二层，分配层，$a_{ki}(i=1,2,\cdots,m)$ 为第 k 级子系统 m 个权系数，训练时赋均值。

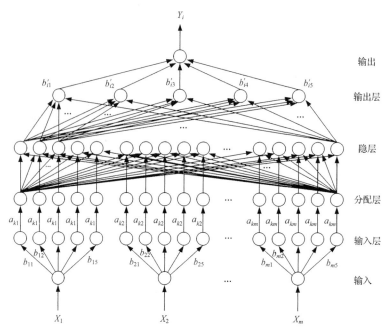

图 8.13　模糊多级综合评判神经网络

第三层,隐层,节点数取为 $5m$ 个。

第四层,节点数取为五个输出层,b'_{ij}($i=1,2,\cdots,n;j=1,2,\cdots,5$)为第 k 级子系统的输出 Y_i。

该模型用于对复杂系统数据可信度的 APHNN 综合评判。其评判方法和过程类似于 AHP 综合评判,这里不再赘述。

8.4　数据寻优与几种新算法

8.4.1　最优化问题集求解方法

凡是追求最优目标(包括数据寻优、方案选择等)的数学问题都属于最优化问题。经常遇到的最优化问题是线性规划或非线性规划问题,求解这类问题方法已有多种传统方法,如单纯形法、对偶单纯形法、最速下降法、Newton 法、共轭梯度法、变尺度法、SLP 法、SQP 法、乘子法、SUMT 法、SUMT 内点法、可行方向法、梯度投影法、既约梯度法、复形法、随机试验法等。这些传统方法的主要缺点一方面是要求目标函数可导、连续,而这一条件实际上往往难以满足;另一方面是所获得的解多是局部最优解。为了克服传统优化方法的局限性,人们研究了仿照生物群体进化过程的计算,得到并采用遗传算法、模拟人类具有记忆功能的最优特征,研究并应用了禁忌搜索算法。

8.4.2　遗传算法及其应用

　　遗传算法是从某一随机产生的或特定的初试群体(父体)出发,按照一定的操作规则,如选择、交叉、变异等,不断地迭代计算,并根据每一个体的适应度,保留优良品种,淘汰次品,引导搜索过程向最优解逼近。因此,它是一种概率性的自适应迭代寻优过程。这里,适应度相似于自然界中各种生物对环境的适应能力的大小,体现了适应者生存、不适应者灭亡的自然选择规律。适应度可用函数来描述,它实际上就是前述优化问题的目标函数;遗传算法的最基本操作是遗传算子,其基本遗传算子有选择算子、交叉算子和变异算子。除此之外,还有反转操作、变长度染色体遗传算子、混合遗传算子等。

　　目前,遗传算法主要由两种类型,即基本遗传算法和自适应遗传算法。

　　1) 基本遗传算法

　　基本遗传算法步骤如下:

　　(1) 选择合适的编码方案,把变量转换为染色体(字符串)。

　　(2) 选择合适的参数,包括群体大小(所含个体数 M)、交叉概率 P_c 和变异概率 P_m。

　　(3) 确定适应值函数 $f(x)$,一般是求适应值最大,如果求最小则可求 $-f(x)$ 最大,$f(x)$ 应为正值,否则可以加上一个固定常数。

　　(4) 随机生成初试群体(含 M 个个体)。

　　(5) 对每一个染色体(串)计算器适应值 f_i,同时计算群体的总适应值 $F = \sum\limits_{i=1}^{M} f_i$。

　　(6) 选择操作。计算每一个串的选择概率 $P_i = \dfrac{f_i}{F}$,累计概率 $q_i = \sum\limits_{j=1}^{i} P_j$,以赌轮法选择出一定数量的串。

　　(7) 交叉操作。

　　① 对每串产生的 $[0,1]$ 间随机数 r,若 $r < P_c$(这里,P_c 被称为交叉概率),则该串参加交叉操作,否则不参加操作,如此选出参加交叉的一组后,随机配对。

　　② 对每一对,产生 $[1,m]$ 间的随机数以确定交叉的位置,然后在该位进行交叉操作。若进行多点交叉操作,则随机选定多个位置进行操作。

　　(8) 变异操作。

　　① 对每一串中的每一位产生 $[0,1]$ 间的随机数 r,若 $r < P_m$(这里,P_m 被称为变异概率),则该位变异。

　　② 实行变异操作(如二进制编码中,0 便为 1,1 变为 0)。

　　(9) 满足停止条件就终止,否则转到步骤(5)。

　　总之,基本遗传算法可用于求一般参数优化问题的全局最优解。其寻优过程可简单地归并为:①编码;②产生初试群体;③构造适应度函数;④遗传操作(包括选择运算、交叉运算、变异运算)。

2)自适应遗传算法

交叉概率 P_c 和变异概率 P_m 在遗传算法中至关重要。它们的大小控制着新串的产生速度,它们的值越大,群体中新串的产生就越快。另外,它们的值过大将导致算法不易收敛;反之,过小的值容易使算法陷入局部最优解。因此,必须根据算法的进行状态实时地改变二者的值将平衡大小的选择。当群体陷入局部最优解时,增大 P_c 和 P_m 的值;当群体分散在解空间各处时,则适当减小 P_c 和 P_m 的值。比较合理的情况是:适应值高的个体其 P_c 和 P_m 的值较小,而适应值低的个体 P_c 和 P_m 的值较大。对此,在自适应算法中可这样定义 P_c 和 P_m

$$P_c = \lambda_1 \frac{f_{\max} - f'}{f_{\max} - \overline{f}} \quad f' \geqslant \overline{f}$$

$$P_c = \lambda_2 \qquad\qquad f' < \overline{f}$$

$$P_m = \lambda_3 \frac{f_{\max} - f}{f_{\max} - \overline{f}} \quad f \geqslant \overline{f}$$

$$P_m = \lambda_4 \qquad\qquad f < \overline{f}$$

式中: $0 < \lambda_1, \lambda_2, \lambda_3, \lambda_4 \leqslant 1$; $f_{\max}$ 为群体的最大适应值; $\overline{f}$ 为群体的平均适应值; f' 为交叉中适应值较大的个体适应值; f 为变异个体的适应值。于是交叉概率和变异概率随着个体的适应值的改变而改变。

遗传算法作为一种生物进化优化方法,在实际中应用越来越广泛,其主要应用领域为:神经网络优化(包括连接权值优化、结构优化等),模糊系统优化,聚类分析(如由于 C 均值聚类算法),时间序列分析,模式识别、图像恢复,知识获取、智能控制及组合优化等。

8.4.3　禁忌操作算法

禁忌搜索(tabu search 或 taboo search,TS)算法是一种全局性领域搜索算法,属于确定性的迭代优化算法,又是人工智能的一种体现。它最重要的思想是记住以往已搜索过的局部最优解,并在进一步迭代搜索中尽量避开这些局部最优解,进而使得搜索途径多样化,以此跳出局部最优解,转向全局最优解。

禁忌搜索算法是一种有多种策略组成的混合启发式算法,一般有下述若干要素和准则(策略)构成:①临域移动;②禁忌表;③选择策略;④破禁策略;⑤禁忌频数;⑥终止规则等。

禁忌搜索算法的流程如图 8.14 所示。

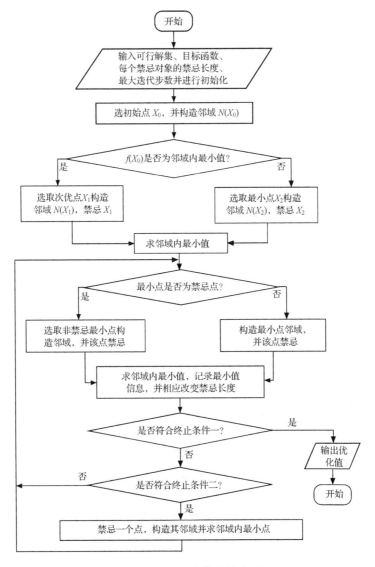

图 8.14   禁忌搜索算法的流程

8.5   多传感器信息融合技术

8.5.1   引言

当今世界已逐渐进入信息时代,信息已成为社会组织的血液,尤其对于现代导航、制导与测控技术及系统发展有极其重要的主导作用。为了获得准确、可靠和有用的信息,现代传感器特别是多传感器技术的应用占有突出的地位。

多传感器应用和实现它们的信息融合是人类参照自身和动物借助多个感官(视觉、触觉、听觉、味觉等)赖以提高生存能力的必然结果。

8.5.2　多传感器数据融合方法综述

至今,多传感器数据融合方法已不在少数,但从本质上讲,有三种基本方法:①直接进行传感器数据融合,简称直接融合方法;②进行表示传感器数据的特征向量融合,或称基于信息论融合方法;③决策层融合方法,即对每个传感器数据进行处理,获得高层推论或决策,再进行决策级融合。

直接融合用于多传感器数据匹配的情况下,常采用经典估计方法,如卡尔曼滤波等。特征向量融合或决策层融合用于传感器数据不匹配的场合。前者首先在于传感器数据典型特征的提取,其次是利用神经网络方法、聚类算法或模板方法等模式识别方法进行识别;后者需要在每个传感器初步确定一个实体的位置、属性、身份后,再进行这些信息的融合,通常采用表决法、经典推理法、贝叶斯推理法和 D-S 方法。

从技术上看,多传感器数据融合方法,还可以大致归类为:贝叶斯方法、证据组合法、基于信息论方法及基于人工智能方法等。

1) 贝叶斯方法

最早的多传感器数据融合方法基于贝叶斯理论,被称为贝叶斯方法。贝叶斯方法曾是历史上最佳的多数据融合方法,主要用于目标跟踪。由于它存在难以给出精确可信度表示而逐渐出现了其他融合方法。

作为贝叶斯方法的最主要特征在于,先验分布、似然函数、后验分布都是该方法的基本要素。所谓先验分布就是对目标运动特征描述的先验概率分布,它通常根据目标运动的随机过程来确定;似然函数用来描述传感器量测、观测或有效观测中的信息;后验分布为贝叶斯跟踪器的输出,是基于(联合)目标状态的后验概率分布。该 t 时刻的后验分布通过组合 t 时刻的目标运动的先验和该时刻的观测的似然函数,利用贝叶斯定理计算得到。

贝叶斯方法用于目标跟踪时,一般分两种情况,即单目标跟踪和多目标跟踪,它们都有较成熟的批处理和递推算法,这里不再赘述。

2) 证据组合方法

在多数据融合研究中,普遍认为采用概率方法进行证据积累是合适的,但事实上概率论往往不适合复杂问题应用,且解决结果会有较大争议。由此而产生了一些证据组合方法,其中较成熟的是可能性理论(或模糊逻辑方法)和证据理论(D-S)方法。

模糊逻辑方法以模糊集理论为基础,模糊集理论对于数据融合的实际价值在于它外延到模糊逻辑。模糊逻辑方法多用于指挥控制系统的多数据融合场合。模糊逻辑是一种多值逻辑,因此多传感器融合过程中存在的不确定性可以直接用模糊逻辑表示,然后使用多值逻辑推理,根据各种模糊演算对各传感器提供的数据进行合并,从而实现数据融合。通常,模糊逻辑的建立是通过模糊概率来实现的。

　　证据理论方法是一种贝叶斯推理扩充 D-S 的推理技术。为了保证精确的可信度,D-S 方法一般有自上而下的三级推理结构,即合成、推断和更新。合成是把来自多传感器的报告合成一个总输出(ID);推断是获取各独立传感器报告,并进行推断,将传感器报告扩展成目标报告;更新就是在推断和合成前组合传感器级的信息。多传感器数据融合的 D-S 推理过程如图 8.15 所示。证据理论方法是一种成熟的多传感器数据融合方法,已在目标识别、军事指挥和控制中得到广泛应用。

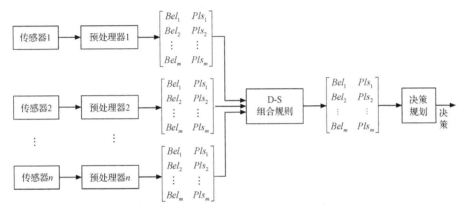

图 8.15　多传感器数据融合中的 D-S 推理过程

3) 基于信息论方法

　　为了对事物(如目标)进行标识和分类,在多数据融合中常依赖观测参数与事实身份之间的映射关系,我们把这类方法称为基于信息论方法。基于信息论的方法越来越多,但主要包括模板法、聚类分析法、自适应神经网络法、表决法和熵法等。聚类分析法是用于目标识别和分类的最主要方法之一,也有各种算法,算法过程大体类似,其步骤为:①从观测数据中选择样本数据;②定义表征样本中实体的特征变量集合;③计算数据的相似性,并划分数据集;④检验被划分类的实用性,并合并相似子集;⑤反复将产生的子集加以划分,并将划分结果按④检验,直至再无细分结果。

　　自适应神经网络法是一种基于神经网络理论的较新数据融合方法,在性能上优于传统的聚类分析方法,尤其是当输入数据带有噪声或数据不充分时。它多用于指挥与控制系统。近年来在先进武器装备的应用也越来越多。

　　表决法以技术相当简单而见长,对实时融合很有吸引力。它主要用于没有准确先验统计数据的场合下。

4）基于人工智能方法

基于人工智能方法主要体现在人工智能（AI）技术对于多传感器数据融合（MSF）各层次功能的增强作用。通常,用于军事领域的多传感器数据融合为三个层次,即位置/身份估计、态势评定和威胁评估。在第一层位置和身份估计中,主要是处理各种数值数据,选用适合的估计方法。位置估计和身份估计一般以最优化估计技术和参数匹配技术为基础,包括使用卡尔曼滤波、多数表决法、贝叶斯方法和 D-S 方法等。为了增强此层次功能可采用专家系统（ES）,以辅助传统的分类方法,进行更有效的身份估计。当然,ES 方法还可以进一步用于将分类过程与位置估计过程的最优耦合方面。在第二层态势评定中,AI 技术一是可提供实现或支援模式匹配（或样板匹配）,从而把战场实体和事件与作战命令或任务更紧密地联系在一起;二是提供解释各种性能模型结果的智能辅助方法;三是可提供辅助决策和支援包括整个态势评定过程的各个功能的性能等。在第三层威胁评估中,AI 技术的应用潜力更大,如使用多个相互协作的 ES,进行多领域信息综合、使用学习系统自适应态势瞬息万变、采用先进的数据库管理技术支援该系统推理过程等。

8.5.3　通用数据融合模型建立及应用

从一般意义上讲,数据融合是一个数据或信息综合过程,它采用以估计或预测实物的状态:身份、属性、行为、位置,以及过去、现在或将来的运动。

如上所述,为了进行多传感器数据融合,可以根据所赋予的融合目的采用不同的融合方法,从而产生相应的数据融合模型,这样的重复过程显然是太低效了,同时也未必能够获得综合效益（性能、功能、经济等）最佳的模型。为此,建立通用数据融合模型既是重要的也是必需的。不少国家机构和许多学者为之付出了巨大努力。例如,美军实验室理事联合会于 1985 年提出并在 1988 年修改的 JDL 数据融合模型;Bedworth 和 O'Brithy 给出了一个混合的 Omnibus 处理模型。所有这些模型的研究和研制,都产生了促进数据融合系统研究、开发、测试和操作的良好效果。

1. JDL 数据融合模型与修正 JDL 数据融合处理模型

JDL 数据融合模型简称 JDL 模型,是一个区别于其他模型的功能模型和分层处理模型。它的重要性在于横跨多个应用领域,确定了适用于数据融合过程、功能、技术、种类和特定技术,包含了任意数据融合系统的功能定义,并用于对数据融合的功能划分,在所有这类方法中它的应用最为广泛。JDL 模型的简化结构如图 8.16(a)所示。图 8.16(b)为修正 JDL 模型。

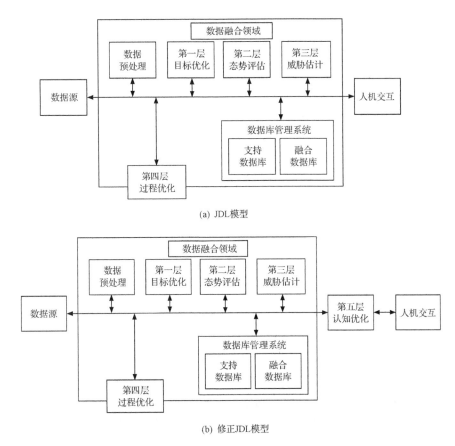

(a) JDL模型

(b) 修正JDL模型

图 8.16　JDL 模型与修正 JDL 模型的简化图

值得指出的是：①实际的数据融合处理过程远不止图 8.16 中描述的这般简单。表 8.7 给出了该模型稍详细的处理和功能概述。除此之外，它还包括了第一到三、四层的交互处理。②数据融合系统从检测到决策的整个效应会受到人机接口效能的严重影响。因此，人机接口领域也是数据融合需要研究的重要对象。事实上，可视化环境、特殊显示器、人机接口工具箱，以及三维完全沉浸式虚拟现实系统 NESA、CAVE™、触觉接口、可穿戴电脑、显示头盔的出现，就是不断改善人机接口效能的结果。③修正模型［见图 8.16(b)］中增添的第五层认知优化，实质上是通过基于认识的接口来明显增强人机接口处理功能，其新的算法和功能包括：有意识的交感、时间压缩/扩张、否定性推理加强、注意力的集中/分散、模式变换方法、认知辅助方法、不确定性表示等。

表 8.7　JDL 模型的处理和功能概述

处理部分	描述	功能
信息源	可以进入数据融合系统的本地和远程传感器数据;来自相关系统和人工输入的信息	本地和分布式传感器外部数据源;人工输入
人机接口	提供人与数据融合系统的接口	图形显示;自然语言处理
数据源预处理	从单个传感器数据中提取信息,改善信号的噪声,为后续的数据融合准备数据	信号和图像处理;规范化;特征提取和数据建模
第一级处理:目标优化	信息的关联、相关和组合,实现对目标(如坦克、飞机、导弹)的探测、特征提取、定位、跟踪、识别	数据配准;关联;位置、运动、特征估计;目标身份估计
第二级处理:态势评估	描述目标和事件在其相关环境中的当前关系	目标聚集;事件和行为解释;基于环境的推理
第三级处理:威胁估计	根据当前的态势推断将来的态势,从而推断出敌方威胁、我方和敌方弱点以及作战机遇	聚集力量估计;意图预报;多视图分析;实时推理
第四级处理:过程优化	使当前数据融合处理最优化的后期处理(例如,改善推论的精度,综合利用通信和计算机资源)	性能评估;过程控制;信息源需求确定;任务管理
数据管理	提供动态数据的存取和管理,包括传感器数据、目标状态向量、环境信息、理论和物理模型	数据存储和读取;数据挖掘;存档;压缩;关系查询和更新

2. Omnibus 处理模型

　　Bedworthy 和 O'Brien 在对数据融合相关模型(如瀑布模型、JDL 模型、Boyd 控制环、情报环等)进行比较的基础上,提出了一个混合的"Omnibus"处理模型,如图 8.17 所示。这是对数据融合模型进行综合的大胆尝试,但必须指出的是,一个信息系统与其环境的相互作用,绝不是像图 8.17 中描述的单一循环过程,而实际中识别-决策-行动-观测(OODA)模型处理通常是层次化的,且是递归的,在几个层次上都有分析/决策回路,以便支持探测、估计、评估和响应决策。

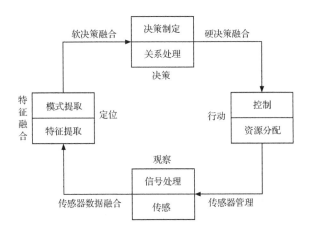

图 8.17 "Omnibus"处理模型

3. 应用实例

JDL 模型是一个两层的层次化模型,它确定了实现初级数据融合功能的融合过程、处理功能和处理技术,并在应用中不断发展。基于 JDL 模型,所开发的美国国防领域也有 79 个具体数据融合系统,包括美国陆军、海军、空军、海军陆战队及三军联合的,应用相当广泛,同时显示出美军当前的数据融合实力。

8.6 自动目标识别数据融合技术及应用

自动目标识别(ATR)和多目标跟踪是现代高科技战争和武器装备发展的重要需求和核心技术之一,也是多传感器数据融合及滤波技术所要解决的最主要问题之一。

自动目标识别对战场监视、战场搜索、图像情报、信号情报、动目标显示等是必不可少的,同时面临着自然条件变化、信息对抗(特别是电子对抗)环境日益严峻的挑战。纵观自动目标识别的发展历史,其方法与技术不断发展,包括在时域和频域内利用目标回波信息处理识别方法、波形综合识别方法、极化域识别方法和红外识别方法等。近年来,多传感器数据融合已逐渐成为自动目标识别的热门技术,并作为大型军事仿真系统研究的主要课题之一。

多目标跟踪任务是相当复杂而困难的,因为就大多数解决方法而言,其难度与跟踪目标数量 n 的平方成正比。显然,$O(n^2)$ 这种组合"爆炸"是解决多目标跟踪的首要障碍,并应为之付出长期努力和巨大代价。

多年来,人们尝试了许多方法来设计与实现性能优于 $O(n^2)$ 的多目标算法。事实上,若能利用全部信息来解决该问题,恐怕需要指数级的努力,即使如此,多目标跟踪仍然是一项需要耗费大量机时的复杂任务。在解决这个复杂任务中,卡尔曼滤波技术和航迹相关算法(或数据关联算法)给数据融合,尤其是多目标跟踪带来了极大影响。卡尔曼滤波曾成为 20 世纪 60 年代以后解决单、多目标跟踪的标准方法,而数据关联算法在大部分实际环境中性能优于 $O(n^2)$。

8.6.1　原理及流程

利用多传感器数据融合技术实现 ATR 的关键是利用图像数据融合(imagery fusion)来改善单个图像传感器的成像和自动检测/分类性能。原因是广泛使用多传感器(如红外、毫米波、光学雷达传感器等)可增加光谱的多样性和目标特征维数等,从而在可接受的虚警率下获得较高的正确检测/识别概率。同时,对来自不同传感器的配准数据进行综合可以提高复合图像的空间和光谱分辨率,以增强用于 ATR 的复杂图像。

从技术角度讲,图像数据融合是对二维或三维图像完全或部分填充的数据进行关联和综合。其基本流程可比做上述 JDL 数据融合模型的子模块(见图 8.18)。

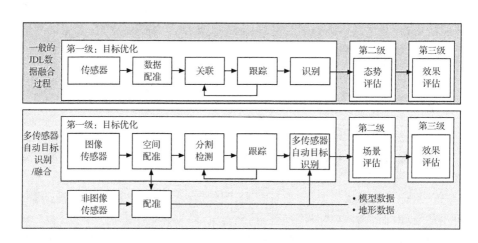

图 8.18　多传感器数据融合的基本流程

8.6.2　层次与方法

通常,ART 数据融合分为三个层次,即像素层、特征层和决策层。像素层位于底层,该层融合将通过来自各层已配准图像的空间数据和光谱数据,基于所有的传感器的信息做出检测判断(主要判断目标存在与否)。这里,配准包括对图像或空间数据集中的物理项进行空间和时间配准。配准中,可利用传统的内部图像-图像相关技术或利用外部技术。利用外部技术时,必须依据成像先验知识或传感器信息,对二维或三维空间的每个像素的真实位置进行精确建模和估计。特征层融合位于中间层,主要是对单个传感器获得的目标特征进行融合。融合中,可采用模型匹配法和自适应模型匹配法。决策层融合也称检测后融合,主要用来融合各个独立传感器的检测/分类决策。通常,可采用硬决策方法(如布尔代数、加权求和评价、M/N 表决等)和软决策方法(如贝叶斯推理、D-S 方法、模糊综合评判等)。上述三种融合的内部过程分别如图 8.19(a)~(c)所示。

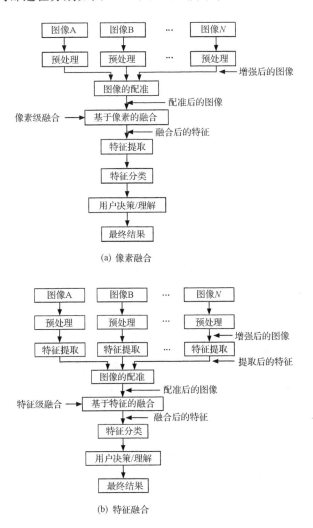

(a) 像素融合

(b) 特征融合

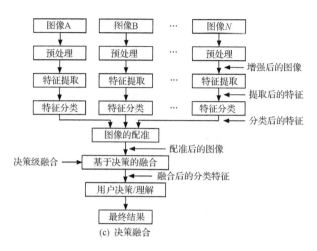

图 8.19　多传感器 ATR 数据融合的各层次融合过程

　　除此之外,还出现了一种"多层融合"。它在比决策融合更高层次上引出了所谓的"场景层"。这种方法使用低分辨率传感器进行目标检测,然后导引高分辨率传感器完成搜索——确认行为。例如,使用红外探测进行引导,并用最邻近神经网络分类器对高分辨率激光雷达数据进行分析。

　　值得强调指出的是,在 ATR 数据融合的所有层次上均可使用神经网络体系结构,如通过紫外光、可见光和毫米波的像素神经网络融合可获得很好的像素层处理结果(分辨率可达 99% 以上)。另外,毫米波和红外传感器决策融合是精确制导武器的首选方案。实践证明,效果很好,因此在 ATR 数据融合中占有十分重要的地位。

8.6.3　应用实例

　　目前,国外已研制和开发出用于实装或实战的大量多传感器信息融合系统,如美国的 F/AATD、TACA、VIDS、DAGR、CPELINT、PART、IADT、AMSVI、NCCS(A)、TRWDS、PICES、ENSCE、ACDS、ASAS、MMFP、STEFIRD、IFFN、LADMIFS、PATRIOT、OSIS、P-3UPDATEIV、ER-AEDF、ESMT、FMD-BD、LF-BSF、TEDTE、TARA、C^3CM、PENDRGON、MASS、SES、AIFSARA、AFS、ACHILLES、FTSPECS、TAS、ACOUIRE、KBSS、ICOM、ESAU、KWB、IPS、NECTAR、TICKER、PATTI、IMA、DACORRI、ASSET、BETA、LOCE、LENSCE、EXPRS、ANALYST、TCAC(D)、INCA、AOBAA、IDP、PTAPS、OSIF 等,英国的 IKBB、IFFN 系统等,以及加拿大巡逻护卫舰上的多传感器信息融合系统和 CP-140 反潜巡逻机的多传感器信息融合系统。这些系统基本都包含了多传感器 ATR 数据融合系统。

其中,有一种单舰多传感器多目标数据融合(DMSB)系统(见图 8.20)就被用于为舰载指挥系统提供巡航海域上运动目标的分布及其类型自动识别信息,并可显示海域内的态势。该系统配置有三类传感器与源数据,包括:搜索雷达、警戒雷达、电子侦察仪、通信数据链及统计数据库等。可采用证据理论和模糊综合评判等 ATR 数据融合方法,实时地提供巡航海域内出现的 18 类目标(舰船及其他目标),包括航迹、类别及类型等。

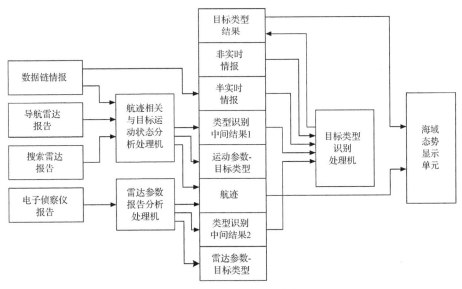

图 8.20　DMSB 体系结构

8.7　数据关联新算法及应用

8.7.1　新算法提出

多传感器观测过程和目标跟踪环境下的不确定性是普遍存在并严重影响多数据融合的大问题。例如,多传感器系统观测误差、跟踪环境先验知识缺乏、真假目标有待判断等,所有这些不确定性因素都将破坏测量点与目标源之间的对应关系,产生多传感器数据关联关系上的模糊性和非相似性。为此,人们对数据关联问题早就进行了一系列研究。数据关联是根据某种准则或方法(如波门技术、相似性方法等)判断那些测量源于同一目标,从而做到快速、有效地数据融合,进而解决多目标跟踪、航迹关联等问题。

数据关联问题一般有三种形式,即"点迹-点迹"、"点迹-航迹"、"航迹-航迹"的数据关联。所采用的数据关联方法主要有"最邻近"方法(NN)、全局最邻近法

（GNN）、概率数据关联法（PDA）、多假设法（MHT）、航迹分裂法（TS）和交互多模型-概率数据关联法（IMM-PDA）等，鉴于它们各有这样或那样的严重缺陷（如 NN 在目标较密集下，关联错误较大；GNN 在目标密集时，计算量急剧增加；PDA 只有在稀疏目标下才有效，而多目标易跟误；IMM-PDA 是在电子对抗环境下跟踪强机动目标的最好算法之一，但也有 PDA 的缺陷；JPAD 虽然是目前公认的在杂波环境中进行多目标跟踪的理想算法之一，但要求知其目标总数并要对矩阵差分，因此计算机开销大，甚至出现计算"爆炸"……），为此，提出了一种改进的 JPDA 算法，称为模糊多门限概率关联算法（fuzzy multi-gate joint probability date association，FMGJPDA）。它与 JPDA 比较其最大优点是计算量小，而适合多目标和交汇较复杂的情况，在实际数据融合中获得了满意的结果。

8.7.2　FMGJPDA 算法特点和流程

　　FMGJPDA 与 JPDA 算法的显著差别在于，关联概率计算中不再进行矩阵差分计算。改进算法的基本思想是从实战出发，认为：①落入目标 t 的关联门内的有效回波 j 都有可能来自目标 t，只是其关联概率不同而已；②在有效回波 j 范围内的目标 t 都有可能和有效回波关联，也只是关联概率不同。于是有

测量 j 与目标 t 的关联概率

$$p_{jt} = \frac{Q_{jt}}{\sum\limits_{j=1}^{J} Q_{jt}} \tag{8.20}$$

目标 t 与测量 j 的关联概率

$$q_{jt} = \frac{Q_{jt}}{\sum\limits_{t=1}^{T} Q_{jt}} \tag{8.21}$$

联合关联概率为

$$\beta_{jt} = 1 - (1 - p_{jt})(1 - q_{jt}) \tag{8.22}$$

式中：Q_{jt} 为第 j 个测量与第 t 个目标关联的权值和，$Q_{jt} = \sum\limits_{j=1}^{S} Fun(k) > M$，$M$ 为关联门限；S 为可能产生权值的种类，如距离、高度、速度、航向和加速度等。

$$Fun(k) = \begin{cases} 16n & k \leqslant g_1 \\ 8n & g_1 \leqslant k \leqslant g_2 \\ 4n & g_2 \leqslant k \leqslant g_3 \\ 2n & g_3 \leqslant k \leqslant g_4 \\ n & g_4 \leqslant k \leqslant g_5 \\ 0 & g_5 \leqslant k \leqslant g_6 \\ -160n & g_7 \leqslant k \end{cases}$$

式中：g_j 为加权因子；n 为系数因子。

Q 为关联矩阵，

$$
Q = \begin{pmatrix} Q_{11} & Q_{21} & \cdots & Q_{1t} \\ Q_{21} & Q_{22} & \cdots & Q_{2t} \\ \vdots & \vdots & & \vdots \\ Q_{j1} & Q_{j2} & \cdots & Q_{jt} \end{pmatrix} \begin{matrix} 1 \\ 2 \\ \vdots \\ j \end{matrix} \quad \text{有效回波}
$$

数据更新可如下描述：

$$
Z_t = \sum_j \beta_{jt} Z_j \tag{8.23}
$$

式中：Z_j 为某一时刻的测量；Z_t 为关联融合后的数据更新。

根据目标运动模型

$$
\begin{cases}
\boldsymbol{X}^t(k+1) = \boldsymbol{F}^t(k)\boldsymbol{X}^t(k) + \boldsymbol{W}^t(k) & (k = 0,1,2,\cdots; t = 1,2,\cdots,T) \\
\boldsymbol{Z}(k) = \boldsymbol{H}(k)\boldsymbol{X}^t(k) + \boldsymbol{V}(k) & (k = 0,1,2,\cdots)
\end{cases}
\tag{8.24}
$$

式中：$\boldsymbol{X}^t(k)$ 为 k 时刻目标 t 的状态向量，其初值 $\boldsymbol{X}^t(0)$ 是均值为 $\boldsymbol{X}^t(0/0)$、协方差矩阵为 $\boldsymbol{P}^t(0/0)$ 的随机向量，且独立于 $\boldsymbol{W}^t(0/0)$；$\boldsymbol{F}^t(k)$ 为目标 t 的状态转移矩阵；$\boldsymbol{W}^t(k)$ 为状态噪声，其均值为零的高斯白噪声，有协方差矩阵

$$
E[\boldsymbol{W}^t(k)\boldsymbol{W}^t(l)^{\mathrm{T}}] = \boldsymbol{Q}^t\delta_{k,l} \tag{8.25}
$$

T 为目标数目；$\boldsymbol{H}(k)$ 为测量矩阵；$\boldsymbol{V}(k)$ 为测量噪声，其均值为零的白噪声，有协方差矩阵

$$
E[\boldsymbol{V}^t(k)\boldsymbol{V}^t(l)^{\mathrm{T}}] = \boldsymbol{R}^t(k)\delta_{k,l} \tag{8.26}
$$

由以上更新算法可得出 FMGJPDA 算法流程如下：

（1）给定初始值 $\boldsymbol{X}^t(0/0)$，$\boldsymbol{P}^t(0/0)(t = 1,2,\cdots,T)$，递推由 $k = 1$ 开始。

（2）预测状态

$$
\hat{\boldsymbol{X}}^t(k/k-1) = \boldsymbol{F}^t(k-1)\hat{\boldsymbol{X}}(k-1/k-1) \tag{8.27}
$$

（3）回波预测

$$
\hat{\boldsymbol{Z}}^t(k/k-1) = \boldsymbol{H}(k)\hat{\boldsymbol{X}}^t(k/k-1) \tag{8.28}
$$

（4）预测协方差矩阵

$$
\boldsymbol{P}'(k/k-1) = \boldsymbol{F}^t(k-1)\boldsymbol{P}^t(k-1/k-1)[\boldsymbol{F}^t(k-1)]^{\mathrm{T}} + \boldsymbol{Q}^t(t-1) \tag{8.29}
$$

（5）预测新信息向量

$$
\boldsymbol{V}_j^t(k) = \boldsymbol{Z}_j(k) - \hat{\boldsymbol{Z}}(k \mid k-1) \tag{8.30}
$$

（6）设定跟踪门限 $g^t,\cdots,g_n^t$ $(t = 1,2,\cdots,T)$。

（7）依据跟踪门限计算权值和

$$Q_{jt} - \sum_{j=1}^{S} Fun_j(k) \quad (j = 1,2,\cdots,J;t = 1,2,\cdots,T)$$

（8）计算测量 j 与目标 t 的关联概率

$$P_{jt} = \frac{Q_{jt}}{\sum\limits_{j=1}^{J} Q_{jt}} \tag{8.31}$$

（9）计算目标 t 与测量 j 的关联概率

$$q_{jt} = \frac{Q_{jt}}{\sum\limits_{t=1}^{T} Q_{jt}} \tag{8.32}$$

（10）计算联合关联概率

$$\beta_{jt} = 1 - (1 - p_{jt})(1 - q_{jt}) \tag{8.33}$$

（11）滤波计算

$$\hat{\boldsymbol{X}}^t(k/k) = \hat{\boldsymbol{X}}^t(k/k-1) + \boldsymbol{K}^t(k)\boldsymbol{V}^t(k) \tag{8.34}$$

其中

$$\boldsymbol{V}^t(k) = \sum_j \beta_{jt} \boldsymbol{V}_j^t(k)$$

（12）增益矩阵

$$\boldsymbol{K}^t(k) = P^t \frac{k}{k-1^t} H^t(k) [S^t(k)]^{-1} \tag{8.35}$$

（13）滤波器协方差矩阵

$$\boldsymbol{P}^t(k/k) = \boldsymbol{P}^t(k/k-1) - (1 - \beta_{ot})\boldsymbol{K}^t(k)\boldsymbol{S}^t(k)[\boldsymbol{K}^t(k)]^{\mathrm{T}}$$
$$+ \boldsymbol{K}^t(k) \left[\sum \beta_{jt} \boldsymbol{V}_j^t(k)[\boldsymbol{V}_j^t(k)]^{\mathrm{T}} - \boldsymbol{V}_j^t(k)[\boldsymbol{V}_j^t(k)]^{\mathrm{T}} \right] [\boldsymbol{K}^t(k)]^{\mathrm{T}} \tag{8.36}$$

（14）令 $k = k + 1$，转步骤（2）。

8.7.3　算法应用

FMGJPDA 算法可用于整个点迹-点迹、点迹-航迹和航迹-航迹的关联。FMGJPDA 算法被用于航迹关联的软件流程如图 8.21 所示。

图 8.22 为该关联算法在混合多模型下的数据融合应用仿真结果。

仿真结果表明，该数据融合算法用于复杂的多目标跟踪问题具有健壮性，且满足实战需要，通过其中第 10 条曲线（见图 8.23）的原始航迹与融合前测量航迹点和融合后的曲线比较，可清楚表明，融合后的航迹与真实航迹十分接近，其误差比融合前明显减少。

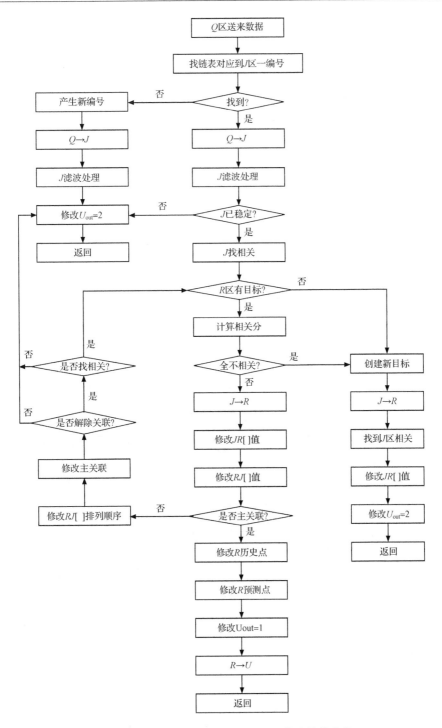

图 8.21　用于航迹关联的 FMGJPDA 算法软件流程

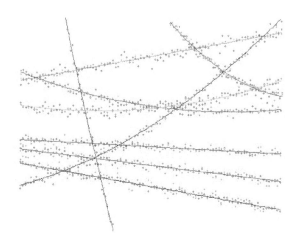

图 8.22　多目标混合模型数据融合仿真结果

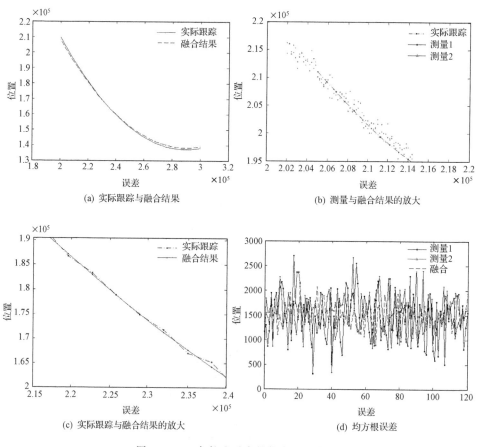

图 8.23　一条航迹融合的仿真结果分析

8.8　分布式网络数据融合技术及应用

8.8.1　引言

分布式网络的目的在于提高系统的可升级性、鲁棒性和生存能力,而这在传统集中式结构中很难实现,对于军用系统尤为重要。同时,分布式可使"即插即用"系统成为可能,传感器能够方便地装载或卸载,从而达到最佳系统性价比。其实,分布式的优势不仅如此,更重要的是它还能使整个网络上的所有平台实现信息交互和融合,这正是美军网络中心战(NCW)的根本需求和关键。因为网络中心战的目的是使整个战场空间实体诸如所有情报、侦察、监视系统及武器装备系统(精确制导武器、飞机、舰船、装甲车辆等)甚至单兵,通过数据链网络通信及计算机运算处理等手段实现一体化,构成一个"无缝隙"的信息网络体系,让它们分别成为巨大的分布式指挥控制网络的一个节点,做到战场态势共享,加快和优化指挥决策、增强协同作战能力,把信息优势变为作战优势,最大限度地发挥军事力量的整体作战效能。但这仅是理论上的,要想成为现实是相当困难的,尤其是通信路径若不能很好控制,就会产生冗余信息,而重复使用这些冗余信息,网络中的不同节点将产生融合估值的相互干扰。为了解决这种冗余信息问题产生了基于协方差交集(CI)理论的新型数据融合网络,从而从技术上支持了用于网络中心战的分布式数据融合(DDF)。

8.8.2　典型分布式网络及其数据融合算法

分布式网络由通信链路及其连接的处理节点集合组成,是一种拓扑结构,每个节点利用与它相连的节点的信息执行特定的计算任务,而网络中不存在控制整个网络的"中心"节点。最主要的分布式网络包含与传感器或其他信息源相关的节点,来自分布式信息源的信息通过网络传输,这样每个节点可以获取与其各自处理器相关的信息(如侦察信息、部队运动信息等)。这种分布式网络如图 8.24 所示。

通过网络传播的信息需要转化成某种形式,通常为均值和协方差的形式,以便通过卡尔曼滤波等技术进行处理。譬如,运用分布式网络来估计某种军用车辆的位置,可对来自激光陀螺仪、加速踏板上的压力传感器等测量车轮转速的节点上的加速度估值进行综合分析。若每一个独立节点提供其加速度估值的均值和方差,那么将所有的加速度估值进行数据融合处理就能获得更好的滤波估值。

应强调指出的是,分布式网络数据融合中最突出的问题是上述冗余信息的影响。特别是在很多滤波网络中,来自多信息源的信息甚至无法融合,除非它们是彼此独立或是具有已知的相关度。为了解决这个问题,关键在于找到一种不需要独立假设的数据融合机制。

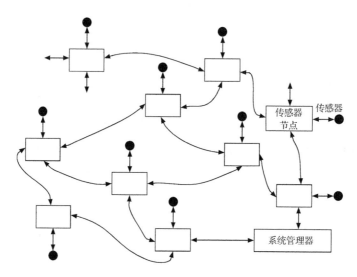

图 8.24　一种典型的分布式网络

8.8.3　基于 CI 算法的分布式数据融合

研究表明,一种协方差交集(CI)数据融合机制可以有效地解决分布式网络数据融合的冗余信息难题。

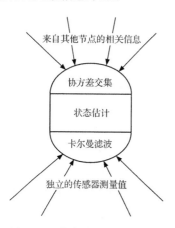

图 8.25　分布式数据融合网络
中的正规节点

对于图 8.25 所示的分布式数据融合网络,网络包含 N 个节点,其连接是完全任意的,且可以动态改变,用于这种网络结构的基于 CI 的分布式数据融合算法基本思想体现在如图 8.25 所示的正规节点融合运算上。当从其他节点传来的估值的相关度未知时,要通过 CI 运算与状态估值相融;若已知本地的测量是独立的,可利用卡尔曼滤波方程进行融合。

协方差交集(CI)算法为

$$P_{cc}^{-1} = \omega P_{aa}^{-1} + (1-\omega)P_{bb}^{-1} \quad (8.37)$$

$$P_{cc}^{-1}C = \omega P_{aa}^{-1} + (1-\omega)P_{bb}^{-1}b \quad (8.38)$$

式中: P_{aa}、P_{bb} 分别为方差; ω 为自由参数, ω 决定着分配给 a 和 b 的权值; a、b 为随机变量,分别表示系统模型的预测值和来自传感器的测量值; c 为融合 a 和 b 得到的新估计值。

上述 CI 算法可用来融合两种不同节点间的信息。设在时刻 $k+1$,节点 i 本地

测得的观测向量为 $\mathbf{Z}_i(k/k)$，于是从时刻 k 到时刻 $k+1$ 节点 i 的估值融合由如下四步得到。

（1）通过标准卡尔曼滤波预测方程预测节点 i 在时刻 $k+1$ 的状态。

（2）运用卡尔曼滤波更新方程，根据 $\mathbf{Z}_i(k+1)$ 更新预测值，其均值为 $\hat{\mathbf{X}}_i^*(k+1/k+1)$，协方差为 $\mathbf{P}_i^*(k+1/k+1)$。

（3）节点 i 把它的分布式估值传给它的所有邻近节点。

（4）节点 i 将其本地预测值 $\mathbf{X}_i(k+1/k),\mathbf{P}_i(k+1/k)$ 与其从所有邻近节点获取的分布式估值进行融合，得到一个局部更新值，均值为 $\hat{\mathbf{X}}_i^*(k+1/k+1)$，协方差为 $\mathbf{P}_i^*(k+1/k+1)$。最后节点利用卡尔曼滤波更新方程融合 $\mathbf{Z}_i(k+1)$ 和它的局部更新值，得到一个新估值 $\hat{\mathbf{X}}_i(k+1/k+1)$，其协方差为 $\mathbf{P}_i(k+1/k+1)$。

8.8.4　应用实例

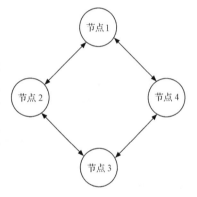

一个测量一维目标位置、速度和加速度的传感器网络如图 8.26 所示。其中，节点 1 只能测量目标的位置，节点 2 和节点 4 测量目标的速度，节点 3 测量加速度。显然，该系统结构具有冗余性，是稳健的。假定：目标运动采用常加速度模型，噪声反映在加速度导数中；开始时刻对噪声进行采样，在整个预测过程中不变。

处理模型为
$$\mathbf{X}(k+1) = \mathbf{F}\mathbf{X}(k) + \mathbf{G}v(k+1) \qquad (8.39)$$

图 8.26　实例的传感器网络图

其中
$$\mathbf{F} = \begin{bmatrix} 1 & \Delta T & \dfrac{\Delta T^2}{2} \\ 0 & 1 & \Delta T \\ 0 & 0 & 1 \end{bmatrix}, \quad \mathbf{G} = \begin{bmatrix} \dfrac{\Delta T^3}{6} \\ \dfrac{\Delta T^2}{2} \\ \Delta T \end{bmatrix}$$

$v(k)$ 为互不相关的零均值高斯噪声，其方差 $\delta_v^2 = 10$，采样周期 $\Delta T = 0.5\text{s}$。

传感器测量信息及其精度如表 8.8 所示。

表 8.8　图 8.26 中每个节点的传感器信息及其精度

节点	测量信息	精度
1	X	1
2	$\dot{X}$	2
3	$\ddot{X}$	0.25
4	$\dot{X}$	3

采用上述 CI 算法并根据已知条件，每个节点的状态可通过下列方程预测：

$$\hat{X}_i(k+1/k) = F\hat{X}_i(k/k)$$
$$P_i(k+1/k) = FP_i(k+1/k)F^{\mathrm{T}} + Q(k)$$

局部估值 $\hat{X}_i^*(k+1/k)$ 和 $P_i^*(k+1/k+1)$ 可由卡尔曼滤波更新方程给出。若 R_i 是第 i 个传感器的观测噪声协方差，H_i 是观测矩阵，则局部估值为

$$V_i(k+1) = Z_i(k+1) - H_i\hat{X}_i(k+1/k) \tag{8.40}$$
$$S_i(k+1) = H_iP_i(k+1/k)H_i^{\mathrm{T}} + R_i(k+1) \tag{8.41}$$
$$W_i(k+1) = P_i(k+1/k)H_i^{\mathrm{T}}S_i^{-1}(k+1) \tag{8.42}$$
$$\hat{X}^*(k+1/k+1) = X_i(k+1/k) + W_i(k+1)V_i(k+1) \tag{8.43}$$
$$P^*(k+1/k+1) = P_i(k+1/k) - W_i(k+1)S_i(k+1)W_i^{\mathrm{T}}(k+1) \tag{8.44}$$

当节点不连通（没有信息交换时），其最终的滤波值为

$$\hat{X}_i(k+1/k+1) = \hat{X}_i^*(k+1/k+1)$$
$$P_i(k+1/k+1) = P_i^*(k+1/k+1)$$

当独立更新，最终也可采用卡尔曼滤波更新方程。

当基于 CI 算法更新，方可采用前述 CI 更新方法。

8.9　自校正滤波技术及应用

8.9.1　引言

自校正滤波是一种基于系统辨识的最优滤波方法。对于带未知模型参数和（或）未知噪声方差阵系统，可在线辨识 ARMA（自回归滑动平均）信息模型（如采用最小二乘法等），进而可得到未知模型参数和（或）未知噪声方差阵的在线估值，并用以在最优滤波中近似代替相应的真实值，便得到自校正滤波器（如自校正卡尔曼滤波器等）。

经典的最优滤波是针对单传感器系统而言的，若将它与多传感器信息融合技术相结合，则可产生用于前述多目标跟踪的多传感器信息融合滤波，进而与系统辨识相结合又可得到自校正信息融合滤波（如自校正分布式融合卡尔曼滤波）和其他性能更优良的自校正信息融合滤波（如自校正加权观测融合卡尔曼滤波）。应该说，自校正加权观测融合卡尔曼滤波对于大型复杂军用仿真系统的数据测试分析与评估，以及 VV&A 活动和可信度评估是最为有用的。

8.9.2　自校正卡尔曼滤波（器）

"自校正"（self-tuning）概念是在解决含未知模型参数和噪声方差系统控制问

题时,由 Aström 和 Wittenmark 提出的。后来被 Wittenmark 引入估计领域,在此基础上我国学者邓自立教授系统地提出了自校正卡尔曼滤波理论。

下面对自校正卡尔曼滤波进行推导。

考虑带未知噪声方差阵的线性离散定常随机系统

$$\boldsymbol{X}(t+1) = \boldsymbol{\Phi X}(t) + \boldsymbol{\Gamma W}(t) \tag{8.45}$$

$$\boldsymbol{Y}(t) = \boldsymbol{HX}(t) + \boldsymbol{V}(t) \tag{8.46}$$

式中: $\boldsymbol{X}(t) \in \boldsymbol{R}^n$, $\boldsymbol{Y}(t) \in \boldsymbol{R}^m$, $\boldsymbol{W}(t) \in \boldsymbol{R}^r$ 和 $\boldsymbol{V}(t) \in \boldsymbol{R}^m$ 分别为状态、观测、输入噪声和观测噪声; $\boldsymbol{\Phi}$、$\boldsymbol{\Gamma}$、$\boldsymbol{H}$ 为已知的适当维数常阵。

其中,① $(\boldsymbol{\Phi}, \boldsymbol{H})$ 为完全可观对,其可观性指数为 β,且 $(\boldsymbol{\Phi}, \boldsymbol{\Gamma})$ 为完全可控时,或 $\boldsymbol{\Phi}$ 为稳定矩阵;② $\boldsymbol{W}(t)$ 和 $\boldsymbol{V}(t)$ 带零均值、方差阵各为 $\boldsymbol{Q}$ 和 $\boldsymbol{R}$ 的不相关白噪声;③ $\boldsymbol{\Phi}$、$\boldsymbol{\Gamma}$ 和 $\boldsymbol{H}$ 是已知的,但噪声方差阵 $\boldsymbol{Q}$ 和 $\boldsymbol{R}$ 是完全或部分未知的;④初始观测时刻 $t_0 = -\infty$;⑤观测数据 $\boldsymbol{Y}(t)$ $(t=1,2,\cdots,t)$ 是有一致有界的,即 $\|\boldsymbol{Y}(t)\| \leqslant c(t=1,2,\cdots;c>0)$,其中 $\|\cdot\|$ 为向量范数。

由式(8.45)和式(8.46)有

$$\boldsymbol{Y}(t) = \boldsymbol{H}(\boldsymbol{I}_n - q^{-1}\boldsymbol{\Phi})^{-1}\boldsymbol{\Gamma}q^{-1}\boldsymbol{W}(t) + \boldsymbol{V}(t) \tag{8.47}$$

式中: $\boldsymbol{I}_n$ 为单位阵; q^{-1} 为单位滞后算子。

引入左素分解有

$$\boldsymbol{H}(\boldsymbol{I}_n - q^{-1}\boldsymbol{\Phi})^{-1}\boldsymbol{\Gamma}q^{-1} = \boldsymbol{A}^{-1}(q^{-1})\boldsymbol{B}(q^{-1}) \tag{8.48}$$

其中,$\boldsymbol{A}(q^{-1})$、$\boldsymbol{B}(q^{-1})$ 是如下形式的多项式矩阵:

$$\boldsymbol{X}(q^{-1}) = X_0 + X_1 q^{-1} + \cdots + X_{n_x}q^{-n_x} \tag{8.49}$$

其中,$X_{n_x} \neq 0$, $A_0 = I_m$, $B_0 = 0$, $X_i = 0(i > n_x)$。

将式(8.48)代入式(8.47),引入 ARMA 新息模型。

$$\boldsymbol{A}(q^{-1})\boldsymbol{Y}(t) = \boldsymbol{D}(q^{-1})\boldsymbol{\varepsilon}(t) \tag{8.50}$$

且有关系

$$\boldsymbol{D}(q^{-1})\boldsymbol{\varepsilon}(t) = \boldsymbol{B}(q^{-1})\boldsymbol{W}(t) + \boldsymbol{A}(q^{-1})\boldsymbol{V}(t) \tag{8.51}$$

其中,$\boldsymbol{D}(q^{-1}) = D_0 + D_1 q^{-1} + \cdots + D_{nd}q^{-nd}$, $D_0 = I_m$, $\boldsymbol{D}(q^{-1})$ 是稳定的,且新息 $\boldsymbol{\varepsilon}(t) \in \boldsymbol{R}^m$ 是零均值、方差阵 $\boldsymbol{Q}_\varepsilon$ 的白噪声。

当噪声方差 $\boldsymbol{Q}$ 和 $\boldsymbol{R}$ 已知时,有稳态卡尔曼滤波器

$$\hat{\boldsymbol{X}}_s(t/t) = \boldsymbol{\Psi}_f\hat{\boldsymbol{X}}_s(t-1/t-1) + \boldsymbol{K}_f\boldsymbol{Y}(t) \tag{8.52}$$

$$\boldsymbol{\Psi}_f = [\boldsymbol{I}_n - \boldsymbol{K}_f\boldsymbol{H}] = \boldsymbol{\Phi} \tag{8.53}$$

$$\boldsymbol{K}_f = \begin{bmatrix} \boldsymbol{H} \\ \boldsymbol{H\Phi} \\ \vdots \\ \boldsymbol{H\Phi}^{\beta-1} \end{bmatrix}^{-1} \begin{bmatrix} I_m - \boldsymbol{R}\boldsymbol{Q}_\varepsilon^{-1} \\ \boldsymbol{M}_1 \\ \vdots \\ \boldsymbol{M}^{\beta-1} \end{bmatrix} \tag{8.54}$$

矩阵 M_i 可递推计算

$$M_i = -A_1 A_{i-1} + \cdots - A_{n_a} M_{i-n_a} + D_i \tag{8.55}$$

经进一步推导,可得时变最优卡尔曼滤波器

$$\hat{X}(t|t) = \Psi_f(t)\hat{X}(t-1|t-1) + K_f(t)Y(t) \tag{8.56}$$

$$\Psi_f(t) = [I_n - K_f(t)H]\Phi \tag{8.57}$$

$$K_f(t) = P(t|t-1)H^T[HP(t|t-1)H^T + R]^{-1} \tag{8.58}$$

$$P(t+1|t) = \Phi[P(t-1|t) - P(t|t-1)H^T$$
$$\cdot (HP(t|t-1)H^T + R)^{-1}HP(t|t-1)]\Phi^T + \Gamma Q \Gamma^T \tag{8.59}$$

初值 $\hat{X}(0|0) = \mu, P(0|0) = P_0$ 。

当噪声方差阵 Q 和 R 完全或部分未知时,可基于新息模型参数 $D_i(i = 1, 2, \cdots, n_d)$ 和新息方差阵 Q_ε 来辨识 Q 和 R 。

这里,新息模型为

$$Z(t) = D(q^{-1})\varepsilon(t) \tag{8.60}$$

在时刻 t 处理新息 $\varepsilon(t)$ 的估值定义为

$$\hat{\varepsilon}(t) = Z(t) - \hat{D}\hat{\varepsilon}(t-1) - \cdots - \hat{D}_{n_d}\hat{\varepsilon}(t-n_d) \tag{8.61}$$

并有

$$Z(t) = \hat{D}(q^{-1})\hat{\varepsilon}(t) \tag{8.62}$$

$$\hat{D}(q^{-1}) = I_m + \hat{D}_1 q^{-1} + \cdots + \hat{D}_{n_d} q^{-n_d} \tag{8.63}$$

$$\hat{Q}_\varepsilon = \frac{1}{t}\sum_{j=1}^{t}\hat{\varepsilon}(j)\hat{\varepsilon}^T(j) \tag{8.64}$$

$$\hat{\delta}_0 = f_0(\hat{D}_1, \cdots, \hat{D}_{n_d}, \hat{Q}_\varepsilon) \tag{8.65}$$

$$\hat{Q} = \Delta_0^{-1}\hat{\delta}_0 \tag{8.66}$$

可见,由式(8.60)给出新息估计值 $\hat{\varepsilon}(t)$,由式(8.63)给出新息方差阵 Q_ε 的在线估计值 $\hat{Q}_\varepsilon$,进而可得到在 t 时刻处 Q 和 R 的估计值 $\hat{Q}$ 和 $\hat{R}$ 。它将分别由式(8.64)和式(8.65)给出。

将有关估计值代入噪声方差 Q 和稳态卡尔曼滤波器式(8.51)~式(8.53),便可得到自校正卡尔曼滤波器。

综上所述,自校正滤波器的形成可按如下三步完成。

(1)采用 MA 新息模型(8.59)的一种递推辨识器,可得到在时刻 t 的参数估计值 $\hat{D}_j$ 和 $\hat{Q}_\varepsilon$ 。

（2）由估计值 $\hat{\boldsymbol{D}}_j$ 和 $\hat{\boldsymbol{Q}}_\varepsilon$ 从式（8.63）可得到在时刻 t 处估值 $\hat{\boldsymbol{Q}}$ 和 $\hat{\boldsymbol{R}}$，由式（8.54）可得到在时刻 t 处估值 $\hat{\boldsymbol{M}}_j$，进而由式（8.52）和式（8.54）可得到在时刻 t 处的估值 $\hat{\boldsymbol{K}}_{\text{f}}$ 和 $\hat{\boldsymbol{\Psi}}_{\text{f}}$。

（3）由式（8.51）可得到在时刻 t 处的自校正卡尔曼滤波器的值 $\hat{\boldsymbol{X}}^{\text{s}}(t|t)$ 为

$$\hat{\boldsymbol{X}}^{\text{s}}(t|t)=\hat{\boldsymbol{\Psi}}_{\text{f}}\hat{\boldsymbol{X}}_{\text{s}}(t-1|t-1)+\hat{\boldsymbol{K}}_{\text{f}}\boldsymbol{Y}(t) \tag{8.67}$$

上述三步在时刻 t 重复进行。

8.9.3　典型的自校正信息融合滤波方案

从理论上讲，自校正信息融合滤波是多传感器信息融合与系统辨识相结合的必然产物。当系统含有未知模型参数和（或）噪声方差阵时，一种自校正分布式最优信息融合卡尔曼滤波器的结构方案如图 8.27 所示。

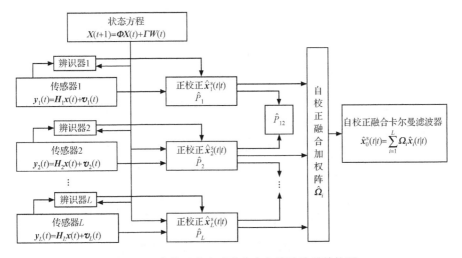

图 8.27　自校正分布式融合卡尔曼滤波器结构图

另一种自校正加权观测融合卡尔曼滤波的结构方案如图 8.28 所示。

神经网络滤波同样是一种类似自校正信息融合滤波的技术途径。因为神经网络一方面能够将系统有效地分解为多状态的神经元，而神经元之间的权、联系和调整机制与状态形成了很好的对称性；另一方面，它可以通过学习来体现对系统变化的适应能力，同时神经网络对系统模型的辨识能力是自适应的。神经网络与其他滤波技术（如小波技术）相结合可能构造出较理想的自校正信息融合滤波方案。图 8.29 为一种用于组合导航的小波/多路神经网络自适应信息融合滤波方案。

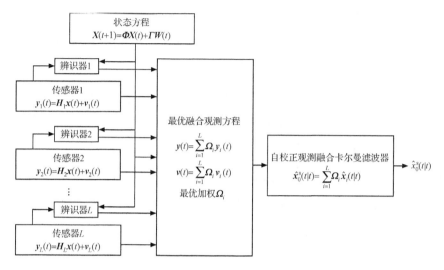

图 8.28　自校正加权观测融合卡尔曼滤波器结构图

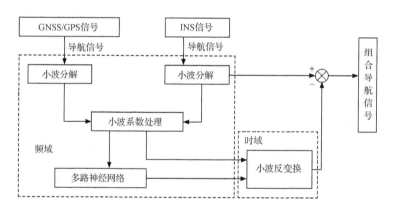

图 8.29　小波/多路神经网络组合导航方案

8.9.4　应用实例

【例 8.1】　设传感器目标跟踪系统

$$X(t+1) = \boldsymbol{\Phi} X(t) + \boldsymbol{\Gamma} W(t)$$

$$y_i(t) = 1 + X(t) + v_i(t) \quad (i = 1, 2, 3)$$

$$\boldsymbol{\Phi} = \begin{bmatrix} 1 & T_0 \\ 0 & 1 \end{bmatrix}, \quad \boldsymbol{\Gamma} = \begin{bmatrix} 0.5T_0^2 \\ T_0 \end{bmatrix}, \quad \boldsymbol{H} = \begin{bmatrix} 1 & 0 \end{bmatrix}$$

式中：T_0 为采样周期；$\boldsymbol{X}(t) = [X_1(t), X_2(t)]^{\mathrm{T}}$，$X_1(t)$、$X_2(t)$ 和 $W(t)$ 分别在时刻 $t = T_0$ 处的运动目标的位置、速度和加速度；$y_i(t)$ 为第 i 个传感器对目标位置

或速度的观测；$v_i(t)$ 为观测噪声；$W(t)$ 和 $v_i(t)$ 分别为零均值、方差各为 σ_w^2 和 $\sigma_{v_i}^2$ 的互不相关的高斯白噪声。

设计自校正加权观测融合卡尔曼滤波器。

自校正滤波融合卡尔曼滤波器由如下三步组成：

（1）采用相关方法得到在时刻 t 处的估计值 $\boldsymbol{Q}$ 和 $\hat{\boldsymbol{R}}_i$（$i=1,2,3$）。

（2）计算估值

$$\hat{\boldsymbol{Y}}(t) = \Big[\sum_{i=1}^{L} \hat{\boldsymbol{R}}_i^{-1} \Big]^{-1} \sum_{i=1}^{L} \hat{\boldsymbol{R}}_i^{-1} y_i(t)$$

$$\hat{\boldsymbol{R}} = \Big[\sum_{i=-1}^{L} \hat{\boldsymbol{R}}_i^{-1} \Big]^{-1}$$

并解 Riccati 方程

$$\hat{\sum} = \boldsymbol{\Phi} \Big[\hat{\sum} - \hat{\sum} \boldsymbol{H}^{\mathrm{T}} (\boldsymbol{H} \hat{\sum} \boldsymbol{H}^{\mathrm{T}} + \hat{\boldsymbol{R}})^{-1} \boldsymbol{H} \hat{\sum} \Big] \boldsymbol{\Phi}^{\mathrm{T}} + \boldsymbol{\Gamma} \hat{\boldsymbol{Q}} \boldsymbol{\Gamma}^{\mathrm{T}}$$

得估值 $\hat{\sum}$ ，进而得估值

$$\hat{\boldsymbol{K}}_{\mathrm{f}} = \sum{}^{\mathrm{T}} \boldsymbol{H} (\boldsymbol{H} \hat{\sum} \boldsymbol{H}^{\mathrm{T}} + \hat{\boldsymbol{R}})^{-1}, \quad \hat{\boldsymbol{\Psi}}_{\mathrm{f}} = [\boldsymbol{I}_n - \hat{\boldsymbol{K}}_{\mathrm{f}} \boldsymbol{H}] \boldsymbol{\Phi}$$

（3）所设计的自校正滤波观测融合卡尔曼滤波器为

$$\hat{\boldsymbol{X}}^{\mathrm{s}}(t|t) = \hat{\boldsymbol{\Psi}}_{\mathrm{f}} \hat{\boldsymbol{X}}_{\mathrm{f}}(t-1|t-1) + \hat{\boldsymbol{K}}_{\mathrm{f}} \hat{\boldsymbol{Y}}(t)$$

上述三步在每时刻 t 重复进行。

仿真结果表明，所设计的自校正观测卡尔曼滤波器具有全局稳定性和良好的收敛性，当 $t \to \infty$ 时，位置误差和速度误差均趋于零，即该滤波器收敛于最优观测融合器。

【例 8.2】 组合导航系统联合卡尔曼滤波方案设计。

该方案以 INS 作战为主导航子系统，GNSS、CNS 作为辅助导航系统，采用间接参数估计法，以联合卡尔曼滤波技术进行导航数据融合，即采用基于模糊神经网络和自适应卡尔曼滤波算法进行导航信息融合，产生了良好的实际效果。系统的滤波结构图如图 8.30 所示。

图 8.31 还给出了这种融合滤波导航模式下的算法结果框图。其中，β_i 为滤波器信息分配系数，j 表示 CI、CG 或 m。

$$\beta_i = \frac{\displaystyle\sum_{k=1}^{m} \bar{\beta}_i^k \mu_{F_i^k(x_i)} \omega_{ik}}{\displaystyle\sum_{k=1}^{m} \mu_{F_i^k(x_i)} \omega_{ik}}$$

式中：$\mu_{F_i^k}$ 为输入变量数据所对应模糊子集 F_i^k 上的隶属度；ω_{ik} 为该模型子集到输

出模糊子集 G^k 的连接数；$\bar{\beta}_i^k$ 为输出模糊子集 G^k 上的中心点的取值。

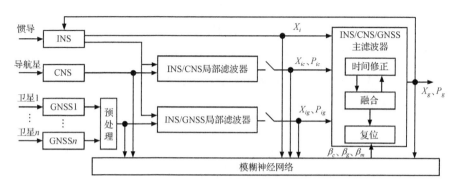

图 8.30　INS/GNSS/CNS 的联合卡尔曼滤波结构图

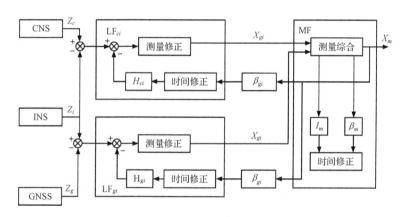

图 8.31　图 8.30 融合导航模式下的算法结构图

8.10　多传感器信息融合系统

　　地面、海上、空中和空间的多传感器网络中使用着大量的雷达、声纳、激光、红外、电视、ESM 及 ELINT 等多种传感器，以实施对整个战场环境的大空间、全频段的探测与监视。为了有效地综合利用众多传感器所给出的多源信息，采用上述信息融合技术构成多传感器信息融合系统是至关重要的。

　　多传感器信息融合系统的核心功能是对多源信息进行协调优化处理，同时对瞬息万变的战场环境做出全面、近实时、精确的态势报告。因此，它是 C⁴ISR 系统的基础设施。利用多传感器信息融合系统进行多传感器信息融合会使整个探测网络成为 C⁴ISR 系统高质量的信息源，达到资源共享，从而极大地提高 C⁴ISR 系统性能指标、可靠性、稳定性和抗干扰能力，增强对整个战局的了解和控制能力，获得系统最佳效能。

　　应该指出的是,多传感器信息融合系统开发的关键是信息融合方法和结构的研制或选取,以及态势数据库和系统接口的设计与实现。

　　目前,国外典型的多传感器信息融合系统有美国的 F/AATD、C3CM、OSIF 等,英国的 IKRB、IFFN 等,加拿大的 CP-740 反潜巡逻机上信息融合系统等。

　　这些多传感器信息融合系统均是依据一定的优化准则,在各不相同的所需层次上以模块化形式构成的功能模块,并由系统实施协同管理和分配使用。其主要功能模块包括:目标识别模块、状态估计模块、行为估计模块和协调管理模块。除此之外,系统还包括一些支撑技术和设备,如多路数据传输技术、态势数据库、与 C^4ISR 系统接口等。系统测试与评估也属于该系统的重要组成部分。

第9章 计算机网络与"数据链"通信技术

9.1 概 述

所谓计算机网络是指将地理上分散的多台独立的计算机通过软、硬件设备互连,在协议控制下实现资源共享和信息交换的系统。这是对计算机网络较统一而共识的定义。可做如下理解:①计算机网络中的计算机或工作站是独立自主的,拥有本身的软、硬件资源;②网络上的计算机为具有统一体系结构标准的开放系统,从而可实现资源共享;③网络上的计算机在协议控制下互连、互通,实现数据传输和信息交换。

网络上的计算机系统要实现资源共享、数据传输和信息交换,必须首先遵守通信协议。网络中的各个主机系统为了实现一定功能,又都分为不同的功能层次,而采用的通信协议和功能层次划分都相当统一,实现了标准化,这就是计算机网络的体系结构。为此,世界上一些主要的标准化组织和学会(如 ISO、TTU、IEEE、EIA等)研究和创建了一系列有关数据通信和计算机网络的标准,从而有力地推动着计算机网络的迅速发展。

计算机网络结构,可从不同角度划分为网络的体系结构、拓扑结构、逻辑结构和物理结构。体系结构是从网络通信和信息处理功能上,规定了各计算机的功能层次划分,同层次进程通信的协议及相邻层之间的接口和服务等。拓扑结构是计算机网络节点和连接节点的链路信道构成形式。通常,链路信道由两种,即点-点信道和多点(广播)信道。逻辑结构是从网络工作原理角度的逻辑组成,即内层是通信子网,外层是资源子网。物理结构则是网络的物理实现,即硬件和软件的物理集成。

随着信息化社会的到来,人类战争也从机械化战争进入了信息化战争时代。信息化战争新作战理念的突出特点是:"信息优势"和"网络制胜"。这是由于信息及计算机网络在战争胜负上的特殊地位和重大作用,人们突破了战场仅仅是地理表面地域或是地球物质性大气层范畴内三维空间传统思维框架的束缚,而随之出现了地球物质空间物理域、计算机网络空间信息域和人脑思维空间认知域一体化的联合战斗空间信息球新理念(见图 9.1)。在这种战斗空间(即信息化战场)中,所有作战力量,包括处于各地的部队和武器系统,共享高度的感知信息,并利用这种共享的感知信息(战争态势)迅速实现作战行动的同步化,通过精确打击和有效毁伤来赢得战争胜利。靠什么来完成此使命呢？肯定的答案是：非网络技术和"数据链"技术莫属。

大气层内、外的空间(宇宙空间)环境：各种宏观物质和微观物质及其各种能量、射线存在和显现的领域，如地球电磁场、太阳电磁能量辐射和各种宇宙射线等				
人脑思维空间(认知域)	(6) 指挥控制战的战场概念 (5) 心理战的战场概念	人感知后形成知识观念，理解后进行思考决策的领域。看不见，感得到，摸不着	人的思维决策	指挥控制战(C²W)和心理战的主要领域
电脑赛博空间(网络空间、信息域)	(4) 信息战的战场概念	对客体目标和事件的探测传感，形成信息，进行数据处理的领域，看不见，感得到，摸不着	人机交互。观察、感觉、运算	电子战、网络战、信息战和计算机战的主要领域
地球物质空间(物理域)	(3) 电磁战的战场概念 (2) 近代的战场概念 (1) 古代的战场概念	人，武器装备和计算机系统等物质基础的客体外观存在的领域，看不见，摸不着	人的行动举措	体能技能对抗、火力战、运动战和消耗战等的主要领域

图 9.1 三维空间一体化的联合战斗空间信息球新理念

理论和实践表明，网络技术和"数据链"技术在现代信息化战争中发挥着极其重要的地位作用。网络平台和"数据链"系统建设是信息化战争发展的重要标志之一，计算机网络和"数据链"装备的应用水平在很大程度上决定着信息化战争的水平和能力。

9.2 计算机网络技术及其应用

计算机网络还可以理解为，具有独立功能的、不同地理位置上的多个计算机系统利用通信设备和线路互相连接起来，并以功能改善的网络软件(包括网络通信协议、网络操作系统等)实现网络资源共享的系统。

一般来讲，计算机网络具有如下主要功能：①进行数据通信，即在计算机之间传输各种信息；②实现资源共享，包括软件资源共享和硬件资源共享；③利用网络环境在多台计算机之间进行协同工作，以达到负载均衡；④网络中的各台计算机课互为备份，从而大大提高系统的可靠性等。

按照覆盖范围和通信终端距离的不同，计算机网络通常可分为局域网(LAN)、城域网(MAN)和广域网(WAN)三种。局域网一般为单位内部网，广域网为覆盖省、市、国家乃至世界的数据通信网，城域网是介于局域网和广域网之间的较大范围的高速网络，可覆盖多个单位或城市。

计算机网络从体系结构上可分为两层，即内层通信子网和外层资源子网，其组成一般包括：①网络终端设备(如各类服务器和网络工作终端等)；②网络连接设备与传输介质，连接设备主要有：中继器、网桥、路由器、交换机等；③通信协议(即计算机间交换信息和实现通信的约定及规则)；④网络管理软件、应用软件及网络操作系统等。

通信子网中转发节点的互连模式谓之网络的拓扑结构,在广域网中常见的是树型和分布式结构(网状型),而局域网中则常用星型、环型和总线型拓扑结构。

数据通信网络一般包括信源、信宿、信端、信道、通信控制器及变换器等。其通信过程如图 9.2 所示。大范围的通信环境中,通常通过中间节点的网络把数据从源节点发送到目的节点,以实现通信,而所采用的数据交换技术一般有三种,即电路交换、报文交换和分组交换。

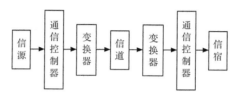

图 9.2　数据通信网络结构及通信过程

数据通信网络常用的技术指标为:信道带宽、信道容量、数据传输速率和误码率等。

在网络技术中,组网技术是基础和前提,通常分局域网组网和广域网组网,它们将按照需求来规划网络,进行系统集成,并在网络体系结构中设计和实现网络协议。网络安全同样很重要,这是由信息系统对安全的基本需求(包括保密性、完整性、可用性、可控性、可核查性等)所决定的。也就是说,网络安全必须保证己方网络系统的硬件、软件及其系统中的数据受到保护,不受偶然的或恶意的原因而遭到破坏、更改、泄露,系统连接可靠性正常地运行,网络服务不中断。

计算机网络是实现信息化建设的基础平台,对于武器装备信息化和军事作战信息化尤其具有广阔的应用前景。例如,在指挥自动化系统中涉及大量的数据处理和情报传递;在指挥所内部也存在着多个席位,它们之间也需要进行信息传递和协调。显然计算机网络是保障这些相信畅通的重要保证。图 9.3 为典型指挥自动化系统的信息传递流程及网络结构示意图。

进一步讲,体现信息化战争新理念的网络中心战就是利用计算机网络对部队实施统一指挥的作战。其核心是借助计算机网络把地理上分散的部队、各种探测器和武器系统连接在一起,实现信息共享,掌握战场态势,缩短决策时间,提高指挥速度和联合/协同作战能力,以便对敌方实施快速、精确、连续的打击。为了达成这种作战目标,美军通过一体化 C^4ISR 系统把各军兵种的 C^4ISR 系统连接成一个无缝的、扁平化的高效作战体系,实现互联、互通、互操作。C^4ISR 系统实质上是利用各种现有信息和计算机网络技术把分散的决策人员、态势和目标传感器及部队和武器系统综合集成为高度自适应的、综合的电子信息系统,以取得前所未有的作战效果。当然,这里的计算机网络是相当复杂的,包括传感器网、信息网和作战网,而作战网又由三级网络构成,即联合监视跟踪网、联合数据网和联合计划网。

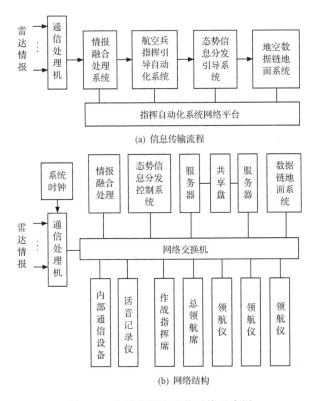

(a) 信息传输流程

(b) 网络结构

图 9.3　典型指挥自动化系统示意图

9.3　"数据链"的概念、构成及典型数据链路

9.3.1　"数据链"的概念及提法

"数据链"的最早需求来自第二次世界大战时期,当时已经出现了预警雷达、指控系统和防空高炮三位一体的防空体系,为了及时、准确地将空情传输给指控系统和高炮部队,传统的话音通信已不能满足防空作战需求,迫切需要采用数据通信方式在指控单元、传感器和防空武器系统间实时交换信息(如空中点迹和航迹、指令、命令及告警等),以便引导防空武器对敌空中目标实施打击。20 世纪 50 年代,美军"赛其"防空预警系统率先在雷达站与指控中心间建立点对点数据链通信,从而使作战效能提高了近 40 倍。接着,北约在"纳其"防空预警系统中也装备了点对点传输信息的 Link-1 数据链,首次将分布于欧洲不同国家的 84 座大型地面雷达站所获取的情报融为一体,构成了整体防空预警能力。50 年代中期,美国海军研制

并使用了世界上第一个舰空数据链系统 Link-4,实现了水面舰艇对舰载机的指挥引导。由此可见,"数据链"的概念,起源于 20 世纪 50 年代,并首先使用于美军地面防空系统、海军舰艇,而后逐渐扩展到飞机。当时,它仅作为链接数字化战场上指挥中心、作战部队和武器平台的一个信息处理、交换和分发系统。

后来,美军又相继开发了 Link-11、Link-4A/C、Link-16 等数据链。其中,Link-16数据链是一种双向、高速、保密、抗干扰的大容量数据链,主要用于美军及北约各国部队,可以传输目标监视、精确定位与识别、电子战、作战任务和武器控制等八类信息,实现了数据链从单一军种到三军通用的飞跃,并创造了不少成功战例。

"数据链"至今尚未统一定义,但人们有着不同角度上的共识,因此可有如下主要提法:

(1)"数据链"是一种按规定的消息格式和通信协议,以面向位的方式,实时传输格式化数字信息的数据通信系统。主要用于支持作战单元之间的情报共享、指挥控制和协同作战。

(2)"数据链"是获得信息优势、提高作战平台快速反应能力和协同作战能力、实现作战指挥自动化的关键设备。

(3)"数据链"通过无线信道实现多作战单元数据信息的交换和分发,采用数据相关和融合技术来处理多种信息。

(4)"数据链"是采用无线网络通信技术和应用协议,实现机载、陆基和舰载乃至天基战术数据系统之间的数据信息交换,从而最大限度地发挥战术系统效能的系统。

(5)"数据链"是全球信息栅格(GIG)的重要组成部分,也是实施网络中心战的重要信息手段。

(6)"数据链"是武器装备的生命线,是战斗力的"倍增器",是部队联合作战的"黏合剂"。

(7)"数据链"的关键技术包括:高效远距离光学通信、用于抗干扰通信的多波束自适应零位天线、数据融合技术、自动目标识别技术等。

(8)"数据链"包括以下三大因素:消息标准、通信协议和传输设备。

9.3.2　"数据链"的构成、分类及特点

从本质上讲,"数据链"是一种人参与控制的数据链路,因此也称数据链路,是采用无线或有线通信设备和数据通信规程建立的数据通信网络。它包括"数据电路"(通信)和"战术数据系统"(TDS、电脑)两大部分。由数据链路设备、通信规程和应用协议组成。其中,数据链路设备包括:数据传输设备、数据交换设备、数据通信接口装置以及数据终端等。通信规程和应用协议是一套通信协议,包括频率协

议、波形协议、链路与网络协议、保密协议及被交换信息的定义等。"战术数据链"(TADIL)实质上是专用与实现于计算机为核心的军队自动化系统的数据传输设备和无线电链路的总和。这是"数据链"系统中最重要、最核心的部分。它主要采用无线局域网通信技术和应用协议,实现机载、陆基和舰载战术数据系统之间的数据信息交换和战术系统功能,直接为指挥和武器控制系统提供支持、服务。

从应用角度讲,各种数据链系统可分为两部分,即网络控制站系统和用户站系统。前者就是上述数据链设备;后者一般包括战术数据系统加密设备、数据终端设备及无线收发设备。其中,战术数据系统是一台计算机,它接收各种传感器(如雷达、导航、CCD 成像系统等)和操作员发出的各种数据,并将其编排成标准的信息格式。因此,严格地说,数据链系统是一个由计算机到计算机的通信链路,网络控制站是数据链系统的核心,各用户站均在控制下工作。

数据链可从不同角度进行多种分类,例如,按照数据终端可分为单兵终端、武器终端和网络终端;按通信方式分为有线和无线;按使用层次分为战略级、战役级和战术级;按工作方式分为数据交换和数据传输;按组网方式分为点对点和网状;按用途分为通用和专用;按应用领域分为战场态势、指挥控制和作战协同等。

目前,一些国家和地区军队装备的"标准密码数字链"、"战术数字情报链"、"高速计算机数字无线高频/超高频通信战术数据系统"、"联合战术信息分发系统"、"多功能信息分配系统"等,都属于"数据链"的范畴。

数据链有下列显著特点:

(1) 具有实时传输的通信协议。主要体现在:

① 根据作战需求预先分配各作战单元的数据传输容量。

② 在规定的时限内保证作战单元之间的数据传输。

③ 采用强抗干扰传输体制适应复杂战场电磁环境。

④ 简单、可靠、稳健、高效、实时。

(2) 带有格式化的信息传输方式。主要体现在:

① 各类作战信息用统一数据编码表示。

② 机器可识别的数据编码。

③ 简短编码浓缩大量信息。

④ 面向位的传输机制使传输和处理效率更高。

(3) 与应用系统紧密交联。通常与传感器系统交联;与指挥控制系统交联;与武器系统交联。

9.3.3　典型数据链路及其应用

"数据链"是根据不同用途和特定需求研制的,且不同链路有其相应的标准与编号。例如,美军的 16 号数据链路(即 Link-16)就是按照美国"国防部通用数据链路"和"国防部战术数据链路"标准研制的高级链路系统,它具有通信、导航定位和识别功能。以 Link-16 为核心组成的联合战术信息分发系统(JTIDS)就是按照三军联合作战需求研制的一种大容量、保密、抗干扰、无节点、时分多址的信息分发系统(见图 9.4)。可以说,Link-16 是北约和美军在 JTIDS 构成的网络内,空军 E-3A 预警机同舰艇交换战术数据的标准数据链。

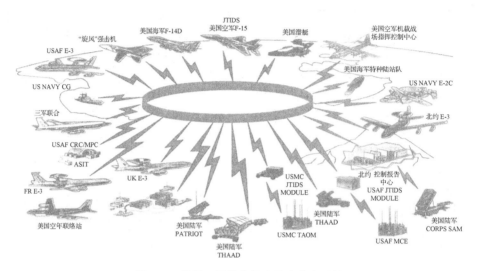

图 9.4　美国三军联合战术信息分发系统

外军相继开发的典型"数据链路"如下:

Link-1——用于防空数据自动交换的数据链路。

Link-4A——地对空链路。

Link-4C——空对空链路。

Link-10——英国的指挥自动化数据传输链路。

Link-11——北约通用标准海军战术数据链。

Link-14——北约有控系统计算机与无控系统计算机舰艇间以电传方式传输低速数据链路。

LAMPS——轻型机载多用途系统数据链(LAMPS),是舰艇和 LAMPS 直升机之间的战术上数据链路。

Link-Y——外销给非北约国家用的 Link-10 数据链,用于机-机间通信。

Link-ES——意大利版 Link-11 数据链,为舰艇之间实时数据交换链路。

Link-22——由 Link-11 数据链改进,是一种抗电子对抗的超视距战术通信系统,用于舰艇间实时数据交换。

Link-16——北约、美军、日本、澳大利亚使用的海/地/空多用途抗干扰数据链,也称为 TADILJ。

ATDL-1——陆基雷达与防空导弹部队间战术数据传输用地-地数据链,俗称"爱国者"数据链。

Link-G——英版空-地数据链,类似 Link-16 数据链。

Link-T——中国台湾地区用海-海数据链,类似 Link-11 数据链。

Link-W——法版 Link-11 数据链。

IDM——美军空地一体化作战数据链。

SADL——美军数字化部队空/地协同数据链。

Bellcrown——前苏联标准舰-舰数据链,类似 Link-11 数据链。

"彩虹"(46И6)Ⅱ代——俄罗斯、独联体的 СПК-75 航空数据链。

"蓝宝石"АДМ-1——前苏联空军第二代航空数据链。

在上列这些典型数据链中,以 Link-16 数据链和"爱国者"数据链最为典型,它们在近几次高技术局部战争,特别是科索沃战争、阿富汗战争和伊拉克战争中,发挥了极其重要的作用,成为三军联合/协同作战的重要手段。

Link-16 数据链是一个集通信、导航和识别为一体的战术数据链。它采用联合战术信息分发系统(JTIDS)/多功能信息分发系统(MIDS)传输特性和技术接口设计规划(TIDD)所有规定的协议、约定和固定长度报文格式。它在功能上,是 Link-4A 数据链和 Link-11 数据链的总和。用以支持 C⁴I 系统及侦察数据、电子战数据、任务执行、武器分配和控制数据的交换。Link-16 数据链的总体功能如图 9.5所示。

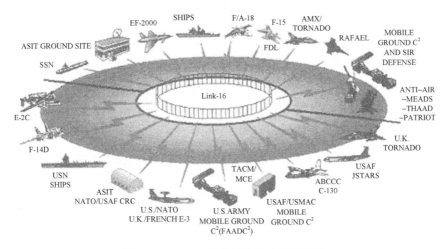

图 9.5　Link-16 数据链总体功能示意图

Link-16 数据链分陆用、舰载和机载三种类型。陆用 Link-16 数据链使用 JTID2 类端机,装备了前方战区防空系统、"爱国者"战区高空防御系统、地面联合战术系统、陆军战区导弹防御战作战中心;舰载 Link-16 数据链系统一般由战术数据系统(TDS)、JTID(或 MIDS)终端和天线组成。美海军已使用 TADILJ 装备了常规动力和核动力航母、常规动力和核动力导弹巡洋舰、导弹驱逐舰和两栖攻击舰,以及海军飞机 E-2"预警机"、F-14"雄猫"战斗机、F/A-18"大黄蜂"战斗机等;机载 Link-16 数据链主要包括:任务计算机、JTIDS 终端和天线。美空军已使用了 JYIDS2 类端机装备了 E-3"哨兵"预警机、E-8 联合监视目标攻雷达系统飞机、控制 C³I 机载战场指挥控制中心飞机、机动空中作战中心等。北约盟军也大量使用 JIDS2 类端机的陆、海、空三军平台。Link-16 数据链在近几次高技术战争特别是科索沃战争、阿富汗战争和伊拉克战争中,发挥了极其重要的作用,成为三军联合/协同作战的重要工具。

　　"爱国者"防空导弹是美军应用最广泛的第三代陆基防空导弹,已发展了多种类型,如 PAC-I、PAC-II、PAC-3 型等,用于拦截先进战机、战术弹道导弹和巡航导弹。除美国外,德国、法国、日本、科威特、荷兰、沙特及中国台湾地区都有装备。为了实现"爱国者"高效作战,"爱国者"系统的各单元配备了多种数据链,但主要是 PADIL、ATDL-1、Link-11、Link-11B 和 Link-16(TADILJ)等五种。这些数据链对"爱国者"作战起到了关键支撑作用,图 9.6 为它的拦截弹道导弹的数据链作战图。

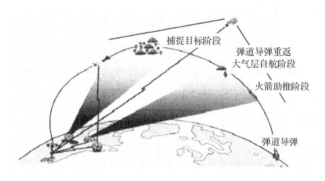

图 9.6　"爱国者"拦截弹道导弹的数据链作战图

9.3.4　联合战术信息分发系统(JTIDS)

　　JTIDS 一种大容量、保密、抗干扰、抗毁的时分多址无线网络系统,具有集成战术通信、导航定位和网内识别功能,为海、陆、空军三军联合作战或单军兵种独立作战提供安全的、无阻塞的话音和数字数据交换。

　　JTIDS 最初使用临时消息标准 IJMS;20 世纪 90 年代开始使用 J 系列消息标准;目前实现 Link-16 标准的系统只有 JTIDS 和它的后继者 MIDS。

　　1. 主要功能

　　JTIDS 采用综合化设计,使用一套格式化消息,通过不同的处理技术,可同时实现战术通信、相对导航定位和网内识别三大功能。

其中,战术通信功能包括:格式化消息、自由文电以及 2 路保密数字话音。

2. 技术特点

（1）综合多种业务。战术通信、导航定位与识别。
（2）高速率大用户。单网:238kbps,用户数 200;多网:1Mbps,用户数 500。
（3）强抗干扰能力。扩频＋76923 跳/s＋RS 纠检错。
（4）强抗毁能力。无中心＋时基自动转移。
（5）组网方式灵活。根据用户需求设计网络＋动态网络管理。

网内识别:保证网内成员互通而敌方不能进入的加密跳扩频图案;PPLI 消息中不仅设置有网成员编号,而且设置有识别号,识别号与网成员编号之间存在加密的一一对应关系:

$$ID=f(UnitNum,V,EpochNum,FrameNum,SlotNum)$$

JTIDS 是实现 Link-16 的唯一系统,MIDS 是 JTIDS 的一种小型化端机,MIDS和 JTIDS 装备海、陆、空平台,被用于三军联合作战中的目标监视、机机协同、武器协同、战斗控制、任务管理、电子战、指挥引导、导航定位、网内识别和数字话音等。

9.3.5 "数据链"工作过程及数据链间互连

"数据链"的工作过程,可用 E-3 空中预警与指挥控制系统(AWACS)同 F-15C战机间通 Link-16 数据链的通信过程为例来说明,如图 9.7 所示。

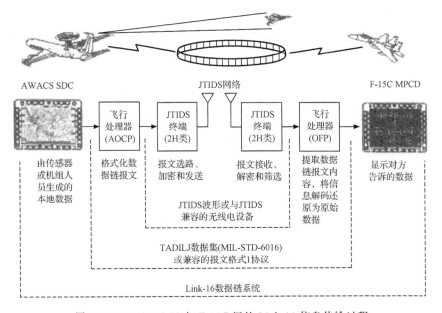

图 9.7　E-3 AWACS 与 F-15C 间的 Link-16 信息传输过程

　　"数据链"将侦察监视系统、指挥控制系统及武器系统组成一个无缝的综合网络,从而最大限度地实现了信息资源共享,极大地提高了信息优势,加速了指挥自动化,促进了各作战平台快速反应能力和协同作战能力。事实上,没有任何一种单一数据链能够满足所有作战要求。因此,多种数据链共存、同时使用和彼此交换战场感知数据是客观需要的,其关键就是数据链互联。互联分同类数据链互联和不同类数据链互联,它们分别如图 9.8(a)、(b)所示。

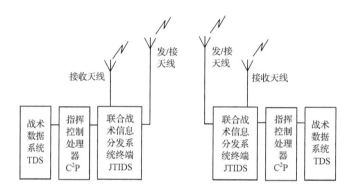

(a) 单一Link-16数据链互联

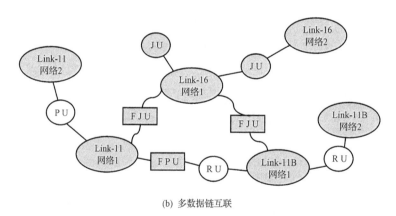

(b) 多数据链互联

图 9.8　单一 Link-16 数据链互联及多数据链互联

9.4　世界各国"数据链"现状及发展趋势

9.4.1　世界各国(地区)"数据链"现状

　　高技术战争需求和信息技术推动,极大地刺激了各国军队对"数据链"技术与系统的研究、开发和应用。

　　据不完全统计,截至目前,世界各国发展的"数据链"系统和装备已在百余种以上,其中以美军的最为先进,应用最广泛,已开发和使用了"卫星广域数据链"、"通用数据链"、"军种专用数据链"和"武器控制数据链"等四大系列 40 多种"数据链"系统。在 Link-4 和 Link-14 基础上研制和开发的 Link-16 已发展成为美海、陆、空三军联合作战标准数据链路,可广泛用于战场监视、电子战、任务管理、武器协调及空中管制等方面。目前,美军的预警机不但有强大的"数据链"Link-16,而且包括未来的"鹰眼"2000,甚至还有管制地对空导弹的 CEC 网络。

北约各国与美军密切合作,不仅建立了双方应用的"数据链"的机制,而且本身发展并赋予编号的"数据链"就有 10 多种。其应用最广泛的是:Link-4、Link-4A/B、Link-10、Link-11、Link-14、Link-16 及 Link-22 等。

前苏联在各个时期发展较为完善的数据链体系,包括空-空数据链、空-地数据链和海上数据链等多种数据链系统和装备。

俄罗斯继承了前苏联"数据链"成果,至今发展了三代数据链,包括"蓝天"航空数据链 AПM-1、蓝宝石系统 AШM-4 和 46И6 系统、11Г6 系统。除此之外,还新开发了"奥斯诺德"(ОСНОД)系统,其性能与(美)JTIDS 相类似。

以色列自行开发了 ACR-70"数据链"系统,不仅装备了预警机,而且装备了到了每架战斗机。

除此之外,日本、韩国、埃及、新加坡、新西兰及中国台湾等也都使用了不同形式的"数据链"系统或装备。

9.4.2　世界"数据链"发展趋势

纵观"数据链"的发展趋势,从数据传输规模上看,是沿着从点对点、点对面到面对面的途径发展;从数据传输内容上看,是从单一类型报文的发送发展到多种类型报文的传递,出现了综合性战术数据链;从应用范围上看,是沿着从分头建立军队内的专用战术数据链到集中统一建立三军通用战术数据链的方向发展。

随着战争理念的变化,特别是网络中心战新作战理念的出现,在信息化联合作战的军事需求牵引下,"数据链"将朝着高速率、大容量、安全保密和抗干扰等方向发展;其功能将由单一通信功能向通信、导航、识别等多功能综合化发展;由点对点通信向网络化发展;通过建立新的互通标准,实现与公共接口装置连接,实现和提高战术数据链的互通能力;为了提高战术数据链的整体作战效能,战术数据链将向集成化和体系化方向发展;不断提升数据链分发能力,如战术数据终端向联合分发系统的演变,不仅考虑与各指挥控制系统和武器平台的链接,而且还考虑与战略网络的互通,并不断改进战术通信的无线电设备,使其朝着数字语音和超视距战场态势监视的方向发展;在提高数据链路能力的同时,还考虑与其他数据链路和已有老系统的兼容性,向着支持三军联合作战和盟军协同作战的方向发展。

总之,在需求牵引和技术推动下,未来"数据链"的发展将具有如下技术特征:

（1）链为主，多条链路相辅相成，共同发展。

（2）扩大 JTIDS 各类终端的装备使用。

（3）扩大军事卫星通信系统的战术使用。

（4）注重多链路的融合，重视现有的各链路之间的互通互联，逐步向统一链路标准过渡。

（5）不断研究和开发新体制，特别是高速、大容量数据链技术。

（6）将数据链系统纳入军事信息系统体系框架之中，与 C⁴ISR 紧密集成、协同发展。

值得强调指出的是，为了真正体现上述技术特征满足未来信息化作战需求，美军将开展如下方面工作：

（1）加强不同数据链间的互通，实现多链路协同作战（见图 9.9），多战术数据链处理器功能结构如图 9.10 所示。目前主要通过数据转发和各种网关系统改进数据链间的互通。典型网关系统有三军使用的防空系统集成器、美空军提出的"空中互联网"和美海军提出的多战术数字信息链路处理器等。

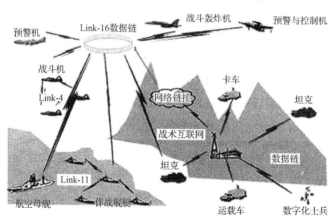

图 9.9　多数据链协同作战示意图

（2）促使传统的战术数据链系统向 J 序列战术数据链转移，数据链终端向联合战术无线电系统（JTRS）终端转移。

（3）积极改进现有战术数据链，主要是改进升级 Link-16，以使其最终融入 GIG 体系。包括扩展 Link-16 通信距离和拓展现有带宽，以及按 GIG 的兼容格式对 Link-16 进行重新格式化等。

（4）适应网络中心战作战要求，发展网络化战术数据链，构建一体化数据链体系结构。具体包括：研制战术目标瞄准技术（TTNT），研发网络化公共数据链，以及借助于卫星通信远距离传输信息，构建防空反导一体化数据链系统。这种一体化数据链体系，美军将借助卫星通信远距离传输通道来构建，其设想方案如图 9.11 所示。

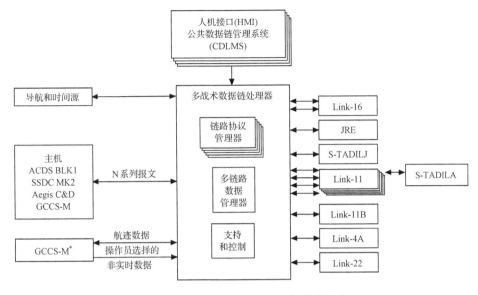

图 9.10　多战术数据链处理器的功能结构

9.5　"数据链"网络通信技术的军事应用

数据链技术的军事应用主要是指在信息化战争中的应用,包括"数据链"支持和研制网络中心战、"数据链"在 ISR 系统中的应用、"数据链"在指挥控制系统中的应用、"数据链"在武器系统特别是精确制导武器相同中的应用,以及"数据链"在一体化系统 C^4 ISR 和三军快速作战中的应用等。

9.5.1　"数据链"支持和验证网络中心战

在伊拉克战争中,为了支持和验证美军提出的网络中心战,美军动用了最尖端的武器,这就是数据连接网络。这种数据连接网络的一个重要特点是,利用发达的计算机信息网络(诸如 Link-16 之类的"数据链")将分布在广阔区域内的各种探测和传感装置、指挥中心和各种武器系统及射手联入网络,集成为一个高度网络化的部队,这支部队具有在所有平台之间共享信息及建立信息态势的能力。在此模式下,美军可以融合来自侦察卫星、侦察飞机、预警飞机、其他战机、水面舰艇、潜艇和地面侦察部队获得的各种目标信息,并实时地提供给各级作战人员和多武器平台。作战人员可迅速、全面、可靠地洞察整个战场态势,互相协调,指挥本平台和其他平台的武器,以更快的速度、更高的杀伤概率实施连续作战。

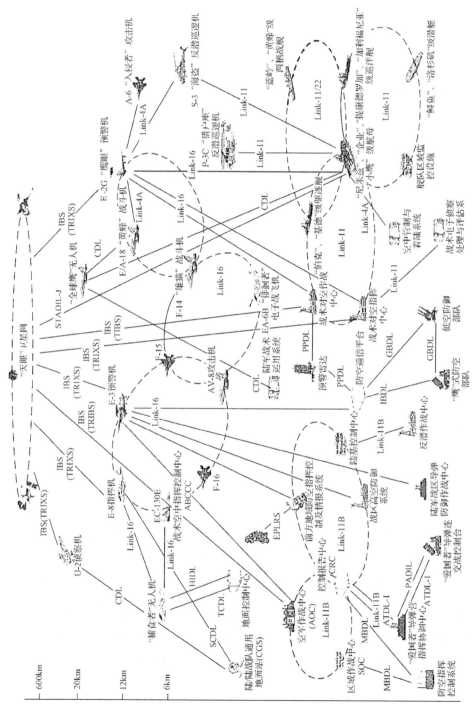

图 9.11 美军一体化数据链体系结构设想图

为了具体实施基于"数据链"技术的网络中心战,美海军率先提出了可互操作的 3 级联合网络结构,即联合规划网(JPN)、联合数据网(JDN)和联合合成跟踪网(JCTN)。其中,联合数据网是一种主要基于 Link-16 数据链路的数据通信网,用以传送近实时跟踪数据、单元状态信息、交战状态和协调数据以及部队命令。图 9.12 给出了典型联合数据网的组成。

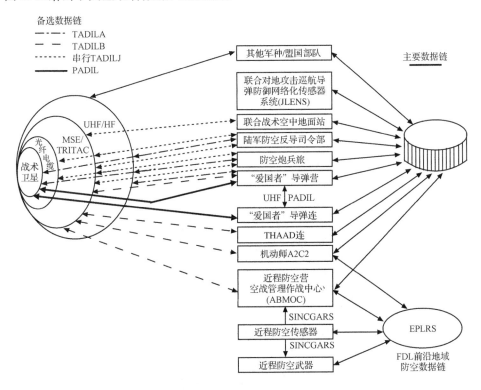

图 9.12　美军典型联合数据网的组成

9.5.2 "数据链"在情报、侦察、监视(ISR)系统中的应用

"数据链"在 ISR 系统中的应用主要体现在,侦察平台的相互联网以及情报侦察信息的实时、快速传递等方面。例如,在阿富汗战争中,美军就利用 Link-16"数据链"和其他战术数据链,将 U-2 高空侦察机、"捕食者"中高空无人侦察机和"全球鹰"高空无人侦察机、E8 战场监视机、RC-135 信号情报侦察机等成功地链接在一起,形成一种空基多传感器网。通过战场、战区的通信和数据链系统,实现了美军空中作战平台与地面作战部队的传感器完全链接成网,并同几千千米外的美军中央司令部链接在一起。

同样,在伊拉克战争中,美军将所动用的侦察卫星、海军侦察卫星、导弹预警卫星和通信卫星等 100 多颗卫星和各种预警机、有人/无人侦察机配合,通过各种数据链传输手段,对伊拉克地面和空中目标形成了全天候、立体的监视、侦察体系,将数据实时地传送给战区各级指挥所、指挥中心、武器平台乃至单兵。在这次战争中,美英联军整个侦察体系可分为三个层次,即 600km 以上为太空、20km 以上为高空和 6km 以上为天空。共用了 IBS、CDL、SCDL、TCDL、HIDL、Link-16、STADIL、Link-11 等八种主要"数据链"。这些数据链在实现传感器联网及信息的实时传输方面发挥了极其重要的作用。图 9.13 为美军"数据链"在获取侦察情报中的应用方式。

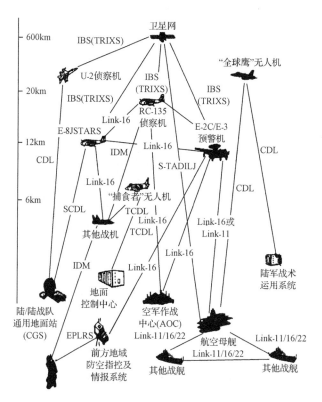

图 9.13　美军在侦察情报获取中的"数据链"应用

9.5.3　"数据链"在指挥控制快速联合作战中的应用

"数据链"可称得上是现代信息化战场的中枢系统,能够通过点对点链路和网状数据链路,实现路基、空基乃至天基战术系统之间的数据信息交换,从而做到战区内各种指挥控制系统和作战平台系统的信息共享,并完成它们之间的数据传输、交换和信息处理,为作战人员提供作战数据和完整的战场态势,这是一般指挥自动化系统和普通战术无线电通信系统所无法比拟的。从作战应用看,数据链在实现"指"、"战"一体化方面发挥了巨大作用,美国海军"宙斯盾"舰作战综合数据链如图 9.14 所示。

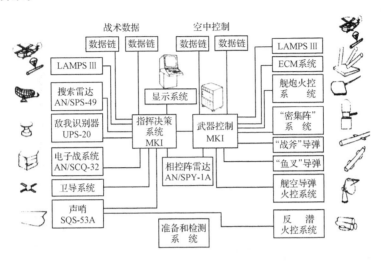

图 9.14　美军"宙斯盾"舰作战系统综合数据链

图 9.15 为战术防空反导作战中,美陆军炮兵旅通过各种"数据链"与其他军种防空系统、指挥中心的连通状况。图 9.16 还给出了"数据链"在联合作战的部署应用。

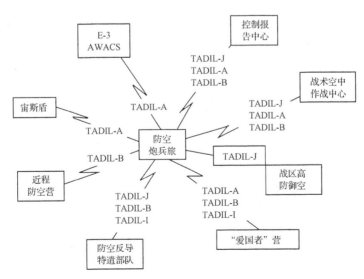

图 9.15　美国陆军防空炮兵通过"数据链"与其他军种指挥控制机构的连通情况

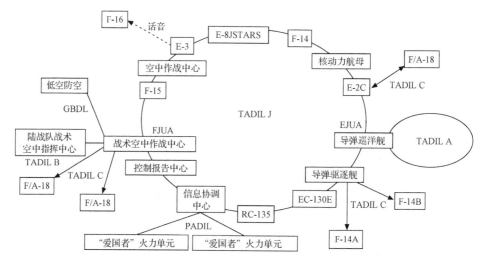

图 9.16　"数据链"在美军联合作战时的部署应用

9.5.4　"数据链"在一体化 C⁴ISR 系统中的应用

C^4ISR 系统,即指挥、控制、通信、计算机、情报、监视与侦察系统,是实施网络中心战的最重要手段,也是信息化战场上作战行动的"大脑和中枢神经"。

伊拉克战争中,美英联军运用"数据链"技术,在 C^4ISR 系统的支持下,实现从情报侦察、模板定位、指挥控制到战效评估,以及作战模式网络化和各种信息的无缝链接,取得了战场胜利。因此,近年来世界发达国家十分重视一体化 C^4ISR 系统的建设和发展。所以一体化系统 C^4ISR 监视就是通过一体化的体系结构,将不同指挥层次的系统、各军兵种的系统、单个系统的各种概念、信息系统与主战武器紧密链接在一起,形成各级、各类系统协调的配套系统,并最终达到指挥系统、作战系统和保障系统高度集成,达到情报互通、信息共享、密切协调、快速反应、精确打击之目的。

多次作战实践表明,C^4ISR 系统通过信息收集、处理、传递和运用等流程,使部队能够实时地感知态势、透视战场、快速地全程决策、锁定目标,高效地协调部队,从而实现"传感器-控制器-射手"即"传感器-射手"的一体化精确打击的作战方式,可最终达到提高合成部队的作战效果。

9.6　"数据链"技术与精确制导武器系统

最近几次高技术局部战争表明,使用精确制导武器实施远程奔袭精确打击,已成为当前信息化战争的基本模式。精确制导武器也随之以现代战场武器的主角展现在人们面前。人们由此认识到,精确制导武器占总投弹量 90% 以上的战争,才称得上较成熟的信息化战争。

总之,精确制导武器在现代信息化战争中占有至关重要的地位。随着信息技术的发展,如何提高精确制导武器的作战效能? 是摆在人们面前的一个很重要而艰巨的任务。

除社会域以外,武器系统作战效能主要取决于物化域、信息域和认知域的能力,即

武器系统作战能力=信息化系数×认知系数武器×系统物化效能

由于在信息时代里,信息拥有和认知能力的提高速度及幅度大于传统物化能力的提高,因此,通过大幅度改善信息域及认知域的能力,达到提高武器效能的目的,所付出的代价最小而风险最低。

从另外一个角度讲,作为典型信息化武器的精确制导武器,一个很重要的特点是,必须在火力优势的基础上兼有现代信息化优势。又因为"数据链"在实现信息共享、数据快速传输和提高作战态势感知等方面具有独特优势,所以利用"数据链"技术实现精确制导武器平台间横向组网,并融入作战信息网络系统,从而可以做到信息资源共享、优化控制决策、有效调配和使用作战能量,以及达到制导控制信息化和制导控制信息获取的多样化,从而适应越来越严峻的复杂战场环境,最大限度地提高精确制导武器平台的性能和作战效能。

理论和实践证明,为精确制导武器加装"数据链",可使武器在发射到击中目标期间连续接收、处理目标信息、选择攻击目标。例如,美国"战斧 4"巡航导弹就是由于加装数据链设备,实现了数据双向通信能力,从而具备了快速精确打击能力。其主要表现在:导弹发射准备时间短,确定过改变攻击目标仅需 1min;导弹在飞行 4000km 到达战场上空后能盘旋待机 2~3h;在接到攻击命令后 5min 内,可根据侦察卫星或岸上探测器目标数据,打击 3000km² 内的任何目标;导弹飞行只能按照指令改变方向,攻击预定目标或随时发现的目标。

导弹"飞行控制数据链"是精确制导武器平台与信息平台结合的范例,可实现对导弹飞行的复合精确制导及其超视距控制;实时接收从卫星发出的重新确定打击目标的命令和数据,掌握其飞行姿态;依据目标变化的战场态势变化信息,实施导航信息远程装订、指令接收、侦察数据与发射信息匹配、中段变轨突防、攻击目标再定位和改变等功能,从而提高了导弹打击精度和命中目标的概率。

这种"飞控数据链"由弹载数据链终端、数据中继终端、地面数据链系统和地面战术指挥应用中心等组成(见图 9.17)。

目前,已有许多精确制导武器相同(如美国战斧 Hlock4 导弹、SALP-ER 导弹、以色列 SPICE 导弹和 Have Lite 导弹等)采用了"数据链"。准备采用"数据链"的精确制导武器有 JASSM、风暴前兆/SCALP EG,甚至包括 JDAM 的先进型。

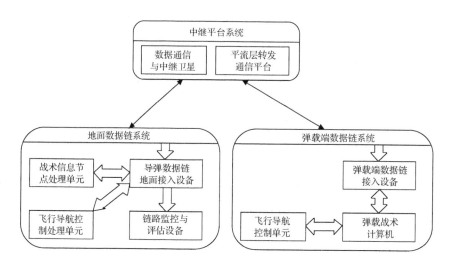

图 9.17 导弹"飞行控制数据链"系统结构框图

LOCAAS 和网火等未来精确制导武器系统也将加装"数据链"。

除此之外,战斗毁伤评估正在成为现代精确打击程序的一个重要组成部分。当前正在研究一种先进的战斗毁伤评估方案,实质上是在武器上安装成像传感器。例如,SLAM-EP、SPICE 和 JASSM 都采用了可供直接命中目标前瞬间图像的数据链。更先进的是采用不投弃的传感器和数据链组建,在武器命中目标前瞬时与其分离。

在伊拉克战争过程中,美军大量使用了各种航空制导弹药,其中相当大一部分就采用了"数据链"进行制导控制,如 AGM-154A/B/C 联合防区外武器(JSDW)、AGM-65、AGM-84H、AGM-130A/C 等。这些航空制导武器打击目标前能通过"数据链"将目标图像传回飞行员座舱内的多功能显示器再锁定目标,其攻击精度皆小于 3m。目前,美军用于航空制导弹药的武器引导"数据链"主要有 AN/AXQ-14 和 AN/AWW-13。

"数据链"在防空导弹武器系统中的应用方面,美国"爱国者"地空导弹武器系统的应用是最典型的。为了传递实时的空中战斗和空中交通管制信息,以便有效作战,"爱国者"系统采用了多种数据链通信,如图 9.18 所示。

不仅如此,"数据链"应用还能够改善防空导弹武器系统性能。对此,基于"数据链"组网雷达就是最典型的实例。

传统雷达面临电子干扰、隐身、反辐射摧毁和低空突防等严重威胁,迫使雷达向网络化方向发展,组网雷达是其重要技术途径。所谓组网雷达是指通过将多部不同体制、不同频段、不同工作模式、不同极化方式的雷达或者无源侦察装备适当

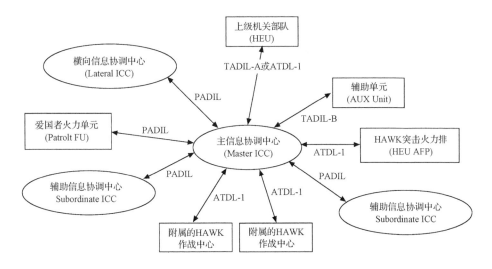

图 9.18　美国"爱国者"导弹系统的"数据链"应用情况

PADIL 表示用于"爱国者"单元内部通信,即专用内部数据链;ATDL-1 表示外部通信,用于与旅及更高级
指挥层通信;TADIL-A 表示外部通信,用于与地基、机载和舰载战术数据链系统通信;
TADIL-B 表示用于与卫星通信

布置,借助"数据链"通信手段链接成网,由中心站统一调配而形成的一个有机整体,从而使综合作战效能得到极大地提高。理论和实践表明,组网雷达的探测、定位、跟踪、识别和威胁判断等性能得到了大幅度改善,同时在抗干扰、抗隐身、抗反辐射和抗低空突防能力方面也发生了本质变化。

　　应强调指出的是,就目标空间坐标(x、y、z)而言,目前的制导体制(无论是复合制导还是融合制导)加上先进的修正比例导引律,可足以确保在全天候条件下,以极高的精度攻击或拦截固定或机动目标,然而,精确攻击或拦截方面却面临着新的挑战,即在保持这种空间坐标精度的同时,还要求保证精确的攻击时间,故利用"数据链"技术可提高精确制导武器在战场上空的滞空时间,这点越来越被人们所看好。为此,未来的精确制导武器应该是一种必须采用"数据链"技术使其成为集精度性能和速度优势于一身的监视武器和攻击(或防御)武器。

　　另外,在精确制导武器系统中采用"数据链",不仅可以大大提高武器系统快速反应能力,而且还会显著提高精确打击时间敏感目标(即"稍纵即逝"目标)。

9.7　结　　语

计算机网络与"数据链"通信技术对于现代信息化战争的极其重要地位和作

用,已得到近几次高技术局部战争的再三验证:计算机网络是网络中心战的基础和核心,"数据链"已成为军队作战力量的"黏合剂"和"倍增器"。基于网络技术和"数据链"技术的 C^4 ISR 一体化系统和网络化精确制导武器系统是达成真正意义上联合作战及提高作战效能的关键技术和有力保障。

第10章 复杂战场环境与信息对抗技术

10.1 概　　述

从系统论观点讲,战争是一个典型的开放复杂巨系统,也是参战各方为了自身利益的复杂综合对抗。若以本方作战系统为主体,则其他各方的政治力量、经济力量及军事力量无疑就是本方的作战环境,或称其为广泛意义上的战场环境。由于对任何参战一方都可以视为战争系统,并客观地存在多个体系层次,如决策层、作战层和武器装备层,更详细地还可以划分为战略层、战术层、格斗层、火力单元层、武器系统层、武器部件层、工程技术层等,因此,战争中的战场环境是相当复杂的。然而,处于工程技术层面上的导航、制导与测控系统就是在这种复杂战场环境中运行的,而且在信息化战争中,它将直接凸显为武器装备体系和战法运用的各类信息对抗,包括电磁对抗、雷达对抗、光电(可见光、红外、激光等)对抗、网络对抗、导航对抗、水声对抗、通信对抗等。

"信息就是力量",信息资源的利用权和控制权的争夺不仅是当代社会竞争的焦点,而且争夺各种信息优势的斗争已成为现代战争的主要形式。争夺信息优势是指争夺全维、各层次、各个领域的信息优势。

如上所述,信息对抗是指敌对双方对于信息的获取、传输、处理和指挥控制等方面所进行的斗争。它以网络技术、计算机技术、通信技术、探测技术、卫星技术,遥感技术等为支撑,通过由信息对抗人员、计算机设备、通信设备、传感设备、军用卫星、探测设备、预警装置、信息化兵器等信息对抗装备与之相关的设施所组成的信息对抗系统来实现。可见,信息对抗的实质是在平衡和保护自己的信息和信息系统的同时,通过影响敌人的信息和信息系统,在支持国家军事策略以获得信息优势方面所采取的进攻与防御行动。

由于高技术兵器始终是在信息对抗与反对抗的复杂战场环境下作战的,所以信息对抗系统是它必不可少的重要组成部分,同时也必然反映在陆上、空中、航天和水下各类武器装备的导航、制导与测控系统中。在现代信息化作战中,信息对抗系统的全程对抗将紧紧围绕着信息流动的三个环节,即信息获取、传输和处理,并主要表现为信息支援和控制下的陆、海、空、天一体的精确制导、导航、预警、目标精确定位、跟踪等高技术对抗,而高技术兵器正是通过适合这种对抗下的物质运动和能量释放,对敌对目标实施有效精确打击。

　　本章将在论述现代战场复杂性的基础上,深入讨论和研究导航、制导与测控系统应对现代复杂战场环境的各类信息对抗技术。

10.2　现代复杂战场环境

　　随着科学技术特别是信息技术的发展和应用,人类战争已由传统的机械化战争加速向信息化战争转变。信息化战争的主要规律和显著特点正是胡锦涛总书记所精辟概括的:"信息化条件下的局部战争是体系与体系的对抗,基本作战形式是一体化联合作战"。进一步讲,信息化战争的本质在于夺取信息优势和增强决策优化,发挥作战优势,进而利用信息技术实现战斗力最大化,以谋求战争胜利;信息化战争不仅突出信息和信息技术在高技术战争中的主导地位,而且十分强调武器装备的体系化、智能化和精确化,视信息、速度、精确性和杀伤力为决定战争胜负的关键因素;信息化战争特别注重高技术兵器的发展和运用,始终面向作战能力及面向作战效果,从而构成了一个相当庞大的复杂技术系统。它主要包括空天侦察预警系统、空天一体信息系统、空天指挥控制系统、空天信息传递系统、信息对抗系统以及空天一体信息作战力量,使整个武器装备朝着"武器系统信息化"和"信息系统武器化"的方向发展;信息化战争最显著的特点是陆、海、空、天、电、信息、认知多维一体化联合/协同作战。所有这些都使得现代战场环境越来越复杂,给导航、制导与测控技术及系统提出了严峻挑战。

　　现代战场的复杂环境除了复杂的自然环境(包括气象环境、地理环境、海洋环境、大气环境、太空环境、电磁环境、光学环境等)外,最主要的还有复杂的人为(或人工)环境,如电子战环境、光学干扰环境、水声干扰环境、计算机对抗环境、网络对抗环境、导航(制导)战环境、心理战环境等。例如,现代空袭模式和电子战环境在客观上就构成了严重威胁导弹制导系统的干扰战场环境。其典型的干扰战场环境和现代空袭作战模式分别如图 10.1(a)、(b)所示。

　　在当今干扰威胁环境中,制导、控制与探测系统可能受到软、硬杀伤两类威胁。硬杀伤为反辐射导弹、无人机等。软杀伤有无源干扰和有源干扰。无源干扰包括:电子干扰箔条、假目标、雷达陷阱、地物杂波、海浪杂波、气象杂波及隐身目标等,其中以箔条的应用最为广泛。目前,箔条有很大发展,首先是用金属化的玻璃纤维、尼龙纤维取代了传统的铝箔和金属丝;形状由单一的条形发展成为菱形、圆形、箭形等多种形式;箔条形式除了反射型外,还有吸收型和闪烁型。大量投放吸收型箔条可形成吸收云;闪烁型箔条是反射特性偶尔消失偶尔出现的偶极子,可对雷达造成闪烁干扰。有源干扰的样式和种类很多,其干扰频率覆盖了雷达的所有频段(0.5～60GHz)。干扰机具有脉冲和连续波双模作战能力及频率引导和自适应控制功能,干扰功率可达兆瓦级。表 10.1 给出了目前有源干扰样式及发展技术

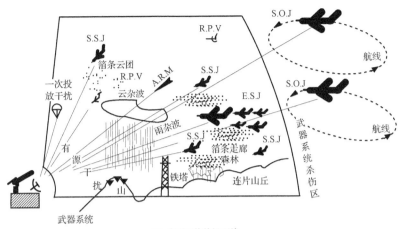

(a) 典型干扰战场环境

(b) 现代空袭作战模式

图 10.1　现代空袭模式及电子战环境

水平。

　　现代战场的复杂性还表现在各战场(陆战、空战、海战、天战、信息战等)之间已没有分明的绝对界限,而是你中有我、我中有你,相互交叉,相互影响,彼此渗透,形成一体化的战场体系。仅就武器装备而言,在陆战场上,除陆地攻防武器装备外,还运用了大量空中、海上、天上及信息攻防武器装备,一些陆战装备(如弹道导弹、巡航导弹、陆基雷达及通信、光电装备等)不仅用于陆战,而且被用于攻击海上目标、进行网络战等,同时陆战也越来越多地依靠其他战场力量的支援与配合,包括空中、海上甚至太空作战行动等;在海战场上,已更多地体现了诸军兵种联合的海

表 10.1　有源干扰样式及水平

干扰分类		干扰名称和样式	典型干扰参数	干扰实施方式	备注
有源干扰	压制性	瞄准式噪声调频（窄带）干扰	P_j:100W～1kW；ERP:10kW；B_j:10～30MHz	通常作攻击机自卫干扰	这些干扰都是由投掷式干扰机实现。干扰功率通常小于自卫与支援干扰 2～3 数量级
		阻塞式噪声调频（宽带）干扰	P_j:1～10kW；ERP:1000kW；B_j>100MHz，可调	主要用于远距离和编队支援干扰，也用于自卫干扰	
		函数调制扫频干扰	锯齿、三角、方波等波形调制，扫频范围 20MHz～1GHz 可调，功率量级 P_j:1～10kW	支援与自卫干扰均有应用	
		间断干扰	间断比为 1:1（可调），P_j>1kW	通常用作自卫	
		杂乱脉冲干扰	干扰脉冲密度>2×10^3/s，P_j>1kW		
	欺骗性	距离拖引干扰	拖引距离>1km，P_j>1kW，最小延迟>80ns	用作自卫	欺骗干扰针对性强、变化式样多
		速度拖引干扰	拖引速度和方式可调，P_j:100W～1kW	用作自卫	
		角度欺骗干扰	回答式逆增量调制，P_j>1kW	自卫用	
		回答式假目标	使搜索雷达在不同距离与方位上产生一批假目标	远距离支援干扰或自卫用	

注：P_j 为干扰和发射功率；ERP 为有效辐射功率；B_j 为干扰频带宽度。

上攻防行动，从而具备了防空、反舰、反导、对地攻击和信息对抗等综合作战能力；在空战场上，已呈现出以空中力量为主体，其他战场力量参加的一体化空中攻防行动，空中力量的发展越来越依赖地基、天基和舰载武器及信息力量；在天战场上，虽然主要作战平台是各种军用航天器，但是陆地、海上和空中却是航天器发射机返回的基地，也是对天侦察、对天攻击的基地，更不用说天战场上还包括电磁、网络和信息等无形空间的作战行动；在信息战场上，信息攻防依靠雷达、通信器材、电子干扰、反辐射导弹、卫星、计算机及应用软件的支撑进行攻防行动，同时离不开陆、海、空、天战场支援配合下的一体化行动。

10.3　信息对抗样式与信息对抗技术

10.3.1　信息对抗的主要样式

广义的信息对抗是指敌对双方在政治、外交、军事、科技和文化等领域运用信息和信息技术所进行的有控制的、破坏性或毁灭性的对抗。显然，它涉及军事和民事两大领域。狭义的信息对抗是指在情报支援下，综合运用军事欺骗、作战保密、心理战、电子战和实体摧毁等手段,攻击包括人员在内的整个敌方信息系统,破坏信息流,以影响、削弱和摧毁敌指挥控制能力,同时保护己方的指挥控制能力免遭敌类似行动的影响。可见,它主要涉及军事领域。这种信息对抗是在电子对抗的基础上发展起来的,战场信息对抗是其重要组成部分。

信息对抗的基本样式有指挥控制战、电子战、情报战、计算机网络战、心理战、经济信息战和计算机战("黑客战")等。其中,前五种是战场信息对抗的主要样式,而目前的主体仍然是电子对抗。电子对抗是在雷达、声纳、通信、导航等无线电领域内实施电子及光电侦察与反侦察、干扰与反干扰、欺骗与反欺骗等方面的斗争,包括电子进攻、电子防御和电子支援三个重要部分。指挥控制战是在军事领域内尤其是复杂战场环境中实施信息对抗的最主要形式。

10.3.2　信息对抗技术

信息对抗技术是指敌对双方为争夺信息的获取权、控制权和使用权,通过利用、破坏对方和保护己方所采取的有关技术,诸如信息获取技术(包括感知技术、定位技术和识别技术等)、通信技术(包括传输技术、卫星通信技术、光纤技术、短波与微波接力通信技术、软件无线电技术、数据链技术等)、计算机对抗技术(包括计算机信息侦察、计算机信息攻击、计算机信息防护技术等)、网络安全技术(包括防火墙技术、密码技术等)、信息融合技术、人工智能和专家系统、分布式交互仿真技术、多媒体技术及媒体技术等。

从对抗形式和机理的角度讲,信息对抗技术将主要表现为:电磁对抗/反对抗技术、雷达对抗/反对抗技术、光电对抗反对抗技术、通信对抗/反对抗技术、网络对抗/反对抗技术、导航对抗/反对抗技术、水声对抗/反对抗技术等。下面将就此开展对信息对抗系统的有关讨论和研究,包括它们的机理、方法、技术及应用。

10.4　电磁对抗/反对抗技术

10.4.1　引言

信息化战争是在复杂多变的电磁环境中展开的,导航、制导与测控系统是在复杂的电磁环境里运行的。因此,电磁对抗/反对抗已成为战争胜负的关键,敌对双方都为争夺电磁权,进而夺取制空权、制海权,甚至制天权而激烈斗争。电磁对抗/反对抗不仅是信息化战场环境的重要组成部分,而且是信息化战争的先导,并贯穿于战争的全过程。

所谓电磁对抗,是指利用电磁能和定向能以控制电磁频谱(电磁频谱从几赫的极低频开始上升到 $30\sim3000\mathrm{GHz}$ 的极高频),为削弱和破坏敌方电子设备的使用效能,同时保护己方的电子设备正常发挥效能而采取的措施和行动。电磁反对抗是针对电磁对抗采用的斗争措施和行动,其目的是保护己方通信链路免受敌方干扰机和其他电磁对抗行动的破坏。电磁对抗/反对抗的实质是电磁领域的斗争,是敌我双方争夺电磁频谱的控制,即制电磁权所展开的激烈斗争。它被美军和北约称之为"电子战",前苏联称为"无线电子斗争",我国称为"电子对抗"。

　　电磁对抗起源于 20 世纪初,第二次世界大战期间在领域、手段和规模上都有很大发展,50 年代后特别是越南战争和中东战争以来,各种战术导弹、制导炸弹和火炮雷达控制系统的广泛应用,推动了电磁对抗的全面、迅速发展,成为现代战争的一种主要作战模式——电子战。

　　现代战场不仅涵盖了传统的有形空间,而且更加突显出无形空间。电磁空间是最主要、最重要的无形空间。电磁环境是一个开放的领域,其空间广阔,无处不在。它主要由非对抗性电磁环境和对抗性电磁环境构成,被统称为复杂电磁环境(见图 10.2),已成为继陆、海、空之后的第四维战场,并且也是最重要的一维。它支持空间维的作战,在陆地、空域、海域、太空都能有效地发挥作用。若无电磁频谱维,其余子系统绝不可发挥适当的作用。因为它已广泛地渗透到空袭、防空、指挥、控制、协同、通信、情报、警戒、跟踪、导航、伪装、探测、制导、火控等广阔的军事领域,争夺制电磁权的斗争已成为现代战争的战略要素,电磁空间优势变成了现代战争的"第 1 制高点"。没有制电磁权,就没有制空权、制陆权和制海权。可见,电子战在现代战争中越来越发挥着主角的作用。

10.4.2　传统电子战/与新电子战

　　按照作战模式的变化,电子战可以划分为两个时期,即传统电子战和新型电子战。

　　传统电子战或称旧电子战,是指使用电磁能来确定、利用、削弱或阻止敌方使用电磁频谱的行为,以及保护己方使用电磁频谱的军事行为。它的主要内容包括电子对抗措施(ECM)、电子支援措施(ESM)和电子反对抗措施(ECCM)。这些对抗措施的核心是对敌方电子设备实施软杀伤,并保护己方的电子系统不被伤害。历经多次战争特别是近几次高技术局部战争,电子战作为现代战争的一部分,其内涵发生了重大变化,外延也不断扩展。

　　新电子战是指"使用电磁能和定向能来控制电磁频谱或攻击敌方的任何军事行动"。它包括三个主要部分:电子攻击(EA)、电子防卫(EP)和电子支援(ES),这也是目前电子战的主要作战模式。

　　电子攻击是电子战的进攻性作战手段,是指运用电子干扰设备、反辐射武器、定向能武器和电子欺骗手段,破坏、摧毁、蒙骗或削弱敌方武器设施和人员,或利用敌方使用电磁频谱的能力,以达到降低、抑制和摧毁敌方战斗的目的。电子进攻主

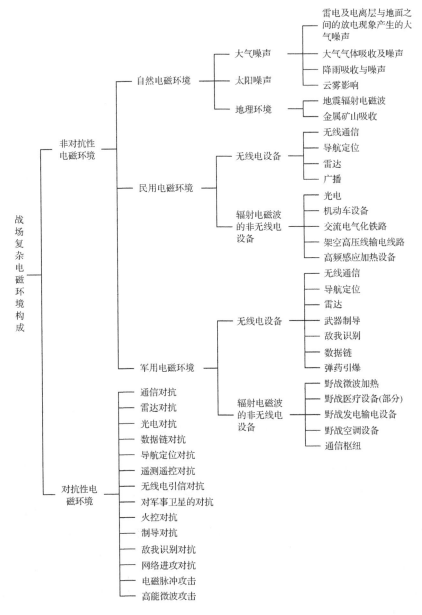

图 10.2　现代战场的复杂电磁环境

要是实施对环境目标的有效干扰,如雷达干扰、光电干扰、通信干扰、电声干扰、红外干扰、激光干扰等。

　　电子防卫是电子战中的防御性作战手段,是指对己方使用的电磁频谱进行保护,主要是采用电磁干扰和其他电子反抗干扰技术、反侦察技术和战术技术(包括电磁波隐藏和伪装、隐身技术等)消除或削弱敌方的定向能武器、高功率微波武器、电磁脉冲武器、电子干扰及反辐射摧毁的电磁攻击,以达到己方人员、装备、设施免遭敌方电子战损害的目的。

电子支援是电子战中的间接作战手段,是指使用星载、机载、舰载、车载或地面的电子侦察设备所获得的有关信息,在战场指挥人员的直接控制下,对敌方有意或无意的电子辐射进行搜索、侦听、截获、识别和定位,为电子战提供电子情报支援,以找到敌方采取的直接威胁己方的行动。

新电子战和传统电子战的组成似乎类似,但内容却发生了实质性的变化,其主要表现为:①反映了电子战的特点和战场需求的根本变化;②突出了电子战的地位和作用;③电子战概念有重大新发展(例如,系统对系统、体系对体系间的斗争;已发展成为摧毁性电子进攻;隐身飞行器成为常规威慑力量;是一种积极型电子防卫,已成为服务型电子战支援;计算机战发展成为新电子战作战手段)。

总之,电子战是剥夺敌方使用电磁频谱,同时保护己方使用电磁频谱的战争。特别是它能破坏或削弱敌方武器的作战效能,如导弹的七种制导技术(指令制导、主动制导、半主动制导、地形匹配制导、GPS制导、成像制导、光电制导)都会受到电子战的严重影响,以减少己方的损失,因此被称为现代战争的兵力倍增器。

10.4.3　电磁对抗的基本战法

电磁对抗的基本战法是依据现代战场电磁频谱的主要特点(参战力量多元、电子装备种类繁多、战争持续时间急剧缩短、对电磁频谱争夺十分激烈、电磁空间广阔而没有物理限制等)和对于战场电磁频谱必须进行实时管理的重要需求,采用自动智能电磁频谱管理系统实现的。

大体上讲,电磁对抗有两种基本战法,即电磁对抗进攻和电磁对抗防御。

电磁对抗进攻是围绕夺取和保持制电磁权乃至制信息权,在联合作战系统的统一指挥下,通过不间断地电子侦察获取战场电磁频谱使用情况,在此基础上进行科学分析、实时分配电磁频谱进而采取电磁干扰和电磁欺骗、反辐射摧毁、电子武器打击、结合计算机病毒攻击和网络渗透、兵力破袭和火力摧毁等综合措施,以最大限度地削弱、破坏、瓦解敌方信息系统特别是电子系统的作战效能,其战法主要有信息威慑法、信息封锁法、信息造势法、信息污染法、信息骚扰法、节点破坏法、系统瘫痪法及实体摧毁法等。

信息威慑法是集中使用较多的电子进攻兵力、兵器于一个或数个方向,采用电磁佯动、电磁干扰、反辐射摧毁、电子武器攻击等手段,并结合网络攻击、心理欺骗和己方战役布局的整体兵力威慑,制造强大的信息进攻声势,从心理上震撼敌军,达成敌不敢贸然行动或使敌被慑服。信息封锁法是集中优势的电磁进攻兵力,在一定时间内对某一地区的敌方信息系统实施大规模的压制性电磁干扰,结合运用无线电冒充和网络欺骗等手段,切断敌与外界的无线电通信联络,并迷茫其雷达、光电侦察,以达到在电子信息领域封锁敌人的目标。信息造势法则是利用电磁伪装、电磁佯动、网络欺骗、虚拟现实战等信息欺骗方法,对我战役企图、部署和行动,隐真示假,迷惑、欺骗和调动敌人,造成敌人情报失实效和判断决策失误,以求形成对我有利的态势,达成突然性的电子进攻。信息污染法是通过有意向敌信息系统发布伪信息、废信息、"有毒"信息,达到阻塞、挤占敌信息渠道,或使有用信息发生"病变",或污染信息系统的运行环境,从而拟制敌信息系统效能的正常发挥。信息骚扰法是灵活、机动地巧用电磁进攻设备和器材,逼近敌前沿或渗入敌纵深,神出鬼没地实施小规模的或零星的电磁佯动、无线电冒充、电磁干扰或对敌信息系统隐蔽释放病毒、游袭破坏,造成心理压力,导致敌行动混乱等。节点破坏法主要是针对综合电子信息系统(C^4ISR)集中电磁进攻的兵力、兵器,对敌该系统中起决定作用的要害部位(一个或多个节点),实施电磁干扰、病毒攻击和火力摧毁,以降低和破坏敌信息系统整体作战效能。系统替换法是在统一计划、组织下,针对敌某一信息系统,或某一局部地区的各种电磁设备(系统),或某一地区的某一类型的电子目标,实施高强度、隐蔽、突然地电磁干扰、病毒攻击、电磁武器打击和火力摧毁等硬、软一体化的作战行动,使其系统运行失调,完全丧失或基本丧失效能。实体摧毁法是指有计划地运用反辐射武器、定向动能武器、电磁脉冲弹、石墨炸弹和其他军兵种的常规硬杀伤武器,或结合派遣敌后小分队,在电磁侦察的配合下,对战役、战斗范围内某一局部的敌信息设备(系统)实施火力摧毁,使之永久失效等。

电磁对抗防御即电磁反对抗,是围绕夺取和保持(电磁)信息权,为保护己方的电子信息和信息系统的安全而采取的反侦察、反干扰、反摧毁为主要内容的与攻势行动相结合的信息系统防护,以及电磁信息安全保密等综合措施和行动。它是夺取制信息权(特别是指电磁权)且有别于电磁对抗进攻的另一种重要作战手段。其主要战法有隐蔽防御法、欺骗防御法、组网防御法、反击防御法和信息屏障法。这些战法一般是与电磁对抗进攻相克的方法与技术措施,即反对抗技术,具有相应的针对性。例如,隐蔽防御法就是综合采用辐射控制、信号隐匿等措施,最大限度地隐蔽己方主要信息系统及其辐射的真实信息,以防止或降低敌方的电子侦察和反辐射摧毁效能的一种电磁防御战法。它主要是针对电磁对抗进攻中的系统替换法和实体摧毁法而采取的防御战法,也是一种经常性电磁防御措施和方法。又如,信息屏障法是综合运用有源、无源电磁干扰等手段,对特定方向和区域的敌电磁侦察系统实施干扰,以削弱主要方向或区域的无线电通信、雷达和计算机等电子设备(系统)的侦察能力。通常可有定向电磁屏障、区域电磁屏障、无源电磁屏障、计算机信息屏障等。

10.4.4　典型的电子战行动

电子战是在 20 世纪初的日、俄海战中首次出现的。第二次世界大战期间诺曼底登陆战役是电子战综合运用并对战争结局产生重大影响的典型战例。越南战争初期的惨重损失使美国重新将电子战放在首要位置。1982 年的叙、以贝卡谷地之战开创了电子战的先河。1991 年海湾战争,双方围绕制电磁权而展开的电子大战鲜为人知。1991 年的科索沃战争中,电子战在北约空袭中发挥了重大作用。

对美国来说,伊拉克战争是一场推行新战略、新战法和新兵器的实验性信息化战争,电子战行动是其重要方面,也是美国实现非对称战争的主要基础和典型手段。战争中,美英联军动用了强大的电子战兵力和装备(包括电子侦察卫星、电子战飞机和地面电子战部队),通过从地面至太空的立体电子侦察网,保证信息实时有效,对伊军电子系统形成巨大威胁,使其雷达不敢开机,无线电通信系统不能联络;借助多架专用电子战飞机对伊军雷达、通信系统实施压制式强烈干扰,并发射大量反辐射导弹,对伊军的防空雷达系统和电子信息目标实施摧毁性打击,保障空中突防和地面部队迅速推进;利用先进的炸弹引爆信号干扰机对付埋设的炸弹,为地面部队推进清扫道路,从而避免造成士兵伤亡;适时地采用电磁脉冲炸弹等手段对伊拉克电视台和广播设施实施攻击,以便保障通过制电磁权牢牢控制着制信息权和心理战主要工具。相反,伊拉克方面,既无太空电子侦察手段,也无空中电子战平台,仅能利用几百套购置的 GPS 全球定位系统干扰设备同美、英联军进行很有限的电子对抗,显然是起不了多大作用的,最后必然在强大的电子战行动面前以失败而告终。

10.5　雷达对抗/反对抗技术

10.5.1　引言

在现代战争中,各种武器(系统)越来越依赖无线电技术特别是雷达的效能,同时,作战装备(系统)和作战人员也都会受到雷达的威胁甚至杀伤。因此,雷达对抗/反对抗在现代战争中处于举足轻重、日益重要的地位,对于现代导航、制导与测控技术及系统更是如此。

雷达对抗/反对抗主要是通过电子侦察获取雷达制导武器系统的技术参数和军事部署情报,并利用电子干扰、电子欺骗和电子进攻等软硬手段,削弱、破坏敌方雷达的作战效能,保护己方雷达的作战效能的电子斗争。从技术角度讲,雷达对抗/反对抗可分为雷达侦察/反侦察、雷达干扰/抗干扰和反辐射攻击/防御三大领域。除此之外,隐身/反隐身也已成为新的雷达对抗/反对抗技术。目前,雷达对抗已形成较完整的技术体系(见图10.3)。在精确制导武器制导控制系统中,人们对雷达干扰与抗干扰技术的应用尤为重视。为了有效抗干扰,制导控制系统的主要部件如目标指示雷达、跟踪照射雷达、制导雷达、雷达导引头等均采用了先进的抗干扰措施,包括自适应旁瓣对消技术、频率捷变技术、恒虚警处理技术(CFAR)、倒置接收技术、MTI 与 NR 状态转化等。同时,还可根据不同干扰情况,实施相应的抗干扰管理和控制。

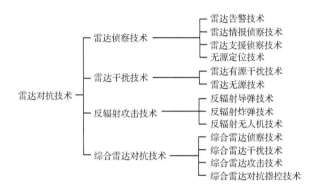

图 10.3　雷达对抗技术体系

10.5.2　雷达侦察技术

雷达侦察通常是利用雷达侦察设备探测、截获和测量敌方各种雷达电磁辐射信号的特殊参数和技术参数,通过记录、分析、识别和辐射源测向定位,掌握敌方雷达的类型、性能、特性、用途、部署及相关武器或平台的序列性与威胁程度等,以引导我方做出及时、正确、有效反应。按照用途雷达侦察一般可分为:雷达情报侦察、雷达技术侦察、雷达威胁告警及引导干扰和杀伤性武器攻击等四大类。其中,雷达情报侦察是通过侦察敌方电磁波辐射源的特性来获取有无雷达在工作的情报。按其具体任务,雷达情报侦察可有如下技术手段。

1. 电子情报侦察

电子情报侦察(ELINT)属平时和战时均在进行的战略情报侦察,主要由侦察卫星、侦察飞机、侦察舰船、地面侦察站等来完成,并通过数据通信链连在一起。

2. 电子支援侦察

电子支援侦察(ESM)属战术情报侦察,以获取当前战场上敌方电子装备的准确位置、工作参数及其转移变化等情报为主,并以威胁程度高的特定雷达情报为重点。电子支撑侦察通常由作战飞机、舰船和地面机动侦察站来完成。

3. 雷达寻的和告警

雷达寻的和告警(RHAW)将通过连续、实时、可靠地检测对我作战平台有一定威胁程度的雷达和来袭导弹情报(如存在与否、所在方向和威胁程度等),以对我方作战平台(如飞机、舰船和地面机动部队等)实施自身防护。

4. 引导干扰

为了优化配置干扰资源,合理选择干扰对象、干扰样式及干扰时机,由侦察设备提供威胁雷达的方向、频率、威胁程度等有关参数,并不断监视威胁雷达环境和信号参数的变化,以便实施动态调控的引导干扰。

5. 引导杀伤武器

通过对威胁雷达信号环境的侦查和识别,引导反辐射导弹跟踪已选定的威胁雷达,直至进行攻击。

10.5.3　雷达干扰技术

雷达干扰技术是雷达对抗的关键技术和重要手段。雷达干扰有两个可实施的途径:一是用反辐射导弹进行火力摧毁;二是进行雷达干扰。被干扰的雷达基本上有两类,即监视或搜索雷达和跟踪雷达。雷达干扰一般采用无线电方法,通过辐射或散射干扰信号进入敌方雷达接收机,破坏和扰乱其正常工作。目前,干扰类型很多,主要可按干扰能量的来源分为有源干扰与无源干扰;按干扰信号作用分为遮蔽性干扰与欺骗性干扰;按干扰机的位置分为远距离支援干扰、随队干扰、自卫干扰与近距离干扰;按战术应用可分为支援性干扰和自卫性干扰。

雷达有源干扰是采用电子设备(主要为雷达干扰机)产生射频信号扰乱或阻断敌方雷达对目标的探测和跟踪。雷达干扰机具有工作频带宽(通常为 $1\sim18\text{GHz}$,可高达 $40\sim60\text{GHz}$)、反应速度快(延迟只有 $1\sim0.1\mu s$)、对电磁环境监视能力强(有很强的信号侦查能力和处理能力)、对环境自适应能力强和发展潜力大等显著特点,故在雷达有源干扰中得到广泛应用(图 10.4)。为此,近年来先进的雷达干扰机层出不穷,如美国的 APECS II/III、法国的"蝾螈"、德国的 FL1800SII、意大利的"海王星"和俄罗斯的"酒杯"/"半帽"等。它们的共同特点是采用相控阵天线,能在空间覆盖角内迅速(微秒级)、精确地($1\sim1/8$ 度量级)将干扰波束或波束群对准干扰的雷达,因此,可同时高效地对抗多个目标。除此以外,波束形状快速变化、空间定向与空域滤波、空间频率合成、天线与平台共形等也是它们的重要技术特点。另外,针对一些典型雷达,可采用多种干扰技术。例如,对于相控阵雷达可采用副瓣干扰、瞄准式窄带干扰、欺骗干扰、计算机病毒对抗、阻塞式干扰及同步式干扰等。又如,对于脉冲多普勒雷达,发展了分布式主瓣干扰、高逼真度模拟欺骗干扰、速度假目标干扰、速度波门拖引干扰、距离波门拖引与速度波门拖引干扰的组合干扰、压制式与欺骗性的综合干扰等。除此之外,还有强噪声干扰、距离拖引加噪声干扰、间断干扰、间断距离门拖引干扰、数据率降低干扰等。再如,对合成孔径雷达(SAR)可采用释放噪声或假目标信号的方法实施有效干扰。

综上所述,雷达有源干扰是雷达对抗中具有威胁力的进攻性部分,可按照用途和技术进行不同分类,如图 10.4(a)、(b)所示。

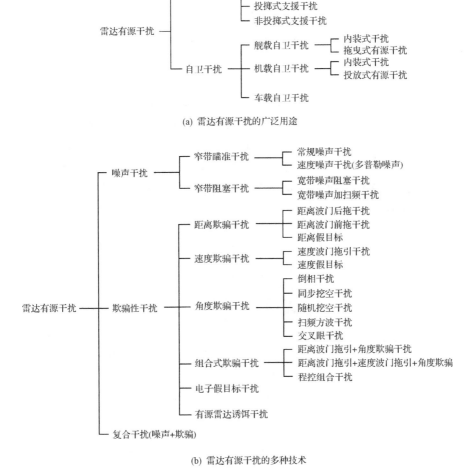

(a) 雷达有源干扰的广泛用途

(b) 雷达有源干扰的多种技术

图 10.4 雷达有源干扰的不同分类

　　无源干扰是最基本的雷达对抗技术,一般可起到破坏或削弱敌方雷达探测目标的重要作用。常采用的技术手段有箔条、反射器、假目标、雷达诱饵、隐身技术等。例如,对于反辐射导弹寻的雷达采用假目标干扰较为有用;而对于频率捷变雷达常采用瞄准噪声干扰加箔条干扰;采用投掷式雷达诱饵干扰技术可对末制导雷达和反辐射导弹寻的雷达实施有效的干扰等。

　　自卫性干扰是飞机、舰船、军用车辆等作战平台为自身安全而对对方雷达辐射源所施放的干扰。支援性干扰是用地面干扰站、专用电子干扰飞机等对敌方雷达及其控制的武器系统实施电子干扰,以掩护己方作战平台和其他军事目标的安全;压制性干扰是指通过人为发射的噪声干扰信号或大量投放无源干扰器材,使敌方雷达接收到的有用信号模糊不清或完全被干扰信号所淹没,从而破坏雷达对目标的观察和跟踪。欺骗性干扰是指人为地发射、转发或反射目标回波信号相同或相似的假信号、假目标,以扰乱或欺骗敌雷达系统,使其接收到的信号真假难辨,以致产生错误信息。

　　在雷达干扰技术方面值得高度注意的是:其一,应用复合干扰(如有源干扰与无源干扰的综合、或压制式干扰与欺骗性干扰的综合);其二是研究新型无源干扰技术(如毫米波无源干扰技术、无人机诱饵技术等);其三是采用智能雷达干扰决策〔如雷达干扰决策支持系统(IDSSRJ)。IDSSRJ 主要由人机会话子系统、问题处理子系统、数据库管理子系统、模型库管理子系统、知识库管理子系统组成(见图 10.5),其功能主要是预先决策、干扰资源配置和干扰方案拟订等〕;其四是采用三位一体化干扰站。

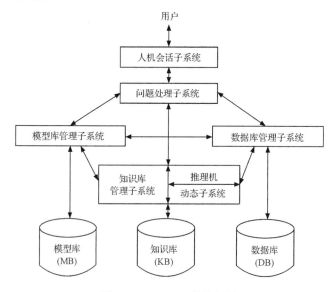

图 10.5　IDSSRJ 结构框图

　　三位一体化干扰站具有侦察、干扰和定位三种综合功能,是一种理想的雷达对抗设备,目前有三种可行方案:①大功率干扰站增加噪声雷达原理测距;②大功率干扰站增加连续波原理测距;③大功率干扰站增加脉冲压缩雷达原理测距。总之,它是在对空大功率干扰站上增加测距系统。当然,要实现上述方案尚需解决下列关键器件和系统:大功率行波管、大功率环形器、大抛物线天线和精确单脉冲被动跟踪系统等。

10.5.4　雷达隐身技术

　　如上所述,隐身技术是现代作战平台和攻击武器用以降低自身的雷达、红外、可见光和声学等信号特征,使之难以被探测、截获和识别的"低可观测性"技术的总称。雷达隐身技术是其中发展较快的隐身技术,分为雷达有源隐身技术和雷达无源隐身技术。前者通过采用有源技术,人为地改变雷达目标的散射分布或改变雷达等效方向性函数,减小雷达接收回波功率来达到隐身效果;后者则通过研究目标形体和吸收材料对电磁波的反射或散射特性的影响,从中找出降低雷达接收回波概率的最佳目标形体和材料来达到隐身的目的。为了达到雷达隐身效果,目前主要采用的隐身技术有:外形设计技术、吸波材料技术、无源对消技术、有源对消技术、微波传播指示技术、战术应用技术等,其中前两项是最重要的技术,且通常是二者的结合,互为补充。雷达隐身技术在第四代战机上得到成功应用,如美军的F-117A、B-2、YF-22、A-12 等。同时,它也在舰艇上获得越来越广泛的应用,例如,美军的"海幽灵"试验舰、"伯克"级驱逐舰、LPD-17 两栖登陆舰、"Cyclon"级快艇等;法国的"戴高乐"航母、"拉菲特"级护卫舰;英国的"海魂"号护卫舰、LPH 两栖攻击舰和 PLD 登陆舰;俄罗斯的"基洛夫"级核动力导弹巡洋舰;瑞典的"斯米孟"隐身试验舰;意大利的"Luigi"级导弹驱逐舰等。

　　目前,雷达隐身技术主要是对厘米波段雷达,随着今后将大量采用毫米波、微米波、红外、激光雷达甚至米波雷达,雷达隐身技术也必然会向更宽的频段发展。另外,还将向全方位隐身、多功能隐身、智能隐身和综合隐身的方向发展。

10.5.5　反辐射攻击武器

　　反辐射攻击是应用反辐射武器系统(反辐射导弹、反辐射无人机、反辐射炸弹等),以敌方雷达辐射的电磁波作为制导信息,截获和跟踪敌防空体系中的雷达等电磁辐射信号而直接将其摧毁的战斗行动,通常称为电子硬杀伤。反辐射攻击武器又称反雷达武器。反雷达武器的主要攻击对象是空中、海上和地面的敌方防空雷达(包括预警雷达、目标指示雷达、地面控制截击雷达、地空导弹及高炮雷达、空中截击雷达等)和相关运载体(如飞机、舰艇和地面雷达等)及操作人员。

　　反辐射攻击武器可粗分为反辐射导弹、反辐射无人机和反辐射炸弹三大类,更详细的分类如图 10.6 所示。

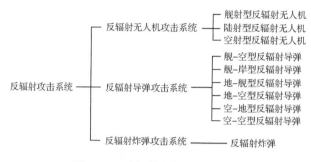

图 10.6　反辐射攻击武器的分类

1. 反辐射导弹

反辐射导弹(ARM)在雷达对抗中是一种硬杀伤手段。它具有攻击速度快、方式灵活、工作频率范围宽、可对敌雷达实摧毁性打击的突出特点。此外,它还具有软硬杀伤兼顾、隐蔽性、智能化程度高及先敌攻击的优势等。因此,在雷达对抗中,它被视为最重要的现代手段之一,获得了广泛应用。从技术角度讲,反辐射导弹与其他导弹基本相同,其根本区别在于导引系统的不同,它采用被动雷达导引头(PRS),由 PRS 以敌方雷达(或其他电磁波辐射源)辐射的信号作为制导信息来导引导弹跟踪目标雷达,直至命中和摧毁目标。其作战工作过程大致如下:PRS 截获目标雷达中的信号,实施检测并测出导弹与目标雷达的方位和仰角误差信息,传送至制导控制系统,制导控制系统接收从 PRS 来的误差信号形成制导控制指令,驱动舵机控制弹体运行、修正导弹弹道、使之对准目标雷达,并保证正确跟踪直至命中目标;战斗部用烈性炸药及破片外壳的结构,在尽可能大的空间产生气体冲击及破片杀伤目标雷达。在工作过程中,ARM 摧毁雷达的方式一般有两种,即直接瞄准法和间接瞄准法。

ARM 在雷达对抗中一直发挥着重要的作用。例如,越南战争战中美军曾使用"白舌鸟"ARM 后,使越南防空效率由原来的 10% 下降到 1.5%;在两伊战争中,伊拉克装有法国"阿玛特"ARM 战机在攻击伊朗的美国"霍克"导弹制导雷达时,曾取得 8 发 7 中的成绩;海湾战争中多国部队使用大量的 ARM 与其他武器配合将伊拉克防空武器系统中的雷达几乎全部摧毁,致使防空武器系统陷入瘫痪;科索沃战争中,北约使用"哈姆"ARM 有效地对付南联盟导弹阵地的雷达,迫使敌方一直不敢开机……

ARM 由 20 世纪 60 年代问世至今,已经历展了三代,先后研制了近 30 种型号,近 20 种已投入实用。随着信息化战争的需求和科学技术的不断进步,ARM 显示了不断快速发展的势头,其主要趋势如下:

(1) 采用宽频带(0.1～40GHz)、高灵敏度(－110～－90dB)、大动态范围(100～120dB)、智能化和强信息处理能力的导引头。

(2) 与主动雷达寻的组成主/被动融合制导,也可与红外、激光、电视、惯性等组成多模融合制导。

(3) 提高飞行速度和突防能力并增大射程。

(4) 协同海、陆、空、天、电、磁一体化作战,构成主体空间上严密的反辐射源打击能力。

(5) 发展空中巡逻型 ARM。

(6) 采用时差技术,提高辐射源位置确定精度。

(7) 增强战斗部威力和降低发射高度。

(8) 推行标准化、系列化、模块化、轻量化、小型化及一弹多用,以降低成本,缩短研制周期和提高可靠性等。

2. 反辐射无人机

反辐射无人机是军用无人机之一,可在一定高度和空域上按照任务规划航线进行巡航飞行并搜索目标。一旦敌雷达开机辐射信号,即可截获目标并予以攻击。因此,反辐射无人机可视为一种亚音速巡航式反辐射导弹,是反辐射导弹的一种补充。

反辐射无人机主要由情报侦察分系统、任务规划分系统和反辐射无人机平台等组成。此外,通常与反辐射无人机配套使用的还有诱饵无人机、侦察无人机及地面维护保养设备,系统整个构成如图 10.7 所示。其作战过程为:地面参数装订、按任务规划航线飞行、搜索目标及俯冲攻击。进一步讲,当机载侦察设备发现并确认攻击目标后,任务规划系统即可对导引头装订本次作战目标雷达的相关参数,同时对制导控制系统(一般为 INS/GPS 组合)装订目标区域的坐标参数(如经纬度)等;当反辐射无人机被发射后,其制导控制系统就根据发射前上述装订进行自主式制导,使反辐射无人机按照预先航行飞行,直至到达目标区域前沿;当到达预先目标区域前沿后,反辐射无人机又按任务规划的搜索航线转入巡航飞行,同时导引头开始对雷达目标进行搜索,并根据加载的目标数据确认攻击目标,一旦获得的信号特征与装订的攻击目标特征相符合,确定攻击目标已截获,待目标锁定后,即可控制无人机进行俯冲攻击;当目标锁定后,导引头将输出"目标锁定"标志,此时,无人机控制系统将根据导引头输出的方位和俯仰数据控制反辐射无人机对目标实施俯冲攻击。

美国"默虹"反辐射无人机是反辐射无人机的典型代表,也是"哈姆"反辐射导弹的补充。它的最大特点是可适应瞬息万变的战场态势改变或更新任务规划程序实施多次攻击,同时还具有三种发射方式,即可在空中发射(以 B-52G 作为发射平

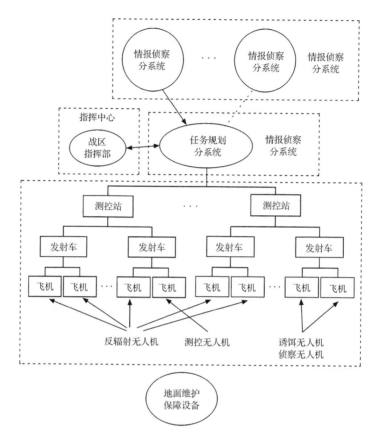

图 10.7　反辐射无人机系统构成示意图

台），也可在地面发射，还可在舰艇上垂直发射。

3. 反辐射炸弹

反辐射炸弹与反辐射导弹类似，由攻击引导设备和反辐射炸弹本身组成。其中，反辐射炸弹包括：反辐射无源跟踪导引头、炸弹弹体、引信、战斗部，以及反辐射炸弹的运输、存储地面加载与检测维护设备等。除此之外，还包括发射设备。

反辐射炸弹的工作原理亦与反辐射导弹类似，但导引精度和飞行控制要求较低，因此具有低成本的特点。

10.5.6　综合雷达对抗技术及系统

综合雷达对抗是综合使用雷达搜索、雷达干扰和反辐射攻击等手段对敌探测预警网和拦截打击网中的雷达实施全方位、多层次、多手段的电子侦察和软硬杀伤，以全面瘫痪敌探测预警网，使敌无法组织有效进攻和防御。

　　综合雷达对抗技术及系统包括:综合雷达对抗侦察、综合雷达干扰、综合雷达攻击和综合雷达对抗指挥控制技术及系统等。其中,综合雷达指挥控制系统一般由雷达侦察情报处理中心、进攻作战指挥中心和控制指挥中心等部分构成,如图10.8所示。综合雷达对抗指挥控制系统用于协同各种雷达对抗平台(如电子干扰飞机、反辐射导弹攻击飞机、箔条投放飞机、电子干扰无人机和分布式干扰机等),在适当的时间、地点进行干扰活动,以保证电子干扰与部队战术行动密切协同,并防止己方雷达被干扰或摧毁,这充分地体现了它在综合雷达对抗中的"神经中枢"地位。

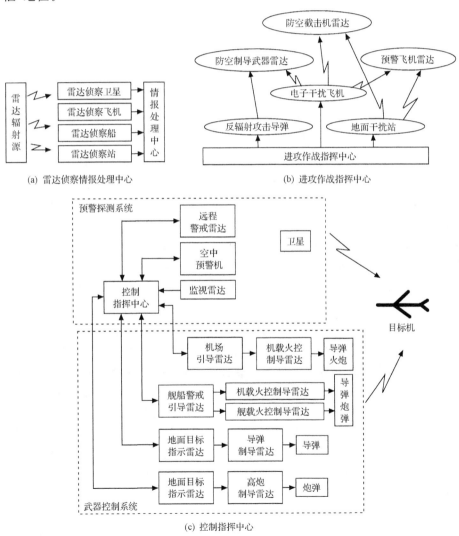

图 10.8　综合雷达指挥控制系统在综合雷达对抗中的"中枢"地位

10.5.7　雷达反对抗技术

雷达对抗与反对抗是两个相互矛盾的统一体。二者在现代战争中的地位是完全一样的,并在激烈的斗争中不断发展,这点已被多次局部战争所证实。在这些战争中,谁占有优势,谁就可能夺取战争的主动权并赢得战争的胜利,否则就会陷入被动挨打的局面,深遭惨败。

应对雷达对抗技术,雷达反对抗技术分为雷达反侦察、雷达抗干扰、雷达反隐身和雷达抗 ARM 等技术。

1. 雷达反侦察技术

雷达反侦察是指防止己方雷达的性能和配置情况被敌方侦察所采取的技术措施。这是雷达抗干扰的先决条件和第一道防线。从技术角度讲,雷达反侦察还可分为战术上反侦察与技术上反侦察。

战术上反侦察所采取的措施通常包括:缩短开机时间,以减小被截获的概率;改变雷达发射参数(如工作频率、脉冲重复频率和脉冲宽度等)并根据需要提高或降低雷达发射机的脉冲功率,使敌雷达侦察机难以接收雷达信号,尽可能减小敌雷达侦察机的侦查距离;隐散雷达工作,包括将平时和战时的频率分开,或使用隐蔽频率、隐蔽工作模式等;消除火控雷达的特征,包括消除、区别火控雷达和警戒雷达的信号特征(如信号调制、天线扫描、载频等),以达到重点防护火控雷达的目的;采用诱惑手段,包括设置假雷达天线、发射假信号,或利用敌方发射的信号通过角反射器、无源阵列等进行再辐射,以扰乱敌方雷达侦察等。

技术上反侦察一般通过采用下列技术和体制来实现:采用频率捷变雷达(所谓频率捷变雷达是指雷达能快速变化工作频率,使之不易被敌雷达侦察机截获和跟踪);使用最少脉冲定位的雷达体制(所谓最少脉冲定位体制是指在保证雷达作用距离和精度的条件下,将脉冲数减至最少。在此,对于搜索雷达和火控雷达等不同类型的雷达最低重复周期有着不同的要求);采用宽脉冲、脉冲压缩、长重复周期信号(这种特征的信号采用是在对侦察概率和雷达作用距离均衡利弊关系下确定的。这是因为,从降低侦察概率角度讲,需要重复周期越长越好,但随着重复周期的增大,当脉冲宽度不变时,雷达发射的平均功率将下降,并导致雷达作用距离随之减少);采用窄脉冲(因为从侦察天线截获概率公式可知,在一定条件下,截获概率与雷达波束宽度成正比,所以波束宽度越窄,侦察天线截获雷达信号的概率越小,即雷达反侦察性能越好)。

此外,雷达反侦察还可以采用干扰和摧毁等手段。事实上,用电子设备干扰各种平台上的雷达侦察设备,已成为雷达反侦察的重要手段之一,同时反侦察卫星等武器也逐渐成为摧毁侦察设备的重要装备。

2. 雷达抗干扰技术

雷达抗干扰技术是雷达生存和正常工作的首要条件,也是雷达反对抗技术中的重中之重。目前,雷达抗干扰技术与体制已形成下列体系:

(1) 频域选择。扩展频域是雷达抗干扰的重要方向,为此,应采用可能高的频段(亚毫米波段和毫米波段)和多频道(跳频、频率分集和频率捷变等)。其中,频率捷变是一种很好的抗干扰技术,目前的重点是随机变换和变频速度,应使干扰频率变化始终跟不上变频速度。

(2) 空间选择。主要包括提高天线方向性;采用副瓣消隐和副瓣对消技术,降低从副瓣进入的干扰;采用数字波束形成技术,进行干扰方向自适应零控等。

(3) 极化选择。可自适应地改变天线极化,使目标信号的接受能量始终为最大,而干扰信号能量为最小。

(4) 时间选择。时间选择主要利用干扰和目标在时间上的差别,并针对抗脉冲干扰。为此,可采用变脉冲重复频率,使脉冲干扰和欺骗式脉冲干扰难以同步,达到抗脉冲干扰和欺骗式脉冲干扰之目的;脉宽鉴别器可抗宽度与有用信号不同的干扰脉冲式欺骗式干扰,时间重复鉴别器能抗异步脉冲干扰;采用时间选择的闭锁门电路可抗距离波门拖引干扰等。

(5) 能量选择。通过相关积累,匹配滤波、功率分配和功率管等技术手段,以提高雷达的发射功率和信噪比,达到减弱干扰的效果。

(6) 幅度选择。主要是采用干扰抑制电路,使控制电路的时间特性曲线在干扰时的放大量为最小,而在有用信号期的放大量为最大,以起到降低脉冲干扰的效果。

(7) 相位选择。采用脉冲压缩,通过延迟线和滤波器,使压缩的脉冲幅度压缩比升高,以提高信噪比,达到充分利用杂波中的有用信号的目的。这里,基于相位检波的多目标显示器可起到对固定回波的抑制作用。

(8) 信号选择。主要体现在如下方面:采用宽-限-窄电路能改进接收机抗噪声调制干扰的性能;利用欺骗式回答干扰机与真目标回波信号的差别进行鉴别;用多普勒频率的差别,来抗固定地面杂波和箔条等消极干扰;利用雷达信号与干扰信号的差别。

(9) 单脉冲雷达。理论上讲,单脉冲雷达的测角系统具有良好的抗干扰性,是跟踪雷达中最好的测角体制之一。

(10) 脉冲压缩雷达。理论上讲,脉冲压缩雷达的最大作用距离是普通脉冲雷达的 $\sqrt{D}$ 倍(D 为压缩系数),且具有一定的抗杂波能力。

(11) MTI 和 MTD。MTI 是一种利用运动目标回波信号的多普勒频移,通过跨重复周期相减来消除固定目标回波干扰,从而使运动目标得以检测或显示的技术。MTD 可在频域上将有用目标和杂波分离开,以降低背景杂波干扰。

(12) 频率捷变雷达。这些雷达已在前面遇到过,这里不再重述。它具有较强的雷达反侦察能力。采用自适应频率捷变雷达能抗宽带阻塞干扰、前拖式距离拖引和同频异步干扰,以及提高抑制杂波的能力等。

(13) 全相参脉冲雷达。这种雷达易实现相参脉冲积累,而相参脉冲积累是一种与噪声不相关的回波信号中频积累。因此,它具有高的信噪比和抗无源干扰的能力,且易实现自适应,实现功率和频率对抗等。

最后应指出的是,雷达抗干扰技术还在不断迅速发展,其发展趋势为:继续发掘相控阵雷达的抗干扰潜力;采用先进的超低副瓣天线、多功能天线和新的副瓣对效方法;研制新体制雷达,如 SIAR 雷达、冲击雷达、双/多基地雷达、噪声雷达、极化捷变雷达、无源雷达、脉冲多普勒雷达、毫米波雷达等;提高雷达综合抗干扰能力,雷达与多传感器集成及信息融合是提高综合抗干扰能力的重要方向;研制新的信号形式和信号处理技术;采用新颖的跟踪技术等。

3. 雷达反隐身技术

反隐身技术是用于对付隐身目标的技术。根据所有隐身目标所采用隐身技术后在信号特征方面的局限性,可利用隐身目标的频谱特征、时域特征、空间特征、极化特征及随机特征等,来实现对隐身目标的探测、截获、跟踪、识别和攻击。其主要雷达反隐身技术有:①利用米波雷达、毫米波雷达、超宽带高分辨率雷达、逆合成孔径雷达、双基地和多基地雷达、雷达网及无源探测等,以削弱敌方隐身目标的隐身能力,增大其雷达散射面积;②采用相控阵雷达、高灵敏度雷达和高功率微波雷达等,以提高雷达对隐身目标的发现能力;③利用无源精密定位与攻击引导技术、分布式干扰技术、反辐射武器攻击及高功率微波摧毁等电子战手段发现和攻击隐身目标。

4. 雷达抗 ARM 技术

下面介绍雷达抗 ARM 的各种技术途径。

(1) 研制 ARM 告警系统。及早发现 ARM 来袭是有效防御的前提,为此研制和应用 ARM 告警系统是至关重要的,也是抗 ARM 的重要技术措施。通常,ARM 告警系统有两种方案:其一是在原雷达中增设 ARM 信息支路,发现 ARM 后当即告警;其二是采用专门的 ARM 告警雷达,如美军为 AN/TPS-75 雷达专门配置了 AN/TP-44 超高频脉冲多普勒雷达告警系统,同时为 AN/TPS-43E 三坐标雷达研制了专用的 ARM 告警系统。

(2) 采用干扰和诱骗技术。利用干扰和诱骗技术抗 ARM 的方法很多,其中包括两点源干扰诱骗技术和干扰诱饵技术等。它们的共同目的是都不允许 ARM 落在目标附近。相比之下干扰诱饵技术更为有效。为此,美军研制并采用了 Gen-X 投掷式有源雷达诱饵、高速无人机诱饵;澳美联合研制了火箭推动式悬空诱饵"纳尔卡";美国研制了 WARRANT 等。

(3) 采用各种雷达技术。抗 ARM 雷达技术一般包括:通过发射控制技术实现间歇发射、应急关机、突然发射、频率大范围捷变、压低雷达峰值功率、变化雷达有关参数等;采用毫米波雷达;减少雷达本身热辐射和带外辐射。目的是使 ARM 难以截获、跟踪和攻击目标信号雷达。

(4) 使用硬杀伤武器拦截并摧毁 ARM 及其载机。除雷达告警设备外,硬杀伤武器一般包括:①近程武器系统,通常有四种类型,包括搜索雷达、跟踪雷达与火炮三位一体结构,跟踪雷达与火炮二位一体结构,模块化分离配置结构及"弹炮合一"结合;②研制定向武器,如激光武器、集束武器等。

(5) 综合应用各种抗 ARM 措施。抗 ARM 的综合措施一般分为四个层次:第一层为雷达隐身技术;第二层为 ARM 告警技术;第三层为干扰诱骗(偏)技术;第四层为硬杀伤武器拦截 ARM。除此之外,还有雷达抗低空和超低空突防技术。

10.6　光电对抗/反对抗技术

10.6.1　引言

随着科学技术特别是信息技术的进步和在军事上的广泛应用,有力地促进了光电侦测技术、光电制导技术和光电对抗技术的迅猛发展。人们在各类装甲车辆、军机、舰艇等综合多武器作战平台上,普遍装备了微光夜视设备、电视、红外热像仪、激光测距机、激光跟踪测量雷达等光电侦测设备。同时,在这些作战平台上,还大量装备了各类激光制导武器、红外制导武器、电视制导武器、光电融合制导武器等先进光电制导武器。由于这些光电侦测设备和光电制导武器的普遍应用,也大大刺激了光电对抗/反对抗技术及其武器装备的发展。目前,光电侦测设备、光电制导设备和光电对抗/反对抗技术及其武器装备已形成强大的体系,成为现代高技术战争中最主要的威胁之一。其各种光电威胁主要包括:

(1) 各种光电制导武器(如红外制导、电视制导、激光半主动制导、激光驾束制导)及红外/激光融合制导等武器。

(2) 红外扫描系统(机载侦察、卫星遥感)、前视红外和红外热像仪、红外搜索跟踪系统、微光夜视、电视摄像等被动光电侦察装备。

(3) 激光雷达、激光测距机、激光目标指示器和激光引信等主动侦察装备。

(4) 光学照相、望远镜等光学瞄准设备。

（5）高性能激光武器系统、激光干涉系统和炮射激光弹药功眩干扰系统等。

此外，现代空间光电技术及系统在空间光通信、航天和太空搜索等领域中已扮演着不可替代的重要作用，同样也构成了很大的潜在威胁。

光电对抗/反对抗是电子对抗/反对抗的重要组成部分之一，也是光电制导武器和光电设备的关键技术之一。光电对抗是指敌对双方为争夺信息权在光波段（紫外、可见光、红外波段）范围内，通过预警、侦察、欺骗、隐身、干扰、压制、摧毁，以及反侦察、反干扰与防护等多种有效手段，削弱、破坏或摧毁敌方光电侦察装备和光电制导武器的作战效能，并保护己方光电装备及制导武器能发挥正常作战效能的战机行动。由于光电对抗涉及红外制导、电视制导、激光半主动制导、激光驾束制导、红外/紫外复合制导等光电制导武器，因此受到人们高度重视，特别是光电干扰。目前光电干扰常用激光欺骗干扰、激光软杀伤压制干扰、主动红外对抗系统、烟幕和诱饵等。

光电反对抗是光电对抗中，为了保护己方光电设备和光电制导武器正常发挥效能，而采取的技术措施和行动。它主要包括反侦察和反干扰等技术，如光电隐身技术（可见光隐身、红外隐身、激光隐身等）、电光假目标技术；抗干扰电路技术（如距离选通技术、编码技术等）、多光谱技术、自适应技术和背景辐射光谱鉴别技术、各种光电防护技术激光加固技术，光电复合制导技术等。值得提出的是，光电精确制导武器中的复合制导属于多光谱技术。常采用的光电复合制导方式有紫外/红外、激光/红外、红外/毫米波、红外/微波、视线指令/激光驾束等双模制导。这些复合制导技术不仅能在各种背景杂波中检测出目标信号，而且可以对抗假目标欺骗和单一波段的有源干扰。

光电对抗也有多种分类。一般可按战术应用分为光电进攻和光电防御；按照工作波段分为可见光对抗、红外对抗、紫外对抗和激光对抗；按平台分为车载、机载、舰载和星载等光电对抗；按功能可分为光电告警、光电干扰和反光电侦察与干扰等。为了研究光电对抗，首先了解光电搜索、探测与跟踪技术及其系统是十分必要的。

10.6.2　光电搜索、探测与跟踪技术

光电探测已在前面有关章节研究过，不再重述。这里仅就光电搜索与跟踪技术及系统做简要讨论。

光电搜索与跟踪是采用光电信息技术对运动目标进行搜索、捕获、跟踪和测量，也是光电侦测设备和光电制导武器的重要组成部分与关键技术，被用于目标侦察告警、搜索、跟踪及火力控制等领域。

1. 光电搜索技术及系统

从本质上讲，光电搜索是按照一定规律对待搜索的空域进行扫描，利用光电侦

测器作为基本手段,把入射到探测器上的光功率(能量)转换为相应的光电流(信号),经过放大和数字信号处理(DSP),以实现探测、发现和定位目标。

光电搜索系统主要由搜索机构和用于探测目标的光电成像系统组成。

2. 光电跟踪技术及系统

光电跟踪有多种方法,成像跟踪技术备受人们关注,越来越得到广泛应用(如导弹导引、火力控制、卫星测控等)。所谓成像跟踪一是要有像面探测成像系统,二是要有跟踪系统保证准确跟踪目标,对于多目标成像跟踪还需要特定的跟踪算法。跟踪时,首先有光电摄像头摄取景物图像,获得景物视频信号;图像信号处理器对视频信号进行处理,检出目标在视场中的位置(通常采用边缘法、矩心法、相关法等);根据目标相对于视场中心的位置,图像信号器生成相应误差信号;当目标相对于视场中心即系统光轴上时,误差信号为零,当目标偏离光轴时,图像信号处理器便输出与偏离角相对应的误差信号;跟踪机构在误差信号的控制下,带动光电摄像头向目标方向转动,直至目标与光轴重合,图像系统处理器输出误差信号为零。这就是所谓的光电自动跟踪技术。

光电跟踪系统主要由跟踪机构和目标探测系统组成,其中目标探测系统主要包括光电摄像头和图像信号处理器。

3. 光电搜索跟踪系统

上述光电搜索系统常与跟踪系统组合在一起,构成光电搜索跟踪系统,可同时完成运动目标的搜索、捕获、跟踪及测量。该系统的一般组成如图 10.9 所示。

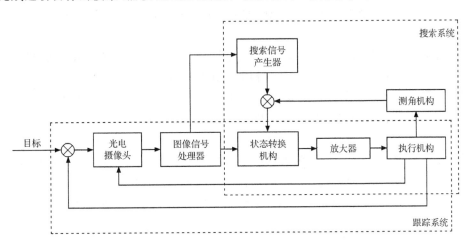

图 10.9　典型光电搜索跟踪系统组成示意图

10.6.3　光电侦察告警技术

光电侦察告警是指用截获敌方光电辐射信号,测量其技术参数,分析、识别其辐射源类型,判断威胁性质,以获取战术技术情报,并发出告警信息。

光电侦察告警分为主动式的和被动式的。前者主要包括激光雷达、激光测距仪、激光侦察仪和主动红外探测系统;后者包括可见光侦察装备、微光夜视装备、红外侦察告警装备、激光侦察告警装备、紫外侦察告警装备等。此外,光电侦察告警还包括光电综合侦察告警。

1. 激光侦察告警技术及系统

激光侦察告警是指利用激光技术获取激光武器及其他光电装备技术参数、工作状态、使用性能以及截获、测量、识别激光威胁信号,并及时发出告警信息。

1) 激光告警

激光告警是实施激光对抗的重要保证,它由探测激光测距机和激光照射器等发出激光,实时向指挥中心报警,提供入侵激光有关数据(光源方位、波长、能量、脉冲频率等参数)。

激光告警装置可按原理分为光谱识别型、成像型和相干识别型等几种。例如,成像识别型通常采用 CCD 或硅靶摄像管器件,通过广角远心鱼眼透镜等大视场光学系统把几个激光辐射源发出的激光光斑在探测器上成像,经过图像处理确定出辐射源的方向、波长、能量、脉冲频率等参数。这些激光告警装置已获得实际军事应用;典型的激光告警装置有美国的 HALWR CCD 成像型激光告警装置、俄罗斯的舰载 SpeKtr-F 激光告警系统、德国的通用光电探测系统(COLDS)等。

2) 激光侦察

激光侦察是利用光学窗口的"猫眼"效应,通过发射激光束对光电系统和光学瞄准设备进行扫描侦察和识别,并与相应的强激光有机结合,实现对光电系统的干扰。所谓"猫眼"效应就是光学窗口对入射光具有很强的按原光路反射的特性,通常比漫反射目标的回波强 $10^2 \sim 10^4$ 倍。

目前,激光侦察技术已成为战场侦察的重要手段。实现这种技术的主要是激光侦察仪。侦察仪由激光束控制系统、发射/接收光学系统、激光器、光电探测器、放大和采样电路、距离增益控制电路及控制器组成,其关键部件分别是距离增益控制电路及其控制器,它们保证了激光侦察设备只能探测到具有"猫眼效应"的目标。

2. 红外侦察告警技术及系统

红外侦察告警是通过红外传感器连续地观察威胁目标的运动,利用目标辐射的红外信号判断目标类型,实时探测、识别威胁导弹的方位,并及时告警。

红外侦察告警系统有扫描型和凝视型。扫描型一般通过光机扫描系统进行方位和俯仰扫描,按其扫描范围分为区域扫描型和全景扫描型。全景扫描系统的作用距离在 10km 以上,目标指示精度为 1mrad,故可直接与有源红外对抗措施(如诱饵弹)和无源红外对抗措施(如烟幕弹)对接使用,在定向光电对抗中还可以与 TV/红外跟踪系统配合使用;凝视型采用红外焦平面阵列器件或采用多个凝视型红外焦平面阵列相结合。先进的红外搜索和跟踪(IRST)系统就是以焦平面阵列红外探测器和新型信号处理技术为基础研制成功的。它具有自动搜索掠海飞行的反舰导弹的能力,可同时跟踪数百个目标,探测距离为数十千米。

红外侦察告警系统性能随着红外焦平面阵列技术和信息处理技术的进步不断发展。双色和多色红外焦平面阵列是红外技术发展的重要方向,发展红外复合告警和多功能告警系统是未来光电战场的重要需求。

3. 紫外侦察告警技术及系统

紫外侦察告警技术是通过探测导弹固体发电机尾焰的紫外辐射,并根据测得数据和预定的判断准则发现和识别来袭的威胁目标,确定其方位,并向被保护平台及时告警,以采取有效对抗措施。

紫外告警按其工作原理可分为概略型和成像型。它们都有实际应用。例如,美国的 AV/AAR-47 导弹逼近告警系统采用了概略型紫外告警装置,而美英联合研制的 AAR-54(V)和德国的 MILDS、MILDS II 则利用了成像型紫外告警装置。

紫外侦察告警的发展趋势是进一步提高角分辨力和灵敏度,增大探测距离,发展紫外/红外、/雷达一体化告警系统,以及侦察/干扰综合一体化对抗系统,并扩大应用领域,从空中至水面和路上等。

4. 光电综合侦察告警技术及系统

在现代战争中,光电威胁环境日趋复杂,综合一体化侦察告警装备可大幅度减低虚警概率,保证探测的准确性,同时适应对抗多批次、多频段、多层次的光电威胁。

光电综合侦察告警是在计算机统一控制下,对可见光、红外、激光、紫外等不同波段的光电威胁信号进行综合性探测处理、有效数据融合,并充分利用多信息资源,实现优化配置、功能相互支援及任务综合分配,在此基础上实现高效的光电侦察与告警。光电综合侦察告警是在激光、红外、紫外等侦察技术基础上发展起来的高级侦察告警形式。例如,美国的 AN/AAQ-24 红外定向系统的侦察告警系统就采用了红外、紫外综合侦察告警设备,它利用多个大视场成像型紫外传感器与小视场红外传感器相结合,紫外传感器对空域实施全方位监视,截获目标后,把目标方位信息传给中央控制器,通过多向传动装置引导红外传感器对目标进行跟踪与告警。

随着科学技术特别是信息技术的进步和信息化战争需求的不断增强,光电综合侦察告警技术及系统正在迅速发展,其趋势是:把紫外、可见光到中红外、远红外频段告警设备综合到一起,从而对目标、背景、假目标的辐射特征进行多维探测,获得更丰富的信息;将激光有源侦察和光电无源侦察告警进行综合,为光电对抗提供更可靠、更准确的目标信息。

10.6.4　光电干扰技术

光电干扰是指破坏与削弱敌方有效地运用光波频谱,即降低和破坏对方光电设备或人员的工作能力的一切技术措施,是一种攻击性手段。在以光电激光制导武器的大量使用为主要特征的现代高技术战场上,光电干扰的作用和地位越来越重要。

光电干扰的主要对象是敌方的光电武器和光电设备,其重要特征是干扰、破坏和欺骗。因此,它是光电对抗的主要内容之一。

光电干扰的种类很多,但同雷达干扰一样,一般可分为有源干扰和无源干扰两大类。光电有源干扰是指通过发射(或转发)一定波长或波段的光波,对敌方光电设备或武器进行压制或欺骗的一种光电干扰。根据干扰源类型的不同,光电有源干扰又可分为激光干扰、紫外干扰、红外干扰等。当然,按照干扰方式还可以分为压制式干扰和欺骗式干扰两种。在有源干扰技术中,较成熟且应用广泛的主要有激光角度欺骗干扰技术、激光距离欺骗干扰技术、激光致盲干扰技术、红外诱饵技术、红外干扰弹技术、紫外干扰机技术等。光电无源干扰是指利用某些特制器材反射、散射或吸收光波,以隐蔽目标、改变目标光学特性,或者通过显示假目标,妨碍敌方光电设备或武器正常工作的一种光电干扰。光电干扰技术主要包括烟幕干扰技术、光电隐身技术和光电假目标技术等。

1. 激光干扰技术

如前所述,目前的激光干扰技术主要有激光角度欺骗干扰技术、激光距离欺骗干扰技术和激光致盲干扰技术等。

(1) 激光角度欺骗干扰技术及系统。激光角度欺骗干扰主要针对对地攻击的激光制导武器,通过在被保护目标以外的方向上发射激光欺骗干扰信号,引诱激光制导武器跟踪、攻击被保护目标以外的假目标。这种干扰技术通常在地面使用,用于保护有价值的地面目标(如指挥中心、弹药库、电站、交通枢纽等)或战争平台(如坦克、装甲车辆等)。实现激光角度欺骗干扰的系统谓之激光角度欺骗干扰系统,一般由激光告警、信息识别与控制、激光干扰机和漫反射假目标等功能单元组成。当激光告警单元截获到来袭激光制导武器的激光制导信号后,发出威胁信号的原码脉冲信号,由信息识别与控制单元对该信号进行放大、处理和识别,并形成相应控制信号;激光干扰机在此信号控制下,发射与激光制导信号特征(波长、重频、脉宽、编码、能量等)相同或相关(时间、同步)的激光干扰信号;发射的激光干扰信号在被保护目标以外的漫反射假目标上,假目标对该机构的漫反射在较大的角度范围内形成激光器欺骗干扰信号;若该干扰信号进入来袭激光制导武器导引头的接收视场,由于其特征与制导信号特征相同或相关,使激光制导武器很有可能将其误认为目标反射回波,从而被引诱飞行假目标,而偏离被保护的目标。

为了提高干扰效果,激光欺骗干扰通常同时结合隐身目标。这些干扰的典型装备有美陆军的 AN/GLQ-13 车载激光对抗系统和美国的 405 型激光诱饵系统等。

(2)激光距离欺骗干扰技术及设备。激光距离欺骗干扰主要针对激光测距机。干扰系统一般布置在被保护目标附近,通过向敌方激光测距机发射激光欺骗干扰信号,模拟激光测距回波信号,造成测距机测距错误,从而使敌方判断失误,丧失攻击目标的最有利时机,达到保护目标的目的。激光距离欺骗通常有两种方法:其一是产生测距正误差;其二是产生负误差。德国已研制开发出多种激光距离欺骗干扰设备。它们利用电子延迟技术和光纤二次延迟技术使测距机产生测距正误差,而采用高重频率脉冲器使测距机产生测距负误差。

(3)激光致盲技术及系统。激光致盲干扰是一种典型的压制式光电干扰方式。它通过利用一定波长的很强激光束(一般比欺骗干扰激光强度高得多)对光电武器、设备或作战人员等目标进行照射,使光电武器的光电传感器饱和、致盲、毁坏或其他敏感部件损伤,或使人员致眩或致盲。当激光强度足够高时,甚至可直接摧毁目标。可见,激光致盲干扰的作用可归结为破坏光学系统、光电传感器和伤害人眼三个方面,这些作用统称"致盲"。

致盲激光对光电系统的干扰是通过激光对其中的光电探测器、光学系统等部件的损伤作用而实现的。由于光探器材料的光吸收能力一般都较强(吸收系数通常可达 $10^3 \sim 10^5 \mathrm{cm}^{-1}$),入射后在探测器上光能量大部分将被吸收。这样,光电探测器在吸收激光能量后产生的光学、热学或力学效应会使探测器材料性能发生很大变化,轻则导致探测器响应频率、信噪比下降或失去对光信号的响应能力,重则将造成探测器材料熔融、汽化、碳化、热分解、破裂或光学击穿等破坏效果。另外,由于激光束的方向性极好,速度又相当快,因此,利用强激光束瞄准,发射即中,这对于干扰快速目标(如光电制导武器的导引头、机载激光测距机和光电瞄准设备等)是一种再好不过的手段。再者,激光对人眼的损伤是十分严重的,眼睛的视网膜、角膜等组织一直受到激光照射,立即会产生热化学和光化学效应,轻则是视觉对比度的敏感性下降、丧失感光能力,重则会发生局部烧伤或凝固变性、穿孔出血,从而导致眼睛致眩甚至完全失明。

激光致盲干扰装备主要由激光器和目标瞄准系统两部分组成。对于干扰光电制导武器为目的的激光致盲干扰系统较为复杂,通常包括侦察系统、精密跟踪瞄准系统、激光发射系统、高能激光器和指挥控制系统等。其核心部件是激光器,激光器在满足特定战技要求下,应综合考虑发射功率和效率、激光波长、大气窗口等因素。目前,一般选用低能固体激光器便可致盲红外制导导弹。强激光致盲导引头的器件主要包括探测器、调制盘、激光片及头罩等。

美国硅激光致盲系统的研制开发最早,并始终处于领先地位,目前已达到相当成熟的地步,装备部队的著名激光致盲干扰系统有 AN/VLQ-7 Stingray 车载激光武器系统、AN/PLQ-5 便携式激光致盲武器、Qutrider 车载激光武器系统、Coronet Prince 机载激光系统、高级光学干扰吊舱 QOCP 等。此外,德国、英国、俄罗斯等国家也都研制了用于舰艇、防空、地面武器上的激光致盲干扰武器。

2. 红外干扰技术

红外干扰技术较集中地呈现在红外干扰弹、红外干扰机技术和红外引信干扰技术等方面。

(1) 红外干扰弹技术。红外干扰弹又称红外诱饵弹或曳光弹,是一种应用最广泛的红外有源欺骗式器材,主要装备在舰艇、飞机等作战平台上,用于作战平台的自卫,其干扰对象主要是红外制导武器,也可干扰红外侦测系统。红外干扰弹发射点燃后,可产生高温火焰,并在规定的光谱范围内产生强红外辐射。当干扰弹和被保护平台(目标)同时出现在红外点源制导武器的导引头视场内时,由于干扰弹的红外辐射强度远大于目标的辐射强度,所等效辐射能量中心将偏向干扰弹,导引头的跟踪将偏向干扰弹,并逐渐使目标离开导引头视场,以致制导武器完全跟踪干扰弹,从而达到保护平台的目的。对于红外成像制导武器通常同时投放多个红外干扰弹,使得红外制导武器难以确定需要跟踪的真正目标,同样可起到有效的干扰效果。

为了有效对抗红外成像制导武器,目前还出现了能够产生大面积红外干扰云的红外干扰弹系统。它一般可通过两种机理来实施干扰:其一是在红外制导成像武器与被保护平台间施放大片强辐射红外云,以覆盖目标及背景,使制导武器无法探测、发现和识别目标,这种机理类似红外烟幕;其二是利用红外干扰云模拟目标轮廓而形成假目标,从而引诱红外成像制导武器。

典型的红外干扰弹主要有美国的 RBOC III 型红外诱饵弹及 Kilgore Flares 公司开发的系列红外干扰弹、英国 Wallop Defence Systems 公司的 HS 系列红外干扰弹及德国 Back Neue Technologies 公司开发的系列红外干扰弹等。除此之外,目前还研制出了许多新型红外干扰弹,如英国的 Barricade 和 Shield 反导干扰弹系列和德国的 DM19A1 Giant 子母干扰弹以及法国的 DM19"巨人"红外诱饵弹等。

（2）红外干扰机技术。红外干扰机是一种有源红外对抗装置，能发出经过调制精确编码的红外脉冲，使来袭红外制导导弹产生虚假跟踪信号，从而失控而脱靶。这种干扰机可安装在战机、舰艇和装甲车辆上，主要用于干扰红外制导导弹。

红外辐射源是红外干扰机的关键部分。目前，已有多种形式，但主要包括燃油加热陶瓷型、电加热陶瓷型、金属蒸气放电光源型和激光器光源型。

具有代表性的红外干扰机有：美国的 AN/ALQ-157 型红外干扰机，采用了强色燃油与空气混合加热陶瓷棒；AN/ALQ-157 型红外干扰机，采用了强色蒸汽炸红外辐射源；AN/ALQ-140 型红外干扰机，采用了电加热陶瓷块；AN/ALQ-47 红外干扰机，采用了燃油"热砖"红外辐射源；俄罗斯研制的 УЭВ-1 型红外干扰机，采用了燃油或电加热陶瓷辐射源。

调制器是红外干扰就的主要部件，经调制后的干扰信号能与目标信号同时进入跟踪回路，使跟踪回路受到干扰，进而使控制设备产生错误失调信号和制导指令，直至导引头完全偏离目标。

红外干扰机的一个重要发展方向是研制和应用定向红外干扰机，这种红外技术是将干扰机的红外光（或激光）指向探测到的红外制导导弹，以直接干扰其导引头，使其偏离目标方向。美英联合研制的 AN/AAQ-24（V）"复仇女神"就是一种定向红外干扰系统，主要用来对抗地-空和空-空红外制导导弹对战术空运飞机、特种作战飞机、直升机及其他大型飞机的威胁。

（3）红外引信干扰技术。红外引信干扰是光电引信干扰的重要组成部分，其干扰对象是装有红外引信的导弹、炸弹或炮弹。它采用与目标红外特性相同的红外干扰源，产生高强度的红外辐射，压制目标本身的红外辐射，覆盖引信的红外敏感系统，使引信的红外敏感系统在目标识别的过程中产生错误判断，提前输出引爆信号，导致来袭威胁目标早炸，以保护被攻击的目标。

3. 烟幕干扰技术及系统

烟幕干扰技术具有"隐真"和"示假"的双重功能，并具有实时对抗敌光电武器攻击的特点，尤其是能对红外/激光制导武器威胁做出快速反应，明显减低其命中率。因此，它是最典型、应用最广泛的无源干扰手段之一，多使用在飞机、舰船、军用车辆等战争平台上，作为平台自卫和部队支援。

烟幕干扰是通过在空气中施放大量气溶胶微粒，干扰敌方光电侦测设备、光电制导武器等，以掩盖、遮蔽被保护目标或模拟假目标，避免来袭武器对目标的有效探测、识别和攻击。

从理论上讲，烟幕干扰主要是通过施放的气溶胶微粒对电磁波（包括光辐射）的散射和吸收、反射以及辐射而实现的。其实现机理通常有以下几种：①烟幕气溶胶微粒的电偶极矩散射和吸收光辐射；②烟幕反射太阳光及周围物体反射的可见光,从而增强烟幕亮度;③高湿气溶胶产生很强的红外辐射;④烟幕反射特定波长的激光,起假目标作用等。

烟幕干扰作为一种高效廉价的多波长(红外、毫米波乃至微波等)无源干扰,应用十分广泛,一直受到军方高度重视,故发展很快。截至目前已装备的烟幕器材有烟幕弹、烟幕机、烟幕罐、发烟火箭等。除此之外,还有烟幕手榴弹、发电机排气烟幕系统和直升机烟幕系统等。典型的烟幕罐有美国的 M3A3 型油雾发烟机、AN-M6 和 AN-M7 型油雾发烟罐、ABC-M5 型六氯乙烷发烟罐等。典型的发烟火箭装备有美国的 M259 型发烟火箭及 66mm 发烟火箭等。

应该指出的是,发烟剂是烟幕武器的核心。美军和德军都在这方面进行了精心研究,研制出了氯化锌/铵盐混合物发烟剂和六氯乙烷与本聚乙烯高聚合物发烟剂等。目前,研究中的多功能红外烟幕(发烟剂)可从可见光、近红发到远红外光这个红外辐射区的红外辐射,其遮蔽面有可能使敌方红外热成像系统完全失去作用。

还应强调指出的是,综合光电干扰技术是一个重要发展方向。它的重要特点和作用是集红外、激光、紫外灯多波段内的有源干扰和无源干扰手段于一体,将许多单一的对抗设备有机地结合在一起,从而实现多功能、强光电干扰的作用,达到最佳的对抗效果。目前,综合光电干扰的装备有美国的 AN/GLD-B 激光对抗系统及"超级双子座"超射频/红外/融合光电对抗系统;乌克兰的 TDHU-1 光电对抗系统;俄罗斯的 SOM-50 红外/激光融合光电对抗系统和 SK-50 箔条/红外/激光融合光电对抗系统;英国的"盾牌"改进型红外/箔条/激光融合光电对抗系统等。

总的来说,针对未来战场上光电武器的威胁和光电侦测设备性能的不断提高,光电对抗设备将朝着对抗装备综合系统化、对抗波段多光谱、全光谱一体化和攻防对抗全程化方向发展。发展综合系统化的光电对抗系统,可形成融侦察告警、战术决策、主被动对抗一体、攻防兼备的光电对抗能力;发展多光谱、全波段光电对抗系统,可形成在强效电磁压制条件下的多光谱、全光谱战场光电信息感知和对敌的干扰、压制、软杀伤、硬杀伤能力。发展攻防对抗全程化,是从根本上改变现阶段光电化对抗采用单一对抗末端防御的重要战略举措。美国防务分析报告表明,光电精确制导导弹的采购量增加一倍,可使作战飞机的损失增大 60%,这充分显示了光电精确制导武器威力倍增的效果。面对新型光电精确制导武器的不断完善和增多,光电对抗必须向多层防御、全程对抗发展,因为研究还表明,若过去单层防御的对抗成功率为 70%,则多层防御实施全程对抗的成功率将可达 99%。可见,多层防御全程对抗是对付光电精确制导武器的有效途径,是今后发展的重点技术装备之一。

10.6.5　光电反对抗技术

光电反对抗技术是在光电对抗中,为保护己方光电设备正常发挥效能,而采取的措施和行动,主要包括反侦察和反干扰技术。

1. 光电反侦察技术

光电反侦察技术从总体上可分为伪装技术和辐射抑制技术。

伪装主要采用能隐蔽或改变目标真实特性的各种材料、器材、涂料等来对抗光电侦察。伪装实质上是光电假目标技术,其通常做法是利用一些特殊材料,仿照军事目标,专门制成假设施、假兵器等,用于模拟真目标的几何特征或光反射、光辐射特征,它与真目标的隐身相配合,可以引诱、欺骗敌方光电侦测设备或光电制导武器,提高真目标的生存能力。

辐射抑制技术的实质是一种光电隐身技术,它与前述雷达隐身技术非常类似。它是通过降低武器装备的光电信号特征,使其难以被敌方光电侦察和制导系统发现、识别、跟踪和攻击。光电隐身技术包括光隐身技术、红外隐身技术及激光隐身技术。

光隐身技术又称视频隐身技术,就是降低军事装备本身的目标特征,使敌方的可见光相机、电视摄像机等光学探测、跟踪、瞄准系统不易发现目标的可见光信号。其手段主要用涂迷彩、伪装网和遮障伪装技术,通过减少目标与背景之间的亮度、色度和运动的对比特征,达到对目标视觉信息的控制,以降低可见光探测系统发现目标的概率。进一步的技术措施包括:①改变目标外形的光反射特性;②控制目标的亮度和色度;③控制目标发动机喷口的火焰和烟迹信号;④控制目标照射和信标灯光;⑤控制目标运动构件的闪光信号等。

红外隐身技术是利用屏蔽、低发射涂料、热抑制等措施,降低或改变目标的红外辐射特性(包括红外辐射强度与特性),以实现目标的红外低可探测性。其具体技术措施主要包括:①采用吸波和绝热材料,或利用改变表面辐射和反射特性的低红外发射率目标涂层;②采用弱红外辐射发动机、降温隔热材料、燃料特种添加剂、改变红外辐射波频带等;③采用红外发烟剂、红外烟幕、红外诱饵等掩护目标;④采取红外低发射率、高漫反射率和低比重的复合涂层;⑤应用红外隐身材料进行屏蔽;⑥运用光谱转换技术改变红外辐射的传播途径等。

激光隐身技术是通过尽可能减弱目标激光回波信号,从而达到降低被探测发现的概率,缩短被探测发现的距离。从原理上讲,它与雷达隐身有许多相似之处,都是通过采用外形设计技术和材料技术来降低目标的散射截面积和散射波强度,从而达到隐身目的。目前,激光隐身主要是针对激光测距机、激光目标指示器、激光跟踪器和激光雷达等。采取的重要技术措施为:①尽可能减小目标外形尺寸和设计减小散射源数量的外形;②利用吸波材料吸收照射在目标上的激光;③采用光改变色材料;④改变反射激光回波的偏振度;⑤利用激光的散斑应用等。

2. 光电反干扰技术

光电反干扰主要是抗无源干扰和有源干扰中的低功率干扰和抗有源干扰中的改善干扰和高能武器干扰,其采用的主要技术有:①抗干扰电路技术,如距离选通技术、编码技术等;②多光谱技术、自适应技术和背景辐射光谱鉴别技术;③各种光电防护和激光加固技术;④采用光电融合制导技术等。

对于激光制导导弹、红外制导导弹及光电器材和人员都有相应的具体反干扰技术措施,其总的思想都将是与它们的干扰反其道而行之。例如,激光防护技术就是对入射激光的能量进行吸收、反射、衰减或阻断,从而使其对光电器材和人眼不会起到损伤或破坏作用,使己方光电器材和人员得以保护。传统的激光防护器材主要是防护眼镜、护目镜、防护面罩,其次是防护薄膜、防护涂料、防护滤光片等。为了解决高技术战争条件下对可调谐、高功率激光的防护,目前正在研究和采用各种新技术,包括光限幅技术、光致变色技术、衍射技术、像差技术等。同时,包括新型激光防护材料的研究,如变色晶体、化学薄膜、高分子碳聚合物等。

研究中的器材有基于非线性光学的光开关、自聚焦/自散焦光学限制器和各种非线性防护材料等。

10.7 通信对抗/反对抗技术

10.7.1 引言

通信对抗是电子对抗的重要分支,其实质是敌对双方在战场通信领域内争夺无线电频谱控制权而展开的电波斗争。通信对抗始于第一次世界大战时期,形成于第二次世界大战结束,至今还在不断迅速发展、趋于完善,已成为综合电子对抗系统的主要重要组成部分。

通信对抗主要包括通信对抗侦察、通信干扰和通信电子防御三大领域,其应用范围为地地对抗、地空对抗、空地对抗,还正在向太空发展。

通信对抗的主要任务是对敌方通信信号进行侦听、截获、监视、测向定位和识别,进而采取通信干扰手段,达到阻止、破坏和削弱敌人军事信息系统特别是通信网络的正常运行,同时又要确保己方通信畅通无阻。简而言之,通信对抗就是通过干扰压制敌方通信系统来破坏敌方包括精确制导武器在内的 C^4ISR 系统,以夺取作战空间的制信息权、制网络权。到目前为止,通信对抗技术已形成一个完整的体系,包括无线电通信侦查、测向和干扰的进攻性通信技术和无线电反侦察、抗干扰及无线电通信屏障的防御性通信对抗。通信干扰和对抗干扰是通信对抗/反对抗的核心,属于破坏敌方通信系统的软杀伤,主要采用人为辐射电磁能量的办法获取信息的行动,进行扰敌和压制。对精确制导武器而言,除采用上述软杀伤手段对武器系统的战术"数据链"实施压制或欺骗性干扰外,还可能利用高功率微波武器/射频武器/超宽带武器破坏其武器系统的电路和毁掉计算机所存储的信息。目前国外已出现了如能量干扰、超级干扰机等技术和设备。

既然有通信对抗就有通信反对抗。通信反对抗就是保护己方通信网络不被侦察和干扰,采取各种通信反侦察、抗干扰措施,以保证己方通信系统的安全,防止敌方对己方通信网络的干扰、截获。通常,通信反对抗有扩频通信技术(调频通信、直接序列扩频通信、混合扩频通信等)、猝发通信技术和自适应抗干扰技术(自适应天线技术和自适应干扰抑制技术)等。值得指出的是,组网技术是精确制导武器抗通信干扰的重要措施,因为它可以广泛调动海、陆、空、天的通信网络的所有资源来保证信息畅通,即从时域、频域和空域等多方位采用各种抗干扰措施,使敌方用传统的集中式干扰难以对网络拓扑结构进行侦查分析和对网络关键点进行识别定位及干扰。同时,即使电子干扰破坏了网络中心的一个或多个节点,但组网带来的信息共享还可以从其他节点上使该信息获取和通信。

10.7.2　通信对抗侦察技术

通信侦察就是为了获取通信对抗所需的情报而进行的电子对抗侦察,主要是通过搜索、截获、分析和识别敌方无线电信号,查明敌方通信设备的频率、频谱结构、调制方式、功率电平、工作体制、配置位置以及通信规律、通信网络的性质和组成等。通信对抗侦察是获取敌通信情报的基本手段,是对敌通信实施通信干扰或摧毁的前提条件。

1. 通信信号的截获与识别

通信侦察设备是专门用于搜索、截获敌无线电通信的信号及技术参数、工作特征等情报的电子设备。按工作波段分,主要有地面(固定式、便携式、车载式)、机载、舰载和星载侦察设备;按作用功能可分为全景接收机、分析接收机、信道化接收机和其他一些接收机。

通信对抗侦察设备主要由天线、接收机、信号处理器、显示器、记录设备、测量存储设备和控制部分组成。常用的接收机是超外差式接收机;信号处理器是对接收机送来的信号,进行分选、识别,并提供给显示器和测量存储设备,进行显示、测量和存储;控制部分主要是采用微处理机或计算机对设备进行控制和提高其自动化程度。将具有不同功能的各种通信侦察设备组成一个统一、协调的整体时,即可构成通信侦察接收系统。

通信信号的识别是指利用计算机将数据库中预先存储的数据同被截获的信号的各种特征参数相比较,得出通信设备的类型、属性、威胁等级的战术参数。

2. 通信对抗侦察的功能及方式

1) 通信对抗的功能

侦察敌无线电通信的工作频段、工作频率、通信体制、调制方式等；测定通信信号的来波方向并对电台定位；通过对电台信号特征参数和位置参数的分析，查明敌通信网的组成、指挥关系和通联规律，查明敌无线电通信设备的类型、数量、部署和变化情况，从而可进一步判别敌指挥所位置、敌军战斗部署和行动企图等。

2) 通信对抗的方式

（1）听辨模拟通信。模拟通信是指采用通信符号、莫尔斯电码或语言信号，直接调制载波的振幅或频率而达成通信的，因而存在着较明显的键控（手法）特征和语言特征。

（2）听辨数字通信。数字通信是利用通信设备把各种信息转换成数字信号进行发送和接受而达成的通信，如电传印字报、语言数字保密通信等。由于数字通信传输是一连串的脉冲信号，因此，只能听辨其外在的音响特征，初步区分不同的通信信号。

（3）视觉侦察。所谓视觉侦察，即搜索、截获敌方无线电通信信号，通过仪器设备将其外部特征变为可视信息，并对此进行分析处理，从而获取敌方电子设备的技术参数、位置、类型和用途等情报。侦察时，不仅要注意来自地面的信号源，而且还要注意来自空中的信号源。这些信号源来自于：a. 敌方预警机、歼击机和直升机和机载通信系统；b. 敌方机载电子对抗系统、系留气球和无人机等空中中继通信系统、通信卫星和电离层、对流层、流星余迹和人造箔条云等的散射。

（4）分析识别信号。分析方法有模本比较法、测向辅助法、干扰配合法、综合模式识别法。

（5）跟踪目标信号。跟踪目标信号，是在对方采取措施以摆脱我侦察干扰的情况下进行的，其实质是对已确定的目标信号在不同时间、频点进行重新识别的问题。

10.7.3　通信干扰技术

通信干扰就是利用无线电通信干扰的方法来破坏或阻碍敌方通信，使其设备不能正常工作，不能正常接收有用信息，即削弱或破坏敌方无线电通信效能的电子干扰。它包括掩盖真信息和制造假信息，它是通信对抗的核心，是通信对抗领域中使用范围最广、作用最大的电子进攻手段。其作用是破坏或阻碍敌方的智慧通信、协同通信、情报通信、数据链通信及勤务通信。

1. 通信干扰分类

通信干扰可按照产生方式、战术性质、干扰特点进行多种分类。不过，通常按照干扰特点分为压制式干扰和欺骗式干扰,更能够反映干扰的技术特征和作战需求。

(1) 压制性干扰。压制性干扰有瞄准式干扰、阻塞式干扰和扫频式干扰等三种方式。

① 瞄准式干扰。瞄准式干扰是针对敌方某一通信频率,是干扰信号的频率与敌台信号频率的重合度满足一定要求的、频道较窄的压制性干扰。

② 阻塞式干扰。阻塞式干扰是指能同时干扰某一宽频带内所有频率通信的压制性干扰。它不需要频率引导,在干扰的有效作用距离内,可干扰此频段内工作的所有电台。阻塞式干扰有连续干扰和梳状干扰两种。

③ 扫频式干扰。扫频式干扰是指干扰机的载频在较宽的频谱内按某种方式由低端到高端,或由高端到低端,连续变化所形成的干扰。这种干扰具有干扰反应时间短、机动中仍可进行干扰及自动化程度高的特点,因此被广泛采用,如法国的"狐狸"系统、英国的"雄鹰"和"神鹰"系统均采用了这种干扰方式。

(2) 欺骗性干扰。欺骗性干扰是通过模仿敌人的通信信号,使敌方的通信设备对接收到的信号真假难辨,以致产生错误判断和错误行动的通信干扰,它可分为无线电通信冒充和通信干扰伪装。无线电通信冒充是干扰站模拟敌方通信电台信号特点,冒充敌方通信网内的一个或几个电台,与其他电台进行联络与情报,从而达到扰乱敌方通信的目的。无线电通信冒充是欺骗性干扰的一种重要方法。通信干扰伪装是指为隐蔽我通信对抗兵力部署和作战意图所采取的措施。

2. 通信干扰系统及关键技术

根据现代无线电通信系统的结构、特点及整个作用过程,通信干扰利用了其中的薄弱环节在敌通信系统的信道中释放无线电干扰,实现这种干扰的系统谓之通信干扰系统。通信干扰系统一般由下列部分组成:侦察分系统、监视检验系统、控制系统、干扰调制系统、干扰发射机、天线设备和电源设备等。干扰机是其核心部分。

影响干扰效果的因素很多,但主要为:干扰发射机的功率和天线的增益、效率和方向性;发射的干扰信号形式及参数;敌方通信信号的样式和技术参数;敌方接收机的形式及性能;传输路径对电磁波吸收与反射的影响,以及敌方所采用的反干扰措施等。因此,决定有效干扰的关键技术通常包括低截获概率扩频信号的检测技术、卫星通信的干扰技术、天波信道的干扰技术等。

10.7.4　通信电子防御

1. 通信反侦察的技术

通信反侦察技术一般包括调频技术、直接序列扩频技术、猝发通信技术、定向天线技术、信源编码技术、检错纠错技术、数据交错技术、功率控制技术、新的通信结构体制、信息加密技术和新的通信手段等。

　　2. 通信反干扰的技术

　　通信反干扰,就是为降低或消除敌方通信干扰时己方无线电通信的影响而采取的战术和技术措施。

　　通信反干扰的措施很多,可以从时域、频域、空域、功率域等多个方面,实现多维空间的反干扰,但根本目的在于提高通信接收机的信噪比。通信反干扰技术是实施通信反干扰的基础。运用的主要技术有调频技术、直接序列扩频技术、猝发通信技术、定向天线技术、信号转发技术和分集技术、陷波技术、脉冲消隐技术、检错纠错技术、数据交换技术、通信组网技术、自适应技术和采用抗干扰能力强的通信手段。目前,尤其应对扩频天线技术、自适应抗干扰技术和卫星通信的抗干扰技术和抗摧毁等高度重视。在扩频系统干扰抑制技术领域,针对不同干扰已有不同的自适应抑制技术,包括窄带干扰抑制技术、宽带干扰抑制技术及其他的干扰抑制算法(如有自适应算法、基于小波分析的算法、重叠变换算法等);自适应抗干扰技术主要包括自适应天线技术和自适应干扰抑制滤波技术等;卫星通信抗干扰技术措施也不在少数,但主要是:星上干扰限幅与个人的抵消技术,极高频(EHE)抗干扰技术,点波束、自适应天线阵列和天线自适应干扰调零,星上再生处理技术,直扩与调频技术及星上变换域编码解码技术等;通信卫星的摧毁与反摧毁日趋激烈。摧毁主要有两种手段:其一是对卫星进行摧毁性的电磁脉冲干扰,即所谓的"核爆炸";其二是用反卫星武器系统,反卫星武器主要包括拦截卫星、拦截导弹和激光高能武器。针对这两种摧毁手段可采用如下抗摧毁技术:①多轨道、多层次布星;②以小卫星群抗摧毁;③星上安装警戒装置和反摧毁武器;④利用国际商用卫星和广播卫星进行军事通信;⑤星上抗辐射加固和核加固技术等;⑥卫星通信系统组网和采用冗余技术等。

10.7.5　通信对抗装备及发展趋势

　　通信对抗专用装备有短波侦察机、短波测向机、短波干扰机、超短波干扰机等。通信对抗系统装备有跳频通信对抗系统和通信对抗无人机系统等。

　　通信对抗已成为决定战斗胜利的关键因素,其重点已从点对点侦察干扰转向了 C³I 对抗、削弱、破坏、摧毁敌方 C³I 系统。因此,通信对抗在未来信息战场中的地位和作用将愈加突出,加快通信对抗技术和装备的发展已成为信息战装备的一项重要工程。

　　目前,各个国家都非常重视发展通信对抗侦察,把通信对抗侦察系统作为通信对抗的发展重点。发展多功能一体化通信对抗系统已成为普遍趋势。所谓一体化主要表现在以下几个方面:一是发展侦察、测向、干扰三位一体的通信对抗车辆与通信对抗飞机;二是将通信对抗情报、雷达对抗情报甚至于成像情报传感器综合在一个平台上;三是研制标准化战术情报机载吊舱系统,以代替专用电子对抗飞机,逐步实现侦察/打击一体化;四是将地面系统与机载系统通过通信线路及控制中心连成一体,运用网络资源进行协调和控制。

研制和应用通用侦察传感器系统,同样是系统对抗发展的重要方向。根据不同的作战环境和条件,利用标准模块化设备,组成适合不同平台上装载的系统,如美军正在努力发展地面与空中信号情报通用传感系统和通用的装载平台,它们建有通信对抗侦察和雷达对抗侦察功能。

此外,开发对新通信体制的对抗技术及系统也至关重要。为此,必须针对目前的跳频通信和直扩通信,积极研究和开发各种瞄准式和拦阻式干扰,以及两者兼容的系统和装备,特别要重视对直扩、跳频和常规通信都具有同等的干扰效果的均匀频谱宽带拦阻式干扰体制的研制和开发。同时对于发展大功率通信对抗也绝不可忽视,包括研制激光武器。高功率微波武器/射频武器、粒子束武器和等离子体武器等,用以烧毁和干扰敌通信台/通信系统等目标的电子设备。例如,反卫星通信激光器能够破坏在轨的卫星通信。低功率激光武器可使通信卫星的传感器暂时失效,对通信卫星起到干扰作用,而利用高功率微波武器/射频武器/超宽带武器可以破坏敌武器系统的电路和毁掉计算机存储的信息等。

10.8　网络对抗/反对抗技术

10.8.1　引言

网络对抗是随着计算机网络和通信网络技术的发展和应用而产生的一个新概念。网络对抗是指计算机设备和通信系统组成的信息网络的对抗。其主要内容是基于软件技术的计算机网络攻防方法和一些通信对抗、硬杀伤对抗等电子战方法。

在国防和军事领域内,信息网络对抗已被作为最新型的武器,且威力相当强大。众所周知,网络中心战是当前信息化战争的集中体现,它的核心思想是利用计算机网络把战场上的探测网、信息网和交战网(称三大网络)相互连接成一个有机整体,共享作战空间的信息,获得信息优势,最大限度地发挥三大网络的作战效能。精确的、无缝的作战网络是由平台武器和信息网络中用于指挥控制和武器系统的软件组成,能够使作战空间(陆基、空基、海基、天和赛柏空间基)内分散的兵力和兵器链接成一个网络化整体。这样,既极大地提高了武器性能,又可实施联合/协同作战,发挥整体优势,从而产生整体大于各部分之和的极大作战效益。但随之而来的是这种网络化作战便成了现代军事斗争的热点和焦点,也就是说,信息网络对抗空前激烈。

信息网络对抗是指围绕战场信息网络展开的对抗斗争,即破网和护网。破网是指通过软、硬杀伤手段来破坏网络(包括软件和硬件)的组成和功能,其目的是破坏敌方网络信息的安全性(包括可用性、完整性、保密性和抗抵赖性),从而破坏敌方的作战行动。护网是破网的对立面。

10.8.2 计算机网络对抗技术

1. 计算机系统和信息的攻防机理

计算机网络对抗是指在计算机和计算机网络基础上发展起来的、针对计算机系统和信息的攻防手段和行动。通常它是通过计算机软件技巧和工具来实施的。

漏洞是计算机网络攻击得以成功实施的基础。所谓漏洞是指计算机硬件、软件或使用方法上的缺陷。这些缺陷要么会自动地影响计算机的正常运行,要么会使计算机遭受病毒和"黑客"攻击。

目前,计算机网络攻击之所以频繁发生,就是因为没有漏洞的计算机几乎是不存在的,而且每个星期,世界上都会有几十个新漏洞产生。这些漏洞影响着计算机网络的安全,包括路由器、客户和服务器软件、操作系统和防火墙等的安全。

因为存在各种漏洞等原因,目前任何连接到 Internet 上的计算机都有遭受"黑客"攻击的可能,任何与外部连接的计算机都有泄密的可能。

2. 计算机网络探测(侦察)工具

计算机网络探测(侦察)工具用于探测网络的漏洞或脆弱点。它们既可以用于攻击目的,也可以用于防御目的。扫描程序和嗅探器是两种典型的探测工具。

扫描软件通过查询 TCP/IP 端口并记录目标的响应信息来工作。大多数扫描软件都是强大的工具,它们可以为安全审计收集初步的数据。在这方面应用中,扫描程序可大范围地快速捕获已知的脆弱点。

嗅探器是能够捕获网络报文的设备,其正当用处是分析网络的流量,以便找出所关心的网络潜在问题。

3. 计算机网络攻击武器

攻击武器能够扰乱计算机系统的正常工作、导致系统拒绝服务、破坏系统的数据或在系统内造成安全隐患等。常见的计算机网络攻击武器有电子邮件炸弹、蠕虫和细菌、计算机病毒、特洛伊木马、逻辑炸弹和后门等。

1) 电子邮件炸弹

电子邮件炸弹往电子邮箱里发送大量的邮件垃圾,以扰乱系统的正常工作或导致系统拒绝服务。

2）蠕虫和细菌

蠕虫和细菌的机理是类似的,只不过蠕虫是在网络上传播的,而细菌是在单机上传播的。它们扰乱系统的正常工作或导致系统拒绝服务。蠕虫是一段自主独立的程序,它通过爆炸性的自我复制方式在计算机网络上传播,从而影响系统的可用性。形象地说,蠕虫能像细胞一样,一个分裂成两个,两个分裂成四个……

3）计算机病毒

目前,已经发现的病毒有几万种,并且还在以每月 500 种以上的速度飞速发展。

病毒一般由以下四个部分组成:

(1) 安装部分:负责病毒的组装、联结和初始化工作。

(2) 触发部分:由触发条件构成。

(3) 感染部分:将病毒程序传染到别的可执行程序上。

(4) 破坏部分:实现病毒编制者的破坏意图。

病毒的危害性特点包括隐蔽性、感染性(繁殖)、潜伏性和破坏性。

病毒发作时可进行如下破坏活动:

(1) 减少存储器的可用空间。

(2) 使用无效的指令串与正常运行程序争夺 CPU 时间。

(3) 破坏系统中的文件或数据。

(4) 造成机器不能启动或死机。

(5) 破坏显示、打印等 I/O 功能。

(6) 破坏系统硬件、如 CIH 病毒等。

4）特洛伊木马

特洛伊木马是依附在合法程序里的未授权代码,未授权代码执行不被用户所知(或不希望)的功能。它与病毒的区别是,一般的特洛伊木马不感染其他文件,而且执行的破坏一般很难被用户察觉,因而也很难发现它。因此,它比病毒更危险。

5）逻辑炸弹

逻辑炸弹是蓄意隐藏在系统中的、可在特定指令或时间等条件触发下进行破坏的恶意代码。逻辑炸弹与病毒的区别是它不感染其他文件,或者说不繁殖;与特洛伊木马的区别是,特洛伊木马通常伪装在有诱惑力的软件工具中,由用户自己不经意地装入自己的系统中,它进行的破坏是秘密的、长期的,一般不易被发觉,而逻辑炸弹通常是由程序开发员、管理员或系统供应商蓄意地、直接地埋入到用户的系统中,它的发作是爆炸式的,往往一次发作就能被用户发觉。

6）后门

后门是指存于目标系统(或用户的系统)上的、可提供非法访问目标系统机制的口令和程序等。比如,网络供应商提供的网络设备的缺省口令就是最简单的后门,因为若这些缺省口令不被用户删除或修改,"黑客"就可以用这些口令轻易地侵入用户的系统。如今,"黑客"可利用许多网络工具如 Netcat,在防护薄弱的系统上设置后门(暗通道或反向通道),并通过它来入侵系统。

4. 计算机网络防护工具

防护工具用于对网络攻击进行预防和检测等,包括信息完整性检测工具、防火墙、日志及其审计工具等。

1) 信息完整性检测工具

完整性检测工具可以检测信息(文件或数据)是否被篡改或污染了。通过利用这些工具检测计算机系统中文件的完整性,可以发现系统中是否有特洛伊木马或病毒等在侵袭。

大多数完整性检测方法建立在对象一致性原则上。对象是指文件或目录。一致性就是比较对象、看最近的对象与以前的是否一样。如果不一样就要怀疑对象被篡改了。

2) 嗅探器检测工具

在单机上进行校验和搜索是检测嗅探器的有效方法。但是,在一个大型网络上进行嗅探器的查找就困难了。

嗅探器只能在它所在的网络段上进行数据捕获。这意味着,将网络分段得越细,嗅探器能够收集的信息就越少。

3) 防火墙

防火墙是防止从网络外部访问内部网络的设备,这样的设备通常是单独的计算机、路由器或防火墙盒(专有硬件设备),它们充当访问网络的唯一入口点,并且判断是否接受某个外网连接请求。只有来自授权主机的连接请求才会被处理,而剩下的连接请求被丢弃。

4) 日志工具

Wtmp、Wtmpx、Wtmpx 和 Lastlog 等日志工具用来记录和报告用户信息,包括何时用户访问了系统。当入侵发生时,系统管理员分析日志(记录)文件就可判定是谁何时访问了机器。

5) 日志审计工具

日志审计工具能够分析日志文件,从中摘录数据,并做出报告。例如,Nest Watch 能从所有主 Web 服务器和许多防火墙中导入日志文件并进行分析,能以 HTML 格式输出报告,并将它们分发到选定的服务器上去。

5. 典型的网络攻防工具

1) 防御对策工具列表

防御对策工具是指用于防御网络探测和攻击的特定防护工具,具体包括

Black Ice by Network Ice、CyberCop Monitor by Network Associates 和 ITA from AXENT。

2）防务拒绝攻击工具列表

防务拒绝攻击工具列表包括 Load and Latiera、Netcat 和 Protfuck。

3）查点工具列表

查点工具列表包括 Bindery、Bindin 和 Epdump。

4）踩点工具列表

踩点工具列表包括 ARIN database、Cyberarmy 和 DomTools。

5）获取访问权限工具列表

获取访问权限工具列表包括 Lophtcrack's Readsmb、Legion 和 Nwpcrack。

6）渗透与后面工具列表

渗透与后面工具列表包括 Elitewrap、Getadmin 和 Hunt。

7）盗窃工具列表

盗窃工具列表包括 File wrangler、PowerDesk 和 Revelation by SnadBoy。

8）root 工具箱和踪迹掩盖工具列表

root 工具箱和踪迹掩盖工具列表包括 Cygwin Win32 cp and touch、Wipe 和 Zap。

9）扫描工具列表

扫描工具列表包括 BindView、Chknull 和 Pinger。

10）轰炸拨号工具列表

轰炸拨号工具列表包括 PhoneSweep by Sandstorm、THC 和 ToneLoc。

6. 典型计算机网络攻击模式

典型的计算机网络攻击模式如图 10.10 所示。

10.8.3　军事信息网络对抗技术

1. 战场信息化网络的结构

战场信息化网络的结构可分为三部分:探测器、信息网络和信息化武器。探测器包括雷达、预警机和侦察卫星等情报、侦察和监视设备,作用是获取信息。信息网络包括通信系统和计算机网络等,作用是传输和处理信息。信息化武器是指能够实时接收指挥控制信息的武器,如精确制导导弹、自动火炮平台、有数字化接口的战斗机和舰艇等,作用是对敌方的武器装备和人员实行软硬杀伤。这三部分按照标准化的协议(或数字化接口)互相交联,组成一个具备完整作战功能的有机整体。

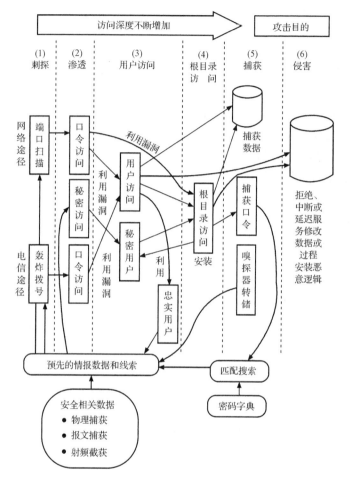

图 10.10　典型的网络攻击模式

2. 信息网络

信息网络是指传输和处理信息的电子网络,主要包括通信网络和计算机网络。通信网络是由链路和节点组成的,其中链路是传输信息的信道,节点是发送和接收信息的设备,如电话机和微波转发器等。计算机网络是建立通信网络基础之上的,它与通信网络的主要区别是采用了计算机化的节点。计算机化节点以处理器(CPU)为核心,能够运行程序,具有"智能"处理和控制功能。所以,相信网络对抗的内容主要由(目前的)通信网络和计算机网络的对抗内容组成。

3. 信息网络对抗技术

信息网络对抗是指围绕战场信息网络展开的对抗斗争,即破网和护网。破网是指通过软硬杀伤手段来破坏网络(包括软件和硬件)的组成和功能,其目的是破坏敌方网络信息的安全性(包括可用性、完整性、保密性和抗抵赖性),从而破坏敌方的作战行动。护网是破网的对立面。

战场信息网络对抗的体系学科内容如图 10.11 所示。

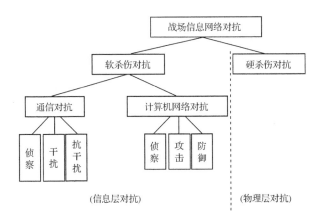

图 10.11　战场信息网络对抗的体系学科内容

4. 信息网络对抗的主要手段

表 10.2 和表 10.3 分别列出了信息网络对抗的典型技术手段。

表 10.2　信息网络对抗的典型技术手段

项目	典型技术手段
通信对抗	通信侦察:截获、分析和定位等
	数据加密:私钥体制(DES)、公钥体制(RSA)
	扩频通信:跳频和直扩
	TEMPEST
计算机网络对抗	网络协议:TCP/IP 和 X.25 等
	操作系统:UNIT、Linux 和 Windows XX 等
	"黑客技术":病毒、嗅探器和扫描程序等
	网络安全:防病毒软件、防火墙和日志管理等
	数据加密:私钥体制(DES)、公钥体制(RSA)
	安全认证:Kerberos 认证体制等
硬杀伤对抗	定向能:电磁脉冲、激光武器、常规炸弹等

表 10.3　信息网络对抗的典型措施

信息网络侦查	物理层		间谍观察、记忆、拍照；飞机和卫星空中成像侦察
	信息层	信号层	信号截获、定向、定位
		网络层	计算机网络侦察（查点和扫描等）
信息网络攻击	物理层		炸弹、定向能、电磁脉冲、反辐射导弹
	信息层	信号层	信号解密、信号干扰和压制
		网络层	计算机网络攻击（病毒和拒绝服务攻击等）
信息	物理层		伪装、隐藏；物理加固；电磁加固

10.9　导航对抗/反对抗技术

10.9.1　引言

导航对抗/反对抗是继电子战、信息战之后提出的新作战样式——导航战，它对于精确制导与控制无疑是极端重要的。这是因为海、陆、空作战平台导航正在向着精确打击武器制导方向发展，导航定位系统仅是成为精确制导武器不可缺少的重要组成部分，而在形成目标跟踪、目标瞄准、武器投放、扫布雷、反潜战、侦查监控等发挥着决定性作用。可以说谁拥有先进导航和定位技术，谁就可能拥有未来战争中克敌制胜的精确制导杀手锏武器。

导航战主要表现在两个方面：其一是导航定位技术特别是先进卫星导航定位技术（GPS/GLONASS/GNSS）介入精确制导武器；其二是导航定位系统在目标侦察、C4KISR 中的应用。可见，导航战归根结底是 GPS 的对抗与反对抗斗争。当前，对抗 GPS 制导技术已成为对抗卫星制导武器的关键，其发展趋势是：①应用多点分布干扰源，当干扰源方向高出 GPS 接收天线阵元数时，自适应接收天线干扰措施失效；②采用先进检测技术（如周期谱相关、倍频检测等），提取低信噪比 GPA 扩频信号的载波，以实现跟踪瞄准式干扰；③对 GPS 进行大空域的干扰压制，以降低导航精度；④同时干扰压制 GPS 和 GLONASS，破坏它们的相互利用；⑤针对 GPS 系统实质是一个信息集中系统，节点一旦被摧毁，其功能将失效。对此，快速发展反卫星武器、激光武器、粒子束武器和动能武器等，摧毁其导航信息源是一条根本途径。

10.9.2　信息干扰技术

导航对抗中，信息干扰技术运用的最重要领域是 GPS 卫星导航系统。这是由于 GPS 卫星导航的介入，给飞机、导弹、舰艇等移动平台提供精确的三维位置、速度、时间等重要信息,使得依赖 GPS 的巡航导弹等武器对目标的命中率有了大幅度的提高,由此而引起对敌方导航定位系统的破坏,特别是对 GPS 导航的对抗。这种对抗基本上是研究应用电子手段使 GPS 低效或失效的方法,所采用的技术主要为压制干扰和欺骗干扰。此外,活动平台干扰、升空平台干扰、网络法干扰及数据总线干扰也是信息干扰技术的重要应用领域。

1. 对 GPS 的研制干扰

研究表明,在所有对 GPS 的威胁中,威胁最大的是 GPS 受到压制干扰。于是,人们针对 GPS 信号的独特码型,采用了 C/A 码压制干扰。通常有三种方式,即瞄准式干扰、阻塞式干扰和相关干扰。

C/A 码瞄准式干扰是利用频率瞄准技术,使干扰载频精确对准 1575.42MHz 的信号载频,并通过相同的调制方式和相同的伪码序列实施干扰。这种干扰只能是一部干扰机干扰一个卫星信号。

C/A 码阻塞式干扰是对 GPS 信号载频采用一部干扰机来扰乱该地区出现的所有 C/A 码卫星信号,它有多种干扰体制(如单频窄带干扰、宽带均匀频谱干扰等)。

C/A 码相关干扰是利用干扰信号的伪码序列和 GPS 信号伪码序列有较强的相关性特点实施对 GPS 干扰。

分析表明,相关干扰效果较差,而阻塞式干扰中的宽带均匀频谱干扰效果最佳。采用这种干扰技术,俄罗斯研制和应用了 GPS/GLONASS 干扰机,用 4W 功率可以干扰 200kW 的范围。

2. 对 GPS 的欺骗性干扰

按照 GPS 的机理,可以通过虚假信息或增加信号的传播延时进行欺骗性干扰,其实现有"产生式"和"转发式"两种体制。前者根据侦察得到的码结构,产生与其相关性最大的伪随机码,然后调制与导航电文格式完全相同的 506/s 的虚假导航电文,修改某些星历、时钟等数据,使接收方上当。

由于码加密后形成军用 Y 码,所以"产生式"干扰体制的实现,至今仍有一定困难。后者利用信号的自然延时,将干扰机接收到的 GPS 导航信号经过一定的延时放大后直接发送出去,对于某一台 GPS 接收机而言,同时存在多个信号,因此,接收机很易被这种信号欺骗,从而得到错误的伪距,影响定位精度。虽然这种体制的自然延时容易实现,但转发器信号的"保真"是一个关键问题。

3. 干扰平台技术

利用活动平台(如坦克、装甲车辆、舰艇、浮标等)、升空平台(舰载直升机、无人驾驶机、系留气球等)都可以作为干扰平台,主要用于 GPS 接受欺骗与压制干扰相结合,自身防御或与其他干扰平台组成干扰辐射网。

4. 使用干扰网络法和数据总线干扰技术

干扰网络法是通过对保证准确导航定位信息服务的网络环节进行有效干扰,使其导航定位信息产生畸变或失效。

由于现代作战系统是通过数据总线把导航系统、信息系统、通信系统、武器系统及计算机网络系统连接在一起的,因此数据总线抗干扰技术也可达到破坏敌方导航信息安全性的目的。

10.9.3　摧毁性对抗技术

摧毁性对抗是针对导航定位系统关键性环节进行摧毁性打击的导航对抗技术。目前,尽管 GPS 采用中、高空卫星,多星配置,卫星机动,航天补充等措施来增强其生存性,但该系统实质上还是一个信息集中系统(指信息收集、转发、处理存储等),系统的主控站、注入站、监测站均是系统的一个节点。显然,任何节点一旦被摧毁,整个系统都将处于瘫痪状态。为此,摧毁性对抗是破坏 GPS 的根本性技术,当前快速发展的反卫星武器、激光武器、粒子束武器和动能武器等是 GPS 系统的致命克星。

10.9.4　导航反对抗技术

这里主要是指导航战防御中的反对抗技术。为了抵御敌方的导航战进攻,保证己方能正确获取和使用导航信息,以进行正确导航,一般采用如下反对抗技术:

1. 导航防范技术

导航防范通常采用信息加密技术,以阻止敌方使用己方建立的导航系统(如 GPS 导航系统、"罗兰"-C 导航系统等)。例如,美国为防止敌方利用和干扰 GPS,就采用了 SA 政策和 A-S 政策等导航防范措施。

2. 导航卫星信息冗余技术

为了保证导航定位信息的安全性,采用信息冗余技术是必要的。如 GNSS 导航就采用导航信息冗余技术,将 GPS 和 GLOSS 两个系统相组合成双星定位。这样,48 颗卫星分布在不同轨道上,保证了在地球上任何地点、任何时刻、任何地理环境下的用户,都会获得几何分布更好的定位星座,从而实现高精度连续定位,同时提高了系统的安全性与生存能力。

当然,为了提高导航定位的安全性,还可以使用 INMARSAT 海事卫星或其他特殊用途的导航卫星。

3. 组合导航技术

前述组合导航不只是为了提高导航精度,而且也是导航反对抗的重要技术手段。为此,目前广泛采用了 INS/CNS/GPS 组合导航系统。

4. 先进的抗干扰技术

目前,主要针对 GPS 的抗干扰技术很多,仅美军空间和导弹系统中心的 GPS 联合办公室就提出了 30 多种。例如,除上述组合导航技术外,还有抗干扰自适应调零天线、直接捕获 P 码信号、滤波器处理技术抗干扰、探测干扰源、伪卫星技术抗干扰、增强 GPS 抗干扰能力等。

5. 研制具有抗干扰能力的 GPS 接收机系统

在这种系统中,一般采用了如下抗干扰技术:
(1) 射频干扰检测技术。
(2) 前端滤波技术。
(3) 窄带干扰处理技术。
(4) 码环和载波跟踪增强技术。
(5) 天线增强技术等。

10.10　水声对抗/反对抗技术

10.10.1　引言

水声对抗是针对水面舰艇和水中精确制导武器提出来的。水声对抗又叫水下声学战,是敌对双方围绕水下领域进行的声学战争。

水声对抗分战略性和战术性两类,主要包括海洋水文条件利用、水声侦察和反侦察、水声干扰和反干扰等。水声干扰是水声对抗的核心,是指利用水声对抗设备发射、转发某种声波信号,或对敌探测信号进行反射、散射、吸收、削弱或破坏敌方声纳和声制导兵器对目标的探测和跟踪能力。干扰器、声纳诱饵(拖曳式声诱饵和悬浮式声诱饵等)、气带弹等是主要的传统水声对抗装备,进一步发展的装备自主水下航行器 AUV,它以数据链方式对航母提供威胁目标信息,实施远程监控。除此之外,还有对抗尾流自导鱼雷的新颖气幕弹,对抗智能鱼雷的智能诱饵等。

应指出的是,上述装备在水声对抗中均属软杀伤手段,为了真正起水声对抗效果,必须软、硬结合。可供选用的"硬"杀伤手段有反鱼雷深弹、引爆式声诱饵、火箭助飞鱼雷、反鱼雷鱼雷等。

总之,水声对抗/反对抗从任务使命分为战略性水声对抗/反对抗和战术性水声对抗/反对抗;从技术角度讲,水声对抗/反对抗主要体现为:水声侦察和反侦察,水声干扰与反干扰,以及水声对抗/反对抗器材(设备及武器)的配置及使用等。

10.10.2　水声侦察与报警技术

1. 水声侦察

水声侦察是依靠水声设备在水中查明敌方水声设备、声制导武器和一切水下声辐射源信号的方位及技术参数,确定敌目标类型、部署和数量,判断威胁程度,获取水下情报,为水声对抗提供依据。从本质上讲,水声侦察仍是一种电子对抗侦察。

水声侦察可分情报侦察和技术侦察。前者在于查明敌舰艇出入基地、港口及海上活动等情况;发现敌潜艇和水下其他兵器(雷达、水雷、浮标等),尤其是弹道导弹核潜艇,并对其实施跟踪与监视;查明敌方潜预警系统的分布位置,以便必要时将其消灭。后者的目的是查明敌防潜预警系统、水下制导兵器和各种设备的战术技术数据,包括工作频率、发射功率、脉冲重复频率、脉冲宽度、作用距离、工作方式和制导方式等,为水声对抗提供战术技术根据。

水声侦察主要由侦察声纳来完成。侦察声纳主要由换能器基阵、接收机和显示终端等部分组成,它以被动工作方式收集敌舰或水下制导兵器辐射噪声的频谱特征参数和敌方主动声纳的特征参数,并可对来袭声自导鱼雷实施告警。除专用侦察声纳外,舰壳声纳、变深声纳、拖曳线阵声纳及综合声纳等还具有水声侦察能力。在现代海战中,为了迅速地大面积查明敌舰艇,特别是潜艇和鱼雷兵器的活动情况,通常采用直升机投放声纳浮标和使用航空吊放声纳进行侦察搜索。

美国在水声侦察方面一直处于技术领先的地位,在每一时期都研制和应用了各种水声侦察声纳,并促进了计算机应用技术和水声信号处理技术的发展。典型的侦察声纳航位具有侦察能力的其他声纳有美国的 WLR-5、WLR-6、AN/WLR-9、WLR-12、WLR-14、WLR-7 及 WLR-24 等水声侦察声纳;法国的 DUUG-6 侦察声纳;荷兰的 LWS-30 型侦察声纳、SIASS 系列潜艇综合声纳;意大利的 IPD-70 型多站综合声纳系统及改进型 IPD-70/S 等。

2. 鱼雷报警

鱼雷报警是实施水声对抗的前提,它以水声探测设备接收到鱼雷主动探测信号或鱼雷辐射的噪声信号,通过主动识别或人工识别后,对来袭鱼雷进行声光报警,现代海战对鱼雷报警提出了很高的要求,因此,一般由专用的鱼雷报警声纳来实现,图 10.12 为典型专用鱼雷报警声纳结构示意图。

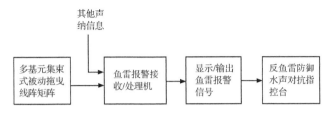

图 10.12　专用鱼雷报警声纳结构示意图

由图 10.12 可见,鱼雷报警通过接收鱼雷被动声特征信息,利用适当的信号处理和信息处理方法而获得高置信度的鱼雷报警信息,为提高鱼雷报警的效能、可靠性和安全性,通常把远程鱼雷报警分为“预报报警”和“识别报警”两个阶段。

专用远程鱼雷报警声纳是一个高技术密集的复杂光电信息系统,其关键技术包括多基元拖曳矩阵设计技术、鱼雷信息的特征分析与分类技术、多传感器信息融合技术、及时捕获和实时分析(状态)技术,以及快速反应、并行处理技术等。

典型的鱼雷报警设备有两大类:一类是上述专用的反鱼雷报警声纳;另一类是改进型传统声纳(如加特殊的鱼雷检测分类模块等)。法国的“信天翁”(ALBA-TROS)鱼雷报警声纳和 SATA 系列鱼雷报警接收机分别是其典型代表。

10.10.3　水声干扰技术

水声干扰是指利用水声对抗设备发射、转发某种声波信号,或对敌探测信号进行反射、散射、吸收、削弱或破坏敌方声纳和声制导兵器对目标的推测和跟踪能力的干扰。其干扰技术通常是由声干扰器、声诱饵、自航式声诱饵、气幕弹、自主水航行器等来实现的。

1. 声干扰器

一种声干扰器可根据侦察声纳测得的敌主动式声纳工作参数来发射干扰声波,以掩盖回波信号,使敌方主动声纳探测不到目标。另外,还有一种声干扰器是以宽频带覆盖水声设备或声自导鱼雷的接收通频带,从而使敌主动、被动声纳失去正常的工作能力。

为了干扰来袭鱼雷,有的国家还开发出多单元爆炸干扰器,它有弹头、弹体和弹尾三部分组成。当爆炸单元爆炸时,产生极短的脉冲波,随后因海底、海面及水中悬浮粒子的反射又出现 0.5s 左右的混响,从而在作战海域内形成爆炸声波和混响均很强的干扰背景,对来袭导弹产生良好的干扰效果。

2. 声诱饵

声诱饵是利用模拟舰艇噪声和声纳或鱼雷主动信号回波的方法来迷惑敌方声纳或欺骗敌声自导鱼雷,掩护舰艇规避和逃逸的一种水声对抗器材,是舰艇干扰敌声纳探测和防御敌声自导鱼雷攻击的有力武器。声诱饵在整个工作过程中,一方面连续不断地发射模拟舰艇辐射的宽带噪声,以对抗敌被动声纳或被动自导鱼雷;另一方面又希望在这个强噪声背景下接收和记录敌方声纳或声自导鱼雷发射的主动信号,以便重发,来对抗敌主动声纳或主动自导鱼雷。声诱饵的种类很多,按机动方式分,有拖曳式、悬浮式和自航式等。

拖曳式声诱饵拖在水面舰艇的后面,能发射模拟水面舰艇的辐射噪声,可以应答敌潜艇的声纳探测信号和来袭鱼雷的声自导探测信号,起到欺骗、干扰的作用。悬浮式声诱饵通常装备在潜艇上,它由潜艇发射后,可悬浮在水中,或慢慢沉向海底,其欺骗干扰的性能基本上与拖曳式声诱饵相同。

典型的拖曳式声诱饵有:美国的 AN/SLQ-25A、AN/SLQ-3Q、G173G 和"海妖"。典型的悬浮式声诱饵有美国的 ADC 系列、"赤刀鱼"和"阿塔克"等。

3. 自航式声诱饵

20 世纪 60 年代发展起来的自航式潜艇模拟器实际上就是自航式声诱饵的雏形。主要作为潜艇受到敌方反潜兵力探测和反潜声自导鱼雷攻击时,施放能模拟潜艇战技性能的假目标,即用来迷惑敌方声纳和声自导鱼雷,使其误判为潜艇而进行错误跟踪的自航式诱饵。

20 世纪 80 年代以后,自航式声诱饵的性能水平大大提高。它可监视来袭鱼雷的航向和深度变化,从而修正诱饵本身机动,诱骗鱼雷迅速远离潜艇目标。

典型的自航式声诱饵有美国的 ADMATT、MK-6、MR40-3 和法国的 CI-5 等。

4. 气幕弹

气幕弹是利用声波在含有气泡的水中传播时,会产生反射、折射和衰减的性质来对抗声自导鱼雷的一宗无源干扰器材,也是水声对抗措施中唯一的一种无源干扰器材。气幕弹发射入水后,气幕弹药与海水进行激烈的化学反应,形成大量气泡,散布在一定范围的水中飘动,形成气泡"云"或气泡"幕"。如果该气泡幕位于舰艇与探测声纳及声自导鱼雷之间,则因气泡对声波的极强吸收,其气泡幕在舰艇与探测声纳及声自导鱼雷之间形成一个声屏障,既遮蔽本艇的辐射噪声,又大大衰减主动声纳探测声波的能量,使主/被动声纳探测能力和鱼雷声自导能力明显降低(信噪比降低,虚警增加),甚至失去与目标的接触。另外,利用气泡对声波的反射能力,可给主动式声纳和主动声自导鱼雷制造一个假目标,诱骗无识别能力的鱼雷反复进行攻击,直至燃料耗尽。

气幕弹主要由三个部分组成:用合适材料制成的弹壳;用以形成气泡的药剂,药剂制成小的颗粒,相对密度控制在与海水相同或相近的范围内;爆破药,其功能是在爆炸时将药粒以一定的速度退出来,并形成合适的性状。

气幕弹可利用深弹发射装置和诱饵发射装置发射。

美国研制出一种自航式气幕弹,可干扰鱼雷被动声纳自导。前苏联开发了一种潜用气幕弹,战术作用为声屏蔽和固定式假目标。法国开发了一种名为"萨盖"(SAGAIE)的水面舰艇反声纳/反鱼雷诱饵火箭发射系统,可发射的三种对抗器材中就有一种是气幕弹。

5. 自主水下航行器

上述声干扰器、声诱饵和气幕弹等水声对抗器材在对抗一般声纳探测和跟踪及防御声自导鱼雷的攻击时,是很有效的。因而现有的对抗器材都是在距离比较近,本艇正受到敌人的跟踪和攻击情况下的末端战术防御行动。为了扩大防御空间,提高本艇的生存能力,使自主水下航行器 AUV 受到广泛重视。AUV 通常由三个部分组成:战术声学系统(TAS)、水雷探测系统(MAA)和远程监视系统(RAA)。具有 TAS 的 AUV 可以用水下声纳侦察方式探测和识别威胁目标,并能激活装在 AUV 上的声对抗器材来引诱和干扰这些威胁目标,为战略核潜艇和航空母舰编队提供远程外层防御能力,提高它们的生存能力和隐蔽性。具有 RAA 的 AUV 可保障母舰在远距离上,利用装在 AUV 上的传感器系统探测威胁目标,对发现的目标信息以数据链方式提供给母舰,使母舰实现对威胁目标的远程监视。

10.10.4　水声反对抗技术

水声反对抗技术是在与水声对抗的激烈斗争中发展的,并在海战中与水声对抗具有同样重要的地位和一一对应的技术措施。

水声反对抗包括水声反侦察、水声抗干扰和充分利用声波在海水中的传播特征及海洋环境特性等。

1. 水声反侦察

水声反侦察是使敌水声侦察设备侦收不到本艇作为目的的信号,降低舰艇,特别是潜艇的噪声是提高水声反侦察能力的重要途径。

这里主要包括降低舰艇的机械噪声、降低螺旋桨噪声、降低水动力噪声、电流变流体减阻降噪和采用消声瓦等。

2. 水声抗干扰

水声抗干扰的目的是通过各种技术手段和组织措施，来对抗敌方的水声干扰，保证己方水声观测设备正常工作，以致声自导武器不致失控，其技术手段与无线电通信的抗干扰相似。

其主要技术措施是：提高声纳发射的功率或降低工作频率；使用多频工作和采用多频 LFM（线性调频）与 CW（连续波）；采用战术抗干扰等。

3. 水下目标识别

水下目标识别技术是声纳和鱼雷寻的所采用的反对抗措施的主要技术。目标识别就是要对目标的类型、真假或属性等做出判断，进而对目标进行分类。水下目标识别分两大类：一类是被动目标识别；另一类是主动目标识别。

被动目标识别是利用被动声纳检测目标的辐射噪声，通过分析目标噪声的频谱特征来识别目标的类型和性质（如属于那个国家、何种类型的舰艇目标等）。主动目标识别是使用主动声纳通过声波照射目标，从反射回来的目标回波中提取目标特征，以识别目标（其关键是目标特征的提取）。

4. 非声探测

非声探测是水下反对抗的一种重要手段。其技术主要包括电场探测、磁异常探测和红外探测等。

5. 水声反对抗新技术与新体制

水声反对抗技术及系统的不断发展，使近年来出现了很多新技术和新体制，归结起来主要包括：

1) 双/多基地声纳

所谓双/多基地声纳，就是收、发分来的距离可与作用距离相比拟的声纳，并兼备主动、被动声纳的特点，它具有优良的水声抗干扰和反对抗性能。

目标，双/多基地声纳存在下列关键问题，需要很好解决：

(1) 直达波干扰的抑制。

(2) 混响的一致。

(3) 收、发之间的同步。

此外，在双/多基地情况下，回波的多普勒结构的复杂化，使目标的多普勒信息的利用变得困难起来；多基地占用平台、收发之间最佳距离和定位精度，实际目标强度，声纳先验参数和环境参数模拟了忧郁声纳浮标随风和海流飘动，给实时确定接收机和发射机之间的相对位置增加了难度等，也是迫切需要解决的关键问题。

2) 水下目标识别新技术

(1) 声成像用于水下目标识别。这里包括相控阵声成像、合成孔径声成像、全息声成像和综合声成像等。

(2) 神经网络技术用于水下目标识别。

在水下目标分类中常用的神经网络有 BP 神经网络、径向基函数神经网络、自适应小波神经网络和高阶神经网络等。随着 VISI 技术和神经网络计算机的发展,将会给这一领域带来重大的变革,如综合利用神经网络方法和传统人工智能方法构造专家系统。

(3) 分析逆散射的目标识别技术。

(4) 采用高阶谱特征水下目标自动识别技术。

(5) 亮点结构目标识别技术。

3) 采用先进的信号处理技术

除此之外,还有自适应波束形成和控制技术、鱼雷自导反干扰新技术、发展尾流自导鱼雷、发展智能鱼雷、被动测距声纳及非声探测新技术(包括超导探测、蓝绿激光探测、激光/声探测、卫星雷达探测)。

第 11 章　指挥控制与综合电子信息技术

11.1　概　　述

人类历经数千年曲折、漫长的冷兵器和热兵器战争时代,由近代机械化战争加速进入了当前的信息化战争新时期。信息化战争是在核威慑条件下的高技术战争,其主要特色是以信息为主导,通过效果化的战略形式、一体化的组织形式、自动化的指控形式、网络化的结构形式及精确化的打击形式,在陆、海、空、天、电、信息等多维战场上进行体系与体系的对抗,现代指挥控制与综合电子信息技术(系统)在此起着极其重要的作用。

信息化指挥控制与综合电子信息系统是信息化战争的中枢和核心。理论及实践证明,现代战争已不再是硬杀伤兵器的简单对抗,也不是单武器平台或单一兵种的较量,而是高技术兵器体系的对抗,是诸军兵种联合协同作战整个作战体系的对抗。显然,传统的人工指挥手段和自上而下的高度集中的"树状"指挥体制已经远不能适应这种现代战争的需要,随之产生了基于综合电子信息技术的 C^3I 系统、C^4I 系统、C^4ISR 系统及 C^4KISR 系统。

本章将在论述现代指挥控制技术、指挥自动化技术(系统)的基础上,深入研究综合电子信息技术及系统,并涉及有关全球信息格栅(GIG)、"数字地球"技术及系统、"数字化士兵"技术及系统、空间信息支援保障力量及未来作战系统等问题。

11.2　现代指挥控制技术及系统

11.2.1　引言

指挥与控制(C^2),简称指控,对于人员和资源管理来讲,是一个普遍术语。而在作战领域内,有其明确的军事概念,如《美国国防部军事辞典》对现代指挥控制定义为:在完成使命任务中行使合适地赋予指挥官指派兵力的权威,通过指挥员在计划、协同和兵力控制中的对人员、设备、通信、资源和过程的配置来实现指挥控制功能。可见,现代指挥控制已覆盖战争的所有四个域,即物理、信息、认知和社会域。其中,物理域包括 C^2 传感器、平台武器、系统及设施等。指挥控制技术的发展和应用对于高技术兵器的研究、研制及运用是至关重要的,甚至决定着高技术兵器能否有效地担当起赋予的作战使命和发挥其最大战斗力。

信息时代指挥与控制的实质是一种基于网络中心战原则和优势力量原理的方式。这种新方式包括将指挥与控制这两个部分分为:①信息时代指挥的实质;②如何达成控制。基于这种新概念下的指挥控制系统又称为作战指挥自动化系统。目前已逐渐演变为综合电子信息系统,由自动或半自动设备、器材、设施组成,具有情报、通信、管理、控制和辅助决策等多种功能,是包括精确制导武器在内的多种武器装备和网络化部队的"黏合剂",作战效能的"倍增器"。

C^3I(指挥、控制、通信及情报)系统是计算机及其通信网在军事系统中广泛应用的产物,目前已普遍装备部队,成为国家军事实力的基本标志和国防威慑的重要力量;为了强调计算机的信息化作用,在 C^3I 系统的基础上出现了 C^4I(指挥、控制、通信、情报及计算机)系统,这是一种较为完善的强有力的指挥控制系统;为了发挥监视与侦察对于现代军事指挥控制的重要作用,逐渐形成为更完善的指挥控制系统——C^4ISR(指挥、控制、通信、情报、计算机、监视及侦察)系统;为了增强指挥控制对于信息化战场态势特别是毁伤效果的实时评估,发展了迄今最完善的综合电子信息系统,即 C^4KISR(指挥、控制、通信、情报、杀伤、计算机、监视及侦察)系统。

11.2.2　C^3I 系统

1. C^3I 系统的由来

为了适应现代战争的需求,20 世纪 50 年代以来,一些军用强国相继建立了指挥、控制、通信和情报系统(简称 C^3I 系统)。C^3I 系统的出现和发展主要出于以下方面:

其一,长期以来指挥与控制一直被认为是部队战斗力的倍增器,信息技术的进步为改进传统指挥与控制过程和探索新指挥与控制方式提供了大量机遇,它既提高了指挥与控制部队的能力,又增加了部队的实力。

其二,现代高技术战争的联合协同作战方式需求和对未来指挥与控制提出了新要求,这是 C^3I 系统产生、发展的源泉和直接推动力。这种需求和要求将指挥与控制的任务扩展到整个多维作战空间,它不只是管理武器装备和军队,而且需要把精力集中在作战空间各个实元间的相互作用上,包括传感器和执行机构、信息技术基础设施、管理作战空间信息和战场感知等。

其三,通常,任何一个作战空间都存在许多不同的指挥和控制手段及决策,这就需要把各种不同的指挥控制融合为一体,并做出快速优化选择。

其四,信息时代产生了联盟指挥与控制的新概念,在一个联盟的环境中,一次行动的目标必须通过协商、协同和协力来解决,这里非 C^3I 系统莫数。

2. C³I系统组成及功能

C³I系统是集指挥、控制、通信和情报于一体的军事信息系统,通常被称为军队指挥自动化系统。在该系统中,指挥控制是目的,情报是基础,通信则是中枢神经,即通过先进的情报和通信手段来获取信息,传输信息,处理信息,并使信息增值,进行优化决策,实施对部队高效率地指挥与控制。

C³I系统主要由指挥控制系统、情报系统、通信系统、电子对抗系统及其他保障系统构成的。图11.1为该系统的功能组成示意图。

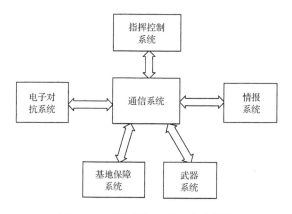

图 11.1　C³I系统功能组成示意图

其中,指挥控制系统的主要任务是:①综合情报,为指挥员指挥决策提供信息依据;②辅助指挥员拟制和优化作战方案;③通过通信系统对部队或武器系统实施指挥与控制。情报系统是由地面雷达网、空中预警网和无线电技术侦察网(包括侦察卫星等)等组成的全方位、立体的侦察、预警网。其主要功能是搜索敌我双方的各种军事情报,并通过通信系统送至指挥控制系统;通信系统是指挥自动化系统的中枢,联系着C³I系统各部分,贯穿着指挥自动化整个工作过程。

3. 指挥控制系统

指挥控制(C²)系统是C³I系统的核心,主要由各级各类指挥中心(所)和执行分系统构成,起着C³I系统的"心脏"和"大脑"的作用。其关键部分是计算机软件和有关辅助设备,用以将输入的各种情报和信息快速地进行综合处理,为指挥人员进行决策判断提供可靠的信息;辅助拟制作战方案并通过模拟推演和分析判断,得出结果数据,为指挥员下达命令提供准确依据;根据作战命令提供兵力、兵器的指挥控制和引导数据,通过通信系统传递给有关部队和武器系统,实施指挥与控制。总之,这就是指挥控制系统所具有的情报处理功能、决策计算功能、方案制订功能和作战指挥功能。

指挥控制系统是指军队的各级指挥所(中心)系统,是按军队指挥关系自上而下形成的一个网络体系,也是一个既能实现纵向指挥控制又可实现横向相互协同的网络结构。军队指挥控制系统可分为战略、战役和战术级指挥控制系统。对于战术级指挥控制系统,通常由起系统工作平台作用的硬件体系和完成战术功能的软件体系组成,如图 11.2 所示。

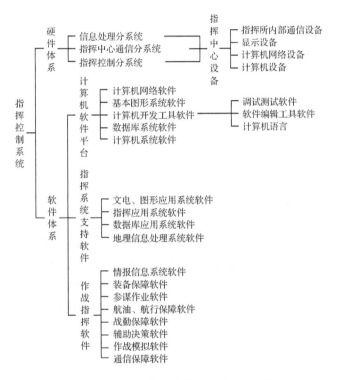

图 11.2　战术及指挥控制系统体系结构图

4. 通信系统

通信系统是 C^3I 系统的中枢神经,是由多个通信网构成的综合通信系统。系统采用了几乎所有的现代通信技术手段,诸如数字通信、短波通信、微波通信、卫星通信、光纤通信和无线电移动通信等。为了说明 C^3I 通信系统的组成,图 11.3 给出了某战术级指挥自动化通信系统的基本组成。

11.2.3　C^4I 系统

1991 年,美国国防部将原来的 C^3I(指挥、控制、通信和情报)系统扩展为指挥、控制、通信、计算机和情报系统,简称为 C^4I 系统,从而确立了计算机在作战指

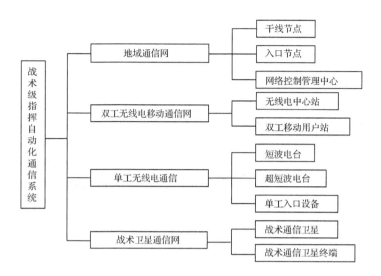

图 11.3　某战术级指挥自动化通信系统的基本组成

挥过程中的核心地位,并于1992年颁布了"勇士 C^4I"计划。该计划是美军进行一体化 C^4I 系统建设的指南。C^4I 系统一般分为战略 C^4I 系统和战术 C^4I 系统。战略 C^4I 系统是指供军队高级指挥机关使用的集指挥、控制、通信、计算机和情报于一体的综合性作战指挥系统。它由战略情报系统、战略指挥控制系统和战略通信系统三个部分组成。其中,战略情报系统主要由一些大型侦察探测和预警系统构成;战略指挥控制系统主要由高性能计算机、先进的显示设备及各种手段的通信终端组成;战略通信系统一般由若干通信网络构成,包括光缆、电缆、微波、通信卫星及短波电台等多种传输手段的通信网络。战略 C^4I 系统包括国家最高当局用于军事指挥的 C^4I 系统、国防部的 C^4I 系统和各军兵种的 C^4I 系统。战略 C^4I 系统担负着国家最高指挥当局对军队和战略武器进行指挥控制的任务,可保证国家在平时、危急时刻和战时的各个阶段,能不间断地指挥和控制部署在各地的军事力量,采取必要的军事行动,达成战略、战役目的;战术 C^4I 系统通常由战术情报系统、战术指挥系统、战术通信系统和战术计算机系统组成。其中,战术情报系统可利用多种信息获取手段和信息处理技术,完成对大范围内敌情的监视或对敌方重点地域、空中目标的监视;战术指挥控制系统主要由计算机和各种通信终端组成,用以指挥员在指挥所内对参战力量实施有效指挥控制;战术通信系统主要通过各种通信手段(卫星通信短波、无线电通信、电缆与光缆通信等)进行复杂地域、水域、空域行动时通信联络。整个战术 C^4I 系统的主要任务是保证在作战过程中,不间断地指挥和控制协同所有参战的军事力量,在必要时采取军事行动,以达成战役战术目的。

总的来说,C^4I 系统既是 C^3I 系统的扩展,又注入了更新的思想。它作为军队指挥控制系统不断向战略、战役与战术级指挥控制系统的一体化、态势感知实时化、系统安全化、战场可视化、设备智能化、系统间互连互通与武器系统一体化以及区域化方向发展。为此,出现了各种新型指挥控制系统,如美军新研制的机动指挥控制系统(CDHQ)、机载指挥控制系统(A^2C^2S)、全球指挥控制系统(GCCS)和综合空间指挥控制系统($CCISC^2$)等。

　　CDHQ 系统使用高速光纤骨干网可实现美国本土中央司令部对美军外地海、陆、空力量的全时空联通与指挥控制,曾在伊拉克战争种发挥了巨大作用;A^2C^2S系统可提供指挥员在后方以不同模式查看战场的可视化信息,从而近实时地做出决策,还提供超视距调频和卫星及宽带数字电台在内的强大通信能力;$CCISC^2$ 系统可实现联合系统、传感器、联合部队之间地实时数据共享,最终把用于空域监视、导弹防御及空间控制地各层系统连成整体,实现美军的公共、全球空间和战略指挥与控制。最值得提出的是,GCCS 系统是一种先进的、集中管理的联合作战指挥系统,可将国防部所有信息系统数据库与数据汇集中心连接在一起,使 C^4I 系统诸环节无缝隙结合,实现战略与战术 C^4I 体系结构的一体化。可见,GCCS 是一个包括陆、海、空和联合部队指挥控制在内的复杂大系统[见图 11.4(a)],起着系统的核心支持功能,如图 11.4(b)所示。

　　C^4I 系统是 GCCS 的基础和核心部分,GCCS 的各部分都由相应的 C^4I 系统来支撑,因此也称指挥控制中心。它直接影响着 C^4ISR 系统整体性能指标的高低和效能的发挥。C^4I 系统主要由各级各类指挥中心和执行系统构成。其中,美海军陆战队空地特遣部队 C^4I 系统是较为典型的。该系统用于为特遣部队各级指挥员及参谋提供发送、接受、处理、过滤和显示数据并完成辅助决策,还通过战场空间图像提供一个共享的态势感知。系统主要由下列各部分组成:地面机动系统、情报系统、空中作战系统、火力支援系统、后勤信息系统和战术通信网络等。

　　地面机动系统由战区作战行动(TCO)系统和海上联合指挥信息系统构成,通过对战场空间的综合显示为指挥官和参谋提供共享的态势感知,支持作战计划及执行;情报系统由情报分析系统、特遣部队二次图像分发系统、战术控制与分析中心产品、改进计划、联合监视、目标攻击雷达系统、机动电子战支援产品改进计划、战术电子侦察处理与评估系统等部分构成,用于支持对所有发表报源的适时计划、收集、处理、生产和分发,还支持对侦察、监视和目标搜索资源的有效部署;空中作战系统由空中战术指挥系统、空中战术作战中心和直接空中支援中心组成,用以支持特遣部队空中作战指挥的计划、协调和控制,并与海军,联合/合成部队空中作战系统及火力支援系统接口;火力支援系统包括火力支援指挥与控制系统、高炮野战炮兵战术数据系统,用以支持炮兵、航空兵和海军炮火的计划、协调和控制;后勤信息系统由支持作战系统和支持装备准备系统组成。其中,支持作战系统包括标准计算、预算和报告系统、后勤自动化信息系统、自动化信息调度系统、战区医疗信息计划、特遣部队数据库等。支持装备准备系统包括全球资源状况与训练系统、设备

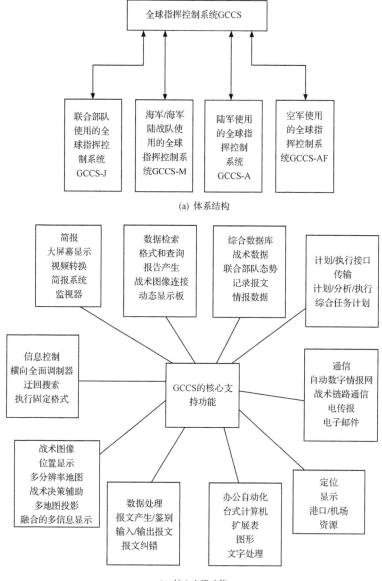

图 11.4　全球指挥控制系统(GCCS)

跟踪后勤与供给系统、海军战术指挥系统、舰用非战术自动数据处理计划、海军航空兵后勤司令部管理信息系统、舰用制式自动数据处理系统、常规弹药综合管理系统、部队部署计划系统等。整个后勤信息系统用以支持后勤计划和指挥,包括部队结构、运动、维持、装备准备和财务管理等;战术通信网包括单信道无线电、局域网、交换干线和专用系统。其中,专用系统由定位报告系统、精密轻型GPS接受机、联合战术信息分发系统、指挥员战术系统、综合广播业务、联合战术终端、移动超高频卫星通信系统、全球广播系统和特遣部队支持模块等组成。战术通信网用于支持其内外部的话音、数据、视频和图像等信息交换需求,并为外部远距通信与国防信息系统网提供接口,还能同其他军种的战术通信网接口。

11.2.4　指挥控制系统关键技术

现代战争需求牵引和信息化技术特别是计算机技术的推动,使指挥控制系统获得了全面发展和进步。为了进一步提高指挥控制系统的水平,发挥在信息化战争中的核心作用,国内外都在深入研究该领域的关键技术,归纳起来,主要有以下几个方面。

1) 信息处理技术

信息处理技术是指挥控制系统的核心技术之一,广泛应用在指挥控制系统的信息获取、传递、决策与控制、对抗和作战分析与规划、作战研究、各种作战行动、后勤保障、演习、训练及围墙、信息系统研究设计、仿真和作战运用,几乎涵盖了所有作战领域。

信息处理技术主要包括数据融合技术、图像处理技术、话音识别技术、地理信息处理技术及气息信息处理技术等。其中,数据融合技术在前面有关章节中讨论过,本节将针对其他技术进行说明。

(1) 图像综合处理技术。在图像处理技术中将图像分成两类:一类是模拟图像,包括光学图像、相片、电视图像等;另一类是将连续的模拟图像经过离散化处理后变成计算机能够识别的点阵图像,称它为数字图像。

数字图像处理也称为计算机图像处理。主要采用两大类方法:空间域处理法(空域法)和频域法(或者称变换域法)。

在作战指挥控制系统中,图像是一类非常重要的信息,多源图像融合技术是图像综合处理技术中的重要内容。所谓图像融合是指综合两个或多个源图像的信息,图像融合的目的就是通过对多幅图像信息的提取和综合,从而获得对同一场景/目标的更为准确、更为全面、更为可靠的图像描述。多传感器数据融合被美国国会军事委员会定为对其国防至关重要的 21 项技术之一。根据融合处理所处的不同阶段,图像融合的处理通常可在三个不同层次上进行:像素级融合、特征级融合和决策级融合。

(2) 话音识别技术。话音识别主要是指机器在各种情况下有效地理解、识别话音和其他声音,并对其信息做出相应的反应。话音识别的基本过程包括话音拾取、特征提取、模板模拟和话音识别判决。

(3) 地理信息处理技术。地理信息是表征地理系统诸要素的数量、质量、分布特征、相互联系和变换规律的数字、文字、图像和图形等的总称。地理信息处理主要包括以下技术：数据库的设计和管理、图层控制、态势控制、图形标绘、海量地图数据处理机制等关键技术。

（4）气象信息处理技术。气象信息具有以下特征：①空间特征；②时段特征；③性质特征；④质量特征；⑤共享特征等。

2）信息管理与分发技术

信息管理与分发技术为整个作战系统提供统一的信息服务，实现信息的统一存储、管理和服务，消除信息孤岛，形成全局信息态势，保证信息优势，充分发挥编队的资源优势和整体效能优势，从而提高联合作战能力。

新的军事指控系统需要高度适应当前的战场和任务，并且适应战场态势、联合成员、当前信息技术系统和数据资源访问能力、可获取的计算能力和通信带宽、指挥员目标和引导等方面的种种变化。基于格栅 Agent 的信息管理是实现这种要求的最理想技术。这是因为软件 Agent 技术易于应用多智能体构建复杂决策系统，以及使用面向对象的软件技术，技术知识的推理及其他技术。

Agent 技术是分布式人工智能（DAI）研究的产物，具有知识、目标和能力。能够自主学习并可适应环境的软件实体，能够通过感知自身和环境中的信息，自主采取行动实现一系列预先设定的目标或任务。

Agent 管理系统由客户端资源配送监控 Agent 系统、服务器资源配送监控系统、缓冲与网络负载检测 Agent 系统和资源管理系统四大部分构成。

3）作战模拟与训练技术

作战模拟是指用某种非实际交战的方法，对敌对双方和多方的对抗过程及结局进行模仿。美军对作战模拟的定义是：作战模拟是对在实际的或假想的环境下，按照所设计的规则、数据和过程行动的两支或多支部队进行对抗的模拟。

作战模拟的基本思想是根据相似性的原理、模型理论、系统理论、信息技术及军兵种战术和武器装备技术的基础，以计算机和专用设备为工具，采用一定的模型对现实作战过程进行简化抽象表示，所采用的模型与基本规律一致。实际作战过程中的各种作战活动（如搜索、发现、分析、决策、攻击、防御等），都可以用一定的模型加以描述。通过这些模型的研究，分析实际作战活动的基本规律。例如，仿真模拟系统对演习实施评估论证，使其对联合作战的指导进一步精确化，最大限度地克服作战的盲目性，使联合作战行动中人员投入的数量、打击的手段和后勤保障更加精确化。典型的作战模拟系统有：①STOW（Synthetic Theatre of War，战争综合演练场）；②JSIMS（Joint Simulation System，联合仿真系统）；③JTCTS（Joint Tactical Combat Training System，联合战术作战训练系统）；④SF Express（大规模军事仿真）等。

4）网络战的指挥决策技术

一个科学有效的决策体系是由决策人员系统、参谋（智囊）系统、信息系统、执行系统和监督系统组成的一个统一整体。

　　网络战指挥决策是旨在帮助指挥员下决心采用何种命令去指挥参战兵力作战的辅助决策系统。辅助决策目标就是为指挥员提供实时战场态势的非实时情况信息;提供态势要素、威胁要素、决策要素的分析估计结果,为指挥员提供决策依据;提供多个备选方案,供指挥员决策时选择或综合;系统具有人-机交互决策能力。这个系统大致包括诊断预警系统、决策问题分析系统、决策问题求解系统、方案评估系统、决策方案实施管理系统和决策支持中心。

　　在网络战指挥决策技术研究中,网络战辅助决策系统及其建模是至关重要的。网络战指挥辅助决策系统(决策支持系统 DSS)主要有"五库一机"组成及数据库、方法库、模型库、知识库、图形库和推理机,另外还包括主控程序、人-机接口、解释器和决策方案实施管理系统等。

　　作战辅助决策系统模型如图 11.5 所示。

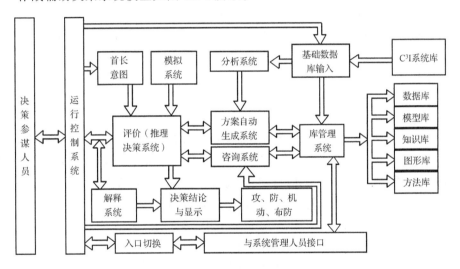

图 11.5　作战辅助决策系统模型

5) 指控系统网络技术

　　指控系统网络是指控系统的重要组成部分,它主要连接指控系统中的各个设备,并向外拓展连接传感器、武器等设备,完成系统内部和外部的数据通信和信息交换,是分布式作战系统中的连接作战指挥、侦察探测、火力支援、电子战等系统的核心纽带。

　　指控系统网络拓扑结构式网络中各个节点相互连接的形式,网络的拓扑结构分为物理拓扑结构和逻辑拓扑结构,主要有总线型、环型、星型、树型、混合型等。常用高速网络技术为:FDDI(光纤分布式接口)、ATM、以太网、SDT 和 MSTP、RPR、MPLS、IPv6 和 NGN 等。

　　现代指控系统日趋网络化、分布化,计算机网络在指控系统中的广泛应用使得指控系统安全问题在现代海战中变得尤为重要。其安全威胁主要分为链路安全、网络安全、信息安全（或称应用于数据安全）三个层次。

网络管理很重要，主要包括故障管理、配置管理、性能管理和安全措施等。新一代指控网络管理系统的发展趋势是在结合 SNMP 和 CMIP 的优点向层次化、集成化、Web 化和智能化发展。此外，在网络管理协议上，SNMP 也在不断改进完善，新的 SNMPv3 版本也已经颁布。

6）网络战作战资源管理技术

现代高技术条件下的作战具有战场空间大、作战节奏快、信息密度大、资源消耗高等特点，使得战场中的战场资源管理日趋复杂。战场资源管理主要包括兵力（人员和武器系统）、指挥实施、通信设施、保障物资等各种作战资源，其特点是具有分布性、自治性和约束性。

为了便于实施战场资源管理，必须对战场资源实施有效的分类。现代战场中的各种资源，按照资源功能可分为传感器资源、通信资源、作战指挥资源、拦截打击资源、作战保障资源和信息资源等。

从技术角度讲，诸类战场资源管理技术主要是：传感器管理技术、通信管理技术和电磁兼容管理技术等。

7）显控台技术

显控台是作战指挥控制系统中的重要交互设备，用作雷达、声纳、电视/红外摄像机等传感器的显示终端和指控、火控、电子对抗、情报处理的操作平台。显控台一般由显示单元、操控单元、人-机交互计算机、任务计算机等四个部分组成。

显控台技术主要包括计算技术、显示技术、网络通信技术等。进入 20 世纪 90 年代后，这些技术都有了新的长足发展。

在计算技术方面，处理器的性能迅速得到提高。

在显示技术方面，图形芯片的处理能力也得到极大提高。

在网络通信技术方面，千兆以太网和无线局域网进入实用阶段，无线局域网 802.11g 带宽已经达到 54Mb/s。

显控台的发展呈现出如下趋势：①显示分辨率不断提高；②结构更加紧凑；③日趋依赖网络获取信息；④功能多样化等。

11.2.5 典型指挥控制系统

指挥控制系统通常是一个集指挥、控制、通信及情报于一体的作战指挥自动化系统，即 C³I 系统。除情报和通信功能外，威胁管理、任务管理和决策指挥管理等三大功能是整个指挥控制系统的核心。它们均以数据库形式进行交互，并通过人机接口与指挥员联系，其功能层次和逻辑关系如图 11.6 所示。

指挥控制系统通过综合运用计算机技术、通信技术、探测技术、控制技术，利用

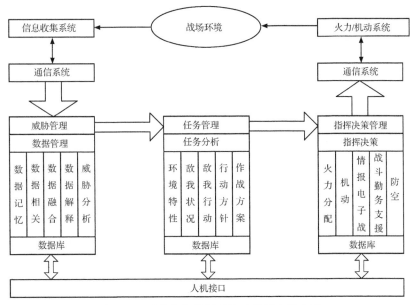

图 11.6　现代指挥控制系统功能层次示意图

计算机通信网络将现代战场上各种传感器、多级指挥机构,各类武器系统、多级作战人员有机地连为一体,以提高作战指挥决策能力、武器控制能力、快速反应能力、态势感知能力及整体作战效能。图 11.7 给出了这种指挥控制系统的典型示例。

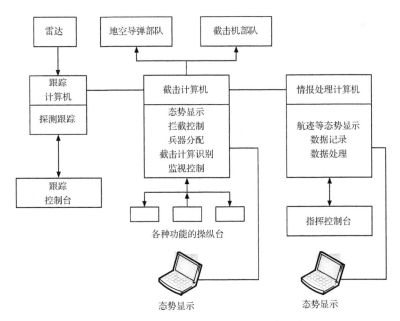

图 11.7　某防空导弹武器指挥控制系统示意图

11.3　综合电子信息系统及其相关技术

11.3.1　引言

　　C^4ISR（指挥、控制、通信、情报、计算机、监视及侦察）系统是 C^4I 系统的更新版，它不仅强调计算机技术对现代军事指挥控制的重要作用，而且还将监视、侦察囊括其内，使之成为当前信息化作战综合指挥控制系统的标准模式；C^4KISR（指挥、控制、通信、情报、杀伤、计算机、监视及侦察）系统是在 C^4ISR 系统基础上针对信息化高技术战争特点发展起来的，也是迄今最完善的综合电子信息系统。它进一步强调了指挥控制对于战场态势尤其是毁伤效果的实时评估。目前，世界军事大国都在开发一种扁平化、无缝隙、一体化的 C^4KISR 系统，美军已在阿富汗战争和伊拉克战争中获得成功应用。它一再昭示人们：在现代高技术战争中，谁缺少 C^4KISR 系统，谁就会失去网络优势、信息优势和作战优势，必将付出惨痛代价。

　　综合电子信息系统发展及应用在很大程度上得益于相关装备及技术资源的发展和利用，如信息基础设施与全球信息栅格、数字地球技术及系统、战术数据链，空间信息支援保障力量和数字化士兵技术及系统等。除此之外，综合电子信息系统的进一步发展还可能出现某些新概念系统，如未来作战系统。

11.3.2　C^4ISR 系统

1. 引言

　　1997 年美国防部把监视和侦察与 C^4I 系统合并，升级为 C^4ISR 系统。该系统将战场信息获取与信息处理、传输和应用结合为一体，并隐含有电子战、信息战的功能。可见，C^4ISR 系统是在网络中心战新作战理念下，以 C^4I 系统为基础所产生的一体化指挥、控制、通信、计算机、情报、监视和侦察系统，是整个现代军事系统的重要组成部分，被誉为现代战争战场的神经中枢系统和兵力倍增器。它以很高的自动化程度完成情报收集、信息传递、数据处理、综合判断、信息显示，为指挥员提供优化决策、战略态势评估和战场有关信息，实施"信息优势"的作战指挥，同时能把各种武器连成一体，发挥其武器系统体系作战的最大效能和威力。

2. 系统组成及功能

　　一体化 C^4ISR 系统实质上是一种以 C^3I 系统为基础，以计算机为核心的分布式综合电子信息系统。它包括信息收集、传递与管理、指挥情报控制、战斗指挥、火力打击、系统管理与控制等功能模块。主要由指挥自动化系统、战术数据通信交换系统、主体作战信息交流系统、自动数字网络系统、计算机、监视与侦察系统及多传感器信息融合系统等部分组成。

一体化 C^4ISR 系统具有对宽广作战空间的感知能力、有效用兵能力和可靠的通信保障能力。这三大能力是实现"传感器-控制器-武器"一体化作战过程的关键,夺取信息优势的必要条件和现代联合作战的主要支撑。这是因为它能将传感器、武器系统和各级指挥员与战斗员无缝隙地连成一个有机整体,增强对战场态势的感知能力,加速优化决策速度,最大限度地分散配置作战力量,大幅度提高联合/协同作战部队的独立作战能力和支援能力,从而发挥信息优势下的整体作战效能。

3. 计算机、监视和侦察系统

C^4ISR 系统与 C^3I 系统相比,其最大区别在于:突出计算机的核心作用,将 C^3I 归纳为 C^4I;同时又在系统中融入了监视和侦察功能,从而构成了一个以高技术兵器为主体,以计算机为核心,以信息感测识别、传递处理为手段,将各级指挥员和射手连成有机整体,使其共同实施作战指挥、控制、通信、监视及侦察任务的综合电子信息系统。

C^4ISR 系统可以是借助计算机技术辅助战场指挥员判断态势、快速决策的人机对话系统。因此,计算机系统是实现数据计算和逻辑计算及专家系统(包括态势数据库等)的关键部分。

目前,监视和侦察系统的覆盖面已十分广泛。太空中有多种类型的卫星监视、侦察系统,高空中有战略侦察飞机和预警机等组成的战略监视、侦察系统,低空中有电子侦察飞机、无人侦察机等组成的战术监视、侦察系统,地面上有各种电子侦察站等组成的地面监视、侦察系统,海上有光电侦察装备组成的海上监视、侦察系统等。这些系统的互连互通可构成范围广、立体化、多手段、自动化的监视、侦察网络。

4. 多传感器信息融合系统

多传感器信息融合系统的核心功能是对多源信息进行协调优化处理,同时对瞬息万变的战场环境做出全面、近实时、精确的态势报告。因此,它是 C^4ISR 系统的基础设施。利用多传感器信息融合系统进行多传感器信息融合会使整个探测网络成为 C^4ISR 系统高质量的信息源,达到资源共享,从而极大地提高 C^4ISR 系统性能指标、可靠性、稳定性和抗干扰能力,增强对整个战局的了解和控制能力,获得系统最佳效能。

应该指出的是,多传感器信息融合系统开发的关键是信息融合方法和结构的研制或选取,以及态势数据库和系统接口的设计与实现。

目前,国外典型的多传感器信息融合系统有美国的 F/AATD、C^3CM、OSIF

等;英国的 IKRB、IFFN 等;加拿大的 CP-740 反潜巡逻机上信息融合系统等。

11.3.3　C⁴KISR 系统

C⁴KISR 系统是 C⁴ISR 系统的发展和创新,是一种集指挥、控制、通信、计算机、杀伤、情报、监视及侦察于一体的高度网络化作战系统,被称为实施网络中心战的大脑和中枢神经。

C⁴KISR 系统同样是一个集成多系统的复杂大系统。整个系统由探测器网络、交战网络和信息网相互铰接耦合而成,如图 11.8 所示。

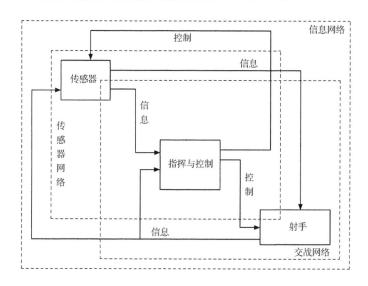

图 11.8　C⁴KISR 系统的网络结构示意图

传感器网络又称为探测网络,它将所有战略、战役和战术级传感器(诸如天基、空基、地基、海基的雷达、光电探测、红外系统及侦察监视等装备组成,并相互联系一起形成覆盖整个作战空间的传感器)获取的信息数据融合在一起,迅速产生整个战场空间态势图,并实时提供给联合/协同作战部队,做到信息共享,从而使个部队战场感知同步于军事作战。

交战网络或射手网络主要由 C³I 系统所控制的陆、海、空、天基和计算机基武器系统组成。该网络能够有效利用战场感知,通过信息网络实时地将地理上分散的各种作战武器联系在一起,实现武器—目标地最佳匹配,进行集中控制,实施一体化兵力管理,同步分配作战力量,果断决策迅速作战,以达成联合战斗力最大化,获得优势机动、精确作战、全维护、集中后勤的战争效果。

信息网络或指挥控制网络由分布广泛的信息基础设施组成,是联系传感器网和交战网的纽带,为联合作战空间提供基于网络中心的计算机和基于网络中心的通信。

　　应该强调指出的是,美军 C⁴KISR 系统的建设分为两个层次:一个是国防部信息基础设施;另一个是参谋长联席会议和各军种的 C⁴KISR 系统。这两个层次之间是主干与分支的关系,通过可控制的应用接口将各军兵种的 C⁴I 系统与国防部的公共操作环境互通、互连形成跨军兵种的更大范围的综合电子信息系统。另外,西方军事强国的军队信息化建设主要体现在建设数字化部队上。数字化部队即信息化部队,其建设重点为建设和改进 C⁴KISR 系统,使其发展成为一体化和网络化的指挥、信息和情报系统,支持网络中心战的概念,并能集成到全球信息栅格(GIG)中去。从而使未来部队不仅是轻型的、高度机动的部队,而且具有超过当今重型部队的攻击力和生存力,保证能够做到:先敌发现、先敌理解、先敌行动和决战决胜。在先进 C⁴KISR 系统的支持下,未来的陆军将是一支反应能力强、便于部署、灵敏、多能、致命、生存力和持久能力强,在联合战役中能执行其核心作战任务的全新信息化部队,而空军将成为具有六种核心能力(航空航天优势、全球攻击、全球快速机动、精确打击、信息优势和灵活的作战支援)的,能够执行全球打击特遣部队作战方案的知识与技能优势部队。从这种意义上讲,先进的 C⁴KISR 系统虽不是某种高技术兵器,但其作战整体能力和作用胜过任何核武器。

11.3.4　信息基础设施与 GIG

　　信息基础设施包括通信线路(军用和民用通信网)计算机平台、操作系统和作战管理应用软件等。

　　信息基础设施分三类,即国家信息基础设施(NII)、全球信息基础设施(GII)和国防基础设施或信息防御基础设施(DII)。

　　全球信息栅格(GIG)是国防基础设施的最重要组成部分,它与美军网络中心战、《2020 年联合设想》及 C⁴KISR 系统有着极为密切的关系(见图 11.9)。

　　GIG 主要由战斗部分、全球应用部分、计算部分、通信部分、网络操作部分、信息管理部分和基础部分组成。战斗部分包括网络化飞机、舰船、导弹、车辆等武器平台地面部队;全球应用部分包括自动化信息系统;计算部分用于为普通用户处理服务;通信部分为需要的带宽;网络操作部分包括网络处理、信息分发处理和信息保证;信息管理部分包括需求的信息和管理周期;基础部分包括条例、结构、标准、组织、资源、培训、测试、管理等。因此,GIG 是一个复杂大系统,是世界上目前最大的军事网络,也是一个分布式环境,包括多种模式的数据传输媒体,如陆上线路、无线电通信、基于空间的设施等,美军有 200 多万台计算机和数以万计的局域网为该系统服务。它将美军天基、空基、地基、海基的所有信息系统集成为一个海、陆、空、天军公用的全球网络,通过互连、互通和互操作方式把所有作战单元联结一体,形成完整的作战体系,为美国防部获得信息优势,发挥最大作战效能。

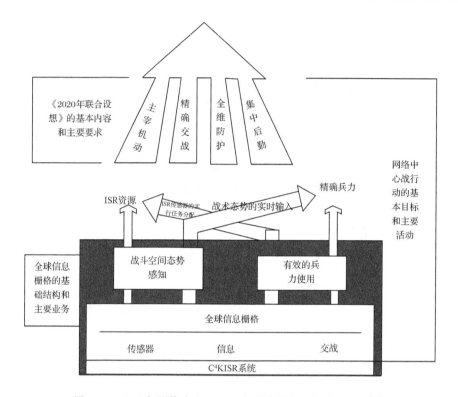

图 11.9　GIG 与网络中心、《2020 年联合设想》及 C⁴KISR 系统

11.3.5　"数字地球"技术及系统

美国于 20 世纪 90 年代率先提出"数字地球"概念。此后,世界各军事强国竞相发展数字地球战略,从而促使数字地球很快成为人类认识地球的一种高技术手段和相对独立的科学领域,并渗透到社会各个方面,尤其是对现代战争产生着深远影响。它不仅大幅度地增强了战场态势感知能力,而且使战争的决策与指挥控制、作战方式、军队建设发生了深刻变化,成为 C⁴KISR 系统的核心支撑技术。

通俗地讲,数字地球就是把地球和人类的各种信息用地图(地理信息)串起来,装订在电脑网络中,形成一个全球信息系统。这些信息既包括地形、地貌、地质构造、土地、山川、气候等自然信息,又涵盖历史沿革、风土人情、文化教育、人口、交通、经济、科技、工农业生产等社会人文信息等。

更具体地,可从如下方法来认识数字地球:

(1)数字地球是以地球为对象,以地球坐标为依据,并可用多媒体和虚拟技术进行多维表达的三维显示的虚拟地球,包括空间化、数字化、网络化、智能化和可视化的地球信息化技术系统。

（2）数字地球是继地理大发现和哥白尼日心学论之后，人类认识地球的又一次飞跃，是地球系统科学与信息科学技术高度综合的结果，将对人类社会的生产和生活方式产生深远的影响。

数字地球所运用的现代科学信息技术主要包括遥感、遥测、数据库、信息系统、宽带网、建模与仿真及虚拟技术等。它对于生产和生活方式的影响方面是十分广泛的，如自然资源的管理利用、农业土地管理、城市规划、交通运输、工业布局、环境保护、人口普查、海洋开发及军事发展等。

（3）数字地球可初步认为是一个分布式、多尺寸、多维的地理信息系统，其核心思想是用数字化手段统一性地处理地球信息问题，最大限度地利用信息资源。其主要数字化手段包括遥感技术、遥测技术、全球定位系统、多传感器融合技术、图形/图像技术、计算机处理技术、虚拟现实技术、多媒体技术和其他数字化手段等。

（4）数字地球是一个超巨大的信息系统，是人类把有关地球信息组织与应用起来的最佳方式。信息获取、处理和应用是它的三大主要组成部分。具体包括空间数据、文本数据、基于 Internet 的操作平台和应用模型等。仅就空间数据而言，不仅包括全球性的中、小比例尺的空间数据，也包括大比例尺的空间数据；不仅包括地球的各类多光谱、多时相、高分辨率的遥感卫星影像、航空影像，还包括有关可持续发展、农业、资源、环境、灾害、星球变化、城市教育、军事等方面的数据等。

（5）数字地球的数据量是海量的。建立数字地球的数据包括多源、多时段、多比例尺和多分辨率的数据。例如，要建立一块面积为 36 万 km^2 地区的 1m 分辨率的卫星影像数据库，其数据量就约 2000G。可见，要将数字地球上所有的信息都存储起来，需要的存储器的容量将达到数拍（10^{15}）级，而目前的光盘、硬盘的最大容量也不过 1～1000G 级。

自古以来，对战场态势的感知能力就被公认为决定战争胜负的重要因素。数字地球技术将现代战场态势感知能力提高到一个新水平，是 C^4KISR 系统的重要支撑技术。它的重要作用主要反映在如下方面：

（1）大幅度增强战场态势感知能力。

数字地球中的监视与观测地球技术在军事上的应用，无疑将大幅度地提高战场的感知能力。例如，数字技术后的照相侦察卫星分辨率可达到 0.10m，并使卫星从拍摄图像到图像判读过程由半月缩短到 1.5h；航空侦察始终是现代战场侦察的主要手段，数字地球技术使其中的无人侦察和浮空器侦察得以迅速发展，已成为高空和近地空间进行侦察与监视的主要武器，该武器以美国的"全球鹰"无人机和"攀登者"飞艇最为典型。

（2）提高对战场时间和空间的感知能力。

数字地球技术有能力弥补陆地战场、海洋战场、空中战场与太空战场等不同战场空间的缝隙，通过侦察机、预警机、侦察卫星和数据链的大量装备使用，实现陆、海、空、天战场监视的无缝隙衔接。

数字地球技术将有能力使连、排等基层指挥官获得中、高级指挥同等质量的微观战场的情报,同时将通过专门研制的多种传感器(如微型无人侦察机)使参战人员(包括将军、参谋人员等)实时获得战场情报,从而减少微观战场迷雾。

数字地球技术还有能力延伸战场的时空范围,帮助人们预测未来战争的基本趋势。

(3) 为开辟"数字战场"创造了条件。

"数字战场"就是利用现代信息技术快速、准确、容量大等特点,把指挥部门与战场武器系统、各参战部队、后勤系统乃至单兵有机地联系在一起,组成一个网络,实现最短时间的各方信息交互,使战场信息在整个作战范围内实现共享,最终实现战场通信、指挥、控制、计算机、情报、监视和侦察(C^4ISR)等功能的一体化。从本质上讲,"数字战场"是指利用数字技术对战场进行重塑。也就是利用数字地球技术建立起包括陆、海、空、天的多维战场监视与侦察网络和信息计算网络,配合有关技术,可以尽快地掌握战场态势的最新情况,并快速处理和综合判断,以文字、图标、数据等多种形式及时提供各种有关信息,作为辅助决策依据、协助指挥员修订战役作战预案、为军事决策和作战指挥、部队行动提供便利条件,从而最大限度地破除战场上的迷雾,提高战场的透明度,大大增强指挥官和参战人员对战场态势的感知能力。

(4) 构建单向透明的数字战场已成为军事强国制胜的法宝。

战场态势感知能力越来越成为一种战争制胜的决定性能力。因此,在当代高技术战争中,军事强国在极力地构建数字战场,并防止对方获取战争信息,以最大可能地实现单方透明的数字战场。例如,美军构建的数字战场使海湾战争成为第一场一边倒的单向透明高技术战争。除此之外,"数字战场"在科索沃战争、阿富汗战争中都得到了成功应用。

(5) 可提高战略决策与作战指挥效率。

应该说的是,数字地球技术的最大受益者是指挥员与指挥机构。这是因为通过数字地球提供的战场态势信息,指挥员可及时了解瞬息万变的战争全貌,并形成新的决策,通过可互操作的 C^4ISR 指挥自动化系统进行集中指挥,及时将命令下达部队,从而大大提高了战争决策与指挥效率,包括指挥的时效性、指挥控制精度及联合作战指挥能力等。

除此之外,数字地球技术还将推进作战方法的变革,推动军事信息化建设和战争形态的深入发展。

11.3.6　空间信息支援保障力量

C^4KISR 系统真正体现了信息成为一体化联合作战的桥梁与纽带作用。在此,空间信息的支援保障日益突显。据统计,目前美军 95% 的侦察情报、90% 的军事通信、100% 的导航定位和 100% 的气象信息来自空间信息系统;俄军 70% 的战略情报和 80% 的军事通信依赖于空间信息系统。几场高技术局部战争证明,武器装备与空间信息的有机结合将使一体化联合作战的效能倍增。因此,整合空间力量,提升综合实战能力是未来战争发展的重要方向。

空间信息支援保障在一体化联合作战中具有重要的地位。理论和实践证明,它是链接一体化联合作战行动的纽带,是实现一体化联合作战指挥控制的前提,也是提高一体化联合作战效能的基础。其主要作用表现为:① 平时和战时均具有威慑作用;② 对于作战进程及作战效益具有巨大的推动作用;③ 对一体化联合作战的各个层面起着重要的支撑作用;④ 具有"发现即摧毁"的能动作用等。

空间信息支援保障力量是 C^4KISR 系统的重要组成部分,它由空间信息支援保障系统来实现。该系统由多个部分组成,主要包括指挥控制系统、空间信息获取系统、空间信息传输系统、应用支持系统和末端应用系统等。其中,指挥控制系统由指挥中心、情报中心、通信中心和信息对抗中心等构成,是空间信息获取、处理、传输和使用的中枢神经;空间信息获取系统主要是指载有成像侦察、电子侦察和监视有效载荷的各种航天器,如卫星、空间站、航天飞机、空天飞机、飞船等。有效载荷包括完成侦察、通信预警、导航和遥感监测等任务的设备。空间信息传输系统主要由卫星通信系统、跟踪和数据中继卫星系统、通信链路等组成,其基本任务是:将所获信息传输和分发,并传送地面信息综合处理中心的信息;应用支持系统包括陆基、海基和空基的各种测量、通信、控制、处理设备和各种应用设备(如地面站、舰载测控设备、机载通信系统等)。主要用以完成对空间信息获取系统的测量、跟踪、运行控制、信息处理、情报生成等。末端应用系统是指分布于各个作战空间的用户,包括陆、海、空、天战区指挥所及作战单元。

通常,按对空间信息需求不同空间信息支援保障被分为三级,即战略级、战役级和战术级。为了了解空间信息支援保障系统的各部分关系,图 11.10 中给出了该系统的工作流程。

11.3.7 "数字化士兵"技术及系统

随着信息技术的不断进步,现代战场朝着数字化方向迅速发展,以美国为首的发达国家的士兵已实现"数字化士兵"概念,即战场上的士兵不仅持有枪械弹药,而且被集成为通信和观瞄、指挥控制与火力控制于一身的独立、完整的作战平台。所谓数字化士兵就是一个基于单兵 C^4I 装备的完整战斗系统,包括人(单兵)和数字化装备,故也称为数字化单兵系统。它不仅是一个最基本的火力平台,更重要的是一个集通信、侦察、导航、定位、敌我识别、引导指挥、夜视瞄准和火力控制等众多功能于一体的信息平台。它具有强大的信息采集、处理、传输能力,并作为大战场的

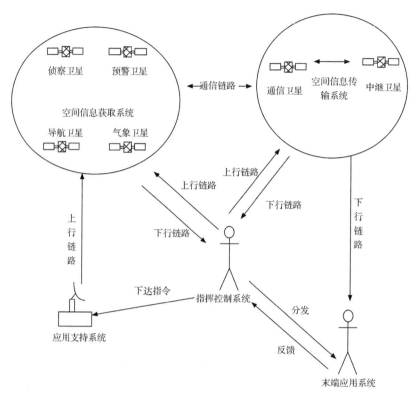

图 11.10　空间信息支援保障系统的信息流程

节点,由众多节点形成一个巨大战场信息网络,与整个 C⁴KISR 系统构成一个整体。

　　数字化士兵的信息化装备一般由七个子系统构成,即武器子系统、通信子系统、观瞄/头盔子系统、生命子系统、防护子系统、动力子系统和计算机子系统。

　　1) 武器子系统

　　武器子系统可对付多种目标,是数字化士兵消灭敌方有生力量的主要手段。主要包括各种枪械,如步枪、卡宾枪、轻机枪、狙击步枪及榴弹发射器等,还安装一系列附件,如激光测距仪、激光指示器、夜视仪及光学瞄具等。轻小型化是该系统的关键技术和追求的主要目标。

　　2) 通信子系统

　　通信子系统主要用于单兵间、分队间、单兵与指挥员之间的联络及信息交换,被称为数字化士兵不可缺少的"常规武器"。可实现语音传输,也可实现数据和图像传输。该子系统包括士兵电台和班长电话及特殊设计的送话器(如将微型电话植入牙齿)。

3) 观瞄子系统

观瞄子系统主要用于在各种复杂气象条件下为士兵提供观察敌情及瞄准射击。主要由夜视、夜瞄及长距离瞄准装备组成。包括微光夜视仪、红外夜视仪、基于红外技术的电视观瞄装置及全息瞄准镜等。

4) 生命子系统

生命子系统主要用于分散作战条件下受伤、生病方面的救助。它利用多种传感器对士兵各种生命体征及周围环境数据进行采集分析,由单兵穿戴计算机对传感器的监测结果进行分析,获取数值代码,并将其传输到后方指挥部,以便判断受伤、得病情况,及时救护。

5) 防护子系统

防护子系统主要用于保证数字化士兵能够适应各种自然环境条件,提供相应保护。通常采用各种新材料以达到防袭击、防激光致盲、防噪声及防水、防潮和防寒等。主要装备包括多功能头盔和防护服。其中,整体式头盔除具有普通头盔的保护功能外,还具有对战场探测和态势显示及敌我识别等多种功能。主要包括360°视野防激光护目镜、通信组件、图像增强器、数字摄像机、电子耳、听力增强器和高分辨率平板显示器,顶部安装有敌我识别器等;防护服系统由最新材料制成,可以防弹、防化学战剂、防火、防热核、防红外监视、防激光和抵御风雨等。它由防弹衣、作战服、弹袋、手套、新型战斗靴、制冷圆领衫、头盔、承载文件等组成。防护服上的生理装备传感器还具有监测单兵人体的紧张程度、热量状态和睡眠程度等功能,也能自动报警。

6) 动力子系统

动力子系统用于对数字化士兵装备的大量复杂电子设备供电和驱动,包括蓄电池、燃料电池和微动力系统。其中,微动力系统源自内燃机型动力,具有体积小、质量轻、功率大和造价低的显著优点,但噪声和发热问题尚待解决。从发展趋势看,微动力系统与燃料电池组合将成为数字化士兵的主要动力源。

7) 计算机子系统

数字化士兵的计算机属于可穿戴计算机,是一个复杂的分层递阶控制的紧耦合多处理器系统,可装在军服口袋里或挂在武器上。它是各种装备的控制中心和信息处理中心,其控制方式为语音控制或手动控制。主要用于地理信息系统和全球定位的存储、显示和信息发送、士兵身份存储和管理、士兵生理健康状况管理、信息处理及融合、辅助决策与作战方案优选、单兵传感器及其他装备的控制、与战场信息网中基地节点通信及进行人机交互。

该计算机子系统由硬件和软件两个部分组成。硬件包括前端机、并行处理机和 I/O 处理机三个层次,通过两级总线互连;软件也由三个相应层次的软件组成,其本身体系结构为四个层次,即应用程序管理层、应用层、中间层和网络层。

图 11.11　美国陆军"陆地勇士"士兵系统

目前,美军正在研制一种完全一体化的士兵战斗系统,被称为"陆地勇士"士兵系统。它将以前相互独立的陆军士兵装备防护服、通信装备、传感器、动力装置和武器融合到一个综合作战系统中,能为士兵提供"完全可视化"战场,大幅度提高士兵的战场信息共享能力和战术态势感知能力,从而提高其杀伤能力、机动能力、指挥控制能力、生存能力和持续作战能力。该系统所获得的一些阶段性研究成果已经装备部队,如新型轻型头盔和具备态势感知能力及任务规划能力的指挥官数字助手等。整个系统的概貌如图 11.11 所示。美军还计划在此基础上研制"未来部队勇士"将进一步增强战场态势感知能力,装备精确而有效的火力和网络化的通信系统,可使杀伤力和生存力比"陆地勇士"提高 10 倍。

11.3.8　综合电子信息系统的实际应用

综合电子信息系统(包括 C^3I、C^4I、C^4ISR、C^4KISR 等系统)被作为现代战争的"头脑"和"中枢",越来越多地应用于最近几次高技术局部战争中,其中以伊拉克战争尤为明显。伊拉克战争是美军 21 世纪进行的一场信息化高技术战争,数十万美英联军和多国部队在陆、海、空、天、电、网等多维作战中,自始至终以综合电子信息系统为支撑和主导。战争中,他们广泛使用了航天、航空、海上和地面等多种监视和侦察手段:在太空,利用"锁眼"、"长曲棍球"和"诺阿"等 50 多颗卫星组成的严密监控网络;在空中,使用 U-2、RC-135 等数种有人侦察机和 E-3B/C、E-8C、E-2C 等预警机和"捕食者"、"全球鹰"数种无人侦察机组成的航空侦察系统;在地面,利用特种部队搜集各种信息与各地监测站等构成全方位的信息网;在海上,使用以 C^4I 系统为核心的海军舰载作战数据系统(NTDS)和先进作战指挥系统(ACDS)及"宙斯盾"指挥与武器控制系统(AEGIS)等,从而发挥了综合电子信息系统的巨大优势,牢牢地控制了"制信息权",实现了各军兵种信息资源共享,作战信息和战场态势的准实时交互,轻快地打赢了这场信息化战,而伊拉克则付出了惨痛的代价,以失败告终。

伊拉克战争的结果再次告诫人们:高技术战争并不主要在于那些"聪明炸弹"

和强大的装甲部队,而是真正地体现在整个指挥、控制、通信、计算机、情报、侦察、监视和杀伤武器的有效整合及最大功能的发挥上。也再次证明,综合电子信息系统越来越成为决定现代战争胜负的关键因素和最大战斗力。

11.4　指挥控制先进技术

现代指挥控制系统,无论是 C^3I、C^4I、C^4ISR 还是 C^4KISR 系统都是一种复杂的动态系统,它们均以先进的信息系统工程、神经网络、专家系统、人工智能、建模与仿真、网络通信和计算机辅助等技术为支撑。

信息系统工程所追求的目标是指挥控制系统的综合最优化,包括信息及其系统的需求分析、成本核算、功能实现、性能设计、运行操作等诸多方面,并在它们之间权衡利弊,做出科学合理的优化选择。为此,信息系统工程将主要涉及:软件重用和基于重用的通用指挥体系结构设计与实现;软件需求开发的方法、技术及过程研究;超媒体技术(关联索引、超文本和增广技术)及基于超媒体的需求工程设计;系统及需求工程(如导弹进攻与防御系统等)方法分析与确定,以及灵活的多学科指控信息系统工程生命周期的提出等。

建模与仿真技术不仅被最早用于武器装备研制和军事训练领域,获得了举世瞩目的巨大经济及军事效益,而且越来越多地用于作战指挥与控制方面,成为一种战略性技术。指控培训的战争模拟是建模与仿真应用的重要方面。对此,美国国防科学委员会曾得出这样的结论:“基于计算机的仿真作战场景为提高联合作战指挥官、参谋人员以及那些向他们汇报的指挥官和参谋提供了唯一的实践手段”,当然,指控建模与仿真不仅局限与高层指挥,美国国防部高级研究计划署(DARPA)开发的 SIMNET 软件就适用于单个战斗平台直到单位的战术和战斗管理。利用建模与仿真进行模拟军事演习,无疑是平时最重要战争演练手段,它对于制定军事计划、武器装备作战效能评估、科目训练、协同作战、教授战术等是必不可少的。为此,美军多年来相继开发了一系列计算机驱动的对抗模拟和作战仿真系统,如CAST、FOREM、VIC、FORCEM、CORBAN、JESS、JANUS。同时,还研制出了启发式作战评估器(HCE),HCE 既可与一个计划制定系统集成,也可单独作为演习模拟工具、战术培训工具或计划制定工具。为了支持指控测试,从建模与仿真角度开发了模拟网——SIMNET-D。SIMNET-D 含有全员士兵在回路的武器系统模块或模拟器,能够产生逼真的虚拟战场环境,支持多个战车、防空系统等实时连续作战。该模拟网扩展后,将在世界范围内建立多个模拟器站点的远程网络,用于模拟高级别梯队的作战。建模与仿真对于指挥控制系统发展的重大作用还将表现在增强人的效能方法上,包括指控中人认识模型的建立,人与指控自动化机器的任务功能分配仿真研究,指控中人的效能和可靠性方法仿真研究等。除此之外,建模与仿真技术对于指控系统效能评估可提供有力的支持,其中 SQT 资料库为这种评估提供了重要方法、技术和工具。同时,网络评估模型的出现及联合战术信息分发系统(JTIDS)建模为作战 C^3I 系统性能的改进提供了新的技术途径。

现代指控系统有许多区别于其他组织的特性。例如,指控系统组织应该是一个开放式的分级矩阵结构;指控组织的每个单元均需要完成某些"关键"使命;如何准备好随时应对来自敌手的任何威胁;利用广域通信网将分散单元有机地联系在一起,并具有近实时交互能力;必须有两种基本类型的知识库,即决策表和决策树,同时在指控环境中需要考虑以知识库为中心的管理支持系统等。为了反映这些特性和满足现代指控系统的多方面要求,采用专家系统和智能系统是至关重要的。应该指出的是,专家系统的类型很多,而对于指控系统通常包括每个单元配备的多种知识库专家系统、辅助求解战争事件模糊性的论断专家系统和决定及获取最佳指控方案的补救专家系统。智能系统的关键作用是承担传统知识系统未能实现的决策支援任务及应对出乎意料的事件/威胁。在此,更多关心的是通过智能系统所产生的总体效率和它各个部分效率的总和之差。为此,需要从专家系统过渡到智能系统,其根本途径是:向传统的规则库系统提供统计/概率程序方面的知识,以及利用计算机进行自行归纳、推理、引证,并向规则驱动的知识库增加记忆结构等。对此,采用智能生物技术和人工神经网络是十分必要的,从而使指控系统具有多重形态传感、驱动力增强、边操作边学习、高度记忆力、自我组织和双通信等能力。

辅助决策与支持系统是现代指控系统的重要组成部分。在此,群体决策技术、多属性效用理论(MAUT)及相关技术曾被用于美国国防部的 C^3 系统,产生了指控系统的实质性进步。专家们认为,下一代决策支持系统(DSS)的设计、开发和使用将发生巨大的变化,它将被嵌入大型信息系统之中,并具有更多层面的功能。虽然,这里所应用的先进技术仍然是人工智能、模型方法、神经网络、专家综合评估、自适应控制技术等,但是它更加强调基于网络化并依靠强大计算机进行综合性群体决策。

11.5　指挥控制与火力控制一体化

现代战争的最显著特点是陆、海、空、天、信息多维一体化联合作战,它要求参战的各种兵器和作战行动在统一的指挥控制下,形成一个能充分发挥各自优势的整体作战体系,即一体化指挥控制。一体化指挥控制是一体化联合作战的核心。一体化指挥控制包括联合作战态势生成、联合作战态势评估、联合作战方案生成与决策、联合作战计划制定和联合控制等阶段的指挥控制过程。其关键技术主要体现在如下方面:①联合情报支持技术;②联合作战态势生成技术;③联合作战计划生成与执行技术;④指挥控制与火力控制一体化技术等。在此,指挥控制与火力控制一体化将作为一种公用资源,把指挥控制系统强大的自动信息处理能力和火力控制系统自动控制武器发射、制导能力和战斗损伤评估能力通过信息系统"黏合"成一个整体,最大限度地发挥各种武器系统相互支持的整体作战优势,以赢得战争的利。例如,精确制导武器要搜索、跟踪和命中目标,必然会受到作战环境、武器发射平台、传感器、通信、指挥与控制系统等方面信息对抗的影响和制约。这样,只有依靠指挥控制与火力控制一体化,扩展武器系统(包括软、硬武器系统),实现武器装备体系一体化,才能在其他武器系统的支持下进行有效的信息对抗,从而发挥精确制导武器精确打击的优势及威力。因此,实现指挥控制与火力控制一体化是精确制导武器发展的必然趋势。

从另一方面讲,信息技术的发展及应用,既对传统指挥控制形成了巨大冲击,同时又给它注入新的活力。这是因为:①现代战争需要大量复杂的军事计划拟定和协调,非常近于实时大幅改进态势感知和共享这种感知的能力;②军事目标比以往更需要进行动态权衡,从而实现基于效果的作战战略;③决策支持系统需要非常快速地过滤和融合信息,并以方式进行作战计划扩充和修改;④需要大量的数据库和信息交换能力,以便跟踪战争双方态势及预演和预测瞬息万变的复杂战场等。

对于传统指挥与控制的真正冲击或挑战是要求实现上述诸方面的高度综合,而新活力的激发来自于信息技术,特别是计算机和网络技术快速推动信息系统更新换代,为指挥与控制改进、综合及能力提升提供了最有力的保障,并由此而产生了基于网络中心战理念的指挥控制与火力控制一体化的全新指挥控制技术和系统。实践证明,这种全新的指挥控制具有适应现代高技术战争的关键特性、灵活性、机动性、快速性、适应性、鲁棒性和创新性等。

未来作战系统是综合电子信息系统的进一步发展,是一种典型的指挥控制与火力控制的一体化系统。

未来作战系统是美国陆军未来部队的核心,它以全局的 C^4ISR 系统为平台,通过先进的战术信息网络将各种传感器装备、信息传输装备、指挥控制设备和火力打击装备,甚至正在研制的武器系统和计划研制的武器有机地链接在一起,构成一个完整的火力控制与指挥控制一体化作战系统,从而使陆军具备前所未有的联通能力、态势感知能力和协同作战能力,进而大幅度提高地面作战部队的战略部署能力和机动作战能力,以满足信息化条件下一体化联合/协同作战的需要。

以陆战为例,未来作战系统将是一个联合的、基于网络的一体化系统,也是一个主要由侦察监视系统、指挥控制系统、火力打击系统、后勤保障装备、医疗救护设备,以及战术信息网络和士兵构成的复杂大系统,如图 11.12 所示。

该系统的最大特点是指挥控制与火力控制一体化,精确制导武器在火力打击中占主导地位。在火力打击中,非视线武器发射系统包括多种导弹和高部署能力的容器式发射单元。每个容器式发射单元包括计算机、通信系统和多发精确攻击

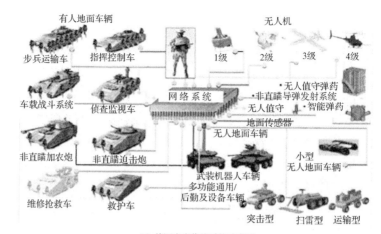

(a) 美军未来作战系统示意图

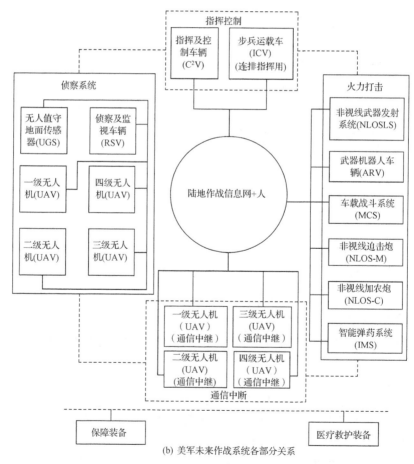

(b) 美军未来作战系统各部分关系

图 11.12　美军未来作战系统示意图和各部分关系

导弹及巡航导弹;智能弹药包括致命和非致命精确制导弹药;武器机器人车辆将主要携带特种弹药和反坦克导弹等,作为精确制导武器的陆战平台;车载战斗系统同样将主要作为精确制导武器的视线和超视线平台,用于直射和超视线精确攻击等。

11.6　反导中的战斗管理/指挥、控制和通信技术

多层反导防御系统是一个庞大的复杂系统,整个系统包括前述天基、空基、地基、海基的多种监视和跟踪系统、多种防御(进攻)武器等,要把这些系统和武器组成互相交互、互相协调、互相补充的有机整体,战斗管理/指挥、控制、通信和情报(BM/C³I)系统起着十分关键的作用。

BM/C³I 系统是反导作战系统的"神经中枢",导弹预警系统和拦截打击系统的反导武器通过它联合在一起。BM/C³I 系统通过可分为战略 BM/C³I 系统和战术 BM/C³I 系统。前者在反导作战的侦察和预警阶段发挥决策和警报作用;后者在各拦截段直接进行指挥决策和目标分配,并指挥控制火力单元拦截目标,最后做出杀伤效果评估。从技术角度讲,BM/C³ 系统是一个以计算机为核心,以通信网络为基础的多层、多节点的自动化整体,由系统部件、接口及"多层反导防御系统"的指挥决策和控制功能所需要的程序组成,其主要任务是监督和控制战略防御系统各组成部分的工作,以保证各种天基和地基部件协调有效工作,其具体功能包括战斗管理、指挥控制、通信和杀伤结果评定等。为了完成这些功能单靠现有技术是难以胜任的,还必须开发一些主要的关键技术,包括处理机技术、软件技术、通信技术及人工智能技术等。处理机技术主要有:实时、高性能容错计算机的研制,甚高速集成电路处理机的研制和分布式处理系统的研究;软件技术主要是大量相互关联和高度可靠的各种软件研制(这种软件达到了 1000 万～3500 万条指令),以及自动化软件工具和模块、超级高级语言和分布式数据库的开发;通信技术包括基础性通信技术研究和通信网络技术开发,目的在于把成百个天基平台、机载平台、飞行中的拦截器和地基系统的部队互连成一个有机整体,这将是一个广泛的通信系统的阵列。其主要技术开发包括:高可靠、安全性的指挥和控制线路,用于核环境的高数据库、激光和毫米波空间交叉线路、交换系统、多路存取系统、高级天线、加固的光纤系统等;人工智能的应用主要反映在军事专家系统的设计与开发,它除了充当高级当局及指挥决策过程的候选者外,还能应用于诱饵的识别和破坏效果的评估等。

第12章 地面、海上及空天试验技术

12.1 概 述

科学试验是人类认识世界与改造世界的基本活动和有效手段。毫无例外，现代导航、制导与测控技术及系统的进步和发展也是寸步不离科学试验的。可以说，没有地面、海上及空天试验，就没有导航制导与测控技术和系统的发展及进步。

科学试验按目的的不同分为：发现试验、假设检验试验和演示试验；按方法可分为：实物试验和模型试验。模型试验就是常说的仿真试验，包括数学仿真和半实物仿真；按功能可分为：例行试验、对接（集成）试验、鉴定试验、定型试验、特种试验和专题试验等；按空间可分为：地面试验、海上实验、空中试验和航天试验。为简明起见，人们还按试验方式或试验性质把科学试验分为地面试验与飞行（航行）试验或静态试验与动态试验等。总之，目前的所有科学试验可统称为现代试验工程。

就综合武器平台和武器系统而言，这些试验按照由顶层到系统的从属关系，应该先是作战试验，再是平台和武器系统试验，然后才是导航、制导与测控系统试验。作战试验是指根据试验目的，有计划地改变作战试验中包括武器装备在内的军事力量、战法、作战环境等条件，考虑各种条件下的作战进程和结局，从而深入认识战争规律和指导军事作战（或驾驭战争）的研究活动。其主要方法包括：基于计算机生成兵力的仿真试验、联合军事演习、实际战场检验和战争游戏（或博弈作战）等；平台和武器系统试验是在模拟或真实条件下进行平台或武器系统使用实践的过程，是检验产品设计、制造品质及鉴定产品性能的可靠手段。它贯穿于平台和武器系统研制及运用的全过程。图 12.1 为飞航导弹武器系统在研制及运用过程中所进行的各种试验。

由图 12.1 可以看出，该武器系统的试验分类未包括武器系统的作战试验。导航、制导与测控系统试验是系统研制中的重要环节，任何导航、制导与测控系统的研制都需要经历设计—试验—鉴定的过程。不但各种设备自身的软硬件以及战技性能指标和各种功能需要试验来验证，而且这些设备之间以及它们与平台和武器系统之间协调性和作战程序也都要通过试验来检验。其试验分类与图 12.1 基本类似，但通常主要包括系统方案设计验证试验、电磁兼容试验和电子对抗试验等。

本章将在简述导航、制导与测控系统试验方法、内容和设备的基础上，主要讨论和研究飞机、舰船、制导武器、弹道导弹及航天器的导航、制导与测控系统的各种试验技术及系统,同时还将涉及指控系统试验。

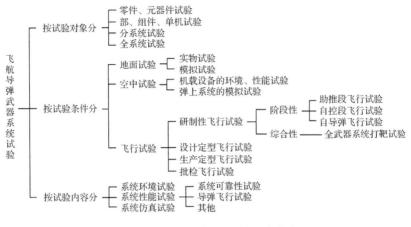

图 12.1 飞航导弹武器系统试验分类

12.2 试验方法、内容及设备

12.2.1 试验方法及内容

地面、海上及空天试验有多种方法,但可归结为两大类,即实物试验和仿真(或模拟)试验。仿真试验又可分为数字仿真和半实物仿真。实物试验是在实际环境下利用真实系统(或部件)进行的试验,这是最基本、最真实,也是最可靠的试验方法,但不经济,且往往难以实现(如在有毒、有害、不安全场合下)。仿真试验是一种在实验室条件(包括空中、地面和水下)下进行的既经济又方便的先进试验方法,往往可以解决实物试验难以解决的棘手技术问题,但逼真度、可信度及可靠性始终是一个严重的现实问题,尤其是必须对复杂仿真系统及其试验结果的可信度进行有效评估。因此,实物试验和仿真试验相结合是解决试验的重要技术途径。就包括导航、制导与测控系统在内的复杂系统而言,空中飞行模拟器的开发和应用是一个典型例证。

以高技术兵器为例。现代高技术兵器的导航制导与测控技术及系统试验几乎涉及整个兵器论证、分析、设计、制造及运用的各个领域,以及系统使用的复杂环境(气候、环境、力学试验目的及要求)。因此,地面、海上及空天试验内容是相当庞杂的,但大体上可分为原理(或机理)性试验、部件试验、系统对接联调试验、样机试验、鉴定或定型试验、研究或改型试验等。这些试验还将涉及大量的例行试验、可靠性试验和专门性特殊试验。例如,温度(高温、低温、温度冲击)试验、振动试验、冲击试验、颠振试验、加速度(过载)试验、阶跃特性试验、频特性试验、斜坡分析试验、光电特性试验、噪声或声纳试验、三防(湿热、盐雾、霉菌)试验、沙尘试验、辐射试验、电磁兼容和干扰试验、信息对抗试验、精度试验、综合环境试验、运输试验及靶试等。

12.2.2　主要地面试验与设备

地面试验除原理性试验、系统部件试验和专门研究性试验外,主要是地面联试。以导弹制导控制为例,地面试验通常分为三个阶段,即自控弹地面联试、自导弹地面联试和全弹试验。其中,自控弹试验时,弹上装有电气、控制、自毁装置及遥测系统等,但不装末制导系统,其试验目的仅考验导弹自控段飞行情况。这时,将采用半实物试验方法,试验设备或设施包括参与产品样件、各种相关地面测试设备及半实物仿真装置等。自导弹地面联试又称为导弹全制导系统地面联试,这时自导弹除自控弹上所装的系统外,还装有导引头、引信。试验设备比自控弹地面联试更为完善;全弹试验是新导弹研制所必需的地面试验项目,目的在于全面考核弹上设备性能,获取大量信息。所使用的试验设施一般为"铁鸟台"及其配套设备。

此外,与制导控制系统直接相关的主要地面试验还有发控对接试验和火控系统精度试验。这些试验将采用导弹模拟器与实装兵器相结合来完成。在发控对接试验中,需检验导弹飞行状态控制的正确性,为此必须装定导弹的自控飞行时间和自导距离等参数,以确定导弹的飞行状态。火控系统精确试验包括火控系统对接试验、火控系统静态精度试验和火控系统动态精度试验。它们均同导弹制导控制系统直接相关。例如,在火控系统对接试验中,需要检查目标探测设备与射击指挥仪的对接精度、导航定位系统与射击指挥仪的对接精度、火控载体姿态参数传感器与目标探测设备的对接精度,并进行目标探测设备距离、方位零位校准等;而在火控系统静、动态精度试验中,必须在目标探测其瞄准和跟踪目标下,来解算目标诸元,并检查火控系统输出值相对标准射击元的误差,同时还需检查火控制导系统与制导控制系统间工作的协调性。

12.2.3　主要飞行试验与设备

仍以导弹武器制导控制系统为例。飞行试验简称试飞,是制导控制系统在真实飞行条件下进行的前述多种试验。仍以导弹为例,飞行试验通常分为研制性、鉴定性及抽检性三类。研制性飞行试验贯穿于导弹武器研制的全过程。对于制导控制系统而言,主要用于方案论证,各部分协调和战技指标验证等。研制试飞环节很多,但重点是验证弹体姿态稳及控制回路(也称小回路)性能和制导控制回路(又叫大回路)性能。试飞中,通常采用独立闭环遥测弹和闭合回路遥测弹,并配备有试飞设备及地面保障设施;鉴定性飞行试验一般由国家定型委员会负责,按试验大纲严格进行。试飞中,将全面对导弹武器系统的战技指标及多分系统的多种性能、功能进行逐一鉴定。对于制导控制系统,将主要是制导控制系统的性能及导引精度、导弹的单发杀伤概率等方面的试验。参加鉴定试飞的产品必须是申请定型的战斗状态的武器系统,包括搜索单元、火力单元及后勤支援系统的全部设备;批抽检试验是为订货方所需要的全面抽样检验,据此结果将决定是否接收导弹武器系统,制导控制系统自然在试验之列。

上述三类试验均在靶场进行,该靶场备有完善的测量设备,通常分为外弹道测量设备及弹上测量设备两大类。前者普遍采用光测与雷测设备,而后者主要依靠遥测、磁记录仪等,更详细的情况如图 12.2 所示。

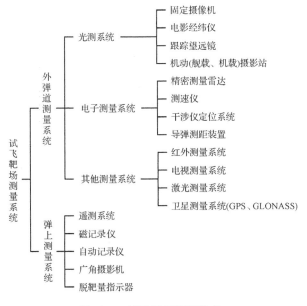

图 12.2　试飞靶场测量设备

除此之外,数据处理及分析系统也是地面与飞行试验的重要组成部分。通常,它们将是一个以计算机为核心的复杂庞大的系统。在地面同空中(水下)相结合的综合试验中,这种系统显得更为重要,它们往往集遥控、遥测、数据处理等信息系统于一体,形成有机的综合试验支援系统。

12.3　飞机的飞控系统试验

12.3.1　引言

现代飞行控制系统简称飞控系统,是以飞行控制计算机为核心的全时、全权限闭环控制系统。地面试验和飞行试验是开发现代飞控系统的重要环节和基本活动。

  飞控系统是飞机的神经中枢,其重要地位可想而知。由于先进飞机运动的复杂性和实现高战技性能和多功能,使现代飞控系统变得越来越复杂,主要表现在:①采用最优控制技术设计,实现多回路耦合、多模态控制律;②采用电传控制方式,实施多重余度配置;③引入计算机和高效机载软件,实现前置处理、数字计算、逻辑运算、监控、自检等多功能任务;④采用综合飞行/火力、飞行/推进、飞行/推进/火力控制技术,实现综合一体化控制;⑤利用先进控制策略,实现大迎角超机动飞行控制;⑥采用直接力控制和机动载荷控制技术,发挥主动控制优势等。因此,现代飞行控制系统研制已构成一个庞大的系统工程,其基本程序相当复杂,如图 12.3 所示。

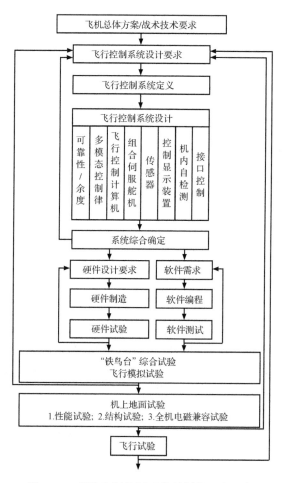

图 12.3 现代飞行控制系统研制的基本程序

　　由图 12.3 可见,地面试验和飞行试验在现代飞控系统研制中具有不可替代的特别重要地位,它直接决定着系统及其部件性能的优劣和安全性与可靠性。

　　飞控试验一般包括开发性试验和鉴定性试验,并贯穿于系统研制和应用的全过程。在系统设计阶段,飞行模拟试验被用于控制律开发,确定反馈布局、控制律构型和主要参数,除此之外,还将进行各种部件的原理性试验;在系统研发阶段,主要进行各部件验收试验,包括部件静、动态特性和接口试验,以及环境试验与电磁兼容试验等;鉴定试验为系统级试验,主要包括全系统"铁鸟台"综合试验、飞行模拟试验和机上各种试验。机上地面试验一般包括机上性能检查、结构模态耦合试验和全机电磁兼容性检查试验;飞行试验(简称试飞)为飞控系统最终试验,主要用于在实际飞行中评定系统性能和功能。它是通过在飞行包线内的各种飞行科目试飞实现的。应该说的是,只有经过试飞,不断改进,才能研制出具有实际应用价值的飞控系统。

　　无论是地面试验还是飞行试验都有一套完整的试验设备(或设施),这里特别要指出的是空中变稳试验机。变稳试验机,美国人称它为空中飞行模拟器,俄罗斯人又称它为空中飞行动力学实验室,它能够通过变稳电传系统保证在飞行状态不变的情况下,使本机及其飞控系统的动态特性在大范围内改变,必要时还可以改变座舱布局和操纵形式,从而同被研究飞机的响应相一致,主要研究对象包括战斗机、轰炸机、运输机、客机、直升机及飞船与航天飞机等各种航天器,应用领域可覆盖飞行力学、飞行控制、飞行试验、航空电子等专业的相关课题及新机试飞员培训等。空中变稳试验机是空中飞行模拟的专用工具,实质上是一种综合性的通用飞行试验平台,尤其对于飞行模拟系统的试飞具有十分重要的价值和广阔的应用前景。目前,世界上只有少数发达国家(如美国、俄罗斯、英国、法国等)拥有这种试验机,我国虽然起步较晚,但通过跨越式发展,已于 20 世纪末成功设计与建造了水平较高的空地综合空中飞行模拟试验机(IIFSTA),并用于三代和四代军机研制。

12.3.2　飞控系统仿真试验与变稳试验机

1. 地面飞行仿真原理及系统

　　在实际飞行中,飞机空间运动是一个人-机系统的动态过程。此间,飞机将通过空气动力和发动机推力及其力矩的作用产生六自由度空间运动,并随着这些力和力矩的变化来改变飞机的运动状态和飞行姿态,从而完成既定的飞行任务。为此,必须由飞行员或飞行自动控制系统对飞机实施有效控制。飞机控制回路通常包括五个基本环节,即指令环节、传动环节、被控对象、反馈环节及飞行员。飞行员在该回路里作为一个具有自适应调节功能的动态环节,其重要作用是接受飞机运动反馈信息,并按照既定飞行任务(指令信号)实施信号综合,构成人-机闭环操纵系统[见图 12.4(a)]。

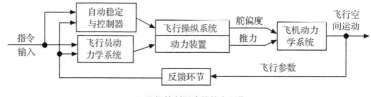

(a) 飞机控制回路及基本环节

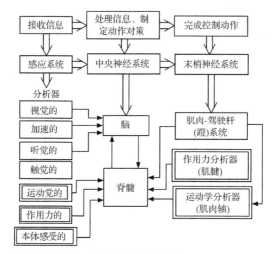

(b) 飞行员驾驶杆动作的系统和过程

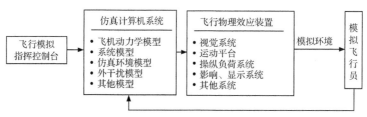

(c) 相似数学模型及飞行物理效应装置

图 12.4　地面飞行仿真的基本工作原理

在上述人-机闭环操纵(控制)系统中,飞行员操纵动作可以被描述成由三个相互联系的过程序列组成的动力学系统。该动力学系统包括信息感受、信息处理和动作对策及完成操纵动作,如图 12.4(b)所示。其中,由分析器组合的人感系统负责信息感受,而每一个系统对应于已确定类型的信息(视觉的、加速的、运动学的等)。运动系统(末梢神经肌肉系统)用以完成控制指令。这里,有许多感应传感器,它们通过脊髓向中枢神经系统传递有关运动关节的位置(本体感受)分析器、手臂肌肉位移的速度及位置(运动分析器)和施加的作用力信息,其中最后两个同时又是运动系统中的反馈传感器。完成控制信号的过程从大脑运动区的脉冲到达时开始,并随着驾驶杆(蹬)位移而结束。中枢神经系统实现感应区与运动区的联系,在从一区到其他区传递信号时,校准接收到的信息,并做出对策。

飞行员通过驾驶杆(蹬)来传递控制信息,杆(蹬)的偏移将引起控制对象(飞机)的响应。除上述驾驶外,飞行员还将完成一些附加任务,如调谐无线电波和用无线电通话、观察外部环境等。

这样,按照相似原理人们完全可以在地面实验室条件下,构筑出一个同上述实际飞行中的人-机系统相似的飞行模拟系统,使其动态过程与飞机实际空间运动变化及效应相似。

从系统学和信息论的观点讲,两个系统相似根本上在于保证它们的信息相似,而对于人-机系统,关键在于保持它们间的几何信息、动力学信息及环境信息相似。为此,在设计和建造地面飞行模拟器时,必须保证它同实际飞机和飞行在如下方面相似:

(1) 飞机相对地面(或目标)的方位和位置坐标运动及其视觉信息。

(2) 飞机对偏转操纵机构的反应信息[速度、加速度、角加速度、杆(蹬)力、杆(蹬)位移]及飞行员感觉。

(3) 飞机在空中的姿态及姿态变化信息。

(4) 发动机操纵反应信息(推力、振动、哼声、过载、加速及减速等)。

(5) 飞机过载及其感觉。

(6) 飞机近临界或跨临界状态的信息(抖动、失速等)。

(7) 飞行环境信息(阵风、噪声、战场背景、能见度等)。

所有这些相似条件都将通过数学模型的系统来实现,物理效应装置硬件来实现[见图 12.4(b)]。所有数学模型及其数据都以数据库的形式被装订在仿真计算机系统里。被装订在仿真计算机里的数学模型主要有飞机动力学模型、系统模型、仿真环境模型、外干扰模型、大气数据模型等。

在地面飞行仿真中,上述数学模型由仿真计算机解算,通过飞行物理效应装置形成给飞行员相似实际飞行的模拟环境,使飞行员在空中一样"飞行",从而完成飞行仿真的基本工作原理。

实现上述"地面飞行"仿真的系统称为地面飞行模拟器,截至目前,地面飞行模拟器经历了四代技术变革,已发展成为一个以先进仿真计算机系统和数学模型为核心,具有众多物理效应装置及参试试件、管理与控制高度自动化的大型复杂半实物仿真系统。该系统一般由仿真计算机系统(包括软件)、模拟座舱、人感系统及控制观察台组成。其中人感系统包括操纵负荷系统、视景系统、仪表系统、运动系统、过载感觉系统、音响系统等。图 12.5 为用于飞控仿真的典型地面飞行模拟器配置。

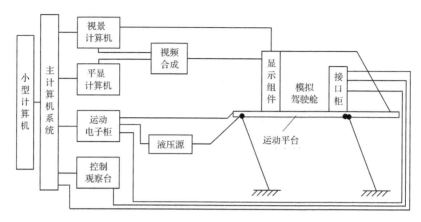

图 12.5　典型飞行模拟器配置方块图

　　这种飞行模拟器通常为 III 级飞行模拟器,对其系统有严格的要求。

　　(1) 逼真地模拟飞机座舱内的噪声和音响的振幅与频率。噪声和音响应包括发动机、飞机机体、空气动力、雷雨、风挡雨刷和静电放电的声音等。这些声音要与发动机操纵、飞行条件和视景显示相协调。

　　(2) 附加的空气动力模型应包括:①低空平飞时的地面效应;②大高度时马赫数的影响;③机体结冰的影响;④正常和反向动态推力对操纵面的影响;⑤气动力弹性及非线性度的模拟;⑥模拟由于侧滑引起的非线性度。

　　(3) 驾驶员在模拟座舱内能感到有飞机特性抖振的模拟。抖振应包括高速、起落架和襟翼收放、前轮接地及失速等引起的抖振。在编制这些特性抖振软件和配备仪器时,拥有测量抖振值的功能,并应与被模拟飞机的数据(振幅和频率)相比较。

　　(4) 应有足够的白天、黄昏和夜间视景画面,以便识别机场、地形和机场周围的主要地标。视景连续无"缝隙"。

　　(5) 白天视景必须是整个飞行人员模拟舱白天环境的一部分,至少应达到阴天时座舱内的亮度。对白天视景系统的最低要求规定为能产生全色显示。

　　(6) 机场照明应具有逼真的颜色和方向性。

　　(7) 湿的和被雪覆盖的跑道显示应包括:跑道灯对水的反射效果和部分被雪遮蔽的跑道灯对雪的反射效果,或者两者取其一的效果。

　　(8) 应有描绘驾驶员易产生着陆错觉的某些视景,包括短跑道、上坡或下坡跑道、水上进场着陆、起伏地形和其他特殊情形。

　　(9) 在机场 16km 半径范围内,高度 610m 以下的空间里,用提供起飞、进场和着陆时进入暴风雨附近的小雨、中雨和大雨区的特殊气象显示。

　　(10) 应能给驾驶员提供气象雷达显示,云的回波应与视景相关联。

（11）失速告警和避免的模拟。

（12）对模拟器的硬件和软件应能进行自动测试，以确定是否达到在有关标准中所规定的对 III 级飞行模拟器的要求。

（13）应具有模拟器故障诊断系统。

（14）配备多通道记录仪。

（15）对空战模拟器还应达到下列要求：

① 应具有两个或两个以上驾驶员模拟舱，每个模拟舱均对应被模拟飞机的特性和空战环境。为达到视景系统（目标、地景和天景等）的水平视场角不小于300°、垂直视场角不小于150°的要求，应采用全球幕环境。

② 不管是否用六自由度运动系统，都必须采用过载座椅和抗荷服或其他与其功能相当的动感装置来模拟持续过载感觉。

③ 应有在高正加速度条件下出现的灰感和黑视感的模拟。

④ 模拟火箭和航炮及其发射音响。

⑤ 应能记录命中效果，并有命中效果显示等。

2. 地面飞行仿真内容及评估方法

地面飞行模拟试验内容应覆盖所有可能的飞行科目及整个飞行包线，且需有所扩大。目的是能够充分验证飞行控制律、整个飞行包线的飞行品质，使飞行控制软件更广泛地运行，以便在地面上及早发现问题、及早解决，同时也使驾驶员能充分体验系统设计和使用的新特点。主要内容包括：

（1）起飞过程模拟。

（2）下滑着陆模拟。

（3）航线起落模拟。

（4）补充试验（如将纵向静安定度放宽、平尾效率增大/降低、舵机速度降低等）。

（5）配平飞行模拟。

（6）纵向操纵模拟。

（7）水平盘旋模拟。

（8）横向操纵模拟。

（9）航线操纵模拟。

（10）空间机动模拟。

（11）平飞加减速模拟。

（12）目标跟踪模拟。

（13）故障及改变参数试验。

（14）大迎角试验。

（15）专题试验（如失速/尾旋、外挂物投放、空中加油等）等。

飞行模拟试验评定方法主要有以下三个方面。

（1）驾驶员主观评定。采用库珀-哈珀评分外，还必须将驾驶员的描述认真分析，与试验数据相比较。

（2）结果分析。包括：①给出时域品质计算结果；②给出频域品质指标计算结果；③给出系统功能的试验结果等。

（3）对比分析。将飞行模拟试验结果与理论计算、数字仿真分析、试飞结果进行对比分析，分析其相关性，并找出造成差别的原因。根据对比分析的结果，给出综合评定结论。

3. 空中飞行模拟与变稳试验机

空中飞行模拟主要用来模拟新机、研究飞行品质、研究飞控系统各种软件技术、新方法、试验机载系统和设备，以及研究人/机工程、进行人员培训等。同时，空中飞行模拟还是验证和修正地面飞行模拟中各种数学模型最有效、最方便的技术手段。空中飞行模拟的试验内容与地面飞行模拟大体类似，这里不再赘述。下面重点阐明实现空中飞行模拟的专用设施——变稳试验机（及空中飞行模拟器）的原理、构成及应用。

发达国家特别是俄罗斯和美国对空中飞行模拟尤为重视。俄罗斯认为：制造与上一代飞行器特性根本不同的每一代新飞行器时，都必须采用空中飞行动力学实验室（即变稳试验机）进行空中飞行模拟。因此，仅俄罗斯飞行研究院就拥有 20 余种先进的变稳试验机。美国是空中飞行模拟的发祥地，也是世界上研制和使用空中飞行模拟器最多的国家，所拥有的数量占世界总数的一半以上。美国人认为：空中飞行模拟器是一种用途极广、效率很高、成本较低的航空、航天试验研究及训练手段。

从原理上讲，空中飞行模拟器是一种借助变稳电传系统和可变人感系统达到改变本机方向动力学特性、稳定性与操纵性的空中飞行试验平台。它能够实现从单自由度到六自由度的空中飞行模拟。当试验飞行员驾驶空中飞行模拟器飞行时，可以在真实飞行环境中感受被研究飞行器（飞机、直升机、航天飞机等）的运动状态和飞行操纵品质，进行所赋予的飞行模拟研究任务。显然，可获得比地面飞行模拟器的更逼真、更可信的模拟效果。通常，空中飞行模拟器是由本机改装而成的，当然也有专门设计的。改装后的试验机（即变稳飞机）具有前、后两座舱。前舱为模拟飞行员座舱，又叫试验驾驶舱。后舱为安全监控飞行员座舱，简称安全监控舱。

用于改变飞机动力学特性、稳定性与操纵性的变稳电传系统通常有两种工作模式，即效应反馈式和模型跟随式。二者的工作原理分别如图 12.6(a)、(b)所示。

显然,响应反馈模式是通过改变飞控系统的反馈增益来改变飞机的动态响应。从而使变稳飞机的动态响应与被模拟飞机的动态响应相一致,达到空中飞行模拟研究的目的。模型跟随模式则是通过将模拟飞行操纵指令先输入机载计算机,计算机解算被模拟(研究)飞机的动态响应,包括气动力模型和飞行控制系统模型响应等,并通过变稳控制系统控制本机跟随这一响应,从而使变稳飞机呈现出给模拟飞行员所模拟飞机的特性及感觉。应该指出的是,无论是响应反馈式或是模拟跟随式,其控制律增益、模型及参数均可在空中由模拟飞行员方便地更改和变换。由于模拟跟随原理可以使本机在相同飞行条件下实现最佳至最劣的飞行品质变化范围,同时可较逼真地复现被模拟飞机特性,所以当前的空中飞行模拟器大都采用了模型跟随原理。空中飞行模拟器的典型系统结构可以用著名的美国 NT-33 空中飞行模拟器的变稳系统来说明(见图 12.7)。

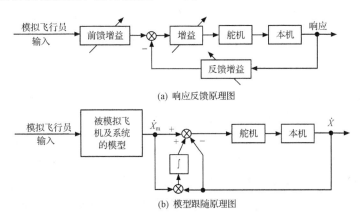

图 12.6　空中飞行模拟器的基本工作模式及原理

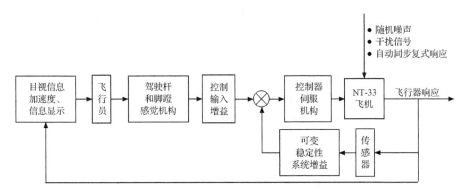

图 12.7　NT-33 变稳飞机的变稳系统结构图

NT-33A 变稳飞机是一架被用于空中飞行模拟研究、试飞员培训和新机演示验证的多用途变稳飞机,也是有史以来世界上应用最广泛、时间最长和使用最成功的空中飞行模拟器。美国的飞行器品质规范、人机界面技术、现代飞机的大量关键技术,以及从 X-15 到 X-29,从 YF-16 到 YF-22 等都通过 NT-33A 进行过空中试验验证。美国空军、海军试飞员学院的试飞员几乎无一例外地借助它进行飞机和飞行品质试飞等技术的培训。

NT-33A 变稳飞机是由洛克希德公司的喷气教练机 T-33A 改装而成的。其主要改装工作有:

(1) 更换上一个更大的(F-94)机头,以满足改装大量电子设备所需的空间。例如,变稳机控制系统的模拟计算机、可变人感和侧杆特性的控制计算机、测试记录设备等。

(2) 去掉前舱的原机械操纵系统(即试验评定驾驶员舱的操纵系统和脚蹬杆),换装上可变特性的电液人工感觉系统,包括中央杆、脚蹬和侧杆控制器。该系统可模拟被研究飞机的操纵感觉特性,并将控制指令输入给变稳系统控制计算机。保留后舱的机械操纵系统,并始终与飞机操纵面相连接,以及维持原 T-33 的机械操纵状态。

(3) 在升降舵、副翼和方向舵通道加装三个液压舵机,通过离合器与飞机原机械操纵系统并联,舵机由可编程的电传控制系统通过变稳计算机发出控制指令来驱动。

(4) 前舱还加装了平显和下显,以适应对现代飞机模拟研究的需求。

(5) 后舱加装了可调节稳定性增益的控制器,这些控制器直接同变稳相连。后舱飞行员可通过它调节电传系统参数及控制系统工作状态,从而改变飞机和人感系统特性。同时,作为后舱安全飞行员可以应急切断变稳电传系统。

由于受当时计算机技术水平和控制理论发展的限制,NT-33A 只得采用响应反馈和隐式跟随技术来改变飞机稳定性和实现人感系统的特性变化。

空中飞行模拟器是飞行试验技术同地面飞行模拟技术相结合的产物,其主要功能和任务是进行:

(1) 飞行品质和航空专题研究。

(2) 飞行导航、制导与控制技术及系统研究。

(3) 飞行显示技术及仪表系统研究。

(4) 综合电子、火控技术及系统研究。

(5) 人机工效学研究。

(6) 飞行员、试飞员及其他空勤人员培训。

(7) 地面飞行模拟结果校核等。

空中飞行模拟器的工程应用实例很多,特别是在飞控系统研究中的重要作用:

(1) 美国的 YF-16 在首飞前用变稳飞机发现和排除了进场着陆时产生的横向驾驶员诱发振荡(PIO)。

（2）美国的 F-18A 用变稳飞机发现和解决了进场着陆的 PIO 问题。

（3）美国的航天飞机用变稳飞机发现和解决了进场着陆的 PIO 问题，并改装了两架空中飞行模拟试验机进行宇航员训练。

（4）美国的 AFTI/F-16 在首飞前全面进行了空中飞行模拟，特别是各种应急模态下的飞行品质的降级问题。

（5）美国的 X-29 在首飞前进行了广泛的空中飞行模拟，尤其是模拟时间延迟和人感特性对飞行品质的影响。

（6）以色列的 LAVI 用空中飞行模拟进行了控制律的选择和模拟备份系统的飞行品质研究，并对地面模拟器的试验结果进行了空中飞行模拟校核。

（7）瑞典的 JAS-39 在试飞前没有经过空中飞行模拟，1988 年 2 月坠毁后，不得不重新到美国实施空中飞行模拟计划。1989 年 7～9 月用 NT-33A 变稳飞机飞了 57 架次，找出了造成 JAS-39 事故的主数字飞行控制系统问题，全面修改了控制律。同年 12 月又飞了 21 次，主要是检验修改后的最终控制律。13 名试飞员参加，试验为第二次飞机上天增强了信心。

空中飞行模拟器还在不断迅速发展，其重要趋势是进一步改善性能和扩大应用范围。采用自适应飞控平台匹配飞行状态的方法，是一条有效的重要技术途径。

12.3.3　飞控系统"铁鸟台"综合鉴定试验

对于任何一个飞机飞行控制系统，都要进行全面和严格的地面物理试验，特别是现代飞机的电传飞行控制系统。物理试验是针对实物进行的，地面物理试验的真实性和直接性可得到期望的物理试验效果。飞行控制系统物理试验是一项复杂的系统工程。统计表明，某三轴数字电传飞行控制系统的系统综合试验机在首飞前的地面鉴定试验时间约占整个研制周期的 55%。这里尚不包括部件级试验时间。飞行控制系统物理试验通常包括如下主要内容：①外场可更换部件（LRU）的验收试验；②软件的测试和验证；③全系统综合实验；④全系统"铁鸟台"综合与鉴定试验；⑤机上地面系统性能检查试验；⑥全机电磁兼容（EMC）试验；⑦结构模态耦合试验；⑧系统可靠性增长试验；⑨驾驶员在环的飞行模拟试验等。其中，"铁鸟台"综合鉴定试验是飞控系统在较为真实的综合环境下运行的，是先进飞控系统六个开发阶段（包括要求确定、软硬件研制、系统综合、铁鸟鉴定试验、机上地面试验和飞行试验等）的关键环节，也是决定所设计系统能否试飞的重要基础。为此，设计师们对铁鸟鉴定试验极为重视。

"铁鸟台"综合实验设施一般由下列分系统构成：①铁鸟试验台架；②模拟驾驶舱（仪表系统）；③视景系统；④仿真计算机系统；⑤舵面铰链力矩模拟系统；⑥飞行控制系统反馈传感器驱动设备；⑦压力动力源；⑧试验监控与记录系统；⑨系统地面试验器等。

典型的现代飞行控制系统"铁鸟台"实验设施构成示意图如图 12.8 所示。

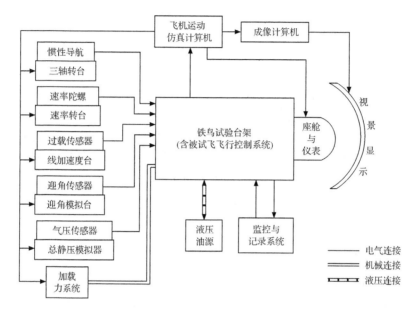

图 12.8　典型的飞行控制系统"铁鸟台"实验设施构成示意图

铁鸟试验台架是"铁鸟台"综合试验的基础平台,为受力钢架式结构,是进行飞行控制系统半实物物理模拟试验的专用设备。为受力钢架式结构,用于安装驱动飞行控制面的平尾舵机、副翼舵机、方向舵机等。试验台上的飞行控制面(如平尾、副翼、襟翼、方向舵等)最好使用实际的物理件,也可用惯量、刚度与真实舵面相一致的模拟件代替。

模拟驾驶舱要尽量与被模拟飞机的驾驶舱一致,座舱内装有真实的驾驶杆组件、脚蹬组件、油门操纵机构和飞行控制系统控制显示组件等。模拟驾驶舱中安装的仪表主要是分析参数的指示仪表,一般有地平仪指示器、空速-Ma 数组合指示器、高度组合表、综合航向指示器、升降速度-转弯侧滑仪、过载表、迎角指示器、发动机转速表及飞行控制系统专用指示器等。有平视显示器和下视显示器的飞机还应有相应的模拟装置。

各飞行仪表是由相应的传感器提供指令信号,其信号来自安装在机体上的垂直陀螺或者惯性导航平台。

视景系统用于飞机驾驶窗外的景象模拟,给飞行员提供实时的景象。视景系统的图像生成几乎都被计算机成像技术所取代。成像计算机生产的图像要通过显示装置(如彩色显示器)显示出来。采用虚拟现实技术后,景象在驾驶员所戴的特制头盔内显示,图像生成的指令由特制的数据手套给出。音响系统是通过分布在座舱周围的扬声器向驾驶员提供声响感觉。音响系统用于模拟飞机发动机开车的噪声,收放起落架噪声和机轮接地的撞击声等。

飞行控制"铁鸟台"综合试验中用仿真计算机实时解算飞机六自由度非线性运动方程发动机推力方程来模拟飞机的飞行过程。仿真计算机有足够大的存储能力,在试验中可在线存储各种飞行参数。还具备优良的 A/D 接口,来接受外部传感器模拟电量的输入和优良的 D/A 接口以便驱动速率台、迎角台、三轴转台、加速度转台、总静态模拟器和舵面铰链力矩模拟器等模拟设备。

在试验中,按规定的载荷谱施加相应的力给液压舵机来实现气动铰链力矩的模拟。模拟飞行控制面气动铰链力矩的电液伺服系统是一个强位置运动干扰的力系统,由加载作动筒、电液伺服阀、力传感器和电子控制器构成。

在"铁鸟台"试验中飞机运动是由计算机仿真实现的,各类传感器安装在相应的驱动设备上,仿真计算机算出飞机运动参量指令相应的驱动设备,使传感器能够参与铁鸟试验。各种传感器的驱动设备主要有单轴速率转台、线加速度模拟台、三轴伺服转台、迎角模拟器、总静压模拟器等。

飞行控制"铁鸟台"试验需要多种油源系统,其中有飞机液压油源和地面设备专用油源。

为了试验安全和协调工作,在试验的中央控制室内设有电视监控系统。试验记录系统式飞行控制"铁鸟台"综合试验的重要子系统。在试验中进行动态响应测量的主要设备室频率响应分析仪和专用的控制系统分析仪。

在"铁鸟台"试验中必须设置一个完善的试验器。试验器最基本的功用是放行和截断流进飞行控制计算机和流出飞行控制计算机的各类信号,国外称之为"Break-Box";PBIT 检测试验;参数调节正确性检查;伺服作动系统性能测试;系统开环特性测试;系统稳定性试验;闭环频率响应试验;时域响应试验;开环余度管理试验;闭环余度管理试验;驾驶员感觉评定试验及软件信任性试验等。

12.3.4　飞控系统机上地面试验

飞行控制系统机上地面试验的重点是,在真实的机载环境下研究装机系统的工作性能。机上地面试验一般包括以下三个方面的内容。

(1) 机上系统性能校核试验,试验项目内容与铁鸟试验大体相同。

(2) 全机电磁兼容性测试。全机电磁兼容性测试是为了验证飞机电磁兼容性设计的完善性,检查存在的电磁兼容性问题,并为电磁干扰的排除提供依据。其测试项目包括辐射发射测试、传导发射测试、机载电子设备(广义)相互干扰检测、用电设备对敏感设备的干扰检测、重要设备安全系数测试、天线隔离度测试、电源线尖峰信号测试等。所采用的测试设备主要包括下述两大部分:①电磁干扰(EMI)测试又称电磁发射测试(分)系统。图 12.9 为电场辐射发射(RE02)测试方框图。②电磁敏感度(EMS)测试(分)系统。图 12.10 围殴电场辐射敏感度(RS03)测试方框图。

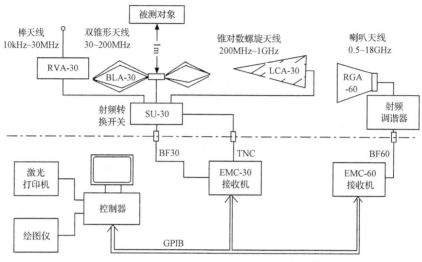

图 12.9　电场辐射发射(RE02)测试方框图

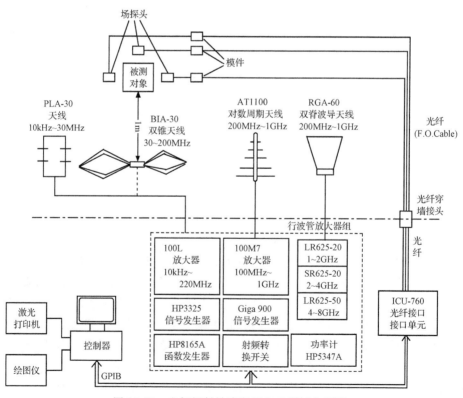

图 12.10　电场辐射敏感度(RS03)测试方框图

（3）结构模态耦合试验。结构模态耦合试验室多学科综合性试验。通过结构模态耦合试验确定上浮弹性幅值稳定裕度，进而调整数学模型，为最终校核计算提供试验依据。

12.3.5　飞控系统的飞行试验

飞控系统的飞行试验一般分为预先研究（简称预研）飞行试验和型号飞行试验。其中，以型号飞行试验最复杂且周期最长，这里包括原理性飞行试验、鉴定飞行试验、设计定型飞行试验、合格审定飞行试验、设计更改飞行试验及出厂检验飞行试验。

1.　预研飞行试验

为了研制先进的飞机，必须对飞行控制系统新原理、新技术、新设备开展大量的预先研究工作，以突破关键技术。在经过基础研究、应用基础研究、应用研究、先期技术开发几个阶段之后，取得的研究成果一般是飞行控制系统的部件、分系统、系统的原型样机。为了将先期技术开发的成果用于型号研制，必须通过飞行试验进行演示验证，这就是预先研究飞行试验。试验内容及方法视具体预研成果而定。

2.　型号飞行试验

1）型号原理性飞行试验

型号原理性飞行试验是工程发展阶段的飞行试验，其主要目的是验证系统设计的各项功能、测试系统的技术性能指标，调整系统参数、发现和排除系统设计、制造上的故障和缺陷，校正系统技术说明书和使用维护说明书。

试飞过程中系统设计师的首要任务是保证系统正常工作，及时排除故障；其次是根据试飞工程师提供的试飞曲线和数据与原设计和模拟试验结果进行对比分析。在系统的工程发展阶段，原理性飞行试验可能不止一次。

2）型号设计定型飞行试验

型号设计定型飞行试验是新型（或改型）军用飞机设计定型阶段飞行控制系统的飞行试验，飞控飞行试验是其中的重要部分。

设计定型飞行试验的主要目的是以设计定型状态的飞机为控制对象，鉴定系统的各项功能和技术指标是否达到批准的战术技术要求，为设计定型提供依据。同时为《驾驶员手册》和《机务人员手册》提供必要的数据。

3）型号合格审定飞行试验

型号合格审定飞行试验的目的是为了演示系统对民用航空条例各类飞机适航标准相关条款的符合性，为型号合格审定提供依据。同时为飞机手册和维护手册提供必要的数据。

以上各种型号飞行试验均按照《飞行试验大纲》实施。《飞行试验大纲》是整个飞行试验实施过程中的依据性文件。依据试飞大纲将派生出试飞测试说明书、计算任务书、实时处理任务书、数据处理任务书、改装技术条件、地面试验任务单、试飞任务单等一系列技术文件,已保证大纲的实施。

通常,试飞大纲主要包括下列内容:①编制大纲的依据;②试验对象;③试验目的、意义;④试验内容和要求;⑤试验总方案;⑥飞行试验方法;⑦地面试验方法;⑧测试方法和数据处理方法;⑨试验测试参数;⑩飞行试验起落安排;⑪地面试验安排;⑫试验限制数据;⑬技术难点及安全措施。

飞行试验的范围首先要考虑飞行控制系统的使用范围,同时应考虑控制对象——飞机的飞行包线。通常选择高空、中空、地空三种高度和高速、中速、低速三种速度进行组合,确定飞行状态。

飞行试验内容及科目主要依据有关主管部门颁布的规范、条例和设计研制单位提交的试飞任务书确定。不同类型的飞行试验,试飞的内容及科目有所不同。例如,在军用型号飞机设计定型飞行试验中,对于一个现代飞行控制系统而言,至少应包括下述内容:①控制增稳;②放宽静稳定性控制;③飞行边界限制;④大迎角特性;⑤应急备份系统;⑥模态转换;⑦姿态保持(俯仰和横滚);⑧航向保持及航向选择;⑨高度保持;⑩马赫数保持和空速保持;⑪低高度(或危险高度)拉起;⑫起飞和进场着陆性能;⑬简单和复杂特技飞行;⑭故障瞬态;⑮人工超控力;⑯飞行控制系统其他特殊性能。

当然,在飞行试验前还应进行相关地面试验,包括:①测试设备的校准;②按给定的公差范围测定个传动比的额定值、上限值、下限值;③测试舵回路的动态特性;④测定人工干扰信号量;⑤测试人工超控力等。

飞行试验中,所必需的测试记录参数一般有:①俯仰角、滚转角、偏航角;②俯仰角速度、滚转角速度、偏航角速度;③法向过载、侧向过载;④迎角、侧滑角;⑤飞行高度;⑥飞行速度、马赫数;⑦大气阻滞温度;⑧升降速度;⑨操纵装置位置(含指令位置及舵面偏度);⑩人工干扰信号;⑪需要监视的飞行控制系统内部参数;⑫处理数据所需的开关量等。

不同类型的飞行试验,试飞方法可能有所不同。通常,对于军用飞机型号设计定型试飞和民用飞机型号合格审定试飞方法如下:

(1) 功能检查飞行试验。在典型飞行剖面上对飞行控制系统的各项功能进行检查。

(2) 调整参数飞行试验。在不同的重量、重心条件下,在整个飞行范围内选择不同的飞行状态,在平静的大气条件下,采用阶跃指令输入法测试系统的动态特性。在传动比的公差范围内调整参数,选择较佳的增益组合。

(3) 性能飞行试验。在不同的重量、重心条件下,在整个飞行范围内选择不同的飞行状态,在平静的大气条件下,采用三角脉冲指令输入法测试系统的静态特性,采用阶跃指令注入法测试系统的动态特性。

(4) 安全飞行试验。包括:实测人工超控力(强迫操纵力);故障模拟试飞。在不同的重量、重心条件下,在整个飞行范围内选择不同的飞行状态,采用最大值阶跃指令(舵面突偏到极限)输入,测试系统的瞬态特性。

飞行试验通常由一系列试验设备(或设施)来保证,包括机上数据采集系统(ADAS)和地面数据处理与分析系统(GDAS),ADAS 和 GDAS 分别如图 12.11和图 12.12 所示。

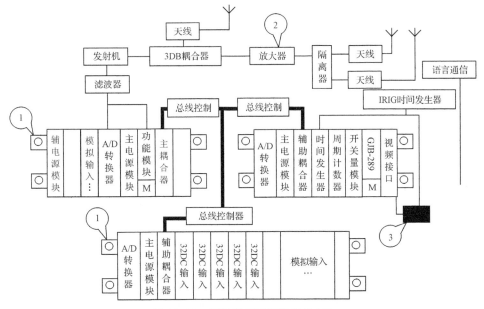

图 12.11　机载采集子系统(ADAS)

1. 采集部分(包括一个主采集器两个辅助采集器);2. 遥测部分;3. 记录部分

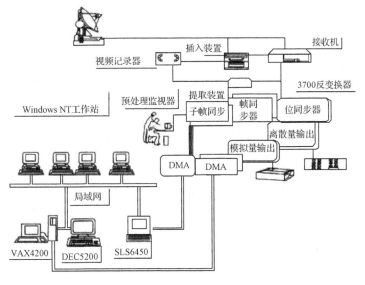

(a) 硬件结构

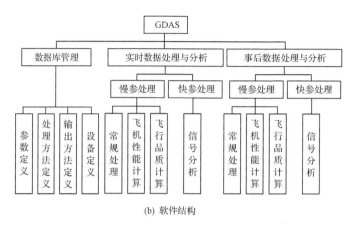

(b) 软件结构

图 12.12　地面数据分析子系统（GDAS）

12.4　导弹制导控制系统试验与测控系统

12.4.1　引言

如上所述，导弹武器系统是一个十分复杂的技术系统，它所涉及的因素和环节很多，从需求分析、方案论证到武器系统设计定型，直至作战运行到进一步开发等整个生命周期中，必须进行一系列的试验，特别是大型系统试验，包括原理性试验、系统性试验、鉴定性试验、研制性试验、设计定型试验、批抽检试验等。在这些试验中，导弹制导控制系统试验占有举足轻重的地位。这是因为制导控制系统从来就是导弹武器系统的核心部分，同样也是一个高技术密集的复杂系统。科学试验是推动该系统发展的关键因素之一，为了保证系统合理设计与制造，验证与考核包括可靠性、维修性、电磁兼容性、容错性、冗余度和环境适应性在内的战技指标及使用性能和功能是否达到预先的设计指标等，必须进行大量各种试验，包括元器件试验、部件试验、分系统试验、地面综合试验和飞行试验等，其试验内容、方法与技术大体上与前述飞机飞控系统类同。

包括制导控制系统在内的导弹飞行试验是一项复杂的综合性试验，通常由被试导弹武器系统及靶场的测试发射、通信、时统、气象、大地测量及测控系统等组成导弹飞行试验系统来实施。测控系统是其必不可少的重要组成部分，它的主要作用是在导弹武器系统飞行试验中监视飞行过程，保证试飞安全，获取试验数据，进行数据处理等，为导弹及其系统的性能分析评定和改进设计提供科学依据。因此，导弹测控系统的运行水平高低在一定程度上决定着飞行试验的成败。

导弹制导控制系统试验通常包括制导控制系统方案设计验证试验、电磁兼容性试验和电子对抗试验等。所采用的手段一般有地面试验和空中试验。地面试验通常为数学仿真试验、实物试验、半实物仿真试验,地面对接试验是其重要组成部分;飞行试验、检飞试验和挂飞试验统属于空中试验。

应指出的是,导弹制导控制系统的数学仿真和半实物仿真试验将在第 13 章专门研究。因此,本节将主要讨论地面对接试验、检飞试验、挂飞试验、飞行试验、导弹测控系统及其试验,以及电子对抗试验等。

12.4.2　地面对接试验

地面对接试验是在对制导控制系统的一系列测试后所进行的各设备之间的地面静态对接试验,主要用于检验该系统的工作性能和设备间的协调性。

对于防空导弹指令制导控制系统,主要是进行上下行线对接试验。其目的是通过遥控应答机与制导站的对接联调,检验上下行的传输性能,研究漏场对近距离截获性能的影响。图 12.13 为上下行线对接试验的示意图。试验中,所采用的设备通常是角度、高度和距离标校设备(如高精度、微波测距仪等)及数据记录设备。

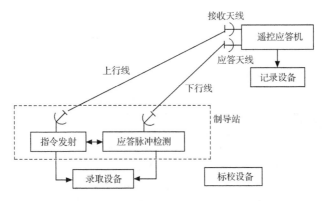

图 12.13　指令制导系统地面上下行线对接试验示意图

对于防空导弹半主动寻的制导系统主要是在地面对接该系统的半主动导引头、目标照射器和目标跟踪雷达等设备,通过对接试验,检验这些设备间的工作协调性、接口关系的正确性及其匹配性。所进行的试验一般包括:目标照射器与导引头射频信号的对抗试验;照射器模拟航迹的外围同步试验及导引头的截获跟踪试验等。图 12.14(a)~(c)分别给出了照射器与导引头射频对接,利用目标模拟器进行外同步及目标指示雷达外同步对接试验示意图。

对于飞航导弹制导系统,地面对接试验通常称为地面联试。一般是在导弹总装前,在试验室将弹上制导控制系统、电气系统、引信系统、遥测系统等所有设备,通过弹上电缆网连接起来,检验系统是否满足总体设计要求。这种地面联试分为:自控弹地面联试和自导弹地面联试。同时还要对导弹制导控制系统进行全面检查

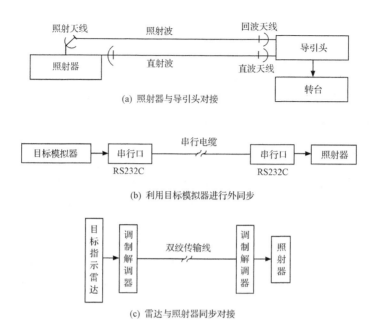

图 12.14　半主动寻的制导系统地面对接试验示意图

测试。测试项目及过程如表 12.1 所示。

表 12.1　制导控制系统检查测试程序

序号	检测项目	目的
1	单元测试	检查、调整制导系统各设备性能参数,各参数均应符合技术条件要求
2	协同检查	各设备之间信号协同工作情况
3	综合测试记录	模拟导弹全弹道飞行情况,检查地面遥测站所记录的参数是否符合技术要求,并作为导弹飞行试验遥测判读参数
4	装后检查	制导设备在弹上全部就位后,检查电缆连接情况
5	自动检查	模拟检查各设备从发射到飞行结束的全过程工作良好程度

12.4.3　检飞试验

由于上述地面对接试验只是制导控制系统设备间的功能对接,与真实作战环境有较大出入,因此,不可能全面考核和验证制导控制系统的工作能力。其主要差距在于,其一没有动态的真实目标,其二缺乏受试设备(主要是遥控应答机和导引头)的动态飞行。为此,必须在地面对接试验的基础上,进一步实施检飞试验。

以指令制导控制系统为例,检飞试验的目的是考核和验证指令制导系统在动态飞行状态下的工作性能、战术技术指标,并从系统角度全面评定指令制导系统、工作协调性和作战程序的合理性。其检飞内容一般包括：

(1) 目标指示雷达的作用距离和对目标的指示精度。

(2) 制导雷达的跟踪精度,指令的形成,发射及空间传输性能,以及对应答脉冲的检测能力和对导弹的定位精度。

(3) 遥控应答机在动态飞行状态下的工作性能及工作可靠性。

(4) 在无火焰衰减影响时,上下行线的动态传输性能测试。

(5) 地形地貌地物对制导系统性能的影响。

(6) 最大询问、应答和指令传输距离测试。

图 12.15 为该试验系统组成。

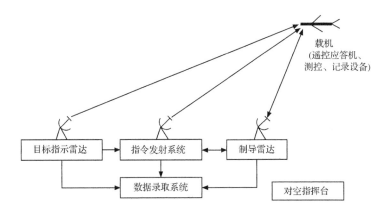

图 12.15　指令制导控制系统检飞试验组成框图

由图 12.15 可见,遥控应答机和它的测试设备全部安装在载机上,接收天线和发射天线都有两个,它们通过馈线安装在载机腹下,分前后向,由《机上操作手册》通过微波开关进行转换。

检飞试验是让载机按设计航线进入,由目标指示雷达搜索,指示目标,由制导雷达截获跟踪载机,制导雷达发射询问信号和遥控指令,同时对载机距离进行测量;试验中记录目标指示雷达、制导雷达和遥控应答机的工作参数以及工作过程中的截获、丢失距离等。

询问和应答信号的最大传输距离试验是在试验中询问和应答信号丢失时的最大距离。对试验的数据处理一般由定性分析和定量处理分析。图 12.16 中给出了试验数据处理的方法和内容。

12.4.4　挂飞试验

挂飞试验主要是针对寻的导引头所进行的外场飞行试验。寻的头的动态挂飞试验室利用运动载体,把寻的头吊挂其上,研究寻的头在动态飞行条件下,对实际

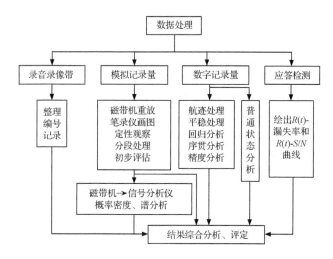

图 12.16　指令制导控制系统检飞试验数据处理

背景中真实目标的截获跟踪能力,检验寻的头工作的稳定性和可靠性。

挂飞试验可用许多方法吊挂寻的头,但最理想的办法是采用通用吊舱,它包括以下几个部分:

(1) 光学同步监视系统。

(2) 伺服系统。

(3) 记录采样系统。

(4) 微机系统。

(5) 电源系统。

(6) 头罩。

(7) 吊舱整体结构等。

以毫米波半主动导引头动态挂飞试验为例。它的目的是检验导引头在运动状态下,在杂波背景中检测运动目标的能力,检验导引头的截获距离,评估导引头对目标的跟着精度。

试验用直升机吊挂导引头吊舱飞行,如图 12.17 所示。直升机进行等速直线水平飞行,运动目标由卡车进行改装,使其反射截面与坦克相当。舱内由操作、控制和记录设备,如图 12.18 所示。试验中要求记录的数据有目标指示符的视频图像和特征数据。可直观地反映了试验的全过程,给出试验中毫米波半主动导引头的基本性能。

12.4.5　飞行试验

上述检飞试验和挂飞试验实际上就属于飞行试验范畴。除此之外,还有一种

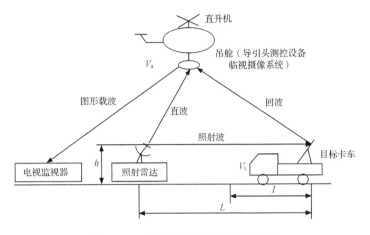

图 12.17　毫米波导引头挂飞试验组成

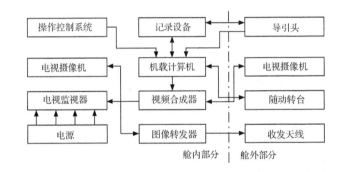

图 12.18　机载设备间的关系

动态目标参加的场外飞行试验。这种试验用以考核和验证在动目标条件下目标指示雷达搜索、截获和跟踪能力,检查目标指示雷达照射器的动态同步精度,以及导引头对动态目标的截获跟踪能力(对于半主动寻的制导而言);或者是验证主动寻的导引头对动态飞行目标的截获和跟踪能力,导引头的作用距离研究不同边进入和不同航路捷径下的导引头工作能力等。图 12.19 为该试验的典型构成示意图。

　　由图 12.19 可见,除目标为真实飞行状态外,其余制导控制设备均为地面试件,因此,该试验被称为主导寻的制导控制系统地面跟踪试验。试验时,主动寻的制导控制系统的发射机和接收机均装在导引头内,并使用同一天线,因此,其作用距离 $R_{\max} = \left[\dfrac{P_t G^2 \lambda^2 L\sigma}{(4\pi)^3 P_{\min}} \right]^{1/4}$ (这里,$R_{\max}$ 为主动导引头的最大作用距离;P_t 为主动导引天线的发射功率;G 为天线增益;λ 为波长;L 为系统损耗;σ 为目标的雷达截面积;$P_{\min}$ 为接收机的最小可分辨率功率)。显然,根据制导控制系统参数和目标飞机的雷达截面积,可求出被试系统的最大作用距离,再由飞行航线求出航线上对

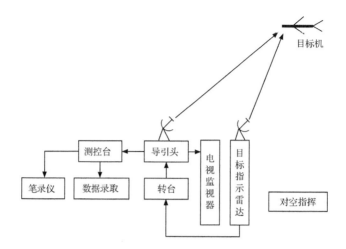

图 12.19　主动寻的制导控制系统跟踪试验构成示意图

应的最大作用距离。

12.4.6　导弹测控系统及其试验

在前面现代测控技术里,我们已初步接触过导弹测控系统,这里仅就该系统的功能及主要设备做如下补充。同时还将涉及测控系统的一系列试验。

导弹测控系统随导弹类型的不同而各异。例如,可分为地地导弹测控系统、地空导弹测控系统、空空导弹测控系统及潜地导弹测控系统等。但无论哪一种类型的测控系统都有两方面的基本功能,这就是作为导弹飞行试验的重要工具和作为导弹武器系统安控的必备环节。应该说,导弹测控系统是飞行试验必不可少的基本条件,在外弹道测量、目标特性测量、遥测遥控、实时数据处理、监视试验进程与飞行状况等方面的重大作用是无可替代的。导弹测控系统对于导弹故障诊断、决策和安控实施等更加重要,为此,该系统设计了专门的安全控制分系统。

如上所述,导弹测控系统由多种无线电、光学计算机等设备组成。图 12.20 给出了该系统主要设备的详细分类。

导弹测控系统除作为导弹武器系统试验的必备设施外,本身也存在一个试验问题。这就是说,为了验证导弹测控系统设计的合理性和正确性,检验系统或分系统的主要性能指标,导弹测控系统必须进行一系列试验,包括单项试验和综合试验(见图 12.21)。

在这些试验中,以精度鉴定试验最为复杂和重要,也是测控设备研制、验收、校准和改进的核心环节和测控技术中必不可少的关键部分。为此,需要进行专门的总体设计,并确定合理的精度鉴定方法。总体设计大体分为鉴定方案构想、场区勘察、鉴定方案初步设计、方案优化及阶段确定等;精度鉴定的方法很多,主要包括星

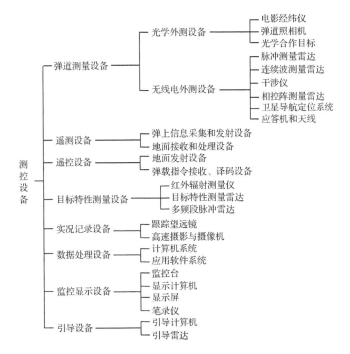

图 12.20　导弹测控系统主要设备的分类

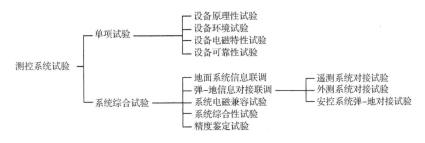

图 12.21　测控系统主要试验类型

体角度法、静态误差与动态增量合成法、飞机校飞试验、误差模型最佳弹道估计、卫星鉴定试验、惯性制导数据比较法等。精度鉴定后需要进行事后精度分析评定工作。该工作一般包括分析各种误差源、数据处理结果校核和综合分析形成鉴定结果等。

12.4.7　制导控制系统的电子对抗试验

制导控制系统的抗干扰性能是决定导弹武器系统作战效能和生存能力的关键之一,也是该系统的主要战技指标。因此,电子对抗试验是制导控制系统研制过程中必不可少的重要环节。必须利用各种手段创建制导控制系统在现在战场上可能面临的各种电磁干扰环境。检验在这些干扰环境下系统的性能指标是否满足设计要求，从而对制导控制系统的电子对抗能力做出较客观的评定。

制导控制系统的电子对抗通常被分为四类：数学仿真、半实物仿真、地面静态试验和动态飞行试验。

在电子对抗试验中，制导控制系统电子对抗一般采用三级干扰环境，其典型的干扰模式为：①远距支援掩护式干扰(SOJ)；②箔条走廊掩护干扰(CHAFF)；③近距支援掩护干扰(SFJ)；④随队支援干扰(ESJ)；⑤编队机群的自卫干扰(SSJ)；⑥投掷式干扰机；⑦反辐射导弹(ARM)硬杀伤等。典型的干扰类型有：①射频干扰；②反辐射导弹；③光电干扰；④隐身技术(包括雷达隐身和红外隐身等)；⑤环境背景下杂波干扰；⑥复合干扰等。

在电子对抗试验中，通常采用的方法有两种：其一是首先让制导控制系统截获并稳定跟踪目标，然后实施干扰，比较其有无干扰的系统工作情况，从而得到干扰对系统工作性能的影响；其二是首先实施干扰环境，然后进行制导控制系统的截获与跟踪试验，通过有无干扰情况的比较，检验干扰环境下系统的工作能力。

12.5　航天导航、制导与测控系统试验

12.5.1　引言

航天导航、制导与测控系统试验是指弹道导弹、运载火箭及其他航天器的导航、制导与测控系统的试验，它同上述导弹武器一样，包括地面试验和飞行试验两大部分。首先是在地面进行大量元器件试验、部件试验和分系统试验，然后进行试飞前的地面综合试验，最后才是飞行试验。为慎重起见，在飞行试验前要实施工程系统的模样、初样和试样的各种试验。这些试验都是在模拟运行弹道导弹或运载火箭的使用和飞行条件下进行的。

地面试验通常是进行同上述导弹武器制导控制系统类似的大量元器件和部件实物(物理)试验，并在此基础上进行分系统和综合系统的数学仿真及半实物仿真试验，以及电气系统综合匹配试验等。

弹道导弹、运载火箭或其他航天器的制导控制系统的数学仿真和半实物仿真试验与前述防空导弹及飞航导弹大同小异，这里不再赘述。下面仅讨论航天测控系统仿真试验、电气系统综合匹配试验及航天飞行试验。

12.5.2　测控系统仿真试验

航天测控系统是一个包括地面和天上各种设备的庞大的实时系统，仅功能软件就有成百甚至上千个模块，这样的系统只有通过近似于实战任务操作的各种环

境才能充分暴露设计中存在的问题,有效地发现各部分的协调性和系统信息传输延误等问题。仿真实验同航天器实物试验相比,突出的优势在于能够节省大量的人力、物力及财力,因为执行一次航天航天器试验任务,地面测控系统都有成千上万人参加,有几百台(套)测控设备参加,其花费也是可想而知的。

测控系统仿真通常可采用两种方法:一种是纯数学的仿真软件,即计算机仿真;另一种是硬件回路和仿真软件构成的半实物仿真系统仿真,即半实物仿真。

计算机仿真以系统数学模型和仿真软件为基础,系统数学模型主要包括姿态方程、轨道运动方程、控制力模型、测控数据模型等。其中,姿态方程又包含姿态运动学方程和姿态动力学方程;轨道运动方程包含轨道摄动方程、摄动加速度方程、星上发动机方程;控制力模型包括单位推力模型、单位推力产生的力矩向量模型、喷管推力模型、喷管工作状态模型、干扰力矩模型等;测量数据模型一般以仿真模块的形式给出,它包括航天器实时姿态与轨道位置数据计算模块、姿态测量数据模块、遥测数据模块、外测数据模块等。仿真系统软件一般包括总控与调度软件、通信软件、模拟数据生成器及多星模拟系统内部数据传输软件等。

半实物仿真由航天器仿真系统来实现,航天器仿真系统由航天器模拟器和航天器仿真软件两大部分构成。其中,航天器模拟器通常由模拟应答机、仿真计算机系统(包括外设及应用软件)、输入输出接口等三部分构成;航天器仿真软件与上述仿真系统软件基本相同,其中模拟数据生成器包括动力学仿真、遥测仿真与遥控仿真的模拟等。半实物仿真大致过程如下:

(1) 模拟应答机接收地面测控站发送的遥控指令,传送给输入接口。接口将指令处理成计算机所需的参数,通过通信计算机(CCP)传送给仿真计算机。

(2) 仿真计算机一方面对卫星姿态及轨道动力学、姿态敏感器、控制器、执行机构组成的控制回路进行实时仿真,根据太阳、地球、卫星的实时位置及卫星的姿态产生出各敏感器的输出;另一方面,在实时仿真过程中不断查询是否有通过CCP 传送来的遥控指令,如果有则对其进行处理来控制仿真的进行。

(3) 仿真计算机计算出的各敏感器的输出转换成相应的遥测数据,并根据各部件的工作状态产生有关部件的遥测数据。另外,还对太阳帆板、燃箱压力进行仿真产生相应的遥测数据,所有这些遥测数据都通过 CCP 送往输出接口。

(4) 输出接口将遥测数据处理成遥测信号送给模拟应答机,由模拟应答机将这些信号传送给地面测控站。

(5) 仿真计算机由卫星轨道位置和测控站位置计算出轨道外测数据,直接通过 CCP 送给测站计算机。

(6) 测站和测控中心接收到的动态变化信息与真实卫星在轨道上运行时的一致,测控中心可根据接收的信息发送有关指令控制卫星的运行。

12.5.3　电气系统综合匹配试验

航天器(系统)上的电气系统很多,如导航制导系统、姿态控制系统、电源配电系统、遥测系统、外测系统和安全系统等。但最主要的是导航、制导与测控系统,一般被安装在航天系统的狭小舱段内,为了检验该系统与其他电气系统连接后,在同时供电条件下,各电气系统工作是否协调;相互间是否产生馈电和电磁干扰,各电气系统又能否正常工作等,必须进行地面上电气系统综合匹配试验。所谓电气系统综合匹配试验就是将航天器的制导系统、姿态控制系统、电源配电系统、遥测系统、外测系统及安全系统的有关电气系统放到一起做联合通电试验。试验中先进行对口配合试验,如遥测系统与控制系统、遥测系统与外测系统等,然后再做综合匹配试验。试验的主要目的是排除与电气系统间可能产生的干扰,同时协调各分系统的工作程序,为最终制定弹道导弹、运载火箭或其他航天器的测控和发射程序提供依据。

12.5.4　航天飞行试验

由于种种原因,航天导航制导与测控系统除特殊情况外,一般不单独实施专门的飞行试验,而是随整个航天系统一起完成所赋予的飞行试验任务。

航天飞行试验是一个复杂、庞大的试验体系。以弹道导弹飞行试验为例,通常分为研制性飞行试验、定型鉴定性飞行试验、批生产抽检飞行试验和使用部队训练发射试验等。同时还分为正常武器弹道试验和特殊弹道飞行试验。前者包括小射程试验和全射程试验;后者包括低弹道试验、高弹道试验、中弹道试验及卫星弹道试验。飞行试验中所使用的弹道导弹类型有模型弹、遥测弹和战斗弹。

航天系统的飞行试验系统由发射场和实验航天系统组成。以运载火箭飞行试验为例,典型的发射场如图12.22所示。严格地讲,航天发射场是航天运载火箭和

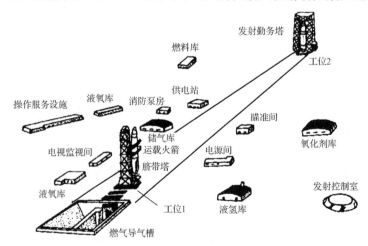

图12.22　典型的运载火箭发射场区示意图

航天器飞行试验的专用场区,远不止如图 12.22 所示的发射阵地,通常还包括测试区、发射指控中心、地面测控系统及辅助设施等。

12.6 导航、制导与测控系统的海上试验

12.6.1 引言

随着海洋开发事业、航海、舰船和水下兵器的发展,以及现代海战场环境的日趋恶化,导航制导与测控系统的还是试验越来越显得极端重要。试验内容更加广泛,试验设备(设施)不断增多,已成为现代试验工程的主要领域之一。如船用惯性导航系统的海上试验就具有特殊的地位,这是因为无论是大型航母、战略核潜艇或是各类战术舰艇以及舰载机。舰载武器和水下兵器等几乎都装有惯性导航系统,而惯性导航系统的自身技术特点和特殊使命决定了系统海上试验的复杂性、特殊性和重要性。又如,水下定位导航系统对于水下航行载体鱼雷、水雷,特别是核潜艇等在水下隐蔽航行、自主导航定位能力是必不可少的,然而它们都需要在实际海洋环境尤其是在复杂的海战环境中进行试验和验证,才能够确定设计与制造的合理性及作战效能。再如,海上测量船要完成对航天器的目标捕获和跟踪测量、控制,对目标进行定位,与一般的陆上测控站相比,除具有一些共同的技术领域之外,还具有一些独特的技术特点,如船舶平台的稳定性、测控通信设备自身的伺服稳定,以及特有的复杂电磁环境和船姿、船位测量等,所有这些都必须通过海上试验。除此之外,海上测量船的几个独特的测控技术环节,如天地对接、任务演练、坞内标校、海上标校等,也只有经过海上试验才能解决。下面就以上述三例来简要讨论和研究导航、制导与测控系统的海上试验问题。

12.6.2 船用惯性导航设备海上试验

惯性导航系统是利用惯性敏感器、基准方向和最初位置信息来确定航行载体的姿态、位置和速度的自主式推算导航系统和空间基准保持系统。它不仅广泛应用于陆地、航空、航天的航行体和飞行器的导航,而且在舰船和水下兵器导航中占有特殊重要的地位。

众所周知,惯性导航系统的性能直接受到试验环境条件和试验载体动态特性的影响,这是它的固有特性。试验环境主要是指试验舱室的温度、湿度、振动、冲击机电磁兼容环境等。对于船用导航系统主要的使用对象潜艇、测量船和特种舰船等,其冲击、振动对惯性系统的影响较为突出(尤其是对导航精度的影响)。另外,由于惯性器件的自然属性与舰船速度和纬度密切相关,所以随着海上隐蔽作战需要的长时航行,必须充分考虑对试验场、试验舰、试验设计提出了要求。再者,舰船

变形、安装误差,以及动态特性甚至异常因素(如碰撞、机动等)对惯性导航系统的影响都应该纳入试验条件系列,这样,既把握被试惯性导航系统的内在因素,又充分考虑诸多海上外界条件的影响,才能在试验中对惯性导航系统进行客观的性能鉴定和精度评估。

　　船用惯性导航系统的海上试验,首先是试验系统构建。试验系统是一个复杂的人机系统,一般要采用优化设计手段。其典型的结构模型如图 12.23 所示。

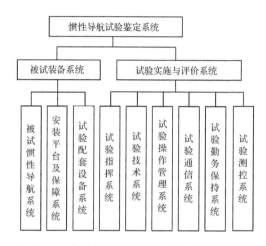

图 12.23　典型船用惯性导航试验系统结构模型

　　一般来说,惯性导航系统试验的实施过程,包括试验的预先装备、试验的直接装备、试验实施和实验总结与结果评定四个主要阶段。图 12.24 给出了惯性导航系统试验的主要工作流程。

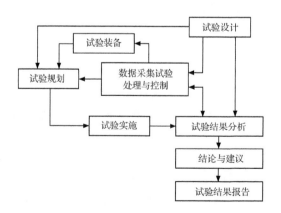

图 12.24　惯性导航系统试验的主要工作流程

　　从技术角度看,船用惯性导航试验系统的设计主要包括以下五个环节。

(1) 被试惯性导航系统试验设计。其详细的内容是：①被试惯性导航系统及测量设备载舰配置设计；②被试惯性导航系统安装标校方案设计；③被试惯性导航系统与测量设备、配套参试设备的接口设计；④系统试验环境条件的设计；⑤试验载体变形抑制与策略方案的设计；⑥系统电源保证设计；⑦试验测试仪表保证站基与技术准备等。

(2) 试验载舰与航区设计。试验载舰与试验航区设计室试验与评估系统设计的重要内容，试验载舰是惯性系统试验的平台，试验航区是试验载体活动的场所，对完成试验任务，保持主要效果至关重要。

(3) 试验测控系统设计与技术准备。试验测控系统用来精确测量载舰的位置、航向、摇摆角、速度、角速度等参数，实时录取惯性导航系统的输出参数和真值测量设备的测量信息，为评价惯性导航系统的战术技术性能和作战使用性能提供依据；为试验组织指挥提供监控、显示和试验舰坐标信息，保证试验系统的正常运行；为惯性导航系统科研和装备论证、设计、使用等部门提供有关试验数据。

其测控系统主要应包括测量系统、引导系统、数据采集处理系统，而测量系统除完成惯性导航系统主要性能参数的测量勤务外，还包括标校系统和变形测量系统，保证试验先验的安装对准精度和消除船体变形对精度检测的影响，保证试验质量。

(4) 试验勤务保障系统的设计。

(5) 试验指挥决策设计等。

应该指出的是，海上试验前，有两个很重要的工作是区别于陆上、空中或航天试验的。这就是系统装舰的标校和变形抑制与测量。标校分方位标校、水平标校和综合标校。所采用的仪器主要有光学经纬仪、专用方位标校工装、电子差分水平仪、合像水平仪或倾斜仪等；舰船变形对惯性导航系统海上试验影响很大。为此，必须采取技术措施予以消除。其主要途径如下：

(1) 设置联合安装基座或同体安装基座，从根本上杜绝各设备间相对变形的发生。

(2) 进行设备基座间相对变形测量，通过变形测量系统随时测出其间的相对变形量，包括方位变形或水平变形，实时传送至计算机中予以变形误差的补偿。

(3) 消除船体变形影响的最佳方案是编制试验船的变形谱，尤其是试验装备所在部位在各种环境条件下的变形档案，通过数学方式予以补偿。

海上试验按其性质大体分三类：定型试验（包括设计定型和生产定型试验）、检验性试验和研制性试验。其施行方式为码头系泊试验和海上航行试验。码头系泊试验主要包括常规性检查、对接试验和精度试验等。具体有：

(1) 常规性检查。包括成套性检查、外观检查、安装及安装精度检查、电缆连接正确性检查、接地电阻检查、电绝缘性检查、电源适应性及功耗检查和功能正确性检查。

　　(2)对接试验。包括外接电缆正确性检查和系统信号传输正确性检查。

　　(3)精度试验。包括首向精度试验、水平精度试验、位置精度试验和角速度试验。

　　海上航行试验主要包括精度试验、环境自适应试验、使用性能考核、可靠性与维修性试验和电磁兼容性试验。具体有以下内容:

　　(1)精度试验。包括首向精度试验、水平精度试验、位置精度试验、三维速度精度试验和三维角速度精度试验。

　　(2)环境自适应试验。包括长周期大海域考核试验、高低纬度试验和高海况考核试验。

　　(3)使用性能考核。包括操控性能考核、状态切换功能考核、应急启动功能考核、对外速度适应性考核和特殊使用条件考核。

　　(4)可靠性与维修性试验。

　　(5)电磁兼容性试验。

　　篇幅有限,有关码头系泊试验和海上航行试验的方法,以及试验测量、数据采集、数据处理及结果分析等,这里不再详细讨论。

12.6.3　水下定位导航系统试验

　　当前获取水下信息最有效的传播载体仍是声波,因此水声技术在水下定位和导航中获得了广泛应用,核潜艇、水下导弹和鱼雷武器等都采用水声来定位和导航。有关这方面的技术已在第6章讲过,这里不再重述。下面仅以操雷系统为例来简要讨论水下定位导航系统试验。

　　鱼雷是一种利用多种方式在水下自动寻的精确制导武器系统,水下定位导航系统是其核心部分。在鱼雷水下定位导航系统(或称制导控制系统)研制中,运用了三种基本方法,即理论分析、实物试验和仿真试验。理论分析主要用于设计阶段;实物(或物理)试验主要用于单机或组合乃至整个系统的原理试验和性能检验试验,包括例行试验和实航试验;仿真试验包括数学仿真和半实物仿真试验,且仿真试验配合理论设计和半实物仿真贯穿于水下定位导航系统研制的全过程。可见,实物试验和仿真试验在鱼雷水下定位导航系统研制中只有举足轻重的地位。仿真试验与导弹制导控制系统基本相同,实物试验一般可用借助操雷系统来实现,当然操雷系统不仅包括水下定位导航系统,还涵盖了鱼雷武器的其他系统。除为验证战雷的爆炸威力用战雷外,一般试验,包括鱼雷水下定位导航系统试验都用操雷进行试验。

　　操雷系统由操雷段、内测记录仪表和装置、浮力产生装置、打捞回收和自毁装置等组成,上述各种装置都安装在操雷段内。在新型鱼雷的研究工程中,需要经过初步研制型样机、试制型样机、设计定型样机、试生产型样机和生产定型样机五个阶段。每型样机都需要按照不同阶段要求进行实航试验,以评价原理及设计的可行性,器件、电路或系统的可靠性,产品性能是否达到战术技术要求等,这些试验都需要用操雷来完成。

为了进行操雷试验,需要由内测记录装置对操雷的各种实航参数进行测试、记录。内测记录装置已发展到成为微计算机系统。几种典型的内测记录系统有:①速迹仪;②光线示波器;③磁带记录器;④雷载微机记录系统;⑤操雷内测传感器等。

目前,操雷雷位指示已发展到全方位和立体雷位指示,空中由直升机目视,水面由信号弹、烟火、灯光、气球、无线电信标指示,水下由沉雷指示、弹道跟踪系统,甚至用线导末信息,也能判断出鱼雷大概方位。操雷段内的主要雷位指示装置有:①水面雷位指示器;②沉雷指示器;③鱼雷航迹显示装置等。

鱼雷试验分为陆上试验和湖海试验两类。陆上试验分为系统试验、全雷试验、静态试验、动态试验等。其主要内容包括:①系统调试;②全雷调试;③环境试验;④可靠性试验等。

实航试验要在鱼雷各系统、全雷陆上调试台合格后才能实施。实航试验是在湖、海试验靶场进行。实航试验的实验内容为:①总体性能试验;②跟踪固定靶试验;③跟踪活动靶试验;④战雷实航爆炸试验;⑤辅助试验,如拖管试验、联机试验机预备试验等。

鱼雷实航试验分内测和外测。内测法主要是利用安装在鱼雷舱内的仪器、设备,分别对有关各参数进行测量。可以测量鱼雷的航速、航程、航深、航向、航行时间,还可以测量横滚角及横滚角速度、俯仰角及俯仰角速度、旋回角速度及旋回半径,以及非稳定段的纵向加速度等总体性能参数。通过对这些参数的分析处理,可以得到鱼雷的弹道。

目前,鱼雷试验的外场测试系统一般采用水声跟踪测量系统,该系统可以分为两类:一类是主动式水声跟踪系统;另一类是被动式水声跟踪系统。

该系统具有下列功能:

(1) 测量鱼雷、鱼雷发射船及靶标的空间位置、航速及航向。

(2) 判断发射控制的正确性。

(3) 评价鱼雷捕捉目标的能力。

(4) 判断鱼雷是否到达命中目标的距离之内。

(5) 判断鱼雷与目标的相遇次数。

(6) 判断鱼雷旋回角是否正确,定深是否合适。

(7) 故障鱼雷沉没后,可以确定其沉没位置,并引导捞雷船到达指定位置。

12.6.4　海上测量船的检查验证和标定校准

航天测量船是在海上动态情况下完成各类航天器测控的测控站,赋有对航天器的目标捕获、跟踪、测量、控制及定位的重任。在实施海上测控任务前必须进行检查验证和标定校准等工作。其主要技术环节包括天地对接、任务演练、坞内标校、海上标校等。

天地对接是指航天器(火箭、卫星、飞船等)与地面测控系统进行有线或无线对接联试,以验证天地接口稳定的匹配性。天地对接的目的是验证星地测控体制的正确性、检验星上测控分系统及其他有关设备、运载火箭遥测系统与测量船测控设备联合工作的匹配性、协调性和正确性。主要内容包括:

(1) 检验天地射频接口的正确性、匹配性,检验天地测距、测速性能。

(2) 检验各类上行遥控指令和数据注入格式的匹配性,以及飞行控制中心模式和测量船独立模式下遥控发射、接收、执行的协调性。

(3) 检验遥控格式、遥控接收、解调及数据处理的正确性。

(4) 按照飞行程序进行模拟飞行,检查测控过程的协调性。

天地对接一般采用射频天线方式,星上设备放置于标校塔上。测量船中心机与飞行控制中心之间,采用"远程监控、透明传输"方式进行对接试验。

星上对接参试设备主要包括测控分系统、数管分系统、控制分系统、供配电分系统、通用测试设备等;测量船对接参试设备主要包括主战设备、中心计算机系统、时统、通信系统、供配电系统、精密衰减器和通用仪器、校零变频器等。

任务演练在于检查验证测控系统设备和中心计算机实施应用软件的功能、性能、接口关系、技术状态的过程。任务演练通常需要火箭遥测模拟器、卫星模拟器、飞船模拟器、飞行控制中心模拟器等模拟设备参加。

各种模拟器是对地面设备的检查验证以及训练操作使用的重要设备,通过仿真测控工作状态,模拟航天器可能出现的主要故障等。

通常的检查项目有时统信息检查、网络测试、状态码固定码检查、数引检查、模引检查、通信信道检查、对标检查等。

可以根据不同的检查验证目的采用不同的演练方式。通常有:①测控事件演练;②任务弧段模拟飞行;③全船模拟演练;④远程任务演练等。

为确保测量精度,必须适时对各测量设备进行标定和校准。测量船标校包括坞内标校和海水标校两大部分。测量船标校方法与陆上测量设备的传统标校方法相比,有以下三个特点:

(1) 测量船标校是使处在不同坐标原点的众多测量设备在甲板坐标系中看齐。

(2) 应用脉冲雷达的"校准网络"和"角度零位记忆装置"两项技术。

(3) 惯性导航系统的综合校准,这是测量船标校的特有技术。

海上标校是在船不断摇摆的动态条件情况下的,因此不能像坞内标校那样进行全面的标校,只能利用零位记忆装置对坞内标校的零位数据进行复检,达到保持零位的目的;利用标校电视盒跟踪标定球,对部分标校项目和设备工作参数进行标校。

对测控设备动态跟踪性能、工作协调性能、测量元素的精度进行鉴定,目前常用的方法是校飞。校飞通常分为两类:性能校飞和精度校飞。性能校飞以检验(无线电)测控设备的上下信道、自跟踪特性、作用距离、船摇隔离度、工作状态和工作方式的切换以及工作的协调性、稳定性为主;精度校飞以检查船载外测设备和策略元素的"综合精度"为主。

海上动态性能校飞的主要内容包括引导试验、船摇隔离度试验、目标前馈试验、作用距离试验等。

精度校飞需要有高精度比较标准设备同时跟踪校飞飞机。高精度机载卫星导航定位系统已经作为标准设备。

精度校飞是通过飞行试验确定测量设备的随机误差和系统误差,发现并解决影响测量设备精度的硬件和软件存在的问题,评估测量设备的设计精度。测量船精度校飞采用"硬比较法"来评估测量设备的综合精度。

校飞数据库事后处理工作大致分三个阶段:预先准备、数据处理及结果分析、数据处理及精度统计。

12.7 指挥控制系统试验技术

12.7.1 引言

本节所讨论的指挥控制系统包括两个层面:其一是军队指挥自动化系统(C^4I系统);其二是信息化武器装备的指挥与控制系统。前者涵盖后者,且在作战中有着统领功能和作用;后者是武器系统(如防空导弹武器系统、飞航导弹武器系统等)的重要组成部分,作战时从属于前者。

12.7.2 C^4I 系统试验技术

1. 试验类型及目的

如上所述,在现代战争中,指挥自动化系统(C^4I系统)正起着越来越重要的作用。"指挥自动化系统是兵力倍增器","指挥自动化系统是部队作战的神经中枢"等已成为公认的概念。指挥自动化系统又是耗资巨大、集现代高新技术于一体的复杂人机系统。因此,指挥自动化系统鉴定和试验成为一个十分关键而重要的问题。

指挥自动化系统试验鉴定通常分为:设计定型试验鉴定、生产定型试验鉴定、科研摸底试验、鉴定试验及抽样试验等。

以设计定型试验鉴定为例,其目的是检验新研制的指挥自动化系统设计方案的合理性、总体上技术指标的匹配性,能否满足战术技术要求。

2. 试验原理与过程

指挥自动化系统试验以指挥自动化过程模型为基础,按照"试验剧本"在一定环境下运行,试验想定是其重要内容。由于指挥自动化系统所处环境的多样性,要想设计出所有环境下的试验剧本,并以此对指挥自动化系统进行试验是难以实现的。因此,对于试验剧本的设计必须追求典型性。

这样,C⁴I 系统试验的原理可以论述如下:明确试验与验收对象,以及需要验证的系统指标;设计一个包含描述指挥自动化过程的可操作试验剧本,并把待验证的系统指标分解在指挥自动化过程中;按剧本运行试验系统,并记录、收集有关系统指标的试验数据。指挥自动化系统试验过程框图,如图 12.25 所示。

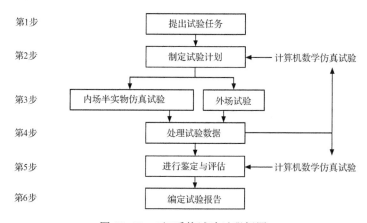

图 12.25　C⁴I 系统试验过程框图

C⁴I 系统试验的六个过程步骤是:①提出靶场试验需求;②完成试验前的规划与设计;③试验实施阶段;④试验后数据处理;⑤完成试验后鉴定;⑥报告结果(见图 12.26)。

3. 实验内容与方法

C⁴I 系统试验内容主要有静态技术参数测试及功能检查、通信系统试验、模拟试验、野战试验和其他试验五个方面,通过试验,达到检验指挥自动化系统功能及性能的目的。其他试验包括可靠性、环境适应性、电磁兼容性等。

以模拟试验为例,其内容主要包括:①空情信息生成、发送能力试验;②空情信息处理能力试验(融合能力、综合处理能力、目标处理速度、最大目标处理能力);③战役战术计算能力试验;④防空指挥能力试验(直接指挥、越级指挥、升级能力);⑤辅助决策能力(兵力部署方案、侦察配系方案、火力运用方案、火力协调方案、兵力机动方案生成能力);⑥战术指挥能力等。

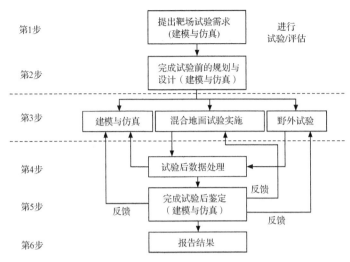

图 12.26　C⁴I 系统试验过程

模拟试验自然采用的是建模与仿真方法。

4. 指挥自动化仿真试验系统

典型的指挥自动化仿真试验系统如美国战区空军指挥与控制仿真设施（TACCSF）。它包括 65 个高逼真度的指挥控制及武器平台模拟器，能够仿真美国的空军作战中心（AOC）、控制报知中心（CRC）、控制报知站（CRP）、E-3A 空中预警与控制系统（AWACS）、爱国者和霍克地空导弹的旅级和营级火力引导中心、信息协调中心（ICC）等空军的各类指挥中心等。目前，TACCSF 与其分布在其他军事基地的防空系统相连，构成战区级导弹防御系统（TMD）的试验环境，支持 TMD 的分析评估和模拟训练。

指挥自动化仿真试验系统由试验指挥控制与显示系统、剧情（作战想定）产生分系统、环境模拟分系统、试验记录与评估分系统、通信保障分系统、计算机网络分系统以及仿真方舱组成。其结构如图 12.27 所示。指挥自动化仿真试验系统通过通信保障分系统与靶场的配试系统以及被试系统形成闭环试验环境。指挥自动化仿真试验系统包括内场指挥自动化仿真试验系统和机动式指挥自动化仿真试验系统。

12.7.3　武器装备的指控系统试验

信息化武器装备通常都有自己的指挥控制系统，通常又称指挥控制通信系统，简称 C³ 系统。它是用于计划协调、武器火力、执行武器作战的自动化系统。为方便起见，以防空导弹 C³ 系统为例。该系统是一种多层次系统，一般有三个层次，即战术单位级、作战单位级和火力单元级。该系统的功能可概括如下：①使武器系统进入

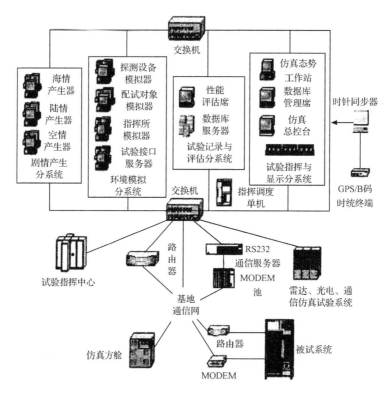

图 12.27　指挥自动化仿真试验系统结构图

战斗准备状态;②空情数据采集;③数据处理和评定;④决策分配;⑤执行射击决策;⑥执行结果的反馈;⑦显示和控制;⑧作战记录和重演;⑨训练模拟;⑩通信等。

　　尽管各级防空导弹指挥控制系统在功能上有所不同,但其设备组成基本相似,一般由数据处理系统、显示控制系统、通信系统和载车等部分组成,如图 12.28 所示。

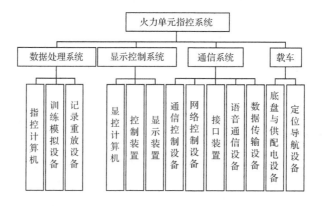

图 12.28　指挥控制系统组成

　　防空导弹 C^3 系统试验与上述 C^4I 系统试验大同小异。通常采用仿真试验与飞行试验相结合的方法。指控系统作为火力单元的指挥控制中心,通过通信网络是相控阵雷达、发射车等构成一个有机整体,对火力单元的作战信息进行汇集、评定和分发,并通过显控台给指挥员提供及时的战斗态势和决策资源信息,将指挥员的决策和控制传达相应的设备、目标通道和火力通道,同时接受作战单元的作战指挥控制,实施系统工作状态的转换控制及火力单元的通信与控制。指控系统的仿真是导弹武器仿真系统开发的一个难点。

　　指挥控制系统的功能主要包括相控阵雷达搜索控制、目标跟踪和航迹综合管理、目标综合识别、拦截适宜性判断、目标威胁评估和排序、发射决策、火力分配、发射控制、拦截制导和控制、杀伤效果评定等功能模块,如图 12.29 所示。

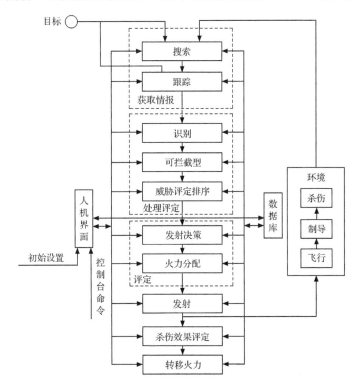

图 12.29　防空导弹武器指挥控制系统功能框图

　　为了仿真需要,根据图 12.29 和武器系统的作战使用原则和指挥方式,可建立如下主要指控模型:①目标精确跟踪选择准则模型;②目标综合识别模型;③拦截适宜性判断脉冲;④目标机射击诸元计算;⑤目标威胁评估与排序模型;⑥目标优化分配模型;⑦杀伤效果评定模型等。

　　作战控制软件通过对信息的采集、存储、处理和传送,把整个武器系统的所有功能组元联结成为一个有机整体,并以实时网络通信和远程数据传输能力将防空武器系统组成一体化的防御系统。作战软件的组成框图如图 12.30 所示。

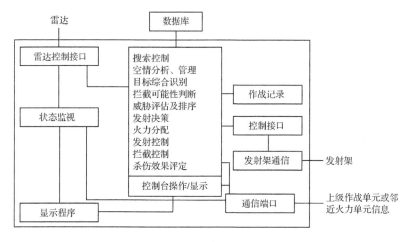

图 12.30　作战软件系统框图

目前,实现上述防空作战仿真的主要工具为地面防空系统仿真装备,它是一个基于 HLA 体系结构的开放系统,如图 12.31 所示。

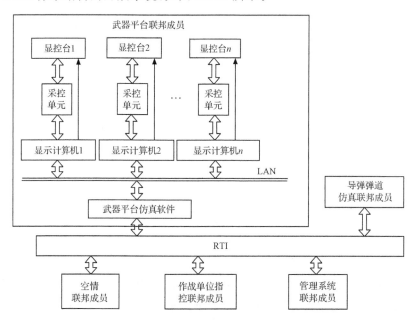

图 12.31　地面防空系统仿真装备的体系结构

防空导弹指控系统只有通过防空作战系统的整个仿真运行才能初步考核该系统的有效性,其仿真流程如图 12.32 所示。

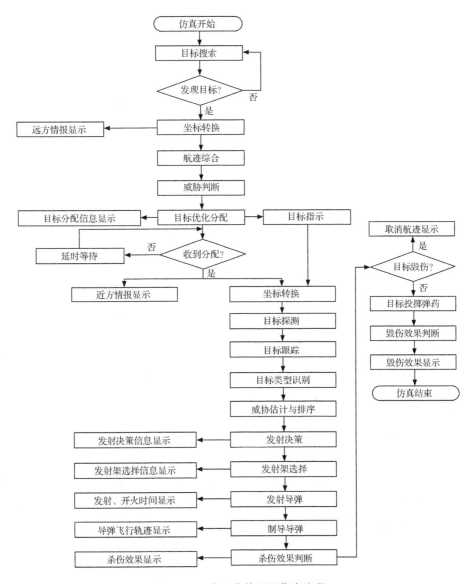

图 12.32　防空作战过程仿真流程

　　应指出的是,上述半实物仿真试验只能初步验证防空导弹武器的 C^3 系统,而真正的鉴定试验还必须通过靶试,它同前述导弹武器系统的飞行试验一样,这里不再重复。

第13章 系统建模与仿真技术

13.1 概　　述

仿真科学与技术是一门研究系统建模与仿真理论、方法、技术及其应用的综合性边缘科学技术。复杂系统建模(包括数学建模与仿真建模)是它的重要组成部分和前沿新领域。

仿真科学与技术走过了60多年的光辉历程,在工农业生产、国民经济和国防建设各个领域产生了举世瞩目的影响和效益。事实证明,凡是有科学研究、工程设计和人-机训练的地方都离不开它的支持,特别是面对一些重大的、复杂的棘手问题(如社会经济、生态环境、载人航天、军事作战、能源利用等)研究,采用传统的理论研究和实验研究方法往往不能奏效,势必转而应用模型研究手段(即建模与仿真方法),从而为决策者、设计师和工程技术人员提供灵活、适用、有效的技术平台和研究环境,以检验它们的关键性见解、创新性观点和所作决策或方案的合理性、正确性与可行性,高效地帮助人们推动科学技术进步,促进社会发展。因此,仿真科学与技术被认为是继理论研究和实验研究之后,第三种认识与改造世界的方法,以及各门学科在当今研究手段上的"交汇点"。

目前,仿真科学与技术已发展成为集计算机科学、计算技术、图形/图像技术、网络技术、控制技术、人工智能、信息技术、系统工程、软件工程等多学科为一体的综合性高新科学技术。先进建模工具与环境、仿真高层体系结构、组件/网络/网格化、虚拟制造、虚拟环境、虚拟样机、虚拟采办等技术的迅猛发展,进一步显示出仿真科学与技术的巨大生命力和广阔前景。

所谓系统仿真就是建立系统模型,并利用模型运行完成工程试验与科学研究的全过程,建模、验模及模型运转是系统仿真的核心内容(见图13.1)。简而言之,系统仿真是一种基于模型运行的科学及工程活动,是当今计算科学的重要组成部分。

导航、制导与测控系统是最早应用系统建模与仿真技术的领域之一,也一直是系统建模与仿真技术应用最活跃的领域。

本章将在综述系统建模与仿真技术的基础上,以导弹武器系统为例,深入地研究制导控制系统的建模与仿真有关技术问题,同时扼要地讨论测控系统仿真及应用。

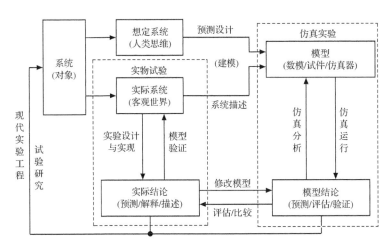

图 13.1　系统、建模、模型、仿真及实验的相互关系

13.2　系统建模与仿真技术综述

　　众所周知,科学试验是人类认识社会和改造自然的基本活动和有效手段。科学实验有两条重要途径,即实物(或物理)试验和模型试验。模型试验是一种最古老的工程方法和技术,只是在计算机出现之后才逐渐形成了一门崭新的综合性边缘科学技术——系统仿真科学与技术。

　　进一步讲,所谓系统仿真技术就是以相似原理、模型理论、系统技术、信息技术以及仿真应用领域的有关专业技术为基础,以计算机系统和与应用有关的物理效应设备及仿真器为工具,利用模型对系统(实际的或设想的)进行科学试验研究的一个多学科的综合性科学技术。仿真科学与技术的核心内容是模型的建立、验证、试验和运行。根据所采用的模型形式不同,系统仿真通常被分为全物理仿真、数学仿真和半实物仿真。也可按照所使用的计算机系统类型不同分为模拟仿真、数字仿真和数/模混合仿真。其中,数学仿真又叫计算机仿真。计算机仿真技术经历了三次大的变革浪潮,已发展成为集计算机技术、网络技术、系统技术、自动控制、图形/图像技术、多媒体技术、软件工程、信息处理和人工智能等多学科的高新技术。计算机仿真是当前所有形式系统仿真的基础和主流。图 13.2 给出了计算机仿真的一般过程。

　　半实物仿真是研究包括导弹制导控制系统在内的复杂系统的主要仿真手段。它同计算机仿真的根本区别在于所采用的模型不仅有数学模型,而且包括物理效应装置、系统元部件(样机)和各种模拟器等。

　　值得指出的是,进入 20 世纪 80 年代全数字仿真技术促进了仿真方法学、并行

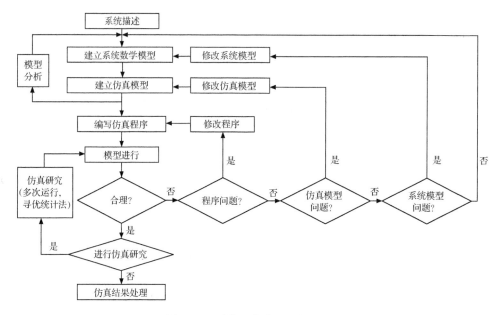

图 13.2　计算机仿真的一般过程

技术、多媒体技术、分布交互式仿真(DIS)、高层体系结构(HLA)和协同仿真的迅速发展,使得数学仿真成为计算机仿真的主流和各类系统仿真的核心。复杂系统研究尤其是军用复杂大系统仿真的需求,促进了半实物仿真技术的迅猛发展,使它成为解决这类系统问题必不可少的手段。

目前,分布交互式仿真(DIS)、高层体系结构(HLA)、虚拟现实、虚拟样机、虚拟制造、虚拟采办等仿真技术高度发展,以及更先进仿真计算机的出现,进一步增强了系统仿真的活力,有力地推动着系统仿真应用从传统的工程领域扩展到社会、经济、生态、环境、作战等非工程领域,并成为分析和研究复杂系统的重要现代技术手段,甚至是唯一的有效途径。

从仿真角度讲,完整的系统建模应包括数学建模和仿真建模两大部分。所谓仿真建模就是将非形式化模型或数学模型变换成仿真计算机系统(即仿真计算机及仿真支持软件)能够识别和运行的模型。由于仿真建模是模型变换的过程,所以又叫做二次建模。

通常,仿真模型以算法、程序和仿真装置的形式出现。根据所使用的仿真计算机类型(模拟机、数字机和混合机)不同,所建立的仿真模型也各不相同。

随着模型研究及其相关理论与技术的发展,时至今天,系统建模已经形成了较为完整的体系结构,包括理论体系、方法体系、技术体系和应用范畴等。

理论体系是指支撑系统建模的坚实理论基础。除建模对象的专业理论外,模型论、系统论、相似理论、计算机网络理论、辨识理论、定性理论、灰色系统理论、复杂适应系统(CAS)理论、元胞自动机和支持向量机理念和自组织理论已构成系统建模的主干理论基础。

方法体系是指系统建模采用的方法学,包括支持自身发展的方法和用于对象建模的方法。就此而言,系统建模的方法体系是十分宽广的(见表 13.1)。

表 13.1　系统建模方法体系

传统建模方法	复杂系统建模新方法
机理分析法、实验法(实验统计法和实验辨识法)、直接相似法、比例法、概率统计法、回归分析法、集合分析法、层次分析法、图解法、蒙特卡罗法、模糊集论法、"隔舱"系统法、想定法、计算机辅助法	混合建模法、组合建模法、基于 Agent 建模法、基于 Petri 网建模法、基于 MAS 建模法、基于混合 Petri 网建模法、基于神经网络建模法、基于因果追溯建模法、基于 CAS 建模法、基于 CGP 建模法、基于面向对象技术建模法、基于定性推理建模法、基于 GSPS 建模法、基于 GMDH 建模法、基于综合集成研讨厅建模法、基于分形理论建模法、基于元胞自动机建模法、基于支持向量机建模法、基于图论建模法、基于计算机智能逼近建模法、MRM 建模法

注:MAS 表示多智能主体(Agent)系统;CAS 表示复杂适应系统;CGP 表示有约束的产生过程;GSPS 表示通用系统问题求解系统;GMDH 表示数据处理的群集方法;MRM 表示多分辨率。

技术体系是指支撑系统建模的技术群。在这些技术群中主要包括系统技术、组件化技术、计算机技术、计算与算法技术、网络技术、数据库技术、信息技术、软件技术、人工智能技术、面向对象技术、图形/图像技术、虚拟现实技术、模型简化与修改技术、综合集成技术、多分辨率技术及 VV&A 技术等。

系统建模有着极其广泛而重要的应用范畴,十分旺盛的社会、国防及科技需求是其生存、发展和进步的动力源。可以说,凡是有科学研究、工程设计和人-机训练的地方都离不开系统建模的支持,特别是对于复杂系统研究,必须在传统理论研究和实验研究的基础上,采用本体论综合研究方法,借助系统建模与仿真手段才能达到既定目标和预期效果。应强调指出的是,在信息时代,系统 M&S 已成为通用技术和战略技术,以及继理论研究和实验研究之后,第三种认识与改造世界的方法。同时,系统建模是系统仿真的前提条件和基础,也就是说只要开展系统仿真试验研究,就必须首先进行系统建模。

最后,应强调指出的是,为了缩短建模周期和减少建模人员精力,研制、开发及应用复杂系统建模环境及工具是至关重要的。

复杂系统建模环境及工具是指用于复杂系统的建模语言、建模软件与建模平台等。应该说,目前的复杂系统建模环境及工具是较为丰富的、有效的,并在不断增多和提高。这些建模与仿真的先进软件和平台主要包括 Rational Rose、Power Designer、Microsoft Office Visic、Trufun Plato、HLA/RTI、GIS、OpenGL/Vega、STAGE/STRIVE、ModSAF、JMASS、JSIMS/JWARS、UML、Swarm、MATLAB/

Simulink 等。

　　众所周知,一个缺乏置信度的系统建模与仿真是没有任何意义的。对于复杂仿真系统置信度保证尤为重要,被视为建模与仿真的生命线。为此,VV&A 技术及其应用是国内外仿真界关心和研究的重点与热点之一。

　　VV&A 是指系统建模与仿真的校核(verification)、验证(validation)与确认(accreditation)。VV&A 技术及其应用简称为 VV&A 活动,是对系统建模与仿真过程的全面监控,从而保证系统(特别是复杂系统)建模与仿真的有效性(validity)、可信性(credibility)和可接受性(acceptability)。

　　由于 VV&A 活动将贯穿于复杂仿真系统全生命周期过程中的各个阶段,所以它既重要而又复杂。为了做好这件工作,结合我国国情,研制和开发复杂仿真系统全生命周期 VV&A 过程模型和规范化复杂仿真系统 VV&A 有关概念、计划、方法、技术、文档、结论及应用操作是至关重要的。

13.3　导弹制导控制系统全寿命周期仿真

13.3.1　各阶段的仿真应用

　　在导弹武器系统仿真中,制导控制系统仿真始终居于主要地位。目前,它已从研制性仿真发展到全寿命周期仿真。所谓全寿命周期是指从确定系统战术技术指标直到装备部队使用及训练的全过程。该过程一般经历七个阶段:可行性论证、系统方案论证、工程设计与试制、飞行试验、鉴定和定型、批量生产、部署使用及训练。仿真应用贯穿着上述各个阶段,其相应的主要仿真工作如图 13.3 所示。

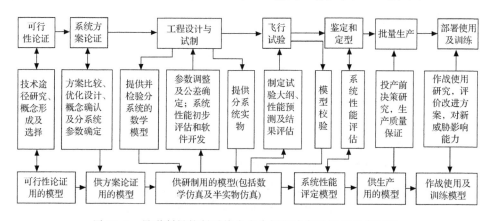

图 13.3　导弹制导控制系统全寿命周期中各阶段的仿真应用

　　由图 13.3 可见,这些仿真就其功能任务而言,主要包括研制仿真、环境仿真、训练仿真和作战仿真。其仿真应用在导弹制导控制系统全寿命周期的各个阶段中起重要的作用,尤其是已经成为研制中的两条工作主线之一。另外,通过制导控制系统仿真还可以逐步形成对导弹系统性能评价方法分级的概念,使评价真实性不断增加。

13.3.2　仿真方法选取

在导弹制导控制系统的研制中,可按照各阶段的设计任务和特点来选用不同的仿真方法(见图 13.4),即实物(全物理)仿真、数学仿真和半实物仿真。半实物仿真对于像导弹制导控制系统和测控系统这样的复杂工程系统来说尤其重要和必要。

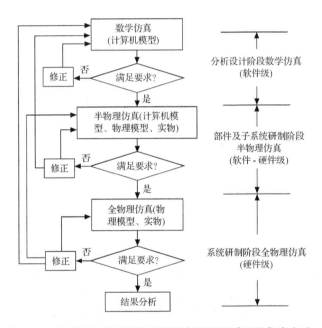

图 13.4　导弹制导控制系统不同研制阶段所采用的仿真方法

为了在仿真中尽可能逼真地复现导弹制导控制系统的工作过程和环境,建立地面半实物仿真实验室是十分必要的,通常半实物仿真实验室是一个复杂的大系统。例如,以射频半实物仿真系统(见图 13.5),其主要设备由六大部分组成,而每个部分又包括很多子系统。

13.3.3　仿真试验与结果分析

仿真试验应遵循边试验、边观察分析的原则,其目的,一方面要现场判断仿真系统工作是否正常,其判断是在人工和专家系统相结合下完成的;另一方面要随时

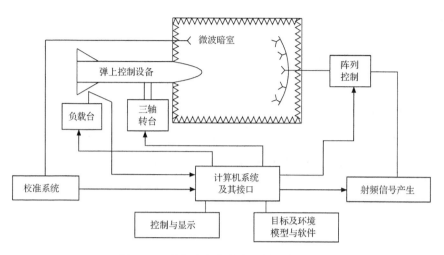

图 13.5　射频半实物仿真系统基本组成

确定试验结果是否可用,以避免前功尽弃。

　　对仿真试验结果的科学分析是十分重要的。这是因为仿真试验研究的目的在于根据仿真输出结果分析或预测系统的性能及功能。对于像导弹制导控制半实物仿真系统这样复杂的系统,通常仿真输出结果是分布未知的随机变量,而每次仿真运行仅仅是对该随机变量总体的一次抽样,所得的仿真运行结果与系统"真正"解往往有较大偏差。为使仿真实验结果有意义,必须采用统计学方法来估计系统的性能。在此,一般采用随机变量的数学期望和方差等统计特性进行描述。

　　应强调指出的是,为了得到可信的仿真试验结果,必须对半实物仿真系统本身误差作出正确的估计,以便在仿真输出分析时考虑仿真系统对"真实"系统性能的影响。为此,需要做好试飞与仿真试验一体化验证的工作,也就是说,通过"一体化"验证取得实际系统的高置信度模型。另外,"一体化"验证工作是一个多次反复的过程。同样,仿真试验及其结果分析也是一个不断迭代的过程。

13.4　导弹制导控制系统数学仿真

13.4.1　特点及目的

　　数学仿真由于不涉及实际系统的任何部件,所以具有经济性、灵活性及通用性的突出特点,在制导控制系统仿真中占有相当重要的地位。就其仿真任务而言,制导控制系统的设计指标提出、方案论证以及各部分设计中的参数优化等都离不开数学仿真。数学仿真的主要目的是利用详细的数学模型,通过仿真系统初步检验系统在各飞行段、全空域内的性能,包括稳定性、快速性、抗干扰性、机动能力和容差等,发现设计问题,及时修改并完善系统设计。

13.4.2　主要数学模型及验模

在制导控制系统仿真中,常用的模型有三种形式,即连续系统数学模型的微分方程、传递函数和状态方程,以及离散系统数学模型——差分方程、z 传递函数及离散状态方程。采用哪种模型形式可视具体仿真任务而定。

就其模型功能而言,不同制导方式和导引方法模型组成各不相同,但其模型框架应该是基本相同的,如图 13.6 所示。

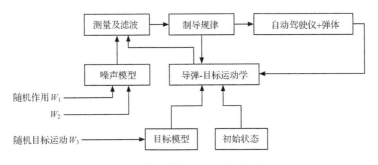

图 13.6　导弹制导控制系统模型框架

下面就图 13.6 中各类模型做简要说明:

1) 弹体动力学及运动学模型

数学仿真中,弹体动力学模型及运动学模型是最基本的而又最重要的。通常为描述导弹推力、重力、气动力、操纵力与力矩间关系的六自由度刚体(或弹性体)方程,它们包括导弹动力学方程、运动学方程、质量方程和几何关系等。其关键是气动力系数(导数)的建立。

2) 导弹-目标相对运动学模型

该模型描述导弹接近目标的运动规律。从本质上讲,它是弹目相对运动参数间的几何关系。根据不同制导方式和导引方法,导弹-目标相对运动学模型包括导弹与目标的接近距离 ΔR 和接近速度 $\Delta \dot{R}$、高低角偏差 $\Delta \varepsilon = \varepsilon_m - \varepsilon_D$、方位偏差 $\Delta \beta = \beta_m - \beta_D$ 或弹-目视线角 q 和视线角速度 $\dot{q}$ 等的数学模型。

3) 目标运动数学模型

目标运动数学模型对导弹制导与控制影响很大,在一定程度上决定着导弹制导方式和导引律的选取。目标运动模型一般分为水平直线等速飞行(即等速平飞)和机动飞行两大类,机动飞行(S 形、蛇形、锯齿、阶跃等)又分为水平机动和垂直机动两种。其主要参数为机动时刻 t_j 和机动过载 n_{my}、n_{mz}。

4）自动驾驶仪数学模型

自动驾驶仪数学模型描述了制导控制指令、伺服传动和弹体运动之间的运动关系，是通过控制规律实现导引律的关键环节，其数学模型通常包括俯仰、偏航和滚动三个通道。

5）导弹和目标的测量跟踪及控制指令形成装置的数学模型

这部分模型将反映导弹制导规律及由此而形成的控制指令，其原始依据是对导弹和目标运动参数地不断测量及预先确定的导引律。从对导弹控制的角度讲，寻的制导最终归结为建立俯仰和偏航两个通道的数学模型，而指令制导将包括在测量坐标系上的高低和方位两个通道的数学模型。

6）干扰噪声模型

产生随机干扰的因素一般有目标反射信号幅度和有效中心的摆动、无线电电子设备的内噪声、敌方施放电子干扰等。目标反射信号幅度和有效中心摆动反映了目标的起伏特性，它取决于多种因素，如目标几何形状、尺寸和飞行速度、高度、大气状态、雷达载频等。

以寻的制导系统为例，上述噪声模型可归结为：①目标闪烁噪声模型；②距离独立噪声模型；③接收机噪声模型。

（1）目标闪烁噪声模型。

该噪声的频谱密度为

$$\Phi_{\mathrm{gl}} = \frac{2\beta_1 \sigma_1^2}{\omega^2 + \beta_1^2} \tag{13.1}$$

可用式（13.2）实现，即

$$\left.\begin{array}{l} N_{\mathrm{a}}(t_0) = \sigma_1 u_0 (2\beta_1)^{1/2} \\ N_{\mathrm{a}}(t_i) = \exp(-\beta_1 \Delta t) \cdot N_{\mathrm{a}}(t_{i-1}) + \sigma_1 u_i [1 - \exp(2\beta_1 \Delta t)^{1/2}] \\ \Delta t = |t_i - t_{i-1}| \end{array}\right\} \tag{13.2}$$

式中：σ_1 为目标闪烁噪声标准差，一般为 $(0.15 \sim 0.30)L$（这里，L 为目标翼展）；β_1 为目标闪烁噪声的带宽，一般为 $1 \sim 2.5\,\mathrm{Hz}$；ω 为角频率；t_{i-1}、t_i 分别为第 $i-1$ 和第 i 个采样时刻；u_0、u_1、$\cdots$、u_i 分别为 $N(0,1)$ 正态分布子样。

应指出的是，俯仰和偏航通道的闪烁噪声数学模型形式相同，但正态分布子样序列不同。

（2）距离独立噪声模型。

该噪声的频谱密度函数为常数，即

$$\Phi_{\mathrm{fn}} = K_{\mathrm{b}}^2 \tag{13.3}$$

可由强度为 K_{b}^2 的白噪声序列来实现。

（3）接收机噪声模型。

这种噪声的频谱密度函数也可取为常数，即

$$\Phi_{\mathrm{m}} = K_{\mathrm{a}}^2 \tag{13.4}$$

仍然可由强度为 K_{a}^2 的白噪声序列来实现。

7) 误差模型

这种误差是指引起系统慢变干扰的设备误差。一般包括：

(1) 天线罩瞄视误差。

(2) 零位误差。包括导引头、控制指令形成装置、自动驾驶仪等弹上控制设备的零位误差，它们一般符合 $N(0,\sigma)$ 正态分布。

(3) 斜率误差。包括导引头、自动驾驶仪、地面制导站等探测与控制设备的斜率误差，它们一般符合 $N(0,\sigma_K)$ 正态分布。除此之外，误差模型还应该包括发射角误差、发动机推力偏差、导弹质心偏差模型等。

模型毕竟不是实际系统本身，而是它的近似替身，因此所有模型都必须进行验证。确切地讲，模型在使用前的整个开发阶段，必须完成一系列 VV&A 活动，即经过严格的校核、验证和确认阶段。

13.4.3　数学仿真系统构成

同一般数学仿真系统一样，制导控制系统的数学仿真系统由硬件和软件两大部分构成。硬件包括仿真计算机系统、输入/输出设备及其他辅助设备；软件主要有各种有关模型如导弹动力学、运动学模型，弹道模型、弹-目相对运动模型，目标特性模型、制导控制系统模型［包括弹上设备模型和地面（或载机）制导站模型］，环境模型（包括噪声模型、误差模型、量测模型以及管理控制软件、仿真应用软件等）。制导控制系统较完善的数学仿真系统构成示意图如图 13.7 所示。

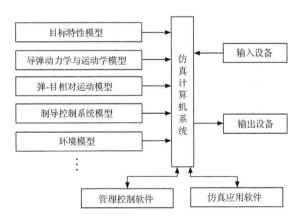

图 13.7　导弹制导控制系统数学仿真系统构成示意图

由图 13.7 可见，仿真计算机系统是数学仿真的核心部分和关键环节。它要求仿真计算机具有较大的计算容量，较快的运算速度和较高的运算精度等。当初，仿真计算机包括模拟机、数学机和混合机。模拟机在实时解算微分方程式方面有着独特优势,曾风云一时;数学机的逻辑功能是模拟机不可比拟的,随着数学机计算速度的迅速提高和性能价格比的不断改善,逐渐在仿真计算机中确立了主流地位;混合机兼具有模拟机和数学机的性能特点,在航天领域仿真中,曾出现过黄金时代,但由于价格极其昂贵终于失去了来头。目前,数学仿真的计算机已大部分采用数学机,并分布在一个很宽的谱型上,可从一般微机到巨型机,甚至超级实时仿真工作站。对于导弹制导控制系统,一般采用高性能小型机、专用仿真机、并行微机系统或仿真工作站,如 VAX-11 小型机、AD-100 仿真机、YH-F2 银河仿真机及海鹰仿真工作站等。

输入设备常用来把各种图表数据传送到仿真系统中去,一般有鼠标、数字化仪、图形/图像扫描仪等。

输出设备主要用于提供各种形式的仿真结果,以便分析。常采用打印机、绘图机、数据存储设备、磁带机及光盘机等。

除此之外,还需要指出的是仿真应用软件。仿真应用软件用于仿真建模、仿真环境形成以及信息处理和结果分析等方面。截至目前,仿真软件已相当丰富,但可归结为:程序包和仿真语言。例如,GAPS、CSSL、ICSL、IHSL、GPS、SIMULA 等。除此之外,还有许多应用开发软件。例如,MATRIXx、MATLAB/Simulink、Melt-iGen、Vega 等。

图 13.8 给出了以防空导弹为例的导弹向目标制导时的闭合运动方程组框图。利用该框图可方便地进行防空导弹的全弹道数字仿真,有关框图内的各种方程式,即各环节的数学模型。

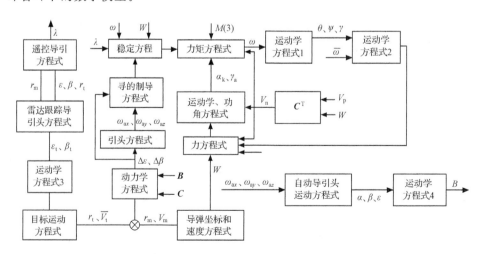

图 13.8　防空导弹向目标制导时的闭合运动方程组框图

13.4.4　仿真过程及内容

1. 仿真过程

仿真过程是指数学仿真的工作流程,它包括如下基本内容:系统定义(或描述)、数学建模、仿真建模、计算机装载、模型运行及结果分析等,其中数学建模是它的核心内容。所谓数学建模就是通过数学方法来确定系统(这里是指导弹制导控制系统)的模型形式、结构和参数,以得到正确描述系统表征和性状的最简数学表达式。仿真建模就是实际系统的二次模型化,它将根据数学模型形式、仿真计算机类型及仿真任务通过一定的算法或仿真语言将数学模型转变成仿真模型,并建立起仿真试验框架,以便在计算机上顺利、正确地运行仿真模型。

2. 主要仿真内容

对于导弹制导控制系统,数学仿真是初步设计阶段必不可少的设计手段,也是某些专题研究的重要工具。为此,数学仿真应包括以下四个方面的主要内容:①制导控制系统性能仿真;②制导系统精度仿真;③系统故障分析仿真;④专题研究仿真。

13.4.5　仿真结果分析及处理

1. 仿真结果分析

系统数学仿真的目的是依据仿真输出结果来分析和研究系统的功能和性能。因此,仿真结果分析非常重要。按照仿真阶段不同有终态仿真输出结果分析和稳态仿真输出结果分析。其分析方法大致相同,一般采用统计分析法、系统辨识法、贝叶斯分析法、相关分析法及频谱分析法等。由于导弹制导控制系统是在随机变化环境和随机干扰作用下工作的,且存在许多非线性,所以采用合适的统计方法是适宜的,而最基本的统计分析方法是蒙特卡罗法。

蒙特卡罗法是根据给定的统计特性,选择不同的随机初始条件和随机输入函数,对仿真系统做大量的统计计算,并得到系统变量的统计特性。在进行蒙特卡罗方法统计时,首先要给出导弹制导控制系统的状态向量方程:

$$\dot{\boldsymbol{X}} = f(\boldsymbol{X}, t) + \boldsymbol{G}(t)w(t) \tag{13.5}$$

式中:w 为白噪声过程;$\boldsymbol{X}$ 为系统状态向量;f 为系统的非线性时变动力学关系。

其次要给出初始均值向量和协方差矩阵:

$$\left.\begin{array}{l} E[\boldsymbol{X}(0)] = m_0 \\ E[(\boldsymbol{X}(0) - m_0)(\boldsymbol{X}(0) - m_0)^{\mathrm{T}}] = P_0 \end{array}\right\} \tag{13.6}$$

并且

$$
\left.
\begin{aligned}
& E[w(t)] = b(t) \\
& E[(w(t) - b(t))(w(t) - b(\tau))^{\mathrm{T}}] = Q(t)\delta(t - \tau)
\end{aligned}
\right\}
\tag{13.7}
$$

然后进行大量重复试验(一般为上百次),对得到的一组状态轨迹进行统计,即得到状态变量的估计均值 $\hat{m}(t)$ 和估计协方差 $\hat{P}(t)$ 。

$$
\left.
\begin{aligned}
& \hat{m}(t) = \frac{1}{n_i}\sum_{i=1}^{n} X_i(t) \\
& \hat{P}(t) = \frac{1}{n-1}\sum_{i=1}^{n}[X_i(t) - \hat{m}(t)][X_i(t) - \hat{m}(t)]^{\mathrm{T}}
\end{aligned}
\right\}
\tag{13.8}
$$

应该指出的是,应用蒙特卡罗法统计必须满足两个假设条件:①随机输入的各元素为具有非零的确定性分量的相关随机过程;②状态变量均为正态分布。另外,为了作出精确统计,必须进行大量统计计算,甚至几百次之多。因此,这种方法更适合用于对系统性能进行少量分析或对少数靶试点进行预测和靶试后的故障分析。显然,它不适合灵敏度分析、选择控制系统参数或对全空域进行精度分析。因此,在数学仿真结果分析方面,一般还用到协方差分析描述函数技术(ADET)和统计线性化伴随方法(SLAM)。

2. 数学仿真结果处理

对数学仿真结果的处理主要是解决对仿真结果的置信度问题。这里包括两层含义:其一是数学模型相对于真实系统的准确度;其二是所采用统计分析方法的置信度。前者在建模与验模中解决,这里仅指后者。在制导控制系统仿真中,数学仿真结果处理通常涉及如下问题:

1) 遭遇时间的判定

对于同一(仿真)靶试点,每次发射至遭遇时间 t_{mz} 是不同的。从理论上讲,遭遇时间的判定是根据导弹与目标相对距离 $\Delta R = 0$ 所对应的时刻为遭遇时间。但实际上用 $\Delta R \leqslant \Delta$ (如 $\Delta \leqslant 0.1m$)来判断遭遇时间。当 $\Delta R \leqslant \Delta$ 不恰好在采样点上时,应当由三点插值求出 t_{mz} 。

2) 脱靶距离的计算

脱靶距离可按公式计算,但是必须明确计算条件和计算对象。例如,以指令制导的角偏差制导控制系统为例,有

$$
\left.
\begin{aligned}
& h_{\varepsilon mz} = R_D(t_{mz})\Delta\varepsilon_T(t_{mz}) \\
& h_{\beta mz} = R_D(t_{mz})\Delta\beta_T(t_{mz}) \\
& h_{mz} = \sqrt{h_{\varepsilon mz}^2 + h_{\beta mz}^2}
\end{aligned}
\right\}
\tag{13.9}
$$

式中：$R_D(t_{mz})$ 为遭遇时刻的导弹斜矩；$\Delta\varepsilon_T(t_{mz})$、$\Delta\beta_T(t_{mz})$ 分别为遭遇时刻未经滤波的高低、方位角偏差；$h_{\varepsilon mz}$、$h_{\beta mz}$、h_{mz} 分别为测量坐标系上高低、方位和合成的脱靶距离。

3）随机变量和随机输入函数的处理

作用于制导控制系统的随机误差分为两类：一类为慢变误差；另一类为起伏噪声。前者误差在一次发射计算中只取一个随机数，加在系统相应位置上。后者在做蒙特卡罗统计时可将实测噪声信号直接输入仿真系统，也可以按其频谱，将白噪声通过成形滤波器，再经过起伏噪声计算处理成 $m = 0$，σ 等于要求值后加入仿真系统。这样可保证进行 n 次统计计算都是有效的。

4）仿真结果的统计方法和精度评定

根据数理统计原理（见图 13.9），由 n 次试验得到近似统计值——估计均值 $\hat{m}(t)$ 和估计均方差 $\hat{\sigma}(t)$。该估计值也是随机变量，受若干个相互独立的随机因素影响。根据中心极限定理，这种随机变量近似地服从正态分布，且统计次数 n 越大，其 $\hat{m}_x(t)$ 和 $\hat{\sigma}_x(t)$ 越接近真实值 $m_x(t)$ 和 $\sigma_x(t)$。同时，当置信度区间给定后，其精度评定将主要取决于试验次数 n 和随机变量峭度 λ。据此，为了利用制导偏差和脱靶距离的估计值 $\hat{m}_x(t)$ 和 $\hat{\sigma}_x(t)$ 进行精度评定，首先就要确定试验次数 n 和状态变量的峭度 λ 值。理论与实践表明，一般来说，射击近界、低速目标时，由于目标起伏噪声影响小，统计次数 n 取 30 次即可满足要求；而射击高空、高速目标时，随机干扰影响大，加之系统性能较差，需统计次数较多，通常取 $n=60\sim100$ 次。

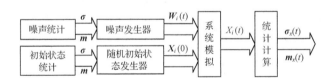

图 13.9　蒙特卡罗法试验与统计框架

λ 值取决于状态变量，对于控制线偏差和脱靶距离 h 的统计值，可用式（13.10）和式（13.11）近似确定

$$\lambda \cong \frac{\hat{\mu}_4}{\hat{p}^2} \triangleq \hat{\lambda} \tag{13.10}$$

$$\hat{\mu}_4 = E[(h-\hat{m})^4] \quad (i=1,2,\cdots,n) \tag{13.11}$$

当 h 服从高斯分布时，$\lambda = 3$。

在确定 n 和 λ 后，便可根据要求的置信度计算出估计值 $\hat{m}_x(t)$ 和 $\hat{\sigma}_x(t)$ 的置信区上、下限，进而得到相应点上的落入概率。

13.5 数学仿真应用实例

13.5.1 系统描述

某空射巡航导弹,属防区外发射的遥控电视指令制导导弹,其作战过程比较复杂,历经挂飞、投射、等高平飞、进入巡航,巡航飞行、爬升占位、俯冲轰炸等多个飞行阶段,导弹各飞行阶段都离不开武器操作手的实时操纵。为了能以最小的代价、最佳的途径使武器装备尽快、尽早形成战斗力,必须采用地面模拟训练的方法。为此,人们研制了一种"某导弹作战训练模拟系统"。该系统具有如下重点功能:①座舱设备使用(包括多功能显示器、投射按钮、中央操纵机构及魔球等);②火控系统使用;③全弹道仿真;④各飞行阶段导弹制导与控制;⑤贴近实战的虚拟战场环境生成;⑥导弹对地面(水面)目标攻击与毁伤;⑦导弹作战效能和训练效果评估等。

整个系统模拟训练运行示意图如图 13.10 所示。

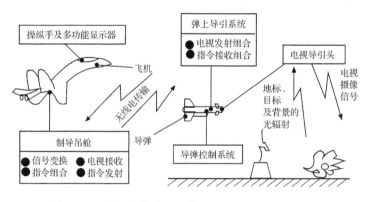

图 13.10 某导弹作战过程模拟训练系统运行示意图

13.5.2 系统组成及原理

该系统主要由导弹动力学与运动学仿真子系统、导弹制导与控制仿真子系统、视景平台及大屏幕系统、多功能显示器平台、模拟训练操作平台(包括座舱操纵设备、魔球及设置按钮等)以及评估子系统等部分组成。其原理如图 13.11 所示。

由图 13.11 可见,该系统除多功能显示器平台、模拟训练操作平台和视景仿真平台为实物外,其余部分均为数学模型。也就是说,它基本属于一个数学仿真系统,特别是导弹制导控制系统和导弹动力学与运动学部分。

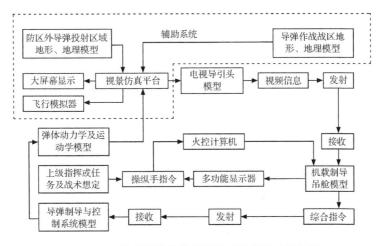

图 13.11　某导弹作战模拟训练系统的原理结构图

15.5.3　系统建模

该系统需要建立诸多模型,如导弹动力学与运动学模型,导弹飞行弹道模型,导弹制导控制系统模型,导弹战区地形、地理、地景模型等。这里,以导弹动力学与运动学和导弹制导控制系统的模型建立为例,讨论数学仿真中的系统建模问题。

1. 导弹动力学与运动学系统模型的建立

在建模中,首先是建模方法的选取。截至目前,数学建模方法已经不下数十种,但大体上可归结为四类:机理分析法、试验统计法、层次分析法和定性推理法等。系统辨识法是试验统计法的新发展,已成为像导弹动力学与运动学这样复杂系统的主要现代建模方法。因此,这里采用飞行器运动辨识建模方法。所谓飞行器运动辨识建模就是利用飞行试验和地面实验(包括仿真)获得的信息测量数据,借助系统辨识技术来确定飞行器运动及系统的数学模型的结构和参数。图 13.12 给出了这种建模方法的简化流程。

建模方法选取后,接着就是模型类(形式)和辨识算法的确定。数学模型的形式很多,如微分方程、差分方程、代数方程、传递函数、Z 传递函数、状态方程、数据序列、曲线、表格等。这里选取了常用的微分方程与代数方程相组合的形式。对于导弹动力学和运动学模型的辨识算法,主要有两种类型:①基于先验信息的预辨识算法;②新数据补充下的结构辨识与参数估计算法。根据实践经验,前者可采用最小二乘法;后者宜采用极大似然估计算法。在此,采用了基于最小二乘原理的多变量函数数据曲线拟合算法。

综上所述,所建立的导弹动力学与运动学方程组如下:

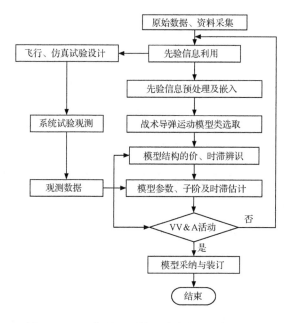

图 13.12　飞行器运动辨识建模方法的简化流程

$$m \frac{\mathrm{d}V}{\mathrm{d}t} = P\cos\alpha\cos\beta - X - mg\sin\theta$$

$$mV \frac{\mathrm{d}\theta}{\mathrm{d}t} = P\sin\alpha + Y - mg\cos\theta$$

$$J_z \frac{\mathrm{d}\omega_z}{\mathrm{d}t} = \sum M_z$$

$$\frac{\mathrm{d}X}{\mathrm{d}t} = V\cos\theta\cos\psi_V$$

$$\frac{\mathrm{d}Y}{\mathrm{d}t} = V\sin\theta$$

$$\frac{\mathrm{d}\psi}{\mathrm{d}t} = \omega_z$$

$$mX\cos\theta \frac{\mathrm{d}\psi_z}{\mathrm{d}t} = P\cos\alpha\sin\beta - Z$$

$$J_Y \frac{\mathrm{d}\omega_y}{\mathrm{d}t} = \sum M_y$$

$$\frac{\mathrm{d}Z}{\mathrm{d}t} = -V\cos\theta\sin\psi_V$$

$$\cos\vartheta \frac{\mathrm{d}\psi}{\mathrm{d}t}\omega_y$$

$$\sin\beta = \cos\theta\sin(\psi - \psi_V)$$

$$\alpha = \vartheta - \theta$$

$$\frac{\mathrm{d}m}{\mathrm{d}t} = -m_C$$

(13. 12)

其中

$$Y = qs(C_y^\alpha \alpha + C_{y^z}^{\delta_z} \delta_z) \tag{13.13}$$

$$X = qsC_x^\alpha(\alpha + \beta) \tag{13.14}$$

$$Z = qs(C_z^\beta \beta + C_{z^y}^{\delta} \delta_y) \tag{13.15}$$

$$\sum M_z = qsL(m_z^\alpha \alpha + m_z^\delta \delta z + m_z^{\bar{\omega}_z} \bar{\omega}_z) \tag{13.16}$$

$$\sum M_y = qsL(m_y^\beta \beta + m_{y^y}^\delta \delta y + m_{y^y}^{\bar{\omega}_y} \bar{\omega}_y) \tag{13.17}$$

$$q = \frac{1}{2}\rho V^2 \tag{13.18}$$

$$\bar{\omega}_z = \frac{\omega_z L}{V} \tag{13.19}$$

$$\rho = \rho_0 \left(\frac{T_H}{T_0}\right)^{4.25588} \tag{13.20}$$

$$T_H = 288.15 - 0.0065H \tag{13.21}$$

取 $\rho_0 = 0.124\,95\mathrm{kg/m^3}$；$T_0 = 288.15\mathrm{K}$。

应该指出的是，要使式(13.12)描述的导弹动力学与运动学模型运转，还必须做以下三个方面的工作：①将式(13.12)数学模型转化为仿真模型，在此可采用龙格库塔法；②给出导弹有关参数值，即导弹飞行速度 V，高度 H，导弹质量 m，发动机推力 P，导弹长度 L，导弹特征面积 S，舵偏 δ_z、δ_y，单位燃料消耗量 m_C，导弹转动惯量 J_z、J_y 等；③按照图 13.11 方法进行气动导数辨识，确定出如下气动系数曲线（即气动导数随飞行状态变化的曲线）C_y^α、$C_{y^z}^\delta$、C_x^α、C_z^β、$C_{z^y}^\delta$、m_z^α、m_y^β、m_z^δ、$m_{y^y}^\delta$、$m_z^{\omega_z}$、$m_y^{\omega_y}$ 等。

2. 导弹制导控制系统模型的建立

1）制导方式

该导弹有三种制导方式，即自主方式、自主-领航方式和领航方式。

所谓自主方式即手控制＋自动导引，也就是在识别并截获目标后，有后舱武器操作手将手控指令方式转入自动导引；自主-领航方式基本上是全程手控指令导引方式，即导弹仅在第一个地标校正点之前采用自主方式，其后由武器操纵手利用以后的地标校正点对导弹进行手控指令导引；领航方式是导弹发射后飞向目标时，后舱武器操作手通过多功能显示器画面能看到第一个地标校正点，只能依靠手控实现导引。应着重指出的是，这三种制导方式都有一些约束条件。如，对于自主方式，规定发射距离≤40km，发射导弹轴线与目标夹角≤7°，飞机坡度≤5°；对于自主-领航方式，要求导弹从第一个地标校正点至目标的距离≤90km，发射时导弹轴线与目标的夹角≤20°；而对于领航方式，则要求发射时的导弹轴线与目标的夹角≤20°，飞机坡度≤5°。

在模型建立中,采用何种制导方式及满足上述约束条件可由逻辑电路并通过操纵相应按钮来实现。

2) 制导体制

制导体制是制导控制系统建模的重要依据和内容。该导弹采用遥控电视指令/无线电高度表复合制导体制,其中遥控电视指令系统是它的主要制导设备,而无线电高度表主要用来确定及稳定导弹的巡航高度。

电视指令系统由弹上电视导引头及其伺服机构、电视信号发射机组合、指令接收机、天线装置和弹外制导吊舱(包括前、后跟踪天线、无线电接收装置、无线电发射装置及弹-机通信组合、发射准备和检测组合、制导装置、机载参数记录仪、整流罩等)、操纵魔球、多功能显示器及相关按钮等组成。无线电高度表主要包括高度表和发射天线。

3) 导引律选取及其建模

经分析知,该导弹可能采用一种追逐导引＋比例导引的混合导引律。对于追逐导引,导弹在接近目标时,速度向量 $\bar{V}$ 始终与目标重合,即前置角恒等于零,其模型为

$$\eta = 0, \quad q = 0 \tag{13.22}$$

比例导引律是,导弹速度向量 $\bar{V}$ 的转动角速度与目标视线的转动角速度成比例,即模型为

$$\dot{\theta} = K\dot{q} \tag{13.23}$$

为了获得快速反应的精确制导效果,可由控制过载实现上述导引律,其导引模型分别为

$$\left.\begin{array}{l} N_{zneed} = -K'\dot{Q}_{xz} \\ N_{yneed} = K'\dot{Q}_{xy} \end{array}\right\} \tag{13.24}$$

式中:$\dot{Q}_{xz}$ 为目标视线的转动角速度 $\dot{q}$ 在水平面上的投影;$\dot{Q}_{xy}$ 为目标视线的转动角速度 $\dot{q}$ 在垂直面上的投影;K' 为比例系数;N_{zneed}、N_{yneed} 分别为实现比例导引律所需要的侧向、法向过载。

显然,在使用这种混合导引律时,需要设置一个临界视线角 q_0,并设计出一个转换规律:

$$5° < q_0 < 10° \tag{13.25}$$

使用中,当 $q > q_0$ 时采用式(13.22)的导引律,而当 $q \leqslant q_0$ 时切换为式(13.23)的导引律。

综上所述,可建立制导与控制系统的综合数学模型和简化数学模型如图13.13所示。

受篇幅限制,T～M 的具体数学模型从略。

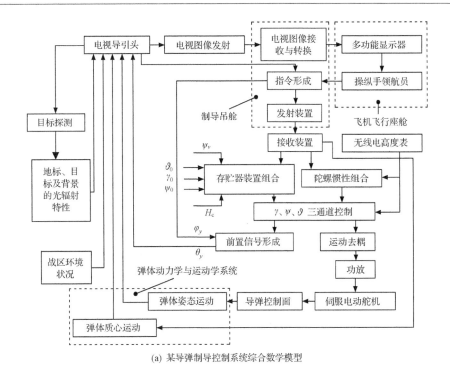

(a) 某导弹制导控制系统综合数学模型

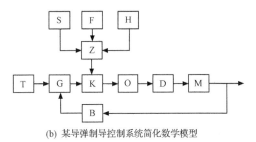

(b) 某导弹制导控制系统简化数学模型

图 13.13　某导弹制导控制系统综合数学模型和简化数学模型

T. 目标；S. 初值预装；G. 导引头系统；F. 火控系统指令；Z. 信号变换；K. 控制律形成；B. 惯性测量组合；
H. 无线电高度测量；O. 去耦系统；D. 舵机组合；M. 弹体动力学与运动学系统

13.5.4　作战数学仿真

　　基于上述导弹动力学与运动学和制导控制系统模型下，根据对地攻击作战任务要求及导弹飞行过程特点，可建立六组（挂飞、助推、等高飞行、进入巡航、巡航飞行、爬升及俯冲攻击等飞行阶段）飞行弹道模型，并以此完成导弹对地攻击作战的全弹道仿真。图 13.14 给出了导弹对地攻击全弹道数学仿真中的作战过程飞行弹道示意图和全弹道仿真流程图。应指出的是，限于篇幅，该实例中省略了验模部分。

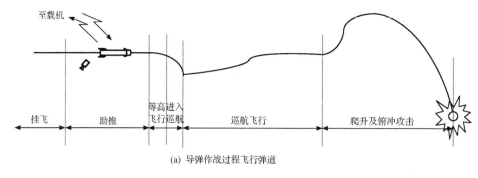

(a) 导弹作战过程飞行弹道

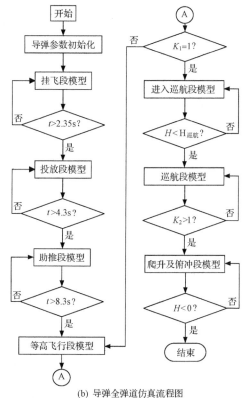

(b) 导弹全弹道仿真流程图

图 13.14　导弹对地攻击全弹道数学仿真

13.6　导弹制导控制系统半实物仿真综述

13.6.1　特点及作用

导弹制导控制系统的半实物仿真类似其他复杂系统的半实物仿真,是计算机、数学模型、系统实际部件(或设备)与环境物理效应装置相结合的仿真。其突出特点是:①可使无法准确建立数学模型的实物部件如导引头、自动驾驶仪直接进入仿真回路;②可通过物理效应装置,如飞行模拟转台、光电制导模拟器、射频目标模拟器、成像目标模拟器、气压高度模拟器、力矩负载模拟器等提供更为逼真的物理实验环境,包括飞行运动参数(飞行速度、角速度、加速度等)探测系统电磁波(毫米波、微波、可见光、红外、紫外)发射、传输、反射(散射)及其干扰特性(自然和人为的干扰信号);红外、可见光和无线电射频的目标及其相应环境限制(目标大小、形状、信号强度以及目标方位角、高低角和距离、杂波、角闪烁、振幅起伏、多路径效应,以及各种自然和人为干扰信号等);③直接检验制导控制系统各部分,如陀螺仪、舵面传动装置、自动驾驶仪、导引头等的功能、性能和工作协调性、可靠性(通过模型和实物之间的切换及仿真数据补充等手段进一步校准数学模型)。

半实物仿真主要是研究制导控制系统用数学模型解决不了的问题,并在互相补充下更充分地发挥数学模型的作用。制导控制系统半实物仿真所起的重要作用可归结为:①检验制导控制系统更接近实战环境下的功能;②研究某些部件和环节特性对制导控制系统的影响,提出改进措施;③检验各子系统特性和设备的协调性及可靠性;④补充制导控制系统建模数据和检验已有数学模型。

13.6.2　半实物仿真系统构成

半实物仿真系统与数学仿真系统的主要区别在于:用制导控制设备实物代替该部分的数学模型;目标特性用模拟器代替;弹体特性和目标运动学特性由仿真计算机实现;增加许多模拟环境的物理效应装置。

制导控制系统的半实物仿真系统组成在很大程度上取决于导弹采用的制导体制和目标探测方式。据此,常见的半实物仿真系统有指令制导半实物仿真系统、射频制导半实物仿真系统、红外(成像)制导半实物仿真系统和光电制导半实物仿真系统等。它们在系统组成方面虽然有较大差别,但也有许多共同之处。制导控制系统的半实物仿真系统一般由下列五个部分组成。

(1) 仿真设备。主要包括仿真计算机系统、飞行模拟转台、目标模拟器、舵负载模拟器、数据库及仿真软件等。

(2) 参试设备和模型。指制导控制系统的部件、设备和有关数学模型,如导引头、自动驾驶仪、舵面传动装置、导弹动力学与运动学模型、各种干扰模型以及系统评估模型等。

(3) 通讯系统和专用实时接口。

(4) 中央控制台。

(5) 支持服务系统(包括记录、测试、显示、数据处理系统及分析设备等)。

图 13.15 给出了一种典型导弹制导控制系统的半实物仿真系统基本组成。

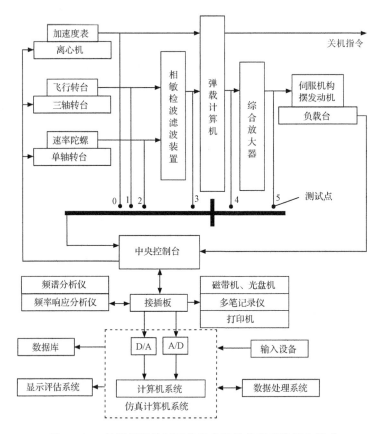

图 13.15　导弹制导控制系统的半实物仿真系统基本组成

13.6.3　主要设备及模型

1. 仿真计算机系统及其软件

仿真计算机系统是半实物仿真系统的核心部分,主要担负着导弹动力学与运动学计算、目标特性计算、图形/图像生成、数据处理等。除此之外,还具有调用数据库和仿真软件及控制其他设备之功能。

目前,仿真计算机有三种形式,即模拟机、数字机和混合机。模拟机具有高速实时、便于连结实物设备、适于连续系统、特别善于求解系导弹动力学与运动学常微分方程的优势。但存在精度低、无逻辑判断和存储能力,且处理非线性困难的严重缺陷。在 20 世纪 50 年代的导弹武器系统仿真中曾风云一时。60~70 年代,空间技术的发展推动了模拟机与数字技术的结合,出现了混合机用于导弹仿真的黄金时代。它在仿真性能上兼具模拟机和数字机的优点,是包括导弹制导控制系统在内的复杂系统仿真的强有力工具。然而,其结构复杂、价格昂贵,因而妨碍了它的广泛应用,尤其是随着微电子技术的发展,全数学仿真性价比不断改善并突破了实时大关后,数字机在导弹制导控制系统半实物仿真中已成为主流,且形成了一个相当宽的使用型谱(见图 13.16)。除此之外,超级实时仿真工作站,如 AD RTS、YHS(新一代银河仿真工作站)等已经进入了半实物仿真系统领域。

图 13.16　现代仿真计算机系统使用谱型(20 世纪 90 年代的水平)

所需要计算任务做出估计,其估算公式为

$$ACP = R \cdot O \cdot I \cdot S \cdot F = R \cdot n^{3/2} \cdot I \cdot S \cdot F \qquad (13.26)$$

式中:n 为微分方程阶数;F 为系统最高频率,即 f_{max};R 为实时系数,全实时(半实物仿真必须是全实时的)$R=1$;S 为 0.1% 动态精度所要求的每周采样次数;I 为积分方法要求导数的计算次数。

对于导弹制导控制系统,一般可取 $n=200$,$f_{max}=100\text{Hz}$,$S=20$,$I=4$,于是可得 $ACP = 2.3 \times 10^7$(次基本操作/s)。

按照此计算结果并参照图 13.16,显然选择超小型机+外围阵列处理机的仿真计算机系统是比较合理的。当然,针对具体仿真对象也有选择其他类型仿真计算机系统的,如 AD/RTS 620、AC-1000、Power HawK Model 640、YH-F2 银河仿真机、System 100、HRT1000、dsPACE 及混合机等。

另外,在仿真计算机运行中,可按将质心运动和绕质心运动的采样周期分开,这样可减少运算时间。通常绕质心运动频率较高,若系统最高频率为 f_r,则采样周期 T_c 取 $T_c \leqslant \dfrac{1}{nf_r}$(一般取 $n = 5 \sim 10$)。因此,要做到实时仿真,通常要求仿真计算机的速度为 1 亿次左右。仿真计算机的字长可按照对脱靶量计算误差要求提出。若误差不大于 1m,则应用 32 位字长。如果计算机字长为 16 位,则积分等影响精度的计算应采用双字长。

应强调指出的是,随着数字机的迅猛发展,目前仿真数字机的计算速度已达到千万亿次每秒的惊人水平,所谓上述实时要求根本不在话下,因此,全数字仿真今后将无疑完全替代模拟仿真和混合仿真。

自从半实物仿真系统广泛应用数字计算机仿真以来,仿真软件就已成为系统的重要组成部分。为保证系统能够正确可靠和高效地运行,通常对仿真软件提出如下基本要求:①必须满足实时运算和计算精度要求;②能够提供支持半实物仿真系统的各类库:模型库、图形/图像库、算法库、数据库和文档库等;③具有高效的管理系统;④建立完善的支持服务系统。

仿真软件的发展趋势经历了五个阶段,已经进入智能化仿真软件时期。在众多仿真软件中,拥有通用仿真算法和语言以及提供丰富的软件工具和开发环境是十分重要的。典型的仿真语言、一体化建模与仿真环境和智能化仿真软件有 ICSL、IHSL、TESS、MAGEST、SMEXS、NESS、SESSA、SIMAN、SEEWHY、IIMSE、MeltiGen、MATLAB/Simulink、MATRIXx、Vega、Stage 等。

2. 专用实时接口

半实物仿真系统中有种类繁多的仿真设备,参试部件及仿真模型。它们结构、型式相差很远,通信方式各不相同,但又要连成一个有机整体,互通信息,协同工作,因此通过适当的接口,实现实时仿真系统各部分间的信息交互是至关重要的。

半实物仿真系统对接口的要求很高,其基本要求为:实时性、精确性、抗干扰性和可靠性。理想的情况是:接口传递函数为 1,没有延时,没有衰减,无噪声干扰。当然,这实际上是做不到的。但必须采取技术措施基本满足上述要求。例如,为了抑制噪声干扰而采用隔离传输技术、平衡电路连接技术和屏蔽技术等。为保证实时性,提高仿真精度,采用了专用仿真实时数字通信接口技术。图 13.17 为这种接口的系统结构。该接口主要由微机和插在 ISA 总线上的四种插件板(FIFO 数字通信从控板、双端口存储器输出板、双端口存储器输入板和存储器控制板)组成。显然,这种通信方式是通过微处理机和接口电路把仿真机的数据分配给各仿真设备和制导部件的。

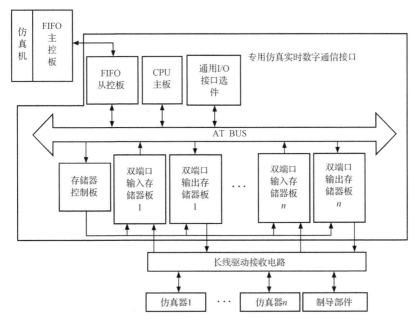

图 13.17　一种采用专用通信处理机管理的实时数字接口结构

3. 飞行模拟转台

飞行模拟转台又叫运动模拟器,分三轴转台和角速率转台,且主要是三轴转台。

三轴转台是安放惯性器件、寻的导引头并响应弹体姿态运动的仿真设备。它能够承受所加的负载,并对制导控制仿真计算机所输出的角位置、角速度、角加速度在允许误差范围内作出响应。

为了保证三轴转台的工作性能,通常要求它应满足如下方面的技术指标:

(1) 负载尺寸。能够安装整个导引头或惯性器件。

(2) 负载重量。应使转台设计负荷大于导引头和惯性器件质量。

(3) 系统频响。转台的最主要指标之一。设计中应考虑:制导回路的等效带宽、系统信号及噪声的功率谱密度、弹体的振动频率等。为此,目前一般提出满足双十指标和双三指标,即

$$\text{横滚}\begin{cases}12\text{Hz}\\3\text{Hz}\end{cases}\qquad\text{俯仰}\begin{cases}10\text{Hz}\\3\text{Hz}\end{cases}\qquad\text{方位}\begin{cases}8\text{Hz}\\3\text{Hz}\end{cases}$$

(4) 各框转角范围。根据导弹飞行过程中三个姿态角变化的最大角度决定。其典型值为:横滚$\pm165°$,俯仰$\pm160°$,方位$\pm n$圈。

(5) 最大角加速度。根据导弹飞行中制导指令和噪声产生的最大角加速度和

转台所需要的频响而定。目前,转台可达到值为:内框 40 000°/s²,中、外框7000°/s²;一般要求横滚 3500°/s²,俯仰 2500°/s²,方位 1500°/s²。

(6) 最大角速度。转台的最大角速度应大于导弹飞行可能的最大角速度。目前可做到:内框≥400°/s;中框≥200°/s;外框≥200°/s。一般要求横滚:350°/s;俯仰 200°/s,方位 150°/s。

(7) 位置精度。根据导弹类型而定,对于战术导弹,要求达到10⁻³°的量级。典型值为 0.002°,0.001°(即 4")。

(8) 速率平稳度。一般为 5×10^{-4}。

(9) 机械误差。一般要求三轴不垂直度 15";三轴不相交度≤0.5mm,安装台面水平误差 10"。

(10) 其他。如保护功能、电磁兼容性、可靠性及工作环境等。

三轴转台按动力源可有液压转台和电动转台,按框架配置形式分卧式和立式。目前,一般采用电动三轴转台,并施行数字式控制,由无刷交流力矩电机驱动。典型的三轴电动转台电控系统框图如图 13.18 所示。

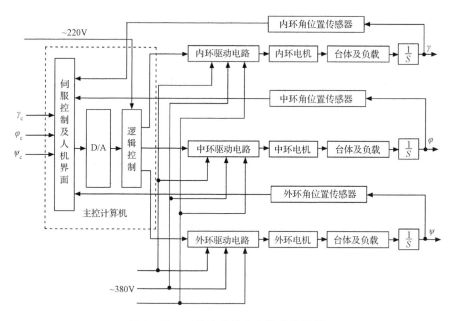

图 13.18　三轴电动转台电控系统框图

4. 舵负载模拟器

舵负载模拟器实现给参试舵机施加力矩,用以模拟导弹飞行过程中作用于舵面上的气动铰链力矩。有液压、电动和弹簧机械负载模拟器之分。目前,广泛应用的是电动舵负载模拟器。

对这种模拟器的主要要求是：①结构上正确实现导弹舵面的力矩加载；②负载力矩大小和方向应同飞行状态一致；③负载力矩频带应大于舵系统带宽。为此，对舵负载模拟器提出如下技术指标：

（1）最大加载力矩。取决于舵面最大铰链力矩，应大于此值的 30%。典型值为 $50 \sim 80 \text{N} \cdot \text{m}$。

（2）最大转角。应大于舵面最大偏度。通常取 $\pm 30°$。

（3）最大角速度。相应于舵面偏转角速度，一般取 $200°/\text{s}$。

（4）加载梯度。一般根据舵面铰链力矩随飞行状态变化的梯度而定。通常取值范围为 $0.5 \sim 5 \text{N} \cdot \text{m}/(°)$。

（5）加载精度。有一定精度要求，但不宜过高。一般取 1%。

（6）零位死区。可取 $0.5 \text{N} \cdot \text{m}$。

（7）多余力下降幅度。可取 80%。

（8）带宽。10Hz 时，$\Delta A/A < 10\%$，$\Delta\varphi < 10°$；5Hz 时，$\Delta A/A < 5\%$，$\Delta\varphi < 5°$。

（9）通道数。视具体导弹舵面数而定，一般为 4。

5. 线加速度模拟台

线加速度模拟台实质上是一个离心机，用于线加速度计的静态、标定、动态性能检测和加速度计接入制导回路的系统半实物仿真。当离心机以角速度 ω 稳定旋转时，便在位于半径为 R 的随动台中心产生向心加速度 a

$$a = \omega^2 R \tag{13.27}$$

若将被试加速度计安装在单轴转动台上，以与工作半径 R 垂直方向为转角 $\varphi = 0$，则加速度计敏感到的轴向角速度为 a_1，且有

$$a_1 = \omega^2 R \sin\varphi \tag{13.28}$$

线加速度模拟台的结构框图如图 13.19 所示。为了有效地产生线加速度效应，对离心机和随动台必须提出技术指标要求。

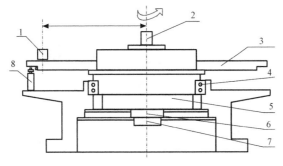

图 13.19　线加速度模拟台的结构框图

1. 随动台；2. 主轴；3. 台面；4. 轴承系；5. 力矩电机；6. 测速机；7. 感应同步器；8. 动态半径测量机构

　　1）离心机

　　（1）线加速度范围：$0.1 \sim 50g$；也有大于 $100g$ 的离心机。

　　（2）线加速度精度：$\Delta a \leqslant 5 \times 10^{-5} g, a < 1g$；$\Delta a / a \leqslant 5 \times 10^{-5}, a < 1g$。

　　（3）角加速度 $\geqslant 10^{\circ}/\mathrm{s}^2$。

　　（4）工作半径：$R = 500\mathrm{mm}$。

　　（5）驱动方式为直流力矩电机直接驱动。

　　（6）控制方式采用脉冲调相伺服控制，引入测速反馈，并加入前馈控制。

　　2）随动台

　　（1）负载 $1 \sim 3\mathrm{kg}$。

　　（2）最大角速度：$500^{\circ}/\mathrm{s}$。

　　（3）最小角速度：$0.015^{\circ}/\mathrm{s}$。

　　（4）最大角加速度：$2000^{\circ}/\mathrm{s}^2$。

　　（5）最小角加速度：$\pm 0.002^{\circ}/\mathrm{s}^2$。

　　（6）静态位置精度：$\pm 0.002^{\circ}$。

　　（7）频响：$4\mathrm{Hz}(5^{\circ}$相移$)$。

　　应该强调指出的是，线加速度模拟台除用于线加速度仿真外，还可以用于导弹气动力和飞行加速度复合物理效应的仿真工具，这时必须施行对离心机和气囊随动装置的协调控制。

　　6. 气压高度模拟器

　　气压高度模拟器又被称为总、静压模拟器。根据气压式高度表的机理，只要能使气压高度模拟器实现使固定容腔内的压力随高度及飞行速度的变化而变化，就可以在实验室条件下使用该模拟器进行半实物仿真试验。为此，可设计出如图 13.20 所示的气压高度模拟器。

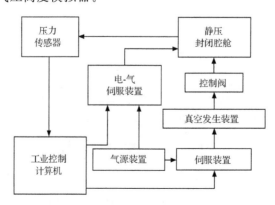

图 13.20　气压高度模拟器结果框图

　　由图 13.20 可见,该模拟器主要由气源装置、电气伺服装置、真空发生装置、静压封闭容腔、压力传感器及计算机等部分组成。其工作原理如下:计算机装订着气压高低随导弹飞行状态变化的数据库,在计算机控制下,电-气伺服装置将通过 D/A 接口送出与电信号成比例的气体流量至静压封闭容腔,产生气压变化,从而获得与之反应的气压高度和通过压力传感器的压力反馈,以构成闭环。真空发生装置用来对封闭容腔进行抽真空,以产生负气压信号。当计算机输出信号越大时,通过电-气伺服装置的气体流量越大,真空装置抽真空度越大,产生的负气压便越大。通常,气压高度模拟器的技术指标为:

　　(1) 模拟范围:$-500\text{m}\sim11\text{km}$,$110\sim22.6\text{kPa}$。

　　(2) 静态精度:$0.2\%\text{Fs}$。

　　(3) 动态精度在 $11\sim22.6\text{kPa}$ 内任一基础上输入正弦信号。$p=A\sin(2\pi ft)$,$f=0\sim1\text{Hz}$,$A=\pm129\text{Pa}$,允许幅值误差 $\Delta A/A\leqslant5\%$,允许相位误差 $\Delta\varphi\leqslant5°$。

　　(4) 最大垂直精度:$-70\sim80\text{m/s}$。

7. 目标模拟器

　　目标模拟器用以仿真目标的物理效应,可能是射频的、红外的、成像的,也可能是光电的;还用以提供目标运动学的各种信息,如飞行速度、高度、加速度和机动能力以及目标的散射特性、角闪烁、振幅起伏、背景及各种有源或无源干扰等。

　　所有目标模拟器的仿真都基于“相对等效原理”,即仿真目标与真实目标相对于导弹的空间运动特性相同;射频或红外辐射空间特性的仿真等效为仿真目标在导引头上形成的效应与真实目标相等;射频或红外辐射光谱特性等效在工作波段内,真实目标与仿真目标在导引头接收系统入瞳处的辐射通量相等。

　　目标模拟器有各种形式。按目标信号的馈入方式分辐射式和注入式;按辐射信号的物理性质分微波、毫米波、红外、紫外、红外图像等;按结构分机械式、阵列式、机电混合式、平行光管和复合扩束式等;按注入频率分为中频、视频和低频注入等。通常,指令制导半实物仿真系统采用注入式目标模拟器,而寻的制导半实物仿真系统采用辐射式目标模拟器。目前,获得广泛应用的较先进的目标模拟器,在射频寻的仿真中有阵列式目标模拟器;在红外寻的仿真中,有复合扩束目标模拟器及更先进的红外成像目标模拟器。

8. 导弹动力学与运动学模型

　　半实物仿真和实弹试飞的根本区别在于导弹动力学和运动学系统是用模型代替的。因此,导弹动力学与运动学模型的建立和应用对于半实物仿真的效果影响极大。如上所述,一般采用六自由度动力学和运动学模型来描述被研究对象。限于篇幅,这里略去有关这种模型的微分方程和代数方程形式,仅补充说明其中气动模型的建立。

在导弹动力学和运动学建模及应用中,气动系数模型的建立十分重要,尤其是在理论计算和吹风、试飞数据不足的情况下,更为关键。为此,可采用双变量函数数据曲线拟合算法,由有限的测量离散数据经过预处理,得到试验值矩阵,然后借助样条法和最小二乘估计,进行数据曲线拟合,最后得到所需要的一个双变量(M, H)气动系数曲线模型。其算法公式为

$$f(x,y) = \boldsymbol{X}\ \boldsymbol{C}\ \boldsymbol{Y}^{\mathrm{T}} \tag{13.29}$$

式中:$\boldsymbol{X} = [1\ \ x\ \ x^2\ \ \cdots\ \ x^k]$;$\boldsymbol{Y} = [1\ \ y\ \ y^2\ \ \cdots\ \ y^l]$;$\boldsymbol{C} = \boldsymbol{B}\boldsymbol{H}_1[\boldsymbol{H}_1^{\mathrm{T}}\boldsymbol{H}_1]^{-1}$;$\boldsymbol{B} = [\boldsymbol{H}_2^{\mathrm{T}}\boldsymbol{H}_2]^{-1}\boldsymbol{H}_2^{\mathrm{T}}\boldsymbol{F}$,$\boldsymbol{F}$ 为试验矩阵。

在用于气动系数模型辨识时,

$$\boldsymbol{X} = [1\ \ M\ \ M^2\ \ \cdots\ \ M^k],\quad \boldsymbol{Y}^{\mathrm{T}} = \begin{bmatrix} 1 \\ H \\ H^2 \\ \vdots \\ H^l \end{bmatrix}$$

式中:M 为飞行马赫数;H 为飞行高度;取 $K=l=3$ 即可。

为使用方便起见,这里给出了利用双变量函数拟合算法计算某气动系数(如 $m_y^{\bar{\omega}_y}$)的计算机流程(见图 13.21)。

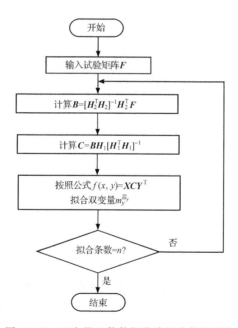

图 13.21　双变量函数数据曲线拟合算法流程

可见,使用中只要输入试验矩阵 $\boldsymbol{F}=[\;]$,便可得到气动导数 $m_{y'}^{\bar{\omega}y}$ 的数学模型。

$$m_{y'}^{\bar{\omega}y} = \begin{bmatrix} 1 & M & M^2 & M^3 \end{bmatrix}$$

$$\cdot \begin{bmatrix} 2.5754 \times 10^{-1} & -2.3430 & 2.2813 & -7.4803 \times 10^{-1} \\ -2.6298 \times 10^{-1} & 8.2790 \times 10^{-1} & -8.5161 \times 10^{-1} & 2.5777 \times 10^{-1} \\ 2.3925 \times 10^{-2} & -7.2538 \times 10^{-2} & 6.8484 \times 10^{-2} & -2.0717 \times 10^{-2} \\ -5.9411 \times 10^{-4} & 1.7862 \times 10^{-3} & -1.6687 \times 10^{-3} & 4.9437 \times 10^{-3} \end{bmatrix} \cdot \begin{bmatrix} 1 \\ H \\ H^2 \\ H^3 \end{bmatrix}$$

13.7　射频制导系统半实物仿真

13.7.1　引言

雷达制导体制有多种,但从仿真角度可归结为两大类:一类是雷达寻的制导;另一类是雷达指令制导(或驾束)制导。针对两类制导体制,目标模拟信号的馈入方法也有两种:前者采用射频辐射法;后者采用信号注入法。射频辐射法是在微波暗室内,目标模拟器以辐射形式辐射目标及环境信号,导引头通过天线接收信号,从而逼真地复现寻的制导导弹在拦截目标过程中所面临的射频目标及环境。我们把这种仿真过程称为射频制导半实物仿真,实现该仿真的系统被称为射频制导半实物仿真系统,简称射频仿真系统。

射频仿真系统的根本任务是将雷达目标及环境的数学模型,通过计算机及有关射频仿真设备,转化为雷达目标及环境的射频物理效应。射频仿真系统有两种工作方式,即闭环仿真和开环仿真。前者由导弹制导回路通过射频目标仿真系统和导引头形成闭环仿真系统,用于仿真中检验整个导弹制导控制系统功能和性能。后者仿真时导弹制导回路不闭合,主要用于研究导引头性能,还可以作为闭环仿真前的准备。图 13.22 为闭环射频制导半实物仿真示意图。

13.7.2　系统设计要求及参数

1. 系统设计要求

系统设计要求视仿真实验室性质和任务的不同而各异,实验室应用范围及试验内容覆盖面也显著影响对系统的要求。一般来讲,所设计的射频仿真系统,通过制导回路的仿真试验,应达到以下目标:

(1)为研究中的导弹制导控制系统性能验证、评定和修改设计提供依据。

(2)对正在服役的导弹制导控制系统进行性能评估和改进发展提供依据。

(3)辅助新型导弹的制导控制系统设计,并为研究复杂部件及其交联影响的数学模型提供充分的试验数据。

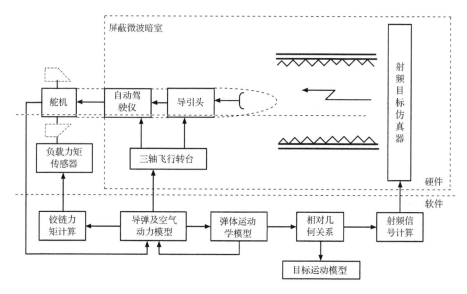

图 13.22　闭环射频制导半实物仿真示意图

（4）系统应能开展以下仿真试验：

① 用于末制导雷达抗干扰仿真试验，并对末制导雷达的性能进行评估。

② 用于导弹在复杂干扰环境下的模拟打靶试验。

③ 开展反辐射导弹攻防对抗仿真试验。

2. 基本技术参数及性能要求

射频仿真系统的基本技术参数及性能要求如下：

（1）工作频率范围。一般重点考虑厘米波段，通常能覆盖 0.5～18GHz 整个微波频段，同时又要兼顾 18～40GHz 毫米波频段。

（2）瞬时带宽和频率捷变能力。通常瞬时带宽要求大于 600MHz，而频率跟踪精度至少达到 0.5～1MHz。

（3）暗室尺寸及静区特性。

（4）视场角。指阵列天线的视场角，通常其大一些的试验方便，但造价高，应折中处理。

（5）模拟目标数。一般至少要能模拟 2～4 个活动目标，其中一个目标是导弹制导系统的优选攻击目标，其余 1～3 个目标用来模拟次要目标和干扰。如果仿真近距大目标闪烁效应，则需要模拟 6～10 个，甚至更多活动目标。

（6）模拟目标至转台回转中心的距离。

（7）目标位置精度。

（8）射频信号形式、极化形式及信号谱纯度。为了节省经费，目标通道和干扰通道一般采用线极化。

（9）目标模拟信号的最大有效辐射功率电平、动态范围及分辨率。

（10）目标模拟信号的多普勒频率范围及分辨率。

（11）目标及环境模型。

（12）电子干扰模拟能力。

（13）目标模拟信号的更新率（包括目标位置更新率、功率电平更新率、多普勒频率更新率等），其中目标位置更新率一般要求小于 3～5ms。

13.7.3　系统组成及原理

射频仿真的核心是以射频形式复现雷达导引头的目标信号，包括它的空间属性（距离、距离变化率、角度、角度变化率）和信号特征（幅度、相位、幅度起伏、角闪烁、极化等）。实现射频仿真的方法有三类，即机械式、阵列式和机电混合式。目前，世界各国普遍采用阵列式射频目标仿真方法。

阵列式射频目标仿真系统的基本设计思想是采用电路控制的方法实现目标空间角度运动的仿真。其具体方法和原理如下：

（1）将若干个射频辐射单元按照一定的规律排列成一个阵列（可有二元、三元或四元组阵）。

（2）目标模拟器所模拟的目标信号是以阵列上相邻的两个（三个或四个）单元辐射的合成信号来表示的。

（3）元组阵的等效辐射中心位置可通过一定公式（如 Meada 公式）计算得到，它取决于两辐射元的夹角、信号幅度比和相位差等。

（4）利用数控衰减器和数控移相器来分别控制元组内单元的射频信号相对幅度和相位，从而达到控制目标模拟信号在元组内的精确位置的目的。

（5）借助射频开关矩阵控制射频信号，可使目标模拟信号由一个元组转移到另一个元组，从而实现目标位置的粗略控制。

基于上述方法和原理，图 13.23 给出了阵列式射频仿真系统的组成。

由图 13.23 可知，阵列式射频仿真系统主要由屏蔽微波暗室，目标阵列及阵列馈电控制系统，射频信号生成系统，计算机及接口，目标及环境模型，监控台与记录、显示设备，校准系统等七个部分组成。

下面对主要部分作简要讨论。

1）屏蔽微波暗室

微波暗室为射频仿真试验提供一个电磁波的自由传播空间。室内一端安置射频目标阵列，另一端装有三轴飞行模拟转台。暗室技术性能与其尺寸密切相关，大

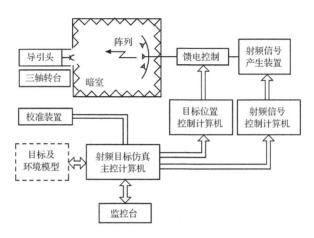

图 13.23　阵列式射频仿真系统的基本组成

都采用高、宽相等的正方形截面。长度主要取决于电磁波传播的远场条件,据此,参考长度为

$$R \geqslant \frac{K(D_1 + D_2)^2}{\lambda} \tag{13.30}$$

式中:R 为暗室的有效长度;D_1、D_2 分别为接收、发射天线的口径;λ 为工作波长;K 为常数,一般取 $K=2$。

　　暗室宽度取决于目标阵列视场角及对模拟目标位置的精度要求,也有参考尺寸

$$w = R\cos\frac{q_{max}}{2}\cot\theta + \frac{L}{2} \tag{13.31}$$

式中:w 为暗室宽度;q_{max} 为阵列最大视场角;θ 为电磁波束射对远侧墙的最大入射角;L 为阵列的口径。

　　暗室静区是整个暗室中发射电平最低的一个区域,其位置应与导引头工作区相一致,故一般安排在以三轴飞行模拟转台的转轴交点为中心,边长为 1～2m 的立方体区域内。静区主要质量指标是反射率,它由对目标位置精度要求而确定,一般取 -60dB 左右。

　　为了防止干扰,导引头工作频率泄漏和微波辐射对人身伤害,暗室应进一步屏蔽,屏蔽指标可参照电磁兼容技术规范。一个高性能的射频仿真暗室,其屏蔽指标通常取 100dB。

　　2) 目标阵列及阵列馈电控制系统

　　阵列射频辐射单元排列在一个球面上,其球心应位于三轴飞行模拟转台的回转中心。阵列形式有圆形、六角形、带状和混合形阵。通常,小视场角内可采用六角形或方形阵,而大视场角范围宜采用带状阵。

采用宽频带辐射单元,一般要求覆盖 C、X、Ku 三个频段,即 5～18GHz。若考虑仿真反辐射导弹制导控制系统,则需要覆盖 0.5～18GHz 整个微波频段,同时需要兼顾毫米波段。辐射单元还必须具有变极化能力,并适当选择其波束宽度。影响单元间距的主要因素是目标位置精度和建设费用,应在两者中折中确定。

馈电控制系统由程控衰减器、程控移相器、开关矩阵及馈线组成(见图 13.24)。

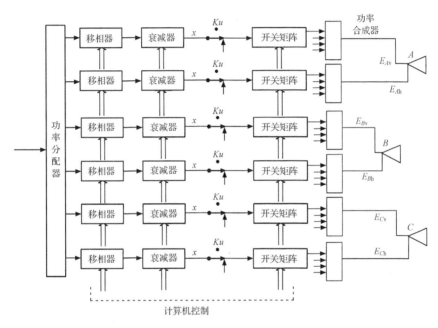

图 13.24 三元组射频仿真馈电控制系统

3)射频信号生成系统

射频信号生成系统用来产生射频目标和环境模拟信号(包括杂波、多路径和电子干扰)。主要由一些精密、高稳定度程控仪表及器件组成,包括主振信号源、目标通道、干扰通道、直波通道、监测与控制等五部分。主振信号源实际上是一台或多台高性能程控频率合成器,其频率覆盖范围视模拟对象而定。对于地空、空空导弹的导引头,频率范围为 8～18GHz;若提供毫米波精确制导仿真,则需要扩展到 40GHz,甚至更高;如果是反辐射导弹导引头仿真,则频率低端需要扩展到 5GHz,甚至更低。导引头对发射信号的频谱纯度要求很高,其边带相位噪声指标为 −90～110dB/Hz(频偏为 5～10kHz)。

4)计算机及接口

射频仿真系统的计算机及接口,通常构成一个仿真计算机系统,担负着目标及环境模型数据的产生、阵列馈电控制参数计算、射频信号参数计算及整个系统监控和显示等。该仿真计算机系统一般由多台计算机组成,即主控计算机、阵列馈电控制计算机、射频信号控制计算机、目标环境模拟计算机、阵列图形显示计算机。该计算机系统在射频仿真系统中的地位以及计算机间的信号交联如图 13.25 所示。

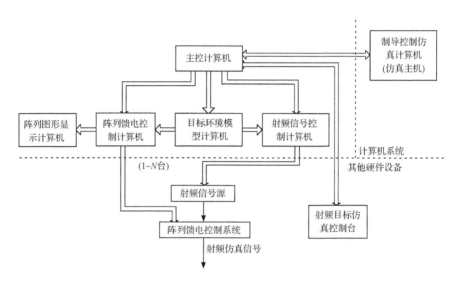

图 13.25　射频仿真系统的仿真计算机系统

5) 目标环境与干扰环境模拟

通常,对于射频仿真系统,所必需的模型有三个,即目标环境与干扰环境模型、导弹动力学和运动学模型、导弹气动力系数模型。其中,最复杂且具有不确定因素的是目标环境与干扰环境模型,它是影响制导系统半实物仿真逼真度的关键环节。

射频仿真的目标环境建模可分为两个阶段:第一阶段是建立目标环境数学模型;第二阶段是将目标环境数学模型进行物理复现。

从射频仿真角度,目标模型分为非扩展目标和扩展目标。非扩展模型是在射频仿真系统对目标特性的物理复现时,等效为一个点目标。其模型类型有球体目标模型、统计性模型、经验性模型、统计/经验性模型及确定性多散体模型等。常用的是统计模型,如角闪烁的统计模型为

$$\sigma_L = k \frac{L}{\Delta R} \tag{13.32}$$

式中:σ_L 为方差;L 为目标长度;k 为常数,取 $k=0.22$;ΔR 为弹-目相对距离。

常用的目标 RCS 的统计模型如表 13.2 所示。

采用蒙特卡罗法模拟,可求得

$$\sigma = P(\sigma_0) \ln [F(\sigma)] \tag{13.33}$$

若取 $F(\sigma)$ 为 $[0,1]$ 上均匀分布的随机数,则 σ 就是具有概率密度为 $P(\sigma)$ 的 RCS 振幅起伏。

表 13.2　目标 RCS 的统计模型

模型	性质	应用	概率密度函数
斯威林 I 型	瑞利脉间幅度恒定扫掠之间为非相关起伏	飞机(喷气、螺旋、直升机)雨杂波、地杂波(擦地角大于 5°)	$P(\sigma) = \dfrac{1}{\sigma_0} e^{-\frac{\sigma}{\sigma_0}}$ 式中：σ_0 为平均截面积
斯威林 II 型	瑞利脉间幅度为非相关起伏	飞机(喷气、螺旋、直升机)雨杂波、地杂波(擦地角大于 5°)	$P(\sigma) = \dfrac{1}{\sigma_0} e^{-\frac{\sigma}{\sigma_0}}$ 式中：σ_0 为平均截面积
斯威林 III 型	一个主要分量加瑞利分量脉间幅度恒定扫掠之间为非相关起伏	导弹、飞机、火箭(长而窄表面)	$P(\sigma) = \dfrac{4\sigma}{(\sigma_0)^2} e^{-\frac{2\sigma}{\sigma_0}}$ 式中：σ_0 为平均截面积
斯威林 IV 型	一个主要分量加瑞利分量脉间幅度为非相关起伏	导弹、飞机、火箭(长而窄表面)	$P(\sigma) = \dfrac{4\sigma}{(\sigma_0)^2} e^{-\frac{2\sigma}{\sigma_0}}$ 式中：σ_0 为平均截面积
对数-正态型		地面杂波；导弹壳体	$P(\sigma) = \dfrac{1}{\sqrt{2\pi}\sigma_s \sigma} \exp\left[-\dfrac{(\ln\sigma - \ln\sigma_m)^2}{2\sigma_s^2}\right]$ 式中：$\sigma_0 = \sigma_m e^{\frac{\sigma_s^2}{2}}$ 为平均截面积；σ_s 为 $\ln\sigma$ 的标准偏差；σ_m 为截面积中值
韦伯型	$a=1$ 时与斯威林 I、II 型相同	地面杂波；导弹壳体	$P(\sigma) = \dfrac{1}{ab\sigma_m^{\left(1-\frac{1}{a}\right)}} e^{-\left(\frac{\sigma_m}{b}\right)^{1/a}}$ 式中：$\sigma_0 = b^a \Gamma(1+a)\sigma_s$； a 为形状参数；$b = \left(\dfrac{\sigma_m}{\ln 2}\right)^{1/a}$ 为斜率参数； σ_0 为平均截面积；σ_m 为截面积中值

　　如果导引头的距离分辨率很高,目标在径向距离上的尺寸超过了导引头的距离分辨单元,或相对导引头天线的张角超出导引头的角度分辨单元,则应分别视为距离(或角度)扩展目标。不过,更有实际意义的是距离-角度扩展目标模型。实现这种模型的技术措施是采用多个阵列通道或采用分离三元组方案。

　　现代战争遇到的干扰环境是复杂、多变的。如上所述,通常把干扰分为有源和无源两大类。下面讨论它们的模型及其仿真方法。

　　有源干扰主要是距离拖引、噪声调频干扰、多点源干扰和同频异步干扰、倒相回答式干扰等。而无源干扰主要有地杂波、海杂波、箔条干扰。

　　(1) 距离拖引。

　　距离拖引是一种欺骗式干扰,其射频频率与信号频率相同。仿真中,距离拖引脉冲的射频信号与回波信号可由同一振荡源产生,但受到不同的脉冲调制,在时间上开始时两者重叠,然后逐渐前拖或后拖分来。具体仿真可采用瞬时测频方案,即如图 13.26 所示的 IFM＋VCO 方案。

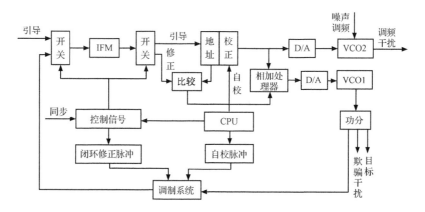

图 13.26　目标回波和距离拖引（干扰）使用的 IFM＋VCO 仿真方案框图

（2）噪声调频干扰。

在电子战中，为了使用噪声调频干扰压制目标回波，干扰机必须具有足够的有效辐射功率。雷达接收到的干扰功率随距离减小以二次方的规律增加，而雷达目标回波信号功率随距离的减小呈四次方的规律增加。这样，当导弹接近目标时，会出现雷达对干扰机的"烧穿距离"，即干扰机已经压制不了雷达信号的距离。仿真中，应该复现这一过程。这时，"烧穿距离"可按式（13.24）计算。

$$R = \sqrt{\frac{P_t G_t \sigma \Delta f_j}{P_j G_j 4\pi \Delta f_r D}} \tag{13.34}$$

式中：P_t 为雷达发射功率；G_t 为雷达天线增益；σ 为目标的雷达截面积；Δf_r 为雷达接收机带宽；P_j 为干扰机发射功率；G_j 为干扰机天线增益；Δf_j 为干扰带宽；D 为雷达识别系数。

噪声调频干扰可用视频噪声调制 VCO（电压控制振荡器）的频率产生，以实现干扰机对雷达的压制式干扰模拟。

（3）多点源干扰和同频异步干扰。

可以由干扰模拟系统或雷达信号环境模拟器来输出这两种有源干扰。

（4）倒相回答式干扰。

这是一种对付线扫描体制的圆锥扫描体制雷达的角度欺骗干扰。目前仅用于机载雷达，因此，仿真的设计意义不大。

（5）地杂波干扰。

射频仿真中，通常将地面多普勒谱当成地杂波谱，可用精确计算，一般表达式为

$$P(f) = F(R, G, T) \tag{13.35}$$

式中：R 为雷达导引头的各项有关参数；G 为导引头与地面交会几何关系的各项

参数；T 为地表特征参数。

上述地杂波谱可据式(13.35)利用阵列处理机进行实时计算。获得杂波谱后由杂波谱产生杂波信号序列，再由杂波序列经调制器产生杂波信号。

(6) 海杂波干扰。

海杂波是分布目标，其回波强度取决于雷达波束的照射面积及海情高低，其雷达方程为

$$P_{\mathrm{r}} = \frac{P_{\mathrm{t}} G A_e \sigma_0 \theta_\beta (c\tau/2) \sec\varphi}{(4\pi)^2 R^3} \tag{13.36}$$

式中：P_{r} 为从海杂波接收的功率；P_{t} 为发射机脉冲功率；G 为天线增益；σ_0 为杂波系数，即单位面积杂波的雷达截面积；A_e 为天线有效口径；φ 为入射余角；R 为距离；θ_β 为雷达方位波束宽度；c 为电波传播速度；τ 为发射脉冲宽度。

海杂波的随机分量的幅度概率分布极为复杂。通常被简化为瑞利分布和对数正态分布。前者适用于低分辨率雷达和低海情情况，而后者适用于高分辨率雷达和高海情情况。

海杂波干扰仿真过程大致是：由计算机产生模拟随机序列，经高速数字硬件形成模拟杂波视频调制信号。该调制信号调制干扰环境模拟器的微波调制器，从而形成射频海杂波干扰。

(7) 箔条干扰。

箔条干扰是一种无源体杂波干扰，目前一般以箔条云形式出现。当箔条云充满雷达分辨单元时，雷达所能接收到的箔条散射功率为

$$P_{\mathrm{r}} = \frac{P_{\mathrm{t}} G^2 \lambda^2 \theta_a \theta_\beta c\tau\eta}{2(4\pi)^3 R^3} \tag{13.37}$$

式中：θ_a、θ_β 分别为天线主瓣在水平与垂直面内的宽度；η 为雷达波束照射区单位体积的雷达截面积。

若箔条云未充满雷达分辨单元，则雷达接收到的箔条云反射功率与距离的四次方成反比。

箔条云的统计特性，通常按瑞利分布。其仿真方法同海杂波。

6) 监控台与记录、显示设备

监控台一般由射频信号监测系统、状态监视系统和数据采集系统组成。射频信号监测系统检测性能用的微波测量仪器有频谱分析仪、功率计和频率计等。目前，已研制出专用射频信号监测仪。状态监测系统主要由监视计算机及相关软件组成。数据采集系统可采用分流-压缩-缓存-磁盘阵列与多机系统结构，并将多机挂在网络上。

7) 校准系统

校准系统是指阵列天线校准系统，其主要功能为：①进行各天线单元方位标

定;②对各单元通道长度和通路进行校准;③对程控衰减器和程控移相器的衰减量和相移量进行校准;④自动测试阵列天线等效辐射中心方向和相位,并进行验证。

各系统包括机械位置校准系统和电气性能校准系统两大部分,由相应硬件和软件组成。

机械位置校准是用光学仪器(可采用高精度电子经纬仪、如瑞士 Leica 公司的 T3000 电子经纬仪工业测量系统)校准阵列天线各单元的机械位置和姿态角。电气性能校准是借助天线定位校准系统,即幅相校准系统来校准各天线单元及其馈电系统的电气长度和相位关系。通常要求天线定位校准系统精度指标比射频仿真系统中的目标位置角度指标高一个数量级,如若前者要求达 1~3mrad,则后者要求为 0.2~0.3mrad。

13.7.4　仿真系统实例

在射频制导半实物仿真及其系统构建与应用方面,美国"爱国者"防空导弹是一个范例。图 13.27 是专门为"爱国者"防空导弹设计与建造的射频半实物仿真系统。

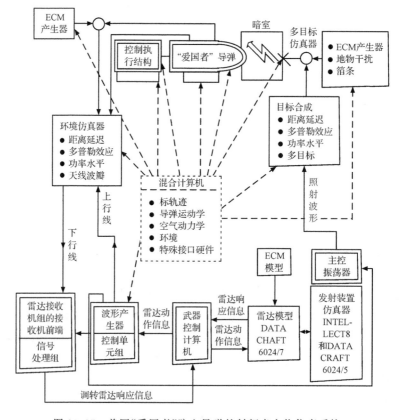

图 13.27　美国"爱国者"防空导弹的射频半实物仿真系统

图 13.27 中,双线实框为接入仿真回路的"爱国者"导弹实物:弹载制导系统、控制执行机构、武器控制计算机、引信装置等。单线实框为仿真硬件或模型。单线虚框是仿真系统所采用的混合仿真计算机系统(包括混合机及其软件、目标模型、导弹动力学与运动学模型、环境模型、专门接口等)。

利用该系统仿真来预测系统设计性能,试飞前系统准备和性能预测,试飞后的结果分析,并进行数学模型验证和修改。

"爱国者"导弹率先使用半实物仿真,提高了仿真逼真度和质量,解决了许多建模难题,为后面相继采用半实物仿真奠定了基础。

13.8　红外制导系统半实物仿真

13.8.1　引言

无论是红外点源导引头或是红外成像导引头,其突出特点是命中精度高,它能使导弹直接命中目标和命中目标的要害部位。因此,红外制导或其他的复合制导方式在许多型号导弹上得到广泛应用,尤其是"发射后不管"的空空导弹和舰空导弹上。

同射频制导导弹一样,红外制导控制系统的研制、评定和产品采购都离不开系统仿真。红外制导控制系统仿真重点要解决的问题是红外目标与环境仿真。现代战场实践表明,红外目标与环境日趋多样、复杂和恶劣,很难用数学模型精确描述,因此,半实物仿真就显得更加重要和必不可少。

红外目标与环境按照"相对等效"原理进行仿真。也就是说,仿真中应保证:①仿真目标与环境和真实目标与环境相对于导弹的空间运动特性相同,即仿真目标与环境的运动是目标-导弹的视线运动,而不是绝对运动;②仿真目标与环境和真实目标与环境在红外导引头探测器上的像点或图像形状、尺寸相同;③在红外导引头工作波段内,仿真目标与环境和真实目标与环境在红外探测器上的辐射响应(包括频谱与能量)相同。

类似前述射频仿真,红外目标与环境有两种仿真方法,即红外辐射法和信号注入法。前者将等效的红外目标与环境以辐射的形式输入红外导引头实物(包括头罩、光学系统和探测器等),而后者是将等效红外目标与环境在红外导引头探测器上的响应信号直接输入红外探测器的信号处理硬件。这时,红外导引头的头罩、光学系统和探测器均由数学模型替代。本节重点讨论红外辐射法及其仿真系统设计,并以红外点源导引头为主,而成像制导仿真将在下节研究。

13.8.2 仿真分类与系统构成

1. 红外辐射仿真分类

红外目标与环境辐射仿真通常分为红外非成像和红外成像两类。前者产生相对红外非成像导引头的点源目标与环境,而后者产生相对红外成像导引头的图像目标与环境。

2. 红外辐射仿真系统组成

红外辐射半实物仿真系统比射频仿真系统相对简单。除红外制导系统实物外,主要由目标/背景仿真器、干扰仿真器、辐射显示器和计算机系统与控制台等部分组成(见图 13.28)。

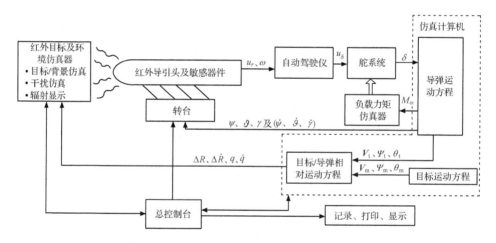

图 13.28　红外目标与环境半实物仿真系统框图

1) 目标/背景仿真器

它由一个目标/背景产生器或多个目标产生器和背景产生器组成。用于生成各种目标阵列和背景的红外特征,通常以组合平行光束的方式传输至辐射显示器。

实现红外目标/背景仿真的方法有两类,即热辐射法和可见光-红外图像变换法。前者包括直接产生红外辐射或通过温度控制产生红外辐射。后者是利用可见光-红外图像变换器,对可见光进行波长变换,产生红外图像。其具体工程实现目前有电阻元阵列技术、二氧化钒(VO_2)薄膜变换技术、黑体薄膜可见光-红外图像变换技术、液晶光阀可见光-红外图像变换技术等。

除此之外,还有一种简易的红外目标/背景半实物仿真方法。这就是,将外场实测到的目标/背景实时录像(红外图像),用录像机放给图像处理器(视频信号处理器),以代替计算机数学仿真中所用的目标/背景、大气的模型,从而获得贴近实际的仿真效果。这种仿真方法的示意图如图 13.29 所示。

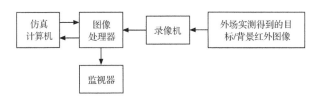

图 13.29　简易红外目标/背景半实物仿真方法的示意图

2) 红外干扰仿真器

红外干扰仿真器是红外制导系统、分系统和导引头等部件反红外对抗仿真的重要组成部分。用于产生各种红外干扰源和红外隐身对抗特征。

3) 辐射显示器

辐射显示器用于将目标/背景仿真器和干扰仿真器生成的目标、背景和干扰的运动、辐射、几何等特征,综合地显示在导引头视场内的远方,使导引头在每一瞬时探测的目标和环境特征如同实战那样。

4) 计算机系统和控制台

通常包括红外目标与环境仿真器过程控制的硬件、软件接口和必要的实时解算部件。用于红外辐射半实物仿真的模型解算、过程控制及通信、诊断,并提供定时、命令、性能数据分配、记录、显示、处理和打印等。

3. 红外非成像制导仿真装置

从信息处理角度讲,第一、二代红外导引头都以目标的高温部分作为制导信息源,并由红外点源导引头借助位于系统像平面上的调制盘从大面积背景中区分出点目标。基于此机理,人们构造出一种复合扩束式红外目标与环境仿真装置,可对视场≤3°,光学分辨率≤1mrad,通光孔径≤100mm,跟踪范围≤±50°的各种非成像红外导引头和制导系统进行半实物仿真。仿真中,能够提供以下红外目标/环境性能。

(1) 波段范围。近红外($1\sim3\mu m$)、中红外($3\sim5\mu m$)、紫外/可见光($0.3\sim0.7\mu m$)及红外/紫外复合波段($3\sim5\mu m$,$0.3\sim0.7\mu m$)。

(2) 几何特性。

尾喷管:圆形,直径 $0.15\sim1m$ 随距离方位变化;$1\sim3\mu m$ 和 $3\sim5\mu m$ 波段内的辐射强度为 $1\sim1000W/sr$;最大数量四个。

尾焰:三角形,底×高为($1m\times1m$)~($1m\times3m$)随距离、方位变化,$3\sim5\mu m$ 波段内的辐射强度为 $1\sim500W/sr$。

背景：晴天、分散小云和阴天，波段范围为 $1\sim5\mu m$。

机身-背景：矩形，在 $(1m\times1m)\sim(3m\times20m)$ 范围内随方位变化，对比度 $-0.1\sim-0.9$，紧邻背景辐射变化范围 $10^{-4}\sim10^{-6}W/(cm^2\cdot sr)$。

（3）运动特性。

运动范围：方位 $\pm50°$，俯仰 $\pm30°$。

角速度：方位和俯仰 $0.1\sim100°/s$。

角加速度：方位和俯仰 $6\sim400°/s^2$。

最大接近速度：1500m/s。

距离变化范围：$40\sim5000m$。

角位置精度：方位和俯仰 $\pm1mrad$。

角位置重复精度：方位和俯仰 $\pm0.5mrad$。

距离精度：$\pm5\%$（1km 内）。

距离重复精度：$\pm1\%$（1km 内）。

（4）干扰。

红外干扰弹：圆形、直径 $0.15\sim1m$，波段范围 $1\sim3\mu m$ 和 $3\sim5\mu m$，辐射强度为尾喷管的 $3\sim10$ 倍。

红外干扰机：辐射强度为目标的 $0.5\sim2$ 倍，调频频率为 $60\sim150Hz$。

该位置由投影分系统、显示分系统和计算机分系统组成，如图 13.30 中虚框所示。

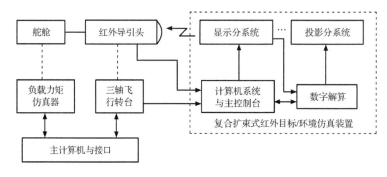

图 13.30　复合扩束式红外点源目标/环境特性建模

13.8.3　红外目标与环境特性建模

红外目标与环境特性模型的建立是红外仿真中的关键技术之一。目前有两种建模方法，即外场实测法和理论计算法。以理论计算法建模，用实测法校验是其发展的方向。

对于不同的导弹将涉及不同的内容与要求。一般包括如下方面：

（1）分析导弹武器性能，为外场实测和理论计算提供基本依据。

（2）根据导弹的工作波段确定建模工作波段和选用测量仪器及理论计算波段。

（3）选择典型目标作为目标特性建模和建库的根据。

（4）进行典型目标运动学特性和红外辐射特性的测量、计算和分析，尤其是对主要辐射源（尾喷管、尾焰、蒙波气动加热、发动机加力状态等）的研究和分析。

（5）目标建模高度、速度的选择。

（6）红外背景（天空、海况等）和大气传输。

（7）红外干扰模型（红外干扰弹、红外干扰机和"热砖"等）的建立。

（8）目标特性数据库的建立，包括目标模型、背景模型、干扰模型、大气传输模型等所用的数据（含理论计算和实测数据）。

（9）建立红外仿真试验程序库，包括上述各数学模型的组成程序和实战仿真程序。

13.8.4　仿真实例

1. 简述

某空空导弹为红外制导，其制导系统由光、机、电和气动等类精密器件所组成，是一个复杂的非线性、变参数动力学系统，且受到目标机动、各种干扰及恶劣环境的影响，无法用数学模型来描述其动态过程，进行精确的数学仿真。因此，必须进行半实物仿真。

2. 仿真目的和任务

为了在导弹试飞前，验证和鉴定导弹系统性能或检验定型产品的性能，在地面实验室条件下复现导弹空中拦截飞行目标的实时过程，故必须进行半实物仿真。其任务主要是：①准确地检测各种弹内外因素对制导控制系统性能的影响；②全面检验和评定制导控制系统各部分性能及其之间的协调性，发现问题，修改设计；③做好试飞前的准备工作，提出能否试飞的依据。

3. 半实物仿真系统的组成

本系统为单平面红外辐射半实物仿真系统。系统由一些仿真专用设备和制导系统实物组成。图 13.31(a)、(b)分别给出了该系统的原理框图及设备和实物配置与联系。图 13.32 还给出了这种半实物仿真的主程序框图。

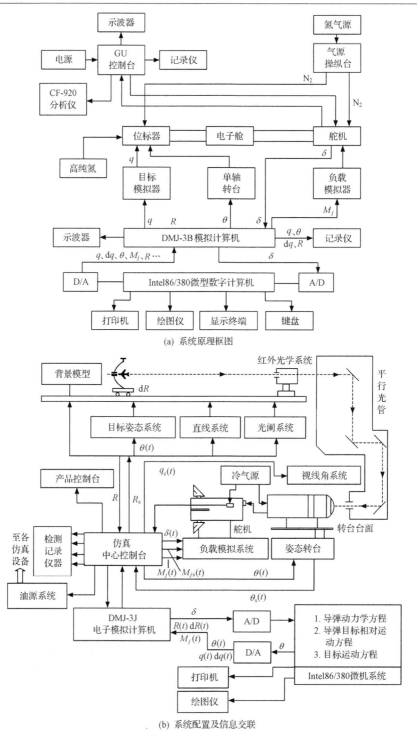

(a) 系统原理框图

(b) 系统配置及信息交联

图 13.31　某导弹红外辐射半实物仿真系统

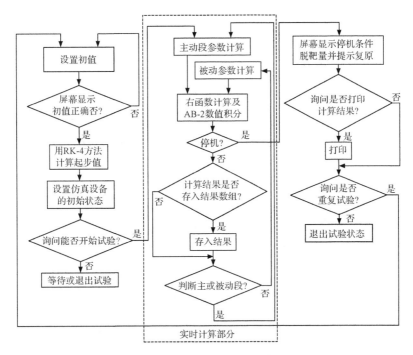

图 13.32　某导弹半实物仿真系统主程序框图

4. 仿真结果

表 13.3 为半实物仿真与数学仿真和飞行试验的脱靶量比较。

表 13.3　半实物仿真与数学仿真和飞行试验的脱靶量(m)比较

序号	1	2	3	4	5
数学仿真	1.8	1.1	0.02	0.08	0.04
飞行试验	1.4	2.8	3.91	1.78	4.1
半实物仿真	3.85	2.57	1.60	3.07	3.3

表 13.3 中,飞行试验的脱靶量是指一发实弹的打靶脱靶量,而半实物仿真的脱靶量是指同一条件下重复 6 次的脱靶量。由表 13.3 可见,半实物仿真结果与飞行试验是比较接近的。

13.9　成像制导系统半实物仿真

13.9.1　引言

光学成像制导包括电视和红外成像制导。电视制导目标成像能力最好,红外和激光制导次之,毫米波和微波再次。电视制导精度高、抗干扰能力强,但只能在能见度良好的白天工作。红外成像制导可直接命中目标或命中目标的要害部位,在多种复杂干扰条件下,能够自动搜索、捕获、识别目标和跟踪目标及正确选择命中点,同时具有准全天候工作能力。

随着对精确制导武器的迫切需求,研制和开发电视/红外成像制导导弹成为制导化弹药的发展方向。这种开发和研制工作把光学成像制导半实物仿真推上了必不可少的重要地位。而为了进行半实物仿真就必须设计和建造专门的光学成像制导半实物仿真系统。

成像半实物仿真系统的设计和建造是由当前和发展中的成像制导控制系统及需要的仿真内容决定的。红外成像制导系统是一个要求高、很复杂的系统,具有多维性和统计性的重要特点。目前,光纤传输成像制导控制系统是较为先进的,它一般由电视或红外成像导引头、图像跟踪器、光纤或无线电双向传输装置、地面操控器、弹上计算机、陀螺、舵机等部分组成(见图 13.33)。

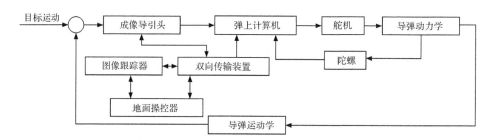

图 13.33　光纤传输成像制导导弹制导控制系统方框图

就其导弹制导控制系统总体来说,其仿真内容基本与射频和红外点源制导半实物仿真任务相同,但仿真系统的建立将重点考虑光学图像目标仿真,即主要从导引头跟踪性能和武器系统研制精度仿真角度出发,在仿真过程中更深入地考核导引头探测、信息融合和图像处理技术,要求在半实物仿真试验中能提供一个形状、色彩、亮度(能量)变化逼真的目标战场场景与环境,并使制导系统性能都得到真实考核。因此,成像制导半实物仿真系统的设计、运行都是以目标仿真为中心展开的。

13.9.2　系统组成、功能及仿真过程

1. 系统组成

光学成像制导半实物仿真系统一般由仿真计算机系统、弹-目相对运动模拟器、图像生成计算机、图像转换投射器、扩束与传像模拟器、三轴飞行模拟转台(或五轴飞行模拟转台)、力矩负载模拟器、实时数字接口以及制导控制系统的部

件——成像导引头、图像跟踪器、光纤或无线电双向传输装置、地面操控台、弹上计算机、陀螺、舵机等组成(见图 13.34)。

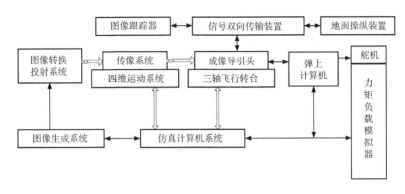

图 13.34　光学成像制导半实物仿真系统组成框图

2. 各部分功能及仿真过程

(1) 仿真计算机系统。实时解算导弹动力学、运动学模型,输出导弹和目标的各种参数数据,实时控制参试制导部件和各模拟器工作,并实施对整个仿真系统的管理和调度。

(2) 图像生成计算机系统。通过数字接口实时接收导弹与目标相对运动数据,根据目标特征和图像传输和图像传输模型,实时地生成具有足够分辨率和对比度的动态目标场景图像,输出其视频信号。

(3) 图像转换投影系统。实时地将计算机生成的目标场景射频/可见光(或视频/红外)信号转换成相应波段的光学图像,经光学扩束与传像模拟器(图像转换投影器)投射到安装在四维运动系统上模拟弹-目视线角运动的双轴转台上,并由两维平动系统配合将目标场景图像投入安装在三自由度转台中心的导引头入瞳。

(4) 三轴飞行模拟转台。按照仿真计算机给出的导弹姿态运动、产生陀螺和成像导引头的运动物理效应。导引头跟踪回路处理摄入的目标背景图像信息,形成跟踪指令控制导引头跟踪目标运动,并输出视线角速度信号给制导系统形成制导指令,弹上计算机(自动驾驶仪)进行指令综合后形成控制指令,送入仿真计算机进行控制解算,闭合仿真回路,从而做到导弹制导飞行过程的半实物仿真。如果将舵机接入仿真回路,则需在仿真系统中加入力矩负载模拟器,以模拟舵机工作过程中的气动铰链力矩作用(可由仿真计算机实时给出),舵轴在力矩模拟器上的真实运动角位置反馈给仿真计算机,形成仿真闭合回路。这就是该系统的仿真过程。

13.9.3　系统设计主要问题

1. 图像目标的模拟

图像目标的模拟是光学成像制导半实物仿真系统中的关键。图像目标模拟分为弹-目相对运动模拟和光学图像模拟。

弹-目相对运动模拟可有各种不同方式,如四维运动系统、五轴转台方式、七自由度方式等。

对于五轴转台方式,其中三轴转台模拟导弹姿态,负载为导引头和陀螺;另两个轴模拟弹-目相对运动,负载为光学目标图像投影仪。通常,五轴转台方式采用一体化设计,这就新产生了所谓的倒 U 形五轴转台型式。

对于七自由度方式,三轴转台模拟导弹姿态运动,负载仍为导引头和陀螺;另外四个自由度分别为两自由度平动(水平、垂直)和两自由度转动(俯仰、偏航),负载为光学图像目标投射系统(即光学传像器)。

四维运动系统是在三轴转台体积大的条件下,对五轴转台的简化,可实现两维转动和两维平动。

采用哪种模拟方式必须视仿真任务详细论证,进行优化选择。

2. 图像导引头的介入方式选择

成像导引头回路的两个重要部件是成像导引头和图像跟踪器。仿真中可采用两种形式之一,即信号注入法或光学目标投影法来考核这些部件的技术性能。它们的主要区别在于前者不需要把成像导引头摄像机接入回路,而后者则将其摄像机作为仿真回路的组成部分,选取何种方案则有权衡利弊的技术问题。

3. 制导部件的仿真测试

制导部件的仿真测试是成像制导半实物仿真的先期过程。被测试的部件一般包括导引头、图像跟踪器、弹上计算机、陀螺和舵机等部件。

导引头仿真测试中,导引头被安装在转台上,由目标背景模拟器提供一定规律运动的动态目标背景图像,同时转台带动导引头按匀角速度、变角速度、低频小角度振动等方式运动,以测试导引头的视线角速度、框架等输出信号,分析其导引头的静态定位精度、动态响应速度、线速度及稳像能力等。

图像跟踪器的仿真测试是采用信号注入法,由图像生成计算机生成各种形状运动目标,并施加各种干扰的目标背景图像,其视频信号直接送给图像跟踪器,测试其跟踪器的各种跟踪算法的输出稳定性、抗烟雾、火焰、闪烁、多目标等干扰能力,对比度分辨率及目标遮挡,丢失后的滑行能力等性能指标。这时,由信号注入法构成的成像制导半实物仿真系统框图如图 13.35 所示。

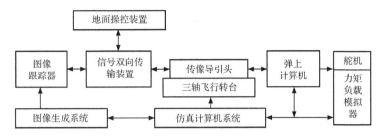

图 13.35　信号注入法成像制导半实物仿真系统框图

4. 图像生成系统设计

图像生成系统由仿真机、接口、网络、图形工作站、音响系统等组成,如图 13.36所示。

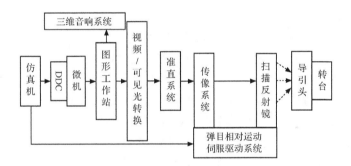

图 13.36　计算机图像生成系统框图

图像目标模拟系统对计算机图像生成系统的根本要求是实时性和真实性(高逼真度)。为此,图像生成系统设计涉及多方面技术,主要包括图像/图形技术、视频技术、网络技术、音响技术、接口技术及立体影像技术等。

由图 13.36 可见,图像生成系统包括三台计算机,即仿真机、微机和图形工作站。

仿真机主要用于解算导弹动力学和弹目运动学方程及仿真控制与管理,并将弹-目相对位置数据送入图形工作站。这里可选用海鹰工作站。

微机主要用于数据采集、接收仿真机送来的弹-目数据,进行转换并通过以太网将数据传输给图形工作站,可按照主频为 133MHz、内存 128MB、硬盘 4GB 来选型。

图形工作站选择主要考虑:开放性、计算能力(占总计算量的 60％～70％,存储量的 80％以上)图形处理能力(图形显示分辨率在 1024×1280 以上)及网络功能。目前,最适宜的图形工作站是 SGI 公司的 onyx 和 Challenge 系列机,可选用 SGI 图形工作站 onyx/RE2。

图像生成主要包括三个软件:数据采集与通信软件、数据接收软件和图像生成软件。它们在 Vega,OpenGL 开发环境下,采用 C++语言编程。

此外,实时图像生成还存在许多技术问题,包括同步控制(硬件同步控制、软件同步控制及图像传送同步控制)技术、帧时间选择、分层控制、网络实时通信、预选建模、投影变换技术、多窗口技术、双缓冲区技术、反走样技术、特殊效果生成技术等。

13.10　激光制导系统半实物仿真

13.10.1　引言

由于激光制导具有制导精度高、抗干扰能力强和可与其他寻的器复合使用等优点,而受到高度重视,应用得越来越广泛。激光制导技术近年来取得了惊人的进步,其中有激光主动制导雷达、激光成像制导雷达及激光半主动制导雷达已成为导弹精确制导的重要手段和重要发展方向。实践证明,激光制导技术的发展有赖于其他相关技术的进步,激光制导半实物仿真技术就是其中之一。半实物仿真除用于对激光制导控制系统的性能进行检验和评估外,还将辅助系统设计和有关激光制导技术的发展研究,如研制激光主动式寻的器,发展激光成像寻的器,研究激光与其他制导方式(红外、毫米波等)的复合制导技术与系统及激光制导的对抗措施(伪装和隐身、实施激光干扰、配置激光警告系统等)。

下面以激光半主动制导系统为例研究激光制导半实物仿真及其系统设计。

13.10.2　激光半主动制导仿真

激光半主动制导武器系统由发射装置、制导导弹和激光目标指示器等三个部分组成。导弹导引头主要由光学系统、探测器、陀螺平台和电子设备(微处理机)组成。其中,激光导引头的探测器采用四象限探测器阵列。

激光目标指示器可以是地面的或机载的,但在导弹发射后必须一直照射目标。如果导引头接收到从目标反射的激光能量,由光学系统会聚到四象限探测器上,形成一个近似圆形的激光光斑,经信号处理(见图 13.37)可得到俯仰和偏航两个通道的误差信号:

$$
\left.
\begin{aligned}
y &= \frac{(I_A + I_B) - (I_C + I_D)}{I_A + I_B + I_C + I_D} \\
z &= \frac{(I_A + I_D) - (I_B + I_C)}{I_A + I_B + I_C + I_D}
\end{aligned}
\right\}
\tag{13.38}
$$

式中：I_A、I_B、I_C、I_D 分别为四个象限管接收到的激光功率。

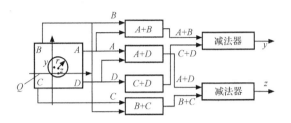

图 13.37　四象限探测器的信号处理过程

导弹发射后,激光方案弹道飞行,在距离目标约 3km 时,弹上导引头四象限探测器接收到激光回波编码信号,得到导引头光轴与弹目连线之间的角误差,产生进动力矩进行小回路跟踪控制;根据导引头输出的视线角速度,形成舵控指令,实现比例导引。

13.10.3　激光主动制导仿真

根据上述激光半主动制导系统和仿真任务需求,可以设计与建造成如图 13.38 所示。

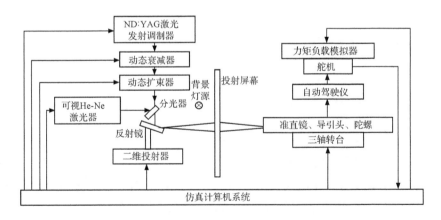

图 13.38　激光半主动制导半实物仿真系统结构框图

由图 13.38 可见,该系统主要由激光目标模拟系统、三轴飞行模拟转台、激光导引头、姿态陀螺、自动驾驶仪、舵机及力矩负载模拟器组成。激光目标模拟系统是其最关键的部件,它由激光发射调制器、动态衰减器、动态扩束器和二维投射器组成。其功能包括：

(1) 控制激光光斑尺寸大小。

(2) 控制激光能量受大气影响和距离的衰减。

（3）控制二维投射器和弹目相对位置。

（4）通过激光调制器模拟大气扰动引起的激光闪烁。其中激光调制器又由激光振荡器、扩展器、光学调制器及冷却系统组成。

二维投射器是另一个关键部件。用于按照目标视线角变化信号将激光束投射到投射屏幕上，也具有叠加抖动信号（40Hz 以下）的功能，以模拟激光指示器的抖动效果。设计中，对于二维投射器提出的主要技术指标如下：

（1）视线角范围为两轴±30°。

（2）位置精度为±0.01°。

（3）视线速度为 120°/s。

（4）视线角速度为偏航 1200°/s²；俯仰 3000°/s²。

另外，为了模拟激光半主动制导系统对付假目标的能力，可在激光目标模拟系统中增加一个假目标通道，并在控制器中设置同步和延迟控制电路。

13.10.4　仿真实例

该系统构造了一个激光制导兵器（激光制导炸弹）在接近实战环境下，将激光导引头实物接入回路的半实物仿真系统，用于对目标进行瞄准、跟踪和实施攻击。

该系统所提供的试验环境包括：

（1）为导引头风标提供角运动和弹目运动环境。

（2）为导引头提供目标运动环境。

（3）为导引头提供干扰目标运动环境。

（4）为导引头提供背景干扰特性环境。

（5）提供照射机环境。

（6）为线加速度传感器提供过载环境。

（7）为弹体提供角运动环境等。

该系统由如下分系统组成：目标/环境模拟分系统、导引头姿态模拟分系统、仿真计算机分系统、实时通信接口分系统、总控制台及光学暗室等。其中核心部分是目标/环境模拟分系统。这部分又由激光目标模拟器、干扰模拟器、背景模拟器、场景合成子系统和视线运动子系统组成。主要用于模拟激光导引头视景中的目标激光散射、有源干扰及自然背景的辐射和运动特性。

整个激光制导半实物仿真系统如图 13.39 所示。其中导引头姿态分系统由三轴转台和相应附件组成；仿真计算机分系统采用银河仿真工作站和 YHSIM 软件；实时通过通信接口分系统采用反射内存实时网，在各子系统的控制计算机中插入反射内存卡，各分系统通过光纤连成一个环形网络；总控制台由控制台机架、系统管理与控制计算机、控制面板、接口及监控子系统等部分组成。

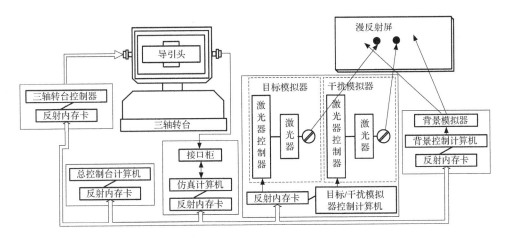

图 13.39　激光制导半主动仿真系统框图

该系统的研制和使用关键技术与难点在于：

（1）激光制导炸弹和风标式导引头的动力学与运动学建模。

（2）可连续调节激光光斑大小和强弱的激光器设计。

（3）各分、子系统是同步和整个系统的实时性保证。

（4）主要因素对仿真结果影响的定量评估。

（5）激光高倍率可变衰减器的研制与控制。

（6）仿真模型的校核、验证与确认。

（7）各仿真设备的精确标定等。

13.11　双模寻的制导仿真

13.11.1　引言

前述所有半实物仿真系统,基本属于具有单一模式导引头参与的制导方式的半实物仿真系统。现代恶劣作战环境把多模寻的制导推向了越来越重要的地位。目前,多模制导已得到广泛应用。因此,半实物仿真必须解决确认导弹制导/控制系统的性能及单一模式导引头所未曾遇到的课题。

本节以射频/红外双模导引头为例,简要地讨论多模寻的制导半实物仿真及仿真系统设计的有关问题。

13.11.2　仿真方法及系统

在双模导引头导弹中,射频(RF)导引头的雷达罩顶部有一个红外(IR)导引

头。用于利用数学方法描述 RF/IR 双模导引头的动态变化是非常困难的,因此,
必须设计和建立相应的半实物仿真系统。该系统具有两种目标模型生成器,处于
同一个仿真环境中,所以射频目标模型生成器被设计成在三轴飞行模拟转台前面
具有间距为 10in[①] 的 414 个喇叭天线构成的天线球面。这些天线被分为 A、B、C
三组,每个天线都被放置在边长为 10in 的等边三角形的顶点上,并产生 2°的视线
角。闭合设置的三个天线用来代表任意一个目标位置。三角平面内的任意一个目
标位置是通过调节回波控制器以满足式(13.39)来识别的。

$$\left.\begin{aligned} AZ &= \frac{I_a A_{za} + I_b A_{zb} + I_c A_{zc}}{I_a + I_b + I_c} \\ El &= \frac{I_a E_{la} + I_b E_{lb} + I_c E_{lc}}{I_a + I_b + I_c} \end{aligned}\right\} \tag{13.39}$$

式中:$(A_{zb}、E_{la})$、$(A_{zb}、E_{lb})$ 和$(A_{zc}、E_{lc})$ 分别为三个属于 A、B 和 C 组的天线的方
位角和俯仰角;I_a、I_b 和 I_c 分别为经选择的三个天线控制器的调节功率。图 13.40
为细化模式的视频目标位置分配方法。

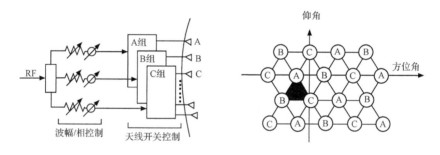

图 13.40　视频目标位置分配方法示意图

　　综上所述,RF 目标模型是在阵列天线球面生成的,RF 导引头采用图 9.40 所
示调整方法来跟踪目标。

　　另外,要设计实现在阵列天线面的中心有一个 IR 目标源。因为要在三轴飞
行模拟转台的三轴中心(交点)同时放置两个导引头是不可能的,这时 IR 导引头
位置必然是远离三轴转台中心的,所以 IR 导引头只能用"强制方法"来跟踪固定
在阵列天线面中心 IR 源。也就是说,IR 导引头跟踪目标的运动被三轴转台框架
相当于固定目标的强制运动所代替。这种方法能容易地完成大视线角的仿真试
验,避免视线角受限。图 13.41(a)、(b)分别给出了双模导引头在三轴转台上的安
装位置和"强制方法"的原理框图。

---

① 　1in=2.54cm,下同。

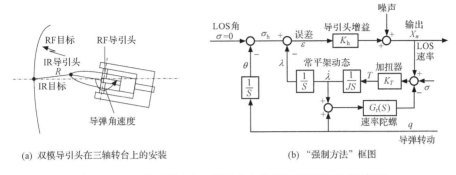

(a) 双模导引头在三轴转台上的安装　　　　　　(b) "强制方法"框图

图 13.41　双模导引头在三轴转台上的安装及"强制方法"框图

13.12　导弹测控系统仿真

13.12.1　引言

系统建模与仿真技术同样贯穿着导弹测控系统的总体设计、设备研制和使用的全过程,且由数学仿真逐步过渡到半实物仿真。在该领域中发展较快的是系统设计中的数学仿真和系统检查测试训练中的半实物仿真。

13.12.2　数学仿真

数学仿真主要用于测控系统的总体设计,包括测量覆盖范围、弹道测量精度和系统可靠性等方面的建模与仿真。

由于测控系统的测量覆盖范围受多种因素影响和制约,因此,通过数学建模与仿真手段可对其进行较准确而快捷的分析。该数学建模与仿真原理如图 13.42 所示。

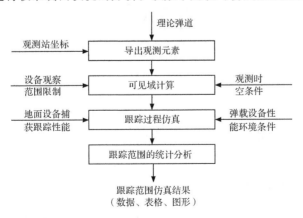

图 13.42　导弹测控系统测量覆盖范围仿真原理图

通过建模与仿真分析同样可方便地获得外弹道测量精度的相关结果。图 13.43 为外测精度仿真流程。

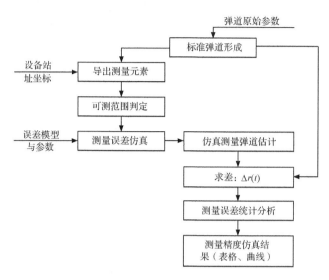

图 13.43　外测精度仿真流程图

在导弹测控系统总体设计中常采用数学仿真手段进行系统的可靠性指标分配的合理性验证,其主要流程如图 13.44 所示。由图 13.44 可见,导弹测控系统可靠性设计阶段的数学仿真主要包括设备故障仿真、系统 MTBF 仿真和系统 $R(t)$ 统计分析。

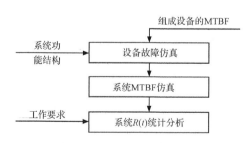

图 13.44　系统可靠性数学仿真流程

实现上述数学仿真的系统主要由计算机系统及应用软件组成。仿真软件一般采用功能一体化的模块结构,主要包括模型库与库管理、数据库与库管理、计算方法库、图形库、文本处理、系统管理、用户接口等部分。

13.12.3　半实物仿真

半实物仿真常用于测量设备的测试和操作训练,主要包括测量站仿真、实时数据处理与控制中心(简称中心)仿真。

测控站半实物仿真是在没有导弹飞行情况下,通过弹载设备模拟器构成测控环路,对测控设备进行检查和操作训练的。仿真环路中除弹载模拟器外,其他均为实物。目前,弹载设备模拟器主要由仿真计算机、合作目标模拟器和仿真软件组成。

中心仿真是在没有实际导弹和测量站参与下,通过导弹和测控站模型,构成中心仿真工作回路,对中心的软、硬件进行调试,正确性验证和指挥与操作人员训练的。在此,除导弹和测控站模型外,中心是实物。其仿真系统原理图如图 7.19 所示。

13.13　鱼雷制导控制系统仿真

13.13.1　引言

鱼雷是最典型的水中制导兵器,它广泛地采用了现代多种制导方式,如声自导、线导、程序制导和惯性制导等。为了提高发现概率和命中概率,现代鱼雷更多地采用了复合制导和多模融合制导方式,如程序制导＋声末制导、惯性制导＋声末自导、线导＋声末自导及线导＋尾流末自导等。

所有上述制导方式都是由鱼雷制导控制系统实现的。鱼雷制导控制系统是自导(线导)系统和控制系统的总称。其结构组成和功能任务基本上同前述导弹制导控制系统类似。从设计与试验的角度讲,鱼雷制导控制系统仿真是极其重要和关键的环节,它仍然包括数学仿真和半实物仿真两大部分。仿真试验的目的大体可归纳为如下方面:①辅助鱼雷制导控制系统方案论证、弹道设计分析与优化、系统误差分析等;②进行鱼雷制导控制系统故障复现及分析;③完成鱼雷性能评估和验收;④设计与构建鱼雷仿真系统(或仿真实验室),并进行仿真设备指标论证及研制(或选型)等。

鱼雷制导控制系统仿真的方法、技术及设备大部分与其他精确制导武器,特别是导弹武器协同,但也有相当大的差异,主要表现在水声场仿真环境的生成和声学特性的建模等方面。因此,在某些方面的技术难度是较大的(包括目标/环境仿真器研制、仿真置信度评估等)。

13.13.2　鱼雷制导控制系统仿真内容、方法及环境

1. 仿真内容

鱼雷制导控制系统仿真内容是多方面的。但可归纳为下列主要方面:
(1)制导控制系统性能仿真。

　　(2) 制导控制系统精度仿真。

　　(3) 系统故障复现与分析仿真。

　　(4) 训练仿真。

　　(5) 水声对抗与作战仿真。

　　(6) 专题研究仿真等。

　　2. 仿真方法

　　与导弹武器制导控制系统仿真一样,其基本仿真方法为数学仿真和半实物仿真。采用高层体系结构(HLA)是当前这类复杂系统仿真的主要模式,而虚拟仿真是其重要发展方向。

　　数学仿真主要用于系统战术指标论证、系统方案拟制及辅助系统总体设计,并作为半实物仿真和系统作战仿真的重要基础。

　　半实物仿真是鱼雷制导控制系统的主要仿真手段,特别是在鱼雷武器及其系统研制中是必不可少的试验研究环节,对于制导控制系统性能仿真、制导控制系统精度仿真和系统故障分析仿真甚至是唯一的技术手段。在训练仿真和作战仿真,尤其是水声环境仿真中,半实物仿真也占有相当重要的地位。

　　3. 仿真环境

　　仿真环境包括仿真硬件配置和软件环境两大部分。常用的典型硬件有消声水池、水压仿真器、目标/环境仿真器、水下三轴转台、负载力矩仿真器、三维图像生成装置、仿真计算机系统及接口、试验控制台、支持服务系统,以及鱼雷武器参试部件(如自导头、自动驾驶仪、舵机、姿态传感器、干扰机)等。

　　软件环境分专用仿真软件和通用仿真软件,主要有仿真模型数据库和专用仿真软件包,实时仿真机的仿真软件环境(如 IDE、RTnet 卡),视景及建模工具(如SIMsystem、SIMULINK、MultiGen/Greator、OpenGL、STAGE/STRIVE 等),以及仿真高层体系结构(HLA/RTI)等。

13.13.3　鱼雷制导控制系统的数学仿真

　　数学仿真是鱼雷制导控制系统的重要仿真方法与技术之一,它贯穿于鱼雷制导控制系统全生命周期的各个阶段。其关键是数学仿真系统基本框架的构成、系统数学模型的建立和分布交互仿真技术的采用。

　　1. 基本框架

　　鱼雷制导控制系统数学仿真基本框架是基于该系统的工作机理、仿真结构体制和常见主要仿真任务构成的,如图 13.45 所示。

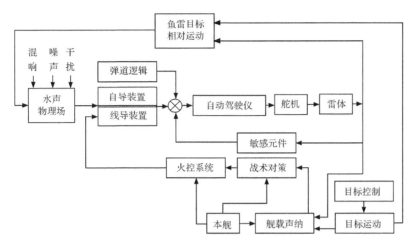

图 13.45　鱼雷制导控制系统数学仿真基本框架

2. 数学及仿真模型

在数学仿真中,按照上述仿真基本框架所使用的数学模型很多,但主要有鱼雷目标相对运动学模型、目标运动学模型、雷体动力学模型、自动驾驶仪模型、鱼雷和目标的测量跟踪及制导指令形成装置模型、水声场模型、系统误差模型等。其中,水声场模型较为复杂,主要包括目标声学特性模型、混响场模型、噪声场模型和人工干扰模型。除此之外,在鱼雷制导控制系统作战仿真中,还将包括舰艇编队模型、水下战模型、反潜作战模型、C⁴ISR 系统模型。从仿真管理和分析的角度讲,还有仿真协调调度模型、数据采集与处理模型,以及其他支持服务模型等。

在数学仿真中,仅有上述诸数学模型是不够的,还必须将其转化为可在仿真计算机里运行的仿真模型,这些仿真模型常以数字仿真算法及数字仿真程序的形式出现。

3. 高层体系结构(HLA)

分布交互仿真(DIS)曾对于大型军用仿真系统(如基于多武器平台的作战仿真系统、大规模仿真演练需要等)的发展起到重大的推动作用,后来逐渐被高层体系结构(HLA)体系结构所替代。因此,目前鱼雷制导控制系统仿真(包括数学仿真和半实物仿真)大都采用 HLA。

HLA 是一个开放的、支持面向对象的体系结构,主要由规则、对象模型模板和接口规范说明等三个部分组成,其核心是联邦运行支持系统(RTI)。它通过提供通用的、相对独立的支撑服务程序,将应用层同底层支撑环境分离,即将具体的

仿真功能实现、仿真运行管理和底层通信三者分开,隐蔽各自的实现细节。其逻辑
结构如图 13.46 所示。

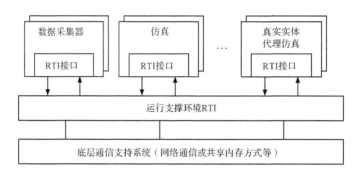

图 13.46　HLA 仿真的逻辑结构图

4. 基本数学仿真及其扩展

如上所述,鱼雷制导控制系统的数学仿真领域及内容很广泛,其中鱼雷动力
学、运动学仿真及鱼雷制导控制系统的全弹道仿真是最基本的,也是最重要的。它
与导弹制导控制系统数学仿真基本相同。例如,在动力学、运动学仿真中都采用了
弹体(或雷体)坐标系下的空间运动方程组,该方程组反映了鱼雷(雷体)运动学参
数 ($\dot{V}_x$、$\dot{V}_y$、$\dot{V}_z$、ω_x、ω_y、ω_z 等) 与动力学参数 (H、Z_b、A_x、A_y^a、A_y^δ、A_y^β、A_z^δ、A_{yz}^w、λ、
K_y、$A_{m_y}^\delta$、$A_{m_z}^\delta$ 等)之间关系的自然规律,对于武器及系统性能研究十分重要。又
如,全弹道仿真的一个重要目标都是为了对武器作的综合性能指标做出评估。
鱼雷全弹道包括从鱼雷入水、下潜/上爬、搜索、跟踪攻击或失去目标再搜索、再估
计,直至命中目标的全过程。其仿真流程如图 13.47 所示。

应该指出的是,鱼雷制导控制系统的其他数学仿真都是在上述两类基本数学
仿真基础上的扩展。例如,在鱼雷反潜作战数学仿真中,除对火箭助飞鱼雷的空中
弹道进行建模与仿真外,将主要是仿真鱼雷到达预定点入水后的自动搜索、跟踪和
攻击潜艇,即水下航行段的鱼雷制导控制系统动力学与运动学仿真以及自导弹道
仿真。这时,所使用的模型也主要是鱼雷动力学及运动学模型、自导模型、水下段
控制模型等。

另外,采用最新一代分布交互仿真体系结构 HLA,进行鱼雷武器系统作战仿
真已成为当前鱼雷制导控制系统数学仿真的重要内容,如水下战攻防对抗仿真、水
面舰艇武器装备作战仿真、舰机编队联合反潜作战仿真等。在此,系统数学模型
(包括实体模型、想定模型、环境模型、管理模型及作战评估模型)的建立,按照
HLA 对象模型模板 OMT 对于对象模型 FOM 和联合应用模型 SOM 的开发,以
及面向对象的应用框架设计等是至关重要的。

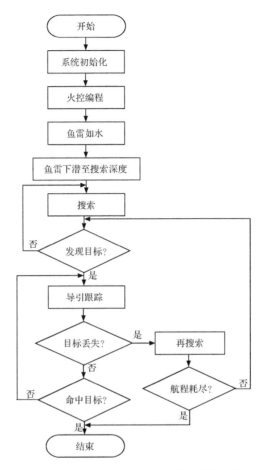

图 13.47　鱼雷制导控制系统的全弹道数学仿真流程

13.13.4　鱼雷制导控制系统的半实物仿真

美国、俄罗斯、意大利、日本等发达国家十分重视鱼雷制导控制系统的半实物仿真,它们早在 20 世纪 60 年代就开始了这方面的应用研究,并取得了显著成果。我国虽然起步较晚,但却实现了跨越式发展。

鱼雷制导控制系统半实物仿真是在实验室条件下,由鱼雷制导控制系统半实物仿真系统实现的。通常,该系统由硬件和软件两部分组成。硬件主要包括仿真设备、参试实物、各种接口装置、试验控制台和支持服务系统等五大部分组成。其中,仿真设备主要有三轴转台、水压仿真器、负载力矩仿真器、目标/环境仿真器、水下转台、消声水池、仿真计算机及外围设备、接口装置等;参试实物视仿真任务而确定,一般包括自导头、组合陀螺、深度传感器、自动驾驶仪、操舵系统、导引解算装置、雷上设定机构和雷上供配电系统等;各种接口装置为:A/D、D/A、D/D、TTL

接口及专用接口等;试验控制台和支持服务系统包括仿真设定、参数输入/输出、显示记录及指挥控制与监测等仪器设备。软件除仿真计算机本身操作系统和应用软件外,主要是专用仿真软件,如检测与诊断软件、运行软件和数据处理软件、控制管理和接口软件,以及自编的各种应用程序(如鱼雷动力学与运动学仿真程序、系统开环调试程序、系统闭环试验程序等)和数据库等。除此之外,虚拟战场环境软件得到越来越广泛的应用。

上述鱼雷制导控制系统的半实物仿真原理及典型系统组成分别如图 13.48 (a)、(b)所示。

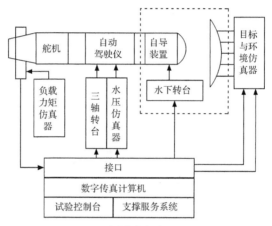

(a) 半实物仿真原理

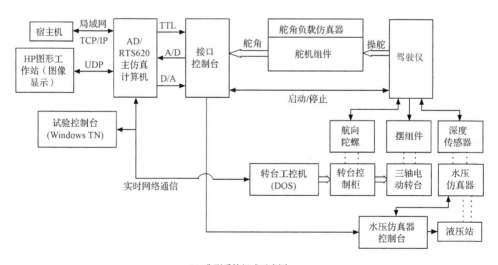

(b) 典型系统组成示意图

图 13.48　半实物仿真原理及系统组成示意图

同上述数学仿真一样,半实物仿真不仅被广泛用于鱼雷制导控制系统的更精确性能仿真、全弹道综合研究仿真等方面,而且在水声对抗、鱼雷作战仿真及训练与演练仿真中越来越发挥着重要的作用。半实物仿真在编队反潜水下战研究中的应用如图 13.49 所示。

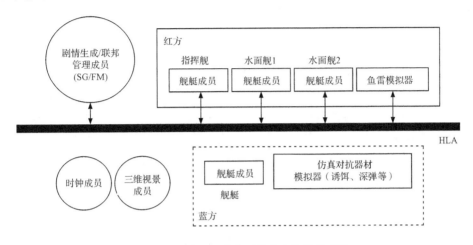

图 13.49　编队反潜水下战半实物仿真系统

13.14　虚拟/协同仿真技术及应用

13.14.1　引言

虚拟仿真和协同仿真是系统建模与仿真技术高度发展的必然产物,也是现代作战模拟和包括导航、制导与测控系统在内的复杂工程系统设计仿真需求在现阶段的综合体现。

无数次血的事实表明,战争的存在对人类的生命和物质财富具有巨大的破坏作用,因此研究战争和推迟或避免战争有着极其重大的意义。由于战争是一个涉及众多社会因素而又不可重复的复杂巨系统,所以作战模拟便成为研究战争的唯一有效的技术手段。

通常,现代作战模拟可分为三类,即实兵模拟、结构模拟和虚拟模拟。实兵模拟就是传统的军事演习,是指实际战场条件下,通过实兵使用实际武器装备进行的想定军事行动。结构模拟是一种目前仍在使用的古老作战模拟方法,它利用战争演练模型和分析工具,通过模拟人员(主要是指挥人员和参谋等)在图上、沙盘上或计算机上,进行战例模拟作业。虚拟模拟是由一种最先进的作战模拟方法与技术,它以虚拟现实(VR)理论和技术为基础,利用图像/图形技术、多媒体技术、多传感器技术、网络技术、人工智能技术、软件工程和计算机技术等,在创建的多维虚拟环境(视觉、听觉、嗅觉、能觉、力觉等感知世界)下,生成模拟部队、模拟车辆和武器以及逼真的战术环境等,并依此在合成战场上进行模拟作战,甚至可方便地同上述结构模拟和实兵模拟有机地结合在一起,构成大规模联合作战的模拟环境——分布式交互模拟作战环境,现代导航、制导与测控系统将作为该系统的重要联邦成员,在此贴近实战的模拟环境下运行。

在复杂系统(包括武器系统、战争系统等)或复杂产品(如高技术兵器、精密电机产品、大型化工等)设计与制造中,需要全面地应用仿真技术作为重要的协同性支撑,这里主要包括人的协同、工具的协同和模型的协同等。我们把这种面向复杂系统(产品)设计与制造的全面仿真使能技术称为协同仿真。协同仿真的主要关键技术为:建模关键使能技术、仿真运行关键使能技术、VV&A 关键使能技术、评估决策支持关键使能技术,以及协同仿真平台技术。多领域分布式协同仿真及其支撑平台技术是目前协同仿真的先进水平和重要标志。

13.14.2　虚拟仿真技术及应用

虚拟仿真又称虚拟现实仿真,是 20 世纪 90 年代以来仿真技术发展的最新成果之一。目前所涉及的应用领域十分广泛,包括工农业产品、经济、科技、医学、教育、影视、设计、制造、训练及军事等。飞行模拟器是应用虚拟现实仿真技术最早的领域;先进飞机(如波音 777)是首次利用性能仿真技术成功设计的典范;用于火星探测的虚拟环境视觉显示器和宇航员利用虚拟现实系统从航天飞机运输舱取出新的望远镜面板,是虚拟现实技术进入航天领域的开端;虚拟仿真技术与计算机网络技术相结合,从而创建了虚拟战场,是虚拟仿真技术发展的最新成果,它突破了作战、训练和武器装备研究相互独立的传统方法,为大规模模拟协同作战提供了迄今为止最理想的战场环境。

虚拟战场是一种涉及网络管理、人机交互、环境渲染、行为生成、系统监控等多部分建模与仿真技术的复杂仿真系统。它通常由核心子系统、辅助支撑环境、管理与维护环境三大部分组成。核心子系统是虚拟战场的主框架,包括计算机生成兵力(CGF)、武器系统仿真、合成环境仿真、C^{4}ISR 仿真系统等;辅助支撑环境主要包括用于监测和控制系统运行的辅助软件工具和分布式仿真协议(如 HLA、DIS、ALSP 等);管理与维护环境主要包括想定维护、模型维护、系统评估和管理机构等。

综上所述,整个虚拟战场的构成如图 13.50 所示。

虚拟战场技术及系统作为军事系统分析领域的新技术手段,应用范围和前景是相当广阔的,主要体现在如下方面:

(1) 军事教育训练(包括武器操作训练、辅助军事教学等)。

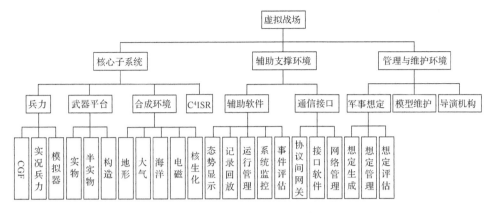

图 13.50　虚拟战场组成示意图

（2）作战模拟（作为陆、海、空及联合作战实验室的作战模拟的主要手段和工具）。

（3）国防系统分析与战略决策（主要进行指挥控制作战系统仿真、研究作战软件、协同作战决策分析、优化作战方案等）。

（4）武器系统分析与评估（在对武器系统全生命周期开发中提供完整、理想的试验环境，并探索未来武器系统）。

（5）实施虚拟采办[变革传统的武器采办方法，提出基于仿真的采办思想、建立虚拟采办（SBA）环境等]。

（6）后勤建模与仿真（包括在虚拟战场环境下的任务建模、系统建模、保障资源建模和使用与维护工作建模，以及后勤信息化仿真等）。

美军是虚拟战场研究和应用最早、最先进的，所研制和实施的典型虚拟战场有联合建模仿真系统（JMAAA）、联合仿真系统（JSIMS）及联合作战系统（JWARS）。它们分别用于支持武器装备的采办、部队的训练和战场/战役分析。

13.14.3　协同仿真技术及应用

在复杂仿真系统开发过程中，往往会遇到由于对仿真架构不熟悉而使领域专家难以直接参与开发，或因为功能测试不全和约束条件定义不规范而招致需要联调时无法及时修改错误差，同时如果系统结构设计不完善，还会给仿真模型的重用和维护带来极大困难。基于 HLA 标准的协同仿真平台（COSIM）建模与仿真环境能够较好地解决这些问题。

COSIM 是一种基于协同仿真技术、面向复杂分布仿真系统通用的组件化协同仿真的平台，是复杂系统 M&S 发展的必然产物。它通过提供一个综合的仿真环境来支持复杂系统的分布、交互、协同仿真需求，由一个开放的、基于标准的（WEB、XML、HLA/RTI）仿真集成框架和几个可灵活组装的、支持复杂系统协同建模与分布式仿真运行的仿真部件构成。COSIM 体系结构如图 13.51 所示。它包括想定编辑工具、系统高层建模工具、组件自动生成和测试工具运行管理工具、测试评估工具和模型库等工具。

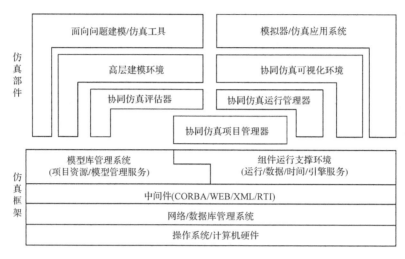

图 13.51　协同仿真平台的体系结构

由图 13.51 可知,协同仿真框架是运行计算机网络环境的一组软件,它将各仿真部件组成仿真系统并支持该系统运行,整个框架由支撑软件与服务程序组成。

应指出的是,协同仿真技术是指异地、分布的建模,仿真分析人员可在一个协同、互操作的环境中,方便、快捷和友好地采用各自领域的专业分析工具对构成系统的各子系统进行 M&S 分析,或从不同技术视图进行功能、性能的单点分析,并透明地支持它们参与整个系统的联合仿真,协作完成对系统的仿真的一种复杂系统仿真分析方法。

COSIM 作为面向复杂分布仿真系统的平台,主要用于虚拟样机工程、军事体系、对抗仿真、计算机生成兵力、虚拟测试与评估、网格技术研究等领域。

由于在 COSIM 中,模型建立采用了动态行为建模原理;模型库管理为层次化管理思路;模型及联邦成员封装基于 COM 技术;仿真运行由协同仿真运行管理器和自主开放的仿真 Agent 组件共同完成等,因此成功地克服了传统建模与仿真方法的上述缺陷和困难,而成为一种专用于基于 HLA 标准建模和仿真的新工具,并在航空航天航海及高技术兵器的导航、制导与测控系统建模与仿真中发挥着重要作用。

参考文献

昂海松.2008.飞行器先进设计技术.北京:国防工业出版社.

柴远波,王月清.2009.战场信息对抗概论.北京:国防工业出版社.

陈春玉.2006.反鱼雷技术.北京:国防工业出版社.

陈定方,罗亚波.2007.虚拟设计.北京:机械工业出版社.

陈国顺,宋新民,马峻.2006.网络化测控技术.北京:电子工业出版社.

陈永光,等.2006.组网雷达作战能力分析与评估.北京:国防工业出版社.

邓乃扬,田英杰.2006.数据挖掘中的新方法——支持向量机.北京:科学出版社.

邓自立.2003.自校正滤波理论及其应用.哈尔滨:哈尔滨工业大学出版社.

刁明.2005.雷达对抗技术.哈尔滨:哈尔滨工程大学出版社.

丁建江.2008.防空雷达目标识别技术.北京:国防工业出版社.

房建成,宁晓琳.2006.天文导航原理及应用.北京:北京航空航天大学出版社.

高社生.2004.INS/SAR 组合导航定位技术及应用.西安:西北工业大学出版社.

高卫,黄惠明,李军.2006.光电干扰效果评估方法.北京:国防工业出版社.

谷良贤,温柄恒.2004.导弹总体设计原理.西安:西北工业大学出版社.

郭科,陈聆,魏友华.2007.最优化方法及其应用.北京:高等教育出版社.

郭黎利,孙志国.2004.通信对抗技术.哈尔滨:哈尔滨工业大学出版社.

郭锁凤,等.2003.先进飞行控制系统.北京:国防工业出版社.

韩鹏,李玉才.2007.水中兵器概论(水雷分册).西安:西北工业大学出版社.

郝岩.2004.航天测控网.北京:国防工业出版社.

何广军,高宇鹏.2007.现代测试技术.西安:西安电子科技大学出版社.

何友.2007.多传感器信息融合及应用.第二版.北京:电子工业出版社.

胡小平.2002.自主导航理论及应用.长沙:国防科技大学出版社.

胡晓峰,杨镜宇.2008.战争复杂系统仿真分析与实验.北京:国防工业出版社.

黄福铭.2004.航天器飞行控制与仿真.北京:国防工业出版社.

黄瑞松.2004.飞航导弹工程.北京:中国宇航出版社.

黄学德.2000.导弹测控系统.北京:国防工业出版社.

简仕龙.2009.航天测量船海上测控技术概论.北京:国防工业出版社.

金其明.2004.防空导弹工程.北京:中国宇航出版社.

靳敬纯.2008.一体化联合作战空间信息支援保障研究.北京:国防大学出版社.

康凤举.2006.现代仿真技术与应用.第二版.北京:国防工业出版社.

雷虎民.2006.导弹制导与控制原理.北京:国防工业出版社.

李世平,韦增亮,戴凡.2003.PC 计算机测控技术及应用.西安:西安电子科技大学出版社.

李为吉,等.2005.飞行器结构优化设计.北京:国防工业出版社.

廖瑛,邓方林,梁加红,等.2006.系统建模与仿真技术的校核验证与确认(VV&A)技术.长沙:国防科学技术大学出版社.

刘隆和.1998.多模复合寻的制导技术.北京:国防工业出版社.

刘同明.1998.数据融合技术及其应用.北京:国防工业出版社.

刘兴堂.2003.应用自适应控制.西安:西北工业大学出版社.

刘兴堂.2006a.精确制导、控制与仿真技术.北京:国防工业出版社.

刘兴堂.2006b.现代辨识工程.北京:国防工业出版社.

刘兴堂.2006c.导弹制导控制系统分析、设计与仿真.西安:西北工业大学出版社.

刘兴堂,戴革林,刘力.2009.精确制导武器与精确制导控制技术.西安:西北工业大学出版社.

刘兴堂,梁炳成,刘力,等.2008.复杂系统建模理论、方法与技术.北京:科学出版社.

刘兴堂,刘力,等.2009.信息化战争与高技术兵器.北京:国防工业出版社.

刘兴堂,吕杰,周自全.2003.空中飞行模拟器.北京:国防工业出版社.

刘兴堂,吴晓燕.2001.现代系统建模与仿真技术.西安:西北工业大学出版社.

路史光.1991.飞航导弹武器系统试验.北京:宇航出版社.

吕辉.2006.防空指挥自动化通信系统.西安:西北工业大学出版社.

吕跃广,方胜良.2007.作战实验.北京:国防工业出版社.

梅文华,蔡善法.2007.JTIDS/Link16数据链.北京:国防工业出版社.

庞国峰.2007.虚拟战场导论.北京:国防工业出版社.

秦永元.2006.惯性导航.北京:科学出版社.

石秀华,王晓娟.2005.水中兵器概论(鱼雷分册).西安:西北工业大学出版社.

宋笔锋,等.2006.航空航天技术概论.北京:国防工业出版社.

宋跃进,秦继荣.2008.数字化士兵技术.北京:国防工业出版社.

宋跃进,秦继荣.2008.指挥控制与火力控制一体化.北京:国防工业出版社.

孙继银.2007.战术数据链技术与系统.北京:国防工业出版社.

孙连山,杨晋辉.2005.导弹防御系统.北京:航空工业出版社.

孙义明,杨丽萍.2005.信息化战争的战术数据链.北京:北京邮电大学出版社.

陶梅贞.2007.现代飞机结构综合设计.西安:西北工业大学出版社.

田坦.2007.水下定位与导航技术.北京:国防工业出版社.

王国强,张进平,马若丁.2002.虚拟样机技术及其在ADAMS上的实践.西安:西北工业大学出版社.

王恒霖,曹建国,等.2003.仿真系统的设计与应用.北京:科学出版社.

王慧斌,王建颖.2006.信息系统集成与融合技术及其应用.北京:国防工业出版社.

王立强.2008.信息化条件下外军数据链应用研究.北京:国防工业出版社.

王小非.2006.海上网络战.北京:国防工业出版社.

王振国.2006.飞行器多学科设计优化理论与应用研究.北京:国防工业出版社.

王正德.2007.信息对抗论.北京:军事科学出版社.

王仲生.2002.智能检测与控制技术.西安:西北工业大学出版社.

吴今培,孙德山.2006.现代数据分析.北京:机械工业出版社.

吴森堂,费玉华.2005.飞行控制系统.北京:北京航空航天大学出版社.

吴文海.2007.飞行综合控制系统.北京:航空工业出版社.

吴晓燕,张双选.2006.MATLAB 在自动控制中的应用.西安:西安电子科技大学出版社.

谢红卫,张明.2000.航天测控系统.长沙:国防科技大学出版社.

熊光楞,等.2004.协同仿真与虚拟样机技术.北京:清华大学出版社.

熊志昂.2004.指挥控制系统试验.北京:国防工业社.

徐浩军.2006.作战航空综合体及其效能.北京:国防工业出版社.

徐学文,王寿云,等.2004.现代作战模拟.北京:科学出版社.

薛成位.2002.弹道导弹工程.北京:中国宇航出版社.

杨涤,等.2006.飞行器系统仿真与 CAD.哈尔滨:哈尔滨工业大学出版社.

杨日杰,高学强,韩建辉.2008.现代水声对抗技术与应用.北京:国防工业出版社.

杨万海.2004.多传感器数据融合及其应用.西安:西安电子科技大学出版社.

叶征.2007.信息化作战概论.北京:军事科学出版社.

尹爱军,王见,周传德.2007.秦氏模型——基于智能虚拟控件的仪器.北京:科学出版社.

于志坚.2008.航天测控系统工程.北京:国防工业出版社.

袁起.1996.防空导弹武器制导与控制系统设计.北京:宇航出版社.

张成海,张铎.2003.现代自动识别技术及应用.北京:清华大学出版社.

张德发,叶胜利,等.2003.飞行控制系统的地面与飞行试验.北京:国防工业出版社.

张国良,曾静.2008.组合导航原理与技术.西安:西安交通大学出版社.

张键志,何玉彬.2008.争夺制天权.北京:解放军出版社.

张宗麟.2000.惯性导航与组合导航.北京:航空工业出版社.

赵少奎.2008.导弹与航天技术导论.北京:中国宇航出版社.

郑忻祯,刘法耀.2006.船用惯性导航系统海上试验.北京:国防工业出版社.

支超有.2009.机载数据总线技术及其应用.北京:国防工业出版社.

周立伟.2004.目标探测与识别.北京:北京理工大学出版社.

周永余.2006.舰船导航系统.北京:国防工业出版社.

周自全,刘兴堂.1997.现代飞行模拟技术.北京:国防工业出版社.

庄钊文.2006.自动目标识别效果评估技术.北京:国防工业出版社.

禚法宝.2008.新概念武器与信息化战争.北京:国防工业出版社.

Andriole S J.2005.指控系统工程先进技术.刘山,等译.北京:国防工业出版社.

David S,Alberts,Richard E,Hayes.2005.信息时代军事变革与指挥控制.郁军,牛见冲,等译.
北京:电子工业出版社.

Hall D L,Limas J.2008.多传感器融合手册.杨露菁,耿伯英译.北京:电子工业出版社.

Charles Y. 2000. Evaluation of methods for multidisciplinary design optimization(MDO). Part
Ⅱ. NASA Langley Technical Report Server，NASA/CR-2000-210313.

Giunta A A. 2002. Use of data sampling. Surrogate model,and numerical optimization in engi-
neering design. AIAA 2002—0538.

Larsen M B. 2000. Synthetic Long Baseline Navigation of Underwater Vehicle. Oceans 2000

MTS/IEEE Conference and Exhibition,3:2043-2050.

Lin C F. 1995. Modern Navigation Guidance and Control Processing. New Jersey: Prentice Hall Press

Missile Defense Agency. 2006. Eyeballing Ballistic Missile Defense. http://cryptome.org/eyeball/bmd/bmd-eyeball.htm.

NASA. 2006. Space Communication Architecture Working Group (SCAWG) NASA Space commutilation and Navigation Architecture Recommendation for 2005—2030.

Rama C. 2000. AASERT: Non-Cooperative Target Recognition. ADA382845

Rihaczek A W, Hershkowitz S J. 2000. Theory and Practice of Radar Target Identification. Boston:Artech House.

Wertz J R, Larson W J. 1999. Space Mission Analysis and Design. 3rd Edition. California: Microcosm Press.

Wu S,Sheth A,Luo Z. 2002. Authorization and access control of application data in work flow systems. Journal of Intelligent Information Systems,18:71—94.

Zhu C R. Wang R S. 2004. A fast automatic algorithm of elliptic object groups from remote sensing images. Pattern Recognition Letters, 25(13):1471—1478.

Голубев И С, Светлов В Г. 2001. Проектирование Зенитных Управляемых Ракет. Москва:Издателвство.

中国科学院科学出版基金资助出版